科学出版社"十四五"普通高等教育本科规划教材

国家精品课程配套教材

全国新农科水产教育联盟"十四五"规划教材

本书由"中国海洋大学教材建设基金"资助出版

海水贝类增养殖学

王昭萍　郑小东　主编

科学出版社

北　京

内 容 简 介

海水贝类增养殖学是一门研究海水贝类增养殖的生物学原理和生产技术的应用科学。本书以贝类学、遗传育种学、细胞生物学、水生生物学、海洋生态学、组织胚胎学等为理论基础，全面概述了海水养殖贝类的形态构造、生态习性、遗传性状、繁殖和生长等特点和基本规律，总结了我国海水经济贝类养殖的新技术、新成果、新品种，吸收国外的新成就，详细阐述了贝类自然海区半人工采苗、工厂化室内人工育苗、土池人工育苗、育种和增养殖技术的原理和方法，以及其加工技术等，是编者团队30多年教学经验、生产实践和科研成果的系统整理与总结。

作为新形态教材，读者通过扫描各章节知识点二维码即可开展个性化教材阅读，学习多模态教学辅助资源，并实现线上和线下内容结合。

本教材适用于高等院校水产类、海洋生物类专业的师生教学，也可作为海水贝类养殖科技工作者、管理和生产等从业人员的参考书。

图书在版编目（CIP）数据

海水贝类增养殖学/王昭萍，郑小东主编. —北京：科学出版社，2024.6
科学出版社"十四五"普通高等教育本科规划教材　国家精品课程配套教材　全国新农科水产教育联盟"十四五"规划教材
ISBN 978-7-03-078647-0

Ⅰ.①海…　Ⅱ.①王…　②郑…　Ⅲ.①海水养殖-贝类养殖-高等学校-教材　Ⅳ.①S968.3

中国国家版本馆 CIP 数据核字（2024）第 110589 号

责任编辑：刘　畅/责任校对：严　娜
责任印制：赵　博/封面设计：无极书装

科学出版社出版
北京东黄城根北街16号
邮政编码：100717
http://www.sciencep.com

涿州市般润文化传播有限公司印刷
科学出版社发行　各地新华书店经销
*
2024年6月第 一 版　开本：889×1194　1/16
2025年3月第二次印刷　印张：20 1/2
字数：600 000
定价：98.00元
（如有印装质量问题，我社负责调换）

《海水贝类增养殖学》

编委会名单

前　言

Preface

　　海水贝类增养殖学是一门研究海水贝类增养殖的生物学原理和生产技术的应用科学，以贝类学、遗传育种学、细胞生物学、水生生物学、海洋生态学、组织胚胎学等为理论基础，全面概述了海水养殖贝类的形态构造、生态习性、遗传性状、繁殖和生长等特点和基本规律，阐明了贝类自然海区半人工采苗、工厂化室内人工育苗、土池人工育苗、育种和增养殖技术的原理和方法，以及其加工技术等。

　　本教材是以王如才教授和王昭萍教授主编的《海水贝类养殖学》第三版为基础，简化或摒弃前三版教材（1993版、1998版、2008版）较为陈旧内容，吸收了近年来我国在基础研究和生产实践中取得的成果，完成了知识体系的传承和更新；教材内容重点突出，特色鲜明，确保了课程体系的完整性和前瞻性。在我国著名贝类增养殖学专家王如才教授指导下，中国海洋大学贝类教研室全体科研教学人员，联合广东海洋大学、大连海洋大学、中国科学院海洋研究所、中国科学院南海海洋研究所、中国水产科学研究院黄海水产研究所等高校院所贝类增养殖领域的教学名师、贝类岗位体系科学家共同完成。

　　本教材贯彻落实国家的大食物观理念，系统总结了我国海水经济贝类增养殖的新技术、新模式、新成果，培养学生从事贝类育苗和养殖的基本技能和实践应用能力，使其能够胜任相关领域科学研究、教学和养殖技术开发及经营管理等工作。除绪论外，全书共分7篇24章。第一篇讲述了贝类增养殖的生物学基础，包括形态结构、生态、繁殖与生长；第二篇全面阐述了贝类苗种生产方法；第三篇至第七篇以不同生活型贝类及其在生产中的地位为主线，详细介绍了固着型、附着型、埋栖型、匍匐型和游泳型5种生活型23种代表性经济贝类的生物学、苗种生产与增养殖，以及收获与加工技术。每章均附有复习题供知识巩固。各章节知识点辅以二维码，读者通过扫描二维码，可清晰、准确地理解章节的知识内容。同时，知识点关联了丰富优质的MOOC视频、图片、延伸阅读等数字化教学辅助资源，满足个性化学习需求。

　　本教材由王昭萍、郑小东统稿，王如才、包振民审阅并提出修改意见。教材编写过程中，得到了中国海洋大学教材建设基金资助，在此谨致衷心谢意。

　　本教材适用于高等院校水产类、海洋生物类专业的师生教学，也可作为海水贝类养殖科技工作者、管理和生产等从业人员的参考书。由于作者水平和时间有限，书中错误和不足之处在所难免，恳请读者予以批评指正。

编　者

2024年3月

目 录
Contents

绪　论

海水贝类增养殖学是研究海水贝类增养殖的生物学原理和生产技术的一门应用科学，其研究范围包括贝类生物学、苗种培育方法、增养殖技术等。

我国是海水贝类养殖大国，拥有悠久的养殖历史。其得天独厚的海洋条件，如绵亘的海岸线、曲折的港湾、广袤的浅海滩涂，以及丰富的饵料和多样的环境，为贝类增养殖提供了广阔的发展空间。我国贝类资源丰富，可供增养殖的种类繁多；而贝类本身具有营养价值高、适应能力强、移动性较差、苗种来源广、养殖成本低等特性，因此，贝类增养殖具有成本低、产量高、收效快、技术易推广等优势。当前，贝类养殖在我国水产养殖业中占据重要地位，是发展蓝色经济、构筑海上粮仓的支柱产业。研究贝类的生物学理论和增养殖技术不仅推动了贝类养殖业的发展，也对其他相关产业以及整个国民经济的发展起到了重要促进作用。

一、贝类增养殖的价值

（一）经济价值

1. 美味食品

牡蛎、扇贝、蚶、蛤仔、贻贝、鲍、红螺、章鱼、乌贼等经济贝类味道鲜美，营养丰富，软体部含有丰富的蛋白质、糖原、维生素和微量元素，深受消费者喜爱。贝类除鲜食外，还可以加工成干制品和罐头。扇贝、江珧和日月贝闭壳肌的干制品分别为干贝、江珧柱和带子，都是珍贵的海味品；贻贝、牡蛎和蛏的软体部干制品分别称淡菜、蚝豉和蛏干；熬煮贻贝、牡蛎和蛏的汤汁可浓缩成美味的贻贝油、蚝油和蛏油；海兔的卵群（俗称海粉）和乌贼的缠卵腺（俗称乌鱼蛋），也都是很有名的海产品。

2. 工业原料

贝壳的主要成分是碳酸钙，是烧制石灰的良好原料。我国东南沿海地区常用牡蛎、泥蚶等的贝壳作为烧制石灰的原料；牡蛎贝壳是制作柠檬酸钙的重要原料，贝壳粉还可用作土壤调理剂和养殖池底改良剂；珍珠层较厚的马蹄螺、珍珠贝等可以用来制造纽扣；马蹄螺和夜光蝾螺的贝壳可以作为油漆的调和剂；海兔和乌贼等都曾作为提取紫色和黑色染料的原料。

3. 医药原料

贝类在医药上用途较广。贝类的软体部营养丰富，有较好的滋补作用；多种贝类的贝壳可作药材，如乌贼的内壳（海螵蛸）、鲍的贝壳（石决明）、宝贝的贝壳（海巴）、珍珠贝的贝壳及其所产的珍珠、海兔的卵群（海粉），都是享有盛名的医药原料。

4. 饲料和饵料

利用贝壳粉添加剂和小型贝类饲养家禽和家畜，不仅有利于家禽、家畜骨骼生成，而且家禽产蛋量增加，家畜奶质优良。小型贝类如凸壳肌蛤和光滑河篮蛤等还可以作为鱼虾的饵料。许多底栖和浮游的贝类是海洋鱼类的天然饵料，特别是小型双壳类和头足类，在鱼类饵料中占有相当重要的地位。

5. 装饰和玩赏

很多贝类的贝壳富有光泽，色彩鲜艳，惹人喜爱，如宝贝、玉螺、凤螺、珍珠贝、鹦鹉螺等，都是人们玩赏的对象或作为贝雕或螺钿的原料。目前已有 50 余种贝类经常被用来制作贝雕。珍珠不仅是贵重药材，也是珍贵的装饰品。

（二）生态价值

海水贝类增养殖对海洋生态系统产生重大的影响，在减轻近海的富营养化和生物固碳等方面发挥了重要的生态作用。

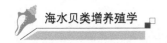

1. 生态修复

双壳贝类的滤食作用可过滤水体中的悬浮物、营养盐及单细胞藻类，从而提高水体的透明度和铵盐含量，降低水体富营养化水平，同时将水体中颗粒有机物以假粪的形式输送到沉积物表面，驱动底栖食物链形成，保护生物多样性和营造生物生境。

2. 生物固碳

贝类表现出软体组织生长和贝壳形成两种固碳方式。滤食性贝类通过滤食摄入海水中大量的颗粒有机碳，舐食性贝类可以通过舐食消化转移大型藻类内的碳，并且通过钙化作用形成碳酸钙贝壳从而储存大量的碳。贝壳中碳酸钙的含量在95%以上，能够在相当长的地质时期内储存碳，效果显著。

课程视频和PPT：
贝类与人类的关系

二、贝类增养殖的发展

1. 贝类增养殖的发展历史

贝类养殖是人与自然和谐共存过程中产生和发展起来的。根据北京附近发现的旧石器时代的贝壳推测，我国人民对贝类的利用远在5万年以前便开始了。4000年前，人类开始利用贝壳作货币进行商品交换。在2000多年前的汉朝时期就有关于牡蛎养殖的记载。在明朝时，我国已能利用河蚌生产珍珠。许多古书记载了贝类的利用，周公的《尔雅》（2000年前）中提到河蚌能产生珍珠；李时珍的《本草纲目》和陈梦雷的《古今图书集成》等书，记录了不少贝类的性状和用途，这些古书中所用贝类名称如淡菜、文蛤、牡蛎、石决明和魁蚶等，仍沿用至今。明朝郑鸿图所著的《业蛎考》比较系统地介绍了我国古时的牡蛎养殖生产的情况。

19世纪以来，有些国家的贝类养殖已发展成产业，并对养殖贝类的生物学原理和养殖技术进行了广泛和系统的研究。然而，在我国由于长期的封建统治阻碍了贝类科学养殖技术的发展，我国贝类养殖业几乎处于停滞的状态。1949年以来，我国贝类科学技术和养殖生产得到了恢复和发展，沿海各省研究机构相继建立，对贝类资源和适宜养殖海域面积进行了调查，并总结了群众的生产经验；贝类养殖面积不断扩大；技术革新层出不穷，养殖品种由少到多。高等与中等水产院校从1958年开始增设了贝类养殖课，为海水贝类养殖培养了大批技术力

量。20世纪70年代初期，贝类半人工采苗、人工育苗、养成等关键技术的相继突破，推动了贝类养殖业的迅速发展。80年代以来，增养殖贝类的生物学研究、育种和引种等方面都得到了迅猛的发展。

2. 海水贝类增养殖的发展现状

1）海水贝类养殖产量高，面积广：据2023《中国渔业统计年鉴》数据，2022年我国海水养殖面积为2074.42千公顷，其中贝类养殖面积1270.46千公顷，占海水养殖面积的61.24%；海水养殖总产量为2275.70万吨，其中贝类养殖产量为1588.56万吨，占海水养殖总产量的69.81%。

2）增养殖种类不断增加，增养殖方法多样化：1949年以前，我国贝类养殖主要集中在牡蛎、蛤仔、泥蚶和缢蛏，俗称中国传统"四大"养殖贝类。1959年我国养殖贝类种类增加至十几种，至今已发展到40余种。

3）贝类苗种生产技术不断优化，方法多种多样：当前我国贝类苗种生产主要有人工育苗、自然海区半人工采苗、土池半人工育苗、采捕野生苗四种方法，均比鱼、虾、藻类苗种生产方法多。

4）贝类苗种生产和养殖设施不断更新和完善：设施设备的推陈出新，促进了生产的规范化。机械化、自动化和信息化成为养殖设施发展的新方向。

5）贝类的引种和育种得到了飞速发展：近30年来，我国在贝类引种、杂交育种、多倍体育种、雌核发育和选择育种方面，都取得一定成果，有的已投入规模化生产。

6）贝类与其他养殖种类的混养与轮养取得了宝贵的经验：较成功的有贝藻混养、鲍参混养、贝虾混养、贝藻轮养等，促进了海水养殖业健康、稳定和持续的发展。

课程视频和PPT：
贝类增养殖发展史

三、贝类增养殖存在的问题

1）引种混乱：在海水贝类养殖业大规模发展的前期阶段，我国引进的贝类种类大多都没有经过必要的论证和检疫。盲目引种可能对本地生物多样性和生态环境构成严重威胁。引种应纳入政府管理的范畴，需要经过论证和检疫并对引种进行评估。

2）良种意识较差：在育种方面，选种、育种意识不强，很易造成种质退化。当前，牡蛎、扇贝、鲍鱼、文蛤、蛤仔等物种已经开展了良种选育工作，在未来一段时间内，"选种+保种"仍是贝类产业亟须重视的工作。

3）局部海区污染：大量工业废水、生活污水、农药等排污最终流入大海；网箱养鱼，大量人工饵料沉落海区造成富营养化；贝类养殖本身也能产生大量的代谢废物。以上种种都能造成海区污染，严重影响贝类养殖的发展。

4）局部超负荷养殖：以牡蛎为例，近年来，因市场好，效益高，牡蛎养殖面积不断扩大，造成海区营养物质无法满足其生长发育需求，超负荷养殖，引起牡蛎死亡率增高，牡蛎肥满度达不到商品要求，无法上市，影响牡蛎的品质和效益。

5）病害频频发生：贝类大规模死亡，不仅与环境有关，也与有害微生物大量出现有关。当前对贝类病害的研究还有待进一步加强。

课程视频和PPT：
贝类增养殖
存在的问题

6）其他：对滩涂埋栖型贝类研究不足，有许多滩涂未被利用；贝类养殖技术还有待于进一步改进与提高。

四、贝类增养殖的发展方向

我国贝类养殖技术还较落后，机械化、自动化、信息化和智能化程度低。为使贝类增养殖健康、稳定、持续发展，今后应重视以下几个方面的研究。

1. 加强贝类基础生物学研究

对贝类的生态生理、繁殖与生长、幼虫附着与变态等一些基础理论与应用技术要进一步加强研究，为贝类育苗与养殖技术提供参考和指导。

2. 完善和改进增养殖技术

不断完善和改进养殖技术，开展生态养殖，根据生物与环境辩证关系以及生物生活习性和食性的不同实行贝藻、贝虾、贝参、贝鱼等混养、间养与轮养，提升养殖产业应对全球气候变化的能力，从而提高贝类养殖的生态效益和经济效益。游泳型贝类是海洋渔业的重要组成部分，具有较高的经济价值。目前游泳型贝类的养殖尚处于起步阶段，亟须加强苗种生产与增养殖技术的研究，加强人工配合饲料的研发与推广。

3. 培育优良新品种，加强贝类病害防治

优良品种培育是贝类养殖业健康、稳定、持续发展的保障。目前，我国海水贝类新品种达50余种，取得良好的经济效益，今后还应继续加强育种研究和示范推广工作。目前贝类病害频发，除了养殖技术和环境影响外，有害微生物的大量存在也是造成死亡的重要原因，贝类病害防治任重道远，培育抗病、抗逆、生长快、风味好的新品种迫在眉睫。

4. 保护海洋环境，严防海水污染

增强海洋环保意识，严格执行国家实施的海水水质标准，禁止一切有害浓度和有害成分的工业废水和生活污水等排入海中，确保贝类拥有赖以生存的良好环境。

5. 合理规划利用海区，加强种质资源保护

根据近海功能区划特点，对海区进行合理规划和布局。根据贝类对环境的适应情况，选择相应的种类，控制养殖密度，因地制宜地进行增养殖。合理增设贝类原种场和水产种质资源保护区，加强对原种资源的保护。

课程视频和PPT：
今后的发展方向

复习题

1. 简述贝类的主要用途。
2. 简述贝类增养殖的定义和范围。
3. 简述我国目前贝类增养殖存在的问题。
4. 简述贝类增养殖的现状和发展方向。

第一篇

贝类增养殖的生物学基础

贝类生物学基础的学习是进行贝类增养殖研究的先决条件与最基本工作。只有充分掌握不同贝类的形态构造、生态习性、繁殖与生长，才能保证鉴别不同物种，并进行因地制宜、因时制宜的增养殖工作。高校、研究机构及业界经过长期的实践和研究，融合分类学、形态学、生物学、生态学、生理学、解剖学等多个学科，涉及贝类的分类、基本形态特征、生态分布、生活环境、生活类型、生活史、食性、灾害及御敌、繁殖与生长，形成全面且完善的基础理论，为贝类生物学相关知识的传播提供了完备的知识储备。

第一章　贝类的形态结构

第一节　贝类的基本特征

贝类，即软体动物，因大多数种类具有贝壳，故称其为贝类，又因这类动物大多身体柔软不分节，所以又称其为软体动物。贝类种类繁多，已记载的有13.5万多种，其中化石种类约3.5万种，是动物界中仅次于节肢动物的第二大门类。贝类的生活环境多样，有的生活在海水里，有的生活在淡水中，有的生活在陆地上；生活方式各异，有的在海水中游泳或浮游生活，有的用贝壳固着在外物上，有的用足丝附着生活，也有的埋栖在泥沙中。生活环境和生活方式的多样，也造成贝类形态的多变。不同贝类贝壳形态差别悬殊，不同类群结构上也有很大差异，但是它们都有相同或相似的特征。

现存的贝类分为8个纲，如下所示。

1）沟腹纲（Solenogastres）：如新月贝（*Neomenia*）、龙女簪（*Proneomenia*）。

2）尾腔纲（Caudofoveata）：如毛皮贝（*Chaetoderma*）。

3）单板纲（Monoplacophora）：如新碟贝（*Adenopilina*）。

4）多板纲（Polyplacophora）：如石鳖（*Chiton*）。

5）掘足纲（Scaphopoda）：如角贝（*Dentalium*）。

6）腹足纲（Gastropoda）：如红螺（*Rapana*）。

7）双壳纲（Bivalvia）：如文蛤（*Meretrix*）。

8）头足纲（Cephalopoda）：如蛸（*Octopus*）。

贝类基本特征如下。

1）身体柔软不分节，左右对称（腹足纲左右不对称）。

2）身体一般由头、足、内脏团、外套膜及其分泌的贝壳组成（双壳纲和掘足纲无头）。

3）除双壳纲外，口腔内有颚片和齿舌。

4）体腔退化为围心腔和肾腔（掘足纲除外）。

5）神经系统由脑、足、侧、脏4对神经节及其联络神经组成（双神经类除外）。

6）多数有担轮幼虫和面盘幼虫（头足纲除外）。

7）多用鳃呼吸，鳃位于外套腔中（掘足纲与肺螺类无鳃）。

第二节　贝类的外部形态

贝类身体一般由头部、足部、内脏团、外套膜及由外套膜分泌形成的贝壳5部分组成。

一、头部

位于身体前端，具有口、眼、触角和其他附属器官。不同类群的头部差异大，有的非常发达，有的则退化。

双神经类（沟腹纲、尾腔纲、多板纲和单板纲）头部不明显，位于身体前方，无头眼，无触角。多板纲的头部呈圆柱状，具短吻，吻中央为口。单板纲的口为头盘所包围，在头盘的后方有两排后触手。

双壳纲和掘足纲，又称无头类。双壳纲仅以口的位置表示头部，口为一横裂缝，具唇和唇瓣等附属物。掘足纲头部退化为体前端的一个小突起，无眼，有口吻；在口吻基部两侧有触角叶，叶上有头丝。头丝末端膨大，可以自由伸出，有触觉及摄食功能。

腹足纲头部发达，位于身体前端，呈圆桶形，有时稍扁；头部生有1对或2对圆锥形或棒形的触角，能伸缩；眼1对，有2对触角的种类，眼常位于后触角顶端。有些种类头部还生有附属物，如蜗牛（*Fruticicola*）的口有触唇，鲍（*Haliotis*）的触角之间有头叶，圆田螺（*Cipangopaludina*）有颈叶等。肉食性种类的吻部发达，如玉螺（*Natica*），吻的腹面具有腺质盘，能分泌溶解贝壳的液体。此外，头部器官特化而具有特殊的用途，如蜗牛类的触角，在雄性个体可特化为交配用的交接器。

头足纲的头部特别发达，略呈圆球状。头部的顶端中央有口。口的周围和头的前方有腕，与头部相连。在口的四周还有口膜，有些种类口膜发达，有的则不发达。头部两侧各有1个发达的眼，眼的构造复杂，外被透明的角膜，具有保护眼的作用。角膜一般是封闭的，如枪乌贼科（Loliginidae）和八腕目（Octopoda）。但有些种类，角膜有小孔与外界相通，如大王乌贼（*Architeuthis dux*）。头部还有一些凹陷或孔，如头部的腹面有1凹陷，为漏斗的贴附部位，称为漏斗陷。十腕总目（Decapodiformes）的种类，眼前方往往有1个小孔，称为泪孔。在金乌贼（*Sepia esculenta*）眼的后方，靠接近外套膜边缘的部分也有1个小孔或凹陷，称为嗅觉陷。八腕目的卵蛸（*Amphioctopus ovulum*）、忽蛸（*A. neglectus*）等，在眼周围常有棘状突起。

课程视频和PPT：头部

二、足部

位于身体腹面，是运动器官，可以用作爬行（玉螺）、附着（鲍）、挖穴［缢蛏（*Sinonovacula constricta*）］、浮游［舴艋螺（*Cymbulia* sp.）］和捕食（金乌贼）等。由于生活习性的不同，足部的形状也多样，呈扁平状（鲍）、斧状（河蚌）、柱状（角贝），还有的特化环绕头部的几条腕（乌贼）。营固着生活的种类，在成体时足部退化（如牡蛎），某些营浮游生活的种类，足部特化成鳍。

1. 沟腹纲和尾腔纲

龙女簪和毛皮贝无足，其他种类在腹沟中有一小型带纤毛的足，动物借此运动。

2. 多板纲和单板纲

多板纲和单板纲的足相似，位于体腹面，占据腹面绝大部分；椭圆形，跖面平，具发达的肌肉；吸附力强。

3. 双壳纲

双壳纲的足部，一般左右侧扁呈斧刃状，故又称它为"斧足类"（Pelecypoda）。

（1）足的形状

双壳纲的足位于身体的腹面，足的背侧与体躯相连，在足内部常有内脏囊伸入，如消化盲囊、肠以及生殖腺。足的形状和大小随种类变化很大。

原始的种类足呈圆柱状，两侧稍扁，末端腹面为扁平的足底（又称"跖面"），如胡桃蛤科（Nuculidae）和蚶蜊（*Glycymeris*）等，可用足匍匐而行。

有些种类足不具跖面，先端腹面呈斧刃状或龙骨状突起，在足的前方或前、后方呈尖状：或具有一个前尖，如鸟蛤（*Cardium*），或具有前、后二尖，如三角蛤（*Trigonia*）。有些种类的足尖状结构延伸，甚至使足部伸长成触手状，如孔螂（*Poromya*）。

在满月蛤科（Lucinidae）的大多数种类中，足呈一细长圆柱形向前方伸出，先端膨大。竹蛏（*Solen*）足的末端膨大而无固定的形状。在不常活动或不能活动的种类，足部非常退化。例如，扇贝（Pectinidae）在成体时，足已失去了运动能力，变得很小；牡蛎在固着后，终身不能移动，足就完全退化消失。

（2）足的功能

足为运动器官，除了运动外，还有挖掘泥沙的功能。足的活动主要是依靠足中肌束的收缩和伸展进行的。足中的肌束通常是4对，对称地附着在壳的背缘和两闭壳肌之间：在前方有前缩足肌和前伸足肌各1对；在后方有1对后缩足肌；中部有1对举足肌。在原始种类，这些肌肉均纵向延伸，形成相连续的行列，两端的4个肌柱特别发达，其余的退化或者消失。在一般单柱类中，只保留着后缩足肌，某些种类如贻贝（Mytilidae）、扇贝等，足部退化，足丝极为发达，缩足肌（尤其是后缩足肌）则变为足丝的收缩肌。

（3）足丝

足丝是营附着生活的双壳纲［如贻贝、扇贝、珠母贝（*Pinctada*）等］的特殊器官，是足丝腺分泌的产物。附着型贝类在成体时足部退化，利用发达的足丝附着在外物上生活。环境条件不适时，如水温、盐度、饵料生物等急剧变化，贝类能自行切断足丝，移至合适环境中后，重新分泌足丝，附着生活。

足丝的形状和性质随种类而异，如扇贝呈肌纤维状，由足丝孔伸出；贻贝呈毛发状，由贝壳腹面伸出；蚶（Arcidae）呈褐色片状，由贝壳腹面裂缝的足丝孔伸出；不等蛤（Anomiidae）呈石灰质的块状，由右壳顶端的孔穴中伸出。

4. 掘足纲

掘足纲的足在口吻基部之后，自外套腔中向壳口方向突出。足呈圆筒状，末端两侧具褶，有呈三分裂状或盘状的足底。足能伸出壳外甚长，可挖掘泥沙。

5. 腹足纲

腹足纲的足比较发达，呈肉质块，除个别种类外，都位于身体的腹面，故称"腹足类"。

（1）足的形态

腹足纲的足跖面宽平，适于爬行。足的形态常因生活方式的不同而有变化。生活在沙泥滩的种类，足部特别发达，前面的部分称为前足，后面的部分称为后足，前、后足中间的部分称为中足。有些种类，如玉螺，前足特别发达，其作用如犁，在爬行前进时，可以将前方泥沙推至身体两侧，前足有时延伸至背部卷盖贝壳一部分，后足也能与其他部分分开。

有的种类足的左右两侧特别发达，形成侧足。侧足可以向背部卷曲与外套膜接合，包被贝壳，如大部分的后鳃类（Opisthobranchia）。在翼足类（Pteropoda）中，侧足变态成为鳍或翼，作浮游器官，并能帮助收集食物。有的种类在足部上端比较发达，并扩张成褶襞或边缘物，称为上足。鲍的足分为上足和下足两部分，上足生有许多上足触手和上足小丘，下足呈盘状。有的种类足面中央有一纵褶将足分为左右两部分，爬行时可以交替动作，如Pomatiidae科贝类。

营固着生活的种类，如蛇螺（Vermetidae），足部退化成为闭塞壳口的小型盘状突起。寄生的种类，足部也仅成为肌肉质的小突起，如寄居螺。

（2）足部的腺体

足的皮肤表面通常具有大量单细胞黏液腺，这些单细胞黏液腺常集中在足的某一区域，构成一种皮肤凹陷，称足腺。常见的足腺有：足前腺（位于足的前缘沟）、上足腺（开口在吻和足的前缘中央线上）、腹足腺（开口于中央线上的前半段）和后腺（分为背后腺和腹后腺）4类。

足腺的作用主要是分泌黏液，润滑足的表面。有的种类足腺分泌物与空气相接触时硬化，可作为贝类的支持器，如蛞蝓属（Limax）足腺分泌物硬化呈丝状；海蜗牛属（Janthina）足腺分泌物则形成一种浮囊，内含空气，被覆在足的下面，使其借以漂浮及携带卵群。

（3）厣

厣是腹足纲独特的保护器官，由足部的后端背面皮肤分泌而成。厣的大小和形状一般与壳口一致，像一个盖子，可将壳口封住。但也有的种类[如芋螺（Conidae）和凤螺（Strombidae）等]厣极小，不能盖住壳口。有些种类[如鲍科（Haliotidae）、宝贝科（Cypraeidae）、后鳃类等]成体时无厣，但在个体发生期间具厣。肺螺类（Pulmonata）的成体多无厣，但某些柄眼目（如蜗牛）能分泌黏液形成"膜厣"，将壳口封闭以利越冬或渡夏。

厣为角质（如田螺）或石灰质[如蝾螺（Turbinidae）]，玉螺的厣内面角质、外面为石灰质。厣上有生长纹，分为螺旋形和非螺旋形两类，螺旋形有多旋和寡旋之分，非螺旋形又有同心形、覆瓦形和爪形等。环状或螺旋状的生长纹有一核心部，核的位置有时接近中央，有时偏向一侧。生长纹的形状在同种中是固定的，可作为分类的依据。

6. 头足纲

头足纲的足部特化成腕和漏斗两部分。

（1）腕

腕呈放射状环列于头的前方，口的周围。一般基部粗大，顶端尖细，横断面呈三角形或四方形。腕内侧生有吸盘，或有须毛和钩。吸盘列的两侧常有由皮肤延伸的薄膜，称为侧膜。鹦鹉螺亚纲（Nautiloidea）的鹦鹉螺具约94只腕；鞘亚纲（Coleoidea）的八腕目有8只腕；十腕总目除了有和八腕目相等的8只腕之外，还有1对专门用来捕捉食物的触腕或称攫腕（图1-1）。

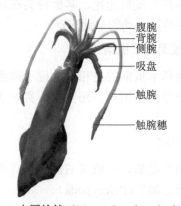

图1-1　中国枪鱿（*Uroteuthis chinensis*）的腕

鞘亚纲的腕是左右对称的，除了十腕总目的

1对触腕外，其余8只腕自背面向腹面分为左右相称的4对。背面正中央的2只为第1对腕，称背腕；向下接连的第2对腕、第3对腕，又称侧腕，其中第2对腕又叫第1对侧腕，第3对腕又叫第2对侧腕；腹面的一对腕为第4对腕，又称腹腕。

腕的长短随种类而不同，但在同一种内各腕的长度大体上是固定的。一般原始的种类腕较短，且各腕的长度略相等；演化的种类腕较长，且各腕长度不等。在分类学上常用1、2、3、4四个数字代表4对腕，并以这4个数字的排列顺序表示各腕长度的差别。

1）吸盘：鞘亚纲的腕和触腕穗的内面生有吸盘，吸盘在腕上的排列和构造是分类的依据。八腕目的吸盘是简单的环状肌肉盘，吸盘口部有环行肌肉，向内为放射状肌肉，吸盘中央有圆形小孔，孔内为一空腔。腕吸盘一般都排列成1行或2行，仅个别属有3行吸盘。

十腕总目的吸盘呈球状或半球状，以柄与腕相接。吸盘球的口部为圆形、半月形或成一条裂缝。口部周围有放射状的肌肉，口内为一空腔，腔壁周围生有角质环。角质环的外围有许多角质小板，环列在吸盘口外形成疣带。腕上的吸盘通常排列成2行或4行，触腕的吸盘则自4行至20行。一般中央数行或数个吸盘较大，在边缘、基部或顶端者较小。

吸盘主要是用来吸附外物，它依靠腔底面肌肉的收缩，使腔内成为真空，而吸附在外物上。吸盘口外的放射肌肉可以增加对外物的附着力，防止空气或水分渗漏。十腕总目的疣带和角质环，则是作为避免吸盘球移动的装置。

2）腕间膜：有些种类在腕和腕之间有由头部皮肤伸展而形成的腕间膜，或称伞膜。腕间膜在各腕之间并不是恒等的，在八腕目中，腕间膜弧三角的深度（由口至膜缘的垂直距离）在同种内比较恒定，可以作为分类的依据。

3）触腕：十腕总目特有的捕食器官，1对，位于第3、4对腕之间，通常较狭长。触腕基部有囊，称为触腕囊，触腕可以完全或部分缩入囊中。触腕通常具有1个极长的柄，柄的顶端呈舌状，称为触腕穗。触腕穗内面生有吸盘，有的种类还生有钩，外面有腕鳍。

4）茎化腕：鞘亚纲的雄性有1只或1对腕茎化成为茎化腕，又称交接腕或生殖腕，起输送精子的作用。茎化腕位置随种类而不同，八腕目通常右侧第3腕茎化，十腕总目一般是左侧第4腕或第4

对腕茎化。茎化腕通常与其相对应的一只腕形态不同，有的是长度缩小；有的是腕一侧的膜特别加厚而起皱褶，形成一个直通生殖腕顶端的精液沟；有的是部分吸盘缩小或变为肉刺；也有的是腕的末端形成1个舌状端器。茎化的部位有的在腕的顶端，如爱尔斗蛸（*Eledone*）；有的位于腕基部，如乌贼；有的则全腕茎化，如微鳍乌贼（*Idiosepius*）。茎化腕不仅可以用来鉴别雌雄性，还可用以区分不同的种类。

（2）漏斗

漏斗是由足部特化而来，贴附于头部腹面的漏斗陷部分。漏斗是头足纲主要的运动器官，也是排泄物、生殖产物、墨汁排出的通道。

原始种类［如鹦鹉螺（*Nautilius*）］，漏斗由两个左右对称的侧片构成的，但并不成为一个完全管子。鞘亚纲的漏斗由3部分组成。

1）水管：为一锥形管子，最前端游离，露于外套之外。在十腕总目，水管内面背侧常有1个半圆形或三角形的舌瓣，为防止水分从漏斗口进入体内的装置。由舌瓣向内在水管内壁的背、腹面，各有一个倒"V"形的腺状组织，称为腺质片或漏斗器。在八腕目，如短蛸（*Amphioctopus fangsiao*），其水管口内无舌瓣，漏斗器位于水管内壁的背面。漏斗器分泌物有润滑作用，可使漏斗便于排除渣滓，保持通畅。

2）闭锁器：水管基部一般较宽大，与身体相连接，隐于外套膜之内。闭锁器亦称附着器，是水管基部与外套膜相连接的结构。在十腕总目，闭锁器发达，呈软骨质，分为两部分：位于漏斗外侧基部者为一凹槽，左右各一，称为闭锁槽或钮穴，如乌贼为椭圆形，日本枪乌贼（*Loliolus japonica*）为长条形；位于外套膜内面，为软骨状突起，亦是左右各一，称为闭锁突起或钮突（图1-2）。闭锁突起恰好嵌入闭锁槽中。在八腕目中闭锁器不发达，无真正软骨质的构造，仅由漏斗基部两侧肌肉在左右两点加厚形成的突起以及在外套膜内面左右两侧形成凹陷而构成。

3）漏斗下掣肌：由漏斗基部向后，在身体的背面两侧各有1束控制漏斗动作的肌肉。

课程视频和PPT：
足部

三、内脏团

也称内脏块、内脏囊或背部隆起，位于身体背

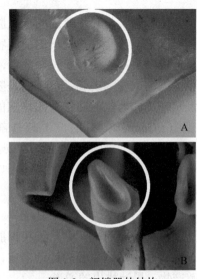

图 1-2 闭锁器的结构
A. 闭锁槽；B. 闭锁突起

面，包括心脏、肾脏、胃、肠和消化腺等内脏器官。除某些腹足纲外，都是左右对称的。

腹足纲的不对称是其特殊的演化特征。古生物学研究显示，下寒武纪腹足纲的化石是对称的，胚胎学研究也表明腹足纲担轮幼虫是左右对称的，到面盘幼虫才逐渐形成不对称，以上证据均说明腹足纲的祖先是左右对称的，其不对称的体制是在长期演化过程中形成的。

腹足纲祖先的体制是左右对称的，内脏团位于身体的背部，外被一个简单的贝壳。在以后的演化过程中，内脏团逐渐发达，渐次向背部隆起，因而贝壳也随着增高增大，形成了一个圆锥体。这种情况下，腹足纲难以保持平衡，对运动也有很大影响。这种体制可有两个演变方向：①使内脏团由直立变为扁平，像一般多板纲的形状；②使身体向后方倒下。腹足纲即采取第二种演变方式。但是内脏囊向后倒下的结果，是把外套腔的出口压在内脏和腹足之间，使腔内的水流不能顺利通流，直接影响了生理机能的正常进行。为解决这个问题，它们进行了旋转，先使外套腔的出口移到侧面，然后再向背面做 180° 旋转。旋转的结果是内脏的器官左右变换了位置，肛门从后端移到内脏囊的前方。为了减少贝壳的体积和高度，在旋转的同时，贝壳开始卷曲，形成了螺旋形的贝壳。

腹足纲由于旋转和卷曲的结果，使原来对称的体制变成了不对称。但某些腹足纲在继续演化的过程中，又进行了反扭转，内脏囊向右侧和后方旋转，恢复到原有的体制，如后鳃类。这一类动物的内脏器官左右位置不变，侧脏神经连索不交叉成

"8"字形，但在扭转时所消失的器官，如一侧的鳃、心耳和肾脏等，不再因反扭转而恢复，仍保留不对称的情况。

课程视频和 PPT：
内脏团

四、外套膜

外套膜由内外两层表皮和其间的结缔组织及少许肌肉纤维组成，是身体背侧皮肤褶皱向下延伸而形成的薄膜，通常向下包裹了整个内脏团和足部。在外套膜与内脏团之间，与外界相通的空腔称外套腔。大多数种类的外套腔内有呼吸器官——鳃，故又称呼吸腔。通常排泄孔、生殖孔和肛门甚至于口（双壳纲）都开口于外套腔中。

外套膜的表皮能分泌贝壳，故亦属保护器官。外套膜的边缘常生有触手、外套眼等感觉器官，司感觉功能。外套膜有血管分布，能辅助呼吸；依靠内侧的纤毛摆动，使水流在体内流动，并能通过外套边缘的收缩与舒张，控制外界水流进出体内。

外套膜的形状随贝类种类不同而异，通常可分为以下三种类型。

1. 外套膜覆盖在体躯的全背面

这种类型的外套膜见于多板纲、单板纲和腹足纲。

多板纲的外套膜简单，覆盖着整个身体的背面，围绕贝壳周围一圈，又称为"环带"，其上生有各种棘刺、鳞片和针束等。这些附属物的形状、大小和排列方式是分类上的特征。

单板纲的外套膜覆盖在体的背面，其边缘环绕着整个动物体的周缘，并能延伸到贝壳最外缘。外套腔呈浅槽状，腔的内壁与足分界。在加拉提亚新碟贝（*Neopilina galatheae*）外套腔的两侧有 5 对鳃，6 对肾孔都开口在外套腔中。

腹足纲的外套膜是一层很薄的组织，覆盖着整个内脏团，其游离边缘常在内脏团和足的交接处，环绕成领状；外套膜的边缘还常生有色素和触角等感觉器官。原始腹足纲的外套膜缘不呈连续状，其中央线上有一或长或短的裂缝，相当于直肠的末端，可以使排泄物迅速排出，如翁戎螺科（Pleurotomariidae）。有的种类在裂缝的两边可以有一点或数点愈着，使外套膜和贝壳形成一个或多个的孔，如钥孔蝛（*Fissurella*）和鲍等。有的种类外套膜的边缘显著扩张，如宝贝科（Cypraeidae）和

琵琶螺科（Ficidae），在运动时外套膜从贝壳的腹面两侧伸展于背部，把贝壳整个包被起来。

2. 外套膜悬于体躯的两侧

此种类型为双壳纲所独有。两片外套膜悬挂于内脏团的两侧，呈半透明状，中央区域薄，边缘较厚。根据两片外套膜的愈合情况可分为以下4种类型（图1-3）。

1）简单型（图1-3B）：左、右两片外套膜仅在背缘愈合，外套膜的前、后、腹缘完全游离，如胡桃蛤（Nucula）、不等蛤、蚶和扇贝等。

2）二孔型（图1-3C）：左、右两片外套膜除了在背缘愈合外，在外套膜的背部后方有一愈合点，这样将外套腔对外的开口分为两部分，即肛门孔和鳃足孔。肛门孔又称出水孔，是排泄粪便和废水的出口。鳃足孔又称入水孔，是水流和食物进入的孔道，如珠母贝、牡蛎、贻贝等。

3）三孔型（图1-3D）：外套膜边缘有两点愈合，即在第一愈合点的略近腹侧处，形成第二愈着点。有肛门孔、鳃孔和足孔，称为三孔型，如帘蛤科（Veneridae）、蛤蜊科（Mactridae）、砗磲科（Tridacnidae）等。有些种类愈合点特别延长，除去肛门孔、鳃孔和足孔外，外套膜边缘完全关闭，如船蛆（Tereinidae）、海笋（Pholadidae）等。肛门孔和鳃孔常常延长为管状伸出壳外，称为水管（图1-3E）。由肛门孔延伸者为肛门水管或出水管，由鳃孔延伸者为鳃水管或入水管。

4）四孔型（图1-3F）：外套膜边缘有三点愈合。在足孔和鳃孔之间，形成第三愈合点，这样外套膜有4个孔，即肛门孔（出水孔）、鳃孔（入水孔）、足孔和腹孔。腹孔的作用，是当进出水管缩入体内时，作为水流进出的孔道，如盘管蛎（Brechites）、孔螂等。

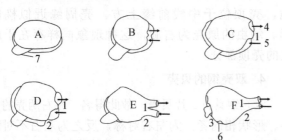

图1-3 双壳纲贝类外套膜愈合的类型（引自Cooke，1895）

A. 外套膜缘未愈合；B. 仅生水管痕迹尚未愈合；C. 外套膜缘在一处（1）愈合；D. 外套膜缘在两处（1，2）愈合；E. 水管发达，腹面的愈合部扩展至前方；F. 外套膜缘在三处（1，2，3）愈合

1、2、3. 愈合处；4. 出水孔；5. 入水孔；6. 腹孔；7. 足孔

3. 外套膜呈袋状，包裹整个内脏团

该类型为头足纲所特有。头足纲的外套膜又称"胴部"，肌肉特别发达，一般呈袋状，包裹整个内脏团。近海生活的种类胴部呈球状，如耳乌贼（Sepiolidae）；深远海种类，胴部较长，呈锥形或纺锤形，如柔鱼类（Ommastrephidae）。

十腕总目中，外套膜的边缘除有些耳乌贼种类的背部与头部愈合外，大部分的边缘是游离的，仅在腹部以漏斗基部的闭锁器与头部相连接。在八腕目中，外套膜边缘与头部在背部和两侧愈合，这样使外套膜开孔大大缩小，有的种类甚至小到只能容许漏斗伸出，如须蛸（Cirrothauma）。

在十腕总目中，胴部两侧或后部具由皮肤扩张而形成的肉鳍（鳍）。作为游泳辅助器官，鳍能用以保持身体平衡和前进方向。依据鳍在胴部上的位置，将其分为三种类型（图1-4）。

1）周鳍型：鳍位于胴部左右两侧全缘，末端稍有分离，如金乌贼（图1-4A）。

2）中鳍型：鳍位于胴部中端稍后两侧，状如两耳，如双喙卢氏耳乌贼（Lusepiola birostrata）（图1-4B）。

课程视频和PPT：外套膜

3）端鳍型：鳍位于胴部的后半部，左右两鳍在末端相连，彼此合并呈菱形，如中国枪鱿（图1-4C）。

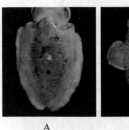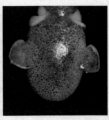

| A | B | C |

图1-4 头足类鳍的三种类型

A. 周鳍型；B. 中鳍型；C. 端鳍型

五、贝壳

贝壳作为保护器官，当动物遇到危险时，便将头和足缩入壳内，依靠坚硬的贝壳保护自己。绝大多数贝类具有1个、2个或多个贝壳。例如，双壳纲有2个贝壳，腹足纲贝类一般是单一呈螺旋状，掘足纲为1个呈象牙状贝壳，多板纲贝类具8块壳板，而头足纲的贝壳，有的具外壳，有的被外套膜包入形成内壳或退化。无板类没有贝壳。

1. 贝壳的成分和结构

（1）贝壳的成分

贝壳的主要成分为碳酸钙（约占95%），另有少量的贝壳素及其他有机物。在无机成分中含有镁、铁、碳酸钙、硅酸盐和氧化物。

（2）贝壳的结构

贝壳可分为3层，最外一层为角质层，中间的是棱柱层（又称壳层），内层为珍珠层（或称壳底）（图1-5，图1-6）。角质层的主要成分为贝壳素，是硬蛋白质的一种，类似人类的指甲、头发中所含的角质。棱柱层占据壳的大部分，由柱状方解石构成。角质层和棱柱层只能由外套膜背面边缘分泌而成。珍珠层由叶状霰石（文石）构成，外套膜的外表面均可分泌。珍珠层随着动物的生长而增加厚度，富有光泽。

上述是典型的贝壳组织情况，而种类不同，贝壳在构造上也有很大差异。例如，江珧的贝壳缺少角质层；乌贼、枪乌贼等只有相当于棱柱层的内壳，或相当于角质层的内壳，缺少珍珠层。

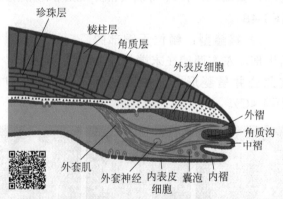

图 1-5　贝壳的结构（引自 Kocot et al.，2016）

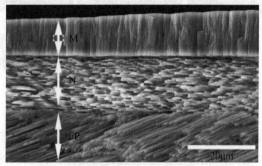

图 1-6　紫贻贝贝壳横截面扫描电镜图
（引自 Gao et al.，2015）

M. 棱柱层；N. 珍珠层；FP. 纤维棱柱层

2. 多板纲的贝壳

多板纲的贝壳由8块石灰质的壳板组成，自前向后端呈覆瓦状排列，通常不能将动物体完全包被（图1-7）。8块壳板按其形态和位置可分为3类。

（1）头板

最前面的一块壳板，呈半月形，在其腹面前方有半透明状的嵌入片。嵌入片常有齿裂，是分类上的特征。

（2）中间板

即中间的6块壳板，除大小略有差别外，其形态和构造相似，在腹面后方的两侧有嵌入片，前面两侧各有一白色、光滑的缝合片。每一块壳板按外形可分为3部分：中央凸出的部分为峰部，两侧为肋部，后方的两侧称翼部。

（3）尾板

最后方的一块壳板，呈元宝形，可分为中央区与后区两部分。尾板在腹面的后方有嵌入片，前方两侧有缝合片。

多板纲的贝壳虽然不能包被整个身体，但在这些贝壳的周围，外套膜的表面，还生有各种类型的鳞片、棘刺、骨针和角质毛等。

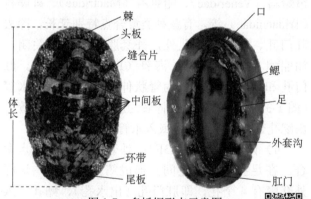

图 1-7　多板纲形态示意图

3. 单板纲的贝壳

单板纲具有1个扁平、帽状的贝壳，薄而脆，壳顶位于中线前缘上方，壳周缘近似椭圆形。幼虫的原壳为右旋，这种现象同样存在于成贝的壳顶部分。

4. 双壳纲的贝壳

双壳纲具有2片贝壳，故此得名。左右两壳的大小、形状相同者，为左右对称，反之为左右不对称（图1-8）。此外，贝壳上还有许多结构，如下所述。

1）壳顶：为贝壳背面一个特别突出的小区，是贝壳最初形成的部分（即称"胚壳"）。多数种类壳顶略偏前方，称为前顶；有些种类壳顶位于中央或后端，称为中顶或后顶。

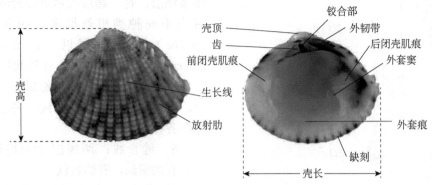

图 1-8　双壳纲贝壳形态示意图

2）小月面：为壳顶前方的凹陷，一般为椭圆形或心脏形。

3）楯面：壳顶后面与小月面相对的一面称为"楯面"，多浅而狭长。

4）生长线：贝壳表面有以壳顶为中心，呈同心环形排列的线纹。有时突出，生出鳞片或棘刺状突起。

5）放射肋：以壳顶为起点，向腹缘伸出放射状排列的条纹。有的种类有鳞片、小结节或棘刺状突起。

6）铰合部：在贝壳的背缘、壳顶内下方，两壳相互衔接的部分。通常较厚，有齿和齿槽。原始种类铰合齿数目多、形状相近，演化的种类铰合齿数目少，形状多变，根据所处的位置可分主齿和侧齿两种。主齿位于壳顶部的下方；侧齿位于主齿的前、后两侧，前侧者称为前侧齿，后侧者称为后侧齿。有些种类铰合部无齿。

7）韧带：铰合部背面连接两片贝壳并有开壳作用的黑色几丁质结构。据其位置可分为外韧带与内韧带两种。一般外韧带多位于壳顶后面两壳的背缘；内韧带多位于壳顶下方，铰合部中央的韧带槽中。这两种韧带，在同种中可以同时存在，但大多数贝类只有一种韧带。

8）肌痕：贝壳内面凹陷而光滑，通常具有清楚的外套膜环走肌、水管肌、闭壳肌以及足的伸缩肌等痕迹。

a. 外套痕：外套膜环肌在贝壳内侧留下的痕迹。随种类不同，有的紧靠贝壳边缘；有的远离贝壳边缘。

b. 外套窦：外套痕末端向内弯入的部分，是水管肌留下的痕迹。水管发达的种类外套窦很深；水管不发达的种类较浅；没有水管的种类则没有外套窦，水管不能缩入壳内的种类如宽壳全海笋（*Barnea dilatata*），外套窦极浅或不明显。

c. 闭壳肌痕：闭壳肌的痕迹。1 个或前后两个；两个闭壳肌痕的种类，又有前后两肌痕相等和不相等之分。

9）壳耳：是翼形下纲（Pteriomorphia）壳顶前、后的翼状突起。前端称为前耳，后端的称为后耳。有的种类前、后耳等长；有的前耳大于后耳；有的后耳大于前耳。

10）栉孔：为扇贝类所特有。为右壳前耳基部的 1 缺刻，为足丝伸出的孔，也称足丝孔。在缺刻的腹缘有栉状小齿，故名栉孔。

11）贝壳方位的确定：双壳纲贝类方位的辨别，首先是确定前后方位，而后再辨别左右和背腹。一般来说：①壳顶尖端所向的通常为前方；②由壳顶至贝壳两侧距离短的一端通常为前端；③有外韧带的一端为后端；④有外套窦的一端为后端；⑤具有一个闭壳肌的种类，闭壳肌痕所在的一侧为后端。

贝壳的前后方向确定后，以手执贝壳，使壳顶向上，壳前端向前，壳后端向观察者，则左边的贝壳为左壳，右边的贝壳为右壳，壳顶所在面为背方，相对面为腹方。

12）贝壳的测量：由壳顶至腹缘的距离为壳高，由前端至后端的距离为壳长，左右两壳面间的最大距离为壳宽。

5. 掘足纲的贝壳

掘足纲的贝壳呈牛角或象牙状，亦称之为"角贝"或"象牙贝"。壳的两端开口，粗端为前端，其开口称为"头足孔"，壳的细端即后端，开有小孔，称为"肛门孔"。壳侧的凹面为背方，凸面为腹方。壳表具有生长纹和纵肋（图 1-9）。

6. 腹足纲的贝壳

腹足纲通常具 1 个螺旋形的贝壳，仅少数种类具双壳［如双壳螺（*Berthelinia*）］，也有些种类在

图 1-9　掘足纲贝壳示意图

成体时贝壳完全消失〔裸鳃类（Nudibranchia）〕。

腹足纲的贝壳可分为螺旋部和体螺层两部分（图 1-10）。体螺层与螺旋部的大小的比例随种类而不同，有的螺旋部较小，体螺层极大，如鲍、宝贝（Cypraea）等；有的螺旋部极高而体螺层极小，如锥螺（Turritella）；有的种类贝壳呈笠状，不具螺旋，如嫁蝛（Cellana）。

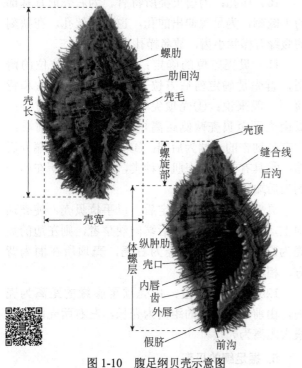

图 1-10　腹足纲贝壳示意图

1）螺旋部：是动物内脏囊盘曲之处，又分为很多螺层。

2）体螺层：是贝壳最后的一层，容纳动物的头部和足部。

3）壳顶：螺旋部最上面的一层，是动物最早的胚壳。有的尖，有的呈乳头状，有的常磨损。

4）螺轴：贝壳旋转的中轴。

5）螺层：由壳顶至基部的体螺层中间常分为很多螺层，每一螺层表示贝壳旋转 1 周。螺层的数目在不同种类相差很多，如笋锥螺（Turritella terebra）可达 20 层以上，而杂色鲍（Haliotis diversicolor）只有数层。计算螺层的数目，是以壳口向下，数缝合线的数目然后加一，就是螺层的数目。在螺层表面常有生长线、突起、横肋、纵肋、棘和各种花纹。

6）缝合线：两螺层之间相连接处称为缝合线，有的很深，有的较浅。

7）壳口：在体螺层基部的开口称为"壳口"，壳口的形状与动物的食性有关。肉食性种类壳口的前端或后端常具缺刻或沟，为"不连续壳口"或"不完全壳口"；草食性种类的壳口大多圆滑无缺刻或沟，称为"完全壳口"，如马蹄螺（Trochus）。

8）前、后沟：壳口不完全的种类，在壳口的前端的沟为前沟，后端的沟为后沟。有的种类前沟特别发达，形成贝壳基部的一个大型棘突，或成为吻伸出的沟道，如骨螺（Murex）；后沟一般都不发达。

9）内、外唇：壳口靠螺轴的一侧为内唇，内唇边缘常向外卷贴于体螺层上，在内唇部位常有褶，如笔螺（Mitra）和榧螺（Oliva）。内唇相对的一侧为外唇，外唇随动物的生长逐渐加厚，有时亦具齿或缺刻。

10）脐和假脐：螺壳旋转在基部遗留的小窝称为脐。各种螺类脐的深浅不一，有的很深，有的很浅，有的被内唇边缘所覆盖而不明显。有的种类由于内唇向外卷转在基部形成了小凹陷，称为假脐，如红螺。

11）左旋与右旋：腹足纲由于演化过程中经过旋转和卷曲，形成了不对称的体制，贝壳变成螺旋形。贝壳的卷曲，有的自左至右，有的自右至左，因此形成了贝壳的右旋和左旋。判断旋转方向时，将壳顶向上，壳口朝向观察者，壳口在螺轴的左侧者为左旋，在右侧者为右旋。大多数的种类为右旋，少数为左旋，极个别的种类，如椎实螺（Lymnaeidae），左旋和右旋同时存在。

12）腹足纲贝壳方位的确定：贝类的前、后、左、右方位是按动物行动时的姿态来决定。壳顶端为后端，相反的一端为前端；有壳口的一面为腹面，相反面为背面。以背面向上，腹面向下，后端向观察者，在右侧者为右方，在左侧者为左方。

13）贝壳的测量：腹足纲的大小常用壳高与壳宽两个指标来描述。在测量贝壳时，由壳顶至基部的距离为壳高，体螺层左右两侧最大的距离为壳宽。

7. 头足纲的贝壳

鹦鹉螺亚纲具有 1 个分室的螺旋形外壳。进化种类（鞘亚纲）的贝壳多退化，有的退化为石灰质内壳，有的成为角质内壳，或者壳退化消失或形成次生壳。

乌贼类的内壳为石灰质，俗称"海螵蛸"，贝壳周围具有角质缘，此缘扩展至背楯向后方的闭锥抱合形成 2 层边缘，内方的一缘直接与闭锥相接形成内圆锥体，外缘环绕贝壳全缘形成外圆锥体。枪鱿类的内壳为角质羽状，薄而透明。八腕目没有真正的内壳。须蛸仅具有 1 个小的中央片；有些章鱼物种具 2 个小侧针，位于体背表皮下中线的两侧，用作附着漏斗器和头的收缩肌。船蛸贝壳完全退化，但雌体具有由背腕分泌的石灰质的次生壳，这使得船蛸（Argonautidae）雌雄两性严重异形。雌性个体将卵子产于次生壳内，故次生壳又称其为孵卵袋。

课程视频和PPT：贝壳

第三节　贝类的内部构造

一、神经系统

1. 中枢神经系统

贝类 8 个纲中，最原始的为沟腹纲、尾腔纲、多板纲及单板纲，统称为双神经类，它们的神经中枢尚未分化成明显的神经节，仅以围咽头部的环状脑部以及由此派出的自腹面走向后方的足神经索及自侧面走向后方的侧神经索为基础中枢部，由此神经中枢部派出神经到身体的各部。

在其他各类较高级的软体动物中，则有数对明显的神经节，与连接各神经节的联络神经共同形成神经中枢。主要的神经节有四对：脑神经节、足神经节、侧神经节和脏神经节。

脑神经节 1 对，位于食道背侧，派出神经到头部或体之前部，主要司头部的感觉作用。足神经节 1 对，位于足的前部，派出神经至足部，司足的运动和感觉。在原始的类型中，侧神经节在前，脏神经节在后，中间由侧脏神经连索连接相连，侧神经节派出神经至外套膜和鳃；脏神经节派出神经到消化管及其他内脏诸器官。通常这些神经节皆有集中

于局部一处而存在的倾向，在大多数种类中集合在体前部、食道的背后。除了腹足纲的侧神经外，通常每一对神经节都有横向神经连接相连，各神经节之间复有纵连结相互联络。联络脑神经节与足神经节的神经连结称为脑足神经连索。联络脑神经节与侧神经节的神经连结称为脑侧神经连索。联络侧神经节与脏神经节的神经连结称为侧脏神经连索。这些神经节的排列状态、连结的长短等均随动物的种类而不同。有些种类还具有其他神经节，在腹足纲中有很多种类脑侧神经连索左右交叉成"8"字形。

2. 感觉器官

动物体表面的表皮层内分布有许多专司感觉的神经末梢。尤其是在外套膜的内面，分布腺体的区域对感觉特别灵敏。有些部位还特别发达，成为特殊的感觉器官，常见以下几种。

（1）触觉器官

腹足纲头部的前端有一对或两对触角，双壳纲和腹足纲的外套膜边缘常生有小触手，有触觉的功能。此外，头足纲的腕和掘足纲的头丝也有触觉的作用。

（2）视觉器官

腹足纲和头足纲在头部生有一对眼，又称头眼。腹足纲触角基部或顶端具一对对称的头眼。头眼的构造和发达程度随种类而异，如鹦鹉螺仅由表皮的一部分凹陷形成网膜，凹陷部开口，也无折光体；马蹄螺眼虽开放式，但有玻璃体；大多数腹足纲和头足纲的眼是封闭的，具有角膜和晶体。特别是乌贼和章鱼的视觉器官，构造极为复杂，与高等动物的眼构造相仿。

掘足纲和双壳纲的成体皆无头眼，但是在外套膜上常生有特殊的感光器官，称为外套眼。例如，在扇贝和蚶的外套膜边缘上均生有外套眼；多板纲也无头眼，但其贝壳上生有微眼（贝壳眼）。肺螺类的石磺（Onchidium）除有正常头眼外，在身体背面还生有多数外套眼。外套眼来源与头眼相同，亦为带色素的皮肤凹陷而形成的，随种类不同形成各种不同构造。

除头足纲和异足类（Heteropoda）外，其他软体动物的视力都很弱。亦有不少软体动物没有眼，依靠皮肤来完成感光作用。

（3）平衡器

多数软体动物的足部有平衡器，左右各一，由足部皮肤陷入而构成的小胞所形成，胞内含有耳

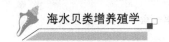
石，胞壁具有感觉细胞和纤毛细胞。在双壳纲的指纹蛤（*Acila*），平衡器的小胞囊有一小管与外界相通，而在其他种类中则与外界隔绝，埋于足中。通往平衡器的神经，一端与足神经节相连，另一端与脑神经节相连。平衡器感受环境的变化和足部的外部压力，匍匐行走的种类用它保持平衡。而营固着生活、没有移动器官的种类，成体时缺少平衡器。

（4）嗅觉器官

除以上所述的感觉器官外，贝类在口中有司味觉的感觉细胞群。双壳纲、腹足纲和头足纲外套腔内的嗅检器以及头足纲眼腹侧的 1 对嗅觉陷均为司嗅觉的器官。

二、消化系统

消化管有两个开口，即口和肛门。通常口在前端，肛门在反口端，但腹足纲可以经过旋转，使肛门转移至前方而不在反口端。在内寄生的种类，像寄生在棘皮动物体内的腹足纲（如内寄螺），消化管退化，仅具一孔。

1. 消化管

消化管可分为三段：前肠，包括口腔和食道；中肠，即膨大的胃；后肠，即肠的本身。消化管由内胚层形成，口、食道与肛门则是由外胚层凹陷与消化管沟通而形成。

（1）口与口腔

口是位于消化管一端的简单开孔，口后有一呈球状的膨大部，即口腔。双壳纲没有口腔，其他各类口腔壁有发达的颚片和齿舌等皮层形成物。

颚片位于口腔前部，为摄取食物之用。大部分腹足纲颚片在口腔两侧，左右成对，但嫁蜮、琥珀螺（*Succinea*）等只有一个颚片，位于口腔背面。头足纲的颚片则背腹成对。

齿舌是软体动物独有的器官。除新月贝、双壳纲、腹足纲中的个别种类和头足纲的须蛸没有齿舌外，其他的原始或高等贝类均有齿舌。齿舌位于口腔底部舌突起的表面，由横列的角质齿板组成，状似锉刀。贝类摄食时，齿舌常翻出外方，舐取食物，并通过肌肉收缩，使齿舌作前后方向的活动以便锉碎食物。

齿舌上有许多小齿，小齿的形状、数目和排列方式变化很大，但属内各种基本一致，是贝类物种鉴定的重要特征。小齿通常以一定的方式组成排列，许多横列构成一条齿舌。每一横列通常有中央齿一枚，左右两侧有一对或数对侧齿，边缘有一对或数对缘齿。

（2）食道

口腔下为食道。食道有时具各种附属膨胀部，如腺体素囊等。

（3）胃

食道下为胃，胃侧有时具盲囊。在双壳纲和某些腹足纲中，胃内皮层特别发达，形成几丁质的胃楯或角质甚至石灰质的咀嚼板。大多数草食性种类中，有具消化作用的晶杆，其自晶杆囊中伸出到达胃中。胃或肠的前端有肝胰脏的消化腺开口。

（4）肠

位于消化管的后段。许多种类的肠具有纵向突起，2 个纵突起间形成一凹陷，称为肠沟。

（5）肛门

是消化道末端的开孔，为粪便排出的通道。双壳纲的肛门位于后闭壳肌后部；腹足纲中前鳃类的肛门在外套腔右侧前方，后鳃类和肺螺类在外套腔后方；头足纲的肛门开口于外套腔前部中央线上。

2. 消化腺

（1）唾液腺

大多数种类的唾液腺分泌黏液，能够润滑口腔。肉食性贝类能分泌消化酶（蛋白酶和淀粉酶）；玉螺等的唾液腺能分泌酸液，豹纹蛸等的唾液腺则能分泌毒液。

（2）肝脏或肝胰脏

肝脏或肝胰脏的主要功能是分泌消化酶，营细胞外消化；双壳纲的肝胰脏中有吞噬细胞，可营细胞内消化；后鳃类和肺螺类的肝脏有排泄作用。贝类肝脏还有一定的分解毒物的能力。

（3）食道腺

为腹足纲特有的腺体。骨螺的食道腺称勒不灵氏腺，能分泌蛋白酶进行消化作用；在弓舌类[如芋螺、笋螺、塔螺（Turridae）等]，食道腺能分泌毒液。

三、呼吸系统

生活在水中的贝类用鳃呼吸，鳃通常由外套膜内面皮肤伸张而成，这种鳃特称为"本鳃"。有些贝类本鳃消失，而由皮肤代营呼吸，或在皮肤表面形成二次性鳃，进行呼吸作用。陆生腹足纲的外套膜壁则特化为血管网状的"肺"。

在贝类的 8 个纲中，沟腹纲的一些种类（龙女簪）和掘足纲也没有鳃。多板纲的鳃呈羽状，数目随种类而异，6～88 对，位于外套沟内两侧；单板纲的外套沟中具 5 对羽状鳃。

双壳纲的外套腔中有 1 对鳃，是由外套膜的内侧壁延伸形成。鳃的构造随动物的种类而有变化。按其形态和结构可以分为原始型、丝鳃型、真瓣鳃型和隔鳃型 4 种类型。

腹足纲原始的生活方式为水生生活，通过本鳃营呼吸作用。本鳃位于外套腔中，原始的鳃中轴两侧列生多数鳃叶，形成羽状，称为楯鳃；后演化为仅在鳃轴一侧列生鳃叶，形成栉状，称为栉鳃。原始的腹足纲（如鲍）具有鳃一对，分别于左右两侧，但多数腹足纲由于两侧生长差异，仅在一侧有鳃，另一侧鳃则退化消失。后鳃类有些种类本鳃消失，在其背部生出二次性鳃；有些种类缺少专有呼吸器官，而以皮肤营呼吸作用；适应陆地上生活的肺螺类（如蜗牛），本鳃则完全消失，在呼吸腔内形成书肺（又称肺囊）营呼吸作用。

头足纲中的鹦鹉螺有 2 对鳃，鳃大部分是游离的。其他生活的头足纲只有 1 对鳃，鳃的背侧由薄的肌肉褶与外套膜相连。鳃呈羽状，在鳃丝的内部有微血管循环。鳃面没有纤毛，依靠外套的收缩作用，产生呼吸水流的运动。沿着鳃的附着腺上，有一个特别的原质器官，称为"鳃腺"，腺上布有血管。

四、循环系统

1. 心脏

心脏是循环系统的中枢部位，位于背隆起的背侧，存在于围心腔中。心脏由心室和心耳两部分组成。心脏常为一个，其壁由较厚的肌肉质层构成。心耳的壁较薄，或为一对，位于心室的左右两侧，对称排列；或为一个，位于心室的一侧，与鳃同侧排列。在头足纲鹦鹉螺亚纲中，有心耳两对。在单板纲、多板纲、双壳纲和头足纲的鞘亚纲均有一对心耳。沟腹纲、尾腔纲的多数种类和腹足纲只有一个心耳，腹足纲心耳位于心室的前方或后方，腹足纲的前鳃类和后鳃类即根据这个特征区分的。

2. 围心腔

围心腔位于身体背后部，一般 1 个，单板纲 1 对。围心腔膜由单层细胞组成，腔内充满围心腔液。围心腔的作用是保护心脏，使心脏悬浮在围心腔液中免受肌体组织的压挤，避免跳动时与周围组织摩擦受损。围心腔液的成分与海水接近。

3. 血液

贝类的血液一般无色，内含变形虫状的血细胞。有些种类血中含有血红素或血青素，使血液变成红色或青色；也有一些种类的血色素是摄自外来的血素。血的密度一般比水大，生活在海水中的种类，则与周围环境中的海水相似，但章鱼血的相对密度为 1.147，比海水密度高。

4. 循环方式

1）开放式循环：大多数贝类的循环方式是开放式的，血液自动脉管流出后，进入组织间的血窦中，经肾脏、呼吸器官然后收集到静脉中。

2）封闭式循环：十腕总目的头足类，动脉管和静脉管由微血管联络，成为闭锁循环。

5. 附加的循环器

（1）收缩性血管

普通乌贼（*Sepia officinalis*）、真蛸（*Octopus vulgaris*）等的腕和内鳃膜，有蠕动性动脉血管，靠温度和内部压力以及内脏神经节调节脉搏率。一些贝类的血管有弹性纤维，如乌贼大动脉管壁和肝、腕、胴体、鳃的血管都有，可能参与部分收缩作用。

（2）副心脏

由收缩性的血管到类似心脏的构造是贝类的重要进化，在牡蛎排水孔外套膜的内面有一对搏动的血管，称为"副心脏"。牡蛎的副心脏主要接收来自排泄器官的肾脏的血液，然后把血液再送到外套膜。副心脏具有独自的收缩规律，而与心脏的搏动无关。

（3）胚体收缩囊和幼虫心脏

胚体收缩囊构造存在于贝类胚胎阶段，在心脏出现之前，与变异的血管性质颇不相同。例如，野蛞蝓（*Agriolimasx agrestis*）的胚胎具有 2 对互相交替的收缩窦，能够将体液从一端运送到另一端。但"幼虫心脏"的名称适用于脉动构造，后鳃类（*Adalaria proxima*）幼虫仅仅能引起外套腔内含物

的运动。

五、排泄系统

1. 肾脏

原始的贝类具有一对肾脏；大多数的腹足纲只有一个肾脏，其对侧的一个肾脏与同侧的心耳和鳃一起消失；鹦鹉螺则有两对肾脏。

肾脏一般呈囊状，由具有纤毛的肾管形成。肾管的一端与围心腔相通，另一端开口在外套腔中。肾管不仅输送集于围心腔内的废物，并且肾管壁的一部分是腺质细胞，能承受血液中的原始废物，一并排出体外，管的后半部具有纤毛，构成排泄管。

2. 围心腔腺

在腹足纲、双壳纲和头足纲中的许多种类，围心腔壁上的腺体也具有排泄作用。围心腔腺是由围心腔壁上皮分化而成，由扁平细胞、网状结缔组织和小血管组成，因其含黄褐色颗粒细胞，故呈褐色。高等贝类的围心腔腺不发达。

3. 吞噬细胞

贝类体内各组织中都有吞噬细胞，这些吞噬细胞能将体内废物或外来物质搬运到肾脏，直接排入肾脏中。围心腔和心耳中的吞噬细胞能把废物直接排入围心腔中。

4. 其他

腹足纲后鳃类中肝脏的一部分细胞形成重要的排泄器官。腹足纲血窦身体各处的血窦中存在着莱狄氏细胞，有排泄作用。乌贼鳃心腺质附属物是血管外（静脉窦末段）外被覆的腺质附属物，呈海绵状，是肾的分泌部分，亦有排泄作用；乌贼消化腺外层细胞也具排泄功能。

六、生殖系统

软体动物一般为雌雄异体，但如沟腹纲的新月贝、腹足纲前鳃亚纲中的几个属和后鳃类、肺螺类以及双壳纲中的某些种属为雌雄同体。大多数贝类具有1个或1对生殖腺，生殖腺由滤泡、生殖管和生殖输送管三部分构成。滤泡和生殖管具生殖上皮，能产生生殖细胞；生殖输送管为由许多生殖管汇集成的较大导管，内端通向生殖腺腔，外端开口于外套腔或直接与外界相通，内壁为纤毛上皮，其作用是输送成熟生殖细胞。

在腹足纲和头足纲中，生殖系统除了性腺外，还有交接突起、交接囊、蛋白腺、黏液腺、指状腺、摄护腺、储精囊等生殖附属物。

1. 沟腹纲和尾腔纲

除毛皮贝外，均为雌雄同体。生殖腺通常成对，但在毛皮贝中合二为一。生殖腺与位于后端的围心腔前部相连，生殖输送管不直接通外界，成熟的生殖细胞落入围心腔中。肾的一端开口在围心腔中，另一端开口在体腔，生殖细胞经肾管而排出外界，故肾管兼具输送生殖产物的作用。

2. 多板纲

大多数种类为雌雄异体，但也有少数为雌雄同体。雌雄生殖腺皆位于身体背侧中央，在围心腔的前方，呈长筒状。精巢呈红色，卵巢呈绿色。生殖输送管1对，自生殖腺后端背面两侧伸出，末端开口在外套沟中。

3. 单板纲

单板纲为雌雄异体，没有性变现象。两对性腺位于身体的中部。每个性腺由性管通至第三和第四对肾孔，精子或卵子由这两对肾孔排出，行体外受精。

4. 掘足纲

通常为雌雄异体，生殖腺位于体后方正中央，为长形的器官。生殖输送管与右侧肾管相连，生殖产物经右肾管排出。

5. 双壳纲

一般为雌雄异体，但在扇贝科、贻贝科、牡蛎科、蚬科、鸟蛤科和鸭嘴蛤科的某些种类也有雌雄同体。双壳纲通常具有一对生殖腺，一般位于内脏囊的表层部，有的伸入足部，个别的则伸入外套膜内。生殖器官的外形像一个脉状分支的盲囊式器官。

生殖腺一般由滤泡、生殖管和生殖输送管三部分构成。滤泡是形成生殖细胞的主要部分，由生殖管分支末端膨大而形成的，呈囊泡状；生殖管叶脉状，也是形成生殖细胞的主要部分，密布在网状结缔组织之间，并与滤泡相连接；生殖输送管为由许多生殖管汇集而成的较大导管，管内壁纤毛丛生，缺乏生殖上皮，开孔在后闭壳肌的下方和内鳃基部，有输送成熟的生殖细胞的功用。

原始类型的生殖腺，如胡桃蛤，其生殖输送管开口在同侧肾管的基部，接近围心腔，生殖细胞经肾管而排出。不等蛤科和扇贝科的生殖腺开口也在肾管内，不过靠近肾管的外孔；在蚶类中生殖腺开口则更靠近肾外孔。牡蛎和某些满月蛤（Lucinidae）的生殖孔和肾孔开口在一个共同的孔或共同的排泄腔内，而贻贝科中的某些种类则开口在一个共同的乳突上。此外还有一种比较普遍的情况，如蚌，生殖孔开口紧靠肾孔。

6. 腹足纲

生殖器官由生殖腺（精巢或卵巢）、生殖输送管（输精管或输卵管）、交接突起（阴茎）和交接囊（受精囊），以及各种附属物等组成的。

1）生殖腺：生殖腺是单一的，通常位于背侧内脏囊顶部；生殖腺呈簇状，由很多滤泡构成的紧密的块状体，或者分散在肝脏上或肝脏内。

2）生殖输送管：雌性和雄性的生殖输送管略同。在原始腹足目中的钥孔蜮，输送管与肾及围心腔均相通；其他的原始腹足目，如鲍，仅与肾脏相通；在中腹足目和新腹足目中，生殖输送管与肾脏无关，呈长管状，经直肠右侧，直接开口在外套腔中。

3）交接突起：大多数的中腹足目和新腹足目贝类，雄性具有交接突起，常位于身体前部右侧，与输精管的外孔相距不远。

4）交接囊：大多数雌体具有输卵管和交接囊（受精囊）；亦有具备育儿室或孵化室的特殊囊状部。有些种类，如黑螺（Melania），自输卵管的外孔至孵化室的体壁面，亦具有纤毛沟。

在海天牛（Elysiidae）等贝类中，由于交接囊和生殖输送管的分离，又形成了一个孔，此时有两个雌生殖孔，一是交接孔，另一个是输卵孔。

5）生殖附属物：雌雄同体具有一个生殖孔的种类，阴茎常有一个附属物，有时为一几丁质形成物，如扁卷螺（Planorbidae）中为单一的针状物，有的为多数的针状物，海牛类则有一个特别的囊。在输出管的末端，还有许多腺体。

具两个外孔（雄孔、雌孔）的肺螺类，在雌性生殖输送管部分，有一肥大的蛋白腺；具 2 外孔和 3 外孔（雄孔、交接孔、输卵孔）的后鳃类，在输卵管部分有蛋白腺及相邻的黏液腺。这些腺体可以分泌物质形成卵群的胶质膜。在柄眼类输卵管的末部，有一个腺质的柄状物，或具有许多分支的两个囊形腺体，称为指状腺。在两个指状腺之间有一个特别的囊，叫做射囊（恋矢囊），能分泌形成石灰质的刺。在输精管部有时有长形的摄护腺。某些柄眼类的交接突起上具有一个长盲囊，叫做鞭状体，能分泌形成精荚。

7. 头足纲

雌雄异体，两性异形，雌雄性状常很显著。例如，中枪鱿（Loligo media）雄性一般比较长；雌船蛸较雄性约大 15 倍，而且雌性背腕极膨大，具有一个由背腕分泌的二次性的外壳。一般头足纲雌雄的区分在于雄性有一个或一对腕茎化，变为交接用的茎化腕。

头足纲的生殖器官为一个精巢或卵巢，位于身体后端的体腔内，形成体壁上一个大的隆起。生殖产物的输出管开口在体腔（生殖腔）中，输出管上有腺体。鹦鹉螺有两个输出管，但是只有右侧的一个起作用，左侧的一个仅有一个外孔，不与体腔相通。大部分鞘亚纲物种的雌性个体具两个对称的输卵管。鹦鹉螺则以口外方的肉穗行交接作用。

（1）雌性生殖器官

雌性生殖器官包括卵巢、输卵管、蛋白腺、缠卵腺和副缠卵腺等。卵巢是体腔壁的一部分，通常体腔壁形成一个强大的突起，突起的壁向内陷入，因此构成卵巢腔。卵细胞包在滤泡内，每一滤泡只含一个卵，以卵柄固定住。卵成熟时，由于相互的挤压而成为多面体。繁殖季节时，成熟的卵外皮自行破裂，落在体腔（生殖腺腔）内，然后到输卵管内。

在输卵管中，卵子穿过膨大的输卵管腺或蛋白腺。鹦鹉螺输卵管腺的膨大部位于生殖腺腔的壁上；十腕类的位于输卵管的末方自由端；八腕类的位于输卵管长度的一半处，船蛸输卵管腺不发达。输卵管腺由明显的两部分组成。外套腔的内壁，与输卵管没有直接联系，分化出一对对称的腺体，称为缠卵腺。鹦鹉螺的缠卵腺在外套膜的侧方；鞘亚纲在内脏囊的壁上，直肠的两侧，且开口在生殖孔附近；但某些大王鱿和八腕目种类缺少缠卵腺。乌贼在缠卵腺前方还有一对较小的第二腺体，称为副缠卵腺。

输卵管和缠卵腺能产生卵的外被和一种弹性物质，这种弹性物质遇水时很快硬化，把卵子黏附成卵群。

（2）雄性生殖器官

雄性生殖器官包括精巢、精巢囊、输精管、储精囊、精荚囊和端器等。与卵巢相似，精巢也是体腔特化的一部分，在此发育精子。成熟的精子由一个孔落入精巢囊内，由此通向输精管。鹦鹉螺输精管的通道上有一个腺质囊，称为精囊；一个收集器，称为尼德汗氏囊，或精荚囊。鞘亚纲种类除了有精囊和精荚囊之外，在两囊间具一摄护腺。例如，乌贼输精管在精囊和摄护腺间还有一个小管，开口在外套腔内；在水孔蛸的输精管基部分裂为两管，均开口在精巢囊内。

精子在输精管开始处是游离的，到达第一腺质囊——精囊时就开始包被一种鞘状的外皮，形成精荚，最后精荚进入精荚囊中，彼此以平行方向排列。成熟时，精荚由输精管经漏斗到达茎化腕。每个精荚是由一个带有弹性的鞘内陷形成，凹陷的深处积蓄精子，一端时常卷曲成螺旋形的弹出装置。精荚成熟后，弹出部分延长，牵引出内部积蓄的精团，并自行破裂，将所含的精子释放出来。

复习题

1. 简述贝类的基本形态特征。
2. 简述不同类别贝类足的基本特征。
3. 简述贝类外套膜的基本特征。
4. 简述不同类别贝类的贝壳特征。

第二章　　　　贝类的生态

第一节　贝类的分布

贝类的分布包括水平分布和垂直分布两方面。

一、水平分布

又称区域分布。贝类水平分布范围的大小主要取决于它们对外界环境因素（如温度、盐度等）的适应能力，据此可将贝类分为广温/广盐性贝类和狭温/狭盐性贝类。

1. 广温/广盐性贝类

对温度适应范围广的贝类称为广温性贝类。广温性贝类可以分布在几种不同气候类型的海域，如长牡蛎（*Crassostrea gigas*）从热带性气候的印度洋一直蔓延到我国的亚寒带地区；船蛆（*Teredo navalis*）的分布几乎遍及全世界。嫁蝛（*Cellana toreuma*）、四角蛤蜊（*Mactra quadrangularis*）、毛蚶（*Scapharca kagoshimensis*）、短文蛤（*Meretrix petechialis*）、缢蛏（*Sinonovacula constricta*）、金乌贼和短蛸等在我国南北沿海都有广泛分布。

对盐度适应范围广的贝类称为广盐性贝类，可以生活在不同盐度的水域。河蚬（*Corbicula fluminea*）为淡水性贝类，但能在咸淡水里生长与繁殖；近江牡蛎（*Crassostrea ariakensis*）、船蛆和吉村马特海笋（*Aspidopholas yoshimurai*）为海洋贝类，但能在盐度很低的海水中繁殖；多形饰贝（*Dreissena polymorpha*）更是一个特别的例子，它从黑海进入淡水中，沿河流进入波罗的海。

2. 狭温/狭盐性贝类

对温度或盐度适应范围较窄的贝类，称为狭温性或狭盐性贝类，其水平分布范围较局限。例如，眼形隐板石鳖（*Cryptoplax oculata*）、长耳珠母贝（*Pinctada chemnitzi*）、鳞砗磲（*Tridacna squamosa*）、水字螺（*Lambis chiragra*）、拟目乌贼（*Sepia lycidas*）、锦葵船蛸（*Argonauta hians*）等，只能生活在热带和亚热带正常盐度的海水中，在我国只分布在东、南沿海。另一些种类，如函馆锉石鳖（*Ischnochiton hakodadensis*）、江户布目蛤（*Protothaca jedoensis*）、香螺（*Neptunea cumingii*）、四盘耳乌贼（*Euprymna morsei*）等，在我国仅分布于北部沿海。

二、垂直分布

贝类的垂直分布范围很广，不同种类的垂直分布差异很大。例如，霍氏萝卜螺（*Radix hookeri*）能够生活在海拔 3900～5470m 的高原上；威氏肋马蹄螺（*Carinotrochus williamsae*）生活在水深 1300m 的卡罗琳海山；俗称小飞象的葛氏蛸（*Grimpoteuthis imperator*）可以生活在水深 7000m 的深海。

同种贝类不同个体的垂直分布范围也很大，如格陵兰玉螺（*Euspira montagui*）自水深 2～1290m 处都有分布；孔螂科和杓蛤科的种类则生活在数十米至千米的深海底。有些远洋性的头足类白天沉没在深水处，晚上则上浮到海面。

大部分海产双壳类及腹足类生活在潮间带及浅海。例如，黑荞麦蛤（*Xenostrobus atratus*）、纵带滩栖螺（*Batillaria zonalis*）、短滨螺（*Littorina brevicula*）等生活在高潮线附近，而粗衣蛤（*Beguina semiorbiculata*）、紫底星螺（*Astralium haematraga*）、史氏宽板石鳖（*Placiphorella stimpsoni*）等则喜欢栖息在低潮线附近。生活在浅海的种类也很多，一般栖息在数米至数十米深处，如栉孔扇贝（*Chlamys farreri*）、栉江珧（*Atrina pectinata*）、大马蹄螺（*Rochia nilotica*）、管角螺（*Hemifusus tuba*）等。还有一些种类如日本菊花螺（*Siphonaria japonica*）等，在高潮带营两栖生活，它们既不能持久地浸没在水中，也不能长期地暴露在空气里。

头足类垂直分布的范围也很广，如鹦鹉螺在深海和浅海中均有发现，但生活在浅海 50～150m 处较多；夏威夷双柔鱼（*Nototodarus hawaiiensis*）栖息水深一般超过 200m；多钩钩腕鱿（*Abralia multihamata*）在 5m 深的水处能采集到；生活在近海的章鱼，当气候适宜的季节里，常在潮间带活动。总的说来，头足类分布比较简单，仅局限于盐度较高的海水中，另一方面它们具有游泳能力，可作长距离的主动迁移。

课程视频和PPT：
贝类的分布

贝类在分布上虽然受外界环境影响，但可通过人工移植与驯化扩大分布范围。近年来，我国北方的皱纹盘鲍已在福建、浙江沿海开展养殖，规模养殖颇有成效。

第二节 贝类的生活环境

生物都是生活在一定的环境中。它们可以在一定程度上影响环境，却不能完全改变环境，要生存就必须去适应环境。生物对于环境因素的变化，有一定的适应范围。各种环境因素应当保持在生物生活的适当范围内，接近或超过这个范围的极限，这些环境因素就成了限制生物生存的因素。因此，环境因素的优劣，能促进或阻碍贝类的生长或存亡。

经济贝类大多生活在潮间带和浅海区域，主要受潮汐、海水的理化性质、底质以及海洋生物等因素的影响。

一、温度

近岸海域海水温度受陆地和河水影响较大，有明显的日变化和季节变化，潮间带的水温变化更为明显。不同贝类对温度的适应能力是不同的，各种贝类都有一定的适温范围，超出这个范围，就会引起贝类生长的停顿或死亡（见延伸阅读 2-1）。通常，生活在潮间带的贝类，如泥蚶（*Tegillarca granosa*）、长牡蛎、近江牡蛎、菲律宾蛤仔（*Ruditapes philippinarum*）等，对温度的变化适应能力较强；生活在低潮线以下浅海区的贝类，如鲍、扇贝、珠母贝等，对温度的变化适应能力较弱。南方产的贝类比北方产的贝类耐温性强；相反，北方产的贝类比南方产的贝类抗

延伸阅读 2-1

寒性强。即使同一种类，因生活的区域不同，对寒、热的抵抗力也有差别。例如，生活在北方的菲律宾蛤仔，其抗寒能力就胜过生活在南方的菲律宾蛤仔。

水温的高低影响贝类新陈代谢的快慢，与贝类的生长和繁殖有密切的关系。太平洋荚蛏（*Siliqua patula*）在北美洲南部长的极快，3 年内能达 12.7cm；在北部生长就很缓慢，需要 5～8 年才能达到同样长度。长牡蛎在山东青岛的繁殖盛期为 6～7 月，而在浙江、福建沿海的繁殖盛期为 4～5 月。

二、盐度

全球海水平均盐度约为 35，近海平均盐度为 31，而河口附近盐度较低，为 10～25，雨季可至 1 左右。贝类对盐度适应范围不同。鲍、扇贝、珠母贝、密鳞牡蛎（*Ostrea denselamellosa*）等，盐度适应范围小，只能生活在盐度较高海区；泥蚶、近江牡蛎和缢蛏等的适应范围大，生活在盐度较低、变化大的河口附近。

盐度的高低直接影响成贝的生长和幼体发育（见延伸阅读 2-2）。近江牡蛎喜欢生活在河口区咸淡水中。如果长期在盐度 30 的海水中养殖，近江牡蛎软体部则非常消瘦，生长速度受到一定影响。紫贻贝（*Mytilus galloprovincialis*）适宜盐度 30 左右，在高盐度海区生长较好，但在低盐海区亦能存活。若盐度低于 20，紫贻贝足丝便停止分泌；若盐度低于 5，则很快死亡。

延伸阅读 2-2

盐度骤变会引发贝类免疫反应，影响贝类的正常生活。如在夏季由于大量降雨，海水盐度骤降，时间持续较长，会造成生活在河口的贝类大批死亡（见延伸阅读 2-3）。

延伸阅读 2-3

三、水质

水质是水体质量的简称，是描述水体的物理、化学和生物的特性及其组成状况的一个综合性术语，主要包括 pH、浑浊度、溶解氧、有机和无机污染物等。

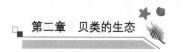

1. pH

延伸阅读 2-4

海水一般呈弱碱性，pH 范围 7.5～8.6，外海通常在 7.9～8.2。海水 pH 对贝类生活有较大影响。例如，随着 pH 降低，近江牡蛎、翡翠股贻贝（*Perna viridis*）和波纹巴非蛤（*Paratapes undulatus*）呼吸率和钙化率显著下降，海湾扇贝孵化率降低，胚胎畸形率增高，孵化时间延长，且幼虫个体明显变小（见延伸阅读 2-4）。

2. 浑浊度

水质浑浊直接影响贝类的生活。贝类主要靠鳃呼吸，水中的微细颗粒随着呼吸的水流进入贝类外套膜，到达鳃的表面。若沉积过多，会妨碍贝类的呼吸而引起窒息死亡。鲍在 20℃时，若海水中含有 0.3%～0.4%的泥土，4～5h 后即死亡；若海水中含有 0.05%的海底软泥，扇贝的幼贝（壳高 17～19mm）鳃小片纤毛的运动被迫停止，鳃表面沉积许多软泥和黏液。

3. 溶解氧

贝类只能利用溶于水中的氧来进行呼吸作用，溶解氧含量的多少直接影响到贝类的生活和生存。当海水中的溶解氧低于 3.5mg/L 时，海湾扇贝生活不正常，表现出活动迟缓，时间长了则出现昏迷甚至死亡现象。

4. 污染物

在水质污染的海区，有毒污染物侵入贝类体内，会破坏器官组成或干扰其正常生理功能，妨碍贝类的发育与生长，严重者则导致死亡。此外，强酸、强碱、重金属盐和氰化物等，能损害贝类的鳃及黏膜，引起呼吸、循环和内分泌的阻滞。乙醚、氯仿、甲硫醇、甲醛和某些砷化物，能通过鳃和皮肤侵入体内破坏内脏器官。氰化物与血红蛋白结合变为氰化血红蛋白，使之失去运输氧的功能。苯胺类能使血红蛋白的数量显著减少，双对氯苯基三氯乙烷（DDT）能阻碍钙的代谢或毒坏胚胎。

四、波浪、潮汐和洋流

波浪、潮汐和洋流都是海水运动的形式。海水的运动影响了许多重要的环境因素，如温度、盐度、滩涂淹没时间、底质含水量和光照等。依靠海水的运动，贝类的浮游幼虫可以在较广范围内扩散，在合适的环境中生长和繁殖，同时还可以保证充足的氧气和饵料供应（见延伸阅读 2-5）。

延伸阅读 2-5

各种贝类对海水运动的适应能力是不同的，如鲍、扇贝等，喜欢生活在浪大流急和潮汐动荡较大的海区；而泥蚶、菲律宾蛤仔、缢蛏等埋栖贝类，特别是它们的幼虫，一般喜欢生活在浪小流缓和潮汐动荡不大的海区。嫁蛾多生活在受波浪冲击的岩石、光滑石壁；滨螺栖息在高潮区有浪花的岩石上。波浪还能影响某些腹足类的形态变异，如栖息外海波浪大处的蛾螺，一般壳上具有两列强大的管状棘，但在内海波浪平静环境中生活的蛾螺，这种棘就不发达，或完全没有棘。

五、底质

海滩的底质可以分为泥底、沙泥底（泥多于沙）、泥沙底（沙多于泥）、沙底、沙砾底和岩礁底等。不同底质的物理性状不同，如沙底和岩礁底吸热快，散热也快；泥底则相反。各种底栖贝类对底质有不同的要求，如泥螺（*Bullacta exarata*）、泥蚶、结蚶（*Tegillarca nodifera*）栖息于泥质滩涂；扁玉螺、斧蛤喜欢沙滩，青蛤（*Cyclina sinensis*）、杂色蛤仔（*Ruditapes variegata*）生活于泥滩或泥沙滩涂。同种贝类在不同的生活时期对底质的要求也不同，如泥蚶的幼虫，在结束它的浮游生活之后，便利用足丝附着在沙滩上，若遇到纯软泥质滩涂就不可着。因此，底质与底栖生活的贝类分布有密切关系。

六、饵料

饵料直接关系着贝类的生活和生长，饵料的缺乏或不足，能使贝类生长延缓或停止；饵料的种类对贝类生长也有显著影响（见延伸阅读 2-6）。双壳类以水中微小生物为饵料，主要的是浮游的和底栖的硅藻类，而营养盐是浮游植物生长繁殖的必要物质。影响海水中浮游植物生长繁殖的营养盐，主要为氮、磷、铁，尤其是氮。海水中营养盐的来源是生物尸体的分解、河流注入及人工施肥等，其含量因季节而变化，春季水温上升，浮

延伸阅读 2-6

课程视频和 PPT：贝类的生活环境

游植物大量繁殖，营养盐被消耗，含量降低；冬季由于浮游植物生长缓慢和海水的运动，营养盐含量则较高。

第三节　贝类的生活型

生活型即是生物的生活类型。生物为了适应生活环境，而使本身的体制机能、生活习性等方面，产生了能够长期适应这种生活的能力。生活型的划分标准有多种，有以栖息的基质来划分，也有以食性的不同来区别，因此不同种的生物可以归为同一生活型。海产贝类常按其生活习性和栖息的基质来划分生活型，主要有以下几种。

一、游泳型

具有活泼的游泳能力，能抵抗波浪及海流进行自由游泳。例如，乌贼和枪鱿是洄游性的游泳动物，每年春夏之际由深水游向浅水的内湾产卵（图2-1）。

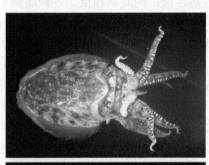

图2-1　游泳型头足类（下侧　李飞拍摄）

生活在远洋的头足类通常游泳能力较强，体呈纺锤状或流线型，如枪鱿、柔鱼等；生活在近海的种类，大多数不善于游泳，胴部常呈球形，如章鱼。此外，生活在深海的种类与浅滩的种类形态上也有不同，如深海种类鳍具柄，通常有发光器。

二、浮游型

浮游性贝类的游泳能力过于薄弱，随风浪而被动

漂浮，不能抵抗海流和波浪。在这类型中，包括贝类的幼虫和腹足类的异足类（Heteropoda）、被壳翼足类（Thecosomata）、裸体翼足类（Gymnosomata）等。

浮游生活的贝类幼虫，具有面盘，可以借面盘上的纤毛的扇动，营浮游生活。海蜗牛的贝壳薄而轻，能用浮囊使身体漂浮于洋面上营浮游生活（图2-2）。异足类能依靠变形的足——鳍足的活动，漂浮在水面。

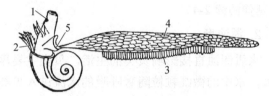

图2-2　海蜗牛（示浮囊）
1. 吻；2. 鳃；3. 卵；4. 浮囊；5. 足

三、匍匐型

即在岩石的表面或泥沙滩以及海藻上面匍匐生活，多为腹足类和多板类（图2-3）。为了觅食或产卵，它们只能进行短距离的爬行或移动。有的种类对干旱及温度和盐度的变化有较强的忍受力。例如，锦石鳖、嫁蝛、鲍、马蹄螺、蝾螺、蜑螺、荔枝螺和棘螺等，大多生活在岩礁或珊瑚的缝隙中间。织纹螺多匍匐在沙滩上，很少钻入沙内生活。有些种类，如蟹守螺、玉螺、榧螺、芋螺、笋螺和壳蛞蝓等，当退潮后常在滩地上爬行，但也能钻入泥、沙中生活。

图2-3　匍匐生活的锈凹螺

匍匐生活的种类，贝壳随栖息环境不同而差异较大，足部发达用以爬行和附着。如鲍类生活在岩石缝间，壳低而扁平，无厣，用足紧紧地附在岩石上；玉螺类贝壳光滑呈球状，足部发达形似犁，适于潜穴；骨螺类不钻泥，贝壳粗糙多棘。

四、固着型

腹足类的蛇螺和管蛇螺，双壳类的牡蛎、海菊

蛤和猿头蛤等，用贝壳固着在岩石以及其他物体上生活，当贝壳固着后，终身不能移动。牡蛎和襞蛤的幼虫结束游泳期后，以左壳固着；海菊蛤和拟猿头蛤则用右壳固着；猿头蛤中的种类，有的是用左壳固着，也有的是用右壳固着。

固着生活的贝类，其足部失去了原有的作用，较退化，甚至完全消失，但贝壳坚厚而粗糙，或者是壳面长有棘、刺。例如，覆瓦小蛇螺（*Serpulorbis imbricata*）贝壳粗糙或呈不规则卷曲的管状（图2-4），棘刺牡蛎鳞片边缘卷曲形成粗大的管状棘。营固着生活双壳类，仅能利用一个没有被固着的贝壳作上、下挪动而开闭贝壳，它们没有水管，但在外套缘上有发达的触手，可以阻挡大型生物流入体内。

图2-4　固着型生活的覆瓦小蛇螺

五、附着型

贻贝、扇贝、珠母贝等以足丝附着在岩礁、竹、木、贝壳等外物上生活（图2-5）。附着生活的双壳类，足部退化但有发达的足丝。如扇贝以一侧附着生活，体形扁平可以抵抗水流的冲击；隔贻贝和偏顶蛤常附着生活在岩石缝间，壳的两侧往往不等，足丝极为发达。附着的贝类，可以把旧足丝放弃稍作移动，再分泌新足丝固着于新的环境。

图2-5　附着型生活的方形钳蛤

六、埋栖型

斧状的足掘沙泥而穴居在泥沙内，绝大多数是双壳类。按生活环境的底质不同，可分为三类：生活在软泥的底质，如泥蚶和宽壳全海笋；生活在泥沙或沙泥滩中，如杂色蛤仔（图2-6）、青蛤、锯齿巴非蛤（*Paphia gallus*）、中华绿螂（*Glauconome chinensis*）等；生活在沙内，如双线紫蛤（*Sanguinolaria diphos*）、楔形斧蛤（*Donax cuneatus*）、黄边糙鸟蛤（*Trachycardium flavum*）等。江珧有足丝，但足丝附着作用小，主要在泥沙中营埋栖生活。潜居泥沙生活的贝类，通常足部发达、体型规则、壳薄而光滑、水管发达、抗混浊能力强（见延伸阅读2-7）。

延伸阅读2-7

图2-6　埋栖生活的杂色蛤仔

七、凿穴型

凿穴生活的贝类有两类：一类专门凿穿岩石、珊瑚礁或其他动物的贝壳营穴居；另一类专门凿穿木材或者居住在海滩的红树中。

在珊瑚礁或岩石中凿穴栖息的贝类种类很多。例如，铃海笋（*Jouannetia cumingii*）栖息在低潮区的死珊瑚礁内，它的幼虫变态后即开始在珊瑚礁内凿穴，以后随身体的增长逐渐深入，仅留身体末端的洞穴与外界相通，终生不能离开珊瑚礁。同铃海笋生活在一起的还有四带拟海笋（*Parapholas quadrizonata*）、光石蛏（*Lithophaga teres*，图2-7）、楔形开腹蛤（*Gastrochaena cuneiformis*）和分枝住石蛤（*Petricola divergens*）等。这些种类在珊瑚礁表面都留有穴孔，石蛏和海笋的穴孔很简单，但开腹蛤的洞口，有两个突出长约10mm的石灰质管，当珊瑚生长将它的贝壳埋没后，其分泌一个随珊瑚的生长而增加的石灰质管，动物的身体也随之外移，将原来的贝壳遗弃。

图 2-7　凿穴型生活的光石蛏

凿木穴居的种类有船蛆、节铠船蛆和马特海笋等。凿木穴居的种类与凿石穴居的种类一样，在幼虫的后期就开始钻凿穴居。

凿穴的双壳类，一般具有发达的水管，贝壳薄，表面多有肋纹，闭壳肌发达。例如，海笋为了凿穴的需要，幼小个体的贝壳前后端略开口，壳面有肋、刺以及生长纹，前端边缘具锋利的齿纹。足部呈柱状，末端平。除了前后两个闭壳肌以外，左腹面尚有腹肌。在成长后，贝壳前端腹面的开口为石灰质的胼胝所封闭，齿纹失去作用，足也萎缩退化。

八、寄生、共生型

腹足类的内壳螺、内寄螺和双壳类的内寄蛤等，寄生在棘皮动物身体上。寄生的腹足类，体甚退化，缺乏贝壳，常以一端附于寄主肠壁，他端游离。如内寄螺以口的相反一端附着；内壳螺成体以口端附着（图 2-8）。

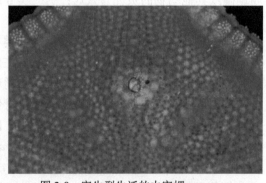

图 2-8　寄生型生活的内寄螺

大岛恋蛤（*Peregrinamor ohshimai*）用足丝附着在蝼蛄虾的腹面的中腺上。砗磲同隐藻目的一种单细胞藻类虫黄藻共生。在砗磲的外套膜中，有一种特殊的结构叫玻璃体，能聚合光线使虫黄藻大量繁殖，而砗磲则可利用虫黄藻作为自身养料的一部分。

第四节　贝类的食性与摄食

一、贝类的食性

贝类的食物种类很多也很复杂，有些以水中的微小颗粒为食，有些是以小型动物为食，即肉食性；有些则是单纯食植物性食料，即草食性；还有一些贝类是杂食性的，甚至能吞食纸张、石灰等杂物。

课程视频和 PPT：
贝类的生活型

1. 浮游生物食性

绝大部分的双壳类和某些腹足类以及头足类的须蛸，以水中微小的浮游生物和有些碎屑为饵料（见延伸阅读 2-8）。由于该类动物缺乏严格的选

延伸阅读 2-8

择饵料的能力，所以饵料种类和数量，有着很大的地区性和季节性变化。其摄食的最主要种类为硅藻，因此周围环境中的硅藻繁殖的情况，在很大程度上左右着胃中饵料的种类和数量。

掘足类以硅藻、双壳类的幼虫和原生动物，特别是有孔虫为饵料。它具有能伸张的头丝，用以摄取食物。某些远洋生活的头足类，如须蛸、颚片和齿舌均退化，腕间膜呈蹼状，形成类似捕捞的网具，用于捕捉微小的浮游生物，同时也作为游泳器官。

2. 植物食性（草食性）

主要的饵料为褐藻和红藻。例如，鲍口腔中有颚片和齿舌，作为锉碎食物之用，胃中有肠腺，类似双壳类的消化盲囊，能分泌消化液，消化酶主要是碳水化合物分解酵素。草食性的腹足类还有一些特征，特别在蛾和蜗牛中最显著，即齿舌上的齿片数多、颚片非常发达、肠长、没有能收缩的吻。由于食物的对象是植物，因此草食性腹足类不需要具备攻击力量，其视觉器官不发达，觅食主要依靠嗅觉。

海产的草食种类，喜欢食石莼、墨角菜、海带、红藻类以及某些石灰藻、石片藻、石花菜等。在陆地上生活的草食性腹足类，主要的食物是显花植物。各种陆生和水生显花植物的叶、花和皮部，都能被肺螺吞食，不少的栽培植物和蔬菜，亦是它们喜爱的食物，因此是园艺上的大害。此外，像柑橘、烟草和棕树等，亦常遭蜗牛的破坏。

3. 动物食性（肉食性）

以头足类和某些腹足类如玉螺、骨螺为代表，

它们具有强有力的运动捕食器官和发达的感觉器官，可以主动觅食或追逐食物，多数具食物选择性。

肉食性的前鳃类有吻；肺螺用伸缩性吻摄取食物，齿舌的齿片数目少，但强而有力，唾液腺发达，能分泌蛋白分解酶。芋螺还有毒腺，肠较短。肉食性腹足类的饵料种类复杂，通常的食料为活动能力不强或缺乏活动能力的动物，以双壳类和其他动物的尸体为主。如法螺喜食海参和水螅，不喜食螃蟹，但某些骨螺喜食蟹类。海牛常吞食水螅、海绵；拟海牛能食线虫、蠕虫、多毛类、囊螺等。冠螺食海胆以及海胆的棘，芋螺食环虫以及荔枝螺食藤壶。

延伸阅读 2-9

头足类主要食物为甲壳类、鱼类以及贝类等（见延伸阅读 2-9）。在双壳类中，仅杓蛤、孔螂等少数深海栖息种类为肉食性，以环虫、甲壳类、鱼类和其他小动物尸体为饵。

4. 杂食性

矿物质是贝类营养所必需的物质，除了在食物中含有一定量的矿物质外，双壳类和腹足类还常常直接吞食和消化矿物质，主要是石灰石。

凿食的双壳类，如海笋，能吞食坚硬的石灰粒作为必须的食料，这种石灰质储存在结缔组织内，以供贝壳生长之用。但大部分的双壳类则以溶解在海水中的石灰质作为贝壳的原料。许多陆生蜗牛吞食墙上的石灰，淡水的螺类常吃同类的贝壳，蝛则吃海中的石灰块。

有些贝类还吃一些杂乱的东西。某些陆生肺螺有时吃纸。船蛆能吞食一部分木材，并把它们消化掉。有许多双壳类能依靠皮肤或鳃的表皮，直接吸收溶解在水中的有机物质。它们的吞噬细胞也有这种作用，但是双壳类不能完全依靠表皮的吸收作用来长期维持生命。

二、贝类的摄食方式

贝类的摄食方式随种类而不同，也与摄食器官的构造有密切关系，主要分四种类型。

1. 舐食

多板纲的石鳖、腹足纲的鲍、蜗牛等为舐食性种类，通常匍匐生活，具有发达的吻、齿舌、颚片和唾液腺，而且齿舌带较长，小齿的数目很多，整个齿舌带呈锉刀状。大多数海产的舐食性种类，以海藻为主要食物；在陆地上生活的蜗牛，主要食物是显花植物。

该类动物摄食时利用发达的吻部伸缩活动，齿舌前端即从口腔里伸出，用齿舌之面舐取附着在岩礁表面的小型海藻。刮取食物时，依靠齿舌带上肌肉的伸缩，使齿舌作前后方向的活动，来挫碎食物。每次舐食只能刮取食物薄薄的一层。

2. 滤食

滤食是双壳纲动物主要的摄食方式：双壳类行动缓慢或营固着、附着生活，这种生活方式决定了它们摄食的被动性，因此消化器官的构造，亦与其他各纲有所不同，如口内无齿舌、颚片和唾液腺。相反，口变得宽大，呈横裂状、唇瓣和鳃的表面密生着比较发达的纤毛，依靠纤毛摆动和鳃及唇瓣的过滤，把食物滤下。

滤食方式可分为两大类：一类是摄取海水中悬浮的食物，具有这种滤食类型的动物，一般没有水管，或具短小的水管，如牡蛎、扇贝、海菊蛤等；另一类是具有较长的水管，可以依靠进水管的延伸把管口放置在周围的泥面或沙面上，收集沉淀的食物，如樱蛤、斧蛤等。

滤食性的种类，其饵料通常为一些活动力小或不活动的生物及其尸体，如硅藻、单鞭毛藻和原生动物等。双壳类的滤食和选食，是在外套膜、鳃以及唇瓣等的配合下进行的，现以牡蛎的摄食为例分述如下。

（1）外套膜的作用

外套膜在背后缘的连结，使整个牡蛎的外套膜分割成两部。位在腹方的称进水孔，位在背方的称出水孔。水流的主要动力，是由鳃丝上的侧纤毛向身体方向扇动。当水流进入贝壳后，首先通过外套膜的边缘部分，因此这一部分的开放和关闭，可以起着调节海水出入的作用。由于进水孔通道比较狭小，水流进入进水孔后速度大大降低，被水流带来的大悬浮颗粒不能达到鳃而沉淀在外套膜的皱褶部，这些被沉淀的颗粒，依靠外套膜表面的纤毛运动，送至进水口的壳口部的某一点上等待排出。

（2）鳃的作用

一般大小的颗粒继续被水流带走，并被鳃过滤。海水在鳃的上前线毛的协助下，通过鳃丝进入出水孔；而悬浮在海水中的颗粒被鳃上的侧前纤毛和前纤毛筛下（见延伸阅读 2-10）。

延伸阅读 2-10

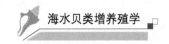

（3）唇的作用

鳃游离边缘（食道运送沟）的颗粒，被运送至内面或称褶皱面的中央，而由基部运来的颗粒（较小的颗粒）送至唇吻的侧口沟中，再运到唇内面无褶皱部的近口沟，最后入口中。牡蛎的唇不仅具有转送食物的功能，而且有选择食物的作用。

有些双壳类，它们的滤食器官比较小，因此形成一种特殊的摄食的器官来辅助滤食。例如，胡桃蛤唇瓣后方有一对像触手状的附属物，这种器官能自由地向任何方向活动，食物可以被其先端捡起，沿着管沟滑到唇部，而入口中。

除了双壳纲外，腹足纲营浮游生活的种类也是滤食性摄食方式。例如，三齿龟螺（*Cavolinio tridendata*）的摄食器官既有相当于双壳类的鳃和唇瓣作用的构造，依靠鳍足上纤毛的运动滤取微小的浮游生物，又利用口部三角形口叶选取食物，能将不合适的食物排除掉。

贝类的摄食量除了与水中饵料数量有关外，还与贝类的鳃滤水能力有密切关系。鳃滤水速度快，其滤水量就大，而摄食量也相应增加。

3. 捕食

捕食是头足纲的主要摄食方式。捕食性的种类，通常活动灵敏，具有自由选择或追逐食物的能力，神经系统和感觉器官都较发达，并有发达的齿舌、颚片和消化腺，还有专门的捕食器官，如乌贼的一对触腕。

捕捉食物的方式，与其生活方式和栖息环境有密切关系。远洋生活的种类如须蛸，以浮游生物为食，颚片和齿舌均退化，腕间膜呈蹼状形成类似捕捞网具，用于捕捉微小的浮游生物。底栖生活的种类，如章鱼，以底栖甲壳类和其他贝类为食。章鱼在觅食时通常在海涂上匍匐，并用腕的尖端试探海涂上的洞穴，若遇双壳类便用腕捉住，拉开双壳，吞食其肉，若捉住小的甲壳动物如蟹，常用腕间膜把它包起来，然后唾液腺分泌毒液将它麻醉或杀死后，撕开肢体食其肉。游泳生活种类，如乌贼，多以鱼类、甲壳类为食，它用一对触腕将食物钩住，若较小的个体可以整个吞食，较大的动物则先剥离肢体，将其肉撕裂而食。

4. 吸吮

多见于寄生型贝类。这种摄食种类，其消化器官和消化腺等，常有不同程度的退化。

贝类种类多，其摄食方式多种多样，以上 4 种摄食方式并不能概括所有贝类的摄食情况。有的种类兼有滤食和捕食的特点，如掘足类摄食时，水从后端小孔中进入，依靠外套膜中纤毛的活动，使带有食物的水流缓慢地向前方流动，当达到口处时，再依靠头丝摄食其中的食物送入口中。有的种类兼有捕食和舐食的特点，如玉螺捕食时，用足和外套膜将可食的贝类包围起来，然后由穿孔腺分泌体液溶解贝壳，再将吻深入贝壳内，食其肉。

课程视频和 PPT：
贝类的食性

第五节　贝类的灾敌害及御敌方式

一、贝类的灾害

理化环境的变迁，特别是温度、盐度和营养条件的突然转变，常常造成贝类的大量死亡。在许多情况下，环境变化恶劣的程度并不致使正常的成贝受到损害，但对于释放在海水中缺乏保护的卵和幼虫，可以造成严重的损失。同时，刚排卵放精体质虚弱的亲贝，也面临生存挑战。因此，贝类的大量死亡，往往是由于内在和外在的两种因素同时存在的缘故。例如，在繁殖季节，温度、盐度的升高，伴随着不良的营养条件，会使怀卵或刚产完卵的亲贝大量死亡，这就是由于新陈代谢不正常而引起的。

由于环境突变单方面的因素，也能导致双壳类的大量死亡。若周围环境的水温和盐度超过了贝类所能忍受的能力时，都会造成贝类的大批死亡。淤泥的混凝，泥沙的覆盖，也会造成底栖的双壳类窒息死亡，特别是对幼贝的危害更大。大暴风甚至能把双壳类连同泥沙一起卷走。

此外，工业热废水造成海洋的热污染，会破坏局部海区原有的生态，也能引起某些经济贝类的减少。

二、贝类的敌害及防治

1. 侵食贝类的动物

（1）肉食性贝类

以穿孔性的骨螺类和玉螺类危害最大（见延伸阅读 2-11）。红螺、荔枝螺能够利用齿舌和穿孔腺，将双壳类的贝壳穿一小

延伸阅读 2-11

孔，然后吻从小孔中伸入，用齿舌食贝肉。肉食性的后鳃类如壳蛞蝓（*Philine*），每年 3 月出现在贝苗产地，大量吞食蛤仔、扇贝等各种贝苗，甚至侵食壳长 1cm 的蛤仔。在养殖海区发现上述螺类，应及时组织人员捕捉。还可在它们的产卵期间，组织人员采捕卵群。

头足类也捕食双壳类。章鱼用腕的尖端试探滩涂上的洞穴，若遇到珠母贝、扇贝、蛤仔和缢蛏等便用腕捉住，拉开双壳吞食其肉。在养殖管理中，应寻找章鱼巢穴进行挖捕，或在产卵期采用脉红螺壳、瓦罐等捕捉。

（2）海星类

一个海星每天连吃带损坏的牡蛎可达 20 个。我国北方产的一种海盘车，在 52d 内共吃 94 个蛤，尤其喜食菲律宾蛤仔、泥蚶、西施舌（*Mactra antiquata*）、大竹蛏（*Solen grandis*）和文蛤等。海星、海胆亦蚕食扇贝，特别对稚贝、幼贝危害很大。

（3）甲壳类

主要是青蟹、梭子蟹和蟳等，其能用强大的蟹钳破贝壳，然后撕食其肉。它们对珠母贝、近江牡蛎、江珧、砗磲、硬壳蛤（*Mercenaria mercenaria*）、紫石房蛤（*Saxidomus purpurata*）、大竹蛏等贝类的危害很严重，特别是幼贝受害最大。寄居豆蟹能夺取扇贝食物、妨碍摄食，对鳃有一定损伤，使扇贝瘦弱（见延伸阅读 2-12）。防除方法主要人工捕捉，也可采取药物消灭。

延伸阅读 2-12

（4）涡虫类

涡虫类多生活在中潮区泥沙中，每年三四月间大量出现，以扁平的体躯包被吸住小蛤，分泌黏液使壳张开而食之。清除涡虫的办法是晴天时，每亩蛤田撒茶饼 4～7kg。

（5）鱼类

许多鱼类能吞食幼贝和成贝。海鲶、须鳗、豆齿鳗、蛇鳗、狼鰕虎鱼等侵食缢蛏、菲律宾蛤仔和青蛤等；黑鲷、单角鲀、东方鲀、兔头鲀对珠母贝危害严重；鳐能用坚硬的齿咬破脆弱的近江牡蛎的贝壳；裸胸海鳝、皱唇鲨食章鱼；金枪鱼、鲽鳅、鲐鱼等都是头足类敌害；孔鰕虎鱼、赤釭等摄食缢蛏。

土池养殖中，蛇鳗可用鱼藤、巴豆等药物毒杀。0.5kg 鱼藤捣碎加水 5kg，洗去其中的乳白色汁，喷洒时再冲淡至 50～75kg，均匀喷洒蛏埕上，

数分钟后蛇鳗即出穴。或用巴豆 60g，加碱 30g，旧墙土 30g 混入人尿或牛尿，制成"药丸" 10 粒晒干备用，用时取一丸加水 300g，溶化后滴在蛇鳗穴内，历时 5min 其即出穴。对鲷、河鲀等游动鱼类的预防是不容易的。可在埕边插防鱼竹来驱赶鱼类。防鱼竹是用 66cm 长的小毛竹片制成，竹片随水而动，可惊吓鱼类，或者采用网围养殖法来驱逐敌害鱼类。

（6）鸟类

海鸟在滩涂中啄食四角蛤蜊、菲律宾蛤仔等双壳类，因此，我国很多河口滩涂区是迁徙性海鸟的重要过渡地。例如，绿头鸭（*Anas platyrhynchos*）俗称凫、水鸭、野鸭，是一种候鸟，在我国南方冬来春去。成群水鸭，侵袭蛏苗埕啄食蛏苗，造成有些管理不善的蛏苗埕无苗收成。普通海鸥（*Larus canus*）在缢蛏养殖区也是随时可见，随退潮啄食潮水欲干露时的埕地上的蛏苗。只有以鸣枪、放鞭炮、敲锣等方式人工驱赶。

（7）环节动物

沙蚕、围沙蚕等生活在滩埕上的多毛类，夜间外出觅食时能翻出咽捕食缢蛏等食物。沙蚕种类多、数量大，对缢蛏危害较大，目前尚无有效的防治方法。茶饼经火烧清除油脂后捣碎、浸泡出茶碱，洒在滩面上，毒杀效果较好。但茶碱会毒死缢蛏，因此应在播苗前施药除害，待药效消失后播苗养成。

2. 固着基和饵料的竞争者

凡与养殖贝类生活在相同环境的固着贝类，如藤壶、海鞘、苔藓虫等，都是营固着生活贝类的固着基和饵料的竞争者，尤其以藤壶危害最大。藤壶的发生盛期与牡蛎相近或稍前，因此往往侵占牡蛎的固着基，造成牡蛎附苗与生长的困难。另一方面藤壶还常常固着在牡蛎、贻贝、菲律宾蛤仔的贝壳上，影响它们贝壳的运动和摄食。当菲律宾蛤仔壳上附上藤壶，钻穴就不深，不但成长慢，而且在冬季容易受冰霜冻死。

在自然环境中，凸壳肌蛤（*Musculus senhousia*）与泥蚶、蛤仔、缢蛏等的生活环境相类似，在养殖蚶和蛤的埕地，常有大批凸壳肌蛤繁殖与生长，发生埕地和饵料之竞争。凸壳肌蛤常用足丝相互牵缠密集在表土，这样使潜居在泥沙中的蚶、蛤类不能上到表层，造成摄食和呼吸的困难而致死。因此在养殖蚶、蛤的埕地如发现有凸壳肌蛤应及早移除。中华蝶

蜾蠃蜚（*Sinocorophium sinensis*）钻土穴居，大量繁殖时，也会骚扰、妨碍缢蛏等滩涂贝类的正常生长。

海绵、牡蛎、贻贝、不等蛤、龙介虫、中华蜾蠃蜚和一些藻类也会附着在扇贝、珠母贝贝壳表面和养殖笼上，与其竞争固着基和饵料。

在土池养殖时，中华蜾蠃蜚可用1%～2%烟屑浸出液喷洒，每公顷用药量60kg。也可用破鱼网在埕上网捕。

3. 其他病敌害生物对贝类的危害

（1）寄生生物

延伸阅读 2-13

许多腹足类和双壳类的体内，常有细菌、鞭毛虫、纤毛虫、孢子虫、线虫、吸虫等寄生，培养在实验室中的双壳类幼虫，常被菌类感染死亡。许多动植物寄生在双壳类的体内，能引起疾病影响健康，如弧菌（*Vibrio ostrearius*）能使牡蛎得绿色病（见延伸阅读 2-13）。还有些寄生的钉螺能够吸取砗磲软体部体液获取营养，导致砗磲个体消瘦甚至死亡。食蛏泄肠吸虫的毛蚴、胞蚴、尾蚴阶段在缢蛏体内寄生发育，使寄主瘦弱不堪，无法繁殖。

食蛏泄肠吸虫的毛蚴感染1龄蛏后，经无性繁殖成大量胞蚴。胞蚴发育成尾蚴在蛏体内寄生，大量吸取蛏体的营养，严重危害缢蛏。由于从胞蚴发育至尾蚴需要6～12个月，发病季节多在受感染后次年的夏季，因此受害者是2龄蛏。防治的方法是播苗前用0.1%浓度的敌百虫或1%浓度的漂白粉溶液，泼洒蛏埕消灭虫卵和终宿主（鰕虎鱼、白虾等），减少蛏苗播种后的感染。由于食蛏泄肠吸虫对2龄蛏为害季节是夏天，所以养2龄蛏时选择潮区较低、潮流畅通、饵料丰富的海区，以便缩短养殖周期，在夏季前收成，避开发病季节。

（2）穿孔动物

主要有多毛类和海绵动物两大类。

1）多毛类：主要为在扇贝、蚶、珠母贝、鲍上凿穴的凿贝才女虫，其分布很广，许多国家都有报道。日本养殖的虾夷扇贝除凿贝才女虫外，还有杂色才女虫、板才女虫。才女虫在贝壳上穿孔成管，栖息其中，并在管内产出卵袋，孵出幼虫。幼虫在水中浮游30～40d后，继续附着到扇贝上营管栖生活。才女虫能分泌酸质并利用口器的机械运动侵蚀贝类，做成蛇形管沟，钻穿贝壳，损伤外套膜，严重时导致黑心肝病，妨碍扇贝生长及存活，

使闭壳肌消瘦，在收获时也易破裂并产生臭味，严重降低扇贝的商品价值。

2）海绵动物：加拿大的大西洋深水扇贝上有一种钻孔海绵，将扇贝的壳钻成蜂窝状，引起壳基质在壳内面过度沉淀，使软体部瘦弱、缩小，最后死亡。严重感染的个体，闭壳肌的重量还不到正常扇贝的一半。此现象仅发生在8至9龄以上的大扇贝。

某些凿穴的双壳类如石蛏、开腹蛤和海笋，亦在牡蛎、珠母贝的贝壳上凿穴而居。

（3）微生物

微生物极易对珍珠贝、施术贝的创口造成感染，严重者可引起施术贝在休养期大量死亡，主要的致病菌是革兰氏阴性短杆菌和革兰氏阴性双球菌。

（4）赤潮生物

赤潮能造成养殖的贝类大量死亡，一些动物尸体（如水母）覆盖在养殖埕地上，一方面吸收海水中的营养盐并遮盖埕面，影响了滩涂贝类的饵料——底栖硅藻的繁殖；另一方面也使贝苗难以滤食海水中的浮游植物，影响贝类生活或致其死亡。

三、贝类的御敌方法

大多数贝类的活动能力不强，又缺乏攻击器官，对敌害的侵袭主要采取消极的隐蔽方法，但也有一些种类具有特殊的防御能力。

1. 搏斗

少数几种贝类用搏斗的方式来自我防卫。例如，蜗牛用颚片向敌人作斗争；蜘蛛螺（*Lambis*）和凤螺能灵活转过身来，用尖利的厣来切割捕捉人的手。大王鱿能跟海洋最大的兽类——鲸鱼搏斗，用它长而有力的腕缠住鲸鱼的头，堵住它的鼻孔，最后使鲸鱼窒息而死。

2. 闭壳

大部分贝类遇到敌人来临时，便把软体部缩入壳内，有厣的种类还用厣把壳口封住。双壳类能感知光线变化，当光线被遮影或减弱时，预料到敌人即将来临，便把双壳紧闭起来以作防护。有些种类壳很结实。例如，嫁蝛贝壳厚度仅2mm，却能承受300kg压力，牡蛎的贝壳也同样坚固。营固着生活的双壳类不仅贝壳坚厚，而且能够长时间紧闭，如牡蛎和贻贝壳的关闭力量能抵抗数千克，甚至数十

千克以上的拉力。

3. 潜穴

潜穴而居也是贝类御敌和度过外界不良环境的一种方式。潜居于泥沙中的双壳类，当敌害侵犯时，能把露出水面的水管缩入壳内躲到洞穴的深处。穴居也能使双壳类避开不适温度变化，原来生活于浅泥沙滩的贝类，当温度升高时，会钻到深层。如缢蛏穴居的深度，随季节的变化而有不同，夏季温暖，潜居较浅，冬季寒冷，潜居较深。

4. 冬眠和夏伏

酷热、干旱和缺乏食物，对于陆生肺螺有很大的威胁。为了防热和减少水分的蒸发以及度过食物缺乏的冬季，贝类常进入冬眠状态或穴居夏伏。褐云玛瑙螺（*Achatina fulica*）在干燥或寒冷季节，能分泌膜厣，用以封闭壳口，与外界不良的环境隔绝开。此外，圆田螺在夏季也能潜居于地下渡夏。贝类在冬眠或夏伏时，新陈代谢低，并且能在短期内不索食，以度过不适宜的季节。

5. 拟态和伪装

陆地上的蜗牛、海洋中的衣笠螺（Xenophoridae）等，常借外物伪装。衣笠螺在它的贝壳上粘着许多石粒或空壳，间距相当规则；骨螺与其栖息的岩石或珊瑚相似，使敌人难以发现，特别是浅缝骨螺（*Murex trapa*）等，在壳外有细长的突刺，加强了贝壳防御作用。有些滨螺壳色常与生活环境中的底质相似。在海藻中生活的某些海兔，会因各种海藻的颜色，而变换身体的颜色为红、绿、褐等色来相适应，有的海兔体表生有绒毛状或树枝突起，拟态藻类。泥螺用头盘和足部掘起泥沙，与身体分泌的黏液混合被覆盖在身体的表面，伪装成一堆凸起的泥沙，借以逃避敌人和减少水分蒸发，起保护和拟态的作用。

用拟态和伪装的方法避敌，也常见于头足类。许多头足类能随时变换体色，通过色素细胞放射肌束的不等收缩，能与周围环境的颜色相协调。有些

章鱼还用贝壳或石粒吸在吸盘上作为伪装。

6. 自割

贝类具自割现象，自割部分可再生。例如，裸鳃类的蓑海牛，能自割其背部突起；竖琴螺（Harpidae）和蜗牛遇到敌害侵袭时，自割其足的后部；角贝能自切头触丝。当双壳类体躯无关生命部分被敌人捉住后，可以放弃这一部分而逃逸，或者以自割的部分为诱饵，转移敌人的目标，如在竹蛏和海笋中很常见的水管末端的自割现象，这种行为主要是水管壁部的肌肉纤维受到急速的刺激，进行强烈的收缩终于使它与自身脱离。锉蛤和栉孔扇贝则能自割其外套膜触手和鳃。此外，头足纲的水孔蛸和船蛸雄性的茎化腕，能自动脱落，用于与雌性交配。

7. 分泌珍珠质、毒物和喷墨

分泌珍珠质和石灰质，是双壳类、腹足类常见的防御寄生虫或外来物质侵蚀的方法。如才女虫进入贝类外套膜时，贝类以此为中心，由外套膜分泌珍珠质液将它包裹，达到保护自己的目的。海兔能分泌挥发性油类，毒害敌人神经和肌肉系统。蓑海牛背突起顶端有刺丝胞，用作捕食或自卫用。毒液由齿舌上的箭头状小齿刺入其他动物身体，人被刺后产生疼痛，有时甚至有生命危险。

此外，大多数海兔科种类具有紫汁腺，当受刺激时，会射出紫色液汁，使周围海水变色，逃避敌人攻击。乌贼和鱿类具墨囊，通过释放墨汁御敌。当敌人来袭时，它们将漏斗口对准敌害，连续放浓墨2~3团，以此为掩护趁机潜逃，墨汁本身含有毒素，可麻醉对手。

课程视频和PPT：
贝类的灾敌害及
御敌方式

复习题

1. 简述影响贝类生活的主要环境因素。
2. 简述贝类的生活型。
3. 简述双壳类的滤食过程。

第三章   贝类的繁殖与生长

第一节   贝类的繁殖

一、性别与性比

1. 雌雄异体

贝类一般为雌雄异体，但两性的形态区别不明显，尤其是双壳类雌雄异体者，在外形上并没有第二性态，但在某些蚌类雌体比雄体大，壳更宽厚。有极少数的种类，如爱神蛤（*Astarte*），雄性的壳缘平滑，而雌体的则凹凸不平。有些双壳类的特征，只能从生殖腺的颜色来区别，生殖腺常呈现红色、粉红色、橘红色、淡黄色和乳白色，通常红色是雌性，白色为雌雄同体或雄性，如扇贝。在腹足类中，中腹足目和新腹足目的性别能靠交接突起（阴茎）的存在与否来决定雌雄。头足类是雌雄异体，而且两性异形。一般说来，头足类雌雄性的区分，在于雄性有一个或一对变为交接用的茎化腕（见延伸阅读3-1）。

延伸阅读3-1

2. 雌雄同体

在沟腹纲、双壳纲和腹足纲中，也有雌雄同体的种类。某些贝类常出现雌雄同体的性状。例如，沟腹纲的新月贝，双壳纲的扇贝、无齿蚌、鸟蛤等，它们中的大多数种类具精子、卵子相并发育的精卵巢。此外，腹足类前鳃亚纲如孔蜮（*Diodora*）、帽贝、发脊螺（*Trichotropis*）、尖帽螺（*Capulus*）、帆螺（*Calyptraea*）等属，也都是雌雄同体。

3. 性比

在雌雄异体的贝类中，随着个体年龄的增加，有雌性比雄性更多的趋向，这可能是由于雄性寿命短所造成的。

二、性变

延伸阅读3-2

对于雌雄异体的贝类，性别在若干种类中不是恒定的，也就是说有从一种性别转换到另一种性别的性转变情况（见延伸阅读3-2）。雌雄异体的种类可以发生性逆转而互换性别，雌雄同体种类也能因性变而成为雌雄异体。性变现象的产生受多种因素的影响，归纳有下列几种。

1. 水温

在贻贝中，水温低时，雄性个数占优势，水温高时部分雄性转变为雌性使得雌雄性比例数相接近。而在牡蛎中，若水温高，雌性性状占优势；反之，雄性性状占优势。

2. 代谢物质

欧洲平牡蛎性别是根据体内的代谢物质来决定，如果蛋白质代谢旺盛时，雌性占优势；如果碳水化合物特别是糖原代谢旺盛时，雄性占优势。

3. 营养条件

对多种牡蛎研究结果显示，在营养物质充足条件下，牡蛎雌性常占优势。而营养条件差时，牡蛎有慢慢变成雌雄同体的倾向，最终变成雄性。

4. 雄性先熟的现象

多种牡蛎均存在雄性先熟的现象，即使在优良的条件下牡蛎在幼小时同样雄性居多。

5. 寄生蟹

研究人员发现，牡蛎外套腔中偶尔被豆蟹（Pinnotheridae）寄居着。凡被寄居的牡蛎，偏好发育为雄性个体。

以上影响性变的因素，不外乎内在和外在两大因素。例如，某一物质新陈代谢作用旺盛时，决定动物的某一性别，但这种物质在体内代谢作用之所以旺盛并不是孤立的，它是与周围环境中的营养物质和水温密切相关的。水温并不能单纯地决定性变，但是它是机体代谢的必要动力。营养条件并不是单纯意味着饵料的丰富和贫乏，还必须包括有机体对外界营养物质的同化作用，以及对同化作用速率等起着决定意义的水温状况等。因此，这些条件都有着相互的联系，并且是经常刺激和影响着性细胞的形成。

三、性成熟年龄和繁殖季节

1. 性成熟年龄

贝类的性成熟年龄是随种类和所分布的纬度而不同。当年生的贝类，大多数是没有繁殖能力，即性未成熟。许多海产双壳类如长牡蛎、合浦珠母贝（*Pinctada fucata*）、栉孔扇贝和缢蛏等，满一周岁就达性成熟。但也有些贝类，如鲍等，要到第三年才有繁殖能力。同一种贝类在同一海区性腺的发育也不平衡，雄性个体和年龄较大的个体往往有先成熟的趋势。贝类一般从性成熟后到死亡之前每年都能繁殖而不受年龄的限制。

2. 繁殖季节

所谓繁殖季节，是指最适宜某种贝类排精和产卵的环境条件所处的季节，特别是温度、盐度和营养条件的影响最大。因此，即使同一种贝类，在不同的地区，其繁殖季节也有不同。

有些贝类，如滨螺、疣海牛、野蛞蝓等，几乎整年都表现出性成熟的状态。然而更多种类的性成熟，在全年内有阶段性，即有一定的繁殖季节规律。

（1）多数贝类在生物春繁殖

生物春是指水温上升的季节。属于生物春季产卵类型的贝类，在南方的产卵期要比北方早。如长牡蛎在福建沿海，每年4、5月开始就有大量苗源，而在山东青岛繁殖盛期在7月至8月底。

（2）少数贝类在生物秋繁殖

生物秋是指水温下降的季节。属于生物秋季产卵类型的种类，在北方要早于南方。如缢蛏，在福建、广东的产卵期多为9月以后，而在辽宁、山东则提前至夏季和夏末，这都是受水温的影响。

此外，有些贝类，如栉孔扇贝和贻贝，一年中有两个繁殖盛期，即春季和秋季。货贝（*Monetaria moneta*）和环纹货贝（*Monetaria annulus*）的繁殖期在每年4~7月以及11~12月。盐度变化对双壳类的产卵和幼虫的发育也有很大的影响，在河口附

近生活的种类格外明显。如果雨水连绵不绝，使海水中的盐度显著下降，有些贝类生殖腺虽已达到成熟，但因盐度不合适而不能排精产卵，贻贝系内湾性种类，其幼虫能发育成幼苗的海水盐度范围为22~40。

有些滩涂双壳类在大潮时产卵比较旺盛，这主要是因为在这期间潮差比较大，温度的升降幅度也随之增加，对于产卵具备了有利的刺激条件，另方面海水的剧烈震荡，对于刺激产卵和卵的分散都有帮助。

四、繁殖类型

贝类的繁殖类型多种多样，受精卵在母体外独立发育，即卵生；有的卵子在母体外套沟、输卵管或子宫中受精发育，不经过幼虫期，即卵胎生；有的卵子在鳃腔或外套腔内孵化，幼虫期排出体外，即幼生。贝类主要繁殖方式为卵生，少数贝类属于卵胎生，个别贝类存在类似卵胎生现象（幼生）。一般有以下几种划分方式。

1. 卵生

（1）直接产卵

多板类、掘足类、大多数双壳类以及缺乏交接器的原始腹足类，精、卵都是分散的，单个、呈自由状态产出，在海水中受精，经过浮游期发育变态为稚贝，进一步生长为成贝。亲体无交配行为，产卵量大，体外受精，体外发育，整个幼虫阶段都在海水中度过。例如，牡蛎、扇贝、贻贝、蚶、蛤仔、缢蛏、鲍等。直接产卵的贝类，精子呈烟雾状排入水中，卵子则呈颗粒状分散。

（2）交配后产卵

交配后产卵是头足类和大多数腹足类的繁殖方式。它们既有雌雄异体，又有雌雄同体种类。亲体经交配行为使得配子在体内受精，体外发育。

在雌雄异体腹足类中，如大多数的中腹足目和新腹足目的雄体，具有交接突起（阴茎），常位于身体前部右侧，与输精管的外孔相距不远；而大多数种类中的雌体，具有输卵管外孔和交接囊（受精囊）。交尾时雄体的阴茎伸入雌体的交接囊中，精子与经过输卵管的卵子相遇而使卵子受精。进行交尾的贝类，卵子和精子的受精大多在外套腔内，或在特定的腔内进行。雌雄同体的腹足类，一般行异体受精，大多数的种类不能自体受精。同一个体的

卵子和精子通常不是同时成熟的，精子成熟较早。

头足类二鳃亚纲种类的交接器官是一个或一对特化形成的茎化腕。利用茎化腕交接，基本上有两种方式：一种是茎化腕能自动脱落，作为传递生殖产物的媒介器官；二是茎化腕不脱落，在交配过程中传递精荚给雌体（见延伸阅读3-3）。

延伸阅读3-3

2. 卵胎生和幼生

（1）卵胎生

卵胎生现象见于多板类和腹足类。在多板类中，有些种类的卵在母体的外套沟中发育；有些种类的幼体，在外沟中发育到八块壳板形成之后才离开母体。甲石鳖的个别种类，卵子在母体的输卵管中发育，不经过幼虫期，可以称为卵胎生。

卵胎生的腹足类，有滨螺、蛇螺及柄眼螺等。例如，园田螺是卵胎生，胚胎在雌螺子宫内发育成长，子宫是一大腔，在同一个动物体内，可看到含有各个发育阶段的胚胎，较老的胚体或幼螺在前区靠近生殖孔的一端，含有的胚螺数目可达数十个。

（2）幼生

双壳类没有卵胎生的，但有些种类存在类似卵胎生的现象。裂齿类和异齿类中，许多种类的鳃间腔可以作为育儿囊，卵子在育儿囊中孵化。例如，蚌类的育儿囊在外鳃叶腔中；球蚬、凯利蛤和船蛆在内鳃腔中孵化；珍珠蚌二对鳃都形成了育儿囊。然而，密鳞牡蛎和内寄蛤的受精卵发育前期不在鳃腔内，而在外套腔中度过。

3. 孤雌生殖和自体受精

（1）孤雌生殖

孤雌生殖又称"处女生殖"或"孤雌发育"，指卵子不需要精子参与而单独发育的现象。孤雌生殖可分为自然孤雌生殖和人为孤雌生殖两种，而自然孤雌生殖又可分为生理的、病理的两种。据报道，拟黑螺中存在孤雌生殖的现象。

（2）自体受精

大多数贝类为两性生殖、异体受精，但存在一种特殊的两性生殖方式——自体受精。雌雄同体的贝类存在自体受精的可能性。例如，密鳞牡蛎和肺螺类。特别是基眼目的椎实螺、膀胱螺、卷螺，柄眼目的阿勇蛞蝓和大蜗牛等，自体受精现象更为普遍。自体受精有直接和间接两种方式，前者是当同

一生殖巢中的卵子和精子移到生殖管时相结合，后者靠阴茎插入雌性管进行自体交配。自体交配只见于椎实螺和扁卷螺。有些贝类是自体不育的种类，如网纹蛞蝓（*Deroceras reticulatum*）、散大蜗牛（*Holixas porsa*）等。

五、产卵环境

腹足类和头足类在繁殖时常常选择产卵地点，一般喜欢把卵子产在温度较高、光线好、氧气多和饵料丰富的场所。

在深水生活的长枪鱿和乌贼等，每到春季都游到浅水地带产卵，因为这里水温较高、氧气充足、饵料丰富，对于卵子的附着、孵化和稚仔的生活都较为有利。章鱼常把卵产在贝壳内或岩礁的缝隙中。金乌贼喜欢将卵挂在富有固着力的海藻或其他物体上。挂卵前对挂卵的位置进行仔细选择，再用背腕和两对侧腕的尖端左右交叉钩住他物，然后利用腕的扣压力和漏斗喷水的冲力，将卵膜黏贴于他物上。

有些腹足类喜欢把卵群产在岩石或其他贝壳上，如蛾螺、宝贝、香螺和骨螺类；有些生活在软泥滩上的种类，常产卵在石块上，以避免卵群被软泥淹没。海兔常把卵群挂在墨角菜上，海蜗牛把卵群系在自己的浮囊上，游螺把卵群固定在自己的贝壳上；蛇螺不能移动，产卵在自己贝壳内面，对后代的发育有较好的保护作用。

淡水河陆生的腹足类，常利用植物作为卵群的支持物，如把卵囊产在树皮缝内或叶柄上；陆生螺类常把卵子产在能躲避高温和低温以及水分多的地方；蜗牛先掘土后产卵。

六、护卵行为

某些腹足类和头足类，有明显的护卵行为。货贝和环纹货贝在产卵时，把外套膜伸展出来将贝壳完全抱住，将整个足部伏卧在卵群上面保护其卵群，直到卵子孵化以后才离去。

短蛸卵群呈串穗状，集中产于同一附着物上。当雌蛸产出第一批卵开始，就不再离开所产的卵群，将胴部的背面靠着卵群，遮盖住敌害的视线，常常伸出第一对腕向四周作警戒。同时又用第四对腕的尖端向背钩着卵群，并轻轻地拉动卵群，使卵子处于动荡状态。雄蛸有吃卵行为，从而引起与雌性的争斗，即使是在激烈纠缠时，雌蛸仍用第四对腕护住卵群。

七、卵群

交尾型的腹足类和头足类，排出的卵子往往粘集成群，叫做"卵群"。不同贝类的卵群形状各异，如香螺的卵群由许多单个的菱形卵囊黏附在一起而成，呈柱状，俗称"海苞米"；红螺的卵群常产在各种贝壳上，每单个卵囊呈细柱状，通常平列聚集很多，呈菊花瓣状，俗称"海菊花"。蛎敌荔枝螺（*Thais gradata*）的卵囊呈瓶状，或平列着彼此黏附呈树枝状。海蜗牛的卵产在浮囊下面，可以带着漂浮。后鳃类如海兔的卵群为丝状，俗称"海挂面"（海粉），海牛的卵群呈带状，泥螺的卵群呈球状。

头足类在交配后不久便产卵。乌贼卵具单独外皮，彼此固着在一起，成串地聚合在他物上，俗称"海葡萄"。枪鱿卵子包被在胶质透明的卵鞘中，卵鞘呈棒状，很多卵鞘都黏附在一处构成花瓣状。短蛸的卵子透明，大小如大米饭粒，故又叫"饭蛸"。雌船蛸具有孵化器，卵子产在二次性的假外壳内。

八、产卵量

贝类产卵量与怀卵量、个体性成熟程度以及环境等因素有关。

多数双壳类产卵量较多。产卵量的多少，主要根据受精卵在孵化过程中受到保护的情况和卵子的大小决定的。如果卵子被直接释放在体外，在海水中孵化，这种繁殖类型的贝类，其卵子在孵化过程中，常因环境的突然变化而大量死亡，或常被其他动物所吞食，因此必须产出大量的卵子，以保证种族的延续。在鳃腔或外套腔中孵化的种类，受到母体一定程度的保护，产卵量一般较少。据统计，幼生型牡蛎的一个雌体，在 15min 内能产十万粒卵，而卵生型牡蛎的一个雌体，在同样时间内，就能产出数千万粒卵。

在腹足类如帽贝、鲍和某些马蹄螺，它们的生殖产物直接释放在体外，在海水中受精，因此产卵量也较多。但田螺和螺蛳的受精卵，在母体的育儿室里发育，待幼体成长后再排出体外，因此一胎只有数十个，甚至数个。有许多腹足类是经常产卵，每次产出的卵群数不恒定，每一个卵群怀卵量又不相等。各种腹足类卵囊中怀卵量是不同的，红螺的每一个卵囊有数百万个卵，蛎敌荔枝螺平均有 113个，瓜螺（*Melo melo*）每一卵囊只有一个幼体。贝类若连续产卵，其卵群的怀卵量则渐次减少，但以卵群的外形则很难区别，如蛎敌荔枝螺单个卵囊有时怀卵量 200 多个，有时仅数十个，相差 5 倍之多。

头足类怀卵量不多，卵子一般分批成熟、分批产出。长蛸怀卵量约百余粒，短蛸怀卵量稍多，400～600 粒。头足类产卵量虽较其他软体动物少，但卵子外面有胶质膜保护，且为直接发生不经过幼虫期，所以孵化率很高。

第二节　贝类的个体发育

大多数贝类的生活史中，由于发育时期不同，在形态、生理机能以及生态习性等方面都有明显的不同，可以将其划分为几个发育阶段。了解贝类个体发育规律，对进行贝类苗种生产，特别是进行半人工采苗及人工育苗生产是十分必要的。

一、腹足纲

以皱纹盘鲍为代表，见图 3-1。

1. 胚胎期

胚胎期是指从卵的受精开始经过分裂，到胚胎发育至浮游幼虫，即孵化后的担轮幼虫为止的阶段。此期以卵黄物质作为营养，影响这一时期发育的主要外界环境条件是水温。

2. 幼虫期

从孵化后的担轮幼虫开始到稚鲍的形成为止。这一期包括担轮幼虫、面盘幼虫、匍匐幼虫（包括初期匍匐幼虫、围口壳幼虫和上足分化幼虫）等。

（1）担轮幼虫

胚胎出现了纤毛环，幼虫前端生有一束细小的顶纤毛。此期幼虫仍以卵黄作为营养。

（2）面盘幼虫

壳腺已分泌出一个薄而透明的贝壳。该期初期仍以卵黄物质为营养、不摄饵，后期需摄食饵料。此期由于贝壳的出现，幼虫在水中的浮游能力减弱。该期又可细分为初期面盘幼虫和后期面盘幼虫。

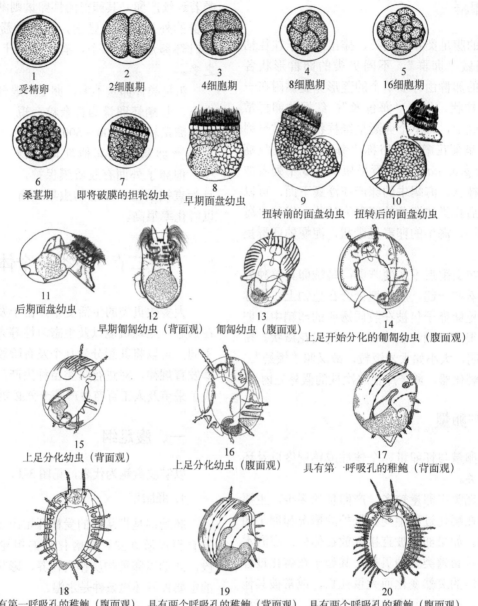

1 受精卵	2 2细胞期	3 4细胞期	4 8细胞期	5 16细胞期

6 桑葚期	7 即将破膜的担轮幼虫	8 早期面盘幼虫	9 扭转前的面盘幼虫	10 扭转后的面盘幼虫

11 后期面盘幼虫	12 早期匍匐幼虫（背面观）	13 匍匐幼虫（腹面观）	14 上足开始分化的匍匐幼虫（腹面观）

15 上足分化幼虫（背面观）	16 上足分化幼虫（腹面观）	17 具有第一呼吸孔的稚鲍（背面观）

18 具有第一呼吸孔的稚鲍（腹面观）	19 具有两个呼吸孔的稚鲍（背面观）	20 具有两个呼吸孔的稚鲍（腹面观）

图 3-1　皱纹盘鲍的胚胎和幼体发育

（3）匍匐幼虫

面盘开始退化，足开始发育，幼虫由浮游生活转为匍匐生活。此期幼虫又可分为三小期。

1）初期匍匐幼虫：由后期面盘幼虫进入匍匐幼虫初期，面盘尚较发达。

2）围口壳幼虫：幼虫壳的前缘增厚，出现了围口壳。

3）上足分化幼虫：该期为匍匐幼虫后期，上足触手开始分化，贝壳稍有增厚，足部发达，距面具有较强的吸附能力。

3. 稚鲍

形成第一个呼吸孔时为稚鲍，其形态与成鲍差

距仍较大。

4. 幼鲍

完全具备了成鲍的形态，呼吸孔数量与成鲍相等，只是性腺还未成熟。

5. 成鲍

第一次性成熟以后均属此期。

二、双壳纲

以牡蛎为代表，见图 3-2。

1. 胚胎期

这一期基本上同腹足类，但是受精卵孵化后还

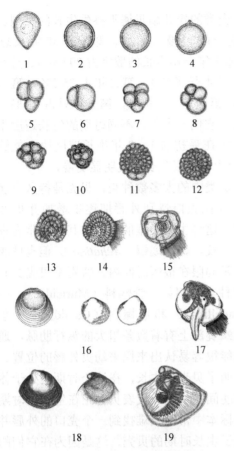

图 3-2　长牡蛎的胚胎和幼体发育

1. 未受精卵；2. 受精卵；3. 第一极体出现；4. 第二极体出现；5. 第 1 次卵裂，第一极叶伸出；6. 2 细胞期；7. 第二次卵裂；8. 4 细胞期；9. 8 细胞期；10. 16 细胞期；11. 桑葚期；12. 囊胚期；13. 原肠胚期；14. 担轮幼虫期；15. D 形幼虫期；16. 壳顶幼虫，示壳顶突出，左壳比右壳壳顶大；17. 匍匐幼虫；18. 即将附着变态的幼虫；19. 固着后的稚贝

未形成担轮幼虫，需经一段时间发育才可形成担轮幼虫。

2. 幼虫期

该期从担轮幼虫开始到稚贝附着为止，包括担轮幼虫、面盘幼虫两个不同时期。各期幼虫形态差别较大。

（1）担轮幼虫

体外生有纤毛环，顶端有的生有 1 或 2 根或数根较长的鞭毛束，幼虫可以借助纤毛摆动在水中作旋转运动，经常浮游于水表层。此期幼虫具有壳腺，在担轮幼虫后期开始分泌贝壳。幼虫的消化系统还未形成，仍以卵黄物质作为营养。影响此期幼虫发育的主要外界环境条件除了水温外，还有光照，光照可使幼虫大量密集。

（2）面盘幼虫

具有面盘，面盘是其运动器官。根据发育时间

及形态不同，又可分为以下时期。

1）D 形幼虫：又称面盘幼虫初期或直线铰合幼虫。此期由壳腺分泌的贝壳包裹了幼虫的全身，形成两片侧面观像英文字母 D 的壳。面盘是主要的运动和摄食器官。消化道已形成，口位于面盘后方，食道紧贴于口的后方，成一狭管，内壁遍布纤毛，胃包埋在消化盲囊中。卵黄耗尽，因此能够而且也需要从外界摄食饵料进行营养。水温和饵料是影响此期幼虫发育的主要环境因素。

2）壳顶幼虫：D 形幼虫经过一段时间的发育，形成壳顶期幼虫（又称隆起壳顶期幼虫），铰合线开始向背部隆起，改变了原来的直线形状。壳顶幼虫后期，壳顶突出明显，足开始长出，呈棒状，尚欠伸缩活动能力。鳃开始出现，但尚未有纤毛摆动。面盘仍很发达。足丝腺、足神经节和眼点逐渐形成，但此时足丝腺尚不具有分泌足丝的机能。

3）匍匐幼虫：该期幼虫较前一期大，在鳃基前方可见一对黑褐色"眼点"，眼点内一个细胞内有色素颗粒。幼虫鳃丝增加至数对，足发达，具有缩肌，能够伸缩作匍匐运动，足基部附近出现一对平衡器。初期匍匐幼虫仍存在面盘，时而借助面盘游动，时而匍匐。在贝类的苗种生产中，这正是投放采苗器进行半人工采苗的好时机。本期面盘逐渐退化，至后期则只能匍匐生活，足丝腺开始具有分泌足丝的机能。

3. 稚贝期

幼虫经过一段时间的浮游和匍匐生活后，便附着变态为稚贝。此时，外套膜分泌钙质的贝壳，并分泌足丝营附着生活。幼虫变态为稚贝时，它的外部形态、内部构造、生理机能和生态习性等方面都发生相当大的变化。变态标志有三：①形成含有钙质的贝壳，壳形改变；②面盘萎缩退化，开始用鳃呼吸与摄食；③生态习性的改变，由变态前的浮游、匍匐生活转变为变态后的固着生活。该期是幼虫向成体生活过渡的阶段。

4. 幼贝期

此期在形态上除了性腺尚未成熟外，其他形态、器官和生活方式均已和成体一样。附着型贝类进一步发展了用足丝附着的生活方式；固着型贝类，如牡蛎已用贝壳固着，营终生的固着生活；埋栖型贝类此期已进入埋栖生活。

5. 成贝期

第一次性成熟以后均属此期。

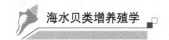

第三节　贝类的生长

一、生长规律和类型

1. 生长的规律

延伸阅读 3-4

贝类整个生活史的生长规律，通常可以用缓慢—快速—缓慢或停止来表示（生长的测量见延伸阅读 3-4）。即贝类在胚胎初期，体积一般不增加，到幼虫开始摄食时才增长，但增长的速度是缓慢的，在变态时生长一般停止，幼年时生长迅速，到老年时又逐渐缓慢和停止。

双壳类如长牡蛎自受精卵经卵裂，孵化至完全成长即变态的幼虫，其壳长仅增大到原有长度的 7～8 倍；密鳞牡蛎成长的幼虫，接近卵子长度的 4 倍。在幼虫变态期间一般停止生长。变态完成的幼贝，在最初的一、二年中生长最快，以后变慢或停止生长。栉孔扇贝在最初的一年半内，体内的半长数等于身体总长的 5/6，或为刚附着幼贝的体长的一百余倍。在这个时期后，生长速度就非常缓慢。

腹足类的生长规律也一样。例如，杂色鲍在胚胎初期，体积一般不增加，从担轮幼虫发育至面盘幼虫，平均每天仅增加 20μm。到幼鲍阶段生长就迅速，经过 11 个月人工饲养的幼鲍，个体平均大小从 5.5mm 增长至 35.5mm，平均每月增长 2.7mm。到了老年时期，生长又渐慢。此外，腹足类的生长，还伴随着贝类变形，各组织器官之间大小比例的变化。

通常在幼小的腹足类中，螺层的总数往往较少，生长期间螺层逐渐加多，到达成贝时具有稳定的螺层数。宝贝的幼体壳像瓜螺，壳口较大，外侧唇很薄，至成贝时，壳口在中央线上呈缝状，唇部很厚具齿。蜘蛛螺的幼贝外唇薄而不扩张，至成贝时外唇边缘才伸出爪状棘。腹足类软体部最显著的变化是头部和感觉器官，在幼贝时它们比例常比成体大。

2. 生长的类型

贝壳的生长基本上有两种类型，即终生生长型和阶段生长型。终生生长型贝类的一生都能持续生长，直到老死为止，生长速度一般都比较缓慢；阶段生长型贝类仅局限于一生中的某一时期生长，过了这一生长期，到达了一定的体长就不再生长了。这种生长类型贝类的生长速度在某一个时期内非常快，似乎是飞跃式地发育。

双壳类的栉孔扇贝属于终生生长的类型。其生长速度一般较慢。例如，以它五年生长总数为 100，那么第一年生长的数字占 29.9%（5 月产卵，实际上只生长半年），第二年占 35.2%，第三年占 19.2%，第四年占 8.06%，第五年只占 7.6%。另一些种类在它们一生中，不同时期的生长速度不同，如长牡蛎在最初的 1～2 年生长速度快，能够达到 10cm 以上，之后生长速度明显变慢。

腹足类中的大多数种类，贝壳是持久、缓慢生长的，并在壳口特别外唇部逐步增加并扩展其面积。属于这种生长类型的种类，其壳面常有许多细致的生长纹，如玛瑙螺（Achatina）。但有些腹足类生长常常局限在很短时间内，特别是贝壳具有重厚外唇的种类。例如，骨螺科（Muricidae）、嵌线螺科（Ranellidae）和冠螺科（Cassididae）等的成贝，其螺旋部上有着数条粗大的纵行肋脉，通过这些肋脉能很容易认出来原来幼贝外唇的位置。肋的位置指明了贝壳的生长，在这个时期是处于休止状态，而肋间的位置，代表贝壳正在生长的时期。许多贝类标本中常常很难找到一个壳口的外唇并不加厚而处于生长时期的贝壳，这是因为在它们的生活史中，90% 以上的时期都处于贝壳生长休止期，而贝壳生长期所需的时间仅有数天。有些陆生的肺螺类，具有以上两种的生长方法，即在冬眠时贝壳不生长，在一般的时期中生长缓慢或者几乎不长，在某一时期生长迅速。

3. 生长异常

许多腹足类由于寄生虫的寄生，而使它们的体质衰弱、生长缓慢。但是，有一种异常的生长现象，发生在淡水螺和陆栖眼类的 Bulimus，在它们的体内，凡有吸虫寄生者，生殖腺全部或者部分受到破坏。受感染的个体，其生长速度比没感染上吸虫的正常个体还快。

二、生长与环境

生长不仅由内在条件决定，而且与周围生活环境条件密切相关。适宜的生活环境能加速生长；不利的生活环境中不仅生长速度缓慢，甚至有完全停止生长的可能。对生长影响最大的环境因子是温度和饵料。

1. 温度

贝类的生长速度与温度关系密切，温度高的

延伸阅读3-5

月份生长迅速，温度较低的月份生长较为缓慢，寒冷季节则完全停止生长。通常，温度与生长的曲线关系为梯形。适温下，生长迅速，过高或过低的温度都不适宜生长。如果温差过大，则停止生长（见延伸阅读3-5）。

水温高低对贝类的胚胎发育也有直接影响，在幼虫阶段，温度和生长的关系是复杂的。同一批的幼虫，培育在相同的条件下，可以呈现不同的发育速度。例如，杂色鲍在平均水温27℃，同一批的受精卵发育形成第一呼吸孔的幼鲍，最快的需要24d，较缓慢的则需40d以上。杂色鲍胚胎发育结果显示，杂色鲍胚体在25～28℃的温度条件下正常发育。在温度偏低的情况下，担轮幼虫孵化能力明显减弱，因此孵化时间延长，直接影响幼虫后期的发育，或者是在卵膜内继续发育至初期的面盘幼虫，这样的幼虫往往在膜内没有孵化而死亡。温度过高也容易引起胚胎或幼虫的大量死亡。

2. 饵料

饵料直接影响贝类的生长速度。对比腹足类的角蝾螺（*Turbo cornutus*）的饲养结果，发现逸仙藻的营养价值最高，其次是石花菜，最差的是马尾藻。而加州贻贝和贻贝的生长率与周围海区鞭毛藻和硅藻的丰富程度有关；硬壳蛤的生长率随环境的小硅藻数量而变化；栉孔扇贝的胃中有硅藻类、双鞭毛藻类和桡足类的残肢等，这些食料的季节变化和数量多少，都影响到它的生长。此外，海水中的大量有机碎屑可能是贝类营养的重要来源。

某些贝类在幼体和成体时所需的饵料完全不同的。鲍的食物种类随发育生长阶段的不同而异，幼虫摄食含石灰质的海藻和微型海藻。在人工培养中，鲍的幼虫饵料，以容易消化和便于吞食的底栖桂藻中的舟形藻和月形藻为宜。而壳长4～5mm的幼鲍，则以羊栖菜和海带等褐藻类为主要食料。牡蛎在浮游幼虫时仅吞食长度为10μm以下的浮游生物如鞭毛藻和细菌等，而成贝的饵料主要为硅藻。

此外，某些海产腹足类的贝壳颜色，常随食物种类的不同而变化。杂色鲍幼体摄食扁藻、浒苔和石莼等绿色藻类，其贝壳表面呈现翠绿色；以硅藻为食的则呈枣红色；同时饲以硅藻和绿色藻的贝壳，出现翠绿色和枣红色两种花纹。

三、生长限度

1. 个体大小

虽然环境条件的变化影响到贝类生长速度和大小，但一般具有大体一致的生长限度，到了这个限度，就很难再长，这样就形成了各种贝类有不同大小的体型。

双壳类由于生长限度的不同，体积大小的差异很大。例如，拉沙蛤（*Lasaea*）壳长约为3mm，而体积最大的大砗磲，壳长可达2m多，重量超过250kg。小型的腹足类如*Armigercrista*壳高不超过2mm，而大型的腹足类不是很多，它们常生活在热带海域中，如冠螺（*Cassis cornuta*）呈帽状，高达32cm；法螺（*Charonia tritonis*）呈号角状，壳高达40cm。个体小的头足类，如微鳍乌贼，胴长仅约1cm，最大种类为大王鱿，全长超过16m。

生长的限度还可以用体积增加的倍数来比较。在各种双壳类中，卵或幼虫与其成贝体长的比值，在不同种类是不一样的。全海笋成贝的体长为卵子大小的1200倍，而长牡蛎则为6000倍。个体生长最好的表示方法应该用个体重量，重量与体积的增长往往不是一致的。例如，*Steromphala umbilicalis*重量的增长很有规律，每年增长半克，而体积的增长就不规则了，到了第四年时就停止生长；欧洲猎女神螺（*Trivia monacha*）当体积停止生长之后，贝壳可以继续增加厚度，达到原先5倍的重量。

2. 生长与年龄

延伸阅读3-6

贝类的生长极限，随不同种类的年龄而有区别（见延伸阅读3-6）。长牡蛎在优良的环境条件中，完成贝类生长初期需要三个半月，在这个时期中，最主要的特点是贝壳生长速度极快，在短短的三个半月中，贝壳长度可以增长50mm。随着生长初期的结束，长牡蛎转入了生长后期，在这个时期，体重逐渐增加，贝壳生长速度大大降低，从生长年龄三个半月以后至第二年8月初之间，每月平均生长速度与生长初期相比，几乎降低至1/10。1年后进入成年期，个体生长期基本结束，尽管外界环境条件优越，但贝壳的生长几乎停顿。

3. 生长与性别

性别不同，贝类生长也有所差异，最明显的见于头足类。中枪鱿雄体一般比较雌体长，船蛸

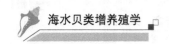

雌性比雄性约长 15 倍。在双壳类和腹足类，雌雄异形的现象不很明显，如蛎敌荔枝螺和斑玉螺（*Paratectonatica tigrina*）雌体比雄体稍大一些。

四、寿命

贝类的寿命长短随种类而不同，即使是同一种类的寿命也不是恒定的，除因遭遇不良的环境条件和敌害的袭击暴死外，许多生理因素也会导致正常死亡。例如，生殖密度高、疾病、强度的氧化作用均能促使它们体力损耗迅速接近死亡；冬眠、夏伏、弱的氧化作用，能使寿命延长；雄性的个体一般比雌性寿命短；在寒冷地带生长缓慢的个体，寿命较热带生长迅速的个体寿命长。

延伸阅读 3-7

贝类的死亡率分布的曲线和其他动物一样，通常用"V"形曲线来表示，即幼年和老年时死亡率高，强壮的成贝死亡率低（见延伸阅读 3-7）。总的来说，同种贝类的寿命处于一定的范围内。像船蛆仅能生活一年，同属其他种类能活数年，球蚬大多数能活几年，但也有一些只能活一两年。寿命较长的泥蚶、贻贝和海螂能活 10 年左右。蚌类一般能活上十多年，据记载，珍珠蚌最长寿命能活到 80 年，砗磲估计能活一世纪。

课程视频和 PPT：
贝类的生长

复习题

1. 简述贝类的繁殖方式。
2. 简述腹足类和双壳类胚胎和幼虫发育各阶段特征。
3. 简述贝类的生长规律。
4. 简述影响贝类生长的主要环境因子。

第二篇

贝类的苗种繁育

　　贝类的育苗和育种与养殖生产关系极为密切，苗种的丰歉与质量的高低均直接影响贝类增养殖的规模和产量。只有充足的高质量贝类苗种，才能保证贝类养殖业的稳定发展。高校、研究机构及业界经过长期的实践和研究，形成了多种苗种生产的方法，保障生产所需的充足苗源和优质苗种，已在生产中应用的有自然海区半人工采苗、室内工厂化人工育苗、室外土池半人工育苗和采捕野生贝苗等。为了提高苗种的质量和产量，近年来，贝类的引种、选择育种、杂交育种、多倍体育种、雌核发育等方面取得丰硕成果，在牡蛎、扇贝、鲍、蛤仔、缢蛏等重要养殖贝类中培育出多个优良新品种，为贝类增养殖的稳定、健康发展创造了有利条件。

第四章　贝类的自然海区半人工采苗

自然海区贝类的半人工采苗是根据贝类的生活史和生活习性，在繁殖季节里，向自然海区投放适宜的人工采苗器或改良海区的环境条件，使贝类幼虫附着变态、发育生长，从而获得贝类养殖所需苗种的方法。该方法具有操作简便、成本低、产量大、效率高等优点，是大众化的苗种生产方法。自然海区半人工采苗是介于人工育苗和采捕自然苗两者之间的一种方法，技术上的要求比人工育苗较为简单。目前，自然海区的半人工采苗主要应用于双壳贝类，如牡蛎、贻贝、扇贝、缢蛏、蛤仔等。

第一节　半人工采苗的原理与方法

一、半人工采苗的原理

大多数双壳类的成体运动能力较差或根本不能运动，如牡蛎终生固着不能移动，贻贝、扇贝等用足丝附着在外物上，缢蛏、泥蚶、蛤仔等钻潜在泥砂中营埋栖生活。尽管双壳贝类的生活方式各异，但在其生命史的早期阶段，都有一个共同的生活方式，除了精卵在海水中受精、发育，都要经过一个短暂的、在水中浮游生活的幼虫阶段外，在幼虫结束浮游生活时，都要经过一个用足丝附着变态的过程。幼虫变态后进入附着生活的稚贝阶段，然后根据成体生活型的不同，有的足丝消失或退化进入固着生活或埋栖生活，有的足丝进一步发达，终生营附着生活。

变态过程是贝类从幼虫向稚贝转变的一个重要发育阶段。幼虫发育到一定阶段，便具有附着变态的能力，遇到合适附着基，在外界物质的刺激下，完成附着变态过程。一般幼虫附着在前，变态在后。附着过程是一个可逆的选择合适附着基的行为过程，变态过程是一个不可逆的形态变化过程，幼虫只有顺利地经过变态过程，才能完成从幼虫向稚贝的转变。

双壳贝类的浮游幼虫具有阶段性、周期性、短暂性、趋光性等特点，其分布是不均匀的，因受温度、盐度、光照、饵料及群聚习性的影响，一般多分布于近海海水的上层，分布范围狭，并常有集群现象。根据双壳贝类幼虫的附着变态习性，在繁殖季节里，凡是有贝类幼虫大量分布的海区，只要在幼虫附着变态之前，人工改良底质，创造适宜的环境条件，或投放合适的采苗器就可以采到大量的贝苗。

物理因素（温度、盐度、附着基表面粗糙程度和颜色、溶解氧、流速和光照等）、化学因素［金属阳离子、儿茶酚胺类化合物、氨基酸类化合物、胆碱及其衍生物和影响细胞内 cAMP（环化腺苷酸）的化合物等］和生物因子（个体分泌物、微生物膜、饵料分泌物等）对幼虫的附着变态都有一定的影响。

稚贝利用足丝进行暂时的附着，是十分必要的，就像船需抛锚固定位置一样。稚贝没有足丝难以安居栖息，只能像浮游幼虫那样，过着流浪生活，最后因找不着适宜的附着基而夭折死亡。

二、半人工采苗的基本方法

贝类种类不同，生活方式不一样，对附着基的要求不一，因此采苗方法也不相同。

1. 固着型贝类的半人工采苗

固着型的牡蛎，其稚贝不能在泥砂流动的海底固着，只有在岩礁或其他固定物上固着才能够生存。然而在半人工采苗中，由于人工投放固着基，因此在那些完全软泥或砂泥质海区，如果海区有其幼虫或亲贝资源，也可能成为良好的半人工采苗场。采苗器见苗之后，需将贝苗疏散养殖，以助苗快长。

牡蛎采苗器的种类很多，采苗器的选择要因地制宜。根据牡蛎固着特点，一般以表面粗糙、附着面大、耐风浪、操作容易、经济耐用、取材方便为原则。常用的有石块、石柱、水泥板、竹子、贝壳、胶胎等。

（1）硬质滩涂

可以采用石块、石柱、水泥制件或贝壳等采苗器采苗，并将采苗器直接投到滩涂上密集排列进行采苗，即投石（壳）采苗。

（2）软质滩涂

可利用竹竿或竹片进行插竹采苗（簇插、斜插等）。用石块、水泥板或贝壳作为采苗器时，须先在滩涂上修畦采苗基地，再投放采苗器，才能预防采苗器下沉或被浮泥埋没。

（3）浅海区

可进行筏式采苗，利用牡蛎壳或其他大型贝类的贝壳串联垂挂在筏上采苗，也有使用水泥饼串联后采苗。

（4）岩礁区

沿海有广阔的礁石，若利用海中礁石采苗，可在采苗时间临近时，把礁石上的藤壶和其他附着物铲掉，即所谓"清礁"，以利于采苗。

2. 附着型贝类的半人工采苗

附着型贝类的稚贝、幼贝、成贝皆营附着生活，主要经济种类为扇贝、贻贝和珠母贝，半人工采苗方法一般采用筏式采苗。虽同为附着型贝类，但种类不同，具体采苗方法也不同。

贻贝筏式采苗一般采用绳状采苗器，常用的有红棕绳、稻草绳、岩草绳、废旧浮绠等，其中以多毛的红棕绳为好，国外也有使用毛发垫采苗。贻贝采苗时一般提早1~2个月投放采苗器效果较好。有人认为贻贝喜欢附着丝状红藻上，早投附着基可以先让丝状藻类附着，利于贻贝附着；也有人认为早投采苗器可以形成一层黏质膜。黏质膜是采苗器入水后在其表面上出现的第一种附着生物形式，由细菌及其分泌物结合微藻类组成。黏质膜的主要作用可以掩裹幼虫，改变物面的颜色及反射光线，能为幼虫提供食物，增加pH，使物面呈碱性，有利于石灰质的沉淀。

为了促进幼苗加快生长，可将采苗器与养成器相联，或者采用缠绳的办法，使采苗器上的幼苗自动逸散到养成器上，进行养成。

栉孔扇贝或珠母贝的筏式采苗则需特制的采苗袋（或笼）或进行采苗。采苗袋是由窗纱制成，袋内装废旧网片，在采苗季节里，将其投挂于浮筏上进行采苗。采苗袋（或笼）具有减缓水流、有利于幼虫附着、防敌害、防逃逸等优点。

课程视频和PPT：扇贝的半人工采苗

3. 埋栖型贝类的半人工采苗

整畦（整滩）采苗是埋栖型贝类的半人工采苗的主要方法。该种贝类虽然成体营埋栖生活，但在幼虫结束浮游生活进入底栖生活时，同样也首先利用足丝附着附在砂粒、碎壳上，然后再潜钻营埋栖生活，所以天然苗种场大都在半泥半砂的潮区。因此，在有埋栖贝类幼虫分布的海区，进行半人工采苗前，必须将潮区滩涂耙松，整畦（整滩）采苗，软泥底质需投放一层砂以利于幼虫附着变态。底质松软也有利于稚贝及幼贝钻穴埋栖。在附苗季节，应严密封滩，避免践踏。

缢蛏的采苗中，如果发现底质已疏松，用手指挖泥时，底质出现裂痕，并可见足丝，带有红痕和土面有淡白色油质，一般预示采苗成功。

第二节　半人工采苗预报与效果检查

一、半人工采苗预报

为了能够适时地进行半人工采苗，应该进行采苗预报工作，方法如下。

1. 根据贝类性腺消长规律进行预报

在贝类的繁殖季节，1~2d检查成贝软体部1次。成贝在临近繁殖时，软体部最肥满，当发现多数个体在短时间内突然消瘦，说明已到了贝类繁殖盛期。

在一定条件下，同种贝类从产卵到幼虫开始附着，时间上大致是同步的。根据贝类性腺消长规律可以确定产卵时间，参照当时水温等条件，便可推算出附苗时间，从而适时地预报整滩（整埕或整畦）或投放采苗器进行采苗的时间。

2. 根据贝类幼虫的发育程度与数量进行预报

调查贝类浮游幼虫，一般是使用25号浮游生物网在各海区不同水层拖网取样，并注意昼夜和涨落潮的数量变化。拖取的样品，经福尔马林固定后，用粗筛绢（孔径约为400μm）滤去大型动植物，再用沉淀法去除上层小型浮游藻类。在底层沉淀物中查找贝类幼虫，并进行分类计数工作。通过

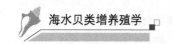

定性、定量的鉴定，并观察幼虫发育时期以及数量的变化，确定半人工采苗器的具体时间。

3. 根据水温、盐度的变化或物候征象进行预报

各种双壳贝类的采苗期与水温、盐度的变化有关，因此，可以根据水温的测定和盐度的变化推断具体的采苗日期进行采苗预报。也可以根据物候的征象预报大体上采苗的时间。

二、试采和采苗效果的检查

对贝类试采和采苗效果的检查，应根据对象的不同采用不同的方法。

1. 固着型贝类

可使用贝壳、水泥块等作为固着基，在繁殖期前后，每日或隔日在潮间带不同潮区投放采苗器，次日取回检查，求出单位面积内的采苗数量，绘制采苗量曲线，找出采苗量高峰，确定采苗盛期。

2. 附着型贝类

可使用棕绳、稻草绳、聚乙烯绳等作为贻贝的采苗器，用采苗袋等作为扇贝的采苗器，在繁殖期中定期地（一般每周或 10d）挂在海中的浮筏上。投入的采苗器可在短期内取回，用 1.5%～2%漂白粉处理断足丝后检查，也可在采苗期过后，贝苗长到一定大小，再取样检查采苗效果。

3. 埋栖型贝类

可采用人工基底（用容器盛着泥砂），放在调查的海区，也可以定期地采集各潮区表层一定面积的泥砂，装在纱布袋内，在水中淘洗去泥砂，再从袋内砂中仔细地挑出全部幼贝，计算出单位面积内的采苗量，确定出大体采苗日期。取样面积应根据幼贝密度而定，一般采用 10cm×10cm 取样框、每点取 3 至 5 个取样框的沉积物、取样深度为 1cm 左右，勿过深以免泥砂过多不易检查。

复习题

1. 简述贝类的半人工采苗，及固着型、附着型和埋栖型贝类的半人工采苗的不同。

2. 简述进行贝类的半人工采苗预报的原因，及预报的方法。

第五章　贝类的人工育苗

贝类的人工育苗是指从亲贝的选择、蓄养、诱导排放精卵、授精、幼虫培育及采苗，均在室内人工控制下进行的苗种生产。与其他苗种生产方法相比，人工育苗具有以下优点：可以引进新品种；提早育苗，延长生长期；防止敌害，提高成活率；苗种纯，质量高，规格一致；可以进行多倍体育种，以及通过选种和杂交等工作，培育优良新品种。

第一节　贝类人工育苗场的选择与总体布局

一、育苗场的选择

1）水质好，符合海水水质第一类和第二类标准《海水水质标准》（GB 3097—1997）和农业行业标准《无公害食品　海水养殖用水水质》（NY 5052—2001）的要求；海区无工业、农业和生活污染；场址应远离造纸厂、农药厂、化工厂、石油加工厂、码头等有污染水排出的工厂，并应避开产生有害气体、烟雾、粉尘等物质的工业企业。

2）无浮泥，混浑度较小，透明度大。

3）盐度要适宜，场址尽量选在背风处，水温较高，取水点风浪要小。

4）场区应有充足的淡水水源，总硬度要低，以免锅炉用水处理困难。

5）场址尽可能靠近养成场。

此外，还应考虑电源、交通条件，尽量不用或少用自备电设备，以便降低造价及生产费用。

二、育苗场的总体布局

育苗室、饵料培养室多采用自然光和自然通风，在布局上尽可能向阳并位于上风区。沉淀池、砂滤池（或砂滤罐）要建在地势较高处。近年来，供热系统多采用电源热泵。水泵房要根据地形、潮水、水泵的扬程和吸程等情况选择合适位置，一般不要建在离场区太远处。风机房一般安装罗茨鼓风机，因罗茨鼓风机噪音较大，不要离育苗室太近。变配电室要根据高压线的位置，一般设在场区的一角。电力不足的地方常建小型发电机室，发电机室和变配电室的配置要合理，两室常建在一起。

第二节　人工育苗的基本设施

一、供水系统

一般采用水泵提水至高位沉淀池，水经过砂滤池（或砂滤罐）过滤处理后再入育苗池和饵料池。

1. 水泵

（1）种类

水泵的种类较多，根据构件材料不同可分为铸铁泵、不锈钢泵、玻璃钢泵等；由于性能不同，又分为离心泵、轴流泵、潜水泵和井泵等。

从海上提水最常用的是离心泵。离心泵需固定位置，置于水泵房中，通常一个水泵房有两台甚至多台水泵同时运行或交替使用。室内打水和投饵常使用潜水泵。潜水泵体积小，较轻，移动灵活，操作方便，不需固定位置，但它的流量和扬程受到限制。

（2）位置

水泵的吸程应大于水泵的位置和低潮线的水平高程。扬程必须大于水泵到沉淀池（或蓄水池）上沿的水平高程。

（3）水管

为铁管、塑料管或陶瓷管等，严禁使用含有毒物质的管道。海区取水口应置于低潮线以下。

2. 沉淀池

沉淀池一般建在地面以上，常建于高位，兼作高位水池。沉淀池一般呈方形或圆形，砖、石砌，内层应抹五层防水层。为达黑暗沉淀，池顶加盖。池底应有1%～3%的坡度，便于清刷排污。池下部设排污口和供水口，顶部应设有溢水口。沉淀池总容量为育苗池水体总容量的3～4倍，一般可分成2至数个，轮流使用。车间用水的沉淀时间要求48h以上。

3. 砂滤器

沉淀池的水必须经过砂滤后方可进入育苗室和饵料室。目前使用的砂滤器有砂滤池、砂滤罐和砂滤井等。

（1）砂滤池

为敞口式过滤器，自下而上铺有不同规格的数层砂粒或其他滤料。砂滤池底部留有高度10～20cm的蓄水空间，其上铺有水泥筛板或塑料筛板。筛板上密布1～2cm的筛孔，其上铺有2或3层网目为2～3mm的聚乙烯网，上铺粒径为1.5～2cm和0.5～1cm的建筑用石子各10cm厚。石子上面铺60目的网布，网布上面铺10cm厚、粒径为2～3mm的粗砂。粗砂上面铺80目的胶丝网片，再铺80～100cm厚的粒径为小于等于0.2mm的细砂（图5-1）。多层铺设的目的在于加强引流，提高砂滤池工作效率。

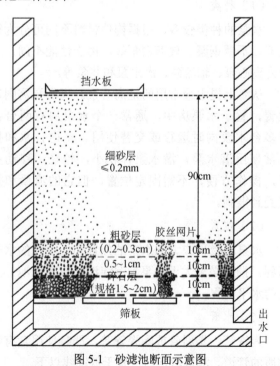

图5-1 砂滤池断面示意图

砂滤池至少应有2个，可以同时或轮换使用，滤水能力应达到10～20m³/（m²·h），过滤后的海

水不应含有原生动物。总滤水量视育苗池容量而定。为保证育苗池每日换水需要，可适当扩大过滤面积和过滤水的容量。

（2）砂滤罐

为封闭式过滤器，一般采用钢筋混凝土加压过滤器，有反冲洗装置（图5-2）。内径3m左右，过滤能力达20m³/h。砂层铺设结构基本同砂滤池。砂滤罐滤水速度快，有反冲作用，能将砂层沉积的有机物、无机物溢流排出。

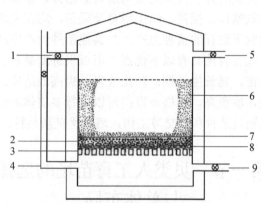

图5-2 反冲式砂滤罐断面示意图

1. 进水管；2. 粗砂；3. 筛板；4. 反冲管；5. 溢水管；6. 细砂；
7. 聚乙烯筛网（60目）；8. 碎石；9. 出水管

（3）砂滤井

在砂质底的海边中上潮区或蓄水池中可以打井，让海水通过砂层的过滤渗到井中，用作育苗用水。砂滤井中的海水夏季水温低，冬季水温高，而且水质较好。但在使用前，应检测水的盐度、酸碱度、重金属含量等指标，是否符合海水养殖用水的水质标准。

（4）无阀过滤池

与砂滤罐相似，也属于封闭式砂滤系统，但其反冲系统不需要人工和阀门的控制，自动反冲。在建造上，无阀过滤池可以采用钢筋混凝土结构，也可以采用玻璃钢质结构。目前国内单台无阀过滤池的滤水量可达500m³/h左右，适用于规模较大、用水量较多的育苗场。

二、育苗室

墙体多用砖砌，屋顶采用钢梁或木梁结构，呈人字形或弧形，瓦顶或玻璃钢瓦顶。一般长40～100m，宽15m左右。

育苗池常用100#水泥、砂浆和砖石砌筑，也可采用钢筋混凝土灌铸。池底应有1%～2%的坡度斜向出水口。池壁及池底应采用五层水泥抹面，新建的育苗池必须浸泡 1 个月，以除去泛碱方可使用。小型育苗池可采用玻璃钢或塑料制成。

育苗池的形状以长方形为宜，亦有方形、椭圆形和圆形等。小型池容量 10m³ 左右，中型 20～30m³，大型 50m³ 以上。有效水深一般 1.2m 左右，深者可达 1.5m。

三、饵料室

良好的饵料室必须光线充足、空气流通、供水和投饵自流化。饵料室四周要开阔，避免背风闷热，屋顶用透光的塑料膜或玻璃钢波纹板覆盖。

1. 保种间

要有控温控光充氧设施，保持光照 1500～10 000lx，温度 15～20℃。1m³ 水体的二级饵料池需 1m² 保种间。

2. 闭式培养器

利用 10～20L 的细口瓶、有机玻璃柱、玻璃桶、聚乙烯薄膜袋等进行饵料一级、二级扩大培养。闭式培养有防止污染、受光均匀，并有温度、溶解氧、CO₂、pH 和营养物质等培养条件的调节与控制，具有培养效率高的特点。

3. 敞式饵料池

饵料培养池总容量为育苗池的 1/4～1/2，池深 0.5～1m，方形或长方形。池壁铺设白瓷砖或水泥抹面。小型饵料池一般为 2m×1m×0.5m，可用于二级扩大培养；大型饵料池一般为 3m×5m×0.8m 左右。

四、供氧系统

充气是贝类高密度育苗不可缺少的条件，可以保持水中有充足的氧气，促进有机物质的氧化分解和氨氮的硝化，使幼虫和饵料分布均匀，可防止幼虫因趋光性而引起的高密度聚集造成局部缺氧，也可抑制有毒物质和厌氧菌的产生和原生动物的繁殖。

1. 充气机

一般多使用罗茨鼓风机和普通充气机。罗茨鼓风机风量大，省电又无油，一般育苗池每分钟的充气量为培育水体的 1%～5%。若一个 500m³ 水体的育苗池、水深 1.5m 左右，可选用风量为 12.5m³/min、风压为 3500mm 水银柱的罗茨鼓风机

3 台，其中 2 台运行、1 台备用。也可使用空气压缩机和电动充气机，但这些机器的风量小。

2. 充气管和气石

罗茨鼓风机进出气管道用 PVC 塑料管，各接口应严格密封不得漏气。为使各管道压力均衡并降低噪音，可在风机出风口后面加装气包，上面装压力表、安全阀、消音器。通向育苗池所使用的充气支管应为塑料软管或胶皮管，管的末端装气石（散气石）。气石一般用 140#金刚砂制成，长 5cm 左右，直径 3cm 左右。池底一般设气石 1 个/m²。

五、供热系统

为缩短养殖周期，提早加温育苗十分必要。加温育苗可以加快幼虫生长和发育速度，还可以进行多轮育苗。加温方式可分为电热、充气式、盘管式、水体直接升温等。

1. 电热泵

利用电加热和热交换器来提高水的温度。这种方法供热方便，便于温度自动控制，是目前最环保和节能一种加热方式。其缺点是一次性投资成本高。

2. 循环管加热

利用锅炉加热，管道封闭式，在池内利用散热管间接加热。散热管道多是无缝钢管、不锈钢管、铝管，管外需加环氧树脂、RT-176 涂料涂层，或者涂抹一层薄薄的水泥，也可用塑料薄膜缠绕管道 2 层，利用温度将薄膜固定于管道上。这种方法虽加热较慢，但不受淡水影响，比较安全和稳定。可利用预热池预热，也可直接在育苗池加热。

3. 直接升温加热

采用"海水直接升温炉"直接升温海水，可以弥补传统锅炉的不足，在生产中已收到良好效果。它具有许多优点：一是省去锅炉升温系统的水处理设备，一次性投资可节约 50%左右；二是无压设备，操作简单，安全可靠；三是直接升温海水，不结垢，不用淡水；四是运行费用可降低 30%。

六、供电系统

电能是贝类人工育苗的主要能源和动力。供电系统的基本要求如下。

1. 安全

在电能的供应、分配和使用中，不应发生人身事故和设备事故。

2. 可靠

应满足供电可靠性的要求，育苗期间要不间断供电。假如电厂供电得不到保证时，应自备发电机，以备电厂停电时使用。

3. 优质

应满足育苗单位对电压质量和频率等方面的要求。

4. 经济

供电系统的投资要少，运行费用要低，并尽可能地节约电能和减少有色金属的消耗量。

七、其他设备

1. 水质分析室及生物观察室

为随时了解育苗过程中水质状况及幼虫发育情况，应建有水质分析室和生物观察室，并备有常规水质分析（包括溶解氧、酸碱度、氨态氮、盐度及水温和光照等）和生物观察（包括测量生长、观察取食和统计密度等）的仪器和药品。

2. 附属设备

包括潜水泵、筛绢过滤器（过滤棒、过滤鼓或过滤网箱）、清底器、搅拌器、塑料水桶、水勺、浮动网箱、采苗浮架、采苗帘和网衣等。也可利用鱼虾类、海参和藻类育苗室，根据育苗要求，稍加以改造，作为贝类育苗室，这样可以提高设备的利用率。

第三节　水的处理

水质是贝类人工育苗的关键，水质不洁或处理不当均可导致育苗的失败。在育苗和养殖过程中，除了按照海水水质一类和二类标准选择水质外，还应对海水进行处理。常用海水处理方法有物理、化学和生物三种。海水处理工艺示意如图5-3所示。

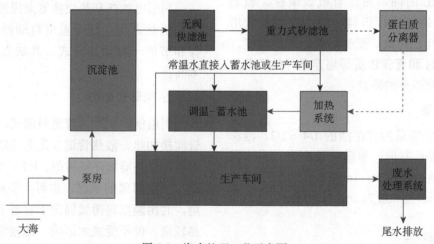

图 5-3　海水处理工艺示意图

一、物理方法

1. 黑暗沉淀

黑暗沉淀是贝类人工育苗和养殖用水的主要的和基本的处理方法。从海中抽提上来的海水首先要进入沉淀池里进行黑暗沉淀48h以上。海水中所携带的浮泥和其他物质在自身重力的作用下慢慢沉淀下来；黑暗状态下，水中的浮游植物无法进行光合作用，其生长和繁殖会受到抑制；以浮游植物为食的浮游动物的生长和繁殖也会因食物量的下降而受到抑制。沉淀池每次使用完毕后应清除池底沉积物

再次使用。

沉淀池海水沉淀的时间不应少于24h。沉淀时间过短，海水中有害的物质和原生生物等得不到沉降而进入培育系统，对幼虫的生长发育非常不利。

2. 砂滤

与黑暗沉淀一样，砂滤也是人工育苗和养殖用水处理的重要方法，通过机械过滤和静电吸附等方法去除水中无法沉淀的大型悬浮物质、胶体物质和其他微小物体。经沉淀后的海水，依排水的重力，使水通过砂滤设施。一些大的悬浮物质陷入滤料的缝隙中从水里移除；另外，滤料表面带有静电荷，

能吸附带有相反电荷的胶体物质和溶解的有机物质。砂滤设施主要有砂滤池、砂滤罐、砂滤井和陶瓷过滤器等。常用的滤料有砂、砾石、牡蛎壳、石英砂、麦饭石、微孔陶瓷、珊瑚砂、硅藻土等。砂滤最细一层砂料直径在 0.15～0.20mm，有效深度达 1m 左右。经常反冲，定期更换上层的细砂，对于净化育苗用水有很好的效果。

3. 活性炭吸附

活性炭是一种多孔性吸附能力很强的物质，1kg 颗粒活性炭的表面积可高达 $1×10^6m^2$，是一种很好的过滤材料。可以制作专用的活性炭过滤器，该过滤器为一直径 50～80cm 的圆桶，放在砂滤池或砂滤罐后面；也可以放在砂滤池或砂滤罐的细砂层下面。使用前要用淡水淘洗干净，使用一段时间后，可用蒸气或热水去除吸附的有机质，使活性炭活化，淘洗干净后，可继续装填使用。小型活性炭处理水时，每 1～1.5 个月要活化或更换活性炭 1 次，大型活性炭处理时，可根据流出水的有机含量来决定是否需要更换活性炭，如果有机物含量增多，就应更换活性炭。

4. 泡沫分选

泡沫分选也称蛋白质分离，可有效分离水中溶解的有机物质和胶体物质。其原理是，在水中加大通气后，会形成大量的气泡，溶解有机物和胶体物质（大小为 0.001～0.1μm）在气泡表面形成薄膜；气泡上升到表层时破裂，破碎的薄膜留在水体表面，聚积成堆，形成泡沫，易于被清除。为了提高泡沫分选效率，充气要足而均匀，使水面呈沸腾状。为了防止池底絮状物进入培育池，可在笼头挂浮力球，使其悬浮在水面抽水，放弃下层 10～20cm 的污水。

5. 充气增氧

通过加强充气，可增加水中的溶解氧，促进育苗池和养成池中有机物质和其他代谢物质的氧化，是高密度育苗时重要的气体交换形式，是改良水质的重要措施。也可利用液态氧及制氧机增氧。

6. 紫外线照射

利用紫外线处理海水，可以抑制微生物的活动和繁殖，杀菌力强而稳定。此外，还可氧化水中的有机物质，具有改良环境、管理方便、设备简单、节电和经济实惠等特点。常用的紫外线处理装置主要有紫外线消毒器，具有使用方便、效率较高、消

毒效果稳定，不产生有害物质，对水无损耗，成本低等特点。一般使用的紫外线波长为 400μm 以下，有效波长 240～280μm，最有效为 240μm。

7. 引伸管道

尽量往深水区引伸管道，深水区的水质优于近岸潮头水。管道引伸的长度根据水质、地形情况而定，从数百米到上千米不等。

二、化学方法

1. 臭氧处理

臭氧处理水技术是当前一种先进的净化水技术。臭氧的产物无毒，能使水中含有饱和溶解氧，可杀死细菌、病毒和原生动物，可脱色、除臭、除味，能除去水中有毒的氨和硫化氢，达到净化育苗和养殖水质的目的。通过臭氧发生器产生臭氧，通入海水中处理海水一段时间后或海水经专门的臭氧处理塔处理后，用活性炭除去水中余下的臭氧后即可，经过这样处理的海水可用于贝类育苗和养成。

2. 高分子吸附剂

高分子重金属吸附剂为聚苯乙烯颗粒，粒径为 0.3～1.2mm，可选择性吸附重金属离子，现广泛应用于环境保护、分析化学等领域。可从不同成分的溶液中除去重金属离子（铜离子、锌离子、铅离子、镉离子等），从而消除重金属离子对海洋生物的毒性。具体做法是在进入育苗池前，采用动态吸附法即水按一定流速经过装有高分子吸附剂的管子，经其吸附后，进入育苗池。也可以采用挂袋（90 目大小）方式直接在池中放入高分子吸附剂，一般 $1m^3$ 水中放 1g，吸收 30～40h 后，放入稀盐酸中处理一下即可再使用，可反复使用多次。

3. EDTA 处理

海水中重金属如铜、汞、锌、镉、铅、银等离子含量超过养殖用水标准，易对贝类幼虫产生毒害而造成死亡，影响育苗效果。一般在沉淀池中可以加乙二胺四乙酸二钠（EDTA 钠盐）2～3g/m³，以螯合水中重金属离子，使之成为络合物，失去重金属离子的毒害作用。

4. 漂白液或漂白粉处理

主要用在单胞藻饵料的培养用水处理上。25g/m³ 有效氯的漂白液或漂白粉消毒海水，可将水

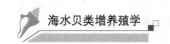

中的细菌、杂藻和原生动物杀死。用硫代硫酸钠中和后，可接种单胞藻进行扩大培养。

三、生物处理

生物处理包括微生物处理和藻类处理两种。

1. 微生物处理法

微生物除了分解和利用有机物质外，还能产生维生素和生长素等，有利于幼虫或稚贝的健康。有以下几种方式。

1）光合细菌：光合细菌属于革兰氏阴性细菌，目前应用的主要种类是红色无硫细菌。光合细菌在厌氧光照条件下及好氧无光照条件下都能充分利用水中有害物质（如硫化氢、氨、有机酸等有毒物质）及其他有机污染物，作为菌体生长、繁殖的营养成分。光和细菌在育苗和养殖水体中是一类水净化营养菌，具有清池和改良环境等作用，氨氮去除率 60% 以上。

光合细菌营养价值高，除了净化水质外，也可作为贝类幼虫的辅助饵料。

2）简易微生物净化：水的砂滤处理中，在滤床的砂层表面往往由于有机物的堆积和微生物的繁殖，使得整个滤床转变为微生物过滤器，这是较简单的生物过滤器。在碎石、砂等滤料的孔隙间，原生动物和细菌自然形成生物薄膜，借助于微生物的作用，以减少水中氨氮、亚硝酸氮、硝酸氮的含量。

3）微生态制剂：市面上多种微生态制剂产品具有分解有机物、净化水质、降低氨氮、亚硝酸盐、调节 pH 等功效，同时还能促进幼虫消化吸收、抑制有害菌、降低发病系数，是当前育苗池中常用的水质处理方法。

4）生物转盘：一种多平板转动圆盘，半浸水中转动形成生物膜，转盘向上时其上的水膜吸收更多 O_2 供微生物有氧分解，促成微生物增殖形成生物膜，形成过程吸收水体有机质、NH_3、NO_2^- 等并将其转化成无毒的 NO_3^- 甚至形成 N_2，使水质得到净化，一定时间后生物膜熟化。生物膜熟化至一定程度进入老化期而成片脱落，因此应定期清理去除老化的生物膜以防污染水质，然后重新熟化。

5）高效生物过滤器：根据上述生物膜原理，市场已生产出各种各样的高效生物过滤器，其滤料表面积巨大，可以培育大量生物膜，为保证生物膜高效运作，必须确保 DO 充足供应。

2. 藻类处理法

用藻类来处理海水的机理是藻类能利用氮和二氧化碳，经过光合和同化作用，使之转化为蛋白质和碳水化合物，同时释放出氧，改善水的酸碱度，达到净化目的。处理海水的藻类为大型藻类。在利用大型藻类净化时，把藻类放入光照条件良好或安装有日光灯的水槽中让水通过水槽以去除水中的含氮化合物。

第四节　贝类幼虫的饵料及饵料培养

一、作为饵料单胞藻的基本条件

饵料是贝类幼虫生长发育的物质基础。由于贝类幼虫很小，它只能摄食单细胞藻类（图 5-4）。单细胞藻类需具备下列基本条件。

1）个体小，一般要求直径在 10μm 以下，长 20μm 以下。

2）营养价值高、易消化、无毒性。

3）繁殖快、易大量培养。

4）浮游于水中，易被摄食。

5）饵料要新鲜、无污染。

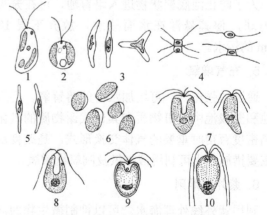

图 5-4　贝类育苗常用的饵料生物

1. 等鞭金藻；2. 湛江等鞭金藻；3. 三角褐指藻；4. 牟氏角毛藻；5. 小新月菱形藻；6. 异胶藻；7. 亚心形扁藻；8. 盐藻；9. 青岛大扁藻；10. 塔胞藻

二、常用单胞藻饵料种类及其形态

1. 金藻类

（1）等鞭金藻 3011，等鞭金藻 8701（*Isochrysis galbana*）

为裸露的运动细胞，呈椭圆形，幼细胞略扁平，有背腹之分，侧面观为长椭圆形。活动细胞长 5～6μm，宽 2～4μm，厚 2.5～3μm。具 2 条等长的鞭毛，长度为体长的 1～2 倍。色素体 2 个，侧生，大而伸长，形状和位置常随身体的变化而变化。具 1 个小而暗红的眼点。

（2）湛江等鞭金藻（*Isochrysis zhanjiangensis*）

运动细胞，多为卵形或球形，大小为（6～7）μm×（5～6）μm。细胞具几层体鳞片，在细胞前端表面有一些小鳞片。具有 2 条等长的鞭毛，从细胞前端伸出。两条鞭毛中间有 1 呈退化状的附鞭。色素体两片，侧生，金黄色，细胞核位于细胞后端两片色素体之间。细胞中部或前端具一个或几个金藻昆布糖（Chrysolaminaran）颗粒。

（3）绿色巴夫藻（*Diacronema viridis*）

运动型单胞体，无细胞壁，正面观呈圆形，侧面观为椭圆形或倒卵形，细胞大小为 6μm×4.8μm×4μm。光学显微镜下能见到一条长的鞭毛，长度为细胞体长 1.5～2 倍。色素体 1 个，裂成两大叶围绕着细胞。有 2 个发亮的光合作用产物——副淀粉位于细胞的基部。

2. 硅藻类

（1）三角褐指藻（*Phaeodactylum tricornutum*）

呈卵形、梭形、三出放射形三种形态的细胞。这三种形态的细胞在不同培养环境下可以互相转变。在正常的液体培养条件下，常见梭形细胞和三出放射形细胞，这两种形态的细胞都无硅质细胞壁。三出放射形态的细胞有 3 个"臂"，臂长皆为 6～8μm，细胞中心部分有 1 细胞核和 1 至 3 片黄褐色的色素体。梭形细胞长约 20μm，有 2 个略钝而弯曲的臂。卵形细胞较少见，在平板培养基上培养可出现卵形细胞。

（2）小新月菱形藻（*Nitzschia closterium* f. *minutissima*）

俗称"小硅藻"，是单细胞浮游硅藻，具硅质细胞壁，细胞壁壳面中央膨大，呈纺锤形，两端渐尖，朝同方向弯曲，似月牙形。体长 12～23μm，宽 2～3μm，细胞中央具 1 细胞核。色素体 2 片，位于细胞中央细胞核两侧。

（3）牟氏角毛藻（*Chaetoceros muelleri*）

细胞小型，多数呈单细胞，有时 2 或 3 个组成群体。壳面椭圆形到圆形，中央部略凸出。壳环面呈长方形至四角形。细胞大小为（4～4.9）μm×（5.4～8.4）μm（环面观）。角刺细长，圆弧形，末端稍细，约 20μm。色素体 1 个，呈片状，黄褐色。

（4）纤细角毛藻（*Chaetoceros neogracilis*）

细胞小型，多呈单细胞，有时 2 或 3 个细胞组成链状，大小（5～7）μm×4μm，角刺长 30～37μm。

3. 绿藻类

（1）青岛大扁藻（*Tetraselmis helgolandica* var. *tsingtaoensis*）

又名青岛卡德藻，体长在 16～30μm，一般是 20～24μm，宽 12～15μm，厚 7～10μm。卵圆形，前端较宽阔，中间有一浅的凹陷，鞭毛 4 条，由凹处伸出。细胞内有一大型、杯状、绿色的色素体。藻体后端有一蛋白核，具红色眼点，有时出现多眼点特性。

（2）亚心形扁藻（*Tetraselmis subcordiformis*）

又名亚心形卡德藻，藻体一般扁压，细胞前面观呈卵形，前端较宽阔，中间有一浅的凹陷，鞭毛 4 条，由凹处伸出。细胞内有 1 大型、杯状、绿色的色素体。藻体后端有一蛋白核，蛋白核附近具 1 红色眼点。体长 11～14μm，宽 7～9μm，厚 3.5～5μm。

（3）塔胞藻（*Pyramidomonas* sp.）

多数梨形、侧卵形，少数半球形。细胞长 12～16μm，宽 8～12μm，前端具 1 圆锥形凹陷，由凹陷中央向前伸出 4 条鞭毛，色素体杯状，少数网状，具 1 个蛋白核。眼点位于细胞的一侧或无眼点，细胞单核，位于细胞的中央偏前端。不具细胞壁。

（4）盐藻（*Dunaliella* spp.）

单细胞，无细胞壁，体形变化大，有梨形、椭圆形、长颈形甚至基部是尖的。大小也有差别，一般大的长 22μm，宽 14μm。小的长为 9μm，宽为 3μm。鞭毛 2 条，位于藻体前端。体内有一杯状的叶绿体。在叶绿体内靠近基部有一个较大蛋白核。眼点大，位于体的上部。细胞核位于中央原

生质中。

4. 黄藻类

异胶藻（*Heterogloea* sp.）

异胶藻细胞多为长圆形或椭圆形。内有 1 块侧生的黄绿色色素体，几乎占细胞的大部分。无蛋白核。细胞长 4～5.5μm，宽 2.5～4μm。

三、单胞藻饵料的培养

1. 各种单胞藻的生态条件

见表 5-1。

表 5-1　常用各种单胞藻的生态条件

种类	盐度		温度（℃）		光照（lx）		pH	
	范围	最适	范围	最适	范围	最适	范围	最适
等鞭金藻 3011	10～30	25～30	10～35	20～25	1 000～10 000	6 000～9 000	7.5～8.5	8
等鞭金藻 8701	10～35	15～30	0～27	13～18	3 000～30 000	5 000～10 000	6～10	7.5～8.5
湛江等鞭金藻	—	23～36	9～35	25～32	1 000～31 000	5 000～10 000	6～9	7.5～8.5
绿色巴夫藻	5～80	10～40	10～35	15～30	1 000～10 000	4 000～10 000	6～9.5	6.5～8
三角褐指藻	9～92	25～32	5～25	10～20	1 000～8 000	3 000～5 000	7～10	7.5～8.5
小新月菱形藻	18～61.5	25～32	5～28	15～20	1 000～10 000	3 000～8 000	7～10	7.5～8.5
牟氏角毛藻	2～35	10～15	5～30	25～30	5 000～25 000	10 000～15 000	6.4～9.5	8.0～8.9
青岛大扁藻	—	30～35	12～32	25	1 000～10 000	2 500～5 000	8～10	8.9
亚心形扁藻	8～80	30～40	7～35	20～28	1 000～20 000	5 000～10 000	6～9	7.5～8.5
塔胞藻	—	31～32	10～30	24～28	4 000～10 000	6 000～7 000	—	8.2
盐藻	30～80	60～70	20～35	25～30	2 000～10 000	2 000～6 000	5.5～9.5	7～8
异胶藻	12～37	19～34	10～35	15～33	1 000～8 000			7.5～8.2

2. 容器和工具的消毒

1）加热消毒：利用直接烧灼、煮沸和烘箱干燥等高温，杀死微生物和其他敌害。此法只适用于较小容器的消毒。

2）漂白粉消毒：工业用的漂白粉一般含有效氯 25%～35%。消毒时按万分之一至万分之三的含量配成水溶液，把容器、工具在溶液中浸泡 0.5h，便可达到消毒目的。也可使用漂白精消毒，漂白精一般含有效氯约 70%。

3）酒精消毒：用纱布蘸 70% 乙醇涂抹容器和工具表面便可达消毒目的。

4）高锰酸钾消毒：以 $5×10^{-10}$ 的比例配成溶液把要消毒的容器、工具浸泡 5min 即可。

5）石炭酸消毒：将容器、工具置于 3%～5% 石炭酸溶液浸泡 0.5h，便可消毒。

3. 海水消毒

1）加热消毒：加热到 70℃，持续 20min～1h；加热到 80℃，持续 15min～0.5h；加热到 90℃，持续 5～10min 均可达消毒目的。

2）过滤除害：利用砂滤、陶瓷过滤器过滤海水。后者比前者效果好，多用于饵料二级培养和中继培养。砂滤较粗糙，可用于扩大培养上。

3）酸处理消毒：按 1L 海水加 1mol/L 盐酸溶液 3mL 的比例，使海水 pH 降到 3 左右，处理 12h；然后加入同样量的氢氧化钠，使海水 pH 恢复到原来水平便可。

4）漂白粉消毒：使用 15～20ppm（1ppm= $1×10^{-6}$ mg/L、mg/kg 或 μL/L，本书依此处理）有效氯的漂白粉或漂白精处理海水，一般下午处理，次日上午取其溶液便可接种培养。也可用 $1000×10^{-6}$ 有效氯的漂白粉处理海水，再用 $100×10^{-6}$ 硫代硫酸钠处理，使有效氯消失，经沉淀，取其上层清液，再施肥、接种。

4. 接种

选择生活力强，生长旺盛的藻种；颜色正常的绿藻呈鲜绿色，硅藻呈黄褐色，金藻呈金褐色；有浮游能力种类上浮活泼，无浮游能力的种类均匀悬浮水中；无大量沉淀，无明显附壁，无敌害生物污染；藻种浓度较高，要高比例接种。

一般单胞藻类可按 1∶5～1∶2 的比例接种。接种最好上午 8∶00～10∶00。

5. 培养方法

单胞藻类的培养方法多种多样，常用培养液配方见延伸阅读 5-1。按照采收方式分为一次培养、

延伸阅读 5-1

连续培养和半连续培养；按照培养规模和目的分为小型培养、中继培养和大量培养；按照与外界接触程度分开放式培养和封闭式培养。单细胞藻类能有效地利用光能、CO_2 和无机盐类合成蛋白质、脂肪、油、碳水化合物以及多种高附加值活性物质，故目前很多利用封闭式光生物反应器来进行微藻的大量和高密度培养。

6. 培养管理

1）充气与搅动：通过鼓风机、空气压缩机向饵料容器中充气。无充气条件的，需每日搅动或摇动 3 至 5 次，每次 1～5min。

2）调节光照：光照要适宜，尽量避免强的太阳直射光。为防直射光的照射，饵料室可用毛玻璃、竹帘、布帘等遮光调节。在阴天或无阳光条件下，需利用日光灯或碘钨灯等光源代替。

3）调节温度：要保持单胞藻生长所需的最适温度范围。温度太高，要注意通风降温。严冬季节，要水暖、气暖、提高温度。

4）调节 pH：二氧化碳的吸收和某些营养盐的利用，可引起 pH 上升或下降，在培养过程中，如果 pH 过高，可用 1mol/L HCl 调节，如 pH 过低，用 1mol/L NaOH 调节。

5）观察生长：可以通过观察藻液的颜色、细胞运动情况、有否沉淀和附壁现象、有无菌膜及敌害生物污染来判断，每日上、下午各作一次全面检查。根据具体情况采取相应措施，加强管理。

7. 单细胞藻类密度统计方法

单细胞藻类一般用 1mL 水体含单胞藻个数表示其密度，常用血球计数板统计。血球计数板中央有两块具有准确面积的大小方格。其中每块可分为 9 个大方格。每一大方格面积是 $1mm^2$。每一大格又分为 16 个中格。在中央的大格中的每一中格又分为 25 个小格，共 400 个小格（也有的中央是 25 个中格×16 个小格，总数也是 400 格）。当加玻片时，每一大格即形成一个体积为 $0.1mm^3$ 的空间。计数时，可取 4 个角上的大格，每大格取 4 个中格，共 16 个中格全部计数，再乘上 10 000，即得 1mL 单胞藻个体数。

统计单胞藻密度也可以使用水滴法计数。1mL 水体中含单胞藻数＝计数每滴平均值×定量吸管每毫升的滴数×稀释倍数。在生产中还采用透明度、光电比色、重量法测定单胞藻密度。

8. 藻的浓缩及藻膏的研制

贝类人工育苗中，常因投入过多藻液而影响育苗水质，特别是投入污染和老化的饵料更为严重。为防止过多藻液入池，通过连续离心方法，将藻液浓缩至每毫升几亿的高密度，或进一步浓缩制成藻膏再投喂。单胞藻制成藻膏后，加防腐剂、装罐，可保藏 0.5～1 年，随用随取，质量高，使用方便。

第五节　贝类的室内人工育苗方法

一、育苗前的准备

在育苗之前要作好生产的准备，制定出生产计划，清刷池子，备好饵料和采苗器材，落实好过渡池子或海区。

二、亲贝的选择、处理和蓄养

1. 亲贝的选择

亲贝性腺是否成熟是人工育苗能否成功的首要条件。只有获得充分成熟的精卵，才能保证人工育苗的顺利进行。

1）要选择生物学最小型（性成熟的最小规格）以上的亲贝。各种贝类生物学最小型规格不一，必须区别对待。选择亲贝时，一般要求大小均匀，不要个体太大或太小，若太小，产卵量少；若太大，因个体老成，对于诱导刺激反应缓慢，卵子质量较劣。在贝类繁殖期中，可从自然海区选择亲贝。

2）要选择体壮、贝壳无创伤、无寄生虫和病害、在海区中无大量死亡的亲贝。

3）要选择性腺发育较好的亲贝，对亲贝性腺发育状况，精卵成熟度需进行仔细观察。在常温育苗中，采捕亲贝的时间十分重要，过早性腺不成熟，入池后受刺激，易将未成熟卵产出，过晚则错过第一批优质卵。

4）双壳贝类外表难以区分雌雄，但可以从性腺颜色不同加以区分，雌雄性腺颜色无差别的可以利用滴水法检验性别（如香港牡蛎），即利用一片载有一滴水的载玻片，吸一点性腺滴在水中，若马上呈小颗粒状散开是雌性，若不散开并带黏性呈烟雾状者为雄性。雌雄配比一般按照 4∶1 的比例，虽然 1 个雄贝的精子可以配很多个雌贝的卵子，但切忌 1 雄配多雌的半同胞交配模式，以免造成种质退化。

2. 亲贝的处理

亲贝入池前，要清除掉贝壳上的浮泥和龙介虫、藤壶、不等蛤、柄海鞘、珊瑚藻或其他杂藻等污损生物，有足丝种类要剪去足丝。然后用过滤海水洗净，以备诱导排放精卵。

3. 亲贝的蓄养

蓄养亲贝可分为室外与室内两种。

（1）室外蓄养

根据各种贝类性成熟对温度的需要，在自然海区中，可以利用海水温度的分层现象，调整养殖水层，从而人工控制水温来培育亲贝，促进性腺成熟。也可以利用降温的方法延迟贝类的产卵时间，在海中则可以降低水层，以延缓产卵时间。

（2）室内蓄养

洗刷后的亲贝，依种类不同，按 $50\sim80$ 个/m³，多者 $100\sim200$ 个/m³，置于网笼或浮动网箱中蓄养。蓄养期间要做好以下管理工作。

1）投饵：以单胞藻为主，饵料不足时可适当添加淀粉、鲜酵母、单胞藻干制品（如扁藻粉等）、藻类榨取液、浓缩液、干酵母或人工配合饵料等。坚持"少投、勤投"的原则，每次投喂量不能过多，可多次投喂。日投饵量一般扁藻为 1 万～2 万个/mL、小硅藻为 3 万～4 万个/mL、金藻 5 万～6 万个/mL、淀粉或干酵母浓度为（2～3）×10^{-6}，可分 6 至 8 次投喂。鼠尾藻等藻类榨取液利用 200 目筛绢过滤后投喂。

2）换水：多采用大换水的方式，每天换水 2 次，每次换水量为总水体的 1/2～2/3，也可采用流水培育，以保持蓄养水体的水质清新。

3）充气：连续微量充气，以保证水中充足的溶氧含量。

4）清底：亲贝摄食量大，其排出的粪便也很多。应每天清底，将沉积在池底的废物虹吸出去，以保持水质清新。

5）观察：包括水质观测和生物观测两方面。水质观测包括水温、盐度、pH、氨氮、COD、BOD 等的检测；生物观测主要包括摄食情况、性腺发育、敌害生物等方面的观察。

三、精卵的诱导排放

贝类中只有极少数种类（如牡蛎）可以用解剖法获取精卵，并能受精，绝大多数贝类（如扇贝、鲍鱼等）解剖获取的卵子不能受精或受精率低，必须自然产出才能完成受精作用。

经促熟培养后，为使亲贝集中而大量地排放精卵，一般要对亲贝进行一定的诱导刺激。常用的方法有以下几种。

1. 自然排放法

通过人工精心蓄养、培育促使亲贝性腺发育充分成熟后，利用倒池或换新水的方法，使亲贝自然排放精卵。这种方法获得的精、卵质量高，受精率、孵化率高，幼虫质量高。这是目前生产中大众化采卵方法，也是理想的方法。

2. 物理方法

（1）变温刺激

1）升温刺激：春季育苗，水温较低，一般将成熟亲贝移至比其生活时水温高 2～5℃的水体中，即可引起产卵排精。此法效果良好，使用简便，是人工育苗比较常用的方法。

2）升降温刺激：有些种类单独用升温刺激难以引起产卵，必须经过低温与高温多次反复刺激才能引起产卵。例如，将生活于 21℃左右的魁蚶，放在 16.5℃低温海水中保持 20h，再升温刺激，温度提高到 21～27℃，可达到产卵排精目的。文蛤、鲍鱼有时也需要多次反复变温刺激才能产卵排精。

（2）流水刺激

充分成熟的个体，经流水刺激 1～2h 停止流水后，只需 10～20min（少者只有 0.5～1min）便可排放精卵；若流水刺激效果不好，可先行阴干 0.5h 后，再行流水刺激，一般有效。

（3）阴干刺激

将亲贝放在阴凉处阴干 1.0h 以上再放入正常海水中，便可引起贻贝、扇贝等产卵排精。

（4）改变盐度

利用降低海水盐度方法，可以诱导牡蛎、滩涂贝类等多种贝类排放精卵。

（5）紫外线照射

用紫外线照射海水诱导鲍产卵的良好效果是 1974 年才发现的，所用紫外线的波长为 253.7nm，这个波长可能使海水中的有机物出现变化和海水活性化，产生活性氧，使经过照射的海水能够诱导产卵、排精。鲍的照射剂量为 300mW·h/L，栉孔扇贝为 200mW·h/L。照射剂量按下列公式计算：

$$A = \frac{1000 \times W \times T}{V}$$

式中，A 为照射剂量（$mW \cdot h/L$）；W 为紫外线灯的功率（W）；T 为照射时间（h）；V 为水量（L）。

（6）超声波诱导

利用超声波促使贻贝和鲍产卵。据实验，亲贝放入水中后，通过超声波使水呈微细气泡，10min 后，取出超声波发生器，贻贝很快产卵。

（7）多方法结合

在实际苗种生产过程中，常使用以上多种方法相结合的方式诱导亲贝排放精卵，效果更佳。如先行阴干2h后，再使用变温刺激或流水刺激，则亲贝更易产卵排精。

3. 化学方法

（1）注射化学药物

注射 NH_4OH 海水溶液可以引起一些贝类产卵。例如，将 $0.2 \sim 0.5mL$ 的 $2\%NH_4OH$ 海水溶液注射到泥蚶卵巢或足基部，可引起产卵。NH_4OH 注射对牡蛎、四角蛤蜊均有效果；也有采取 $0.5mol/L$ KCl、K_2SO_4 或 KOH 溶液 $2 \sim 4mL$ 注射到贻贝、菲律宾蛤仔、文蛤、中国蛤蜊等软体或肌肉内，促使雌雄亲贝产卵排精。

（2）改变海水酸碱性

利用 NH_4OH 将海水 pH 提高，诱导亲贝排放精卵。NH_4OH 是一种弱碱性碱类，在水中能放出 NH_4^+，使 pH 升高，并能穿过细胞膜使细胞呈碱性，促进生殖细胞成熟。有人用 $1mol/L$ NH_4OH 溶液加入海水中，使 pH 上升到 $8.72 \sim 9.90$ 范围内，对中国蛤蜊进行浸泡处理后约 $10 \sim 30min$ 则产卵排精。文蛤等经过氨海水浸泡后，pH 适当提高，也可引起产卵排精。

（3）氨水活化精子

如果排放出来精子不活泼，或者解剖法获得的精子不活泼，可用氨水活化。

4. 生物方法

（1）异性产物

同种异性产物往往会引起亲贝产卵或排精。例如用稀释的精液或生殖腺提取液加到同种雌性外套腔中，便可刺激雌贝产卵。

（2）激素

某些动物神经节悬浮液做诱导可引起贝类产卵排精，甲状腺、胸腺等输出物或蔗糖以及石莼、礁膜等藻类提取液均对亲贝有不同程度的诱导作用。

上述四种诱导方法中首推自然排放，其次是物理诱导，具有方法简单、操作方便、对以后胚胎发育影响较小，而化学方法与生物方法操作复杂，容易败坏水质，对胚胎发育影响较大。在生产实践中，常采取多种方法结合使用，可以提高诱导效果。

亲贝能否正常地大量排放精卵的关键在于贝类性腺本身成熟情况。性腺成熟好的亲贝经人工诱导刺激后一般都能大量排放，但性腺成熟差的即使人工诱导也不排放。强行排放的精卵质量差，受精率低。

四、受精与孵化

1. 受精

精卵结合即为受精。受精前需统计总卵量。搅拌池水使卵子分布均匀后，用取样管任意取 4 或 5 个不同部位的水入 $500 \sim 1000mL$ 的烧杯中，搅匀均匀，取 $1mL$ 于血球计数板或胚胎皿中，在解剖镜下计数。取样检查 $3 \sim 5$ 次，求平均数，再根据总水体容量求出总卵数。

雌雄同体或雌雄混合诱导排放时，将亲贝移入新鲜过滤海水中，当排放达到所需数量时，将亲贝移出至新池。产卵池连续充气或搅动，使精卵自由结合受精。

雌雄分别诱导排放时，用人工方法向产卵池中加入精子，使精卵结合，叫做人工授精。加入的精子量不宜过多，一般显微视野中一个卵周围有 $2 \sim 4$ 个精子为最佳。极体的出现表示卵子已经受精。通过视野法统计出受精率，然后根据总卵数和受精率求出受精卵数。

$$受精率 = \frac{受精卵}{总卵数} \times 100\%$$

卵子的受精能力主要取决于卵子本身的成熟度，此外，还与产出时间长短有关系。一般受精力常随产出卵的时间延长而降低，而时间的长短又与温度密切相关，温度越高，精卵的生命力越短，一般说在产卵后的 $2 \sim 3h$ 内受精率都很高（见延伸阅读5-2）。

延伸阅读5-2

2. 受精卵的处理

1）洗卵：精子过多时应洗卵。充气或搅动

后，静置 30～40min，待卵下沉至底部，便可将中上层海水放出或倾出，然后加入过滤海水搅匀，卵经沉淀后再倒掉中上层海水。这样清洗 2 或 3 次即可。

2）不洗卵：如果卵周围的精子不多则不必洗卵。对雌雄个体难以区分或雌雄同体的种类，卵子又小，很难洗卵，受精时要控制精子密度。受精后，不断充气或搅动，用抄网捞取杂质、污物，待胚胎发育到 D 形幼虫后，立即进行浮选（拖网）或滤选移入新池进行幼虫培育。

3. 孵化

受精卵经过一段时间发育便可破卵膜浮起在水中转动，称为孵化。生产中，通过视野法求出孵化率。采用的计算式

$$孵化率 = \frac{D形幼虫数量}{受精卵量} \times 100\%$$

胚胎经 1～3d 发育到 D 形幼虫。用浮选法或滤选法将 D 形幼虫移入育苗池培育。在胚胎发育过程中，不换水，采用加水和充气法改良水质。如果畸形胚胎超过 30%，应弃之另产。

五、幼虫培育

幼虫培育是从 D 形幼虫开始到双壳类稚贝附着为止。幼虫培育期间要进行以下管理工作。

1. 选幼

选幼是将刚孵化出的 D 形幼虫从孵化池中选出置入培育池中培育的过程。常用方法有以下两种。

（1）浮选法

利用幼虫的上浮习性和趋光性，用 300 目筛绢制成长方形网，将上层幼虫拖捞选入新池进行培育。

（2）滤选法

通过虹吸法将孵化池内的幼虫用 300 目筛网全部滤出，置于新池培育。

2. 密度

幼虫培育密度一般为 8～15 个/mL。利用高密度反应器采用流水培育贝类幼虫，幼虫密度可高达 150～200 个/mL。

3. 换水

可采用大换水或流水培育法进行水质更新。流水培育或大换水均需用换水器（过滤鼓、过滤棒或网箱）过滤。使用时，要检查网目大小是否合适，

筛绢有无破损之处。换水过程中，要经常晃动换水器或采用纳米管充气式换水网箱，以防幼虫过度密集。换水温差不要超过 2℃，换水量以每日能换出全部旧水为宜。

4. 投饵

双壳贝类从 D 形幼虫开始投饵。常用饵料有金藻、硅藻和绿藻，开口饵料以金藻为宜。投饵密度：扁藻 3000～8000 个/mL，小硅藻 1 万～2 万个/mL，金藻 3 万～5 万个/mL。

使用的饵料要新鲜，禁止使用污染和老化的饵料。混合饵料优于单一饵料，个体小的饵料优于个体大的。防止藻液过多造成池中氨态氮的浓度过高，对幼虫不利。

5. 除害

1）敌害种类：常见敌害有海生残沟虫、游扑虫和猛水蚤等（图 5-5）。

2）危害方式：争夺饵料；繁殖快，种间竞争占优势；能够败坏水质。

3）防除方法：要坚持"以防为主"的方针，过滤水要干净，容器要消毒，避免投喂污染的饵料入池。一旦发现敌害可以采用大换水的方法机械过滤后移入新池培育。

6. 选优

选优是幼虫培育过程中筛选质量好、个体大的优质苗、淘汰小苗和弱苗的过程，可采用浮选法和滤选法。幼虫培育过程中一般选优 2 或 3 次。

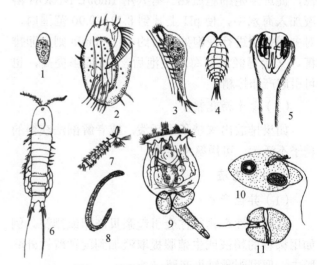

图 5-5 贝类育苗中常见的敌害生物

1. 变形虫；2. 游扑虫；3. 棘尾虫；4. 海蟑螂；5. 栉水母；6. 猛水蚤；7. 孑孓；8. 线虫；9. 轮虫；10. 海洋尖尾藻；11. 裸甲藻

7. 倒池与清底

由于残饵及死饵、代谢产物的积累、死亡的幼虫、敌害和细菌大量繁殖，氨态氮大量积累，严重影响水质和幼虫发育。因此，育苗过程中要进行倒池或清底。

1）倒池：采用拖网或过滤方法。

2）清底：采用清底器吸取。清底前，需旋转搅动池水，使污物集中到池底中央，然后虹吸出去。

8. 充气与搅动

充气可增加水中氧气，使饵料和幼虫分布均匀，并有利于代谢物质的氧化。幼虫培育过程中均可充气，可采用充气机充气或液态氧充气。无充气条件时，可每日搅动 4 或 5 次。

9. 适宜理化条件

贝类种类不同，幼虫培育要求的理化条件差别较大。一般水温 17～26℃，日温差不超过 2℃，盐度 28～35。

10. 生物及理化因子观测

1）饵料密度：利用血球计数板统计，以 1mL 单胞藻细胞数代表饵料的密度。

2）幼虫定量：均匀搅拌池水，用细长玻璃管或塑料管从池中 4 或 5 个不同部位吸取水溶液少许，置于 500mL 烧杯中用移液管均匀搅拌杯中水并吸取 1mL。用碘液杀死计数，以每毫升幼虫数代表幼虫密度。

3）幼虫生长：利用目镜微尺测量壳长和壳高来判断其生长速度。

4）幼虫活动：池水搅拌均匀后，用烧杯任意取一杯，静止 5～10min，观察其在烧杯中的分布情况。如果均匀分布则是好的。若大部分沉底则是不健康的幼虫，应进行水质分析和生物检查。

5）理化测定：每日早 8:00 和下午 5:00 分别测最低和最高水温。池中有暖气管加热设备的，应每 2h 测水温 1 次；每 3 日测盐度和光照各一次，盐度可用盐度计测定，光照一般利用照度计测定。每日测溶解氧、酸碱度、氨氮和有机物耗氧，溶解氧用碘量法测定，酸碱度用酸度计或精密 pH 比色计测定，有机物耗氧用碱性高锰酸钾法定量，氨氮可采用钠氏比色法测定。有条件最好设置育苗池水质在线自动监测系统。

六、幼虫的附着及采苗

1. 幼虫的附着行为

贝类的浮游幼虫在发育早期是趋光性的，到了变态期，便表现出了背光性。光线对贝类幼虫附着行为影响很大，但底质情况和附着基性质及附着基有无也是可否变态的重要因素。

一定条件下，各种贝类幼虫变态时的大小一般比较固定，如贻贝壳长达到 210μm 左右，牡蛎壳长达到 330～350μm，扇贝一般 180μm 左右即可附着。如果条件较差或恶化，可延长变态和变态规格，甚至不变态、不附着。

双壳贝类的幼虫在即将结束浮游生活、附着变态之前，在鳃原基的背部形成一对球形的眼点。眼点的出现是幼虫即将附着变态的一个显而易见的特征，可以作为投放采苗器（附着基）的标志。

2. 采苗

掌握采苗器（附着基）投放时间是相当重要的。过早投放采苗器会影响幼虫生长，影响水质。但如果投放过晚，幼虫将在底部或池壁附近高密度集结，能造成局部缺氧、缺饵，引起幼虫死亡。因此，投放采苗器要做到适时。

由于贝类生活型不同，幼虫附着所需的附着基也不相同。附着基的选择以附苗效果好、容易收苗、价格低廉、操作方便，又不影响水质为原则。

（1）固着型

如牡蛎，可以使用扇贝壳、牡蛎壳、水泥块等作为采苗器。近年来也采用涂有水泥砂子的聚乙烯网、塑料板、树脂板等，这样苗种育成后易于剥离成单体牡蛎。

（2）附着型

贻贝和扇贝可以采用直径 0.3～0.5cm 的红棕绳编成的帘子（每帘长 0.8m、宽 0.4m，用绳 50m），也可采用作网笼的网衣、废旧网片等。

投放采苗器时应注意下列问题。

1）采苗器投放前必须处理干净方可使用。

2）投放前要加大换水量，连续充气，使幼虫分布均匀，便可投放。

3）投放时应先铺底层，再挂池周围，最后挂中间。或者一次全部挂好。采苗器要留有适当空间，使水流通。采苗器投好后，停 1～2h 再慢慢加满池水。

4）投放采苗器的数量要适当，宁少不多。网片投放量为 15～20 片/m³，若用直径 0.3mm 的细棕绳采苗帘投挂数量以 800～1000m/m³ 为宜。

5）投放采苗器时，还要考虑到幼苗的背光习性，尽力保持池内光线均匀，以免幼苗局部附着过密，抑制其生长。

6）采苗器投放后，要继续观察，并做好日常管理工作。

（3）埋栖型

如泥蚶，在其幼虫在接近附着时，移入具有泥砂的水池内，泥砂系用 20 号筛绢过滤，其厚度约 5mm 左右，或将泥砂直接筛洗在盛有幼虫的水池内。现在大都采用了无底质培育技术，也取得了良好效果。

对于各种生活型的双壳类，特别是固着型和埋栖型贝类，可将室内培育的眼点幼虫滤选出来，移于预先准备好的土池中附着变态。为了提高变态率，池中应有良好附着基，水质较好，饵料丰富。这是一种工厂化人工育苗与土池半人工育苗相结合的路线，是一项有发展前景的育苗方法。

七、稚贝培育

幼虫附着变态后进入稚贝培育阶段，此时正是生命力弱、死亡率高的时期，必须认真管理。为避免因环境突变引起死亡，幼虫附着后，仍需要在原水池中培育至一定规格才能移入土池或下海。

1. 加大换水量

过大流速对幼虫附着有不良作用，但适宜流速不仅利于幼虫附着，还可带来充足的氧气和食物，从而促进稚贝迅速生长。因此稚贝培育期间应该加快换水循环，或增加换水次数和换水量。

2. 增加投饵量

稚贝期生长加快，对营养的需求增加，因而增加投饵量。

3. 调控环境因子

培育池内的水温、盐度、光照等逐渐接近海区环境。

4. 炼苗

积极锻炼稚贝适应外界环境的能力。如对附着种类进行震动，增强附着能力的锻炼；对牡蛎、泥蚶等贝类进行干露、变温等刺激。埋栖种类则要在小型土池中培育，度过越冬期后再移至潮间带培养。

八、稚贝中间培育

稚贝在室内经过一个阶段培育，达到一定规格后，就要移到土池或海上继续培养，以达到壳长 1.5～3.0cm 规格可进入套网养成或养成笼直接养成的苗种，这个过程称为中间培育，生产上也称保苗。这是人工育苗的延伸阶段。

稚贝出池后要统计数量，计数方法可采用取样法，求出平均单位面积（或长度）或单个采苗器的采苗量，也可采用称量法，取苗种少量称量计数，从而求出总重量的总个体数。

稚贝下海前应选择好海区，设置筏架。暂养海区应选择风浪小、水流平缓、水质清洁、无浮泥、无污染、水质肥沃的海区。下海时要选择风平浪静的天气，防止干燥和强光照射，早晨或傍晚进行较好。

固着型贝类和埋栖型贝类幼苗下海一般无须采取特别的保护措施。附着型贝类的稚贝下海时，由于环境条件的突然改变，如风浪、淤泥、水温、光照等变化，易引起贝苗切断足丝，移向他处，造成下海掉苗现象，因此要尽量选择合适的海况下海，减少环境变化带来的影响。目前附着型贝类下海后保苗率不稳定，贻贝和扇贝保苗较好的可达 50%～60%。为了提高保苗率，可以培养成较大规格的稚贝再行下海，利用网笼或双层网袋（内袋 20 目，外袋 40 或 60 目，表 5-2）下海保苗，或利用对虾养成池进行稚贝过渡。中间培育中要及时分苗，疏散密度，助苗快长。

表 5-2　乙烯（乙纶）筛网规格表

目数	10	12	16	20	24	30	40	50	60
近似孔径（mm）	1.96	1.63	1.19	0.97	0.79	0.60	0.44	0.35	0.29
网目对角线（mm）	2.77	2.30	1.68	1.37	1.12	0.85	0.62	0.49	0.41

九、科学思维，辩证思考

（1）水质是关键

水是育苗的关键。在贝类人工育苗过程中，除了按照国家海水水质标准选择海区外，还要对育苗用海水进行理化和生物处理，始终把水质放在首要地位来对待。水质不好，育苗不可能成功。

（2）饵料是基础

在人工育苗中，要保证有优质的饵料，在保证饵料质量的前提下，再追求数量，一定要处理好饵料的质和量的关系，促进贝类正常生长发育。

（3）严控水温

水温影响亲贝、幼虫、稚贝、幼贝的发育生长速度。在亲贝蓄养和幼虫培育中，要抓好水温因素。

（4）重视亲贝培育

正确处理好内因与外因的关系，蓄养好亲贝。内因是根据，外因是条件，亲贝性腺发育不好，强行刺激，将直接影响卵的质量和胚胎发育。

（5）合理控制密度

利用种间矛盾和竞争的理论，根据育苗技术和设备条件，合理搭配密度，创造有利于幼虫发育生长的条件，限制敌害繁殖和发育的条件。

（6）认清问题本质

正确处理育苗中出现的各种问题，识别引发问题的主要原因和次要原因。同时，育苗过程环境也在不断的变化和发展，需管理者要适应这种变化和发展，找出主要问题本质和根源。

（7）统筹全局

优化育苗条件，正确处理局部和全局的关系，认真抓好育苗的每一环节，才能保证育苗全局的胜利。一个环节失误，可导致育苗失败。

（8）不断完善

水质检测是必要的，但检测指标又是很不完善的。因此，在育苗生产中，要不断充实和完善水质检测标准和内容。

复习题

1. 简述室内人工育苗的方法的优点。

2. 简述一个生产性的育苗场的基本设施。

3. 简述为何水是育苗的关键及其处理水的方法。

4. 简述水的生物处理原理和方法。

5. 简述水的理化处理方法。

6. 简述光合细菌在人工育苗中的作用。

7. 简述作为饵料用的单胞藻应具备的基本条件以及常用饵料，如何统计饵料密度？

8. 简述饵料接种时的基本要求。

9. 简述亲贝蓄养时应注意的问题。

10. 简述诱导排放精卵的方法、最佳方法及其原因。

11. 简述受精和孵化，如何统计受精率和孵化率。

12. 简述如何统计总卵数、幼虫密度和稚贝密度。

13. 简述在 $20m^3$ 的幼虫培育池中，要保持每毫升水体中含有 1 万个小新月菱形藻，如何投饵？

14. 简述幼虫培育是从什么时候开始，幼虫培育过程中常规管理工作的内容。

15. 简述倒池的原因及其方法。

16. 简述向育苗池中充气有何优点，为什么有的充气不如不充气。

17. 简述固着型和附着型贝类人工育苗中，何时投放附着基为宜；列举常用的附着基以及投放附着基应注意的问题。

18. 简述如何提高稚贝下海保苗率。

第六章　贝类的土池人工育苗和采捕野生苗

第一节　土池人工育苗

土池人工育苗是在露天条件进行的，由于土池面积大，洗卵和清除敌害工作较困难，人工控制程度较差。这种方法设施简单，成本低，是南方地区比较大众化的育苗方法，又称半人工育苗。该法一般用于双壳类的苗种生产。

一、育苗场地的选择

1. 位置

应建在高潮区或高、中潮区交界的地方。无洪水威胁，风浪不大，潮流畅通。有淡水注入的内湾或海区，地势平坦的滩涂为最好。

2. 底质

贝类种类不同，对底质要求也不一样。泥蚶、缢蛏喜欢泥多砂少的砂泥滩，文蛤、菲律宾蛤仔喜欢砂滩或砂多泥少的泥砂滩，牡蛎、贻贝、扇贝等固着和附着生活的贝类，不受底质的限制，岩礁底更好，但不宜使用纯泥质底。

3. 水质

无污染。必须符合水产养殖用水的水质标准，即达到国家海水水质第一类或第二类标准。

4. 其他

交通较方便，水电供应有保障。

二、池的建造

1. 大小

一般小型池 1000～3000m²、中型池 5000～10 000m² 为宜，管理操作比较方便。土池为长方形，宜东西长、南北短，防止在刮东南风或东北风时，造成幼虫过于聚集的倾向。

2. 筑堤

内外堤要砌石坡堤，内坡最好用水泥浇缝。土池内坡设有平台，池堤应高出最大潮高水位线1m。池内蓄水深度 1.5～2m。

3. 建闸

闸门起着控制水位、排灌水、调节水质、纳进天然饵料的作用。闸门的数量、大小、位置要根据地势、面积、流向、流量等决定。一般要建进、排水闸各一座，大小应以大潮汛一天能纳满或排干池水为宜。闸门内外侧要有凹槽，以便安装过滤框用。排水闸门低限应略低于池底，以便清池、翻晒和捞取贝苗。

4. 平整池底

池中间挖一条深 0.5m 的纵沟便于疏水，池底要平整。埋栖型贝类要加薄薄一层粒径 1～2mm 的细砂层，以利于眼点幼虫附着变态。

5. 催产网架

建在进水闸内侧，可用石条、水泥板或木棍等架设而成，上面铺有网衣，便于催产亲贝使用。一个 10 000m² 左右的土池建一个高 1.2m 左右、长15～16m、架宽 6m 的催产架即可。

6. 其他

若建池位置较高，应设有提水工具，保证加水和提供足够天然饵料。根据实际需要，设饵料池，人工培育单胞藻，以补充池内饵料的不足。

三、育苗前的准备工作

1. 土池的处理

1）清池：清除淤泥，拣去石块及其他杂物，排除浒苔等附属物。

2）翻晒：放干池水，翻耕耙平池底，消毒，氧化，改良底质，有利于埋栖型贝类钻土底栖。

3）消毒：在亲贝入池前 2 个月要纳水浸泡并换水 2 或 3 次，浸泡水要达到 1m 以上，直到 pH 稳定在 7.6～8.5。旧池在育苗前 2 个月应把水排干，让太阳曝晒 10～15d。水沟用浓度（500～600）×10^{-6} 的漂白粉消毒或每公顷施加 75～100kg 茶籽饼杀除敌害生物。消毒后，用目径 90～150μm 的网闸过滤海水进土池，浸泡 2～3d 后排干，再进水浸泡，反复 2 或 3 次即可。

2. 培养基础饵料

清池消毒后，应在育苗前 7～10d，用网闸滤进海水 30～50cm，施尿素（0.5～1）×10^{-6}，过磷酸钙（0.25～0.5）×10^{-6} 和硅酸盐 0.1×10^{-6} 来繁殖天然饵料。最好投入人工培养的叉鞭金藻、等鞭金藻、牟氏角毛藻、小硅藻及扁藻等藻种，以加快饵料生物的繁殖。

四、亲贝选择、暂养与诱导排放精卵

1. 亲贝选择

牡蛎、缢蛏、蛤仔、扇贝、珠母贝、贻贝等，1 龄达性成熟，而蚶类 2 龄才成熟。亲贝一般要求 2～3 龄，体壮、无创伤、无死亡现象，洗净后按每公顷放养 300～600kg。

2. 亲贝暂养与诱导排放

亲贝放置在催产架上或者采用网笼进行筏式暂养，利用阴干和闸门进排水等方法诱导亲贝产卵。一般贝壳关闭不严、亲贝成熟程度好、气温较高时，阴干时间 4～8h，否则需延长至 8～12h。利用涨潮水位差进行流水诱导产卵，流速可控制在 35cm/s 以上，诱导持续 2～3h 即可。如果经阴干处理或流水诱导后亲贝仍不产卵，则证明亲贝性腺成熟不佳，应继续暂养促熟。在促熟过程中，可经常检查性腺成熟度。在亲贝成熟较好的情况下，进行诱导排放才能收到较好效果。

亲贝产卵后，利用闸门进水，水泵抽水，利用增氧机搅动池水或人工搅动，使精卵混合受精，分布均匀。有条件时，也可以用人工诱导亲贝排放精卵、受精，待发育到 D 形幼虫时，再滤选或浮选出幼虫入土池中进行培育。

五、幼虫培育

幼虫培育密度不宜太大，一般 3～4 个/mL 为宜。幼虫培育期间需做好以下几项工作。

1. 加水

每日涨潮时将海水通过筛绢网闸过滤进水 10～20cm 深，以保持水质新鲜，增加饵料生物，有利于浮游幼虫发育生长，有利于稳定池内水温与盐度。随着幼虫发育生长，逐渐增加进水。

2. 施肥

池内幼虫密度比自然海区大，而流动水量比自然海区小，饵料生物不足是当前大面积土池育苗普遍存在的问题。池中饵料生物密度要求在 2 万～4 万个/mL。若水色清，说明饵料不足，应通过施肥方法增加饵料生物，确保浮游幼虫顺利发育生长。每隔 1～2d 向池内施尿素（0.5～1）×10^{-6}，过磷酸钙 0.5×10^{-6} 等营养盐，同时接种单胞藻，加快饵料生物繁殖。

施肥应注意的事项如下。

1）施肥应少量多次，以免浮游生物过量繁殖，引起 pH 和溶解氧大幅度变化，影响幼虫的发育生长。

2）观察水色，当水为黄绿色时，就要停止施肥。如果水色为棕褐色，要添加海水，改善水质。

3）D 形幼虫时期，饵料生物密度为 1.5 万个/mL，壳顶期要增至 3 万个/mL。密度过大，不宜施肥。

3. 巡视与观测

1）要检查堤坝有无损坏，闸门是否漏水。

2）定时定点观测水温、盐度、pH、溶解氧等变化情况，发现异常，要及时采取相应措施处理。

3）每日要检查幼虫生长、发育、摄食情况，检查饵料生物量和敌害生物等情况。

4. 加遮光网

室外土池的光线是直射的太阳光，光线较强，易造成贝类幼虫的死亡。因此，在室外的土池进行人工育苗，有条件的单位应加遮光网，以提高幼虫的成活率和出苗量。

5. 投附着基

当幼虫发育至出现眼点时，即将进入附着变态阶段。对于埋栖型贝类，原池底已经得到了改良，具有幼虫附着变态的客观条件，此时也可增投少量碎贝壳或砂粒于池底或置入人工制作的 40～60 目网箱内吊挂于池中，网箱一般规格为 30cm×30cm×3cm，网箱内装洁净的碎贝壳或砂粒，就是良好的附着基。

对于固着型和附着型贝类，可投放贝壳、棕

帘、网片、采苗袋等作为附着基，也可投放类似上述埋栖型贝类使用的网箱。由于网箱内附着基是碎贝壳或砂粒，只能用在牡蛎上，大多数能形成单体牡蛎。

也可以将室内人工育苗培育的幼虫待其发育到眼点幼虫时，筛选入池中，在大水体的池中通过改良底质或人工投放适宜的附着基，让幼虫附着变态，发育生长，从而获得养殖用的苗种。

此外，还可以在自然海区利用浮游生物拖网的方法，筛选幼虫置入土池中培育，而获得养殖用苗种。

六、稚贝培育

营浮游生活的幼虫转变为营附着生活的稚贝时，滤食器官还不完善，埋栖型贝类水管尚未完全形成，贝壳也未钙化，生命力非常脆弱，死亡率很高。此时，要特别精心管理。

1. 加大换水量

稚贝营底栖生活后，应由小到大开闸换水，保证水质新鲜，提高稚贝成活率。随着稚贝的不断生长，加大换水量，使饵料丰富，加快稚贝生长速度。

2. 适量施肥

稚贝生长阶段，以 5 万个/mL 左右饵料为宜。一般大潮期间通过加大换水量保证饵料生物的供给，小潮期间要施 $(0.5\sim1)\times10^{-6}$ 尿素。

3. 控制水位

池水浅，透明度大，饵料生物多，贝苗生长快，成活率高。但 8 月份水温过高，池水过浅时不利于贝苗生长。水混，影响贝苗的存活率。连续降雨引起盐度突降，易造成贝苗死亡，此时应加深水位。

4. 越冬保苗

在北方，12 月至次年 2 月，水温下降，常达零度左右，对体小抵抗力低的稚贝威胁很大。因此，冬季必须提高水位，加大水体，以便保温越冬。

5. 敌害防除

稚贝期敌害很多，如鱼、蟹类、桡足类、球栉水母、沙蚕、浒苔、水鸟等。

1）鱼蟹类：如蛇鳗、鰕虎鱼、河豚、梭鱼等鱼类以及梭子蟹、青蟹等蟹类常吃食贝苗，应在进水时，设密网滤水，以减少鱼蟹类的危害。

2）浒苔：大量繁殖时与饵料生物争营养盐，使水质消瘦，且覆盖池底，能闷死贝苗，使 pH 变化大，影响贝苗生活。浒苔死亡后，还能败坏水质，影响贝苗存活。

浒苔的防治：池子加砂时粒径要适宜，避免过粗，以减少浒苔的附着基。浒苔大量繁殖时，可用漂白粉杀除。漂白粉浓度随有效氯的含量与水温的不同而异。含有效氯为 28%～30%，水温 10～15℃时，浓度为 $(1000\sim1500)\times10^{-6}$；水温 15～20℃时，浓度为 $(600\sim1000)\times10^{-6}$；水温 20～25℃时，浓度为 $(100\sim600)\times10^{-6}$。喷药后 2～4h，浒苔便死亡。捞出死亡浒苔，6～10h 后立即进水冲洗，然后把水排干，经 2～3 个潮水反复冲洗，贝苗即可正常生活和生长。

其他生物敌害的防治可利用晚间开闸门放水之机排出池外，晴天刮大风时，球栉水母及沙蚕集中在背风处，可用手抄网捞捕。对于蟹类等，可把水排干进行捕捉。

七、移苗放养

池中稚贝栖息密度过大，使生长速度缓慢。为了促进稚贝生长，增加产量，提高成活率，待稚贝壳长达到 2～3mm 时，应将稚贝移植放养。

放养海区应选择风浪较小、潮流畅通、敌害较少的地方。埋栖型贝类要选择砂泥底或泥砂底质的中潮区。固着型、附着型等贝类可将其移植到浅海区进行筏式暂养。

稚贝移至海区后，要疏散密度，加强管理，做好防洪水、防严寒、防酷热、清除敌害、排除埕地积水以及驱逐野鸟等工作，待贝苗长大后，再移到养成区养成。

第二节　采捕野生贝苗

一、探苗

由于每年水温、气象等环境条件的不同，贝苗出现的早晚及场所略有变化。因此，采捕前须进行探苗，找出有价值的贝苗密集区。埋栖型贝类的探苗是在所属海区的不同地点和潮区的滩涂上，各刮取 $100cm^2$ 的表层泥土（深 0.5～1cm），装入纱布袋中，在水中淘洗去细泥，从砂中仔细挑出贝苗，计算出每平方米内的贝苗数量。比较各点贝苗密度，确定采苗地点及范围。

二、采苗

采捕野生贝苗时，利用刮板和刮苗网作为采苗工具，落潮后，在选定的海滩上顺次刮起滩面约0.5cm厚的泥层，并经常甩动网袋，使细泥由网眼漏出。刮到三分之一袋时，拿到预先挖好的水坑或水渠内洗涤，将袋内的砂及贝苗倒在筛内筛去粗砂、碎壳及蟹、螺等敌害生物，经取样计数后即可播苗放养。也有在半潮时用推苗网推苗，满潮时用船带着拖苗网拖苗，以延长采苗时间，提高采苗效率。

牡蛎、贻贝等固着与附着生活型贝类可以直接利用铲具采捕岩礁和堤坝等处的贝苗进行放养。扇贝的养殖网笼上常附着有大量的牡蛎、贻贝等，影响扇贝的养殖。因此，可采用换笼法，将牡蛎、贻贝苗种取下，既作为苗种进行养殖，也有利于扇贝的生长。此外，海带养殖筏上的浮缆也是很好的附苗器材，上面往往附着大量的野生贻贝苗种。在收海带时秋苗已经长大，而大量春苗刚刚附着不久，肉眼难以辨认。因此，要充分利用这些苗种就必须在收割海带时，留下浮缆和苗绳上的贻贝苗继续暂养。这种苗种生产方法的潜力很大。

野生蛏苗的采集是从立冬开始，至大寒前后结束。采苗方法是用淌苗袋，长120cm，宽40cm。网袋口有3cm宽的梯形竹框，刮泥的刮板宽8cm，长24cm，用毛竹制成。淌苗袋按网目大小可分为5种规格（表6-1），根据蛏苗的大小选用不同规格的淌苗袋洗苗。立冬至小寒之间，每1kg苗有20～30万粒，刮土深度1～3cm，然后在水中将泥洗去，并把贝壳、海螺、砂粒等杂质去掉，拣出蛏苗即可。

表6-1　淌苗袋的网目大小和使用时间

网目的大小（mm）	使用时间
0.5	立冬至小雪后一个月
0.8	大雪前后半个月
1.0	冬至前后半个月
1.2	小寒前后半个月
1.5	小寒以后半个月

三、苗种养成

采到的蛏苗在育苗池中培养。育苗池一般建在高潮区，小潮不能淹没，温度较高，水流缓慢，并有淡水可以引入池内的滩涂。面积一般30～40m²。池的上下方各开一个小缺口与小沟，以便排灌海水用。在放苗前1～2d将池底的泥土碾细、锄松、耙平。池内蓄水深度约15cm。幼苗在池中经2个月左右的养殖之后，个体增大，生活力增强，此时应将幼苗重新移动到中潮区附近培育，再经过2个月左右就育成种苗了。

江苏、浙江等省份多是采捕较大的文蛤苗直接放养，不经过苗种养成阶段。采苗工作在潮水刚退出滩面时进行。采苗时按预先选定的地方，数人或十余人平列一排，双脚不断地在滩面上踩踏，边踩边后退，贝苗受到踩压后露出滩面即可拾取。也有用锄头插入滩面一定深度后逐渐向后拖，贝苗被翻出后，用三齿钩挑进网袋。大风后贝苗往往被打成堆，此时，用双手捧取贝苗装入网袋内即可。采苗时应避免贝壳及韧带损伤，并防止烈日曝晒，采到的贝苗应及时投放到养成场。采苗季节一般在3～5月及10～12月，此时气温、水温对贝苗运输和放养后的潜居都较适宜。较远距离运输苗种时，应选择气温15℃以下时进行，以避免或减少运输途中的死亡。苗种运输时一般用干运法运输，通常用草包或麻袋包装，也可直接倒在车上或船舱内。

复习题

1. 简述如何选择土池人工育苗的场地。
2. 简述土池人工育苗的特点。
3. 简述土池人工育苗中如何进行幼虫的培育工作。
4. 简述如何采捕野生的埋栖型贝类苗种。

第七章　贝类的育种

培育生长快、风味好、抗逆性强的养殖新品种可使贝类养殖业健康、可持续发展。除常规苗种繁育外，国内外对贝类的选择育种、杂交育种和多倍体育种等育种方法进行了大量研究，取得了诸多成果，并在生产中得到了广泛应用。

第一节　选择育种

选择育种（selective breeding）又称系统育种，它是对一个原始材料或品种群体实行有目的、有计划地反复选择淘汰，而分离出几个有差异的系统。将这样的系统与原始材料或品种比较，使一些经济性状表现显著优良而又稳定，于是形成新的品种。选择育种的实质是根据个体的表现型或遗传标记挑选符合人类需要且适应自然环境的基因型，使选择的性状稳定地遗传。选择育种是最基本的育种方法，目前已在农业、畜牧业和水产业的良种培育中发挥着重要作用，在将来仍然是良种培育的重要途径和方法。

一、牡蛎的选择育种

牡蛎作为世界上产量最高的海产经济贝类，世界各国对于其遗传育种都很重视。针对牡蛎不同经济性状，各国分别开展了不同的遗传改良工作，包括法国旨在提高牡蛎抗病能力的"Morest programme"，美国针对提高牡蛎产量的"MBP programme"及澳大利亚针对牡蛎生长速度的遗传改良等。

我国牡蛎选育计划开展相对较晚。2006 年，中国海洋大学李琪科研团队率先开展了长牡蛎优良品种选育，采用群体选育技术，以生长速度、壳形作为选育指标，通过连续 6 代群体选育，成功培育出生长性状优良的长牡蛎"海大 1 号"新品种，填补了我国牡蛎良种培育的空白。此后，国内多个科研团队围绕牡蛎生长性状、壳色和糖原含量等经济性状，分别开展了选育工作。截至目前，已有 7 个牡蛎选育品种通过了国家原良种委员会审查（表 7-1）。

国内牡蛎的选择育种主要聚焦在提高（或纯化）牡蛎的生长、存活、壳色和糖原含量等经济性状。研究表明，牡蛎的生长性状（壳高、壳长和体重等）具有较高遗传力，采用群体选择的方法开展遗传改良工作比较容易获得成功，如新品种长牡蛎"海大 1 号"、熊本牡蛎"华海 1 号"等都是采用群体选育方法培育而来。

牡蛎壳色具有多态性。自然界中，牡蛎壳往往因着色深浅、条纹多少不同呈现复杂多变的壳色表型。壳色本身是非常重要的经济性状，能提高水产品的商业价值。国内对于牡蛎壳色的选育主要集中在纯化牡蛎在自然界中已发现的颜色，如金色、黑色、白色等，如长牡蛎"海大 2 号"、葡萄牙牡蛎"金蛎 1 号"、长牡蛎"海大 3 号"等都是在纯化壳色的同时对生长性状进行选育获得。此外，对于突变壳色品种的选育目前仅在国内中国海洋大学李琪团队报道，该团队通过构建不同壳色家系，快速纯化牡蛎壳色性状，构建壳色多彩的牡蛎品系（图 7-1）。

图 7-1　不同壳色牡蛎品系

二、扇贝的选择育种

壳色、生长性状、闭壳肌（也称贝柱）是扇贝选育的主要目标性状。中国海洋大学包振民等对中国北方的栉孔扇贝进行了选育，培育了国内外第一个扇贝新品种"蓬莱红"扇贝，改写了扇贝无品种的局面。之后围绕扇贝主要经济性状的选育新品种相继被报道，如对海湾扇贝壳色与生长的选育种海湾扇贝"中科红"和"中科2号"，对虾夷扇贝生长、肉柱的选育种虾夷扇贝"海大金贝"和"明月贝"，对华贵栉孔扇贝生长和壳色的选育种"南澳金贝"等。

目前，国内对扇贝的选育方法主要包含传统方法选育和分子标记辅助选育两种方法。传统方法主要通过构建自交和杂交家系纯化壳色，再结合家系选育或群体选育等方法对扇贝生长性状进行改良，继而培育出新品种。分子标记辅助选育则是通过利用与选育性状存在紧密连锁或共分离关系的分子标记，通过直接对某一基因型选择达到选择效果的方法。进行分子标记辅助育种前，需要筛选出与目标性状相关基因关联的大量分子标记，与传统方法相比门槛相对较高。我国对扇贝的基础研究开展相对较早，包振民团队采用全基因组育种技术成功培育出"蓬莱红2号"栉孔扇贝（图7-2），成为我国首个采用全基因组育种技术培育的水生生物新品种，

其产量较传统选择方法"蓬莱红"提高25.43%，成活率提高27.11%，充分展现出分子标记辅助选育的良好前景。

图7-2 栉孔扇贝"蓬莱红2号"

三、其他贝类的选择育种

在其他贝类中，鲍鱼、珠母贝、文蛤、泥蚶、菲律宾蛤仔等主要贝类经济种的选育工作均取得一定成果。截至2023年底，我国科研人员已先后选育出40个生长快速、高产优质的水产贝类新品种（表7-1）。

表7-1 我国水产经济贝类选育新品种

序号	品种名称	登记号	育种单位
1	"中科红"海湾扇贝	GS-01-004-2006	中国科学院海洋研究所
2	海大金贝	GS-01-002-2009	中国海洋大学，大连獐子岛渔业集团股份有限公司
3	海湾扇贝"中科2号"	GS-01-005-2011	中国科学院海洋研究所
4	长牡蛎"海大1号"	GS-01-005-2013	中国海洋大学
5	栉孔扇贝"蓬莱红2号"	GS-01-006-2013	中国海洋大学，威海长青海洋科技股份有限公司，青岛八仙墩海珍品养殖有限公司
6	文蛤"科浙1号"	GS-01-007-2013	中国科学院海洋研究所，浙江省海洋水产养殖研究所
7	菲律宾蛤仔"斑马蛤"	GS-01-005-2014	大连海洋大学，中国科学院海洋研究所
8	泥蚶"乐清湾1号"	GS-01-006-2014	浙江省海洋水产养殖研究所，中国科学院海洋研究所
9	文蛤"万里红"	GS-01-007-2014	浙江万里学院
10	合浦珠母贝"海选1号"	GS-01-008-2014	广东海洋大学，雷州市海威水产养殖有限公司，广东绍河珍珠有限公司
11	华贵栉孔扇贝"南澳金贝"	GS-01-009-2014	汕头大学
12	扇贝"渤海红"	GS-01-003-2015	青岛农业大学，青岛海弘达生物科技有限公司
13	虾夷扇贝"獐子岛红"	GS-01-004-2015	獐子岛集团股份有限公司，中国海洋大学
14	合浦珠母贝"南珍1号"	GS-01-005-2015	中国水产科学研究院南海水产研究所
15	合浦珠母贝"南科1号"	GS-01-006-2015	中国科学院南海海洋研究所，广东岸华集团有限公司
16	海湾扇贝"海益丰12"	GS-01-006-2016	中国海洋大学、烟台海益苗业有限公司
17	长牡蛎"海大2号"	GS-01-007-2016	中国海洋大学、烟台海益苗业有限公司
18	葡萄牙牡蛎"金蛎1号"	GS-01-008-2016	福建省水产研究所
19	菲律宾蛤仔"白斑马蛤"	GS-01-009-2016	大连海洋大学、中国科学院海洋研究所
20	虾夷扇贝"明月贝"	GS-01-010-2017	大连海洋大学、獐子岛集团股份有限公司
21	文蛤"万里2号"	GS-01-012-2017	浙江万里学院
22	缢蛏"申浙1号"	GS-01-013-2017	上海海洋大学、三门东航水产育苗科技有限公司
23	三角帆蚌"申紫1号"	GS-01-011-2017	上海海洋大学、金华市浙星珍珠商贸有限公司
24	长牡蛎"海大3号"	GS-01-007-2018	中国海洋大学、烟台海益苗业有限公司、乳山华信食品有限公司
25	方斑东风螺"海泰1号"	GS-01-008-2018	厦门大学、海南省海洋与渔业科学院

序号	品种名称	登记号	育种单位
26	扇贝"青农金贝"	GS-01-009-2018	青岛农业大学、中国科学院海洋研究所、烟台海之春水产种业科技有限公司
27	缢蛏"甬乐1号"	GS-01-004-2020	浙江万里学院、浙江万里学院宁海海洋生物种业研究院
28	熊本牡蛎"华海1号"	GS-01-005-2020	中国科学院南海海洋研究所、广西阿蚌丁海产科技有限公司
29	长牡蛎"鲁益1号"	GS-01-006-2020	鲁东大学、山东省海洋资源与环境研究院、烟台海益苗业有限公司、烟台市崆峒岛实业有限公司
30	长牡蛎"海蛎1号"	GS-01-007-2020	中国科学院海洋研究所
31	三角帆蚌"浙白1号"	GS-01-008-2020	金华职业技术学院、金华市威旺养殖新技术有限公司
32	池蝶蚌"鄱珠1号"	GS-01-009-2020	南昌大学、抚州市水产科学研究所
33	三角帆蚌"申浙3号"	GS-01-006-2021	上海海洋大学、金华市浙星珍珠商贸有限公司、武义伟民水产养殖有限公司
34	菲律宾蛤仔"斑马蛤2号"	GS-01-007-2021	大连海洋大学、中国科学院海洋研究所
35	皱纹盘鲍"寻山1号"	GS-01-008-2021	威海长青海洋科技股份有限公司、浙江海洋大学、中国海洋大学
36	栉孔扇贝"蓬莱红3号"	GS-01-011-2022	中国海洋大学、威海长青海洋科技股份有限公司
37	海湾扇贝"海益丰11"	GS-01-012-2022	中国海洋大学、烟台海益苗业有限公司
38	环棱螺"蠡湖1号"	GS-01-010-2023	中国水产科学研究院淡水渔业研究中心、华中农业大学、江西省水产科学研究所、广西壮族自治区水产科学研究院、无锡市水产畜牧技术推广中心
39	青蛤"江海大1号"	GS-01-011-2023	江苏海洋大学、连云港海浪水产养殖有限公司、连云港众创水产养殖有限公司
40	栉孔扇贝"蓬莱红4号"	GS-01-012-2023	中国海洋大学

第二节 杂交育种

在育种和生产实践中，杂交一般是指遗传类型不同的生物体之间相互交配或结合而产生杂种的过程。通过不同品种间杂交创造新变异，并对杂种后代培育、选择以育成新品种的方法叫杂交育种（cross breeding）。

杂交育种是最经典的育种方法。尽管新技术、新方法不断涌现，但杂交育种仍是目前国内外动植物育种中应用最广泛、成效最显著的育种方法之一。例如，在农作物方面，目前全球约90%的育种是杂交育种，我国常规稻推广品种中，2/3 以上的品种是通过杂交育种获得的。在水产养殖领域，杂交育种的应用十分广泛，主要应用于水产动物育种中提高生长速度、抗病力、抗逆性、创造新品种、保存和发展有益的突变体以及抢救濒临灭绝的良种等方面。例如，美国的研究者利用长鳍鲖和斑点叉尾鲖进行杂交，获得的杂种具有明显的杂种优势，其生长速度要比双亲快30%以上。我国也开展了大量不同水产动植物杂交组合的研究试验，发现不同种类或品种之间的杂交可以获得明显的杂种优势，培育出一批性状优良的杂交养殖品种，如杂交鲌"先锋1号"（翘嘴红鲌♀×黑尾近红鲌♂）、海带"东方6号"（韩国野生海带♀×福建栽培海带♂）

等。在贝类杂交育种方面，近年来国内许多专家和学者开展了大量工作。

杂种优势是指两个或两个以上遗传类型的个体杂交所产生的杂种第一代，往往在生活力、生长和生产性能等方面在一定程度上优于两个亲本种群平均值的现象。由于杂种在第二代会表现出基因型的分离进而失去生活力和生产性能的优势，同时失去表现型的一致性，因此杂种优势只能利用一代。这种只利用第一代杂交种的优势来进行养殖生产的杂交称为经济杂交，又称杂种优势的利用。杂种优势涉及某些与经济性状密切相关的数量性状，优势可以表现在生活力、繁殖率、抗逆性和产量、品质上，同时也表现在生长速度以及早熟性等方面。

近年来，为了解决我国养殖贝类的大规模死亡和一些重要经济贝类生长慢、生产周期长等困难，杂交及杂种优势利用成为产业生存和发展的迫切需求。目前，国内通过杂交方法在贝类中培育出12个优良新品种（表7-2）。

一、牡蛎的杂交育种

贝类杂交最早起源于牡蛎的种间杂交，牡蛎也是目前国内外杂交育种中研究得最多、记载最详尽的种类之一。

目前，国内巨蛎属牡蛎的远缘杂交报道较多，牡蛎的种内杂交报道则相对较少。牡蛎种间杂交主

表 7-2　我国经济贝类杂交新品种

序号	品种名称	登记号	育种单位
1	"大连 1 号"杂交鲍	GS-02-003-2004	中国科学院海洋研究所
2	"蓬莱红"扇贝	GS-02-001-2005	中国海洋大学
3	康乐蚌	GS-02-001-2006	上海水产大学、浙江省诸暨市王家井珍珠养殖场
4	杂色鲍"东优 1 号"	GS-02-004-2009	厦门大学
5	合浦珠母贝"海优 1 号"	GS-02-002-2011	海南大学
6	西盘鲍	GS-02-008-2014	厦门大学
7	牡蛎"华南 1 号"	GS-02-004-2015	中国科学院南海海洋研究所
8	扇贝"青农 2 号"	GS-02-003-2017	青岛农业大学、青岛海弘达生物科技有限公司
9	绿盘鲍	GS-02-003-2018	厦门大学、福建闽锐宝海洋生物科技有限公司
10	文蛤"科浙 2 号"	GS-02-001-2021	中国科学院海洋研究所、浙江省海洋水产养殖研究所
11	长牡蛎"海大 4 号"	GS-02-008-2022	中国海洋大学
12	长牡蛎"前沿 1 号"	GS-02-009-2022	青岛前沿海洋种业有限公司、中国科学院海洋研究所、乳山市海洋经济发展中心

要集中在种间配子兼容性、杂交后代存活和生长等基础研究。在种间配子兼容性方面，表现为单向受精或不对称受精的组合有：熊本牡蛎（♀）×长牡蛎（♂），熊本牡蛎（♀）×近江牡蛎（♂），香港牡蛎（♀）×长牡蛎（♂），香港牡蛎（♀）×近江牡蛎（♂）等；而长牡蛎×葡萄牙牡蛎，长牡蛎×近江牡蛎，长牡蛎×岩牡蛎等则具有双向杂交现象。在杂交子代存活方面，滕爽爽等（2010）开展了长牡蛎和熊本牡蛎的种间杂交试验，正反交杂交子代孵化率低，且胚胎发育具有不同步性；稚贝和成贝阶段，杂交组子代存活率显著小于自交组。而郑怀平等（2012）在长牡蛎和葡萄牙牡蛎的杂交试验中发现，杂交子在浮游期时的存活率上表现出了杂种优势，显著高于亲本。在杂交子生长方面，Xu 等（2009）在熊本牡蛎×近江牡蛎的杂交研究中得到的幼虫和稚贝生长显著低于父母本，表现出杂种劣势。对于牡蛎种内杂交，李琪等利用遗传差异较大的选育品系进行杂交取得杂种优势，培育出生长快速、存活率高的水产新品种长牡蛎"海大 4 号"（图 7-3）。

图 7-3　水产新品种长牡蛎"海大 4 号"

二、扇贝的杂交育种

扇贝杂交研究在国内外也开展了很多工作。1995 年 Heath 对虾夷扇贝和西北盘扇贝（*Patinopecten caurinus*）的杂交研究发现，产生的杂种子代具有较强的抗派金氏虫病的能力。1997 年 Bower 等进行虾夷扇贝（♀）×西北盘扇贝（♂）的杂交，所产生的杂种对鞭孢子虫（*Perkinsus qugwadi*）具有抗性，从而促进了英国哥伦比亚地区的扇贝养殖业的发展。1997 年，Cruz 等发现扇贝 *Argopecten circularis* 两个地理种群的正反杂交后代的存活率明显受母本影响，在生长速率方面，15d 开始出现杂种优势（3.5%），到 17d 时杂种优势开始上升，达到6.8%。在国内，Zhang 等（2007）比较了两个海湾扇贝亚种以及亚种间杂交子代的生长和存活情况，发现在整个养殖过程中均受到杂种优势和母性效应的显著影响。南乐红等（2012）采用种间杂交技术对墨西哥湾扇贝进行种质改良，以墨西哥湾扇贝和紫扇贝为亲本进行种间杂交试验，结果表明各群体的受精率和孵化率达 90%以上；育苗和养成阶段，杂交群体生长速度远大于自交群体，杂种优势十分明显。目前我们国家科研工作者利用杂交育种的方法已经成功培育出两个扇贝新品种。

三、鲍的杂交育种

杂交鲍已广泛应用于生产，是贝类杂交育种工作最成功的例子。小池康一对日本大鲍、盘鲍和西氏鲍以及它们的杂交幼体进行了研究，杂交组合的

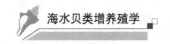

生长速度显著高于自交组。

另外，Leighton 对加利福尼亚沿岸的多种鲍鱼进行了人工杂交，结果显示红鲍×绿鲍的杂交子一代具有明显的生长优势，并且杂交子一代性腺能够发育成熟，能够正常繁育。

中国是世界鲍生产第一大国，几乎全部依靠养殖生产，而杂交和杂种优势的利用是鲍养殖业近些年快速稳定发展的关键核心技术。郑升阳（2006）以西氏鲍和皱纹盘鲍为亲本进行杂交育种的研究，证明了鲍的种间杂交是可行的，并且受精后的胚胎能够正常发育，杂交后代在生长过程中显示出良好的生产性状，在存活率及抗逆性等方面具有明显的杂种优势。郭战胜等（2014）发现皱纹盘鲍与黑足鲍杂交产生的杂交鲍生长速率显著提升，是皱纹盘鲍的 1.46 倍。赵春暖等（2015）则进行了皱纹盘鲍、盘鲍和九孔鲍的杂交实验研究，通过设计不同杂交组合探讨鲍的杂交效果，获得了优质的鲍杂交后代。柯才焕等利用种间杂交成功培育出杂色鲍"东优 1 号"、西盘鲍、绿盘鲍三个鲍优质新品种。

四、其他养殖贝类的杂交育种

除了以上几种重要的海水养殖种类外，目前开展了有关杂交工作的养殖贝类还有珠母贝、菲律宾蛤仔等多种海水养殖贝类。牛志凯等（2015）利用采自 3 个地理群体的合浦珠母贝，按照完全双列杂交构建了 9 个选育群体，在 20 月龄时，4 个形态性状和 4 个质量性状与闭壳肌拉力均为正相关，综合筛选出生长性状和闭壳肌拉力都较优的群体可作为进一步的选育材料。王爱民等（2010）利用合浦珠母贝 2 个地理群体进行 2×2 双列式杂交获得了 4 组子代，研究表明杂交子代表现出一定杂种优势，确定了育种规划中的杂交组合。

综上所述，有关贝类杂种优势机理和杂交育种的研究，已经取得一些可喜的进展。但如何利用现有的遗传资源，进行不同群体间的杂交，以提高贝类养殖产量，仍然是一个十分重要的课题。

第三节　多倍体育种

多倍体是指体细胞中含有 3 套或 3 套以上染色体组的生物个体。三倍体贝类由于细胞内增加了一套染色体，理论上是不育的。三倍体贝类由于其不育性或育性差，在繁殖季节，只消耗极少能量用于性腺的发育，使得更多的能量用于生长。同时，二倍体贝类随着性腺的发育，体内糖原含量下降，使其品质受到较大的影响，而三倍体贝类由于性腺发育差，体内继续保持较高水平的糖原含量，具有鲜美的口味。因此，三倍体贝类的生长速度比二倍体快，个体大，产量高，品质优并可降低繁殖期的死亡率，缩短了养殖周期，是海水养殖的优良品种。另外，三倍体贝类育性差，对贝类多样性保护具有重要意义。

一、多倍体贝类育种的基本原理

一般情况下，自然界存在的生物体大都是二倍体，即包含着两个染色体组。自然界存在的多倍体在植物中比较普遍，而多倍体动物则较为少见。

真核生物的正常有丝分裂是染色体复制一次，细胞分裂一次，在细胞分裂的后期，染色单体分离，均衡地分配到两个子细胞中。而减数分裂（又称成熟分裂）则是染色体复制一次，细胞分裂两次，形成四个子细胞，每个子细胞中的染色体数目减半，成为单倍体的配子。雌雄配子的结合使染色体得以重组，恢复到原来的二倍体，从而保持了生物个体的遗传稳定性和延续性。

贝类的精子在排放前已经完成了两次减数分裂过程，而卵子在排放时则没有完成减数分裂，一般停止在第一次减数分裂的前期或中期，在受精后或经精子激活后再继续完成两次减数分裂，释放两个极体后，雌雄原核融合或联合，进入第一次有丝分裂，即卵裂。这一延迟了的减数分裂过程为贝类多倍体育种操作提供了有利的时机和条件。

1. 抑制受精卵第二极体释放的染色体分离方式

抑制受精卵第二极体的释放可以使一套染色体保留，产生三倍体。以长牡蛎为例，长牡蛎的染色体数目为 $2n=20$，受精时，精子已完成减数分裂，染色体数目减半，仅有 10 条染色体，而卵子则处于第一次减数分裂的前期，含有 20 条染色体。受精后，卵子继续减数分裂过程，同源染色体均分为两组，每组 10 条，其中一组染色体形成第一极体排出。在第二极体排出之前，给受精卵施加适度的处理，抑制第二极体释放，这样受精卵中就含有三组染色体，形成了三倍体（$3n=30$）（图 7-4）。

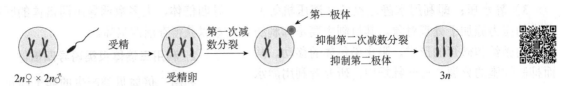

图 7-4　抑制长牡蛎受精卵第二极体的排出以生产三倍体（引自 Jiang et al.，2023）

2. 抑制受精卵第一极体的染色体分离方式

抑制受精卵第一极体的释放也能够产生三倍体。在牡蛎中，三倍体的诱导最初采用的方法是抑制第一极体排出（图 7-5），但是这种方法使得第二次减数分裂过程中染色体分离复杂化，出现联合二极分离、随机三极分离、独立二极分离、非混合三极分离等多种染色体分离方式，从而导致二倍体、三倍体、四倍体和非整倍体同时存在。Guo 等（1992）利用 CB 抑制了长牡蛎第一极体的排出，发现除了产生一定比例的三倍体（15.6%）、四倍体（19.4%）以及少量的二倍体（4.5%）胚胎外，还产生了高比例的非整倍体（57.6%）。

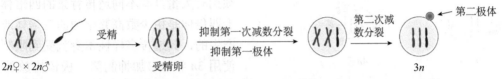

图 7-5　抑制牡蛎受精卵第一极体的排出以生产三倍体（引自 Jiang et al.，2023）

二、多倍体贝类育种的一般方法

目前，贝类多倍体的研究主要集中在三倍体和四倍体。三倍体贝类由于育性差，繁殖季节具有生长快、肉质好等优点，并且能形成繁殖隔离，不会对养殖环境造成品种污染；四倍体贝类大多能够进行正常繁育，可以与二倍体杂交产生 100% 的三倍体，这种方法能够克服物理或化学方法诱导三倍体的缺点，是一种更加安全、简便、高效的生产三倍体贝类的方法。

（一）三倍体的诱导方法

1. 抑制受精卵第二极体的释放

常用的抑制贝类受精卵第二极体释放的方法有以下几种。

（1）化学方法

化学方法主要是利用能够抑制分裂的化学物质来干预细胞分裂的过程，从而达到预期的目的。常用的化学药品有：细胞松弛素 B、6-二甲基氨基嘌呤、咖啡因等。

1）细胞松弛素 B（cytochalasin B，简称 CB）：是真菌的一类代谢产物。一般认为 CB 抑制胞质分裂的机制是特异性地破坏微丝，抑制细胞的分裂。CB 是贝类三倍体诱导中最早使用的化学药品，但是研究者发现 CB 对贝类胚胎的毒害作用很强，经 CB 处理的受精卵，其胚胎孵化率和幼虫成活率都明显低于二倍体对照组。

2）二甲基氨基嘌呤（6-dimethylaminopurine，简称 6-DMAP）：嘌呤霉素的一种类似物，是一种蛋白质磷酸化抑制剂，通过作用于特定的激酶，破坏微管的聚合中心，使微管不能形成。6-DMAP 低毒且易溶于水，其诱导效果与 CB 相当。

3）咖啡因（caffeine）：咖啡因的作用效果在于提高细胞内的 Ca^{2+} 浓度，而构成细胞分裂过程中的纺锤丝的微管对 Ca^{2+} 浓度非常敏感，在微管自装配中 Ca^{2+} 起作用，Ca^{2+} 浓度极低或高于 10^{-3}mg/L 时，会引起微管二聚体的解聚，阻止分裂。咖啡因和热休克结合使用时，三倍体诱导效果更显著，但胚胎孵化率较低。

（2）物理方法

物理方法是在细胞分裂周期中施加物理处理影响和干预细胞的正常分裂，以达到预期目的。常用的物理方法有温度休克（包括高温和低温休克法）、盐度休克和水静压。

1）温度休克：温度休克的机制是引起细胞内酶构型的变化，不利于酶促反应的进行，导致细胞分裂时形成纺锤丝所需的 ATP 的供应途径受阻，使已完成染色体加倍的细胞不能分裂。温度休克包括热休克和冷休克两种。利用温度休克法处理长牡蛎受精卵，三倍体诱导率能够达到 60%。

2）盐度休克：盐度休克的机制是改变海水的渗透压，可能引起能量代谢紊乱，从而影响微管和微丝的形成。包括低盐休克和高盐休克两种。

3）静水压：即利用水静压设备（液压机等）产生的压力施加于处理对象。其机制主要是抑制纺锤体的微丝和微管的形成，阻止染色体的移动，从而抑制细胞的分裂。在长牡蛎中，研究者利用静水压法诱导三倍体效率能够达到57%。

2. 利用四倍体与二倍体杂交产生三倍体

通过四倍体与二倍体杂交生产三倍体贝类，三倍体率可达到100%，该方法简单，操作方便，避免了理化处理对胚胎发育的影响，能提高胚胎孵化率和幼虫成活率，是生产三倍体贝类的最佳方法（图7-6），但这种方法需要四倍体的培育。

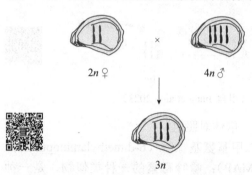

图7-6 通过二倍体雌性与四倍体雄性杂交生产三倍体牡蛎（引自 Jiang et al., 2023）

（二）四倍体育种方法

1. 利用二倍体直接诱导四倍体

利用理化方法使二倍体的染色体加倍直接产生四倍体的方法已成功地应用于植物、两栖类及鱼类四倍体研究中。这种方法在贝类中也有过很多尝试，利用抑制第一极体或同时抑制两个极体的释放、抑制第一次卵裂、人工雌核发育等方法直接诱导四倍体，大多数诱导出四倍体的胚胎或幼虫，但难以获得存活四倍体。

2. 利用三倍体贝类诱导四倍体

利用三倍体贝类产生的卵子与正常精子受精，然后抑制第一极体，可产生存活的四倍体（Guo and Allen, 1994）。Guo 和 Allen（1994）利用三倍体长牡蛎的卵与正常精子受精后，以 CB 处理抑制其第一极体的排放，首次成功地获得了可存活的四倍体长牡蛎（图7-7A）。此后，利用同样的方法在其他牡蛎及合浦珠母贝中也获得了存活的四倍体。

要建立具有足够遗传多样性的四倍体群体，必须拥有大量具有不同遗传背景的四倍体。然而，由于四倍体是由少数高繁殖力的三倍体雌性个体诱导产生的，其遗传多样性本身就受到限制。除了上述使用 $3n♀×2n♂$ 加抑制第一极体排放的方法外，还可以采用其他方法来增加四倍体个体的数量及提高四倍体的遗传多样性。

由三倍体诱导而来的成熟四倍体性腺可以正常发育并产生功能性配子，四倍体个体间的杂交可产生更多的四倍体牡蛎（图7-7B）。然而，在许多物种中，四倍体杂交的受精卵孵化率很低，原因是一些四倍体卵存在功能异常。此外，用这种方法产生的四倍体后代在倍性方面表现出遗传不稳定性，如倍性丢失。由于四倍体后代的一些不良表现可能是近亲繁殖造成的，所以为确保遗传多样性，避免四倍体群体近亲繁殖至关重要。扩大四倍体遗传背景的另一种方法是二倍体雌性与四倍体雄性杂交并抑制第二极体的排放，然而，用这种方法生产的四倍体通常存活率较低（图7-7C）。

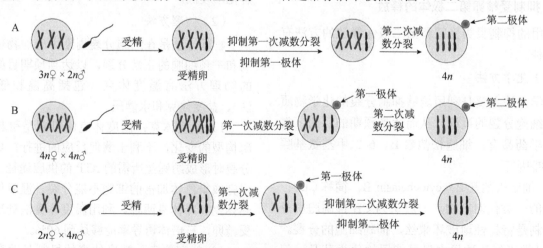

图7-7 通过不同方法建立四倍体牡蛎育种群体（引自 Jiang et al., 2023）

A. $3n♀×2n♂$杂交，在减数第一次分裂期（M I）抑制第一极体（PB_1）的排放；B. $4n♀×4n♂$杂交；C. $2n♀×4n♂$，在减数第二次分裂期（M II）抑制第二极体（PB_2）的排放

三、多倍体的倍性检测方法

1. 染色体分析法

选取胚胎、早期幼虫（如担轮幼虫）或幼贝的鳃组织依次经 0.005%～0.01%秋水仙素处理（15～40min）、0.075mol/L KCl 低渗（10～30min）、卡诺氏固定液固定（甲醇：冰醋酸=3：1）、50%乙酸解离（5～10min）、细胞悬液滴片（冷滴片或热滴片）制成染色体标本、吉姆萨（Giemsa）或利什曼（Leishman）染色，镜检观察染色体。这种方法能得到清晰的染色体分裂相，是鉴定多倍体最精确的方法（图 7-8）。

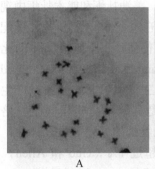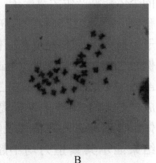

图 7-8　采用滴片法鉴定牡蛎倍性结果图（引自 Li et al.，2023）
A. 二倍体；B. 三倍体

2. 流式细胞术

流式细胞术（flow cytometry）是用 DNA 特异性荧光染料，如 4′,6-二脒基-2-苯基吲哚（4′,6-diamidino-2-phenylindole，DAPI）或碘化丙啶（PI）对细胞进行染色，在流式细胞仪上用激光或紫外光激发结合在细胞核的荧光染料，依次检测每个细胞的荧光强度，因 DNA 含量的不同得到荧光强度的不同分布峰值，与已知的二倍体细胞或单倍体细胞（如同种的精子）荧光强度对比，判断被检查细胞群体的倍性组成（图 7-9）。

3. 核径测量法

二倍体与三倍体细胞核直径大小不等，其理论比值为 1：1.145。通过测量胞核的方法有可能区分开二倍体与三倍体，从而达到鉴定三倍体的目的。应用这一方法只需高倍显微镜及常规的微生物学研究的仪器设备，简便易行。但该方法与染色体分析法、流式细胞术等方法相比，尚无足够的说服力，其鉴定倍性水平的有效性并未得到广泛承认。

4. 同工酶电泳方法

通过比较呈现杂合表型的同工酶各组成电泳酶带的相对染色强度，进行倍性判断。如对单体酶来说，二倍体的两条带染色强度是相等的，而三倍体

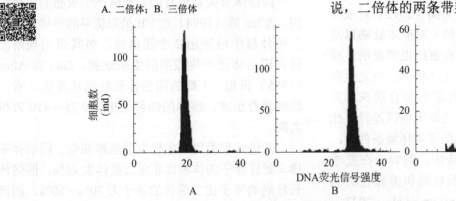

图 7-9　采用流式细胞仪监测牡蛎倍性结果图
A. 二倍体；B. 三倍体；C. 四倍体

（图中纵坐标：细胞数（ind）；横坐标：DNA荧光信号强度）

两条带的染色强度则为 2：1，有时还可能表现为三条带。对二聚体酶来说，其三条带的相对染色强度在二倍体中为 1：2：1，在三倍体中则为 4：4：1。该方法可快速检测大样品的倍性，但只有高度杂合的基因位点才能给出有效的信息。

5. 微卫星标记法

微卫星标记（SSR 标记）是广泛分布在真核生物基因组中的简单重复序列，已广泛应用于鱼类的倍性和谱系分析。用所选的用于鉴定倍性水平的标记对未知倍性贝类样本进行 PCR 扩增，其中，扩增

出现特异标记条带或 3 条条带的样本均为三倍体。

6. 核仁计数法

二倍体牡蛎血细胞只有 1 或 2 个核仁，三倍体牡蛎血细胞的核仁以 2～3 个为主。根据血细胞中核仁的数目可以区分二倍体和三倍体牡蛎。

四、多倍体贝类育种的应用

由于三倍体贝类生长快，品质优等优点，自 1981 年美国 Stanley 获得多倍体美洲牡蛎以来就受

到了养殖者和消费者的青睐。迄今为止，已在美洲牡蛎、长牡蛎、合浦珠母贝、栉孔扇贝、虾夷扇贝、华贵栉孔扇贝、海湾扇贝、贻贝、菲律宾蛤仔、缀锦蛤、砂海螂、毛蚶、文蛤、皱纹盘鲍、杂色鲍等30余种贝类中进行了多倍体育种研究。

五、多倍体贝类的主要生物学特性

1. 存活能力

三倍体的贝类是可以存活的，但与正常的二倍体相比，三倍体的幼虫成活率一般较低。三倍体幼虫较低的存活率一般认为不是由于倍性引起的，而主要是其他因子，如化学诱导处理时诱导剂潜在的毒性影响或者由于第二极体的抑制导致致死基因的纯合等。利用化学或物理方法诱导贝类三倍体，会对受精卵的发育、胚胎与幼虫的存活产生较大影响，而且随着处理强度的加大，三倍体处理组的胚胎孵化率及幼虫存活率较二倍体对照组明显降低，或是处理组胚胎畸形率呈上升趋势。

与二倍体相比，三倍体贝类在养成阶段的存活率优势具有不确定性，二、三倍体的存活率均受环境因素影响较大。牡蛎中，有研究表明三倍体牡蛎的存活率高于二倍体。例如，Guo（2012）对成体三倍体美洲牡蛎、Wu 等（2019）对熊本牡蛎以及Qin 等（2016）对香港牡蛎的观察结果都表明，成体三倍体牡蛎的存活率显著高于二倍体。但是也有研究者发现长牡蛎、华贵栉孔扇贝和合浦珠母贝中，三倍体与二倍体的成贝死亡率无明显差异。此外，还有一些研究表明，在某些恶劣环境条件下，三倍体牡蛎的死亡率高于二倍体。例如，在夏季低盐度或高温地区，三倍体长牡蛎和美洲牡蛎的死亡率均高于二倍体（Bodenstein et al.，2023；Wadsworth et al.，2016；Li et al.，2022）。

通过抑制受精卵第一极体的排放及抑制第一次卵裂等方法在长牡蛎、近江牡蛎、栉孔扇贝、贻贝、地中海贻贝等多种贝类中获得了四倍体胚胎，但四倍体贝类的生活力明显低于三倍体和二倍体。其原因可能有二：①有缺陷的隐性基因的纯合；②核质不平衡引起的发育和遗传障碍使幼虫难以发育下去。Guo 和 Allen（1994）在对长牡蛎的研究中，利用三倍体产生的体积较大的卵子，与正常的精子受精后抑制第一极体的排放，获得了具有存活能力的四倍体，但成活率极低。虽然四倍体个体间的直接繁育能扩大四倍体牡蛎种群，但是由于一些

四倍体卵功能异常，$4n \times 4n$ 产生的后代孵化率很低（Guo et al.，1996；Zhang et al.，2022；Matt et al.，2014），并且存在生长速率慢、存活率低的现象（Qin et al.，2022）。此外，使用 $2n♀ \times 4n♂$ 并抑制第二极体的排放的方法生产的四倍体通常也表现出较低的存活率（Yang et al.，2019）。

2. 性腺发育及繁殖力

三倍体由于体细胞中增加一套染色体，通常被认为是不育的（Thorgaard，1983）。但三倍体贝类的不育性不是绝对的。研究者在长牡蛎、美洲牡蛎、香港牡蛎、熊本牡蛎等三倍体贝类中，均观察到不同程度的育性存在。在三倍体长牡蛎中，观察到25%～59%的个体能够产生大量配子；美洲牡蛎和熊本牡蛎中观察到19%和22.25%的三倍体个体能够产生大量配子。此外，研究发现在三倍体牡蛎中雌雄同体的比例较二倍体大幅增加（Yang et al.，2022；Matt and Allen，2021）。尽管有些三倍体贝类的性腺能产生成熟的精子和卵子，但是其繁殖力明显低于二倍体。如研究者对三倍体长牡蛎的繁殖力进行评估，结果显示其繁殖力均不超过1%（Guo 和 Allen，1994；Gong et al.，2004；Suquet et al.，2016）。

四倍体贝类是可育的，能够产生成熟的生殖细胞。Allen 等（1994）在 CB 处理诱导的菲律宾蛤仔三倍体群中检测出 2 个四倍体，对其组织观察发现，四倍体能产生成熟的生殖细胞。Guo 和 Allen（1995）报道，1 龄的四倍体长牡蛎从外观上看，性腺发育正常，雌体的怀卵量在 140 万～420 万粒之间。

四倍体贝类能产生较大的生殖细胞。四倍体菲律宾蛤仔卵子的体积比正常二倍体大 41%，四倍体长牡蛎的卵子比二倍体的卵子大 70%～80%。四倍体地中海贻贝的精子顶体高（4.4±0.62）μm，核长（2.04±0.05）μm，核宽（2.14±0.06）μm，鞭毛长（72.3±2.25）μm；而二倍体顶体高（2.85±0.14）μm，核长（1.85±0.06）μm，核宽（1.78±0.07）μm，鞭毛长（60.55±1.95）μm。

四倍体贝类能与二倍体杂交产生 100%的三倍体，正交与反交后代差异不明显，生长速度都明显快于二倍体对照组。然而，四倍体自群繁殖能力较差，其幼虫发育至稚贝的存活率仅为二倍体对照组的 0.1%（Guo et al.，1996）。

3. 生长快

目前有关三倍体贝类在幼虫阶段的生长优势尚

未统一结论，但在第一次性成熟之后，已经报道的三倍体贝类的生长均快于相应的二倍体。

福建牡蛎和栉孔扇贝三倍体在幼虫时期就表现出生长优势，但三倍体美洲牡蛎在幼虫阶段生长速度与二倍体相似（Yang，2021），而三倍体熊本牡蛎的幼虫生长率显著低于相应的二倍体（Wu et al.，2019）。

成体儒艮蛤、长牡蛎、合浦珠母贝、美洲牡蛎、华贵栉孔扇贝等的三倍体的生长明显快于相应的二倍体。养殖两年半的悉尼岩牡蛎（*Saccostrea glomerata*）比二倍体增重 41%，养殖 19 个月的三倍体皱纹盘鲍比二倍体增重 20.1%，壳长增加 10.2%，足肌增重 17.6%。2 龄的合浦珠母贝三倍体比二倍体壳高增加 13.01%，全重增加 44.03%，软体重增加 58.37%。在海湾扇贝（*Argopecten irradians*），三倍体的闭壳肌及软体重分别比二倍体增加 73% 和 36%。长牡蛎二倍体在繁殖季节里由于精卵的排放，体重明显下降（下降 64%），壳的生长停止，而三倍体则保持继续生长。

针对三倍体贝类个体增大或快速生长的现象，现在有三种假说予以解释：第一种假说是三倍体的杂合度增高假说，认为三倍体的个体增大现象是其杂合度增高的结果。第二种假说是能量转化假说，认为三倍体生长快于二倍体是由于三倍体的不育性，从而将配子发育所需的能量转化为生长所致。第三种假说是三倍体体细胞的巨态性假说，由于贝类的发育属于嵌合型，缺乏细胞数目补偿效应，细胞体积增大而细胞数目并不减少，结果导致三倍体个体的增大。这三种假说都能解释部分现象，但无法解释所有情况下的三倍体个体增大现象。当然普遍接受的观点是，杂合度、能量转化及多倍体细胞的巨态性都不是引起三倍体个体增大的唯一原因，多倍体的快速生长现象可能是三者共同作用的结果。

4. 性比

在抑制极体产生的多倍体群中，雌雄比例与其二倍体对照组无明显差异，如三倍体的美洲牡蛎、儒艮蛤、珠母贝以及四倍体的长牡蛎等。而雌雄同体的比例较正常二倍体高的多，在美洲牡蛎三倍体群中雌雄同体比例高达 12%，三倍体长牡蛎中雌雄同体率大于 30%（Allen et al.，2021；Yang et al.，2022），而自然二倍体群体中雌雄同体比例一般低于 0.1%。然而也有例外，Allen 等（1986）发现，在人工诱导的三倍体砂海螂中，77% 为雌性，16%

具有雌性的组织学特征，其余 7% 性腺完全不发育，未发现雄性个体。

5. 抗逆性

三倍体贝类由于具有比二倍体多的染色体组而成为非自然种生物，因而适应环境的能力不同于自然群体。在饥饿 130d 后，三倍体长牡蛎的死亡率明显高于二倍体，说明在营养不足的情况下，三倍体的生存能力低于正常二倍体（Davis，1988）。但在产卵后，正常二倍体由于生殖细胞排放，体能大量消耗，体质变弱，导致对高温和疾病抵抗力的降低，往往会导致大批死亡，而三倍体由于没有或很少精卵排放，体内糖原储存比二倍体高，体质和抗逆性可能要比二倍体好。这一点只是假定和初步的观察，还需实验进一步证实。

由于尼氏单孢子虫（*Haplosporidium nelsoni*）（简称 MSX）和海水派金虫（*Perkinsus marinus*）（简称 Dermo）两种寄生虫病的蔓延，使美洲牡蛎几近绝产，多倍体育种曾被寄予厚望解决牡蛎疾病问题。然而实验表明，三倍体牡蛎对这两种疾病的抵抗能力并不高于二倍体。感染 Dermo 150d 后，美洲牡蛎二倍体的死亡率为 100%，三倍体为 97.7%，长牡蛎二倍体的死亡率为 25.1%，三倍体为 34.3%（Meyers et al.，1991）。

目前对三倍体贝类的生态习性研究较少。有人认为，在优良环境条件下，三倍体贝类的生长明显快于二倍体，但在恶劣环境里则生长慢于二倍体。优化多倍体的生态环境，发挥多倍体的生长优势，是发展多倍体产业化亟待解决的问题之一。

6. 生理生化指标

糖原的储存、利用与贝类的繁殖密切相关，糖原的含量可反映贝类配子的发生情况。在繁殖季节，三倍体海湾扇贝的糖原含量明显高于二倍体（Tabarini，1984）；三倍体长牡蛎性腺-内脏团、闭壳肌、外套膜中的糖原含量均显著高于同时期的二倍体长牡蛎，随着性腺发育，二倍体长牡蛎性腺-内脏团中的糖原含量下降 82.41%，性腺部分发育（可育型）的三倍体个体，其性腺-内脏团的糖原含量下降 31.88%，不育型三倍体长牡蛎性腺-内脏团的糖原含量下降 0.55%（王朔等，2021）。繁殖季节，香港牡蛎三倍体闭壳肌、性腺等五个组织中的糖原含量均显著高于同时期的二倍体（Qin et al.，2018）。这些结果表明在繁殖季节，三倍体贝类由

于育性下降，无须大量的能量供给配子发生，因此三倍体的糖原含量高于同时期的二倍体。

第四节　其他育种方法

一、雌核发育育种

雌核发育是指用遗传失活的精子激活卵，精子不参与合子核的形成，卵仅靠雌核发育成胚胎的现象。这样的胚胎是单倍体，没有存活能力。通过抑制极体放出或卵裂使其恢复二倍性后，便成为具有存活能力的雌核发育二倍体。由于传统的选择育种需要多代的选育，耗时长，雌核发育二倍体人工诱导作为快速建立高纯合度品系、克隆的有效手段，受到了各国学者们的极大关注。通过该方法，研究者已成功地培育出香鱼、牙鲆、真鲷、鲤鱼、罗非鱼、鲶鱼等经济鱼类的克隆品系，为养殖新品种的开发以及性决定机制、单性生殖等基础生物学研究提供了极为宝贵的素材。贝类中雌核发育育种主要方法有以下两种。

1. 精子的遗传失活

精子的遗传失活，主要采用紫外线照射处理，其作用机理主要是：精子 DNA 经紫外线照射后形成胸腺嘧啶二聚体，使 DNA 双螺旋的两链间的氢键减弱，从而使 DNA 结构局部变形，阻碍 DNA 的正常复制和转录。由于紫外线穿透能力弱，进行精子紫外线照射时需要采取一些措施以确保照射均匀。通常把适当稀释后的精液放入经过亲水化处理的容器（培养皿等），边振荡边进行照射。照射时如维持低温，可以防止温度的上升，延长精子活力的保持时间。

精子遗传失活的最佳照射剂量在不同种类之间存在差异，并随照射精液的体积、密度以及紫外线强度的变化而变化。对皱纹盘鲍，Fujino 等（1990）和 Li 等（1999）分别用一定的紫外线照射剂量遗传失活精子，成功诱导出雌核发育单倍体。在诱导过程中，随着照射时间的增加，受精率出现下降，受精卵在到达面盘幼虫期之前便停止发育。扫描电镜观察结果显示紫外线照射破坏了鲍精子的顶体和鞭毛结构，随照射强度的增加，顶体和鞭毛的破坏程度趋于增大。精子结构的破坏可能是造成受精率降低的主要原因。

2. 雌核发育二倍体的诱导

雌核发育单倍体通常呈现为形态畸形，没有生存能力。要恢复生存性，需要采用与三倍体、四倍体诱导相同的原理，在减数分裂或卵裂过程中进行二倍体化处理。与鱼类不同，贝类排出的成熟卵子一般停留在第 1 次减数分裂的前期或中期，因此，贝类雌核发育二倍体的人工诱导可以通过抑制第 1 极体、第 2 极体或第 1 卵裂三种方法获得。由于第 1 极体和第 2 极体的抑制分别阻止了同源染色体和姐妹染色单体的分离，因此，一般来讲雌核发育二倍体的纯合度以第 1 卵裂抑制型为最高，其次是第 2 极体抑制型，第 1 极体抑制型为最低。但是，在第 1 次减数分裂前期非姐妹染色单体之间的交叉会导致基因重组，因而第 1 极体抑制型与第 2 极体抑制型雌核发育二倍体的纯合度的差异又受重组率的影响。

国内外学者利用紫外线照射精子与抑制第 2 极体释放的方法，对长牡蛎、贻贝、皱纹盘鲍进行雌核发育诱导，获得了具有活力的雌核发育二倍体胚胎，但至今还没有培育出成体的报道。

二、雄核发育育种

雄核发育是指卵子的遗传物质失活而只依靠精子 DNA 进行发育的特殊的有性生殖方式。人工雄核发育的诱导，是利用 γ 射线、X 射线、紫外线和化学诱变剂使卵子遗传失活，而后通过抑制第一次卵裂使单倍体胚胎的染色体加倍发育成雄核二倍体个体。也可以通过双精子融合，或利用四倍体得到的二倍体精子与遗传失活卵授精的方法获得雄核发育二倍体。由于雄核发育后代的遗传物质完全来自父本，加倍后各基因位点均处于纯合状态，因而可以用于快速建立纯系，进行遗传分析。此外，雄核发育技术与精子冷藏技术相结合还可以成为物种保护的重要手段。

在许多鱼类品种中，如虹鳟、鲤鱼、泥鳅、马苏大麻哈鱼、溪红点鲑等，已成功诱导出雄核发育单倍体并获得一定比例的雄核发育二倍体。在贝类中，研究者对长牡蛎和栉孔扇贝进行了雄核发育诱导的研究和细胞学观察，但未获得雄核发育二倍体成体。

三、非整倍体育种

多倍体诱导的结果不仅能够产生三倍体或四倍

体等整倍体，也能产生非整倍体。非整倍体是指染色体的数目不是染色体基数的整倍数，而是个别染色体数目的增减。非整倍体的生物个体常因细胞中基因剂量的不平衡而产生严重的后果，在高等动物（如哺乳动物）中，非整倍体通常是致死的或引起发育障碍（Vig and Sandberg，1987），但在植物及低等动物中非整倍体的影响则较小，很多非整倍体可以存活。

目前对贝类非整倍体研究相对较少，但已有的结果表明，贝类能耐受某些非整倍体的存在。在人工诱发雌核发育皱纹盘鲍群体中，发现了存活的非整倍体个体（Fujino et al.，1990）。在长牡蛎中发现至少 10 种类型的非整倍体是可以存活的，并且这些非整倍体未表现出明显的生长滞缓或缺陷。

非整倍体产生的最常见的原因是在精子或卵子发生期间或者减数分裂期间"染色体不分离"现象。染色体不分离的结果导致三价体或单价体的形成（Vig and Sandberg，1987）。水域污染、辐射及化学诱变等都能导致染色体数目的改变，产生非整倍体。非整倍体的出现给遗传操作提供了难得的机遇，如三体（2n+1）和单体（2n-1）可以被用来确定重要的数量性状并定位所在的染色体，某些非整倍体可能还具有经济价值。Guo 等（1998）在长牡蛎中成功地分离出了 5 个非整倍体（三体）家系，染色体带型技术和荧光原位杂交探针也被用来进行三体家系的染色体定位。然而，目前对贝类非整倍体详细的研究由于其非整倍体的家系较难分离还未能全面地开展，这有待于今后深入的研究。

四、分子标记辅助育种

分子标记是以核苷酸序列变异为基础，能够反映种群或者个体间某种差异的 DNA 分子，主要包括特异扩增片段长度多态性（amplified fragment length polymorphism，AFLP）、简单重复序列（simple sequence repeat，SSR）和单核苷酸多态性（single nucleotide polymorphism，SNP）等，SSR 和 SNP 标记因为其开发成本低且易于规模化检测等优点成为现在主流的分子标记。分子标记辅助育种技术借助分子标记与目的性状紧密连锁的特点，对经济性状进行遗传解析，再利用分子标记在物种杂交后代中联合分析不同个体的基因型和表型，以辅助选育优良后代，具有快速、准确、不受环境影响的优点。水产动物中对于受多基因调控、较难筛选特异

分子标记的性状。例如，生长性状，可以通过数量性状基因座 QTL（quantitative trait locus）精细定位建立多标记辅助选育技术，可快速提高其选育进程（陈松林等，2023）。

包振民等（2007）提出了利用分子标记辅助选育高产抗逆杂交扇贝以及培育橘红色闭壳肌扇贝的方法；在牡蛎中，研究者构建了多个牡蛎的遗传连锁图谱，鉴定出一些重要经济性状（包括抗性、生长、性别和外壳颜色）连锁位点（Jiang et al.，2023）。此外，在缢蛏、文蛤、鲍等经济贝类中，也鉴定出一些抗性相关分子标记，这些标记的获得为以后的选择育种提供了重要标记基础。

五、全基因组选择育种

基因组选择（genomic selection，GS）由 Meuwissen 等于 2001 年提出，它是一种利用覆盖全基因组的高密度分子标记进行选择育种的方法，可通过构建预测模型，根据基因组估计育种值进行早期个体的预测和选择，从而缩短世代间隔，加快育种进程。该方法一经提出便引起了动物育种工作者的广泛关注。在水产动物育种中也得到一定的应用，目前，许多水产养殖品种的基因组选择多采用最佳线性无偏估计（best linear unbiased estimate，BLUE）法和贝叶斯模型，利用高密度 SNP 标记信息构建个体之间关系矩阵，对群体间的亲缘关系进行预测（Houston et al.，2020）。

我国已在牙鲆、半滑舌鳎和扇贝等水产经济物种中创建了全基因组育种技术，并选育出了高产抗病鱼类新品种以及速生抗逆扇贝新品种。包振民院士团队率先开发了贝类全基因组遗传育种评估与分析系统，培育出生长快、抗逆性强的"海益丰 12"扇贝新品种；并采用全基因组选择育种辅以基于心率的耐温性状高效测评技术，培育出耐温、快生长的"蓬莱红 4 号"扇贝新品种。

六、基因组编辑育种

基因编辑技术（ZFNs、TALENS、CRISPR/Cas9）是指对生物体基因组进行定点修饰的一种基因操作技术，如点突变、基因敲除/敲入等。利用基因编辑技术对靶标基因进行编辑，能够快速改良动植物的经济性状，培育出新种质，是当下最具潜力的现代分子育种技术之一。特别是 CRISPR/Cas9

技术的出现，其具有操作简便、效率高、成本低等优点，已成为动植物遗传育种中应用最广泛的基因编辑工具。

水产动物中，基因编辑育种在鱼类的应用相对较多，在贝类中基因编辑育种还处于初步探索阶段。目前仅在牡蛎、侏儒蛤、鲍等少数贝类中构建了基因编辑技术（于红等，2022），利用基因编辑进行贝类育种工作仍然面临许多问题和挑战。例如，如何实现高通量受精卵基因编辑、靶标基因的筛选等，这些都需要不断的探索和研究。

复习题

1. 简述分子标记技术在贝类育种中的应用。

2. 简述选择育种的概念，及国内外对贝类选择育种研究概况。

3. 简述国内外海水贝类杂交育种研究概况。

4. 简述多倍体概念和贝类多倍体的优越性

5. 简述诱导贝类多倍体的方法，哪种方法较好及其原因。

6. 简述与标记辅助选择育种相比，全基因组选择育种的优势。

7. 简述基因组编辑育种的原理及优点。

8. 简述一种贝类在各种育种技术上的应用。

第三篇

固着型贝类的增养殖

固着型（the permanently fixed type）贝类的典型代表为牡蛎。这种生活型的贝类用贝壳固定在其他物体上生活，固定以后终生不能移动。在自然海区中，受固着基质数量限制，同种贝类彼此固着，新生的幼小个体常固着在老个体上，形成群聚现象。

固着型贝类的固着是用其中一个贝壳完成的，而且固着的一侧贝壳一般较大。牡蛎是以左壳固着。这种类型的贝类壳形极不规则。它们的固着都是从浮游幼虫末期开始的，固着之日也就是完成变态之时。

固着型贝类的足部退化，贝壳比较发达，壳表面粗糙。没有水管，但外套膜缘触手发达，可以阻挡较大物体进入体内。

固着型贝类利用鳃过滤海水中的浮游生物和有机碎屑等食物。此外，外套膜等组织也可以吸收溶解在水中的物质。

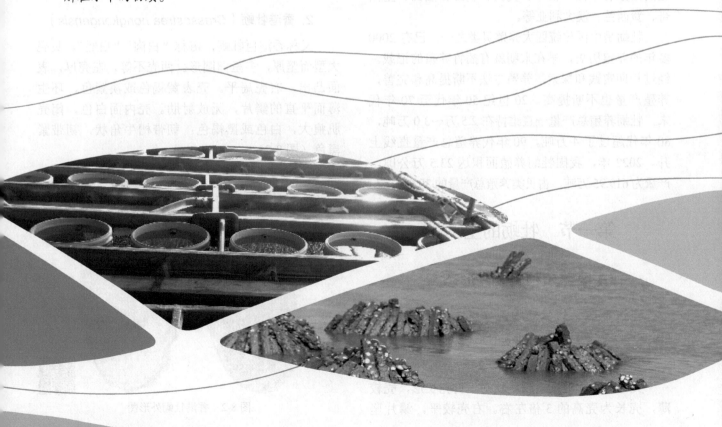

第八章 牡蛎的增养殖

牡蛎俗称蚝（广东、广西）、蚵（福建）、蛎黄（江苏、浙江）、蛎子或海蛎子（山东及以北），是重要的海产双壳贝类。营养价值较高，其中钙含量接近牛乳，铁含量为牛奶的 21 倍，含碘量比牛乳或蛋黄高 200 倍，也是含锌最多的天然食品之一（每百克蚝肉含量高达 18.3mg）。蛎肉可鲜食或制成干品——蚝豉，也可加工成罐头。蛎汤可浓缩制成"蚝油"，为调味佳品。蛎壳的主要成分 $CaCO_3$，可烧制石灰、加工贝壳粉或作土壤调理剂的原料。此外，牡蛎还具有治虚弱、解丹毒、止渴等药用价值。

牡蛎为世界性分布种类，目前已发现有 100 多种，我国约有 40 种。世界各临海国家几乎都生产牡蛎，其产量在贝类养殖中居第一位。养殖比较发达的国家有中国、日本、美国、朝鲜、法国、墨西哥、新西兰、澳大利亚等。

牡蛎是中国传统四大养殖贝类之一，已有 2000 多年的养殖历史，早在宋朝就有插竹养殖的记载。经过长期实践和探索，养殖方法不断提高和完善，养殖产量也不断提高。20 世纪 50 年代至 70 年代末，牡蛎养殖总产量一直维持在 2.5 万～3.0 万吨，80 年代超过了 4 万吨，90 年代养殖总产量直线上升。2022 年，我国牡蛎养殖面积达 23.5 万公顷，产量为 619.95 万吨，占贝类养殖总产量的 39.5%。

第一节 牡蛎的生物学

一、主要养殖种类及其形态

牡蛎隶属于软体动物门（Mollusca）双壳纲（Bivalvia）牡蛎目（Ostreida）牡蛎科（Ostridae）。

1. 长牡蛎（*Crassostrea gigas*）

又称太平洋牡蛎、长巨牡蛎。贝壳长形，壳较薄，壳长为壳高的 3 倍左右。右壳较平，鳞片坚厚，环生鳞片呈波纹状，排列稀疏。放射肋不明显。左壳深陷，鳞片粗大。左壳壳顶固着面小。壳内面白色，壳顶内面有宽大的韧带槽。闭壳肌痕大，外套膜边缘呈黑色（图 8-1）。

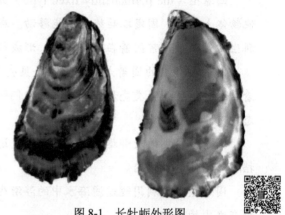

图 8-1　长牡蛎外形图

2. 香港牡蛎（*Crassostrea hongkongensis*）

又称香港巨牡蛎，俗称"白肉""白蚝"。贝壳大型而坚厚，多呈卵圆形。两壳不等，左壳厚，表面凸出，右壳扁平。壳表黄褐色或淡紫色，环生薄而平直的鳞片，无放射肋。壳内面白色，闭壳肌痕大，白色或黑褐色；韧带槽牛角状，韧带紫黑色（图 8-2）。

图 8-2　香港牡蛎外形图

3. 近江牡蛎（*Crassostrea ariakensis*）

俗称"红肉""赤蚝"，又称有名牡蛎或有名巨牡蛎。贝壳大型而坚厚。体型多呈三角形或长椭圆形。两壳外面环生薄而平直的黄褐色或暗紫色鳞片，随年龄增长而变厚。壳内面白色，肌痕多为白色。韧带槽长而宽（图8-3）。

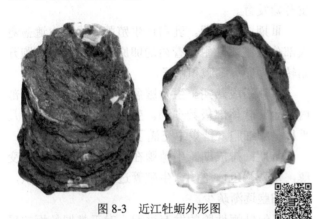

图8-3　近江牡蛎外形图

4. 福建牡蛎（*Crassostrea angulata*）

又称葡萄牙牡蛎。壳形多变，近长形或椭圆形，左壳附着面大，右壳面比较光滑，壳面为青色或褐色。有的个体右壳面有明显放射褶存在，左壳面有轻微放射肋结构。韧带槽小，壳顶腔较浅。壳内面白色，闭壳肌痕褐色，长型（图8-4）。

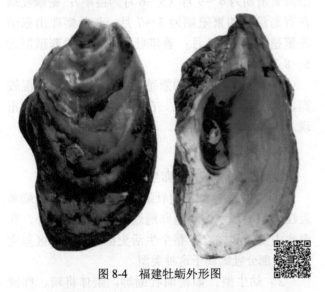

图8-4　福建牡蛎外形图

5. 密鳞牡蛎（*Ostrea denselamellosa*）

壳厚、大，近圆形或卵圆形。壳顶前后常有耳。右壳较平，表面布有薄而细密的鳞片。左壳稍凹，鳞片疏而粗壮，放射肋粗大，肋宽大于肋间距。铰合部狭窄，壳内面白色。韧带槽三角形。壳顶两侧各有单行小齿1列。闭壳肌痕大，呈肾形（图8-5）。

图8-5　密鳞牡蛎外形图

二、生态习性

1. 生活方式

牡蛎营固着生活，以左壳固着于外物上，仅靠右壳的开闭进行呼吸与摄食。牡蛎具有群聚的习性，自然栖息的牡蛎都由不同年龄的个体群聚而生，新一代的个体以老一代的贝壳为固着基固着生长。在许多自然繁殖的海区，海底逐年堆积起牡蛎的死壳和大量的活体，聚集形成牡蛎礁。由于生长空间的限制，牡蛎的壳形一般很不规则。牡蛎群聚的习性给高密度养殖提供了可能。

2. 分布

（1）水平分布

由于各种牡蛎对温度和盐度的适应能力不同而有广狭之分。适应能力强的福建牡蛎，分布地带从热带的印度洋一直延伸到日本，在我国自然分布的北界为长江口沿海，且多生活在盐度多变的潮间带。近江牡蛎广布于日本、韩国和我国南北沿海，仅栖息在河口附近盐度较低的内湾。香港牡蛎喜好高温低盐环境，主要分布在我国的广东、广西及福建的部分沿海，多生活在有淡水注入的盐度较低的海域。长牡蛎主要分布在黄海和渤海，生活在远离河口的高盐度海区。密鳞牡蛎是广温狭盐性的种类，间布于我国南北沿海某些水域，仅适宜生活在高盐度的海水里。

（2）垂直分布

长牡蛎、香港牡蛎和近江牡蛎的分布水层大致相同，一般在低潮线附近至水深20m以内，以水深7m内数量最多；福建牡蛎则分布在中、低潮区及低潮线附近。密鳞牡蛎分布在较深的海区。

3. 对盐度的适应

长牡蛎、香港牡蛎和近江牡蛎适应盐度范围较广。长牡蛎可在盐度15～37的海区栖息，其生长最适盐度范围 20～31。香港牡蛎和近江牡蛎可在盐度 10～30 的海区栖息。密鳞牡蛎对盐度适应范围较窄，一般在盐度 25～34 的海区栖息。福建牡蛎分布在环境多变的潮间带，对盐度适应范围较广。

4 对温度的适应

牡蛎对温度适应范围较广。近江牡蛎、福建牡蛎和长牡蛎为广温性种类，在-3～32℃ 范围均能存活，长牡蛎生长适温是 5～28℃。香港牡蛎为高温种，生长适温范围为 20～35℃。

5. 对干露的适应

牡蛎离水时，两壳闭合紧密，体内水分流失少，故耐干露能力较强，因而牡蛎能在潮间带生活。牡蛎对干露的适应能力因气温和湿度不同而有显著差异，壳长 8.0cm 的长牡蛎在 8～10℃ 干露条件下可存活 8d 以上，在 20～22℃ 条件下干露 4d 的存活率可达 100%。牡蛎较强的耐干露能力为牡蛎鲜销、加工以及牡蛎引种、育苗和养殖生产提供了有利条件。

6. 食性与食料

牡蛎是滤食性贝类，主要滤食海水中的浮游微藻（以硅藻为主）和有机碎屑。牡蛎对食物的重量和大小有选择性，但对食物种类是没有严格选择的，有时在牡蛎胃中还发现大量的沙泥粒等不能消化的物质。因此，牡蛎食料的种类因海区不同而变化。在珠江口附近，自然存在的有机碎屑数量常多于浮游生物，成为当地近江牡蛎的主要食料。相反，在某些养殖海区自然分布的硅藻量多，牡蛎所摄食的饵料种类则主要是硅藻。此外，许多有益细菌也是牡蛎的良好饵料，如光合细菌、红假单胞菌、乳酸球菌、假单胞菌属部分种类、芽孢杆菌、乳杆菌等，都是牡蛎幼虫和成体的良好饵料。

三、繁殖习性

1. 性别与性变

牡蛎一般为雌雄异体，亦有雌雄同体现象。牡蛎从外观上难以区别雌雄，对性别的判断除了镜检外，还可用水滴法鉴别：取一点生殖细胞放入载玻片上的一滴海水中，若呈颗粒状散开，为雌体的卵子，若呈烟雾状延散则为雄体的精子。

牡蛎的性别不稳定，在一定条件下会发生雌雄性别相互转变及雌雄同体与雌雄异体间的相互转化。

2. 性腺发育

牡蛎生殖腺的发育过程一般可分为五个时期。

Ⅰ期：休止期。牡蛎亲体生殖细胞排放殆尽，软体部表面透明无色，内脏团色泽显露。

Ⅱ期：形成期。软体部表面初显白色，但薄而少，内脏团仍见。生殖管呈现叶脉状，其内生殖上皮开始发育。

Ⅲ期：增殖期。乳白色生殖腺占优势，遮盖着大部分内脏团。生殖管内的卵原细胞和精原细胞开始转化为卵母细胞和精子。

Ⅳ期：成熟期。生殖腺急剧发育，覆盖了全部内脏团，软体部极其丰满。生殖管明显，卵巢内几乎尽是卵细胞，精巢中充满了精子。

Ⅴ期：排放期。生殖腺在软体先端逐渐向后变薄，重现褐色内脏团。生殖管透明，间有空泡状，生殖细胞逐渐疏少。

了解牡蛎性腺的发育过程，对于掌握牡蛎的采苗预报有直接帮助。

3. 繁殖期

牡蛎 1 龄即可性成熟，繁殖期因种而异、因地而异。近江牡蛎在珠江口附近的繁殖期为 5～8 月，在黄河口附近则为 6～7 月；福建牡蛎在福建沿海繁殖期为 4～9 月（5～6 月为盛期）；密鳞牡蛎在青岛沿海的繁殖期为 5～7 月；长牡蛎在山东沿海繁殖期为 4～7 月；香港牡蛎在南海的繁殖期为 5～8 月。

一般说来，牡蛎的繁殖期大都在本海区水温较高、盐度最低的月份里。在整个繁殖期间，常会出现 2 至 4 次的繁殖盛期。

4. 繁殖方式

牡蛎的繁殖方式分卵生型和幼生型两种。

1）卵生型：如福建牡蛎、长牡蛎、香港牡蛎和近江牡蛎等，亲体将精卵通过出水孔排出体外，在海水中受精和发育，整个生活史都在自然海区里完成。大部分牡蛎属于这种类型。

2）幼生型：如密鳞牡蛎等，亲体将精、卵排到鳃腔里受精，并在此发育至面盘幼虫后才离开母体。在海水中经过一个自由浮游阶段，然后固着变态成稚贝。

5. 繁殖力

牡蛎由于繁殖方式不同，其产卵量大不相同。卵生型牡蛎由于精卵在海水中受精发育，受敌害和恶劣环境的影响，受精率和孵化率较低，所以产卵量很大，一般为数千万至上亿粒。充分成熟的卵生型牡蛎，其生殖腺在体中央部横断面约占整体面积的60%～80%，精子或卵子约占体重的2/3。

幼生型牡蛎的发生初期是在母体鳃腔中度过，幼虫受母体保护，成活率比较高，所以产卵量也就少得多。例如，欧洲牡蛎（Ostrea edulis）1龄的亲贝仅怀有10万个幼虫，2龄的24万个，3龄的也只有72万个。

6. 胚胎和幼虫的发生

牡蛎的成熟卵径一般为50～60μm，精子全长约60μm，头部仅2μm。卵子受精后收缩呈球形，同时生出一层透明的受精膜，细胞质开始流动，核消失，在动物极相继出现第一、第二极体。

牡蛎的卵裂是不等全裂，从第三次分裂起就进行螺旋分裂。经过6次分裂之后，胚胎发育成桑实状，称为桑葚胚。桑葚胚进一步发育为囊胚，周身密生短小纤毛，开始转动。后来植物极部分细胞内陷形成原肠腔而称为原肠胚期。在相当于原口背唇的位置，有特别的细胞进入囊胚腔中发育成为中胚层。在原口的对面出现壳腺。在原口的周围生出较长的纤毛，胚胎依靠纤毛的摆动作回旋运动。

担轮幼虫一般在受精后12h左右开始出现，此时一度内陷的壳腺再翻出，并开始分泌贝壳。原肠发育而成为中肠，原口保留为幼虫口。从幼虫口的前面生出纤毛带。原肛在口的后方陷入，一侧与胃部相通即开始成为幼虫直肠部。

面盘幼虫一般在受精后一天左右时间出现。最初形成的面盘幼虫身体侧扁呈"D"形，称D形幼虫。此后不久，壳顶突出，进入壳顶期。至壳顶后期时，足、足丝腺、足神经节和鳃等器官逐渐出现。发育至匍匐幼虫时，在鳃的基部出现一对黑色呈球形的眼点，此时足发达，具伸缩能力；足丝腺也具分泌能力，遇到合适的场所便能附着、变态。当幼虫附着之后，眼点开始退化，在成体时完全消失。

牡蛎完成整个胚胎发育至附着变态的时间，在正常条件下一般需要2～3周。在此期间，水温对发育的影响最大。水温的高低影响牡蛎的孵化速度，也影响着牡蛎幼虫附着变态的早晚。长牡蛎在水温22～25℃条件下，从卵受精到附着变态需18～19d（图3-2）。

7. 牡蛎幼虫的固着

牡蛎幼虫在海水中营一段时间的浮游生活后，须固着在物体上变态成稚贝。如果环境条件不适宜，幼虫会延长变态的时间。若在一定时间内没有找到合适的固着物，幼虫便任意放出用以固着的黏胶物质，以后便难以固着了。正常情况下，即将固着的幼虫用足部在固着物上爬行，遇到合适的地方，便从足丝腺中放出足丝，附着在固着物的表面上，等到较大一侧的左壳完全安置好之后，再从放出黏胶物质，将左壳固定在固着物上（图8-6）。固着的过程在几分钟内便可完成。

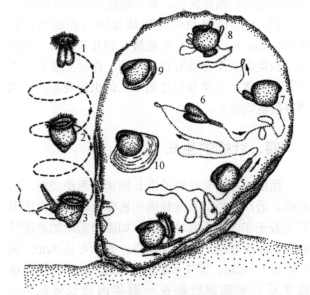

图8-6　牡蛎幼虫固着过程示意图

1～3. 浮游期；4～7. 匍匐期；8. 固着；9～10. 固着后1～2日

牡蛎幼虫固着变态时对环境有一定的选择性。

1）幼虫偏向于在粗糙面上固着：将扇贝壳在壳顶处穿孔后，系在细绳上挂入采苗池中，使贝壳自然下垂，无阴阳面之分。24h后观察，贝壳粗糙面上的附苗量远多于光滑面。

2）幼虫偏向于在阴面固着：在牡蛎采苗池中投放扇贝壳采苗器，24h后从育苗池中随机选出阴面为光滑面和阴面为粗糙面的贝壳，观察其附苗情况。结果表明，虽然幼虫对粗糙面有一定的选择性，但对阴面的选择性更大，不论阴面是粗糙面还是光滑面，其附苗量均明显多于阳面。

3）幼虫固着对颜色的选择：在同一环境条件下，幼虫对固着基颜色有不同的选择性，对灰色固着基选择性最好，黑色和红色次之，白色最差。

4）幼虫固着对水层的选择：在幼虫培育中，幼虫上浮十分明显，多集中于水深小于50cm的中上层水中，且在此水层采苗较多。在自然界中，幼虫多固着在低潮线上下0.5m左右水层中。

5) 幼虫固着对固着基大小的选择：试验结果表明，小于 0.25mm 的颗粒，幼虫不能固着。在 0.25～0.35mm 大小的颗粒中，幼虫只固着于大小与幼虫自身壳长相仿的偏大颗粒上。

6) 海水盐度对幼虫固着影响：海水中盐度的高、低影响着牡蛎幼虫足丝腺的发育、黏胶物质的分泌量和足丝黏度的强弱。美洲牡蛎的幼虫固着最适宜盐度为 15～25，在盐度 20 时黏胶物质分泌量最大，固着时所需的时间最短。过高或过低盐度下分泌的足丝较细而脆弱，黏胶物质分泌量也较少。

7) 人工诱导物对牡蛎幼虫固着的影响：L-DOPA（3，4-二羟苯基丙氨酸）和儿茶酚胺对长牡蛎幼虫附着和变态均有诱导作用，而肾上腺素和去甲肾上腺素只能诱导长牡蛎眼点幼虫的变态，不能诱导附着或固着。

四、牡蛎的生长

我国几种主要牡蛎的生长规律属两个类型。长牡蛎、近江牡蛎、香港牡蛎和密鳞牡蛎等，在固着后的若干年内能不断地生长。如南海沿岸的香港牡蛎生长速度较快，在半年以内，壳长可达 5cm；满 1 年为 7～8cm；满 2 年约为 15cm，以后每年还继续生长。而福建牡蛎在一周年内壳长可达 6～7cm，以后基本不再增长或生长速度极其缓慢。

牡蛎软体部的增长主要在每年冬季至翌年的繁殖季节前，一般在冬末春季之间最为肥满。最消瘦的阶段是在每年繁殖季节后至 10 月份，当海区水温逐渐上升最后达到 20℃ 以上的几个月份则是牡蛎的繁殖季节。

牡蛎贝壳的生长还具有季节性的变化，特别是生长期较长的牡蛎格外明显。例如，青岛海域的长牡蛎的贝壳生长可分为四个时期。

1) 休止期：自 1 月开始至 3 月中旬，水温较低（平均水温低于 5℃），贝壳的生长几乎陷入完全停顿的状态。

2) 第一次生长期：自 3 月中旬至 5 月，春季水温上升，是牡蛎壳生长最旺盛的时期。

3) 产卵期：自 6 月至 7 月初为产卵季节，这个时期的环境条件虽然非常适合于贝壳的生长，但牡蛎在这个季节中主要是繁殖后代，因此，软体部变化最大，而壳的生长却很慢。

4) 第二次生长期：自 9 月初至 12 月底，繁殖期已结束，水温适宜，所以壳的生长迅速。

海区环境条件不同，牡蛎生长速度也有很大差异。水流畅通、饵料丰富和露空短的海区，牡蛎生长较快；养殖设施多，养殖密度大以及污损生物多的海区和贫营养海区，由于饵料不足，牡蛎生长较慢。

第二节 牡蛎的自然海区 半人工采苗

牡蛎的自然海区半人工采苗具有悠久的历史，这种生产苗种的方法简便，成本低，产量大，是大众化的生产苗种方法。

一、采苗场地的选择

选择牡蛎的半人工采苗场地时，要从以下几个方面考虑。

1) 地形：在有牡蛎幼虫分布的海区和风浪较平静的囊形或楔形内湾，地势平坦，冬季没有冰堆。

2) 底质：采苗场的底质应适合采苗器的安置，一般以砂泥底为宜。插竹采苗养殖宜选软泥底，投石采苗养殖的以较硬的砂泥底或泥砂底为宜，筏式采苗的则较少受底质的限制。

3) 潮流：潮流畅通，有利于牡蛎浮游幼虫的集中，特别是许多大小港汊、河渠的会流，形成许多环流，可使随潮流流出的牡蛎幼虫又随水流流回，为大规模采苗生产创造了有利条件。此外，畅通的潮流还可带来大量饵料生物，有利蛎苗的生长。一般流速维持在 40～60cm/s 为宜，有涡流处对蛎苗固着有利。

4) 水深：浅滩采苗在潮间带的中潮区和低潮区附近至水深 0.4m 的浅水层，采苗效果较好。潮差大的采苗场地，以大潮期间每天露空时间不超过 4h 为宜，以免蛎苗固着后因曝晒死亡。水深 2～10m 左右的海区，适宜棚架式、桩式和筏式垂下采苗。

5) 温度：采苗期间，采苗场的水温变化不宜过大，一般水温上升到高温稳定期时采苗效果好，其变化范围在 22～30℃ 之间。如果水温过高，蛎苗壳厚，个体小；水温过低，蛎苗不易固着。

6) 盐度：盐度的变化可影响着蛎苗的固着，一般近江牡蛎和香港牡蛎适宜于盐度较低的河口附近，采苗时适宜的盐度范围为 5～20；长牡蛎适宜远离河口的盐度较高的海区，采苗时适宜的盐度范围是 23～28；福建牡蛎则介于二者之间。

7）选择采苗场时还应考虑海区附近不应有工业废水的污染，以及季节风的影响等。一般在下风头的海区牡蛎幼虫多，采苗效果较好。

二、采苗期

牡蛎的繁殖季节延续时间较长，生产上只选择繁殖盛期作为采苗期。香港牡蛎和近江牡蛎在南海虽然全年都能采苗，但由于海况的变化，只在每年 5～7 月间进行生产性采苗，采苗时的适宜水温为 25～30℃。长牡蛎在山东沿海繁殖盛期为 6～7 月，在辽宁的繁殖盛期为 7～8 月，采苗时间多在 7 月中旬至 8 月，采苗时的适宜水温为 20～26℃；在福建沿海福建牡蛎的繁殖期更长，在福建北部每年有春、秋两次繁殖盛期，一次是水温回升的生物春 5～6 月，采"立夏苗"和"小满苗"为主；另一次是水温逐渐下降的生物秋，9 月，采"白露苗"为主。

三、采苗预报

1. 根据牡蛎性腺消长规律进行预报

在牡蛎繁殖季节，经常检查牡蛎软体部肥瘦的变化，特别是在大雨、大潮或有大风浪情况下，要及时检查性腺变化情况。一旦发现软体部特别肥满的牡蛎突然变瘦，这就说明性腺发育成熟的牡蛎已排放了精卵。根据产卵时间，参照当时水温等条件，便可推算出牡蛎幼虫固着时间，从而预报适时投放采苗器进行采苗的时间。

2. 根据牡蛎幼虫的发育程度和数量进行预报

通过海区采集牡蛎浮游幼虫，分析个体形态及其数量变化情况进行预报。牡蛎壳顶后期幼虫数量达 25 个/m³ 以上就可达到生产要求；如果壳顶后期幼虫的数量占优势，则是投放采苗器进行采苗的有利时机。

具体操作方法为：从 5 月上旬开始，利用浮游生物网分别选数个断面拖网取样，加碘液固定，以备进行定性分析；定量分析则采用 10 000mL 的广口瓶，分别在每一断面选 3～5 个站位。在每一站位水深 0～1m、3～4m、7～8m 处取样，分别加碘液固定，沉淀 1～2h，倒去上层溶液，浓缩成 10～20mL，然后各取 0.5～1mL 在显微镜或解剖镜下计

数。幼虫密度以"个/m³"为单位，每瓶取样 3 至 5 次，海上取样时间为每天上午 9:00～10:30 和下午 3:00～4:00。若有大风或降雨，则在大风和降雨后立即进行定性和定量分析。

在采集分析牡蛎浮游幼虫的过程中，还会出现许多其他种类的浮游幼虫。正确鉴别牡蛎浮游幼虫与其他双壳贝类的浮游幼虫，是采苗预报正确与否的一个关键性环节。牡蛎的壳顶幼虫，左壳壳顶明显突出，右壳比左壳小，左右两壳的大小不等是牡蛎壳顶幼虫区别于其他双壳类幼虫的主要特征，较易识别。

3. 累积水温预报法

累积水温是牡蛎从受精卵发育至固着变态这段时间内，采苗海区每天平均水温的累积值。试验表明，长牡蛎从受精卵发育到幼虫开始附着时的累积水温约为 280℃，因此可以根据牡蛎的产卵日期和水温，预报幼虫开始固着的日期。

生产上进行采苗预报，往往是将上述三种方法结合使用，以达到准确预报的目的。

四、采苗器的种类和制备

适合于牡蛎的采苗器种类很多，如石块、石条、贝壳、竹子、瓦片、胶带及水泥制件等，都可用于牡蛎采苗。选择采苗器时，既要考虑到来源方便、经济耐用，又要考虑采苗器有一定的粗糙度，而且固着面积大。同时，还要根据场地的底质、海况等环境条件，选用不同器材，以达到最佳采苗效果。目前生产上使用的采苗器有以下几种。

1. 石类采苗器

应选用花岗岩类质地较坚硬的块石或条石。石块的大小视场地的底质软硬而定，一般 2～4kg/个即可。新石块可直接使用；使用过的旧石块，应清除其上的附着物，经曝晒后可再次采苗。条石比石块的表面积大，能立体利用水体，附苗量大，但成本稍高。条石采苗器的规格一般为 1.2m×0.2m×0.2m 或 1.0m×0.2m×0.05m 左右。

2. 竹子采苗器

也称为蛎竹，一般直径 1～5cm，长约 1.2m，是南方插竹式采苗和养殖的好材料。竹子采苗器适宜在风浪平静、流缓、软泥底质的平坦滩涂使用，操作轻便，采苗效果较好，但不经久耐用。新蛎竹在使用前，先埋在潮间带泥砂中 2～3 个月，或风

干曝晒 1～2 个月，以除去竹酸或竹油等物质，并使表面粗糙。也可将蛎竹插在潮间带先让藤壶附着，在使用前，再清除藤壶，从而使新蛎竹表面粗糙，有利于蛎苗的固着。

3. 贝壳采苗器

牡蛎壳、扇贝壳、文蛤壳和河蚌壳等都可作为牡蛎的采苗器，具有取材方便、重量轻、表面粗糙易于蛎苗固着、有效面积大的特点，是目前国内外牡蛎采苗中普遍使用的采苗器。一般将贝壳穿成串，长度视垂吊海区的深度而定，一般 2～4m。

4. 水泥制件采苗器

水泥制件采苗器是牡蛎采苗常使用的采苗器，可以替代条石，耐用且管理方便，采苗效果好。目前生产上经常使用的有水泥棒和水泥饼。水泥棒的规格有 50cm×5cm×5cm 和（80～120）cm×10cm×10cm 两种，可根据场地底质和水深选用。水泥饼的规格为直径 10cm 左右，一般浇铸成串，饼间距10cm 左右，适合筏式和栅式等垂下式采苗与养殖。

5. 废旧胶带采苗器

废旧汽车等橡胶外轮胎割制成带状后，也可作为牡蛎的采苗器材，1t 废旧轮胎可作采苗器约 2000条。胶带采苗器牢固耐用，轻便价廉，采苗效果好，适用于垂下养殖。但使用时必须选择无贻贝繁殖生长的海区，否则贻贝大量附着，会影响蛎苗生长，造成脱落。

6. 扁条带采苗器

利用包装物品的聚丙烯扁条带作采苗器，采集自然海区的牡蛎苗，利用此种采苗器可以生产单体牡蛎。若牡蛎固着数量密度较低，可直接垂挂海区疏散养成。

此外，也可以利用树脂纸板或聚乙烯波纹板作为牡蛎的采苗器。

五、采苗场地的整理

在投放采苗器之前，必须对采苗场地进行整理，以提高采苗效果。牡蛎采苗根据场地的不同，可以分为浅滩采苗和深水采苗。浅滩采苗是指在潮间带进行采苗；深水采苗一般是指在低潮线以下直至 10m 水深的海区采苗。

1. 浅滩采苗

浅滩采苗场地整理因各地区环境、底质和地形

等不同而有差异，原则上要做到有利于运输和管理操作时清除滩涂上的敌害生物和杂物，然后整成若干块长条形，底面中央部隆起成拱形畦。畦的长度依地形而异，常为 5～10m 或 30～50m，可从中潮区延至低潮区，畦长与潮流方向大致平行，以利于潮流畅通。畦的宽度根据场地条件和采苗器种类而定。北方的浅滩场地一般整成若干块 100m×10m 左右的长条形地块，地块与地块之间挖一深 20～40cm、宽 50～60cm 的排水沟，滩面要平坦，中央略高，使滩表面退潮后不积水。若滩面不平坦则造成退潮后积水，阳光曝晒能导致积水水温过高，损伤牡蛎。此外积水处易有敌害生物潜居，危害牡蛎。浅滩采苗是在涨潮时将已准备好的采苗器用船运至指定区域，按照标志并根据投放数量及密度，有次序地均匀投放，退潮后再进行整理。

2. 深水采苗

深水场地一般以岸上的制高点为主标志，并在海区插上标志竹竿或浮漂，将采苗场地划分为若干个区。采苗场地整理之后，根据采苗预报的采苗时间提前将采苗器运到采苗场投放，或设置好筏架，待接到采苗预报后，再投挂贝壳串等采苗器。

六、采苗方法

1. 插竹采苗

插竹法是南方进行福建牡蛎采苗和养成的一种常见方式。采苗时将已处理好的蛎竹以 3～5 支插在滩面为一束（图 8-7），50～80 束成一排，长 4～5m，排间距离约 1m。或密插、斜插，每排插竹200～300 支，一般每公顷可插竹 15 万～45 万支。蛎竹插入滩涂的深度约 30cm 左右。采苗时应根据蛎苗固着情况，定期转换蛎竹的阴阳面，使蛎苗固着均匀。生产上一般要求每支蛎竹附苗 70～100 粒即可。

2. 投石采苗

用石块（一般重 2～4kg）作为采苗器，用量约占地 150～300m³/hm²，若用贝壳则为 150～250m³/hm²。投放时一般是把 4～6 块石头堆在一起，或许多石块堆成一列（图 8-8），每列之间距离 70～100cm。近江牡蛎、香港牡蛎、福建牡蛎都可用投石采苗并直接养成。投石采苗时，应修成中央高、边缘低的畦形采苗基地，畦高 30～40cm，两畦之间以沟相隔。采苗后要经常移动位置，以防采苗器

下沉被淤泥埋没。

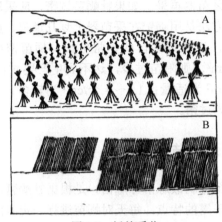

图 8-7　插竹采苗

A. 示蛎竹插成锥形；B. 示蛎竹密插、斜播

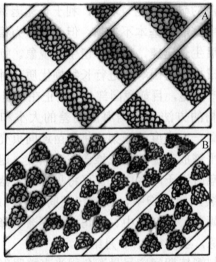

图 8-8　投石采苗

A. 蛎石堆列成条状；B. 蛎石堆列成簇状

3. 桥式采苗

在中潮区附近，将规格为 1.2m×0.2m×0.05m 的石板或水泥制件与滩面呈 60°角密集相叠成人字形，十几块至几十块组成一排，两排间用两三块条石或水泥棒连成一长列（图 8-9），长列的方向与水流方向平行。桥式采苗后，应随着蛎苗的生长经常疏苗，并对调阴阳面。

4. 立石采苗

中潮区附近，把规格为 1.2m×0.2m×0.2m 的石柱或类似规格的水泥棒单支垂直竖立，根据采苗场面积大小平均 1～1.5 条/m²。立桩时应保持条与条间距 50～60cm，列间距 1m，并将采苗器埋入滩中 30～40cm，以防倒伏，竖立后位置不再移动。这种采苗方式适合于福建牡蛎，一般蛎苗固着后原地进行养殖，直至收获（图 8-10）。

图 8-9　桥式采苗（示斜平式采苗）

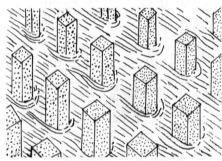

图 8-10　立石采苗

5. 水泥制件采苗

这种采苗方法多利用水泥条做采苗器，七八条至 10 余条搭成堆。待蛎苗固着后再分散插植（图 8-11）。

图 8-11　水泥制件采苗器采苗

6. 栅式采苗

在风浪较平静海区的低潮线附近，干潮时水深 1～2m，可竖立木桩、水泥柱或石柱等，上面用竹、木、水泥柱架纵横设成栅，将成串的采苗器悬挂于栅架上进行采苗。每串采苗器长度一般 1～2m，利用贝壳采苗器采苗时，既可垂挂，又可平挂（图 8-12）。垂挂时贝壳串长度随栅架高度而定，以

免影响采苗效果，严防触底，贝壳串间距 15～20cm；平挂是将贝壳串以 15～20cm 间距平卧在棚架上。栅式采苗方法是使用固定架，不随潮水浮动。这种方法多在风浪比较平静的内湾进行。

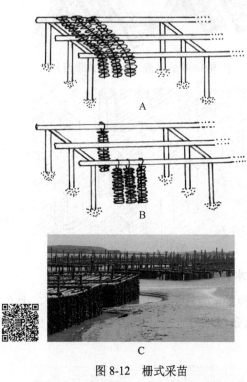

图 8-12　栅式采苗
A. 水平式；B、C. 垂下式

7. 筏式采苗

采用筏式采苗，一般利用贝壳、水泥饼等作为采苗器进行采苗。贝壳串间距 15～20cm，采用垂下式采苗（图 8-13）。

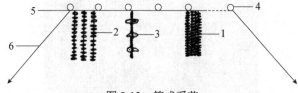

图 8-13　筏式采苗
1. 水泥饼串；2. 贝壳串；3. 牡蛎壳采苗器；4. 浮子；5. 浮缆；6. 橛绳

七、采苗效果的检查

投放采苗器 3～4d 后就可以看出采苗效果。检查时将采苗器取出，洗去浮泥，利用侧射阳光肉眼就能清楚地看到蛎苗固着的情况。

在采苗过程中，也可能有藤壶固着，要注意加以区别。如果固着个体略呈椭圆形、色深、扁平、用手摸较光滑者即是牡蛎苗；如果呈圆形、乳白色、较高，用手摸较粗糙者是藤壶苗。如果藤壶苗

大量固着而牡蛎苗很少，甚至没有牡蛎苗时，应重新清理采苗器再采。如果牡蛎苗过密，应采取疏苗措施，方法是用蛎铲在采苗器上划几道痕，废弃部分蛎苗，以保持蛎苗的正常生长。蛎苗密度小于 0.2 个/cm^2，则附苗过少，达不到生产要求；0.5～1.5 个/cm^2 为适量；1.5～4 个/cm^2 为较多；大于 4 个/cm^2 为过密。

八、蛎苗抑制锻炼

蛎苗抑制锻炼俗称炼苗，是根据牡蛎营固着生活并耐干露的特点，每天对蛎苗进行一定时间的露空锻炼，使之处于生活最低限度的条件下，抑制其生长，而成为抗逆性强的优质苗种。由于露空锻炼，蛎苗的耐干露能力增强，利于长途运输。在抑制过程中，蛎苗基本不生长，但生活能力很强，下海养殖后生长迅速，出现补偿生长现象。蛎苗抑制锻炼是日本、美国等国进行长牡蛎优质苗种育成的一项生产措施，目前我国部分地区正在开展。

抑制的方法是根据海区潮差的大小和露空时间，设置一定高度的栅架，将蛎苗连同贝壳串采苗器一起平铺放在栅架上或堆放在滩涂上，退潮时露空，涨潮时没于海水中。也可将贝壳采苗器连同蛎苗一起装入塑料袋中，堆放在潮间带。一般 7～8 月采的蛎苗，在 9 月中、下旬水温逐渐下降时开始抑制锻炼，至次年 2～3 月结束。

抑制锻炼期间应尽量避免强光直接照射蛎苗，对叠放在中间的蛎苗要经常翻动，否则会由于水流不畅、阳光过弱而造成蛎苗生活力减退，甚至壳体发软而死亡。对潮位过高而生长太慢的蛎苗也要经常调节，以保持其适当的滤水时间，另外还要防止肉食性螺类等敌害吞食蛎苗。

课程视频和 PPT：牡蛎的半人工采苗

第三节　牡蛎的室内人工育苗

一、亲贝的选择与蓄养

1. 亲贝的选择

用作亲贝的牡蛎应大小整齐，体质健壮，无损伤，无病害。一般福建牡蛎 1～2 龄，壳长 5～6cm；香港牡蛎及近江牡蛎 2～3 龄，壳长 10cm

以上；长牡蛎 2～3 龄，壳长 9～10cm 以上。

2. 蓄养方式

亲贝经洗刷，除去污物和附着物后，可入池蓄养。一般采用浮动网箱蓄养，蓄养密度视个体大小而定，60～80 个/m³。山东沿海常温育苗时，牡蛎亲贝入池时间一般在 5 月末 6 月初，水温 15～17℃；升温育苗时，亲贝蓄养可从 1 至 3 月份开始。

3. 蓄养管理

1）换水：前期可每天倒池一次，后期大换水。

2）投饵：每 2～3h 投喂一次，以硅藻、金藻或扁藻等单胞藻为主，饵料不足时亦可投喂鼠尾藻磨碎液及淀粉、螺旋藻粉等代用饵料。

3）充气：宜采用连续充气。

4）水温控制：培育前期日升温 1～2℃，水温达 15℃以上时，日升温 0.5～1℃，至 22℃左右，稳定培育。

5）性腺发育观测：定期取样观测肥满度，并镜检精卵发育情况。

二、采卵与孵化

1. 精卵的获得

牡蛎的精、卵可以通过自然排放、诱导排放或解剖方法获得。自然排放和诱导排放的优点是不杀伤亲贝，卵子成熟较好，但往往精子过多，影响胚胎发育。

1）自然排放：当牡蛎的性腺丰满，肥满度达到 25%以上时，基本上满足自然排放的条件。接近产卵期时，每天傍晚换水后注意观察亲贝有无排放精卵，早上换水前取池底水样镜检有无卵子。

2）诱导排放：采用阴干刺激、流水刺激、升温刺激或降低盐度等方法相结合，一般将亲贝阴干 5～8h，流水 1～1.5h，然后放入升温 2～3℃的海水中，诱导性腺发育成熟的牡蛎亲贝集中排放精卵；也可在阴干后，直接用升温 3～4℃的海水流水刺激 1～1.5h；也可在夜间将亲贝阴干 10～12h，再置入海水中使其排放。

3）解剖取卵：用解剖刀从韧带部挑开两壳，或钳掉背侧近闭壳肌处贝壳，割断闭壳肌，去掉右壳，露出软体部，用水滴法检查性别，再镜检精卵的质量。卵子形状基本是圆形或者梨形、颜色深者为成熟卵，三角形、颜色浅者则为不成熟卵；若精子接触海水后很活泼则为成熟，反之则为不成熟。

选取性腺发育好的个体待用，一般按雌∶雄＝（10～15）∶1 的比例留存雄贝。将发育成熟的雌贝分别去掉鳃和外套膜等部分，将性腺取出，撕破生殖腺，将卵子轻轻揉洗下来，卵液先分别用 100 目、200 目筛绢过滤，以除去较大组织块，再用 500 目筛绢过滤，去除较小杂质和组织液以备受精。为提高受精率，将卵子在过滤海水中浸泡 0.5～1h，进行体外促熟。在卵子浸泡同时，将雄贝的生殖腺划破，用过滤海水将精子冲洗下来，再用 300 目筛绢过滤，制成精液。

2. 受精与孵化

为避免精子过多，催产或自然排放时，发现雄贝排精后应立即挑出。若牡蛎排放精卵时间很集中，在很短时间内使水变混浊，此时应将亲贝全部移入新池中使其继续排放。精子浓度以每个卵子周围有 3～5 个精子为适。精子过多时可用沉淀法洗卵 3 或 4 次，至水清无黏液和泡沫为止。

受精卵孵化密度为 50～100 个/mL。为防止受精卵沉积影响胚胎发育，可每隔 20min 用搅耙轻搅池水，也可采用连续微量充气。卵子受精后，在 23～25℃条件下，一般经过 22h 发育为 D 形幼虫。

3. 选幼

当受精率全部发育到 D 形幼虫时，停止充气，使用浮选法或滤选法，将牡蛎幼虫置于注入新鲜过滤海水的池中培育。在实际生产中，常将拖网与虹吸法并用，即先用拖网拖取上层幼虫，再用网箱虹吸滤选幼虫。

三、幼虫培育

1. 幼虫密度

牡蛎 D 形幼虫的密度以 8～15 个/mL 为宜。随着幼虫的生长，可适当降低密度。

2. 投饵

对长牡蛎幼虫适宜的饵料主要有叉鞭金藻、小硅藻、等鞭金藻、扁藻等。D 形幼虫选育后即开始投饵。幼虫培育前期，金藻效果较好；扁藻是壳顶幼虫以后的良好饵料，幼虫壳长达 130μm 时，就能大量摄食扁藻。多种饵料混合投喂效果更佳。

投饵量应根据幼虫的摄食情况及不同发育阶段进行调整，适当增减，表 8-1 可供参照。一般日投饵 4 至 6 次，在换水后投喂。投喂时，坚持"勤投少投"的原则，禁止使用污染和老化的饵料。

表 8-1　长牡蛎人工育苗的日投饵量

发育阶段	幼虫壳长（μm）	日投饵量（万细胞/mL）	
		叉鞭金藻	扁藻
D 形幼虫	80～100	1.5～2	—
壳顶初期	100～150	1.5～2	0.2～0.3
壳顶中期	150～200	2～2.5	0.4～0.6
壳顶后期	200～300	3～3.5	0.8
附着稚贝	300 以上	3.5～4.5	0.8～1

3. 换水

每日换水 2～3 次，每次 1/3～1/2 水体，换水温差不要超过 2℃。

4. 选优

由于牡蛎幼虫发育的同步性较差，育苗生产中将大小整齐、游动活泼的优质幼虫选出集中培育是必要的。牡蛎幼虫有上浮习性，并有趋光性，因此可用拖网将中上层的幼虫选入新池培育。也可采用虹吸法，用较大网目的筛绢将个体较大的幼虫选优培育。

5. 充气与搅动

牡蛎幼虫培育过程中连续充气。

6. 倒池

牡蛎幼虫培育过程中每周倒池一次。

7. 除害

常见的敌害有海生残沟虫、游扑虫和猛水蚤等。如发现敌害，可以采用大换水或机械过滤将幼虫移入另池培育，或使用微生态制剂杀除有害微生物。

8. 水质和生物观测

每日定期观测育苗用水的理化因子、饵料密度、幼虫密度和幼虫生长测量以及幼虫摄食情况及敌害生物。牡蛎幼虫培育过程中，一般要求 pH 8.0～8.4，溶解氧含量高于 4.5mL/L，氨态氮含量低于 0.1mg/L。在实际生产过程中，多数生产单位以监测水温、盐度为主。

四、采苗器的投放

1. 采苗器种类

常用的采苗器有牡蛎壳、扇贝壳、塑料板（盘）、水泥饼等。采苗器必须处理干净，贝壳要严格除去其上的闭壳肌及附着物，塑料板及竹片等应长时间浸泡洗刷，除去有毒物质。投放之前，应以淡水冲洗或浸泡，晾干备用。

2. 投放时间

投放采苗器的时间应在幼虫即将变态之前，水温 22～23℃条件下，长牡蛎的幼虫培育 20d 左右、壳长达 300～330μm 时，有 30% 以上出现眼点，即可投放采苗器；或者将牡蛎眼点幼虫集中筛选入另一池中，再投放采苗器进行采苗。

3. 投放方法

贝壳可串联成串后垂挂于池中，一般投放量为 5000～7000 壳/m³。用塑料盘（直径 30cm）或塑料板悬挂于采苗池中，一般 50～60 盘/m³。

4. 采苗密度

以 0.25～0.50 个/cm² 稚贝为宜。以贝壳为采苗器时，一般每壳附苗 20 个即可。为防附苗密度过大，可将密度较大的幼虫分为多池采苗，或者多次采苗，即将采苗器分批投入并及时出池。

五、异地采苗

异地采苗即当幼虫出现眼点以后，将牡蛎幼虫运往异地生产单位进行生产性采苗的方法。也有在我国将牡蛎幼虫培育至眼点幼虫，再运送到国外进行采苗。

眼点幼虫的运输一般采用低温干法运输。将眼点幼虫滤出，用筛绢包裹，外放吸水纸或湿棉布保持一定的湿度，置于泡沫塑料箱中，利用冰块或冰袋保持箱内低温；也可利用保温箱，使幼虫在低温、高湿度状况下运输。在 4～8℃低温下，幼虫经 10h 左右的干法运输，成活率可达 100%，在 2d 内也可保持较高的成活率。

异地采苗可以充分利用某些单位对虾育苗池或贝类育苗池条件，不仅减少了亲贝蓄养、幼虫培育过程，而且减少了采苗器的长途运输，提高异地育苗池的利用率，能够充分发挥生产单位的潜力，优势互补。此外，眼点幼虫的运输简便易行，且成本低廉，是一项很有推广前景的苗种生产方法。

六、稚贝培育

牡蛎幼虫附着变态成为稚贝后，加大投饵量及换水量。同时逐渐降低水温，增加光照，使室内环境逐步与外界自然环境一致。牡蛎稚贝生长较快，壳长日增长达 100μm 以上，一般在室内培育 7～10d、壳长生长到 800～1000μm 时即可出池。

七、稚贝暂养

牡蛎稚贝出池时间的确定，除根据天气预报外，还应考虑避开藤壶、贻贝等附着生物的附着高峰期。稚贝出池后挂到海区或土池的筏架上暂养，此时稚贝生长速度很快，出池后半个月以上蛎苗，平均壳长达 5mm 以上。

课程视频和PPT：牡蛎的人工育苗

第四节　单体牡蛎的培育

单体牡蛎即单个的、不固着、游离的牡蛎，也称无固着基牡蛎。

牡蛎具有群聚的生活习性，常多个牡蛎固着在一起，由于生长空间的限制，壳形极不规则，大大地影响了美观。群聚还造成了牡蛎在食物上的竞争，影响其生长速度。单体牡蛎由于其游离性而不受生长空间的限制，因而壳形规则美观，大小均匀，易于放养和收获。网笼养殖增加了养殖空间和饵料利用率，提高了单位养殖水体的产量，同时减小了蟹类、肉食性螺类等较大个体敌害生物的危害。

一、单体牡蛎的生产方法

单体牡蛎的制成是在牡蛎幼虫出现眼点即将变态时，对其进行一系列的处理，使之成为单个游离的牡蛎。

1. 肾上腺素（EPI）和去甲肾上腺素（NE）处理法

当幼虫出现大眼点后，筛选眼点幼虫，使用 EPI 或 NE（最适浓度为 10^{-5}～10^{-4}mol/L）集中处理 1～3h，可诱导牡蛎幼虫不固着而直接变态，从而产生单体。EPI 和 NE 诱导长牡蛎的不固着变态率分别可达 59.9% 和 58.0%；EPI 对美洲牡蛎的不固着变态诱导率能够达到 90% 以上，对香港牡蛎的诱导效果较低，处理 3h 后，香港牡蛎眼点幼虫的不固着变态率为 53.5%。

L-DOPA 和儿茶酚胺也有诱导幼虫不固着变态的作用。药品处理对牡蛎稚贝的生长无明显副作用。

2. 颗粒固着基采苗法

使用微小颗粒作固着基，让牡蛎幼虫固着变态，变态后的稚贝生长速度较快，成为单个的、游离的蛎苗（图 8-14）。用作颗粒固着基的有石英砂和贝壳粉。利用底质分样筛筛选出 0.35～0.50mm 大小的颗粒，尤其以与牡蛎眼点幼虫的自身壳长相当的 0.35mm 左右的颗粒产生的单体率最高。颗粒大于 0.50mm 时，固着苗量较多，但单体率降低。

图 8-14　颗粒固着基法培育单体牡蛎

3. 先固着后脱基法

正常投放采苗器后，待牡蛎长到一定大小时，再剥离脱基而成无固着基牡蛎。选用质硬、面粗的贝壳、瓦片等做固着基时，采苗效果虽好，但脱基困难，蛎苗易被剥碎。一般以质软的塑料板（厚 2～3mm）或塑料盘作为采苗器为佳，尤以灰色塑料板效果最好。废旧的聚丙烯包装带经彻底处理后，也是较理想的采苗器。蛎苗长至 1～2cm 时，弯曲塑料板或聚丙烯包装带，小蛎苗便顺利地脱落，不受任何机械损伤。

二、单体蛎苗的培育与养殖

刚刚变态的稚贝个体很小，壳长只有 0.35mm 左右。药品诱导及颗粒固着基方法获得的单体小稚贝无法用传统的养殖方式进行培育，需要用特殊的装置来培育。

1. 下降流培育法

此法主要用于单体稚贝的中间过渡培育。常用的是 80～100 目的网筛（同颗粒固着基法采苗所用的网筛），半浸入水槽中。单体蛎苗置于网筛内，水流和饵料通过水管从上往下流经网筛，进入水槽中。该系统一般采用循环水培育。蛎苗在此装置内培育至壳长 0.5～1cm，可移至海上培育。

2. 网袋培育

先固着后脱基获得的单体蛎苗或经过下降流培育至壳长 0.5～1cm 的小蛎苗，可装入网袋或网箱中培育。欧美等国家常将单体牡蛎苗装进扁形硬塑料网袋，放在潮间带或浅水区域养殖（图 8-15）。如果蛎苗规格过小，能从网眼中漏出，可先将蛎苗装进网眼较小的小网袋中，再放入扁型袋中养殖。扁形硬网袋可直接放置在硬质滩涂上，也可放置在架子上，还可以在网袋外绑上浮子使之悬浮于水面。采用这种方法可将小蛎苗培育至成体。

图 8-16　单体牡蛎浅盘养殖

图 8-15　单体牡蛎网袋养殖（美国）

3. 浅盘（箱）式培育

澳大利亚采用浅盘养殖单体牡蛎，也称托盘养殖。浅盘规格为 200cm×100cm×10cm，底部用网目为 4.5～10mm 的金属网做底板。每个浅盘可放养壳长 10mm 以下的蛎苗约 2000 个，或 10～16mm 的蛎苗 800～1000 个，多个浅盘摆在一起，用吊车直接放置在底质较硬的浅海，也可将浅盘吊挂在海区的筏架上（图 8-16）。

美国利用浅箱在潮下带浅水中养殖单体牡蛎。这种浅箱同浅盘类似，敞口式，但其他 5 个面都有孔眼，利于水的交换。浅箱养殖是单层的，用架子固定于水中。

浅盘（箱）与网袋一样，适用于先固着后脱基获得的单体蛎苗或经过下降流培育至壳长 0.5～1cm 的小蛎苗。这种方式可用于单体牡蛎的养成。

4. 网笼（桶）养殖

网笼是国内常用的养殖单体牡蛎的设施，一般采用筏式或栅式吊养。国外也有利用网桶养殖单体牡蛎。在低潮区及浅水区打桩或设置栅架，将装有单体蛎苗的网桶平挂养殖（图 8-17）。

图 8-17　单体牡蛎网笼养殖（澳大利亚）

第五节 多倍体牡蛎的培育

一、三倍体牡蛎的培育

目前，生产三倍体牡蛎有利用理化方法抑制受精卵第二极体的释放获得三倍体和利用四倍体与二倍体杂交产生100%的三倍体两条途径。

（一）抑制第二极体释放获得三倍体

1. 精卵的获取

牡蛎亲贝经过促熟培育后，采用人工解剖的方式获取精卵。为避免精子污染，解剖每个牡蛎之前需消毒工具，雌雄严格分开放置。

2. 受精

在23~25℃条件下，采用人工授精方式，向卵液中加入适量精液，迅速搅动均匀，让精卵尽可能同步受精。为保证受精率及受精的同步性，应适当多加入一些精子。卵受精后10min左右，用500目筛绢洗卵，去除多余精子。连续观察极体的出现情况。

3. 三倍体诱导

自受精开始，连续镜检观察。当出现第一极体的受精卵比率达到40%~50%时，应立即向卵液中加入6-DMAP溶液或者将受精卵移入低渗海水中处理，抑制第二极体释放。

1）6-DMAP：处理浓度为60~70mg/L，处理持续15min后，用500目的筛绢滤去药液，并用过滤海水冲洗受精卵，然后将受精卵移入孵化池中孵化。

2）低渗处理：将受精卵移入终盐度为8的低渗海水中处理15min，然后，可直接倒入孵化池中孵化。

4. 孵化及幼虫培育

按常规育苗方法孵化、幼虫培育至稚贝。

（二）利用二倍体与四倍体杂交生产100%的三倍体

1. 四倍体的活体倍性检测

用5% MgSO₄麻醉牡蛎，待壳张开后，用镊子夹去少量的鳃丝入1.5mL离心管中，或使用微型电钻打孔，用注射器吸取少量体液或性腺，加入细胞核染液，充分振荡，制成细胞悬液，用流式细胞仪进行倍性分析，挑选出四倍体进行促熟培育。

2. 亲贝促熟

采用常规牡蛎亲贝促熟培育方法，将四倍体和二倍体牡蛎分别促熟。

3. 精卵的获取

由于四倍体的亲贝数量有限，生产上一般采用二倍体牡蛎的卵子与四倍体牡蛎的精子受精的方法获得三倍体。采用人工解剖的方式获取卵液。

四倍体牡蛎一般在右壳靠近闭壳肌附近的位置上钻孔，从孔中取少量性腺物质鉴别雌雄及雄性精子的活力。选取成熟好的雄贝。按100个雌贝需要3或4个雄贝的比例剖取四倍体雄贝的精子，经300目筛绢过滤制成精液。

4. 受精与孵化

受精过程十分简单，人工将精液和卵液混合均匀即可。然后将精卵混合液移入孵化池，观察胚胎发育和孵化情况。

5. 幼虫培育和采苗

受精卵孵化后，采用常规方法进行幼虫培育和采苗。

利用生物杂交方法，通过四倍体与二倍体杂交获得三倍体，操作简单，易于推广，无诱导剂毒副作用，理论上子代三倍体率可达100%。这种方法适合于规模化生产，其关键环节是四倍体的获得。

二、四倍体牡蛎的培育

培育四倍体牡蛎的主要目的是与二倍体杂交生产100%的三倍体。目前，四倍体的产生主要有利用二倍体直接诱导四倍体和利用三倍体牡蛎诱导四倍体两种途径，具体方法见第七章第三节。

三、单体多倍体牡蛎的培育

单体多倍体牡蛎的培育包括两个关键步骤：①对受精卵进行理化处理获得多倍体的幼虫；②当多倍体幼虫即将变态成为稚贝时，采用EPI或NE处理，或用颗粒固着基采苗，或者采用先固着后脱基的方法，即可获得单体多倍体牡蛎。

第六节 牡蛎的养成

将牡蛎苗种培养成商品规格的过程，即为养

成。我国沿海各地牡蛎养成方法很多，根据养殖海区的不同可以分为滩涂养殖、浅海养殖和池塘养殖。滩涂养殖包括插竹养殖、投石养殖、桥式养殖、立桩养殖、滩涂播养等；浅海养殖包括栅式和筏式养殖等；池塘养殖主要利用虾池实行蛎、虾混养。

一、投石（壳）养殖

1. 场地的选择与整理

底质较硬的采苗场或适合牡蛎生长的其他海区，均可作为投石养殖的场地。投石法采到的蛎苗一般仍采用投石养殖。生长期较短的福建牡蛎可在采苗场就地分散养成，生长期较长的近江牡蛎则要移到养成场养成，若在采苗场养成，由于每年都有新的蛎苗固着，不仅影响原有牡蛎的生长，而且有许多没有长成的幼蛎在收获时被一起采捕，影响贝苗的利用。

养成场的整理需在选好的滩涂上，清理杂石、定好界线。在大潮干潮时，在滩涂上筑畦开沟，使畦面稍隆起便于疏通水流。畦宽 2～3m，长 7～10m，畦间隔 1m 左右。两畦间为深 30～40cm，宽 80～100cm 的通水沟，也是来往交通和管理操作的通道。

2. 养成方式

养成方式大致有满天星式、梅花式和行列式三种（图 8-18）。

满天星式即将附有蛎苗的蛎石均匀分散地放置；梅花式一般为 5 或 6 块蛎石为一组摆放，组间距约 50cm；行列式将附有牡蛎的蛎石排成排宽 0.5～1m，排长就是畦形埋田的宽度，间距 0.6～1.5m。无论何种方式，在放养时，均将石块有牡蛎的一面置于上方，无牡蛎的一面在下方。

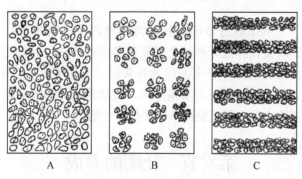

图 8-18　投石养成方式

A. 满天星式；B. 梅花式；C. 行列式

3. 投石（壳）量

根据场地水深、底质的软硬、水流的急缓和固着器的类型而定。浅滩场地投石块平均 30～40kg/m²，如投蛎壳则投放 15～20kg/m²；深水场地投石块 30～35kg/m²。

4. 养成期的管理工作

养殖的周期依牡蛎的种类而异，短者 1 年、长者 2 年以上。在此期间，由于海水的运动，海涂以及河口沉积物的变迁，能造成固着器被埋没。同时灾敌害以及来往船只等对场地的损坏，都必须引起重视，加强科学管理，以提高牡蛎的成活率，促进牡蛎的生长，达到增产的目的。

1）移石：即移动蛎石的位置。由于蛎石受到潮水的冲击和本身重量的影响，逐渐陷入泥中，若不移石，牡蛎很易被淤泥窒息。移石可以搅动浮泥，增加饵料和营养盐，促进牡蛎的生长，可增产 5%～10%。一般养成期间移石 2～3 次。

移石的方法是在干潮时用蛎钩或徒手将固着器拔起，放在旁边较高的空位上，重新依次排列。即将原来的行列与行距交换位置。

2）防洪：靠近河口的场地，雨季大量淡水注入内湾，海水盐度骤然下降。此时牡蛎常关闭贝壳，停止摄食，若时间过长，势必造成牡蛎的死亡。同时洪水带来大量泥沙，淤积淹没固着器，也能使牡蛎窒息而死。应注意预防洪水流入养成场地，或围堤挖沟抗洪，或将牡蛎移向高盐的深水海区进行暂养。

3）越冬：在北方养殖的长牡蛎、近江牡蛎，一般都要经过 1 或 2 个冬季结冰期，这对于滩涂养殖的牡蛎影响很大。目前的解决方法是，在结冰前进行检查，将可能受到威胁的牡蛎向深水移植，免受冰堆的压力和因冰堆的冲击造成牡蛎死亡，使其安全过冬。

4）育肥：为了促使牡蛎增肉长肥，提高牡蛎品质，达到增产增收的目的，在牡蛎收获前 1～2 个月，将其移到优良育肥场育肥。育肥场氮、磷等营养盐含量高，浮游植物（硅藻类）大量繁殖，能够促进软体部的生长和性腺的发育，可获得较高的出肉率。近年来北方长牡蛎开展大规模的牡蛎育肥生产，最著名的乳山牡蛎就是育肥的产品，是值得推广的一项增产措施。育肥后和未育肥的牡蛎相比，牡蛎的肥瘦、口感及营养差别很大。

a. 育肥场的选择：育肥场一般位于海湾上段或

接近河口的地方，宜选择在中潮线以下，水质清澈，饵料生物丰富，海水悬浮物质（包含浮游生物和细小的无机颗粒）多，流速较急，水质肥沃，水温稳定，干潮后，一般不受冰、霜之害。要避免长时间干露和强烈的日照，滩涂底质以泥沙质为好。

b. 育肥的季节：长牡蛎和香港牡蛎的育肥期，一般自9月以后，至翌年4月中旬结束。

c. 育肥的方法：牡蛎育肥前，先在选定的育肥场，划分若干小区，设立标志，保持5～6m行间距，以供船只通过和作业管理。一般都将牡蛎从采苗器上剥离下来，装笼再运至育肥场。移入育肥场的牡蛎的排列形式与养成期基本相同，排间距5～6m。移蛎育肥的途中运输时间不宜过长，一般不要超过20h，并要求做到轻搬快运，防止烈日曝晒和相互摩擦。

d. 育肥期的管理：牡蛎育肥期间要加强管理，密切注意海况变化，防止水质污染、交通碰撞事故，以及敌害生物危害。如遇雨季或台风侵袭、海水盐度急剧下降，应突击组织抢收，迅速将牡蛎转移到安全地带。育肥期正值春末夏初，有可能出现水底缺氧和硫化物增多，甚至发生赤潮等灾害，会导致大批牡蛎死亡，应特别引起注意。

5）防止人为践踏：滩播牡蛎只能在滩面上滤水摄食，一旦陷入泥中就无法正常生活，易造成窒息死亡。因此，应严禁随意下滩践踏，管理人员下滩时应沿沟道行进。

6）疏通沟道：应经常检查排水沟道是否被淤泥、杂物阻塞，要保持水流畅通，退潮后滩面应尽量不积水，以防水温过高、敌害潜居、浮泥沉淀造成牡蛎死亡。

7）除害：结合翻石及时进行清除牡蛎的敌害生物，如在脉红螺、荔枝螺繁殖盛期的7～9月，潜水捕捉其亲贝及卵袋，在蟹类活动频繁的季节里，加强管理，捕捉除害。

8）防风：台风对于养殖设施破坏性很大，还会卷起泥土埋没固着器及牡蛎。因此，台风过后要及时抢救，扶植被埋没的固着器材。

二、插竹养殖

插竹养殖是在风平浪静、泥底或泥砂底质的潮间带进行，能有效地利用水域，单位面积产量高，操作方便，是福建和台湾养殖福建牡蛎的较为普遍

的方法。插竹养殖插竹采苗法所采的蛎苗一般采用插竹养殖方法养成，采苗后即进入养成阶段。插竹养殖方式有插排、插节、插堆三种插法（图8-19）。

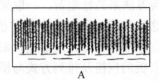

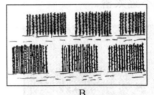
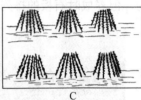

图 8-19　插竹养成方式
A. 插排；B. 插节；C. 插堆

1. 插排

将150～170根蛎竹插成宽20～30cm，长5～7m的排，排与排之间距离为2m左右，插竹深度依底质软硬而定，底质硬的插浅些，底质软的插深些，一般插竹深度为20～30cm。每平方米插15根左右。

2. 插节

每排插竹100～120支，类似插排，只不过每排断续插成数段（节），一般每排有3～5处空档，使潮流畅通，不易淤积浮泥。

3. 插堆

以20多根蛎竹为一堆，插成圆锥形，每堆底宽0.5～0.7m，5或6堆组成一排，堆间相距数十厘米到1m不等，排与排相距为2m。

以上三种插法依环境条件不同而分别采用。细竹或旧蛎竹容易折断，多采用插堆；插节法水流更为畅通，牡蛎生长较快。

插竹养殖的日常管理工作，是及时将被风浪冲击而折断或倒伏的蛎竹，重新插好，以防被潮水冲跑或被泥砂埋没。有的地区在插竹采苗之后至养成之前，还调整养殖密度1或2次。调整时将原来斜插的蛎竹改成直插，并疏散蛎竹的密度，除扩大牡蛎生活空间促进生长外，还可以减少蛎苗脱落，是增产的重要措施。至翌年2～3月间，再将蛎竹移至潮区较高处寄养，寄养的目的是使蛎苗经受锻炼，经过寄养的蛎苗到8月中旬以后移到低潮区养成时生长更快，这也是增产的重要措施。

三、桥式与立石养殖

1. 桥式养殖

桥式采苗方法采的牡蛎苗，一般采用桥式养殖方法养成。这种养殖法因石板的排列方式与架桥相似而得名，这是福建沿海养殖福建牡蛎的一种方法（图8-20）。石板的规格及排列方式与桥式采苗时相同，但养成时石板的排列不宜太密。

图 8-20 桥式养殖——示垂平式养殖（福建莆田）

牡蛎苗固着后生长很快，个体逐渐增大，为了不影响牡蛎的生长，须将石板重新整理，稀疏密度，并将石板的阴面和阳面互换，使两面牡蛎生长均匀。

在养殖过程中，由于附苗密度过大，蛎苗不断生长会相互拥挤，从而造成脱苗；同时密度过大，长成的个体小，产量低，质量差。为此，可采用人工疏苗的办法，有计划地去除部分过密的蛎苗，这样疏苗后，牡蛎生长快，个体大，达到优质高产的效果。同时在采苗后，可把中潮区的蛎石移出部分到低潮区养成，这样可疏散中潮区蛎石的密度。待到8至9月初牡蛎生长后期，搬到低潮区育肥，这一措施虽工作量大，但增产效果显著。养成期间，要经常下海巡视，及时扶起倒伏的石条。

2. 立石养殖

这是南方立石采苗方法采的蛎苗进行养殖的一种方法（图8-21）。条石和水泥制件竖立在中潮线附近，位置很少移动。立石采苗后，如果蛎苗固着太少，而其他生物固着太多，则需清刷固着器，进行第二次采苗；如果蛎苗固着太多，则应进行人工疏苗，去掉一部分牡蛎苗。这种养殖方式，只要苗种密度适宜，稍加管理即可。

四、栅式养殖

1. 养殖海区的选择

栅式养殖法是采用水泥钢筋制件或木杆作栅

图 8-21 立石（水泥柱）养殖（广西北海）

架，以蛎壳、水泥固着器等作采苗器的养殖方法。凡有淡水流入，水质肥沃，风浪不大，潮流畅通，水深2～3m的场地，均可进行栅式养殖。

2. 栅架的结构与设置

栅架由桩柱、直杆和横杆构成，其规格各地不尽相同，广东省制作的一种栅架规格为：桩柱4.0m×0.09m×0.09m，直杆3.5m×0.12m×0.07m，横杆2.8m×0.11m×0.07m。各杆上留有固定孔，以便固定（图8-22）。

图 8-22 栅式养成（示垂养）

栅架除承挂采苗器外，自身也可附蛎苗，因此栅架的设置必须在采苗期内完成。在牡蛎采苗季节之外，往往有藤壶的繁殖和附着高峰，所以栅架不可设置过早，以免造成藤壶抢占。

设置栅架前要做好探测场地的水深、底质、定点标志等工作。满潮时用船将栅架制件运到海区，待退潮时，船只顺流向已插好标志的海区插放桩柱，桩柱入泥约1m。桩柱插放完毕后，即可安装直杆和横杆，并用螺杆穿过直杆、横杆与桩柱间的固定孔加以固定，就构成栅架。栅架要顺流排列。

3. 养殖管理

南方用栅架垂下式养殖香港牡蛎和近江牡蛎一般要32～36个月才能达到商品规格，其间管理工作主要有以下几个方面。

1）疏散固着器：牡蛎苗固着生长8～10个月后，平均壳长可达2.5～4cm。随着牡蛎个体的不断生长，固着器之间的间距日渐不足，须在第二年采苗季节到来之前，把固着器拆开重新串联，间隔扩大到 16～20cm。每串串连 6～8 块固着器，垂挂于栅架上养殖，串距 30～40cm，每公顷垂吊 15 000 串左右。

2）提升和倒挂养成器：在南方，每年 6～8 月是全年海水盐度低、水温高（28℃以上）的季节，这一时期低潮线下 1m 左右的水层，往往有苔藓虫和龙介虫等的大量繁殖，附生在牡蛎表面。特别是干潮期不露空的底层和光照度差的阴暗面，污损生物附生密度更大，影响牡蛎摄食和生长。此时需要把牡蛎串提升和上下倒置垂吊，缩短垂吊深度，增加露空时间，增强光照度，以避免苔藓虫等的附生。

3）再次疏散垂养：近江牡蛎生长两年，平均壳长达 8～10cm，此时应再次稀疏固着器的间距，并加大牡蛎串的串距和垂挂深度，以促进牡蛎迅速生长和软体部的肥满。

五、筏式养殖

1. 场地选择

潮流畅通、饵料丰富、风浪平静、退潮后水深在 4m 以上的海区可作为牡蛎筏式养殖场地。香港牡蛎、近江牡蛎应选择盐度较低的河口附近；密鳞牡蛎应选择远离河口、盐度较高的海区；长牡蛎和福建牡蛎介于两者之间。

2. 养成方式

筏式养殖牡蛎的来源有自然海区半人工采苗、室内人工育苗和采捕野生牡蛎苗，适合于以贝壳、水泥饼等做固着器的牡蛎及无固着器牡蛎的养殖。养殖筏通常有竹木筏和浮子延绳筏两种方式。其中，竹木筏近岸内湾，主要养殖香港牡蛎；浮子延绳筏主要在较深水域，养殖长牡蛎、福建牡蛎或牡蛎三倍体。

（1）吊绳养殖（图 8-23）

适合于以贝壳做固着器的牡蛎，其养成方式有两种。

1）固着蛎苗的贝壳或水泥饼用细尼龙绳串联在直径 0.5～1cm 的聚乙烯绳上，间隔 10cm 左右，吊养于筏架上，下端加系坠石。

2）将固着有蛎苗的扇贝壳掰成 4cm² 左右的碎片后，夹在直径 0.5～1cm 的聚乙烯绳的拧缝中，每隔 10cm 左右夹一壳，垂挂于浮筏上。一般每绳长

2～3m。也可利用胶胎夹苗吊养。

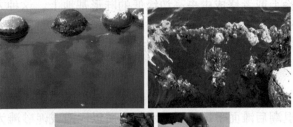

图 8-23　吊绳养殖

（2）网笼养殖（图 8-24）

利用扇贝网笼养殖。将无固着基的蛎苗或固着在贝壳上的蛎苗连同固着器一起装入扇贝网笼中，在浮梗上吊养。

图 8-24　网笼养殖

筏式养成一般放养蛎苗 150～180 个/m²。以贝壳作采苗器时，平均每平方米可吊养 12～15 片壳。

蛎苗下海垂挂的时间及养成周期，各地不尽相同。我国广东省养殖香港牡蛎从采苗至收获的养殖周期 28～34 个月，第一年 5～8 月采的苗，暂养至第二年 4 月，进入养成期，至第三年年底或至第四年 4 月前收获。而在黄渤海养殖长牡蛎，第一年 5 月份附着的苗，一般 18 个月即可养成。

六、滩涂播养

滩涂播养是目前牡蛎养殖较简便的一种方法，适合于福建牡蛎、长牡蛎等的养殖，近年来已在山东等地应用。将蛎苗从采苗器或潮间带的岩礁上剥

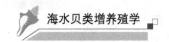

离下来，按照一定放养密度，播养到底质较硬的滩涂上或者修成中央高边缘低的畦形基地上。这种方法不需要固着器材，可以充分利用滩涂，具有成本低，操作简便，单位面积产量高等优点。

1. 养殖场地的选择

滩涂播养宜选择风浪较小、潮流畅通的内湾；退潮后滩面平坦、无积水；底质以泥滩或泥砂滩为宜。潮区应选择在中潮区下部及低潮区附近，潮位过高，牡蛎滤食时间短，影响生长；潮位过低，则容易被淤泥埋没。此外，受虾池排放污水或河水直接冲刷的滩面也不适宜作为养殖场地。

2. 播苗

1）播苗季节：一般在3月中旬至4月中旬播苗较为适宜。北方海区解除冰冻后，2月虽然也可播苗，但由于水温低，牡蛎不生长，往往被淤泥埋没而死亡；播苗时间过晚则不能充分利用牡蛎的适温生长期，影响其生长。生产上最迟可在5月中旬播苗。

2）苗种来源与规格：滩涂播养牡蛎的苗种来源，目前大多是半人工采苗获得的苗种，也可用人工培育的苗种。苗种规格一般以壳长2～4cm为宜，通常是前一年7～8月固着的自然苗，到第二年春季可达2～4cm。壳长2.5～3cm的蛎苗，约400粒/kg；壳长3～4cm的，160～180粒/kg。作为苗种的蛎苗，300～400粒/kg即可。

3）播苗方法：有干潮播苗和带水播苗两种方法。

干潮播苗就是在退潮后滩面干露时播苗。播苗时可用一长1m、宽50cm左右的簸箕盛苗，平缓拖动，使蛎苗均匀播下。也可利用贝壳采苗器采苗，将贝壳无苗的一端插入滩涂中，进行插播养殖。干潮播苗应尽量掌握播苗后即开始涨潮，缩短蛎苗露空时间，并避免中午烈日曝晒时播苗。

带水播苗就是涨潮后乘船播苗。播苗前在滩面上应插上竹木杆等标志物，待涨潮后在船上用锨将蛎苗播下。

干潮播苗因为肉眼可见播苗情况，便于掌握适宜的密度；而带水播苗由于不能直接观察到苗的分布，往往造成播苗不均匀。因此，生产上多采用干潮播苗。

3. 放养密度

应根据滩质好坏而定：滩质肥沃、底栖硅藻丰富的海区，放苗量150 000kg/hm²；滩质较好的，可放苗75 000～120 000kg/hm²；滩质较差的，放苗

35 000kg/公顷即可。滩播牡蛎时，如果放苗密度稀，蛎苗之间空隙大，滩泥容易泛起将蛎苗淤没而造成死亡；如果放苗密度过密，则蛎苗互相重叠，被压入滩中。因此，应掌握适宜的放苗密度，同时，播苗要均匀，以防局部过稀或过密。

4. 养成管理

滩涂播养牡蛎周期较短，可养殖福建牡蛎和长牡蛎。春季播苗，当年11月至翌年春季收获，平均壳长可达6cm，大者可达8cm以上。养成期间应注意以下几点。

1）扒苗：放苗后如遇大风，蛎苗往往被风刮起而聚成堆，待大风过后应及时下滩，将堆聚在一起的蛎苗重新扒开。

2）防止人为践踏：滩播牡蛎只能在滩面滤水摄食，一旦陷入泥中容易造成窒息死亡。因此，应严禁随意下滩践踏，管理人员下滩时应沿沟道行进。

3）疏通沟道：应经常检查排水沟道，保持水流通畅。退潮后滩面应尽量不积水，特别是夏季在有虾池排放污水的滩面，积水往往由于局部水温过高而加剧污水的毒性，造成牡蛎死亡。

4）注意防除敌害以及人为破坏等。

七、混养

1. 牡蛎与对虾混养

虾池中，在保证对虾养殖前提下，再播养牡蛎，可以改善虾池中的水质，提高虾池利用率，增加经济效益。

1）虾池的选择与整理：混养的虾池要求水深在1.2m以上，日换水量在20%以上，海水盐度不低于20，池底质以泥砂底为宜。

放养前应将虾池清底、消毒，并在池底造宽约1m、高10～15cm、间距20cm的平垄，作为播养蛎苗的苗床，平垄的构筑方向应与水流方向一致。建好平垄后，应进行肥水。用60目的筛绢纳水，当水超过平垄时，每公顷施尿素24kg或硝酸铵40～48kg，以繁殖基础饵料。上述准备工作应在3月底或4月初完成。

2）播苗：播养蛎苗在4月上、中旬，蛎虾混养的蛎苗，可用自然苗、半人工苗或人工苗。人工苗是前1年的苗经海上越冬，第二年春季壳长达到3cm左右的；自然苗或半人工苗是从岩石上或其他固着基上刮取壳长为2～4cm、完整无破碎的个体。

a. 底播：播苗时虾池水深要达到 30cm，水色呈黄褐色。播苗方式可用撒播法或插播法，斜插深度以蛎苗壳长的 1/3 为宜，插时注意阳面（右壳）朝上，阴面（左壳）朝下。播苗量一般 120 万～150 万粒/公顷。

蛎苗播养后，主要是加强水质管理，既要满足对虾生长的水质要求，又要保证牡蛎能充分滤水摄食。必须适当地大排大进水，以保证对虾生长，特别是前期更要防止水质清瘦。秋后对虾收获后，将虾池水注满并保证水质良好，以促进牡蛎生长。到 11 月底即可收获，此时牡蛎壳长可达 6cm 左右，收获时将池水排干，逐垄采收。

b. 插桩养殖：利用水泥制件采苗，将附有蛎苗的水泥棒插入砂泥中 30～40cm，排列成条，条与条间距为 50～60cm，列与列间距为 1m。

c. 筏养：在对虾池中，也可利用筏式笼养、夹绳养牡蛎，养殖密度一般为 15 万～30 万粒/公顷。

2. 牡蛎与藻类混养

在浅海，牡蛎与海带可实行混养，由于代谢类型不同，可促进贝藻两旺，牡蛎的代谢产物为海带提供了有机肥料，增加了海区含氮量，牡蛎呼出的二氧化碳给海带增加了进行光合作用的原料；海带的生长又改善了水质条件，有利于牡蛎的生长，海带光合作用放出的氧气，有利于牡蛎的呼吸。

混养形式有三种，即间养、套养和垂平养。

1）间养：筏式养殖一排牡蛎，再养一排海带。

2）套养：在同一浮筏中，养殖 2 绳牡蛎（或 2 串笼养牡蛎），再养 2 绳海带。

3）垂平养：牡蛎采用单筏垂下式养殖，而海带采用在两筏之间平养。

上述三种混养方式中，以间养和垂平养的方式为多。

课程视频和 PPT：
牡蛎的养殖

八、资源养护

牡蛎的资源养护是在较大的水域或滩涂范围内，通过一定的人工措施，创造适于牡蛎扩繁和生长的条件，增加牡蛎的资源量。牡蛎资源量的增加既可达到增加牡蛎产量的目的，又为牡蛎的半人工采苗提供了亲贝保障。牡蛎的增殖措施主要包括封滩护养、改良环境条件、亲贝移植、孵化放流、底播增殖、合理采捕等。

第七节　牡蛎的增殖

一、封滩护养

在牡蛎自然分布海域，可以采用封滩（岛）护养的方法来增加牡蛎资源量。为便于管理，在滩涂上实行封滩护养时，可划分海区，分片保管，也可结合其他措施。例如，清除敌害、平整滩涂、防止污染、禁止乱采捕、乱开发等，能收到更好的效果。在一些小型岛屿，也可以封岛护养，促进牡蛎的自然扩繁以增殖牡蛎。

二、改良增殖场

清礁、清滩是改良牡蛎增殖场的主要内容。许多进行封礁或封滩护养的单位，在前 1～2 年效果很好，资源量迅速上升，而后几年则出现产量下降，甚至绝产的现象，这主要是由于固着基荒废。护养的牡蛎一般是在秋、冬季收获，此期正是多种藻类大量繁殖的时期。海藻及其他附着生物占据了牡蛎固着场所，使翌年牡蛎无地附苗，因此附苗量减少。对于这种情况，定期清礁、清滩是有效的解决办法。例如，在牡蛎附苗期之前，刮除或用石灰水泼杀以消除岩礁上的附着生物，可增加牡蛎附苗量。

在浅海，建筑人工贝礁作为牡蛎的繁殖、着生的场所，对于增殖牡蛎也有一定的效果。例如，人工修复牡蛎礁，即主要通过投放利用牡蛎壳等物质制成的礁体基质，使牡蛎自然固着以实现牡蛎资源量增加。

三、孵化放流与底播增殖

在天然资源量较小的情况下，亲贝分散地栖息着，不易形成生殖群，资源量难以快速上升。为此可以人为地将亲贝集中饲养，待发育至性腺成熟后投放到海区，使其自然排卵排精，以促进精卵的结合，增加幼虫数量；或者在人工条件下进行催产、孵化，将幼虫培育至一定规格后再放到海中发育生长。也可将贝类幼虫培育至附着变态后，将培育到一定规格的稚贝或幼贝撒播到适宜的浅海区进行底播增殖，从而促进资源量增加。

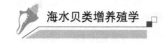
四、合理采捕

不加限制的盲目滥捕，是牡蛎资源锐减的主要原因之一。亲体数量的大幅度下降，势必影响后代的数量，造成资源量在若干年内不能恢复，甚至有资源灭绝的危险。与此相反，大量的牡蛎资源如不能及时采捕，由于密度的急剧增长，致使生活条件恶化，也能影响牡蛎的正常生活。为此，必须进行合理的采捕，才能保证资源量的稳定或上升。

1. 限制采捕规格

牡蛎一生的生长速度是不均匀的，一般初期生长较快，以后随着年龄的增长，生长率逐年下降。也就是说牡蛎长到一定大小后，生长便处于缓慢状态，此时如不及时采捕，个体增长缓慢，而死亡率增高，继续养殖得不偿失，此时即应进行积极地采捕。一般近江牡蛎和香港牡蛎的采捕年龄为3龄，最小规格12cm；长牡蛎采捕年龄2龄，最小规格为7cm；福建牡蛎1～2龄采捕，最小壳长4～5cm。

2. 限制采捕期

为了促使牡蛎繁殖后代及发挥增殖期的最大效果，其繁殖期及快速生长期间应禁止采捕。牡蛎在性腺丰满的繁殖期里风味欠佳，应在冬肥期收获，既不影响繁殖后代，又不影响产量，口味还特别鲜美。从生长的角度上来看，牡蛎在一年中的春季和秋季生长适温期，生长特别迅速，为了保证牡蛎的充分生长，此期应规定为禁捕期。

3. 限制采捕量

制定合理的采捕数量是防止资源枯竭的手段之一。为此，必须对海区资源状况进行周密的调查，掌握本海区牡蛎的分布范围、密度及年龄组成状况，由此决定每年的采捕数量。在资源急剧下降的状况下，为了促进资源量的恢复，应暂时停止采捕1～2年，待资源有所回升后再开始采捕。此外，划分区域轮番采捕也是合理采捕的方法之一。

五、监测管理

应加强对增殖场牡蛎生长状态的持续监测，做好应急管理措施，包括对牡蛎的生长情况、附近水质和增殖场生物群落进行系统的跟踪监测，以确保牡蛎资源量的提升。

第八节　牡蛎的收获与加工

一、收获的年龄和季节

在自然条件下，从几种生长期较长的牡蛎的生长特点看来，第1～2年内生长速度最快，3龄以上的牡蛎生长非常缓慢。因此收获时间多定为1～2龄。在优良的养殖区或垂下式养殖的牡蛎，一般一年已经达到了收获规格。相反，某些场地生长慢的个体，虽满3～4龄，但仍达不到标准。由于牡蛎种类不同，养成期的长短也不尽相同，如福建牡蛎只需1年即可采收和加工，而近江牡蛎等需要2～3年。升温育苗养的长牡蛎，收获年龄比常温育苗的要早一年。

牡蛎的收获季节主要根据个体的肥满度来定，同时考虑场地的利用、资金的周转和市场的需要。目前多数是集中在1～4月进行。某些规模比较大的养殖场，由于人力物力的限制，往往提前在10月开始收获，这段时间收获后加工的成品肉质肥满且鲜嫩，质量好。4月以后，牡蛎的性腺过于肥满，俗称"起粉"，口感较差。加工的成品质量较差，加工时牡蛎容易破烂，炼出的蛎油也带粉质。

二、收获方法

在潮下带投石或底播养殖的牡蛎，可在涨潮时，在船上操纵起蛎夹，将水下的蛎石挟起。此法适用于深水场地。刚收获时牡蛎密度大，效率高，后期牡蛎稀疏，可改用潜水起捞。潮间带养殖的牡蛎，或起捞后剩余不多的场地，可在干潮时将蛎石捡成堆，在涨潮期间搬上船运回，或在滩上直接把牡蛎从固着器上剥离下来，或现场开壳取肉。垂下式养殖收获时，可用吊杆把牡蛎串取至船上。

近年来，国外一些国家已先后建成了新型的牡蛎养殖场，并实现了机械化生产。国外使用的起蛎机基本上有五大类：①无端运输带起蛎机；②滑耗式起蛎机；③自动转车式起蛎机；④联动起蛎机；⑤水压式起蛎机。这些机械只适用于海底养殖法。据报道，新西兰，日本已采用了牡蛎采捕加工联合船。

三、牡蛎的加工

1. 牡蛎的开壳

目前大多数国家还是采用手工操作，我国多采用蛎啄或蛎刀等开壳器的尖端在上壳的后缘啄穿一个孔洞，并插入壳内强力撬开，然后以另一端细刀从开壳处割断其闭壳肌的上方，除去上壳，剥离下软体部。若养殖场远离加工厂时，可使用冷柜车或加冰低温运输，以保持鲜度。

手工操作的开蛎法花费的劳力相当大，不适应大规模生产的需要。例如，美国设计出滚动式牡蛎剥壳机，开壳方法包括下面几个步骤，首先是冰冻带壳活牡蛎，其次经过滚动机碰撞使牡蛎绞合部韧带及闭壳肌与两壳脱离，最后使解冻的肉与空壳分离。还有用药物处理开壳法、速冻开壳法等。但是，至今国内外牡蛎开壳基本还是以手工操作为主。

2. 牡蛎的加工

牡蛎洗净后除了鲜食即生蚝，还可以加工成蚝干（蚝豉）、半壳、冷冻蚝肉、罐头和蚝油，贝壳可加工成土壤调理剂等。

（1）蚝豉

也称"蛎干"，为牡蛎肉的干制品，是广东一带的传统风味名菜，主产于广东，是广东人民春节必食的菜肴。分为生、熟两种。牡蛎肉直接晒干称为生蚝豉；将牡蛎肉及分泌的汁液一起煮熟后再晒干，称为熟蚝豉。正品蚝豉体形完整结实，表面无沙和碎壳，色泽金黄；如体形瘦小、色略红带黑色者为次品。为了使牡蛎肉不变质，可放在冷藏间保存（图8-25A）。

（2）蚝油

用煮过牡蛎后的水溶液，经过8～10h浓缩而成，水溶液先经过沉淀并滤去其中杂物取汁浓缩，加辅料精制而成（图8-25B）。蚝油味道鲜美、蚝香浓郁，黏稠适度，营养价值高。

图8-25　蚝豉（A）和蚝油（B）

（3）牡蛎壳的加工

1）牡蛎壳粉：经粗磨过筛后的壳粉，大约

0.5cm左右为粗粉，适于喂家禽；粗粉经细磨形成细粉，适于喂家畜（图8-26）。蛎壳粉含有丰富的钙、磷、钾、钠等，对家禽生蛋和家畜的骨骼、喙、体液的形成有利。鸡吃后产蛋量增加，奶牛食后体强力壮、产奶量大、奶的质量好。

图8-26　牡蛎壳打粉前（A）和打粉后（B）

2）土壤调理剂：利用牡蛎贝壳研制的这种土壤调理剂，具有纳米级微孔结构，含有生物活性的氨基多糖及特性蛋白。富含钙、钠、铜、铁、镁、锌、钼等多种元素。能够改良土壤的理化性状，能加速植物根际微生物活动，促进根系发育。它适用于各种土壤，尤其适用于连年耕作引起的板结土壤及大棚土壤等，具有无污染、无公害及无任何副作用特点，能起到改良土壤、提高肥料利用率、促进植物生长、改善品质等多种作用，是实现绿色农业生产的理想产品。

复习题

1. 简述我国养殖牡蛎主要品种及其形态特征。
2. 简述牡蛎的生态习性特点。
3. 简述牡蛎的几种繁殖方式及其特点。
4. 简述牡蛎幼虫的固着过程和固着习性。
5. 简述牡蛎的摄食方法和过程。
6. 简述牡蛎的半人工采苗方法。
7. 简述牡蛎人工育苗的过程。
8. 简述常用的牡蛎采苗器。
9. 简述单体牡蛎的生产方法。
10. 简述如何区分刚固着的小牡蛎苗和小藤壶苗。
11. 简述牡蛎三倍体育苗的方法。
12. 简述三倍体牡蛎优点。
13. 简述牡蛎养成方式。
14. 简述牡蛎养成期间的管理工作内容。

附着型贝类的增养殖

　　附着型（the attached type）贝类是利用足丝附着在其他物体上，贻贝、扇贝和珍珠贝等均属此类。附着型贝类其附着位置不是终身不变的，可以弃断旧足丝，稍做运动，寻找适宜的环境再重新分泌足丝附着。通常，附着型贝类只有在环境条件恶化，或者有某种刺激以至于必要时才做移动。由于附着基限制，个体之间亦可相互附着，形成群聚现象。

　　该类型贝壳发达，没有水管。足部退化，但足丝腺发达，依靠分泌的足丝附着生活。利用鳃过滤食物，滤食水中浮游生物、有机碎屑和有益微生物。附着型贝类的苗种来源一般为自然海区半人工采苗和室内人工育苗。养殖环境一般为浅海。池塘也可以进行养殖。主要养成方式为筏式养殖。这种类型贝类在浅海和池塘可单养，也可混养（如与藻类、对虾、鱼类等）。

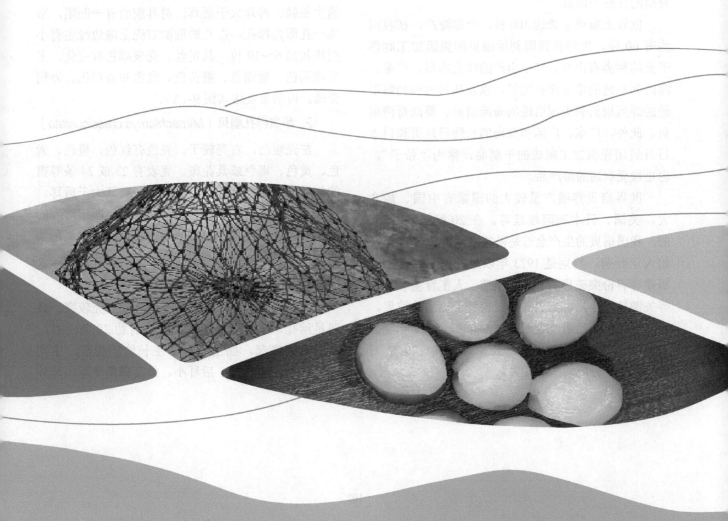

第九章　扇贝的增养殖

扇贝俗称海扇、干贝蛤、海簸箕。其闭壳肌肥大、鲜嫩，含有丰富的营养物质，为国内外人们所喜欢的高级佳肴。扇贝闭壳肌加工后的干制品称之"干贝"，是珍贵的海产八珍（鲍鱼、干贝、鱼翅、燕窝、海参、鱼肚、鱼唇、鱼子）之一。扇贝除了鲜食和加工成干贝外，也可制成冻肉柱、有胃和无胃冻煮扇贝肉和加工成扇贝罐头。加工干贝的油汤可浓缩成扇贝油精等调味品，是餐桌上良好佐料。发展扇贝养殖生产，不仅可以从海洋中获取动物蛋白，改善人们的食物结构，而且也可成为国际市场上高档畅销海产品。扇贝贝壳绚丽多彩，历来为人们所喜爱和收藏，更是贝雕的良好原料和牡蛎人工育苗的良好采苗器。

世界上扇贝总数达 300 种，全部海产，在我国约有 60 种。当前在我国利用扇贝闭壳肌加工制作干贝的种类有山东、辽宁出产的栉孔扇贝，广东、海南和福建的华贵栉孔扇贝，以及从日本和朝鲜引进的虾夷扇贝和美国引进的海湾扇贝、墨西哥湾扇贝。此外，广东、广西和海南的长肋日月贝和日本日月贝闭壳肌加工制成的干制品，称为"带子"，也是极受欢迎的海产品。

世界扇贝养殖产量较大的国家有中国、加拿大、美国、日本和阿根廷等。在 20 世纪 60 年代前，我国扇贝的生产全部是采捕自然苗。1968 年开始人工养殖，特别是 1973 年以来，山东、辽宁、福建等省份突破扇贝半人工采苗、人工育苗和养成等关键技术之后，扇贝养殖业得到了迅猛的发展。当前扇贝养殖已遍及全国沿海各省市。2022 年全国扇贝养殖面积已达 38.9 万公顷，产量 179.22 万吨，有着十分广阔的前景。

第一节　扇贝的生物学

一、主要养殖种类及其形态

扇贝（Pectinidae）动物隶属于软体动物门（Mollusca）双壳纲（Bivalvia）扇贝目（Pectinida）扇贝科（Pectinidae）。

1. 栉孔扇贝（*Chlamys farreri*）

贝壳圆扇形。壳高略大于壳长。右壳较平，左壳略凸。铰合部直，中顶。左壳有粗肋 10 条左右，右壳有 20 余条较粗的肋。两壳肋均有不规则的生长棘。前耳大于后耳。前耳腹面有一凹陷，形成一孔即为栉孔，在孔的腹面右壳上端边缘生有小型栉状齿 6～10 枚。具足丝。壳表颜色有变化，多呈浅褐色、紫褐色、橙黄色、红色和灰白色。外韧带薄，内韧带发达（图 9-1A）。

2. 华贵栉孔扇贝（*Mimachlamys crassicostata*）

左壳较凸，右壳较平。壳色有红色、橙色、紫色、黄色、褐色或具花斑。壳表有 23 或 24 条等粗的放射肋。肋上有翘起的小鳞片。前耳大于后耳。足丝孔明显，具细栉齿。壳内面有与壳面相对应的肋和沟。铰合线直。闭壳肌痕位于贝壳近中央稍偏向后背部（图 9-1B）。

3. 海湾扇贝（*Argopecten irradians*）

贝壳大小不等。壳表黄褐色。左右壳较突。具浅足丝孔，成体无足丝。壳表放射肋 20 条左右，肋较宽而高起，肋上无棘。生长纹较明显。中顶（图 9-1C）。前耳大，后耳小。外套膜简单型，具外

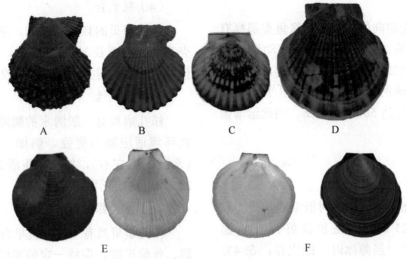

图 9-1 我国主要扇贝养殖种类

A. 栉孔扇贝；B. 华贵栉孔扇贝；C. 海湾扇贝；D. 虾夷扇贝；E. 长肋日月贝；F. 台湾日月贝

套眼。

4. 虾夷扇贝（*Mizuhopecten yessoensis*）

贝壳大型，近圆形。右壳较突，黄白色；左壳稍平，较右壳稍小，紫褐色。前后耳大小相等，右壳前耳有浅的足丝孔。壳表放射肋 15～20 条，右壳肋宽而低矮，肋间狭；左壳肋细，肋间宽。内韧带三角形。单闭壳肌（图 9-1D）。

5. 长肋日月贝（*Amusium pleuronectes*）

贝壳圆形，两侧相等。前、后耳小，大小相等。左右两壳表面光滑。左壳表面肉红色有光泽，具有深褐色细的放射线，同心生长线细，壳顶部有花纹。右壳表面纯白色，同心生长线比左壳的更细。左壳内面微紫而带银灰色，右壳内面白色。放射肋较长，共 24～29 条（图 9-1E）。

6. 台湾日月贝（*Ylistrum japonicum taiwanicum*）

贝壳圆形，两侧略相等。两壳相等。前、后耳较小。左壳表面淡玫瑰色，右壳白色。两壳表面均光滑，具有细的同心生长线。左壳表面形成若干条不甚明显的褐色放射带；右壳内面具放射肋 40～48 条。放射肋短，近壳顶部不明显（图 9-1F）。

二、扇贝的生态

1. 分布

栉孔扇贝仅分布于中国北部、朝鲜西部沿海和日本。在我国，栉孔扇贝自然分布于辽宁和山东沿海，生活于低潮线以下，水流较急、盐度较高、透明度较大、水深 10～30m 的石礁或有贝壳砂砾的硬质海底。

华贵栉孔扇贝自然分布于日本的本州、四国、九州，中国南海及印度尼西亚等地。在我国主要分布于广东潮阳、海门、海丰、遮浪、澳头、广海、闸坡以及海南等地。自低潮线至浅海都有分布，但多发现于水深 2～4m、有岩石及碎石块的砂质浅海底。

我国养殖的虾夷扇贝和海湾扇贝分别从日本和美国引进。海湾扇贝分北部亚种和南部亚种（又称"墨西哥湾扇贝"），前者适合北方养殖，后者适合南方养殖（如广东雷州半岛）；虾夷扇贝为低温种，仅在北方养殖。

长肋日月贝生活于 5～80m 浅海砂质海底，为南海习见种，分布于印度洋至太平洋一带。美丽日本日月贝一般生活在 5～10m 深的砂质海底，分布于我国南海，日本也有分布。

2. 生活方式

栉孔扇贝用足丝附着于附着基上，右壳在下，左壳在上。在自然界中，由于附着基数量的限制，栉孔扇贝常常互相附着，结果使各个个体的行动难以一致，从而使扇贝个体不能经常移动位置，过度群聚使堆积在下层的扇贝发生病死现象。但是，栉孔扇贝的群聚习性，使扇贝高密度养殖成为可能。

栉孔扇贝在正常生活时，通常张开两壳，两片外套膜边缘的触手向外辐射伸展，可见外套眼。扇贝有切断足丝转移、重新选择附着基的习性。如果遇到环境不适合，便主动切断足丝，急剧地伸缩闭壳肌，借贝壳张闭的排水力量和海流的力量作短距离移动。

扇贝的移动是无定向的移动，不像鱼类那样有一定方向且作长距离的洄游。扇贝的移动速度很快，这在双壳类中比较特殊。扇贝的移动，除本身的行动外，还受海流的携带，有时每日平均移动170m的距离，最高可达500m的距离，因此给增殖带来了一定的困难。

3. 环境因子

（1）温度

栉孔扇贝仅分布于黄渤海，对低温的耐受力较强。水温在15～25℃时，生长良好；在水温-1.5℃，水表面结成一层薄冰时亦能生存；在4℃以下，贝壳几乎不能生长；较高的温度如25℃以上，生长也受抑制；在-2℃以下或在35℃以上的高温下，能导致死亡。

海湾扇贝对温度适应范围广，北方亚种可忍耐范围为-1～31℃，5℃以下停止生长，10℃以下生长缓慢，18～28℃生长较快；南方亚种墨西哥湾扇贝忍耐高温可达32.5℃。华贵栉孔扇贝温度为18～32℃时，均可正常发育生长。虾夷扇贝生长温度范围5～20℃，15℃左右为最适宜生长温度，低于5℃生长缓慢，到0℃时运动急剧变慢直至停止；水温升高到23℃时生活能力逐渐减弱，超过25℃以后运动就会很快停滞。

（2）盐度

海湾扇贝对盐度的适应范围较广，适盐范围为16～43，最适盐度是25。其余种类都是高盐、狭温种类，栉孔扇贝、华贵栉孔扇贝和虾夷扇贝的最适盐度范围分别为23～34、24～31和24～40。因此扇贝分布的区域多为盐度较高、无淡水注入的内湾。同种扇贝年龄较大对盐度变化的忍耐力也较强，稚贝对低盐度耐受能力弱，故雨天运输贝苗或分苗、海上管理时，要小心作业。

（3）浑浊度

海水浑浊度能够干扰扇贝鳃部纤毛摆动，从而影响呼吸作用。在海水含软泥量为0.1%时，成贝的纤毛相对运动速度是50%，幼贝为20%以下。对刚进入底栖生活的壳长为17～19mm的扇贝贝苗来说，其纤毛在海水软泥含量为0.05%时即停止运动。此时通过显微镜能够观察到鳃片上附有几百微米大的微粒，纤毛的几个部位停止运动。尽管有些纤毛仍可运动，但表现非常虚弱无力。

（4）耗氧量

栉孔扇贝的耗氧量较高，是同规格贻贝（扇贝壳高=贻贝壳长）的1.57倍，是等重贻贝的3.2倍，因此扇贝需要生活在水流较大的海区。

（5）酸碱性

栉孔扇贝对一般海水的酸碱性都能适应，对碱性环境适应能力更强。例如，在pH9.5的海水中（水温20℃左右），能正常生活22h以上；在pH3.0时，10h内便死亡。

（6）抗干露能力

栉孔扇贝具有一定的抗旱力，在20～30℃的水温、包装严密、保持一定的湿度的条件下，可以安全长途运输10h左右，成活率可达100%；在8～10℃低温条件运输，干露时间则更长。同时，用浸湿物紧密包裹，可避免扇贝因失水过多而引起死亡。

4. 食性

扇贝为杂食性，摄食细小的浮游植物和浮游动物、细菌以及有机碎屑等。其中浮游植物以硅藻类为主，鞭毛藻及其他藻类为次。浮游动物中有桡足类、无脊椎动物的浮游幼虫等。

栉孔扇贝摄食的浮游生物以硅藻为主，食性具以下特点（见延伸阅读9-1）。

延伸阅读9-1

1）摄食的季节变化。

2）易摄食个体小、无角和棘刺的饵料。

3）海区中硅藻类优势种都不是易摄食的种类。

4）不同海区栉孔扇贝对同种食料的选择指数是不同的。

5）同一海区不同大小的扇贝对食料的选择性无显著差异。

6）同一海区同一季度月、但在不同日期取样时，对于同样大小的扇贝，其食料选择指数也有差异。

三、扇贝的繁殖

1. 性别与性比

扇贝一般为雌雄异体，如栉孔扇贝、华贵栉孔扇贝、虾夷扇贝等，少数种类为雌雄同体，如海湾扇贝等。极个别雌雄异体的种类中有雌雄同体和性变现象。雌雄异体的种类，外形难以区分雌雄性。

在性腺未成熟或非繁殖季节，雌雄性腺外观上完全相同，呈无色半透明状。只有在繁殖季节里，性腺开始发育时，通过性腺颜色可以辨别雌雄。雌雄性腺的颜色随种类不同而有差异，如栉孔扇贝性腺成熟时，雌者呈鲜艳橘红色，雄者呈乳白色。雌雄同体的种类在性腺成熟时，雌雄性腺颜色各异，如海湾扇贝性腺仅局限于腹嵴，精巢位于腹嵴外周缘，成熟时为乳白色；卵巢位于精巢内侧，成熟时褐红色。通常性腺部位表面有一层黑膜，在性腺成熟过程中，黑膜逐渐消失，即可分辨雌、雄性腺（表 9-1，图 9-2）。

表 9-1　几种扇贝精巢和卵巢成熟时期的颜色

种类	精巢的颜色	卵巢的颜色	性别
栉孔扇贝	乳白色	橘黄色	雌雄异体
华贵栉孔扇贝	乳白色	橙黄色	雌雄异体
虾夷扇贝	黄白色	橙红色	雌雄异体
海湾扇贝	乳白色	褐红色	雌雄同体

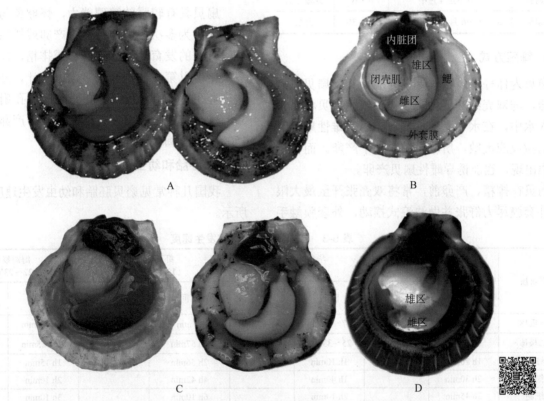

图 9-2　栉孔扇贝、海湾扇贝和长肋日月贝性腺图
A. 栉孔扇贝雌贝和雄贝；B. 海湾扇贝雌雄同体；C. 虾夷扇贝雌贝、雄贝；D. 长肋日月贝雌雄同体

雌雄异体种类，低龄扇贝一般雄得多，老龄个体雌雄比接近。如栉孔扇贝低龄个体雄性约占63.24%，雌性占36.76%，老龄个体雌性大约占48.67%，雄性占51.33%，有时雌性个体比例略大。

2. 性成熟年龄

扇贝繁殖年龄因种类不同而异，短者5～6个月便可性成熟，如华贵栉孔扇贝和海湾扇贝；长者2龄以上才能繁殖，如虾夷扇贝；一般1龄左右达性成熟，如栉孔扇贝，生物学最小型壳高为1.8cm。

3. 繁殖季节

各种扇贝的繁殖季节虽有不同，但大都集中在生物春（水温上升的季节）和生物秋（水温下降的季节）进行繁殖。栉孔扇贝每年有两个繁殖期，第一次约在5月初至6月中旬，第二次约在8月中至10月初。此时，水温变化范围在16～22℃，平均性腺指数在15%以上。海湾扇贝在北方海区一年有春、秋两次繁殖期。春季繁殖期在5月下旬至6月，秋季为9～10月。春季培育的苗种，养到秋季，壳高5cm左右，性腺便达到成熟。

不同种类的扇贝，繁殖期不同（表 9-2），即使同一种扇贝在不同海区和海况，繁殖期也有差异。此外，在同一种群同一海区中，已达性成熟的较小个体，性腺指数上升快，产卵早；个体过大，性腺指数上升慢，产卵晚。同一年龄个体中，也因体质强弱，饵料丰歉有所不同，较强的个体，在饵料丰富条件下，较早参加繁殖。

表 9-2　我国几种扇贝的繁殖季节

种类	繁殖季节	水温（℃）	地点
栉孔扇贝	5月初至6月中，8月中至10月初	16～22	山东
	5月中至7月中		辽宁
华贵栉孔扇贝	4～6月	20～30	广东
虾夷扇贝	3月下至4月中	6～10	黄海北部
海湾扇贝	5月下～6月，9至10月	20～30	山东

4. 繁殖方式

扇贝为体外受精，体外发育的贝类。扇贝缺乏交接器，与双壳纲其他种类一样，依靠亲贝将精、卵排入水中，在水中受精、发育。通常雄性扇贝对外界刺激反应灵敏，所以排精常先于产卵。而精子在水中出现，也能诱导雌性扇贝产卵。

扇贝在排精、产卵前，常将双壳张开至最大限度，外套膜尽力舒张并做波浪式摆动，外套膜触手向外伸出进行充分蠕动，在后耳部的外套膜舒张尤为显著。外套眼全部翻出于壳外，显示十分华丽的景象，此为发情阶段。

雌性扇贝在产卵时，左右两壳急剧开闭，使外套腔中的海水骤然排出，大量的卵便从后耳的下方随水流猛涌出来。雄性个体排精也由同一个地方排出，但贝壳不像雌体一样急剧开合。精液喷出时，起初在海水中形成一条细烟状，然后逐渐散开。一个大的雄体，能使一盆海水变浑浊。

5. 产卵量

扇贝具有较强的繁殖能力，怀卵量与产卵量很大。扇贝为多次产卵，第一次产卵或排精后，经过一段时间的发育，可继续产卵或排精，能如此反复多次，但以第一次产卵最多。据统计，虾夷扇贝一次产卵可达 1000 万～3000 万粒，栉孔扇贝可产卵 300 万～1000 万粒，华贵栉孔扇贝可产卵 300 万～1500 万粒，海湾扇贝约 100 万粒。

6. 胚胎和幼虫发生

我国几种常见扇贝胚胎和幼虫发生速度见表 9-3 所示。

表 9-3　国内常见扇贝个体发生速度

发育阶段	栉孔扇贝（18～20℃）时间	栉孔扇贝壳长×壳高（μm×μm）	华贵栉孔扇贝（26～29.5℃）时间	华贵栉孔扇贝壳长×壳高（μm×μm）	虾夷扇贝（12～15℃）时间	虾夷扇贝壳长×壳高（μm×μm）	海湾扇贝（22～23℃）时间	海湾扇贝壳长×壳高（μm×μm）
第一极体	15～20min	68	17～20min	65	57min	80	15～20min	52
第二极体	25min		25～33min		1h 57min		20～25min	
2 细胞	1h 20min		1h 10min		2h 56min		1h 15min	
4 细胞	2h 30min		1h 40min		4h 42min		2h 10min	
8 细胞	3h 45min		2h 10min		6h 10min		3h 10min	
32 细胞	4h 55min		2h 45min		13h 40min		3h 40min	
囊胚期	8h 30min		7h 40min		16h		5h	
原肠胚期	16h				26h		9h	
担轮幼虫	21h				34h		17h	
D 形幼虫	28h	100×84	22h	101×82	63h	102×78	20～24h	95×76
壳顶初期	4～5d	125×105	4d	121×100	8d	136×115	2～3d	125×112
壳顶中期	7～8d	142×124	6d	138×120	14d	155×131	4～5d	150×120
壳顶后期	9～10d	156×138	10d	192×163	21d	215×191	6～7d	165×140
匍匐幼虫	13～14d	177×158	12d	220×181	25d	221×197	8～9d	186×164
稚贝	15d	183×197	14d	230×190	28d	244×223	10～11d	193×175

（1）栉孔扇贝的发生（图 9-3）

栉孔扇贝卵子直径 65～72μm，受精后卵膜直径达 76～78μm。精子属鞭毛虫型，全长 40～47μm。水温 19℃时，精子排出后 12h 仍有活动能力（在水温 27℃时，若精子排放 2h 50min，则失去受精能力）。

栉孔扇贝卵子在海水中受精。水温 18.2℃下，受精后 15～20min 出现第一极体，受精后 21h 发育到担轮幼虫，28h 即可发育到 D 形幼虫，开始摄食、营浮游生活。受精后 4～6d，壳长一般在 125～135μm，进入壳顶幼虫早期。受精后 13d，幼虫壳长 170～180μm，壳高 130～170μm，时而浮游，时而匍匐，寻找适宜的附着基。一般在第 15 天左右开始附着变态，附着的最小规格为壳长 174.9μm，壳高 175.5μm，平均壳长为 183μm，壳高 197μm。附着后面盘很快退化消失，逐渐长出次生壳，并具很细的放射肋，完成变态过程，成为稚贝。稚贝受外界刺激时，能切断足丝，以足匍匐迁移。稚贝在壳高 258～280μm，壳长 275～300μm 时，壳前耳已出现、长 35～70μm，壳后耳也渐显露，足丝孔明显。稚贝壳长在 900～1000μm 时，其壳高与壳长很接近，一般在此之前，壳长大于壳高，在此之后，壳高逐渐大于壳长。壳高 780μm、壳长 796.8μm 时，稚贝外套膜触手已能自由伸出壳

外。壳高 962.8μm、壳长 979.4μm 时，稚贝已生出栉孔齿 2 个。壳长 1200μm 时，壳表已略呈浅棕红色。至壳高 1062.4μm、壳长 1029.2μm 时，在外套膜边缘出现 5 对红棕色的外套眼和许多分枝的外套触手。稚贝较活泼，经常在水中游泳跳动。

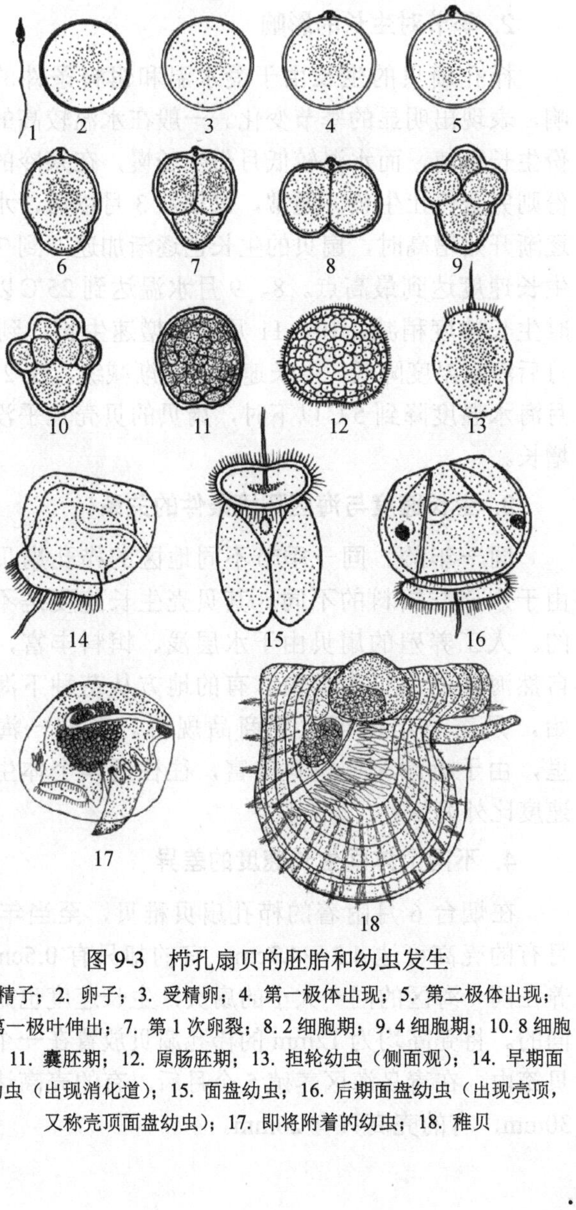

（2）虾夷扇贝的发生（图9-4）

虾夷扇贝的卵不透明，直径约为 55μm，细胞质淡红色。精子头部三角形，颈长 5μm，尾部自颈部后缘中央向后延伸，长 50～60μm。受精卵在受精后 57min 产生第一极体。在第二极体产生后 0.5h，形成极叶。此时开始第一次卵裂。受精后 16h 进入囊胚期，其后 34h 即变成担轮幼虫。在 12～15℃ 的水温下，受精后 63h 左右形成面盘幼虫。担轮幼虫的顶端具有数根较长的纤毛，直到面盘幼虫时才消失。

孵化两周后，幼虫壳长大约可达 155μm，进入壳顶中期，左右壳不对称。壳长达到 150μm 时，死亡率较高。一旦逾越该期生长就极为迅速。当壳规格达到 221μm×197μm 时，足形成，即将进入附着期。变态时个体的大小随水温而异。

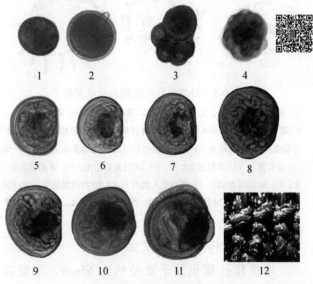

图 9-4　虾夷扇贝的胚胎和幼虫发生

1. 卵；2. 受精卵；3. 多细胞期；4. 囊胚期；5. D 形幼虫；6. 壳顶幼虫（初期）；7～9. 壳顶幼虫（中后期）；10. 匍匐幼虫；11. 稚贝，次生壳；12. 稚贝

稚贝进入附着生活后，除了壳顶部外，在其壳外部由极薄而透明的硬膜形成，即周缘壳。当壳长达到 1mm 时，壳如耳状。壳长达 3mm 时出现一根根的放射肋。壳长达 6～10mm 时，幼虫失去足丝，结束附着生活，但这一点与环境条件密切相关。安定的环境下，2～3cm 的个体仍行附着生活。

图 9-3　栉孔扇贝的胚胎和幼虫发生

1. 精子；2. 卵子；3. 受精卵；4. 第一极体出现；5. 第二极体出现；6. 第一极叶伸出；7. 第 1 次卵裂；8. 2 细胞期；9. 4 细胞期；10. 8 细胞期；11. 囊胚期；12. 原肠胚期；13. 担轮幼虫（侧面观）；14. 早期面盘幼虫（出现消化道）；15. 面盘幼虫；16. 后期面盘幼虫（出现壳顶，又称壳顶面盘幼虫）；17. 即将附着的幼虫；18. 稚贝

（3）海湾扇贝的发生（图9-5）

在水温23℃条件下，受精卵需20～22h便可发育到D形幼虫，壳长约为80μm。幼虫发育速度与水温有关，在22～23℃，第10天便可附着。

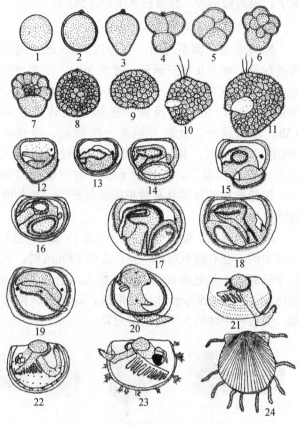

图9-5　海湾扇贝的胚胎和幼虫发生

1. 卵子；2. 受精卵；3. 伸出极叶；4. 第1次分裂；5. 第2次分裂；6. 第3次分裂；7. 第4次分裂；8. 囊胚期；9. 原肠胚期；10. 早期担轮幼虫；11. 担轮幼虫（开始分泌贝壳）；12. 早期面盘幼虫（壳腺开始分泌贝壳）；13. 早期面盘幼虫；14. 1d的面盘幼虫；15. 3d的面盘幼虫；16. 3d的面盘幼虫（示面盘缩入壳内）；17. 7d的面盘幼虫；18. 10d的面盘幼虫；19. 12d的面盘幼虫；20. 即将附着的幼虫；21～23. 附着变态后的稚贝；24. 幼贝

（4）华贵栉孔扇贝的发生

华贵栉孔扇贝卵子直径约为65μm。水温在26～29.5℃条件下，受精卵经过22h的发育，幼虫大小达101μm×82μm，即进入D形幼虫期。经过10d发育生长，壳长192μm，壳高163μm，成为壳顶后期幼虫。12d便达到眼点幼虫，其大小为220μm×181μm。第14天附着，贝壳大小为230μm×190μm。

四、扇贝的生长

扇贝的生长速度随着年龄、季节以及海区的环境条件的变化而不同，不同个体之间也有差异。扇贝的生长，表现在外壳和软体部两个方面的生长，一般用高度法和重量法进行测定。生长速度快、个体较大的扇贝，干贝通常也较大（见延伸阅读9-2）。

延伸阅读9-2

1. 年龄对生长的影响

扇贝生长速度随年龄不同而有很大的差别，以1～2年个体生长较为迅速。在自然浅海区，栉孔扇贝当年发生（孵化后6～7个月）的贝苗可以生长到壳高22.75mm，第二年可以生长到49.55mm，第三年可达64.19mm，第四年可达70.27mm，第五年可达76.09mm。即如果以五年生长的总数为100，那么第一年生长约占29.9%（实际只生长半年），第二年占35.2%，第三年占19.2%，第四年占8.0%。第五年只占7.6%。

2. 季节对生长的影响

栉孔扇贝的生长由于受水温和饵料条件的影响，表现出明显的季节变化。一般在水温较高的月份生长迅速，而水温较低月份生长慢，在寒冷的月份则完全停止生长。通常，每年从3月以后，水温逐渐开始增高时，扇贝的生长也逐渐加速，到7月生长速度达到最高点。8、9月水温达到25℃以上时生长速度稍减，10、11月又稍增速生长。到12月后海水温度降低，生长速度又逐渐减缓，在2、3月海水温度降到5℃以下时，扇贝的贝壳几乎没有增长。

3. 生长速度与海区环境条件的关系

同一年龄、同一季节不同地区的栉孔扇贝，由于水质与饵料的不同，其贝壳生长速度是不同的。人工养殖的扇贝由于水层浅、饵料丰富，比自然海区的扇贝生长快。有的地方从苗种下海开始，只需一年便可达到商品规格。在同一海湾里，由于近岸海域饵料丰富，往往近岸个体生长速度比外海快。

4. 不同个体间生长速度的差异

在烟台6月附着的栉孔扇贝稚贝，至当年12月有的壳高可达4.2～4.7cm，有的却只有0.5cm。养在同一海区的同一大小的扇贝，生长速度也是不同的。将壳高均为12mm的栉孔扇贝放置在一个扇贝笼内，在青岛海区养殖5个月后，有的壳高达到30mm，有的壳高只有20mm。

5. 不同种类间生长速度的差异

当年人工培育的栉孔扇贝苗养至 12 月一般壳高可达 3cm 左右，第二年可达壳高 5～6cm。华贵栉孔扇贝满 1 年龄可生长至壳高 7.4cm、重 68.4g，1.5 年可达 8.8cm、体重 115.4g。虾夷扇贝从产卵开始到生长至壳高 11～12cm，最短时间需 1 年零 7 个月。而最大的虾夷扇贝壳高可达 27.94cm，寿命约为 25 年。

海湾扇贝生长速度快，一般从商品苗（壳高 5mm）到养成商品贝（壳高 5cm）这一过程需 6～7 个月。在我国北方，4 月人工培育的苗，当年 11 月下旬一般平均壳高达 5.3cm、体重 34.5g。4 月底 5 月初采卵培育的苗，12 月上旬达 5.2cm，重 37.6g。海湾扇贝在高温期生长快，壳高月生长约 1cm。

6. 扇贝生长的速度与附着基的关系

将当年培养的栉孔扇贝稚贝，用珍珠岩棒作附着基，装在网笼内养殖到第二年 9 月，可长到壳高 6.1cm 左右，最大可达 6.3cm；用水泥棒作附着基的长到壳高 5.6cm，最大达 5.9cm；没有附着基的一般都在 4～5cm。

7. 影响扇贝生长的主要因素

影响扇贝生长的主要因素有两个：水温和饵料。

1）水温：水温是影响扇贝新陈代谢的重要条件，在适温范围内，贝壳生长迅速。

2）饵料：饵料是扇贝取得营养的前提，是其发育生长的物质基础。饵料生物多，营养物质丰富的海区和季节，扇贝生长迅速。养殖中，选择水流大，内湾性强，适当稀挂，加大筏间距等都是改善营养条件、加速扇贝生长的有效措施。

第二节　扇贝的半人工采苗

一、采苗海区

栉孔扇贝采苗海区要有自然生长的成贝或有人工增养殖的扇贝，要求水质澄清、浮泥少、透明度平均为 4～7m、无淡水流入、盐度较高（32 左右）的海区，春季水温为 16～18℃，秋季水温为 20～22℃，无工业污染，杂藻较少，pH7.9～8.2，海区有回湾流或旋涡流，流速为 20～40cm/s，风浪小。

海区的环境条件直接影响到采苗效果。长岛区

延伸阅读 9-3

的后口、南隍城和烟台市的金沟湾都是水清，透明度大，浮泥和杂藻较少，且有栉孔扇贝分布，因此采苗的效果较好（见延伸阅读 9-3）。

二、采苗季节

栉孔扇贝每年有两次繁殖期和附苗高峰期，采苗的高峰期亦因海区而不同。在山东蓬莱区长岛北部海区采苗盛期在 6 月下旬至 7 月中旬（水温 16～18℃），平均单袋采苗最高可达上千粒；秋季较适宜的采苗期约为 8 月下旬至 9 月上旬（水温 22℃左右），采苗笼平均单层采苗量为三四百粒，9 月中旬以后采苗量陡然下降。由此可见春季附苗高峰持续期约为秋季的 2 倍，因此采苗季节应以春季为主。

三、采苗预报

为了准确掌握生产性半人工采苗时间，适时投放采苗器，必须进行采苗预报。

1. 通过性腺指数的测定预报投放采苗器的时间

从 4 月底开始至 7 月初为止，每隔一周检查一次扇贝性腺的发育，临近成熟待放时每天一次，进行性腺指数的测定（见延伸阅读 9-4）。如果遇上大风、降雨等情况时，要在大风、降雨后随时检查。如果性腺指数已达 15% 以上，后突然显著下降，则证明扇贝已排放精卵，精卵排放一周后，投放采苗器。

延伸阅读 9-4

在测定扇贝性腺指数的同时，对其他的双壳类的肥满度进行观察，并测量海水的温度和盐度，以避开其他生物附着高峰期。

2. 根据幼虫发育的程度和数量进行预报

根据幼虫发育程度和数量预报有无采苗价值或投放采苗器时间，一般 1m³ 水体含有 1000 个以上的幼虫有采苗价值，如果处于 D 形幼虫时期则在 4～5d 后投放采苗器，如果是壳顶期幼虫则应立即投放采苗器。

3. 根据水温和物候征象进行预报

水温上升至 16℃ 是扇贝产卵的起始温度；小麦即将发黄季节是扇贝繁殖季节的生物指标。因此，当水温上升至 16℃ 和小麦将发黄时要特别注意监视

扇贝排放精卵情况。

四、采苗器的种类和规格

1. 采苗袋

采苗袋是用网目 1.2～1.5mm 的聚乙烯窗纱制成的 40cm×30cm 的网袋，袋内装 50g 左右废旧的尼龙网片或聚乙烯或挤塑网片（图 9-6）。其中，尼龙网的单丝直径在 1mm 左右；聚乙烯网衣面积约 13cm×60cm，单股密度规格为 210D；尼龙塑网片单股直径为 1.5～2mm。废旧网衣要经过搓洗干净方可使用。

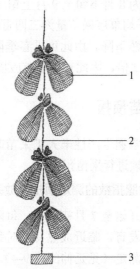

图 9-6　采苗网袋示意图
1. 网袋；2. 聚乙烯绳；3. 坠石

2. 采苗笼

采苗笼长 60～100cm，直径 25～30cm，分成多层，层间隔 20cm，网笼网目同采苗袋，每层内放 20g 聚乙烯网片或挤塑网片。

3. 采苗器制作中应注意的问题

1）采苗袋（笼）的网目大小要适宜：采苗袋或笼的网目均以 1.5mm 左右效果最好，过小或过大的网目采苗效果都明显较差，虽然各种网目都不会妨碍浮游期幼虫进入网内附着和变态，但网目过小则容易被浮泥淤塞使稚贝大量窒息死亡，网目太大则稚贝容易脱落或逃逸，也容易受敌害的侵袭。在海水中浮泥较多的海区采苗，网目可以适当大些。

2）采苗袋（笼）内放置的附着基要适量：为了提高附苗量和稚贝的成活率，采苗袋（笼）内放置的附着基不宜过多或过少。过多则严重影响采苗器内外海水的交换，影响稚贝的成活与生长；太少

则附着量低。

3）不同附着基基质采苗效果不同：聚乙烯网片采苗效果优于塑料板和泥瓦片。

五、采苗水层

适宜的采苗水层因海区而不同。扇贝幼虫多分布于 2m 以下，一般 3～5m 最多，因此采苗器投挂浮筏上应在水中 2m 以下，但要防止触底磨损采苗器。如果水层太浅，贻贝及杂藻附着较多，影响附苗量。

六、采苗管理

1）特别注意浮泥较多的海区不宜投挂采苗器。

2）采苗袋或采苗笼网目不宜过大，一般 1.2～1.5mm。袋内或笼内附着基要支撑开，袋口或笼口用尼龙线扎好。

3）切勿将采苗器投挂在海带架子上，应在专门的架子上投挂，筏身要牢固。

4）采苗袋投放要适时，不宜过早或过晚，各点投挂采苗器的时间遵循预报系统的结果。

5）采苗器投放后，任何人不得任意提离水面或搅动采苗袋和采苗笼。

七、收苗时间

9 月下旬取样，检查生长状况和数量。10 月上、下旬全面收苗。

八、贝苗筛分

利用网目 1cm 的网筛，将 1cm 以上的大贝苗和 1cm 以下较小贝苗分开，分别进行中间筏式育成，或将收获的苗种出售给养殖单位进行养殖。

课程视频和PPT：
扇贝的半人工采苗

第三节　扇贝的升温育苗

扇贝升温育苗有利于育苗池多茬综合利用，育苗后又可进行常温育苗，同时能充分利用海上适温期，促使贝类快速生长，缩短养殖周期。升温育苗的季节应是早春和晚秋，在夏季为常温育苗，严冬季节不宜加温育苗，若有地下热水则属例外。扇贝的升温育苗

品种主要有海湾扇贝、虾夷扇贝和栉孔扇贝。现以海湾扇贝为例，介绍扇贝升温育苗的技术流程。

一、亲贝的选择与促熟

1. 亲贝选择条件

亲贝的质量对育苗的成败有明显的影响，合格的亲贝应具备以下的条件。

1）肥满，鲜出肉率＞30%。

2）健壮，死亡率＜10%。

3）壳高＞6cm，贝体上附着生物少。

要选择生活在水清、流大、饵料生物丰富，无病害及大量死亡现象发生的海区生活的扇贝作为亲贝。应在秋季收获前挑取个大、体肥的个体进行稀养，每层20个左右，以有利于亲贝在越冬时生长、发育。这样的亲贝营养状况较好，入池促熟后，成活率较高，育苗的成功率也较高。反之，有的海区水质瘦、浮泥多，贝体上附着生物又多、贝体很消瘦，用这样的亲贝育苗，往往造成失败。有些海区的亲贝一开始肥壮、质量较好，但大面积养殖后，亲贝明显消瘦，死亡率高，育苗效果同样较差。因此，选择亲贝时，一定要注意产地和亲贝的质量。

2. 亲贝入池时间

亲贝入室内培育池的日期需根据海上水温、室内育苗的条件以及向海上过渡时的水温条件而决定。一般入池时间是在2月中旬至3月下旬，最迟在4月上旬，以海上水温在3～5℃为宜；若室内准备工作不充分，饵料不足，可适当延迟一段时间。室内培育出的稚贝，下海过渡时的水温要求在10℃以上。

3. 促熟培养

（1）积温

水温是影响贝类生殖腺成熟的重要因子，海湾扇贝生殖腺发育程度与产卵量的多少和积温有直接的关系。亲贝在升温促熟中，达到积温后产的卵，往往孵化率较高，孵化后的幼虫成活率也较高。反之，即使大量产卵，孵化率也会非常低。

贝类的生殖腺成熟后，只有达到某个水温才能产卵，这个水温称为产卵的临界温度。海湾扇贝性腺发育的生物学零度为6.6℃，临界温度是18～20℃。临界温度既是产卵水温，也是生殖腺发育的最适水温。在生产中，3月中旬亲贝入池（水温4℃左右），稳定两天后，每天升温1℃，在18℃时恒温3～4d，有80%以上的个体雌区变为橘红色，然后再每天升温1℃，到20℃恒温待产，历时22～25d，积温达到178.9℃左右亲贝性腺就能成熟。

（2）饵料

饵料是海湾扇贝生殖腺发育成熟的物质基础，饵料的种类和数量对亲贝生殖腺的发育有显著影响。小新月菱形藻、三角褐指藻等硅藻是海湾扇贝亲贝生殖腺发育的适宜饵料，而扁藻、金藻、异胶藻等对亲贝生殖腺发育的饵料效果较差。在亲贝促熟中，如单细胞硅藻类不够，适当投喂一些代用饵料，如螺旋藻、蛋黄（煮熟后用300目筛绢搓碎）、可溶性淀粉、酵母等，对生殖腺的发育是有利的。

亲贝的摄食量随着水温的升高而增加。水温低于10℃时，扇贝摄食量较少，通常每天投喂4～6次，每次2万～3万细胞/mL；水温高于10℃后，逐渐增加投喂次数；水温升到18℃时，每2h投喂一次，每次也是2万～3万细胞/mL；在20℃恒温待产时，也是扇贝摄食量最大时候。

判断投饵量是否合适的标志，有以下三点。

1）水中的残饵量应控制在2万～3万细胞/mL，如残饵量过高，说明饵料投多了，过低则饵料不足。

2）直肠粪便的充填程度。当直肠膨起，并且直肠中的粪便是连续的，说明饵料够了；如果直肠萎缩，直肠中的粪便是念珠状或空白透明的，说明饵料投少了。

3）扇贝的假粪是弥散状，而粪便是扁平的短柱状。如果假粪数量过多，说明饵料投多了。一般以不出现假粪作为投饵量适宜的标志。增加投饵次数，减少每次的投饵量可以防止假粪的出现。

（3）换水

在水温升至10℃以前，应每天倒池换水一次，在18℃恒温前，每天在早晨换水1/2，晚上倒池一次。在18℃恒温后，采用换水或流水的方法改善水质，每天3或4次，每次1/3水体左右。

（4）充气

在亲贝促熟中连续微量充气。在20℃恒温待产时，一般不充气，以免引起刺激而造成早产。如果气量控制较好，也可连续充气。不宜采用间隙充气，尤其在后期增温促熟中更不宜采用此法来改善水质，因为它常对亲贝造成刺激而诱导亲贝产卵。

二、采卵与孵化

1. 采卵

当亲贝在20℃恒温条件下促熟3～4d，积温达到178.9℃时，如发现亲贝有排卵现象，应采取逐笼倒池产卵的方法获卵，不宜采用整池亲贝全部倒池获卵，否则，常因倒池刺激引起不成熟的亲贝也排放产卵，不但降低了孵化率，而且孵化后的幼虫成活率也低。采用逐笼成熟（有排放现象）、逐笼倒池（升温1～2℃）产的卵，孵化率高，幼虫的成活率也高，原池未成熟的亲贝可以继续促熟培养。分批成熟，分批获卵，不但能提高卵的产量，而且降低了亲贝的用量，暂养时30～40个/m³，能满足生产的需要。

在生产中常常发生亲贝积温未到而排放产卵，这种现象称之为"早产"或"流产"。早产的卵一般是不成熟的，孵化出来的幼虫，培育过程中常出现面盘分解症。在生产中可用冷激法抑制亲贝早产。当发现亲贝有排卵现象时，用低于促熟水温10℃的海水，进行局部降温刺激，使亲贝闭壳，停止排放。冷激法可延迟亲贝产卵1～2d。也可采用将亲贝倒入比原池水温低3～5℃的海水中降温促熟，可延迟3～5d后产卵。采用冷刺激法抑制亲贝产卵时，应打开门窗通风（尤其中午前后），屋顶加遮盖物（玻璃钢屋顶）降低室温。必要时停止充气，暂停投饵。采用少换水（每次1/4～1/3）、勤换水（每天4～6次）；少投饵（每次1万～2万细胞/mL），勤投饵（每天12～24次）的方法，减少刺激，使亲贝达到积温，提高卵的质量。

2. 孵化

海湾扇贝受精卵孵化的密度以30～50粒/mL为宜。第一个产卵池应尽可能在30min内结束排放，以防因精液过多，影响孵化率。在孵化池中加3×10^{-6}～5×10^{-6}EDTA，对孵化是有利的。在微量充气条件下，大量的精子形成泡沫，用刮板将池面泡沫推向一端，用筛网捞出。采用此法，能很快净化水质。

孵化水温以20～22℃为宜，此时孵化时间为22～24h，孵化率一般为40%～60%，但孵化率的高低与幼虫的成活没有直接的关系，关键是卵的质量。胚胎发育到D形幼虫后，要尽快选幼，防止因水质差导致D形幼虫下沉。

亲贝在恒温促熟中往往在原池有少量排放的卵，第一次自然排放的卵质量较高，应该使其孵化，选幼培养。

三、幼虫培育

海湾扇贝幼虫培育方法同常规操作，在生产中，应注意以下的技术指标，提高出苗量。

1. 培育密度

培育密度不宜过大，一般D形幼虫10～12个/mL即可。如培育密度过大（超过15个/mL），不但幼虫生长发育缓慢，而且易发生面盘分解症。

2. 培育水温

采用升温培育法，有利于提高幼虫的活力，在22℃获卵、孵化，22℃选优培育，以后每天升温1℃，至24～25℃恒温培育，26℃附着变态，在升温条件下幼虫发育将很顺利。为了维持水温上升，适当提高室温至比水温高2～3℃，将利于幼虫生长发育。在培育过程中，如发现幼虫上浮差，可采用提高室内气温或者适当降低水温0.5～1℃的方法，以增加幼虫上浮能力。

3. 饵料

金藻是目前海湾扇贝幼虫生长发育的最适饵料，无论是单一投喂，还是和扁藻、硅藻等混合投喂都能使幼虫顺利发育、附着变态。单一投喂金藻，海湾扇贝幼虫生长速度在每天10μm左右，选幼后第9天就出现眼点，第10天投放附着基。混投（金藻占50%以上）的效果与其相似。金藻对扇贝幼虫培养效果好，主要原因是金藻无细胞壁，个体小，营养丰富，而且又是悬浮性的藻类，便于幼虫摄食，消化和吸收。

金藻投喂量随着幼虫的生长发育逐渐增加，通常开口饵料为5000细胞/mL，以后每天增加1万细胞/mL，当总投饵量达到5万～6万细胞/mL时不再增加，待幼虫附着变态后再逐渐增加。按照上述投饵量，每日分为4～6次投喂，坚持少投勤投，对幼虫的生长是有利的。

4. 水质管理

生产中改善育苗池水质需要采用换水、清底、倒池等方法。在换水时，随着幼虫的生长发育，逐渐增加筛网的孔径（如300目→260目→200目）对改善水质非常有利。当幼虫出现下沉，幼虫的面盘分解或解体要立即倒池，改善水质，否则将迅速引起大量死亡。微量充气有利于改善水质，增加溶解氧，如果不充气，也可采用每小时搅池一次，幼虫也能正常发育。

5. 疾病的防治

扇贝人工育苗常见的疾病是面盘分解症。该病由鳗弧菌（*Vibrio anguillarum*）和溶藻酸弧菌（*V. alginolyticus*）等革兰氏阴性短杆菌引起。发病早期，面盘幼虫的活动能力降低，不摄食，面盘肿胀，在 1～2d 内幼虫因面盘的解体而死亡。所谓面盘解体是面盘上带鞭毛的细胞脱落，每一个细胞上有 2 条弯曲成秤钩状的鞭毛，在水中机械地摆动，然后细胞解体，下沉死亡。同时，原生动物迅速侵入壳内，在短时间内将幼虫内脏食尽，成为空壳。

面盘分解症是各种因素综合作用的结果，目前以预防为主，主要从抓好亲贝的培育、保持水质优良、投喂新鲜无污染的饵料等方面入手。施加抗生素药物能起到一定的预防作用，通常每天施药一次，每次 1×10^{-6} 左右。但当幼虫发病后，即使加抗生素，药效仍甚微。当幼虫发病造成育苗失败后，一般不宜立即再取亲贝入池，而应该将培育池曝晒 5～6d，然后用盐酸浸泡消毒 24h（pH 在 2 左右），用漂白粉或次氯酸钠洗刷池子及育苗工具后，再取回亲贝继续生产。否则，常因消毒不严而造成面盘分解病蔓延。

四、采苗及稚贝培育

海湾扇贝眼点幼虫壳长范围为 150～220μm，幼虫群体出现眼点时的平均壳长一般为 170～190μm。眼点幼虫出现率达 60%左右时，便可投放采苗器。

1. 采苗器的种类和处理

1）附着基的种类：常见有红棕绳苗帘和聚乙烯网片，目前生产上主要以聚乙烯网片为主（图9-7）。

A   B

图 9-7 扇贝附着基
A. 聚乙烯网片；B. 红棕绳苗帘

2）附着基的处理：棕绳必须经过严格捶打、烧棕毛、浸泡、煮沸、再浸泡、洗刷等处理后方可使用。废棕绳和塑料网衣需用 1% NaOH 溶液浸泡、搓洗干净，pH 8.0～8.5。

2. 采苗器的投放时间和数量

发现幼虫出现眼点达 60%左右时投放池底附着基，次日悬挂表层附着基。

附着基的投放量以每立方米水体投放大约直径 0.8cm 的苗绳 300～400m 或聚乙烯网片 1～2kg 为宜。

幼虫附着变态时的适宜盐度范围为 20～33，最适为 22～26。

3. 稚贝的培育管理

1）加大换水量：采用流水培养需加大进水量；采用大换水方法每昼夜换水三次，每次为总水体的 1/2，用胶管虹吸换水。流水培育优于大换水。

2）增加投饵量：增至扁藻 1 万～1.2 万细胞/mL，小硅藻 2 万～2.5 万细胞/mL，金藻 5 万～6 万细胞/mL。

3）逐渐使温度、光照接近外海条件。

4）通过震动，锻炼稚贝附着能力。

五、稚贝下海保苗

稚贝在培育池中经过 7～10d 培育，生长到壳高 400μm 左右时，便可移到对虾养成池或海上继续养育，直到培育成商品苗（壳高 0.5～1cm）售给养成单位，即为保苗，也称之为稚贝的海上过渡。稚贝下海过渡时的水温应是其生长最起始的温度，否则，若在室内培育过久，便会提高成本。若下海过早，苗种规格小，水温较低，保苗率则低。

1. 出池规格

壳高 300～500μm。海湾扇贝足丝不甚发达，在室内培育规格一般不要超过 1mm，以防止稚贝在池内大批脱落，沉底死亡。由于是升温育苗，因此幼苗出池前需逐步降低水温至接近海水自然温度。

2. 稚贝定量计算

在池内不同部位剪取每段长 10cm 的棕绳数条或 2～3 个聚乙烯网片结扣，放在培养器中，加些海水，放在解剖镜下观察计数，从而计算出每立方米水体或每个育苗池附苗量，再计算出全部育苗池

总附苗量。

3. 海区的选择

选择风浪小、水流平稳、无污染、无浮泥、海水透明度大、水质肥沃的海区或虾池作为苗种培育场。

4. 保苗设施

1）种类：网箱和网袋（图9-8）。

2）规格：网箱系由直径0.5~1mm聚乙烯绳织成的筛网缝制而成，长方形。网箱长2~3m，宽高各1m，刚好能套在一个由直径6mm铁棍焊接（竹竿或木棒）而成的框架上。铁棍上缠一层纱布，防止铁棍磨损网衣。网袋采用聚乙烯筛网制成，长30~40cm，宽20~30cm，现在虾夷扇贝主要用网袋保苗，海湾扇贝主要是网箱保苗。

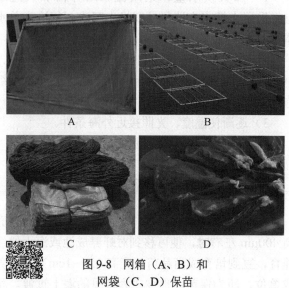

图9-8　网箱（A、B）和
网袋（C、D）保苗

5. 稚贝运输

稚贝出池时，连同棕绳苗帘（或塑料网衣）一起装箱。把苗帘绑在框架上两根长的铁棍上，每个网箱吊5~6行，各行之间要有一定距离，防止互相摩擦。装袋时，将采苗棕帘约5m长装入一个袋中，网衣采苗每袋可装网衣100g左右。在装箱或装袋过程中操作要轻、稳、快。

稚贝出池后，要尽快运到海上吊养在浮筏上。运输中，要严防干燥和强光直射。严禁在大风和下雨天出池下海。最好选择在风平浪静的阴天或早晨4:00~6:00或16:00后下海。运输时要盖上浸湿海水的草包皮，出池下海的干露时间一般不超过1h，有条件的最好是用保温车（图9-9）。下海时动作要轻，使网箱缓慢沉入水中，下海前，要留意天气预

报，在一周内无风雨下海为宜。

图9-9　出库保温车

6. 保苗期间的管理

1）稚贝悬挂水层3~6m处进行筏式育成。每台架子挂网箱30个左右，网袋500~600个。

2）下海时最初几天不要随意移动网箱。一星期后结合疏散密度开始洗刷，用刷子刷掉网衣上的浮泥，洗刷时不要把网箱提出水面。

3）随着稚贝的生长要进行分箱或分袋工作。一般下海后7~10d，壳高一般达1~1.5mm时，应及时疏散密度，助苗快长，此时要分箱或分袋扩养。根据稚贝密度不同，每箱、筒、袋可扩2~3倍，一般养至0.5~1cm时可售出或分苗养成。

7. 提高稚贝保苗率的措施

（1）选择良好的保苗海区

向海上过渡的海区应选风浪平静、透明度大、流速缓慢、饵料丰富的囊形内湾或土池。

（2）采用双层网袋保苗

稚贝出池时装入20~30目的聚乙烯网袋中，外置40~60目的网袋（规格略大于内袋）。出池下海后10d左右，袋内稚贝已长大，将外袋脱下。这样起到了洗刷浮泥和清除杂藻等附着生物作用，并可等于一次疏散贝苗。脱外袋时，应将内袋外侧的稚贝用刷子刷下，装入40目袋中暂养。双层网袋保苗率一般可达30%~50%。

（3）利用对虾养成池保苗

在未入对虾养成池前，先进行清池，然后进水并施肥，接种各种单细胞藻类。由于池水温度较同期海上水温高（一般高4~6℃），饵料丰富，池塘无风浪，无浮泥、水清，管理简便等有利条件，可以提高稚贝生长速度，增加保苗率（图9-10）。

（4）及时疏散密度

应及时疏散稚贝密度，当稚贝壳高达2mm左

右时，疏散的密度约每袋 4000～5000 粒。稚贝壳高达 5mm 左右时，再疏散一次。随着稚贝的生长更换较大的网目，每袋（30cm×25cm）装稚贝 1000 粒左右。同一时期分袋的稚贝，密度小、生长快，密度大、生长慢。

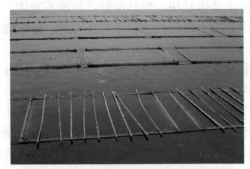

图 9-10　海湾扇贝虾池网箱保苗

（5）加强管理

防止网袋相互绞缠，及时洗刷网袋，增加浮力，防断架、断绳、掉石等。认真做好海上管理也是提高海上保苗率重要措施。

六、扇贝分苗

当贝苗壳高达 3～5mm 时，应及时从附着基上刷下贝苗，进行分苗。在扇贝苗刷苗中使用刷苗机设施，可以大大节省人力，分苗效率提高 2～3 倍。分苗时一般再装入 20～30 目的聚乙烯袋中，每袋可装苗 1000～2000 个。如装苗过程中发现有海星等敌害生物存在应及时拣出，否则对贝苗将造成毁灭性危害。分好的苗袋一般按 10 袋一绳吊挂海区继续暂养（见延伸阅读 9-5）。

延伸阅读 9-5

当贝苗已达分苗规格时，如不及时分苗而只把原附着基稀疏，仍会限制贝苗生长。因为经过一段暂养，附着基上附着的杂藻，浮泥已很多（棕绳尤为明显），虽然刷洗但不能解决彻底，时间越长情况越严重，导致贝苗移走或死亡。同时，贝苗随着生长发育所需空间、面积、饵料也不断增加，如果继续附着在原基质上，个体间将会互相制约，互相影响，必然造成生长缓慢降低成活率。因此，适时分苗也是提高中间暂养保苗率的重要措施之一。

第四节　扇贝中间育成

贝苗的中间育成又称贝苗暂养，是指壳高 0.5cm 以上的商品苗不能直接分笼养成，必须经过中间培育成壳高 2～3cm 幼贝的过程。中间培育是缩短养殖周期的关键，应做到及时分苗，合理疏养，助苗快长。

一、苗种规格和要求

1. 苗种规格

扇贝壳高 0.5cm 以上（含 0.5cm）。

2. 苗种要求

苗种健壮，活力强，大小均匀。

二、苗种检验

苗种出售前，必须进行检验。规格合格率不低于 90%，畸形率和伤残率不高于 1%。

1. 抽样计数

1）个体计数：从相同苗种的暂养器中，随机抽取 1 个器具作为 1 个样品计数。样品苗种数量应在 1000 个以上，重复 5～10 次，求得样品的苗种平均数，再按器具数推算本批苗种总数。

2）重量计数：将一批苗种全部从暂养器中取出称总重量，然后随机抽取 3～5 个样品苗种，称重计数，求得单位重量苗种数，再按重量推算本批苗种总数。

2. 判断规则

1）个体计数和重量计数两种抽样计数方法具有同等效力。

2）抽样检验达不到各项技术要求的判断为不合格，不合格苗种不应销售和起运。

3）若对检验方法和技术结果有异议，应由生产和购买双方协商重新抽样复检，并以复检结果为准。

三、苗种运输

扇贝的运输，一般采用干运法，运输的时间不宜超过 6h。运输中应注意以下问题。

1）运苗时间应在早晚进行，长时间运苗时，应选择在夜间运输。

2）在运苗前应提前将海带草用海水充分浸泡，装苗前，先用海水将车船冲刷干净，然后铺上海带草。

3）装苗时一层海带草，放一层贝苗，最上层多放些海带草。装完后，用海水普遍喷洒一次直到车底流下清水为止。喷洒海水的作用，一是降低温度，二是冲刷采苗袋上的泥和杂质，然后盖上篷布。篷布和苗之间留有空隙，保持空气流通，避免篷布挤压贝苗，有条件可用双层塑料袋装冰少许，以保持低温和湿度。

4）运输贝苗前应根据天气预报结果，组织好人员，做好各项准备，苗运到后应立即装船挂苗，尽量缩短干露时间。雨天或严冬季节一般不适合苗种运输。

四、中间育成方法

1. 暂养时间与分苗

当贝苗壳高达到 0.5cm 以上时，将其筛出放在笼内暂养 1～2 个月，壳高达 2cm 以上，应筛选分苗，入养成笼养成。早分苗是缩短养殖周期非常重要的措施。

分苗时应尽量在室内或大棚内操作，防风吹、日晒。筛网目可大于养成笼目，筛时动作要轻，应在有水条件下筛苗，避免贝苗受伤死亡。应经常更换海水，水温不要超过 25℃，保持水质新鲜。分苗时要拣去敌害生物。

海湾扇贝在 7 月下旬至 8 月上旬暂养结束。

2. 海区的选择

应选择水清流缓、无大风浪、饵料丰富的海区或利用养成扇贝的海区。

3. 中间育成

（1）网笼育成

圆形网笼，直径 30cm 左右，分为 6～7 层，每层间距 15cm，网目为 4～8mm。壳高小于 1.5cm 的苗种，每层放 500 个；壳高大于 1.5cm 的苗种每层放 200～300 个。通常，一个长 60m 的浮绠可挂 100 笼。

（2）网袋育成

这种方法利用自然海区半人工采苗袋或人工育苗过渡的网袋，长 40～50cm、宽 30～40cm，网目大小为 1.5～2mm。每袋可装 300～500 个商品苗，每串可挂 10 袋，每台浮绠可挂 100～120 串。

（3）扇贝套网笼育成

利用大网目养成笼，外套廉价的小网目聚丙烯塑料网进行育成。扇贝个体小于养成笼网目（2.5～3cm）而大于外套网目（1～1.2cm）时，便将扇贝提前稀疏分苗，改变了先在小网目网笼中高密度放养，然后逐渐稀疏到大网目网笼中养成的传统方法，充分发挥扇贝个体生长潜力。特别是海湾扇贝，由于其生长快，生长期短，足丝不发达，在笼或袋中分布不均匀，往往堆积在一起，影响成活与生长。

套网笼养将扇贝提前稀疏分苗，减少了分笼次数，可一次分苗，一次养成，促进了扇贝生长，提高扇贝成活率 5% 以上。套网笼养适时将外套脱掉，不仅可清除网笼上的附着物，而且因不倒笼、晒笼，提高了养成笼的寿命，减少了分笼次数，降低了劳动强度，增加了经济效益。

4. 育成期的海上管理

海上中间育成是缩短养殖周期的关键，应及时分苗，合理疏养，助苗快长。暂养水层一般在 2～3m。暂养期间要经常检查浮缆、浮球、吊绳、网笼等是否安全，经常洗刷网笼，清除淤泥和附着生物。

第五节 扇贝的增殖与养殖

一、海区的选择

（1）底质

以泥底或砂泥底为最好，稀软泥底也可以，凹凸不平的岩礁海底不适合。底质较软的海底，可打撅下筏，而过硬的砂底，可采用石砣、铁锚等固定筏架。

（2）盐度

扇贝喜欢栖息于盐度较高的海区。河口附近，有大量淡水注入，盐度变化太大的海区不适合养殖扇贝。

（3）水深

一般选择水较深的海区，大潮干潮时保持水深 7～8m 以上的海区为佳；养殖的网笼以不触碰海底为原则。

（4）潮流

应选择潮流畅通而且风浪不大的海区。一般大满潮时流速应在 0.1～0.5m/s，设置浮筏的数量要根据流速大小来计划。流缓的海区，要多留航道，加大筏间距，以保证潮流畅通、饵料丰富。

（5）透明度

海水浑浊、透明度太低的水域不适合扇贝的养殖。应选择透明度终年保持在 3～4m 以上的海区为宜。

（6）水温

一般需夏季不超过 30℃，冬季无长期冰冻。因扇贝种类不同，对水温具体要求不一。华贵栉孔扇贝和海湾扇贝系高温种类，低于 10℃ 生长受到抑制；虾夷扇贝系低温种类，夏季水温一般不应超过 23℃。

（7）水质

符合国家《海水水质标准》（GB 3097—1997）第一类或第二类标准和农业行业标准《无公害食品海水养殖用水水质》（NY 5052—2001）的要求，养殖海区应无工业污水排入、无工业和生活污染。

（8）其他

饵料丰富，灾敌害较少。

二、养殖方式

1. 筏式网笼养殖

利用聚乙烯网衣及粗铁线圈或塑料盘制成的数层（一般 10～12 层）圆柱网笼（图 9-11）吊养扇贝。网衣网目大小视扇贝个体大小而异，以不漏掉扇贝为原则。通常以直径 30～35cm 的塑料盘作隔板，其上有孔径约 1cm 孔眼，隔板之间间距 10～25cm。笼外用孔径为 0.5～1cm 的聚丙烯挤塑网衣包裹，便构成了一个圆柱形网笼，网笼每层一般放养栉孔扇贝贝苗 30 个左右，海湾扇贝每层 25～30 个，虾夷扇贝每层 15～20 个。通常，每 667m² 水面可养 100 笼。悬挂水层 1～6m。

图 9-11　养成笼

A. 通用扇贝养成笼；B. 特制虾夷扇贝养成笼

笼养法把暂养笼和养成笼结合起来，有利于提高扇贝生长速度，同时可以防除大型敌害，但易磨损。栉孔扇贝也因无固定附着基，影响其摄食、生长，个体相互碰撞。此外，笼上常附着许多杂藻和其他污损生物，需要经常洗刷，而且成本较高。虾夷扇贝成贝因不分泌足丝，为防止长时间养殖过程中因相互咬合造成的高死亡率，需设计特殊的养成笼，使隔盘上有根据虾夷扇贝形状设计的 8～9 个凹槽，每层上面有聚乙烯网片盖住防其滚动。

2. 串耳吊养

又称耳吊法养殖。该法是在壳高 3cm 左右扇贝的前耳钻 2mm 的洞穴，利用直径 0.7～0.8mm 尼龙线或 3×5 单丝的聚乙烯线穿扇贝前耳，再系于主干绳上垂养（图 9-12）。主干绳一般利用直径 2～3cm 的棕绳或直径 0.6～1cm 的聚乙烯绳。每小串可串 10 余个小扇贝。串间距 20cm 左右。每一主干绳可挂 20～30 串。每 667m² 水面海区可垂挂 200 绳左右，也可将幼贝串成一列，缠绕在附着绳上，缠绕时将幼贝的足丝孔都要朝着附着绳的方向，以利扇贝附着生活。也有每串 1 个，将尼龙线或聚乙烯用钢针缝入附着绳中。附着绳长 1.5～2m，每米吊养 80～100 个，筏架上绳距 0.5m 左右，投挂水层 2～3m。每 667m² 海区挂养 10 万苗。

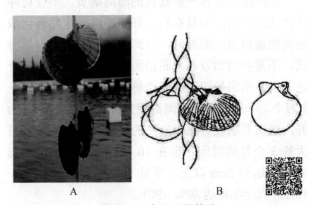

图 9-12　扇贝耳吊养殖

A. 实物图；B. 示意图

串耳吊养的扇贝不能小于 3cm，小个体扇贝壳薄小，不易操作，而且易被真鲷、海鲫等敌害动物吃掉。串耳吊养一般在 4～5 月，水温 7～10℃ 时进行。水温太低或过高对幼贝均不利。目前多采用机械穿孔方式，幼贝的穿孔、缠绕均放在水中进行，操作中要尽量缩短干露时间。穿好后要及时下海挂养。

串耳吊养生产成本低，抗风浪性能好。扇贝滤

食较好，所以生长速度快，鲜贝能增重 25% 以上，干贝的产量能增加约 30%。但是，这种方法扇贝脱落率较高，操作费工，杂藻及其他生物易大量附着，清除工作较难进行。目前日本虾夷扇贝的养殖主要采用此法。

3. 黏着养殖

黏着养殖采用环氧树脂做黏着剂，将 2～3cm 的稚贝一个个黏着在养殖设施上。此法扇贝生长较快，并可避免在耳吊和网笼内的扇贝因风浪、摩擦造成的损伤，因此很有普及和应用的前景。该法 1975 年开始在日本实验，其结果与过去圆笼养殖相比较，成活率从 80% 提高到 88.9%，而且壳长的平均增长率（生长速度）和肥满度也大为增加。如果用这种方法养殖扇贝，则可比笼养方式提前半年甚至 1 年的时间上市，而且死亡很少，几乎没有不正常的个体，其缺点是黏着作业太费事，仅适合经济效价值高的大规格品种如虾夷扇贝。

4. 混养与轮养

（1）扇贝与海藻套养

栉孔扇贝筏下垂挂养殖时，可同时将海带或裙带菜在筏间浅水层平挂进行套养。

（2）扇贝与对虾混养

在虾池中混养一定数量的海湾扇贝，不仅可净化虾池的水质，而且有利于虾池中浮游生物转化成扇贝的蛋白质。混养时，海湾扇贝采用底播养殖方式，不需要增加设备，底播面积约占池塘面积三分之一，并留出投饵区，平均每 667m² 可放养 2 万～3 万个。一般底播的海湾扇贝苗种壳高 1.5～2cm 为好，底质要求硬、泥少砂多的泥砂底。虾池养扇贝大约 3 个月的时间，但在 10 月收虾时，扇贝平均壳高能达到 5cm 以上，平均出柱率能达到 11%～13%，成活率可达 80%～90%。

（3）扇贝与海参混养

栉孔扇贝与刺参（*Apostichopus japonicus*）混养也是一种增产手段。以网笼养殖栉孔扇贝为主，除了正常的放养密度外，再在每层网笼养 1～2 头海参，每 667m² 可产干参 15 kg。刺参吃食杂藻，可以起到清洁网笼的作用，扇贝的粪便又是刺参的良好饵料。刺参与扇贝同入暂养笼和养成笼，不需增加养殖器材。贝参混养为刺参的生态养殖也打下了良好的基础。

（4）扇贝与海带轮养

根据海湾扇贝与海带生产季节的不同，利用同一海区浮绠，一个时期养海湾扇贝，另一时期养海带。海湾扇贝生长速度快，通常 6 月分苗，至 11 月便可收获，而海带是每年 11 月分苗，次年 6 月收获，因此，同一海区，能使用 90% 面积实行轮养，约 10% 面积供作生产周期短暂重叠时机动用。轮养既可改善海区环境，又可充分利用海上浮筏设施，提高生产效益。

三、养成管理

（1）调节养殖水层

网笼和串耳等养殖方法，养殖水层要随着不同季节和海区适当地调整。春季可将网笼处于 3m 以下的水层，以防浮泥杂藻附着；夏季为防贻贝苗的附着，水深可以降到 5m 以下的水层。切忌网笼沉底，以免磨损和敌害侵袭。

（2）清除附着物

附着生物不仅大量附着在扇贝上，还大量附着在养殖笼等养成器上。由于附着生物的附着给扇贝的养成生长造成不利影响，附着生物与扇贝争食饵料，堵塞养殖笼的网目，妨碍贝壳开闭运动，水流不畅通，致使扇贝生长缓慢。因此要勤洗刷网笼，勤清除贝壳上的附着物。当除掉固着在扇贝上的藤壶类时，应仔细小心，防止扇贝受到太大冲击，损伤贝壳和软体部。清除贝壳及网笼上的附着物时，需提离水面，因此，尽量减少作业次数和时间，避免在严冬和高温条件下作业。

（3）确保安全

在养成期间，由于个体不断长大，须及时增大浮力，防止浮架下沉。要勤观察架子和吊绳是否安全，发现问题及时采取措施补救。

防风是扇贝养殖中一项重要工作，狂风巨浪会给扇贝养殖带来巨大损失。应及时关注气象广播，采取防风措施，必要时可采取吊漂防风和坠石防风。前者是把一部分死浮子改为活浮子，后者是用沉石系在筏身上，保证大潮汛枯潮时筏身不出水面。

（4）换笼

随着扇贝的生长，附着和固着生物的增生，水流交换不好，因此，应及时做好更换网笼和笼养网目的工作。

（5）严格控制养殖密度

网笼养殖每层养殖扇贝一般不超过 30 个。

课程视频和PPT：
扇贝的养成

四、扇贝的底播增殖

虾夷扇贝底播养殖具有投资小、易管理、可规模化养殖等优势，尤其适合海岛独特的海域条件，如大连的獐子岛、太洋岛等。底播海区一般选择流水通畅、透明度大、饵料丰富、底质以砂泥底（直径 1mm 的粗砂占 70% 以上，直径 0.1mm 以下的细砂泥占 30% 以下）的海区。盛夏时水温不超过 23℃，水深 20～30m 为宜。在虾夷扇贝底播前应由潜水员将底播海区的敌害生物清除干净。

选择健康活力强的苗种，一般底播规格应在 3.5cm 以上，以确保成活率。一年当中春秋两季均可底播，以 4 月上旬到 5 月上旬的春季底播效果最好，播苗密度为 10～20 个/m²。播苗要选择低潮、平流和无风天气进行，由潜水员到水下撒播，或在船上直接撒播（图 9-13）。

底播后要坚决杜绝拖网和垂钓生产，定期清除海星、海盘车、海螺等敌害生物，从而保证虾夷扇贝免受敌害侵扰，使其正常快速生长。一般 2 年，壳高可达 12cm 以上，回捕率可达 40% 以上，亩产量 500kg 左右。

图 9-13　虾夷扇贝底播投苗

第六节　扇贝的收获与加工

一、扇贝的收获与加工

（1）收获时间及规格

扇贝的收获时间应选择扇贝较肥的季节，通常近海的栉孔扇贝在 5～6 月，外海的为 6～7 月，捕捞大小应限定在体高 6cm 以上，一般不超过 9～10cm。黄渤海养殖的海湾扇贝通常在 11～12 月收获，捕捞规格为壳高 5cm 以上。虾夷扇贝和华贵栉孔扇贝通常在春季收获，前者规格为壳高 10cm 以上，后者为壳高 7cm 以上。

（2）收获方法

筏式养殖的扇贝可以连同养成器材一起从浮筏上取下，用船载回；地播养殖或底播的扇贝用拖网采捕或人工潜水采捕。

二、扇贝的加工

扇贝的传统加工主要是加工干贝，现代也加工冷冻扇贝柱、扇贝罐头及调味品等。扇贝壳是贝雕工艺的良好原料。

1. 干贝

干贝是以扇贝、日月贝等的闭壳肌经过干制加工而成，具有保藏期长，质量轻，体积小，不需冷链，便于贮藏运输等许多优点（图 9-14A）。干贝从其加工方法上可分为煮干品、蒸干品和生干品。经过加工为成品的干贝，要严密包装，不得透风，贮存在干燥而阴凉的仓库中，夏季贮藏更要注意防潮、防虫。受潮发霉变质的干贝呈红紫色，已失去食用价值。

2. 冷冻扇贝柱（图 9-14B）

1）开壳取肉：以鲜活扇贝为原料，用海水把壳外的泥沙等杂质洗刷干净，用圆头刀插入壳内，贴壳内壁的一边把贝柱的一端切下，去掉一面壳，摘除内脏和外套膜，再用刀沿另一面壳的内壁将贝柱的另一端切下。

2）洗涤沥水：用干净的海水或淡水将肉柱漂洗干净，盛于漏水的容器中沥水 5min。

3）称重装盘：沥水后的贝柱进行定量称重、装盘，以每盘 0.5kg 或 1kg 组装为好，要摆得平整美观，也有时直接装进塑料袋中，然后放进盘中

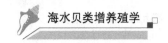

速冻。

4）速冻：摆好盘的贝柱进入速冻间冷冻，直接摆盘而未装塑料袋的，要在-8～-6℃时灌水制作冰被，当中心温度达到-15℃时即可出速冻间脱盘，速冻温度要求-20℃以下，时间不超过12h。

5）脱盘镀冰衣：速冻后应立即出速冻间脱盘，用淋浴法脱盘为好，未装塑料袋的要在0～4℃左右的冷水中蘸一下镀上冰衣。

6）包装入库：未装塑料袋的冻块，要在镀冰衣后，套上塑料袋，然后装小纸盒、大纸箱用泡花碱粘住纸箱的底和顶，并用胶带封口，入冷藏库贮存，库温要求稳定在-18℃以下，有效冷藏期为4个月。

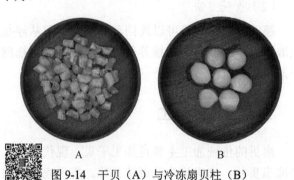

图9-14 干贝（A）与冷冻扇贝柱（B）

3. 扇贝罐头

扇贝罐头是一种新型的扇贝加工产品，相较于传统的干贝产品，其营养损失小，因而营养价值更高（图9-15）。

1）开壳取肉：以鲜活扇贝为原料，先把外壳洗刷干净，再用专用刀取下肉柱。

2）洗涤剂：用2%的精盐水把贝柱洗净。

3）预煮：锅中注入淡水加温，当水温达到80℃时，把洗净的贝柱放进锅中，当沸腾后，立即捞出，放进流动的冷水中冷却。

4）称重：经过冷却的贝柱，放进沥水的容器中沥水10min，然后定量称重。

5）装罐：固形物（贝柱）与料液的比例为60：50，料液的配方为：用洁净的清水加4%的精盐，0.5%的味精，并加以微量的乙酸，使其稍显酸性。

6）排气封罐：在排气箱中加蒸汽排气，排气温度100℃，时间30min，排气后立即密封。

7）杀菌：用115℃的高温杀菌，升温时间15min，杀菌时间50min，降温时间15min，降温用冷水冷却。在水源不足的情况下，也可用压缩空气

冷却，罐头温度下降到45℃左右时，从高压杀菌釜中取出擦罐。

8）检验包装：经过感官检验合格者入保温库中保温（温度以40℃左右为宜）7d，出库后检验合格进用纸箱包装。

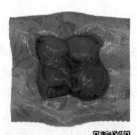

图9-15 扇贝罐头（A）与
扇贝软包装罐头（B）

4. 副产品的利用

扇贝在加工干贝、冻扇贝柱以及扇贝罐头时，其外套膜（即扇贝边）就成了下脚料，可以加工成熟干品。用海水或淡水将其泥沙洗净，配制浓度为5%的盐水，在锅中烧沸，把少量的扇贝边倒进，沸腾后捞出沥水晒干即可储藏。尽管鲜味较差，但仍有食用价值。也可洗刷干净后，就鲜进行冷冻加工，也有的将扇贝边及内脏一起混冻，以作为对虾或鱼类的饵料。

5. 调味品加工

1）海鲜酱油：海鲜酱油调味品是将鱼、虾、扇贝类等的下脚料经发酵生产出的美味调味品，集酱香、鲜香、海鲜于一身，营养丰富，香味浓郁，味道鲜甜，海鲜风味悠长持久。

2）扇贝酱：扇贝酱的加工方法可以分为3种，第一种是将扇贝捣碎成扇贝泥经发酵、调味制成；第二种是将扇贝捣碎经水解，然后将水解液浓缩，再配以各种辅料，加工而成；第三种是以扇贝为主料添加天然的鱼、虾、蟹等配料，经混合、调配、炒制等工艺制得。

3）海鲜调味料：以扇贝裙边为原料，先采用中性蛋白酶和木瓜蛋白酶双酶水解，再用酸性蛋白酶进行分段酶解，水解液再经过粗滤、离心、过滤、浓缩、调配、冷冻干燥制成营养丰富、有浓郁海鲜风味的调味料。

复习题

1. 简述我国养殖扇贝的主要种类及其形态与

分布。

2. 简述扇贝的生态习性。

3. 简述栉孔扇贝的食料组成特点。

4. 简述扇贝的主要敌害。

5. 简述四种养殖扇贝的繁殖水温和繁殖季节。

6. 简述影响扇贝生长的因素。

7. 简述栉孔扇贝半人工采苗常用的采苗器。

8. 简述采苗袋采苗技术优越性。

9. 简述影响采苗袋和采苗笼采苗质量的因素。

10. 简述扇贝半人工采苗预报的方法。

11. 简述扇贝升温人工育苗应遵循的原则。

12. 简述扇贝育苗过程和方法。

13. 简述出池稚贝的定量计数。

14. 简述稚贝海上过渡的方法以及提高其保苗率的技术措施。

15. 简述扇贝商品苗种抽样计数方法、在苗种运输中应注意问题。

16. 简述扇贝中间育成的方法、扇贝套网笼育成优点。

17. 简述扇贝的养成形式。

18. 简述扇贝的底播增殖的方法和措施。

19. 简述扇贝健康养殖的主要技术措施。

20. 解释下列术语：

①干贝；②性腺指数；③贝藻轮养；④采苗袋；⑤串耳吊养。

第十章　贻贝的养殖

贻贝俗称海虹，又名壳菜，干制品称为"淡菜"。贻贝肉味鲜美，营养价值仅次于鸡蛋，因此，素有"海中鸡蛋"之美称。贻贝软体部蛋白和矿物质含量高，脂肪含量低。微量元素中锌质量分数最高，其次为铁，铜、铁、锌之间的比值合理。贻贝是营养价值较高的海水经济贝类，具有较高的食用价值、广阔的养殖前景和市场开发潜力。

贻贝是世界性广分布种类，目前共发现400多种，我国共有70余种。贻贝养殖业较发达的国家主要有中国、西班牙、荷兰、法国、挪威、新西兰等国。早在1235年，法国利用插桩方式率先开始了贻贝养殖。我国自1958年开始贻贝养殖试验，1974年在人工育苗方面取得成功，自然海区半人工采苗技术也得以突破。目前，贻贝的人工育苗、半人工采苗和人工养殖技术已较为完善。2022年，我国贻贝养殖面积达到3.97万公顷，产量77.12万吨。

第一节　贻贝的生物学

一、主要养殖种类及其形态

贻贝隶属于软体动物门（Mollusca）双壳纲（Bivalvia）贻贝目（Mytiloida）贻贝科（Mytilidae）。

1. 紫贻贝（*Mytilus galloprovincialis*）

俗称贻贝、海虹。贝壳楔形，较宽，壳质较薄而坚韧。壳顶尖细，不突出。壳表的角质层光滑，略有光泽，无放射肋，具细而不很规则的生长纹。壳表呈紫褐色。壳缘光滑无缺刻。外套痕和闭壳肌痕极明显，后闭壳肌痕与外套痕分离。壳内表面的珍珠层薄，无点刻。铰合部简单。韧带细长，韧带脊明显。足丝细而发达（图10-1A）。

2. 翡翠股贻贝（*Perna viridis*）

习惯上称"翡翠贻贝"。贝壳较大，楔形，壳质较薄。壳顶尖细，多弯向腹缘。壳表光滑，无放射肋，生长纹细密、较明显。壳面为绿色。贝壳内面呈白瓷状，具珍珠光泽。外套痕明显，缺少前闭壳肌痕，后闭壳肌痕分成两部分。铰合齿左壳2枚，右壳1枚。足丝孔不明显，足丝极发达（图10-1B）。

3. 厚壳贻贝（*Mytilus coruscus*）

壳大，较厚，楔形。壳顶位于贝壳最前端，尖细。壳缘光滑无缺刻。贝壳表面略有光泽，无毛。生长纹明显但不很规则。壳内面珍珠层较厚，呈银白色，具有点刻。外套痕和闭壳肌痕极明显。铰合部窄。韧带细长，呈紫褐色。足丝较粗，极发达（图10-1C）。

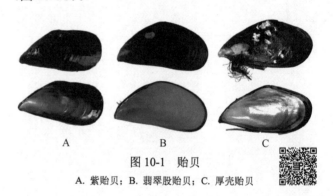

图10-1　贻贝

A. 紫贻贝；B. 翡翠股贻贝；C. 厚壳贻贝

二、生态

1. 分布

贻贝科贝类少数生活于淡水中，大多数生活于海水中。紫贻贝原产于大西洋的丹麦至西班牙沿海；在我国，自然分布于黄海、渤海，后经人工南移至东海和南海部分海域。厚壳贻贝分布于日本北海道、韩国济州岛和我国的黄海、渤海、东海和台湾等地。翡翠贻贝分布于印度洋东岸和西岸、菲律宾、马来西亚、西北太平洋和我国的东海南部和南海。在垂直分布上，紫贻贝自高潮线附近至水深100多米海区皆有分布，自低潮线下至水深2m处较多；厚壳贻贝自低潮线至水深 20m 附近；翡翠贻贝自低潮线至水深 1.5～1.8m 范围。

2. 生活方式

用足丝附着在物体上生活。

3. 对温盐的适应能力

紫贻贝的生长适温为 5～23℃，最适 10～20℃；28℃ 以上出现死亡，30℃ 以上大量死亡。翡翠贻贝耐温范围为 9～32℃，适温 20～30℃。贻贝属于广盐性贝类，盐度 18～32 范围内生长较好。

三、食性

贻贝为滤食性贝类，通过鳃滤食海水中的食物颗粒。其饵料种类主要包括硅藻、原生动物、双壳类面盘幼虫及有机碎屑等。

四、繁殖

1. 性别

紫贻贝为雌雄异体，有雌雄同体和性转换现象。人工养殖的紫贻贝，开始雄性占优势；接近繁殖期时，雌、雄比例基本相当。在繁殖期，雌性生殖腺呈橙黄色或橘红色，雄性多为黄白色。

2. 繁殖季节

紫贻贝繁殖适温为 12～14℃，厚壳贻贝的产卵温度与紫贻贝基本相同；翡翠贻贝繁殖的适温为 25～29℃，最适为 25～28℃。紫贻贝在辽宁的繁殖季节为 5～6 月；山东有两个繁殖期，春季为 4～5 月，秋季 9～10 月，南部海域的产卵期比北部早；福建的繁殖盛期为 4 月中旬至 6 月上旬和 10 月下旬至 11 月上旬。翡翠贻贝的繁殖季节为 5～6 月和 10～11 月。

3. 性腺发育

紫贻贝的性腺发育分为性腺形成期、性分化期、产卵期和耗尽期等四个时期。

4. 产卵

1）产卵行为：雌性紫贻贝产出的卵子呈颗粒状，在水中快速散开。雄性排放精液，在水中呈乳白色烟雾状。

2）生殖细胞：紫贻贝卵子成熟时呈球状，直径 68μm。精子全长约 47μm，头部呈圆锥形，尾段细长。

3）产卵量：体长 40～60mm 的紫贻贝，平均产卵量为 300 万～600 万粒，最多可达 1000 万粒；体长 12cm 的翡翠贻贝，一次产卵量高达 1500 万粒；体长 11cm 的厚壳贻贝，一次产卵量可达 914 万～2415 万粒。

5. 胚胎和幼虫发育

在水温 16～17℃ 时，紫贻贝受精卵经 40h 左右发育为 D 形幼虫。8～10d 后，发育为壳顶期幼虫。20d 后，出现眼点，进入匍匐幼虫期，开始附着变态为稚贝。常见贻贝胚胎和幼虫发育速度见表 10-1，紫贻贝胚胎和幼虫发生过程见图 10-2。

表 10-1 三种贻贝胚胎发育速度

发育期	紫贻贝 （16～17℃）	厚壳贻贝 （15～21℃）	翡翠股贻贝 （22～28.5℃）
第一极体出现	30min	25min	15min
2 细胞期	1h 10min	1h 15min	27min
4 细胞期	1h 25min	1h 55min	36min
囊胚期	7h 20min	7h 50min	2h 40min
原肠胚期	9h 30min	9h 50min	3h 10min
担轮幼虫期	19h	18h 25min	7～8h
D 形幼虫期	40h	39h 50min	16～18h
壳顶幼虫期	8d	7d	5～9d
变态幼虫期	20d	19d	16～24d
稚贝	25d	28d	20～27d

五、生长

贻贝的生长属于终生生长类型，生长速度主要受水温、饵料、水深和海流等因素的影响（见延伸阅读 10-1）。

延伸阅读 10-1

第二节　贻贝的半人工采苗

一、选择海区

应满足亲贝充足、饵料丰富和敌害生物少等条件。海区的形状以潮流通畅的袋形湾和漏斗形湾为首选（图 10-3）。对于开放型的采苗海区，要求海区具有旋转流或基本相等的往复流，以避免幼虫流失。在理化条件方面，要求采苗海区附近无较多的淡水流入，雨季盐度保持在 18 以上，夏季水温低于 29℃，水质清新通畅。

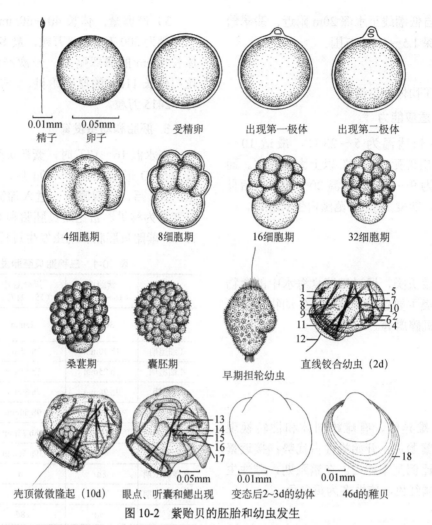

图 10-2　紫贻贝的胚胎和幼虫发生

1. 前闭壳肌；2. 后闭壳肌；3. 面盘背缩肌；4. 面盘中缩肌；5. 面盘腹缩肌；6. 腹缘缩肌；7. 后缘缩肌；8. 胃；9. 消化盲囊；10. 直肠；11. 面盘；12. 鞭毛；13. 缩足肌；14. 眼点；15. 平衡囊；16. 内鳃丝；17. 足；18. 生长线

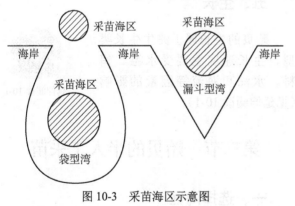

图 10-3　采苗海区示意图

二、采苗器

贻贝的采苗器有红棕绳、胶皮绳、聚乙烯绳、稻草绳等。其中，红棕绳的采苗效果较好，把 4 股红棕绳纺在一起的效果最好，也可使用由三股红棕绳编制的海带苗帘进行采苗。

采苗绳长度为 1~2m。

三、采苗预报

在临近贻贝繁殖盛期，每天从海区随机抽取 10~20 个贻贝，解剖后观察性腺发育情况，检查精卵是否排放，以此确定产卵盛期。根据水温和幼虫生长发育的速度，预测幼虫附着时间。

发现贻贝产卵后，定期用浮游生物拖网采集不同水层中的贻贝幼虫，测量幼虫大小，确定幼虫的发育阶段。根据水温和海区中饵料的情况，准确判断幼虫附着变态的时间。

四、采苗器投放时机和采苗季节

采苗器投放时机应在附苗前 1 个月左右为宜。提前投放采苗器，可让采苗器提前长出菌膜和丝状藻类，有利于幼虫的附着变态。一般情况下，山东沿海紫贻贝采苗应在 3 月开始投放采苗器，最迟不晚于 4 月；辽宁沿海应在 4 月份采苗。

五、采苗方法

1. 筏式采苗

筏式采苗指利用浅海养殖的浮筏开展的采苗方式。

（1）采苗器投放

采苗器的吊绳为聚乙烯绳，长度为 50cm 左右；对于透明度大的海区，吊绳应适当加长，以降低采苗水层。对于三股的红棕绳，每台筏架挂 200～250 根绳；直径 0.5cm 的红棕绳，每台挂 300～600 根绳。采苗绳可采取单筏垂挂或筏间斜平挂等方法。

（2）苗种检查

在山东和辽宁，一般在 6 月中旬至 7 月初，肉眼可见采到的紫贻贝苗，比较方便计数、检查。但在肉眼可见前，需借助放大镜或解剖镜检查采苗器上的贝苗；或把采苗器上的贝苗冲刷下来后，用显微镜计数、检查。

（3）日常管理

1）加漂：采苗后，随着贝苗的生长和其他污损生物的附着，筏架的负荷逐渐增加。为防止筏架下沉，应定期添加浮漂。

2）整理采苗器：采苗器受风浪和海流的影响，有时会互相绞缠在一起，或缠绕在浮缚上，应经常对缠绕的采苗绳进行整理。对于稻草绳采苗器，因其较轻，有时会漂在水面，因此，需要及时增加坠石。

3）防风：在夏季台风季节，为防止浮筏互相缠绕，应采用吊漂方式防风（图 10-4）。

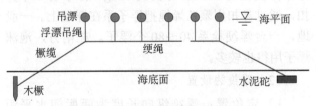

图 10-4 紫贻贝浮筏防风度夏方式

2. 插竹采苗

插竹采苗的方法适用于翡翠贻贝。

（1）海区选择

采苗海区潮差为 0.6～1.2m，潮流平缓，水深 3～4m 以内，底质为泥砂底。

（2）采苗器

采苗器为直径 3～4cm 的竹竿，长 1～2m。在采苗前，提前把竹竿插在海底，让藤壶固着在竹竿的表面，增加表面的粗糙度，以利于幼虫的附着。

（3）采苗方法

把竹竿成排地插在海底上，每 667m² 插 1000～2000 根竹竿，竹竿间距约为 40～50cm。每隔几排，留出一定的航道。

3. 栅式采苗

在低潮线下，把木桩或竹竿插在海底，作为立柱，立柱间距为 4～10m；立柱间拉上聚乙烯绳，采苗器以垂挂的方式吊挂在聚乙烯绳上。

第三节 贻贝的人工育苗

当前国内贻贝的人工育苗主要针对厚壳贻贝，包括升温育苗和常温育苗两种方式。对于升温育苗，亲贝入池时间一般在 12 月上旬至中旬；对于常温育苗，浙江海区厚壳贻贝自然繁殖季节为 5 月和 10 月，具体根据海区的水温情况把亲贝提前运进到室内。

一、人工育苗

厚壳贻贝幼虫培育和稚贝培育水温为 16～22℃（见延伸阅读 10-2）。在亲贝蓄养和幼虫培育阶段的操作管理内容与扇贝育苗基本相同；对于使用网衣和棕绳为附着基时，其采苗与稚贝培育的操作管理内容与扇贝也基本相同，但对于使用波纹板为附着基时，在采苗与稚贝培育阶段的部分管理与扇贝存在一定的不同。具体如下。

延伸阅读 10-2

1. 附着基处理

为便于剥离稚贝，现在多采用波纹板采苗。采苗前，波纹板和筐都需洗刷干净、清除油污，必要时用稀盐酸浸泡。使用时，波纹板插筐内，每筐插 20 片波纹板（图 10-5）。

2. 采苗时刻

当幼虫长至 250～270μm，部分幼虫的眼点变大、足开始伸缩时，开始投放附着基采苗。匍匐幼虫附着变态时间约为 7d。当壳长达到 350μm 左右时，即可看到长出的次生壳。

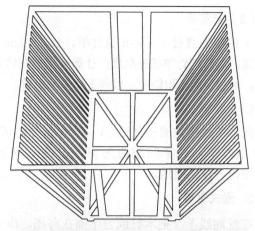

图 10-5　波纹板筐

3. 稚贝培育

稚贝培育指幼虫变态后至壳高 1～3mm 稚贝阶段的生产过程。在稚贝培育过程中，应加大投喂量和换水量。为提高稚贝成活率和生长速度，应勤换池、勤冲底。当稚贝经 20d 左右的培育，壳长达到 1mm 以上时，可出库、移入海区开展保苗生产。为提高保苗期间的成活率，稚贝在室内也可培育至 2～3mm 时出库。

二、保苗

保苗也称中间培育或海上过渡。贻贝的保苗生产系利用海区浮筏开展的，保苗器材为网袋。当贝苗长至 1cm 以上时，即可分苗养成。

第四节　贻贝的养成

贻贝养殖的主要方式是筏式养殖并采用贝藻套养和双季生产等措施增产。

一、筏式养殖

1. 海区选择

海区的流速应达到 15～25m/s，盐度为 18～32，年水温变化为 0～29℃，水质肥沃，饵料丰富，敌害生物较少。对于翡翠贻贝，海区适宜生长的年水温范围为 12～32℃。

2. 浮筏

（1）浮筏结构

浮筏也称筏架或架子，由浮绠、橛缆、橛子和浮子等部分组成（见图 10-4）。

1）浮绠：也称筏身或大绠，直径约 2cm，系聚乙烯、聚丙烯或聚氯乙烯等材质的绳索，以聚乙烯材质较好。浮绠有效长度一般为 60m 左右；在部分地区，浮绠长达 100m 左右。

2）橛缆：也称橛绠，材质与浮绠相同，直径与浮绠相同或略粗于浮绠。橛缆的长度为满潮时水深的 2 倍。

3）橛子：有时称橛腿，起到固定浮筏的作用，适用于砂泥底或泥砂底。橛子分为木橛和水泥橛。木橛的用料首选杨木和柳木，水泥橛系由生铁、水泥和砂石浇制而成。橛子长度为 80～200cm，直径 15～20cm。木橛中央钻有一个圆孔，用于栓系橛缆。

4）水泥砣：对于底质坚硬无法打橛的海区，可通过水泥砣固定浮筏。水泥砣也称为砣子，由石块、砂和水泥浇筑而成，重 1000～2000kg。水泥砣需预埋"Ω"形的铁环，用于栓系橛缆。过去的砣子常用石材打砌而成。

5）浮子：又称浮漂或浮球，有塑料、泡沫和玻璃等材质，现在一般使用塑料浮子。塑料浮子为球形，直径约 30cm，浮力约 15kg。浮子有 2 个鼻扣，通过鼻扣用聚乙烯绳把浮子系在浮绠上。一般地，一台浮绠栓系 40～80 个浮子。在南方，泡沫浮子用得也较多。

（2）浮筏的设置

1）定位置：浮筏纵向长度为两橛间水平距离，横向距离可根据筏间距来确定。一般地，浮筏的方向采取截流的方式设置。

2）打橛或下砣：打橛子有两种方法，一种为引杆打橛，引杆由斗子和木杆两部分组成，木杆的长度依水深而异；另一种为打桩机打橛，打桩机的作业速度快，一般一杆就可打一个橛子。对于底质坚硬的海区，通过水泥砣固定浮筏；水泥砣由船运至指定的海区，按照标定的位置用绞磨放至海底。作业前，应先把橛子或水泥砣的橛缆栓系好，以便与浮缆连接。

3）下筏：首先把浮子绑在缆绳上，做成浮缆，把做好的浮缆整齐有序地放入船内。船载着浮缆到指定位置后，将浮缆推入海中，把浮缆两端和相应的橛缆连接好，调整好浮筏的松紧度。如此逐台设置浮筏。

3. 养成器材

（1）吊绳

聚乙烯材质，140～180股，长80～100cm，直径0.4～0.5cm。

（2）养成绳

1）聚乙烯绳：聚乙烯材质，长约2.5m，直径约2cm。

2）胶皮绳：将废弃轮胎割成条状，由2～3股拧成胶皮绳，长度为2.5～3cm。胶皮绳抗腐性好，经济耐用，掉苗较轻；目前使用较为广泛。

3）红棕绳：把3～4股红棕绳纺在一起，做成养成绳，直径约1.2cm。材质抗腐、耐用、脱苗轻。

（3）扎绳与网片

包苗用的网片为聚乙烯材质，扎绳多采用聚乙烯绳。

4. 苗种运输

在气温18～22.5℃条件下，贻贝苗离水24h后的死亡率为2.4%；2d后为3.8%；3d后为76.9%；4d后为85%；5d后全部死亡。在气温3.5～7℃条件下，离水4d时无死亡；但离水8d后全部死亡。在30～32℃气温下，贻贝苗离水4h、再放入水中后，会很快附着；但离水8h后，再放入水中需2d才能恢复附着。

贻贝苗的运输季节多为8～9月，气温在20～30℃，运输时间不宜过长。

5. 分苗

（1）分苗季节

分苗季节一般为7月中旬至8月中旬。为提高贝苗的生长速度，宜尽早分苗。

（2）分苗方法

1）包苗：先把群聚的贻贝苗分散开，再用筛子把贝苗筛分成大小不同的等级，然后用网片把相同等级的贝苗包裹在养成绳、竹片等养成器材上；待贝苗附牢后，拆掉网片。在水温20～24℃时，

1～2d即可拆网；但温度低时，拆网较晚。包苗可以方便地调整分苗密度，贝苗附着均匀，质量好；但费时、费力、成本高。

2）缠绳分苗：如果采苗绳上贝苗数量较多，可把采苗绳分段缠到养成绳上；反之，采苗绳无需分段，整条缠在养成绳上。如采苗绳上贝苗数量特别多，可通过多次缠绳的方法，把贝苗分次转移到多条养成绳上。

3）拼绳分苗：亦称并绳分苗。当采苗绳上贝苗数量较多时，可把多根养成绳与1根采苗绳拼并在一起，用扎绳扎好，2～3d后拆开，即可把一根采苗绳上的贝苗同时转移到多条养成绳上。该方法与缠绳分苗相似，分苗速度快，省工、省料，但质量稍差。

4）夹苗分苗：把群聚的贝苗夹在胶皮绳、塑料绳等养成绳上，使其在养成绳上重新分布。这种方式，操作简便，但附苗不匀，容易掉苗。

5）流水分苗：在水泥池或船舱里，把养成绳铺好后，在其上放一层贝苗，流水2～6h，使贝苗附着在养成绳上，实现分苗的目的。该方法省工，但附苗不均匀，也不容易控制附苗密度。

6）网箱分苗：网箱分苗与流水分苗方法相同，需在浅海的网箱中进行。

（3）分苗数量

在福建莆田地区，采取包苗的方法分苗。不同大小贝苗的包苗量不同，不同绳径的包苗量也不同（表10-2）。

表10-2　不同绳径的养成绳对不同规格贻贝苗的包苗量

贝苗大小（cm）	规格（个/kg）	不同绳径的包苗量（kg/m）			
		2cm	3cm	4cm	5cm
1.5	2084	0.20	0.25	0.30	0.35
2.0	1066	0.40	0.50	0.60	0.70
2.5	600	0.65	0.80	1.00	1.15
3.0	400	1.00	1.25	1.50	1.75
3.5	260	1.50	2.00	2.25	2.75
4.0	178	2.25	2.75	3.50	4.00

（4）挂苗数量

采取合理密植的原则，综合考虑环境条件和饵料的多寡，通常每台筏架挂养60～160吊。

6. 管理

在贻贝养成阶段，随着贻贝的生长，浮筏的负荷逐渐加大，因此，应及时增添浮漂。此外，贻贝

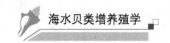

养成受台风、高温和严寒等自然现象的影响很大，故应做好以下"五防"工作。

1）防风：在南方，贻贝养成时要经历台风和酷暑季节，因此，风浪是养成期间的主要灾害之一。为预防台风灾害，应注意调整每台浮筏的负荷，防止发生断缆、断绠和拔橛等现象。在台风来袭前，为减少风浪的冲击，宜采取吊漂、增加坠石等方法，把浮筏沉到水面下 0.5～1.5m 深处。

2）防暑：在福建、广东沿海的夏季，当水温超过 29℃ 以上时，应把贻贝移到深水处安全渡夏。

3）防冰：对于北方结冰的海区，应将浮筏沉到水面下 1～1.5m 深处，防止冰灾。

4）防脱：贻贝脱落是养成阶段的普遍现象，也是我国南北方养殖的共同问题。为防止脱落现象的发生，必须从养成绳材质的选取、包苗季节和包苗密度等方面提早抓起。在高温、台风等季节，采取沉筏的办法，防止强风对贻贝造成损伤、脱落。用网衣包苗养成的方法，也可减轻脱落的程度。借着厚壳贻贝坚固的足丝，可以把贻贝和厚壳贻贝混合包养在一起养成，可以大大降低贻贝脱落的现象。

5）防害：海星、章鱼、红螺和蟹子等生物是贻贝的天敌，应阻断它们沿橛缆爬行到浮筏上的通道，免除浮筏上的贻贝受损。另外，如果浮筏下沉到海底，贻贝会直接暴露在敌害的袭击圈中，贻贝被袭的风险更大；因此，必须严防浮筏下沉。

二、贻贝增产措施

为充分利用海区资源和提高海区的综合效益，可采取贝藻套养和双季生产等技术措施。

1. 贝藻套养

在贻贝养殖海区，套养海带和江蓠等海藻，使贝藻生态位相互促进，以提高筏式养殖综合效益。

2. 双季生产

双季生产又称二季作业。该技术措施要求早分苗、早收获，并备足储备苗。具体做法为：第一茬苗，在 8～9 月放养，次年 9 月收获。第二茬苗使用储备苗，于次年 4 月份放养；由于苗种规格较大，在放苗当年的 8～10 月即可收获；养成期为 6 个月。通过双季生产，每台浮筏的产量可提高 50%～80%。

除上述增产措施外，还可采取提早分苗的方式，尽早稀疏贝苗密度，提高贻贝的生长速度。另外，适当增加养成绳的长度，可以提高水层利用率，对提高海区的单产具有良好的效果。此外，稀包密挂、大小分养、冬夏深水养殖、春秋浅水层养殖等技术措施都能达到增产目的。

第五节　贻贝的收获与加工

一、收获规格

紫贻贝、翡翠贻贝和厚壳贻贝的收获规格不同。紫贻贝的收获规格为 4～5cm；翡翠贻贝收获时，壳长为 10cm 左右，体重规格约为 12 只/kg；厚壳贻贝长到 6cm 时，即可陆续收获，但为提高产品的规格，可待壳长达到 8cm 时再行收获。

二、收获季节

一般地，贻贝出肉率达到 5% 以上时，即可收获。由于各海区水温不同，因此，贻贝肥满期出现的时间不同，收获季节也存在差异（延伸阅读 10-3）。

延伸阅读 10-3

在北方的春季，当水温回升至 6～8℃ 时，紫贻贝的肥满度最高；10℃ 时开始繁殖；14℃ 时繁殖结束，肥满度全年最低。在秋季，当水温降到 24～20℃ 时，性腺逐渐肥满；降至 20℃ 以下时，开始排放，软体部略有消瘦。福建和广东的翡翠贻贝，在 5 月和 8～10 月，性腺比较肥满，干肉率达 5%～7%，是理想的收获季节。

三、收获方法

为节约劳动力，目前多采用吊杆起重机收获贻贝。收获时，对于密度低的养成绳，采取一次性"全收"的方式收获。对于密度较大的养成绳，如果贻贝规格较小，且附着牢固，可采取"间收"的方式先收获一部分贻贝，再利用原养成绳把留下的贻贝继续养至下一个肥满期收获。

四、贻贝的加工

贻贝除了鲜销外，目前主要加工方法为熟干制成品为淡菜，鲜干制成品为蝴蝶干，冷冻贝肉等（见延伸阅读 10-4）。

延伸阅读 10-4

复习题

1. 简述贻贝的生态习性。
2. 简述贻贝的**繁殖**习性。
3. 简述贻贝半人工采苗方法。
4. 简述贻贝人工育苗过程。
5. 简述浮筏的结构和设置方法。
6. 简述贻贝分苗的方法及优缺点。

第十一章　珍珠贝的养殖

珍珠贝是珍珠生产的直接来源。珍珠玲珑雅致、色泽柔润、光彩夺目，是贵重的装饰品。早在数千年前，珍珠已被皇朝列为贡品，为帝王贵族所拥有，更因历代文人墨客对珍珠的称颂而蒙上神秘的色彩。珍珠也是名贵的中药材，可制成珍珠丸、珍珠粉、六神丸、安宫牛黄丸等，有安神定惊、清热解毒、去翳明目、消炎生肌等功效。

中国是最早利用和采捕珍珠的国家。早在战国时期，《禹贡》中就有"淮夷蠙珠"的记载；三国时期诸葛亮利用珍珠创制诸葛行军散。广西合浦县的珍珠采捕历史悠久，所产珍珠质地细腻、凝重、结实，色泽晶莹艳丽而闻名世界，誉为"南珠"。合浦的采珠业在汉朝就已十分发达，南北朝时期便培育出佛像珍珠，至宋朝开始人工养贝以采捕珍珠，而南珠的采捕在明朝达到鼎盛时期。据史料记载，明弘治十二年，在合浦海水珠池采珠达 2.8 万两，万历二十七年则采珠 2100 两。

我国现代海水珍珠的人工养殖则始于 1958 年。自 20 世纪 50 年代初期，我国的贝类科学工作者已开始探索珍珠养殖的理论和技术问题，并陆续攻克了珍珠贝人工育苗、母贝培育、植核、育珠等一系列技术难关（见延伸阅读 11-1），使海水珍珠养殖业得以发展，养殖区域从广东扩展至广西及海南。与此同

延伸阅读 11-1

时，对大珠母贝进行的人工育苗和插核的试验也获得成功，为我国培养大型珍珠提供了有利条件。1984 年我国生产的最大正圆珍珠直径 1.9cm，最大椭圆珍珠 2.6cm×1.5cm，为大珠母贝产生的大型珍珠。

我国海水珍珠产量最高峰为 1996 年达 30t，主要产地是湛江，占总产量的 60%，其次是北海，约占 30%，其余为防城港、钦州、海南等地。然而，近年来由于高密度养殖使珠场严重老化，育珠贝死亡严重，珍珠产量明显下降，2016 年海水珍珠产量为 3.586t，最近 2 年则维持在 1.5t 左右。

第一节　珍珠贝的生物学

一、主要养殖种类的形态特征

世界上用于培育海水珍珠的品种主要有下列四种，均隶属于软体动物门（Mollusca）双壳纲（Bivalvia）牡蛎目（Ostreida），其中合浦珠母贝、珠母贝和大珠母贝隶属于珠母贝科（Margaritidae），而企鹅珍珠贝隶属于珍珠贝科（Pteriidae）（图 11-1）。

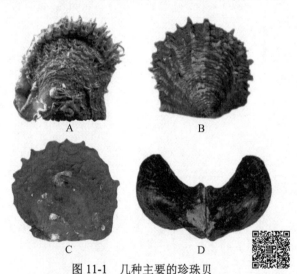

图 11-1　几种主要的珍珠贝

A. 合浦珠母贝；B. 珠母贝；C. 大珠母贝；D. 企鹅珍珠贝

1. 合浦珠母贝（*Pinctada fucata*）

壳顶偏向前方，左壳比右壳隆起膨大。铰合线长接近体长，具前后耳，前耳发达，呈三角形，后耳向后延伸略超过背缘，右壳前耳下有一三角形足丝窝。同心生长线细密，腹缘鳞片伸出呈钝棘，壳内中央为银白带虹彩色的珍珠层，除铰合部外，边缘为茶褐色的棱柱层。体型属中小型，是培育中小型珍珠的品种。

合浦珠母贝分布在太平洋西岸南部海区，自日本千叶县以南至中国、越南、缅甸、斯里兰卡、菲律宾、印度尼西亚、澳大利亚等均有分布。我国主要分布在广东、广西、海南、台湾沿海。

2. 大珠母贝（*Pinctada maxima*）

贝壳坚厚，扁平呈圆状，壳顶接近前端，铰合线长明显短于体长，后耳不明显，前耳突出明显。壳面较平滑，灰黄色，具有疏而大的覆瓦状鳞片层。壳内面珍珠层中央银白色，珍珠层边缘为金黄色、银白色或虹彩色，壳缘为灰黄的棱柱层。体型为本属最大者，成体壳高 20～30cm，是培养大型珍珠的品种。

大珠母贝主要分布于澳大利亚西北岸、缅甸、印度尼西亚、泰国、菲律宾等地。在我国主要分布于台湾、澎湖列岛、海南岛西部、雷州半岛西部、西沙群岛等。

3. 珠母贝（*Pinctada margaritifera*）

体型近似大珠母贝，但稍小。壳面鳞片覆瓦状排列，在腹缘常形成钝形棘状突起。壳色灰黑色，间以灰白的放射带。壳内珍珠层中央银白色，边缘银灰色或黑色，壳缘为灰黑色的棱柱层。体型中大型，成体壳高达 15～20cm，是培育中大型黑色珍珠的品种。

珠母贝主要分布于日本冲绳群岛、南沙群岛、菲律宾、印度洋、太平洋中部塔希提群岛等地，我国的海南、北部湾和台湾沿海也有分布。

4. 企鹅珍珠贝（*Pteria penguin*）

壳体呈斜方形，前后耳延长成柄状，前耳短后耳长，状似企鹅，故名。壳面被有许多细毛，呈黑色。左右两片贝壳隆起特别显著。左壳比右壳凸，铰合部直，壳内珍珠层银白带古铜色。体型大。企鹅珍珠贝主要分布在日本、泰国、印度尼西亚、菲律宾、澳大利亚、马来西亚、马达加斯加岛等地，我国主要分布在广西涠洲岛、广东沿海和海南沿海深水海域。

二、合浦珠母贝的生态

1. 栖息场所和活动习性

珠母贝科的种类均分布于热带和亚热带海洋中，利用足丝附着在岩礁、珊瑚、砂泥及石砾上生活。纯泥底质的海区，因缺乏附着基而难以生存。

合浦珠母贝的垂直分布一般自低潮浅水附近至水深 20 多米处，在流速较快、透明度较大的海区分布较多。在风浪较大底质不够稳定的海区，多栖息于深水区；在风浪较小、底质较为稳定的海区则多栖息在浅水地带。幼贝在水深 3m 处栖息密度最大，5m 以下极为少见，随着个体成长而渐向深水处移动。成贝多生活在水深 5～7m 处或更深水层。

2. 对温度的适应性

合浦珠母贝适温范围为 15～32℃，最适水温为 23～25℃。当水温下降至 13℃时，代谢机能降低，至 10℃时几乎完全停止运动。水温下降至 6～8℃并持续 21～23h 时会引起大量死亡。在水温 36～38℃时，持续 22h 时便能致死。

3. 对盐度的适应性

合浦珠母贝对高盐度的适应能力较强，最适盐度为 28～35。当盐度升至 41.6 时，还能进行正常的生活；盐度 22～23 时，生理机能受到影响；盐度 15.5 时，成贝在 48h 后出现死亡，幼贝在 72h 开始死亡。

4. 食性和食料

合浦珠母贝通过鳃的过滤来摄取水中的浮游动物、浮游植物、浮泥和有机碎屑等。较常见的食料是小型的浮游硅藻类如圆筛藻、菱形藻、针杆藻等以及甲藻类，还有一些小型的浮游动物如甲壳类的无节幼体、贝类的担轮幼虫和面盘幼虫以及一些有机碎屑、浮泥。

合浦珠母贝摄食的强度取决于鳃滤水量的大小，而后者又与海水的温度和盐度密切相关。在水温 24～27℃时滤水量最大，摄取食物最多，超过这个范围则相反，水温低于 14～16℃时滤水量明显减少，至 10℃时滤水量锐减，8℃时几乎不过滤海水。海水盐度在 32～35 时滤水量最高，在 22～23 时滤水量锐减，降至 16.8～14.1 时几乎不过滤海水。

此外，海水的浑浊度对摄食也有一定的影响，过度浑浊的海水将妨碍合浦珠母贝的摄食，甚至引起机械性阻塞，导致窒息死亡。

课程视频和PPT：合浦珠母贝的生态与养殖

三、合浦珠母贝的繁殖

1. 性成熟、性别和性比

合浦珠母贝到第二年的繁殖期已具有繁殖能

力。生物学最小型雄性为 17.5mm×17.5mm×5.0mm（壳高×壳长×壳宽，下同），雌性为 26.0mm×23.0mm×7.9mm。

合浦珠母贝的性别一般为雌雄异体，存在性转现象，有时存在雌雄同体的个体。性转换过程发于一次繁殖结束之后至下一次生殖细胞发育时期到来之前这一段时间内。性别一经确定，中间不再逆转。性转现象多见于幼龄个体，3～4 龄个体性别较稳定。合浦珠母贝的性比，在低龄群中雄性个体占优势，这与雄性先熟现象有关，而在高龄群体中则雌性个体占优势。

2. 繁殖季节

合浦珠母贝几乎全年都可以繁殖，但主要的繁殖期集中在每年的 5～7 月和 9～10 月。在水温回升得比较早的年份，4 月下旬就可进入繁殖盛期。合浦珠母贝性腺的形成及繁殖与水温密切相关，当水温达到 15℃时，生殖腺开始发育，至 20℃时生殖腺开始成熟，22℃时有小部分个体开始繁殖，25℃后进入繁殖盛期，只要遇到海况急剧变化，就会大量排放精卵而形成繁殖高峰。

合浦珠母贝繁殖高峰期的出现与海况的变化有密切的关系。只要水温达到 25℃以上，生殖腺处于成熟期，下列海况的变化均可引起合浦珠母贝大量排放精卵：①大风大浪；②下大雨；③风平浪静、烈日当空。这三个条件实质上是风浪、盐度和水温三个因素在起作用。若海况变化较平稳，缺乏急剧的变化，则合浦珠母贝的繁殖活动会较缓慢，不集中，且多在大潮期繁殖，因为大潮期潮流较急，水质新鲜，盐度上升，这些条件均可成为诱导排放的刺激因素。

3. 胚胎和幼虫发生

（1）精子和卵子

精子全长约 60μm，由头部、中段和尾部三部分构成。头部的前端有一个锥形的顶体，接着是一个大的细胞核，中段由两个呈半圆形部分所组成。头部直径约为 1.7μm，其长度（包括中段在内）约为 4.5μm，尾部细长呈鞭状，长约 55.5μm。

成熟的卵子一般呈淡黄色，圆形或卵圆形，直径约 48μm。卵膜薄而光滑，卵核大而明显，位于细胞中央，卵黄颗粒分布均匀，色素较浓。未成熟的卵子则呈洋梨形或不规则的多边形，卵核小而不明显，卵黄颗粒分布不均匀。

自然产出的精子在海水中运动很活泼，卵子亦具有受精的能力。但从生殖腺中人工取出的精子和卵子，精卵成熟度差，在正常的海水中精子几乎完全不活动，卵子也没有受精能力。如果在正常的海水中加入适量的氨水，精子运动转为活泼，卵子也具有受精能力。

（2）早期发生

精、卵结合之后，受精卵收缩成正圆形，平均直径为 45μm。受精膜极为明显，细胞质开始流动，卵内物质重新分布，卵核消失。受精后 25min 左右出现第一极体，再过 15min 出现第二极体。受精后 1h 左右，受精卵进行第一次卵裂成为 2 细胞期。以后继续分割，经过 4 细胞期、8 细胞期……至受精后 3h 52min 左右，胚胎发育至囊胚期，胚胎表面生出短小的纤毛，开始做顺时针方向旋转。以后继续发育，经过原肠胚期而成为担轮幼虫。大约在受精后 21h 就发育成面盘幼虫。幼虫的面盘由担轮幼虫口前纤毛环演变而成，中央有 1 根长鞭毛；幼虫两侧长出二片透明的贝壳，由于形状呈 D 字形，即 D 形幼虫。D 形幼虫靠面盘上的纤毛摆动进行运动和摄食。

（3）后期发生

D 形幼虫的第 1 天消化道尚未打通，靠卵黄提供营养，第 2 天消化道完全打通，开始靠面盘上纤毛的摆动进行摄食。D 形幼虫中期在铰合部的两端出现 2 或 3 个小齿。

D 形幼虫经过大约 5d 的发育，壳顶逐渐隆起使 D 字形的贝壳变成略带圆形，即早期壳顶幼虫。此时铰合部两端的小齿也增至 4 个，面盘顶部中央的鞭毛开始消失，胃的附近出现淡褐色。受精后第 11d 胚胎发育成为中期壳顶幼虫，此时壳顶突出，两壳膨胀，壳顶稍偏前方，贝壳前缘圆而稍尖，后缘较前缘钝，消化盲囊的颜色逐渐加深。

受精后第 17～21 天，壳顶幼虫长出色素点（眼点）而变成眼点幼虫。该眼点位于消化盲囊的腹面，靠近软体部后方，呈暗紫色。成熟幼虫经过 2～3d 之后，在面盘的后方生出足部，接着面盘逐渐萎缩退化，进入变态期。处在变态阶段的幼虫其习性与变态期以前的幼虫截然不同，变态期以前的幼虫借助面盘的作用成群向着有光的方向游动，而变态期的幼虫则用足部匍匐爬行一段时间之后，分泌出 2 或 3 条足丝附着在其他物体上而进入附着生活，并在胚壳（附着前的幼虫壳）外围分泌次生壳（附着后分泌的贝壳）而成为稚贝。合浦珠母贝胚胎发育的时间和各期胚胎的大小如表 11-1 所示。

表 11-1 合浦珠母贝发生经过（水温 26～28℃）

发生期	受精后经过时间	大小（μm×μm）
第一极体出现	23min	49×49
4 细胞期	1h15min	55×50
8 细胞期	1h33min	56×53
16 细胞期	1h56min	57×54
桑葚期	2h40min	50×53
囊胚期	3h52min	52×61
担轮幼虫期	4h20min	49×65
D 形幼虫期	21h	54×66
壳顶幼虫初期	6d	93×98
壳顶幼虫中期	11d	135×154
壳顶幼虫后期	15d	173×174
成熟幼虫期	18d	183×185
变态幼虫期	20d	211×220
稚贝期	22d	236×253

四、生长

壳高 1～2mm 的人工种苗养殖 1 周年壳高可达 5～6cm，体重达 20～30g；养殖 1.5 年，壳高可达 6～7cm，体重达 35～45g，此时即可用于插核育珠。合浦珠母贝的长速以第一年最快，第二至三年次之，满三年后长速下降。

合浦珠母贝的生长与水温有密切的关系，13℃以下时停止生长，15℃时生长缓慢，18℃时生长较快，20～28℃时生长最快，超过 28℃以上时长速下降。其原因在于水温过高影响生理机能外，繁殖使贝体消耗较大，加上此期海况不稳定，导致长速下降。

第二节 合浦珠母贝的人工育苗

一、亲贝的选择和准备

为保证珍珠贝种质不产生退化，亲贝的选择应严格执行下述标准。

1）选用天然野生母贝或人工养殖母贝中体型较大、贝壳完整、放射线明显、生长旺盛、无病虫害、性腺丰满个体。

2）选用 2～3 龄、壳高 7cm 以上的母贝。从遗传学的观点来看，选用年龄较大的亲贝，遗传性状比较稳定，其后代对外界环境变化的抵抗力较强。

3）为防止遗传漂变产生，降低近亲交配系数，雌雄亲本有效（即有排放的个体）数量要按下

式计算：

$$\Delta F = 1/(2N_e) \times 100\%$$

式中，ΔF 为近亲交配系数（一般要求 $\Delta F \leq 1\%$）；N_e 为亲本有效数量。

若雌雄按 1：1，则所用雌、雄亲本有效数量各不少于 25 个。这时，应控制雄贝排放时间，防止精液过量。如果要减少雄贝数量，则要按照下述公式计算：

$$\Delta F = 1/(8N_m) + 1/(8N_f)$$

式中，ΔF 为近亲交配系数；N_m 为雄性的有效个体数；N_f 为雌性的有效个体数。假设 $\Delta F = 1\%$，要求 $N_m = 15$，则 $N_f = 75$，以此类推。

4）有条件的育苗场，最好选用两个地区以上的贝源进行杂交，如广东大亚湾的野生母贝和北部湾的野生母贝杂交，或野生母贝与人工养殖母贝杂交，以充分提高后代的杂合度，使后代性状更优良。

二、精卵的排放

1. 阴干刺激法

当自然海区水温升至 25℃以上时，采用此法效果较佳。对选好的亲贝进行清理，用 5×10^{-6} 高锰酸钾消毒 5min 后，冲净并置于阴凉的地方阴干 1h，再放入催产池中，0.5～1h 便会自动排放精卵。

2. 阴干加升温刺激法

当自然海区水温在 22～25℃时，给催产池升温 3～5℃，再把阴干 1h 的亲本放入其中，0.5～1h 便会自动排放精卵。

3. 流水刺激法

当自然海区水温较高时，采用此法也可取得较好的效果。把清理、消毒好的亲贝吊养于催产池中，一边进水一边排水而造成流动水，一定时间后亲贝即可排放。

上述各法的刺激强度可随着自然水温的升高而降低。但不论用什么方法，均应以亲贝性腺充分成熟为前提，否则达不到催产目的或造成早产、流产。

除了诱导排放，沿海群众育苗场多采用解剖法授精，也取得很好的效果，但性腺必须充分成熟，同时使用氨水活化精卵，才能使卵子受精。该法的优点在于可以严格控制精子数量，防止水质污染，受精后不用换水，也免去诱导催产所需要的一系列烦琐的操作。

三、受精、孵化及选优

卵子密度约30~50粒/mL。停止充气，等卵子基本下沉至池底后，再把上层2/3水体排去，再加回新鲜过滤海水，以此洗卵。洗卵可排掉多余精子及亲贝排泄物，增加溶解氧，淘汰劣质卵子（难于下沉的卵子）。受精后每30~50min洗卵1次，共进行2或3次。注意，洗卵应在胚胎上浮前完成。

受精和胚胎发育最适温度为25~30℃，最适盐度28~35。在27~28℃水温下，受精后经4~4.5h，胚体发育至囊胚期，开始上浮，先呈丝状，后扩大至整个水体，呈云雾状。达到一定密度后可把中上层担轮幼虫虹吸至育苗池培育，弃去中下层活力较差幼虫，也可让幼虫发育至D形幼虫，再选取中上层幼虫下池培育，弃去中下层趋光差、活力弱的幼虫。

四、幼虫培育

1. 培育密度

在24h充气情况下，投苗密度以2~3个/mL为好；若太密，幼虫生长速度下降，水质不易控制。

2. 封闭育苗法

目前，在南方，由于水质污染严重，育苗期间如果换水，经常导致贝苗不摄食，最终下沉死亡。因此，多采用"封闭育苗法"育苗，幼虫培育期间基本不换水，只要控制好幼虫密度、饵料数量和质量，基本可以做到一池水育一池苗。

3. 投饵

开口饵料为湛江叉鞭金藻，个体小，无胞壁，易消化。壳顶幼虫期增投亚心形扁藻、角毛藻等，以加强幼虫营养，促进生长。

4. 充气

充气的作用在于增氧，分散饵料，防止幼虫趋光群集。充气量由初期的微波状至附着后的沸腾状，气石密度0.5~1粒/m²。

5. 其他管理工作

每天定期测定水温及盐度，经常检查幼虫生长、摄食、密度、活力、敌害等情况，及时发现问题，以便及时采取措施。

五、附着基投放

附着基的种类主要有胶丝网布和塑料附着板，前者用于铺池底采苗，后者用于立体采苗。附着板的规格多为30cm×30cm，层距为12~15cm。每吊附着板的层数依水池深浅而定，以投放后离水面及水底各20cm为度。投放密度为4吊/m²。

当眼点幼虫比例达到20%时，先投放胶丝网布于池底，达到30%时投放塑料附着板，一次性投完。

附着后1周的稚贝，饵料品种由前述单胞藻逐渐转换为虾塘藻。虾塘藻品种多，营养互补性强，育苗效果好于前述单胞藻，可加快育苗速度，增强贝苗活力。

六、收苗

附着后的稚贝长至1.5~2mm时即可收获。方法有两种，一是用手轻抹网片或附着板脱苗，这是目前常用的方法，但对贝苗的足部有一定的损伤；另一是使用0.1‰的氨海水浸泡脱苗，在30min内完成，此法对贝苗无损伤，对今后生长无影响，但应控制好操作时间，防止氨中毒。

第三节　合浦珠母贝的中间培育与养殖

一、场地选择

养成场应选择在风浪较小，潮流畅通，饵料丰富，有适量淡水注入，周年水温12~31℃的海湾中央至湾口处；最低潮水深2m以上，底质为沙或沙泥的海区；冬季水温不低于12℃，雨季海水盐度不低于19，无污染的海区。

二、贝苗的中间培育

把刚出池的1.5~2mm大小的珠母贝苗培养至壳高3cm的小贝的过程称为贝苗的中间培育，约需4~5个月的时间。

1. 中间培育密度

中培分5级进行。随着贝苗的生长，密度应逐渐分疏，网袋孔径应逐渐加大，如表11-2所示。

表11-2　中间培养密度

中培级别（级）	1	2	3	4	5
网目密度（目）	60	40	20	10	1cm网孔锥形笼

					续表
中培级别（级）	1	2	3	4	5
孔径（mm）	0.25	0.425	0.850	2.00	10.0
稚贝大小（mm）	1～5	6～10	11～15	16～20	21～30
密度（个/笼）	2000	1000	500	300	150

2. 培育设施

刚下海的贝苗较弱小，以竹筏作为中培设施较理想，不但生活水层固定，生活环境较好，而且操作管理较方便，稚贝长速快，成活率高。中间培育笼由网袋和框架组成（图11-2A）。网袋规格一般为（25～30）cm×（40～50）cm，60～12目。框架用竹片、包装带或套胶管铁线做成。

3. 培育管理

中培是一项重要且烦琐的工作。主要管理工作概括为"四勤"，即勤观察贝苗生长情况；勤洗刷保证笼内水流畅通；勤清除敌害和附着生物；勤分笼调节放养密度。中培管理的精细与否直接影响贝苗的成活率和生长速度，必须认真对待。

三、母贝的养成

把3cm小贝养至壳高7cm可供插核育珠的母贝的过程称为母贝的养成，约需1.0～1.5年。养成笼由网目为1～3cm的胶丝网和套胶管的铁线架构成，有锥形笼、盒形笼、片笼等各种形式（图11-2B、C）。

1. 养成方式

（1）长桩吊养

适于退潮后水深2～3m，底质为沙泥或泥沙的海区，吊养的笼具为锥形笼。木桩尾径约10cm，长5～6m，桩头打入海底约1m，行距、桩距10～15m，桩间以直径1cm的缆绳纵横互相连接，用于吊养。为防止船蛆及海笋等凿穴贝类的破坏，延长木桩寿命，木桩应包裹纤维薄膜。此法多见于雷州半岛珍珠养殖场（图11-3）。

其优点在于抗风性能较强，成本较低；缺点在于水层不固定，靠近岸边，水质较混浊，操作时间受潮水限制，生长速度较慢。

（2）短桩吊养

适于退潮后水深0.3～0.5m、底质为沙、坡度较平坦的海底。吊养的笼具为方形笼，笼子搁置沙滩上，吊绳系于桩间的缆绳上。木桩尾径约6cm，

长1.5～2.0m，桩头摇入海底0.5m，行距、桩距均为10～15m，桩间以直径1cm缆绳纵横互相连接，用于拴住吊绳。为防止船蛆及海笋等凿穴贝类的破坏，延长木桩寿命，木桩应包裹纤维薄膜。此法见于广西营盘珍珠养殖基地（图11-4）。

A

B　　　　　　　C

图11-2　常见的中培笼具及养成笼
A. 中培笼；B. 锥形笼；C. 片笼

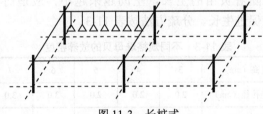

图11-3　长桩式

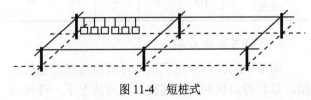

图11-4　短桩式

其优点是抗风浪性能强，成本低；缺点是水层不固定；操作时间受潮水限制；受底栖敌害侵袭较严重；退潮时水太浅易受热或受寒，影响生长甚至出现死亡。

（3）竹筏吊养

适于退潮后水深5m以上、风浪较小的海区。竹筏规格为长10m×宽7m。选用直径10~12cm、长7~8m的毛竹，纵8根（每根由2根毛竹连接而成），横7根，等距离排开，用10号镀锌铁线捆扎而成。每个筏用6个容积为200L的汽油桶作浮筒。锚绳4根，用直径为1.8~2cm的聚乙烯绳缆，缆长为最大水深的2~3倍，一端绑于竹筏，另一端用木橛或铁锚固定于海底（图11-5）。

其优点是水层恒定，操作方便，不受潮水限制，水质澄清，潮流畅通，生长较快；其缺点是抗风浪性能差、成本高。适于内湾性深水区。

图11-5 竹筏吊养

（4）浮子延绳筏吊养

适于风浪较大、退潮后水深6m以上的海区。

其优点是抗风浪性能好、水层恒定、操作不受潮水限制、水质澄清、潮流畅通、生长较快；其缺点是成本高，操作不方便，筏身摇摆不定，对育苗及育珠不利，主要用作母贝的养成。适于内湾或湾口附近的深水区。

2. 养殖管理

（1）调整养殖密度

随着贝苗的生长，空间越来越小，应适时分疏，促进生长。分疏方法按表11-3。

表11-3 不同规格珠母贝的放养密度

壳高（cm）	3	4	5	6	7
网笼孔径（cm）	2.0	2.0	2.0	3.0	3.0
笼养密度（个/笼）	120	80	60	40	30

（2）调节养殖水层

调节水层的目的在于使珠母贝生活在最佳的水层，以获得最快的生长速度。正常情况下，珠母贝养殖水层为2~5m，其生长没有明显的差异。但异常情况要深吊，如夏季表层水温高于30℃，冬季表层水温低于13℃，雨汛期表层盐度低于19，均应深吊至5m以下水层。此外，春秋两季水温适宜，

表层饵料生物丰富，应把贝笼吊养在1~2m水层，促进摄食和生长。附着生物在繁殖季节对附着水层有一定的选择性，如藻类多附着于表层，藤壶喜欢附着水流畅通的上水层，因此，要把贝笼深吊至接近海底，以减少其附着。对各类附着生物的附着水层应作实地调研才能确定。

（3）清除附着生物

养殖过程中，贝壳表面及笼具逐渐被藤壶、牡蛎、海绵、苔藓虫、藻类等所附着，影响水流交换，妨碍贝的呼吸、摄食及开闭壳运动，影响贝的生长。因此，应视附着物数量不定期进行清除。清除时应注意下述事项：①要用刀切断足丝，而不是用力拉断足丝，以免拉伤足丝腺引起死亡；②用刀削除附着物时用力要适度，不得砸伤铰合部，不得令贝壳破损；③尽量缩短离水时间，高温期防止日晒，严寒天气不应作业；④网笼附着物太多时应换新笼，旧笼清除干净后备用；⑤养殖设施上的附着物也同时清理，以免伤手，伤笼具，磨断吊绳。

（4）清除敌害

经常有鱼、蟹、嵌线螺等敌害生物钻进笼内生长，危害幼贝。因此，应定期对养殖笼进行检查，及时捡出敌害生物，尤其是短桩式吊养受底栖敌害危害严重，更应加强检查。

（5）预防自然灾害

台风对海上设施会造成严重的破坏；洪水、严寒、酷暑均会造成珠母贝的死亡，应予以密切的注意。台风来临之前，应加固养殖设施，竹筏应转移至避风处，延绳筏应进行吊漂防风，即把浮球吊绳延长，让筏身下沉至某一深度，减少波浪对筏身的直接冲击。洪水来临之前，应把贝笼深吊或把浮筏拉至盐度较高、受洪水波及较小的海区，立桩吊养的贝笼应移至浮筏上深吊或转移海区。

（6）母贝养成的标准

壳高3cm左右的幼贝经1.0~1.5年的养殖（或3mm的稚贝经1.5~2.0年的养殖），壳高可大于7.0cm，就成为可供植核的母贝了。通常，育成的优质母贝的标准如下：①软体部重/贝壳重≥0.8；②壳长/壳高≥0.9；③壳宽/壳长≥0.39；④贝体健康强壮，不受多毛类感染。

课程视频和PPT：
珍珠养殖概述

第四节 合浦珠母贝的植核

一、植核季节

温度与植核效果密切相关。适宜的植核水温为18～28℃。水温低于18℃，珍珠囊的形成速度慢甚至不能形成。水温高于28℃，由于母贝经过了繁殖高峰，贝体消耗大，体质衰弱，加上高温对贝体生理机能的影响及西南季候风的影响，植核后施术贝的死亡率很高。

由此可见，一年之中适合植核的时间主要集中在春秋两季，即每年的2月下旬至5月上旬和10月中旬至12月上旬共4个多月的时间，再加上雨天和冷空气的影响，一年中最适插核的时间只有4个月左右。

二、植核贝的术前处理

1. 术前处理的必要性

术前处理定义：植核前抑制母贝生殖腺发育或诱导已成熟生殖细胞排放，并调整母贝生理活性适中，以便插核手术，从而提高插核贝成活率、成珠率及珍珠质量的做法，称为术前处理。

实践证明，不进行术前处理，会产生两大问题。第一，植核过程中，珠母贝大量的生殖细胞对植核效果造成极大的影响：①大量的生殖细胞占据了核位空间，插核后珠核易被挤压而产生吐核；②切口易胀裂，施术贝死亡率高；③珠核与小片之间夹带生殖细胞，易造成污珠、尾巴珠和素珠。第二，植核过程中，体质强壮的珠母贝，由于活力过强，易造成应激反应，拉伤闭壳肌和切口，手术后死亡率高，易吐核，生理机能恢复慢，珍珠质量差，成珠率低。

因此，术前处理是植核的一项核心技术，直接影响珍珠培育的经济效益。

2. 术前处理的效果

经过术前处理，可取得下述显著效果。

1）成活率提高10%～18%。

2）成珠率（收成珍珠数/插核数×100%）提高15%～20%。

3）珍珠质量提高20%～43%。

4）植核后生理状态恢复快。

5）上皮细胞珍珠质分泌快。

3. 术前处理的方法

（1）术前处理的原理

生殖腺的发育及旺盛的生理状态均需要依赖充足的水流交换来提供足够的氧气和食料。如果人为减少贝的滤水量，那么，氧气和食料的供应量也必定减少，生殖腺的发育就受到限制，生理活动也就自然而然地随着降低。术前处理就是通过减少贝的滤水量来达到目的。

（2）术前处理场地的选择

有条件的地方，可选择潮流缓慢的海区吊养，或选择底质为岩礁或砂砾的海区，将贝笼搁置海底，以利用底层流速慢来加强抑制的效果；无条件的海区，可采用深吊的方法获得流速缓慢的水层进行吊养。

（3）术前处理使用的抑制笼具

1）竹笼：用竹片密编而成，带盖，规格为50cm（长）×40cm（宽）×18cm（高），适于流速缓慢的海区。

2）木板笼：四周和顶盖为木板，底面为网片，规格也为50cm×40cm×18cm，适于流速较大的海区。

3）塑料笼：用聚乙烯或聚丙烯压挤而成，笼孔小而密，顶盖无孔（图11-6）。

4）养成笼外套20目网布兼作术前处理笼。

图11-6 一种塑料抑制笼

（4）术前处理密度

一般占笼具容积的70%左右，但应视贝体的强弱及水温等情况作适当的增减，体质强壮，水温较低可适当增加密度，相反则应降低密度。

（5）低温期术前处理方法

此期为冬季的1月，海区水温低于15℃，珠母贝营养积累充足，活力强，生殖细胞极少或未形成。这一阶段处理重点是抑制生理活性和抑制生殖腺的发育，开始处理的时间应在水温15℃之前，因

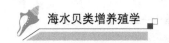

为此时珠母贝性腺尚未发育。处理方法是将母贝按70%容积装于抑制笼内，吊养在 5m 以下水层或沙质、岩礁海底进行抑制。至水温回升至 18℃的 2～3 月即可以使用。

（6）繁殖期术前处理方法

低温期经过术前处理的贝必须在 3 月底用完，用不完的不能继续使用。4 月插核用贝必须通过另一途径取得，具体做法是先促熟再促排。

1）促进生殖腺成熟：当 2 月初海区水温上升至 15℃以上时，性腺开始发育。这时，对贝进行清理，适当降低放养密度，并将贝吊养在水温较高的表层。由于环境条件较好，生殖腺发育比较快，3 月底，当水温上升至 22℃以上时，性腺即成熟待放，若此时诱导排放，则休养 7d 后可以开始插核，而且应短时间内用完，否则又会再次形成生殖腺，增加麻烦。因此，对已成熟的母贝若 10d 内仍不使用，则应先采用抑制排放的方法等待催产。

2）抑制生殖腺排放：当水温上升至 24℃时，选择生殖腺已经成熟、健壮、营养状况良好的母贝，清除附着生物，以 70%容积放养于抑制笼中深吊，并通过调节吊绳的长度及放养密度来控制抑制的强弱。此外，还应及时调整贝在笼中的位置以防抑制不均。上法可在一定时间内抑制性腺的排放，但不能持续太长时间。

3）诱导精卵排放

a. 日间浅吊法：在晴天将贝笼吊到水面下 20～60cm 处，利用潮流的冲击和水温的变化诱导珠母贝排放精卵，次日又将贝笼放回原处。一般大潮期比小潮期排放效果更好，涨潮时比退潮时排放更彻底。一天排不完，可反复多次直到排完为止。

b. 夜间浅吊法：白天用浅吊的方法催产无效时，可利用合浦珠母贝在夜间活动比较活跃的习性促进排放精卵。具体做法是在日落前 1h 将贝的足丝切断，吊在浅层，经 0.5～1h 后就开始排放精卵，生殖腺已较成熟的贝，经过一个晚上可排去大部分的精卵。催产后第 2d 再将贝笼深吊。可反复多次直到排完为止。

c. 水池综合法：在海滩上筑池蓄水。处理方法是将性腺成熟的贝，放在棚下阴干 3～4h，然后放入池中 1～2h 后就开始排放精卵。如白天不行，可在晚上再次进行可达到目的。催产后将贝笼移海深吊。

d. 日晒法：上述各法有时无效，可用此法。将贝的足丝切断，顺手调整贝在笼内的位置，置阳光下曝晒 1～2h，根据贝的强弱掌握日晒时间，或采取加盖、淋水等措施，晒后进行浅吊，排放后第 2d 深吊。此法刺激强度较大，易使贝体衰弱，应引起注意。

e. 水槽升温法：成熟母贝置于水槽中，升温 5℃，充气，输入臭氧，即可诱导母贝排放精卵。

4）休养：精卵排放完毕，母贝衰弱，且由于性腺萎缩，核位空间缺失，不适宜插核，因此，母贝要经过 7～10d 的休养，使生理活性得到适当恢复，同时性腺结缔组织充盈，饱满富弹性，核位空间得到回弹，适宜插核。

4. 术前处理检查指标

经过术前处理之后，要求手术贝的生理状态能够经受起插核手术的冲击，而又不产生异常和过量应激反应，同时性腺基本没有生殖细胞。

完成术前处理的指标包括以下几点。

1）晶杆长度缩短 1/6～1/5，重量减少 30%～50%。

2）提离水面多数开壳缓慢。

3）开口时开口器有黏着力又不费劲。

4）不长新的鳞片。

5）大多数只长 1 或 2 根足丝。

6）鳃、外套膜、闭壳肌黑色素变淡。

7）生殖腺乳白色半透明，丰满富有弹性。

5. 进行术前处理时应注意事项

1）用于处理的贝应发育良好、健壮、有充分的营养积累，无病虫害。

2）70%贝达到要求即可，追求 100%将使部分贝体过弱，适得其反。

3）加强检查，及时调整处理强度（如密度、深浅、时间等）。

4）防止抑制不均，经常调整贝在笼内相对位置。

5）及时移去处理过程死贝。

6）若生殖腺萎缩呈橘红色，应降低抑制强度并延长休养时间至 10d 使呈乳白色半透明。

7）及时捡去处理过程产生的死亡个体，防止污染。

三、植核用贝的准备

1. 栓口

栓口的目的有两个：第一个是对母贝进行分类，一类是用于植核手术的贝，称为手术贝，另一类是用于制备细胞小片的贝，称为小片贝，还有由于各种原因不能使用的贝，称为回笼贝；第二个是通过栓口为植核手术提供操作通道。

栓口方法有两种。

（1）排贝栓口

通过排贝让母贝自动开口，这是小规模生产采用的方法。把完成术前理的母贝取回，切断足丝，紧挨竖插在排贝笼，不容母贝有开口的空间，把笼子放入盛水的水池，高温期1～3h，低温期3～5h，然后提出水面，取出少量贝，其他贝因缺氧而开口，可插入适当大小的楔子栓口。此法可减少栓口损伤，但较费时费力，规模化生产难以做到。

（2）强迫栓口

通过开口钳强迫开口，为大型生产采用的方法。此法较节省时间、节约劳动力、节约成本，但必须由熟练操作工操作，才能尽量避免损伤母贝。

栓口时要注意以下几点。

1）木塞大小与贝体大小相适应。

2）开口器用力要均匀，不伤贝壳及闭壳肌。

3）木塞位置应恰当，位于腹部偏前。

4）不造成外套膜收缩。

5）母贝栓口后20min内做完手术。

2. 植核用贝的选择

（1）小片贝的选择

用于提供外套膜小片的贝称小片贝。小片贝的好坏与珍珠的质量密切相关，选择的标准如下。

1）选择最大的个体，珍珠质分泌速度快。

2）壳面略带红色并有栗褐色的放射线，鳞片发达，珍珠层为虹彩色或银白色。

3）外套膜色泽鲜艳、半透明状、厚薄适中。

（2）手术贝的选择

用于植核的母贝称为手术贝。手术贝一般选用1.5～2龄、壳高7cm以上的母贝，越大越好，特别是壳宽。凡属下列情况的母贝不能作为手术贝。

1）生殖腺不多，但软体部稀松。

2）几乎没有生殖腺，但软体部呈水肿状态。

3）生殖腺处在成熟期和放出前期。

4）生殖腺萎缩呈橘红色。

5）外套膜收缩离开外套线，足部变硬，闭壳肌受伤，鳃大部分脱落或烂鳃。

6）贝壳被多毛类或穿孔海绵寄生。

7）排贝时间过长致活力弱、壳缘破损超过

1cm²者。

8）年老有病者。

（3）手术贝和小片贝的比例

手术贝和小片贝的比例按100∶（8～10）。经过栓口之后，将选择合格的两类贝分别集中起来，送植核室备用，从栓口至植核的时间以不超过20min为宜。

四、外套膜细胞小片的制备

1. 外套膜的分泌机能

外套膜形成贝壳的机能仅局限于外侧上皮细胞，而外侧上皮细胞的分泌机能随着部位而不同。外套膜最边缘部分的外侧上皮细胞分泌壳角蛋白，形成壳皮层；紧接着这些细胞内缘的另一部分外侧皮细胞分泌方解石型的碳酸钙，形成棱柱层；其余的外侧上皮细胞均能分泌霰石型的珍珠质。

外侧上皮细胞分泌珍珠质的机能随部位而不同，存在以下特点。

1）边缘部强于中央部。

2）腹缘强于背缘。

3）右侧外套膜强于左侧外套膜。

2. 小片切取的位置

根据外套膜的分泌机能，合理选取小片切取的位置。如图11-7所示，乙区的外套膜多用于植大核；丙区的外套膜多用于植中核；甲区的外套膜多用于植小核。三个区的外套膜均分为三层，上层分泌速度较慢，不用；下层分泌速度较快，但切得不好时易形成棱柱珠和杂色珠；中层分泌速度介于前二者之间，不易形成棱柱珠或杂色珠。因此，一般都采用中层做小片。而中层的确切位置是以"色线"为中线向两边扩展至小片带总宽度为2.5～3.5mm。

"色线"是外套膜外侧上皮上的一条以淡褐色腺细胞组成的呈灰黑色的线条。在切小片带时，色线的内侧和外侧各占50%为好。色线外侧比例偏高时，珍珠上层较快，但多形成奶酪色或金黄色系统的珍珠，棱柱珠的出现率也高；而色线内侧比例偏高时，珍珠上层速度慢，但所形成的珍珠光泽较好，而且多为白色系统珍珠。

3. 小片的形状和大小

实践证明，正方形的小片，其产生的珍珠质量较好。小片越大，形成珍珠囊时间越短，分泌珍珠质越快，但畸形率也越高；小片越小，形成珍珠囊

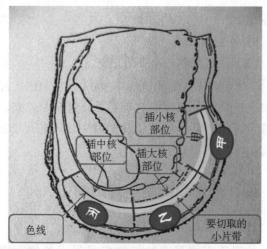

图 11-7　外套膜小片切取的位置

延伸阅读 11-2

时间越长，分泌珍珠质越慢，但畸形率越低（见延伸阅读 11-2）。

4. 外套膜小片的切法

小片贝栓好口后，用解剖刀切断闭壳肌，掀开贝壳，将鳃拨开，沿外套膜肌集束端，切下或剪下唇瓣下方至肛门腹面的外套膜，放在玻璃板上。用吸足过滤海水的脱脂棉轻轻地抹去外套膜上的黏液，动作要轻，不要擦伤外侧上皮细胞。抹净后，外套膜外侧朝上置于玻璃板上，先切去外套膜的最边缘部，再以色线为基准，切去内侧多余的外套膜，使小片带呈钝梭形或长条形，宽度 2.5～3.5mm。然后小片带翻转使色线朝下，再切成正方形小片（图 11-8）。

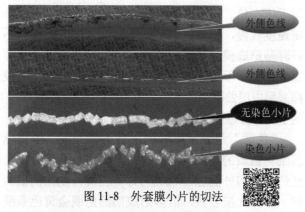

外侧色线

外侧色线

无染色小片

染色小片

图 11-8　外套膜小片的切法

5. 外套膜小片的染色和药物处理

小片染色的目的在于送小片时较容易观察小片在性腺结缔组织内的位置。染色用的染料常用的有红汞、结晶紫和食品红。用 3%的红汞溶液处理 1～2min，不但起染色作用，而且还有消毒小片的作用，较常用。

小片药物处理的目的在于促进珍珠囊的形成，

加快珍珠上层速度，提高珍珠质量。国内外试验结果表明，下列几种药物的效果较显著。

1）1/5000 荧光色素伊尔明诺 R 海水溶液，浸 3min。

2）0.5g 蛋黄卵磷脂与 1000mL 海水混合成乳状液涤于小片上几分钟，渗透后用。

3）1/50 000 金霉素海水将红汞稀释成 2%溶液浸小片，插核工具及珠核用 1/100 000 金霉素处理，可提高成活率。

4）1%～5%聚乙烯吡咯烷酮（PVP）海水溶液，浸泡小片数分钟，促进小片顺利形成珍珠囊，商品珠率高，白色多，黄色珠少。

5）1%三磷酸腺苷（ATP）合剂浸泡小片数分钟，为小片提供能量，提高小片活力和存活率。

小片经过染色及药物处理之后，要保持润湿尽快使用。一般从小片切取至使用要求不超过 20min，因为小片切下后经过的时间越长，其生活力就越差。就目前生产情况，一个切片员所切的小片，可供 7 或 8 个植核员使用。

五、植核方法

1. 珠核

制作珠核的原材料目前主要使用淡水产的背瘤丽蚌（*Lamprotula leai*）、多瘤丽蚌（*L. polystica*）和猪耳丽蚌（*L. rochechouartii*）等的贝壳（图 11-9），这些贝壳坚厚，其密度、膨胀系数、化学成分等均接近海水珍珠，而且机械加工性能好，钻孔时不易破裂，是较理想的原材料。

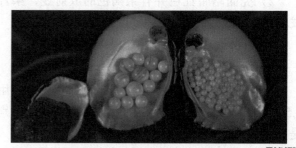

图 11-9　制作珠核的原材料及珠核

珠核的大小一般为 4.5～8.0mm。5.0mm 以下的核称为小核；5.1～7.0mm 的核称为中核；7.1～9.0mm 的核称为大核；9.1mm 以上者称为特大核。

2. 植核的位置和数量

（1）"右袋"

位于缩足肌、唇瓣、消化盲囊与围心腔所包围的空间，可植一个 5~7mm 的中核。

（2）"左袋"

位于缩足肌与肠道的腹下方之间，即在腹嵴部前端。可植一个 6~8mm 的中大核。

（3）"下足"

与"右"袋所处位置大致相同，但"右"袋是在贝体软体部的右侧，而"下足"则在贝体软体部左侧，两者是相对应的（图 11-10）。"下足"宜植一个 3~5mm 的小核。上述三个核位可植珠核的具体大小应视母贝大小及核位当时的状况而定。贝体小时，仅植"右袋"和"左袋"，植特大核时仅用"左袋"核位。目前，由于贝体偏小，不使用"下足"核位。

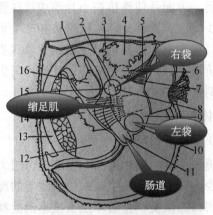

图 11-10　合浦珠母贝植核位置和数量

1. 心耳；2. 肾脏；3. 胃；4. 消化盲囊；5. 外唇瓣；6. "下足"核位；
7. 内唇瓣；8. 泄殖孔；9. 腹嵴；10. "左袋"核位；11. 肠；
12. 闭壳肌；13. 直肠；14. 缩足肌；15. "右袋"核位；16. 心室

3. 植核方法

由于送入小片的程序不同而把植核方法分为三种：先送片法、后送片法和愈合后送片法。由于后送片法较易掌握，商品率高，目前多被采用，现以其为主介绍植核的一般方法。

（1）后送片法

后送片法就是在开切口、通道之后，先植入珠核后送入小片，步骤如下。

1）检查手术贝：用平针拨开植核部位上的鳃，检查生殖腺及其他各方面是否达到作为手术贝应达到的标准，不合格者应分类（肥、弱、病、残）放回海中重新养殖直至达到标准。合格者随手固定在手术台上，右壳向上。

2）开切口：先用右手执钩钩住足丝或其附近，使足部伸展开来，然后将钩移过左手，用左手中指托住钩，大拇指稍向下压，同时将手术贝挟住

在中指和无名指之间，小指扶住手术台使手稳定下来，或者左手用平针压住足部。

开切口的工具有 2 种：一种是开切口刀，另一种是前导针。以后者较为适用，用右手执前导针，放松手腕和肩关节，将无名指靠在手术贝上稳定手腕，然后在足的基部与内脏团交界的地方开一切口，位置在缩足肌的正上方或偏于缩足肌的背面，与足基部的黑线约成 30°或者相平行或成弧形并稍偏于黑线的外方。切口的大小较珠核直径稍微小一点或相等。

3）通道：用通道针从切口插入向腹嵴方向斜伸，从内脏囊的表皮下方与缩足肌上方之间穿过，至腹嵴肠道回曲处的前方，第一个核位"左袋"的通道即告完成。将通道针退至切口处，再沿着缩足肌的背缘，插到泄殖孔和围心腔之间，造成第二个核位即"右袋"的通道。为了避免珠核从泄殖孔上方脱出，通道针的末端要往下按一按。

4）送核：核位的送核顺序是先送"左袋"，再送"右袋"。左手用钩将切口张开，右手执送核器蘸上海水之后，对准所需规格的珠核将珠核粘起来送到切口上，然后轻轻往下压，当珠核的 1/2~2/3 进入切口之后，即将送核器移开，同时改用小号送核器，徐徐推动珠核沿着通道前进，直至通道的末端之后，再轻轻向下按一按，使珠核不要高出内脏囊表皮的表面，以免顶破核位上的表皮造成脱核。如果核位不准确，可以使用推核针和钩针对其进行调整。

5）送小片：此法要求切片时小片的外侧面（即贴壳面或有"色线"的一面）朝下，送小片时，用小片针刺住小片前端 1/3 的地方，使小片前端不致卷曲。刺小片时用力要适中，太轻易掉片，太重在贴核时不易脱落。送片时若通道中的体液或生殖细胞太多，易使小片脱落，或在送片后易使小片位置发生变动，应设法除去。

送小片时左手用钩轻轻钩住切口，使切口稍微张开，然后右手执小片针刺住小片，从切口中插入沿着通道的中线前进，接近珠核时，不要再对准珠核而是偏向珠核的侧面继续前进，当小片针的前端达到珠核的 2/3 时，将小片针的末端从珠核侧面绕到珠核上面，此时用钩针或通道针轻轻按在核位上抽出小片针。

送小片时对"右袋"的核位，要求小片贴在珠核的后背侧（珠核向通道一面为前，对着通道末端一面为后），"左袋"的核位则要求贴在后腹侧。小

片要全部紧贴在珠核上，如小片的位置不适当或发生卷角等现象时，可用小片针在通道内面或用通道针在核位的表皮上细致而准确地进行适当的调整，避免损伤核位上的表皮而造成脱核。

（2）先送片法

先送片法，就是在开切口、通道之后，先送入小片再植入珠核。此外，小片制作过程中外侧上皮（贴壳面）应朝上，刺小片时小片的外侧面向着小片针，使植入的珠核能与小片外侧面相贴。其余操作同前法。此法因珠核与小片外侧面的相贴带有盲目性，因此商品率较上法低，但操作较前法轻松。

（3）愈合后送片法

此法是将珠核先植入手术贝中，然后进行休养，待伤口愈合之后，再另做通道植入小片使其形成珍珠囊产生珍珠。其方法是：植核后休养一周左右，此时伤口基本愈合，经排贝栓口后在珠核附近开切口、通道和送小片。此法因核位已经稳定，送片后珍珠囊形成率高，珍珠形状多正圆，污珠少，商品率高，但因操作麻烦，成本高，只用于植大核或特大核的生产中。

4. 植核后施术贝的处理

植核后将施术贝（完成植核手术的贝称施术贝）从手术台上取下，去除木塞，有条件的地方，可及时送往海区休养，无条件的地方，可先暂养在盛有新鲜过滤海水、并充气的水池中或有流动水的水槽中。达到一定数量后按操作规程上的规定将施术贝装入休养笼内，附上标志，填报贝数、总核数，然后送往休养场进行休养（图 11-11）。

图 11-11　施术贝装入休养笼

课程视频和 PPT：　延伸阅读 11-3
母贝的植核

初学植核时常遇到切口撕裂、小片脱落或卷曲、送核困难、珠核送核过程脱落等问题，应采用适当的方法加以解决，以保证珍珠质量（见延伸阅读 11-3）。

第五节　珍珠的育成

一、施术贝的休养

1. 休养的目的

做完植核手术的贝称为施术贝。手术贝在植核时受到严重的创伤，需要适当的休养。如处理不当，会引起施术贝的大批死亡及大量脱核和降低商品珠形成率。施术贝植核后需要一段时间的特殊养护工作，以提高成活率和珍珠质量及数量，此过程称为休养。

休养的作用一方面是让手术贝恢复健康，生理活动从被抑制的状态逐渐恢复正常，防止施术贝的死亡；另一方面是使珠核在小片形成珍珠囊之前不发生或少发生位置移动，防止脱核和产生素珠、畸形珍珠。实质上，休养可以说是调整珍珠贝活力的后一个阶段，这一阶段的工作是使施术贝仍处于轻度的抑制状态并逐渐向解抑的状态过渡。

2. 休养的方法

（1）休养场的环境

环境条件恶劣如水温高、盐度低、浪大流急、溶氧量少、有硫化氢发生或水位太浅等的海区，对施术贝伤口的恢复、存活率及留核率的提高、珍珠囊的形成都有不良的影响。休养场应选择在风静流稳，水深 5m 以上，水温不超过 28℃，盐度 23 以上，底质良好，无污染，敌害生物少的海区。

（2）休养笼及休养密度

休养笼一般采用专用的塑料笼，高 10～12cm，长宽各 40cm，上端盖压疏网目网布，每个笼绑标志牌，记录日期及插核员，放养密度为 100～120 个/笼，吊养于浮筏上，吊养水层以 3～5m 为好。

（3）休养期间的管理工作

主要是观察施术贝的体质恢复情况，及时清除死贝，回收脱出珠核，认真做好记录统计工作。施术贝的死亡高峰期为植核后的前 6d。休养时由于放养密度较大，笼内水流不够畅通，如不及时清除死贝，周围水质将受污染，病原菌将会感染其他施术贝造成连锁反应，引起更大死亡。因此植核后的头 6d 内应勤检查，低温期隔天一次，高温期每天一次。之后每隔 2～4d 检查一次，直至休养结束。

3．施术贝在休养期的变化

1）80%个体在 20d 内长出新鳞片。

2）大多数在 3 周内能正常分泌足丝。

3）鳃和软体部色素变黑时间大多数在 10d 内。

4）死亡高峰 5～7 月在第 2～3 天；3～4 月及 8～10 月在第 4～5 天。

5）吐核高峰腹嵴核位出现在第 10 天，泄殖孔核位出现在第 4～6 天；夜间脱核量为日间的 2～3 倍。

4．休养期的确定

休养期的长短主要是根据珍珠囊形成和施术贝恢复正常生理活动所需时间而定，其长短随着季节的变化和施术贝的情况而有不同。根据国内外学者的研究及施术贝在休养期的变化，休养期一般为 20～25d。

二、珍珠的育成

1．育珠场的环境

育珠场最好选择在风浪较平静、海湾中央至湾口、潮流比较畅通的海区；水深 5m 以上；底质为沙或泥沙；冬季水温最低不低于 13℃，夏季最高水温不高于 31℃；盐度长期处于 25～29，但雨季最低不低于 19 的海区。不同海区的育珠效果常有明显的差异（见延伸阅读 11-4）。为了提高珍珠的产量和质量，必须充分利用海区的特点，有计划有目的地在不同的育珠阶段，将育珠贝移到不同的海区进行养殖。

延伸阅读 11-4

评价一个育珠场好坏的标准是：①在收获的珍珠中，银白色、粉红色系统珍珠出现率的高低；②珍珠质的分泌速度；③育珠贝的成活率。

2．育珠方法

（1）育珠方式

与母贝养成同，分桩式吊养、竹筏吊养、浮子延绳筏吊养等几种方式，应因地制宜加以利用。但育珠效果以竹筏和浮子延绳筏较理想。

（2）育珠笼具

传统育珠笼具与母贝养成笼具相同，为锥形笼或盒形笼。其优点在于成本低，操作方便；缺点在于育珠贝堆积，生长不均匀，成活率偏低。此外，还可以使用片式育珠笼，该笼为平面袋插式，宽 45cm，长 72cm。其制作方法是在套胶管的铁线框架（45cm×72cm）上织好底网（网目 2cm 左右），再缝上 6 横行网袋，袋口用绳子拴紧。每行网袋可插贝 8～9 个，每个片笼共可装育珠贝 50 个。该笼的优点在于育珠贝生长均匀，长速快，成活率高。缺点是成本稍高，操作较麻烦。但其利大于弊，故日本采用此笼育珠，效果很好。我国深水育珠也采用该笼具，采用浮子延绳筏吊养。

（3）育珠水层

育珠水层与育珠效果有密切相关。一方面，育珠贝应生活在适宜温度及盐度范围内，才能正常生长存活。当表层水的温度超过适宜范围（13～31℃），应深吊；而洪水季节表层水的盐度可能降至 19 以下，应利用雨季盐度分层现象加以深吊，从而提高育珠贝成活率。另一方面，育珠水层与珍珠质分泌量、颜色和光泽也很密切相关，呈现以下规律。

1）珍珠质分泌量以 1m、2m、3m 水层较多，0.5m 和 4m 水层较少。

2）在珍珠颜色方面，粉红色珍珠出现率以 4m 水层较多；0.5m 和 3m 次之，1m 和 2m 水层最少；黄色珍珠出现率以 0.5m、1m、2m 和 3m 水层较多，4m 水层较少。

3）在珍珠光泽方面，3m 和 4m 水层最好，2m 和 1m 次之，0.5m 水层最差。

因此，在调节水层时应在保证育珠贝成活率前提下，进行合理安排，在育珠前期着重注意珍珠质分泌量，后期着重珍珠的颜色和光泽。

（4）育珠期间管理工作

育珠期间的管理工作除了及时调节养殖水层外，主要是清除附着在育珠笼和育珠贝上的附着生物。育珠笼附着生物多时，应换笼。传统笼具养殖的育珠贝上的附着生物，要用刀削除，清除附着生物时，要求离水时间越短越好，动作要轻，夏天应避免直射阳光及高温期作业。据报道，9 月份育珠贝露空时间超过 30min，可引起珍珠囊上皮细胞由原来的扁平状变成高柱状并分泌壳皮质，吊养一段时间后才恢复为扁平状细胞继续分泌珍珠质，露空时间越长，停留在高柱状阶段时间就越长，对珍珠质量影响就越大。深水育珠使用的片笼上的育珠贝，采用机械通过高压射流清洗，一般每周要清理一次，超过 1 周，附着生物长大了就难以去除。

（5）育珠时间

育珠期的长短与植入珠核的大小和育珠场的优

劣有关。一般情况下，小核的育珠期为 0.5～1 年；中核育珠期 1.5～2 年，大核为 2～3 年。生产上为了充分利用珍珠贝而在一个手术贝中植入大、中、小 3 种规格的珠核，因此，育珠期的长短主要还是由最大的珠核决定，一般都在 2 年以上。目前，由于场地老化、环境污染、种质退化等等问题，导致育珠贝死亡率高，育珠时间越长，死亡越大，因此，为缩短育珠周期，使用的珠核大小一般为 5.0～6.5mm。此外，只要珍珠层单边厚度平均达到 0.4mm 以上即可收获，达到这一标准的育珠时间需要 8～12 个月。

第六节　珍珠的收获与加工

一、珍珠的收获

1. 收珠的季节

冬季收获的珍珠光泽比较好，其光泽量要比夏季收的珍珠高一倍。珍珠的光泽量与霰石结晶大小和聚合形态规则与否有关。霰石结晶大、聚合形态规则时光泽量最大；结晶小或不完全，聚合形态不规则时，光泽大幅度下降，若结晶溶解时光泽量最差。在水温较低的冬季，育珠贝较健壮，霰石结晶大，聚合形态规则，光泽量大；在水温较高的夏季，育珠贝较衰弱，结晶小或不完全，聚合不规则，甚至结晶溶解，则光泽最小甚至无光泽。实践证明，珍珠的光泽以 12～2 月（水温在 13～17℃）最好，3、4 月差一些，7、8 月最差。为了保证珍珠的质量，要提前 1～2 个月抽样测定珠层厚度，以决定何时收获。

2. 收珠的方法

打开贝壳，取出软体部，用手指捏出软体部内的珍珠，剩下的贝肉再加工成副食品。也有用机械收珠的方法，可以节省大量劳动力，节省育珠成本。

3. 珍珠的收获量

收获珍珠的多少，主要由植入珠核的数量、大小和育珠期间的死亡率和脱核率等因素所决定（见延伸阅读 11-5）。每万贝植核重量越大，养的时间越长，死亡率越高，但总的收珠量还是高的。在收获的珍珠中，商品率的高低与所植

延伸阅读 11-5

入珠核的大小成反比，植入珠核越大商品率越低。一般来讲，如每贝植入 2 个珠核，珠核直径 5.5～7.5mm，施术贝的成活率达到 90%，育珠贝成活率达到 75%，收获时每个育珠贝平均含珠 1.0 粒，其中有 70% 以上达到商品规格，即认为生产已达到较高的水平。

收获时珍珠的单位产量（以每植一万贝产珠重量计）、珍珠的质量及商品率除了与育珠场的环境条件和育珠的方法（尤其术前处理）有关外，还与植核人员技术水平及育珠期间管理工作的好坏有密切的关系。

4. 珍珠采收后的处理

收获的珍珠如不及时进行处理，则珍珠的表面很快就会蒙上一层白色薄膜，影响质量。处理的方法是，先用淡水冲洗去珠面上的黏液及组织碎屑，然后加适量的洗洁精进行搓洗，以去除附在珠面上的黏膜，再用淡水冲洗干净，以干净毛巾吸干珠面水分，然后凉干，收入布袋中，置于干燥阴凉之处等待加工或出售。

二、海水珍珠的加工

珍珠加工是珍珠产业的一个重要环节，狭义的珍珠加工指应用物理和化学原理，掩饰或消除珍珠瑕疵，提高珍珠商品价值的工艺；广义的珍珠加工还包括珍珠首饰的设计与制作、保健药用成分的提取与应用，以及珍珠附属产品的研发等。狭义的珍珠加工包括洗珠、选珠、增光、钻孔、漂白、染色、抛光等环节。

课程视频和 PPT：珍珠的培育与加工

复习题

1. 简述珍珠的定义、性质和用途。
2. 简述天然珍珠的形成原理。
3. 简述人工养殖珍珠的原理。
4. 简述合浦珠母贝对生活环境的要求。
5. 简述合浦珠母贝的敌害生物。
6. 简述合浦珠母贝养殖场地的选择。
7. 简述如何进行合浦珠母贝种苗的中间培育。
8. 简述母贝养成四种模式的优缺点。
9. 简述植核贝术前处理及效果。
10. 简述如何进行植核贝术前处理。

11. 简述经过术前处理的母贝应达到的要求。

12. 简述进行术前处理应注意事项。

13. 简述植核用贝的选择标准。

14. 简述外套膜分泌机能及分泌速度。

15. 简述切取外套膜细胞小片的位置、依据、边长。

16. 简述插核的方法。

17. 简述保证珍珠质量的植核关键步骤。

18. 简述施术贝休养的方法及其目的。

19. 简述施术贝在休养期间产生的变化及休养期天数的确定。

20. 简述育珠期的管理工作。

21. 名词解释：

珍珠、素珠、附壳珠、术前处理、小片贝、手术贝、施术贝、回笼贝、栓口、排贝。

第五篇

埋栖型贝类的增养殖

在贝类中，典型营埋栖生活的贝类主要是双壳类，而且营此种生活方式的动物占双壳类的大多数。它们一般具有发达的足和水管，依靠足的挖掘将身体的全部或前端埋在砂中，依靠身体后端水管的伸缩，纳进及排出海水，进行摄食、呼吸和排泄。

埋栖型（the burrowing type）贝类由于适应埋栖生活的习性，它们的体型、足部、壳和水管等均有不同程度的变化。埋栖深者，体型就越细长，如缢蛏。埋栖浅者，体型短，如文蛤、泥蚶等。

足是运动器官，由于适应掘泥砂生活的这种习性，所以足部较发达。埋栖越深者，足部越发达；埋栖浅者，足部不太发达，如泥蚶。

埋栖生活方式与防御敌害有关。埋栖越深者，壳光滑且薄，如缢蛏；埋栖浅者，壳变厚。此外，埋栖深者，为了适应呼吸和取食的需要，只有薄的壳才有利于身体上下活动。水管埋栖越深，水管越长；相反，埋栖浅者水管较短或无水管，如泥蚶便无水管。为了方便呼吸和取食，埋栖贝类的水管有伸缩性，其水管边缘还生有许多小触手，以避免较大颗粒进入水管。在水管的顶端还生有感觉突起，专司选择水质的功能。

埋栖型贝类对海水浑浊的抵抗力较其他生活型强，其中埋栖于泥质海区的种类比砂质海区的对浑浊的抵抗力更强，如泥蚶比文蛤抵抗浑浊能力强。此种类的贝类也是滤食性的贝类，利用鳃滤食海水中的浮游植物、有机碎屑和微生物等。

埋栖型贝类的苗种生产方法主要有自然海区半人工采苗、工厂化育苗、室外土池半人工育苗方法。此种类型的贝类按养殖环境可分为滩涂养殖和池塘养殖，按养殖方法可分为埕田养殖、网围养殖、池塘养殖，池塘养殖中可实行单养、混养和轮养。

第十二章 蚶的增养殖

蚶科种类分布广，遍布于世界各大洋，主要分布在温带至热带海域，以热带海域的种类最为丰富；从潮间带至潮下带数百米甚至数千米都有其踪迹，但绝大多数种类生活于潮间带至百米内的浅海。少数蚶用足丝附着生活在岩礁的缝隙中或石砾等外物上，但多数蚶在软泥或泥质沙等底内营埋栖生活。

蚶是软体动物中经济价值较大的一类动物，约有 50 种，大部分种类可以食用，肉味鲜美，营养价值高。泥蚶、魁蚶和毛蚶产量大，已成为沿海地区养殖和采捕对象。2022 年全国蚶类养殖面积为 3.26 万公顷，养殖产量达 34.54 万吨。

第一节　蚶的生物学

一、养殖种类及其形态

蚶隶属于软体动物门（Mollusca）双壳纲（Bivalvia）真鳃亚纲（Autobranchia）蚶目（Arcida）蚶科（Arcidae）。

1. 泥蚶（*Tegillarca granosa*）

泥蚶俗称血蚶、血螺、粒蚶、瓦楞蛤、宁蚶、花蚶，是我国传统的四大养殖贝类之一。

泥蚶壳长约为 3cm。壳质坚厚，卵圆形，膨胀，两壳相等。壳面白色，被有棕色的壳皮。放射肋发达，一般为 17～20 条，肋上有很显著的结节；肋间沟与肋宽约相等。壳内灰白色，边缘有与壳面放射肋相应的锯齿状肋沟。铰合部直，齿细密（图 12-1）。

泥蚶有前后 2 个闭壳肌。足部为橙黄色，前端尖而弯曲，呈斧刃状。鳃有两个，位于足部的两侧。消化系统由口、唇瓣、食道、胃、肠、直肠和肛门构成。心脏有 1 个心室和 2 个心耳，位于围心腔内；血液呈红色，含有血红素。肾脏有 1 对，位

于后闭壳肌前端两侧；肾孔左右各 1 个，开口在生殖孔下方。性腺成熟时遍布于消化腺的外面表，雌性性腺呈橘红色，雄性的为浅黄色；生殖孔左右各 1 个，开口在后闭壳肌的腹面。神经系统具有脑神经节、足神经节和脏神经节等 3 对神经节。内部结构如图 12-2 所示。

图 12-1　泥蚶形态特征

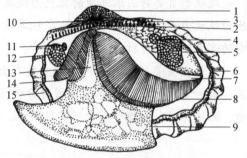

图 12-2　泥蚶内部构造

1. 放射肋；2. 韧带；3. 铰合齿；4. 后缩足肌；5. 后闭壳肌；6. 外套触手；7. 鳃轴；8. 鳃；9. 足；10. 壳顶；11. 前缩足肌；12. 前闭壳肌；13. 内脏块；14. 唇瓣；15. 右侧外套膜

2. 魁蚶（*Scapharca broughtoni*）

魁蚶俗称大毛蛤、赤贝、血贝。足可生食，肉质鲜嫩，是一种经济价值较高的贝类。

壳大，坚厚，斜卵圆形，两壳近相等。壳面被褐色绒毛状壳皮。放射肋 42～48 条，无明显结节。壳内面灰白色，边缘具齿。铰合部直，铰合齿约 70 枚（图 12-3）。

3. 毛蚶（*Scapharca kagoshimensis*）

毛蚶俗称瓦楞子或毛蛤，壳面被有褐色绒毛状

图 12-3　魁蚶形态特征

的壳皮，故名毛蚶。

毛蚶壳中等大小，质坚厚，呈长卵圆形，左壳略大于右壳。壳面白色，被有褐色绒毛状壳皮。放射肋 35 条左右，肋上具方形小结节，左壳上的结节更为明显。生长纹在腹侧极明显。壳内白色，壳缘具齿。铰合部直，齿细密。前闭壳肌痕略呈马蹄形，后闭壳肌痕近卵圆形（图 12-4）。

图 12-4　毛蚶形态特征

二、生态习性

1. 生活方式

泥蚶生活于内湾的中、低潮区，喜欢栖息在软泥底质中；蚶苗多分布在半泥半沙的滩面。泥蚶的栖息深度，随其生长逐渐加深；最大深度以刚埋没全身为限。稚贝栖息深度为 1～2mm，成贝为 1～3cm。魁蚶喜栖息在泥或泥沙质海底，栖息处水深范围为 3～60m。毛蚶主要栖息在内湾和较平静的浅海，底质为软泥或含沙的泥质海底。栖息地常见有大叶藻等海藻，大叶藻等藻体是稚贝的天然附着基。在垂直分布上，毛蚶主要分布在低潮线以下至 7m 深海底，4～5m 深海底的生物量最大。在潮间带上的数量较少，水深 20m 处偶尔可见。

2. 分布

泥蚶属于温热带生物，分布在印度洋和太平洋。在我国分布于河北、山东、江苏、浙江、福建、广东和海南沿海。魁蚶分布于太平洋西北部，包括中国、朝鲜、韩国、日本和俄罗斯远东海域。我国黄海、渤海、东海均有分布，以黄海北部较多。毛蚶分布于我国、日本和朝鲜半岛。在我国，

辽宁的锦州、河北的北塘和山东的羊角沟等地均是毛蚶的盛产地。

3. 对温盐的适应

泥蚶对温度和盐度的适应能力较强。泥蚶的生存温度一般为 0～35℃；成贝生长适温为 13～30℃，壳长 5mm 以下个体的适温为 23～28℃。成贝适盐范围为 10.4～32.5，蚶苗的适盐范围为 17～29，最适生长盐度为 21.0～25.5。魁蚶生长适温为 5～25℃，适盐范围为 26～32。毛蚶的适温范围为 2～28℃，适盐范围为 25～31。

4. 食性

蚶类为滤食性贝类，对食料大小和形状具有选择性。食料组成因海区和季节的不同而异。

三、繁殖习性

1. 泥蚶

泥蚶属雌雄异体，无第二性征。

（1）繁殖季节

泥蚶产卵的水温为 25～28℃左右。不同地区的繁殖季节不同：山东为 7～8 月，7 月底 8 月初为盛期；浙江为 6 月下旬至 8 月，7 月为盛期；福建南部地区为 8 月下旬至 10 月，9 月为盛期；广东为 8～11 月，9～10 月为盛期。

（2）性腺发育

从组织切片观察，泥蚶的性腺发育分为恢复增殖期、生长期、成熟期、排放期和耗尽期等 5 个时期。性腺成熟时，性腺充满内脏团两侧，雌性性腺呈现橘黄色，雄性的为淡黄色。泥蚶成熟期和排放期的水温基本相同，为 23～33℃；相应的滩温为 22～30℃。

（3）发生

泥蚶成熟卵子的直径约为 57μm。刚孵化出的幼虫为 D 形幼虫，变态前的幼虫为匍匐幼虫。匍匐幼虫的足可以伸缩和爬行，面盘逐渐萎缩；变态后，个体长出次生壳，发育为稚贝；生活方式由浮游生活变为底栖生活。当壳长达到 190～250μm 时，稚贝壳表可见放射肋，基本具有成贝的壳形。泥蚶的个体发生见表 12-1 和图 12-5 所示。

2. 魁蚶

魁蚶为雌雄异体；性腺成熟时，雌性性腺桃红色，雄性乳白色或淡黄色。产卵水温为 18～24℃；

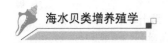

繁殖季节为 6～10 月，盛期为夏季 7～8 月。

胚胎发育和个体发生情况见表 12-2。

表 12-1　泥蚶的胚胎和幼虫的发生

（水温 26～31℃，盐度 22～27）

发育时期	受精后时间	大小（μm×μm）	发育时期	受精后时间	大小（μm×μm）
第一极体	5min	卵径 57	原肠胚期	3h 27min	68×65
第二极体	15min		担轮幼虫期	6h	68×63
2 细胞期	30min		D 形幼虫	13h 20min	86×64
4 细胞期	43min		壳顶幼虫初期	6～7d	136×113
8 细胞期	48min		壳顶幼虫期	8～9d	142×116
16 细胞期	1h 5min		壳顶幼虫后期	10～11d	157×133
32 细胞期	1h 15min		匍匐幼虫期	13～14d	169×142
桑葚期	2h 40min		附着变态期	15～16d	184×158
囊胚期	3h 5min	68×65			

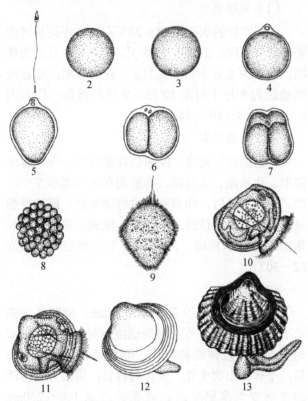

图 12-5　泥蚶胚胎和幼虫发育

1. 精子；2. 成熟卵；3. 受精卵；4. 第一极体出现；5. 极叶出现；
6. 2 细胞期；7. 4 细胞期；8. 囊胚期；9. 担轮幼虫；10. 直线铰合幼
虫；11. 壳顶幼虫；12. 刚变态的稚贝；13. 稚贝

幼虫壳长达到 250μm 左右时，开始附着变态。面盘退化后，稚贝转入附着生活，出现钙质的次生壳。

表 12-2　魁蚶的胚胎及幼虫发育过程

发育时期	发育时间	水温（℃）	壳长（μm）×壳高（μm）	备注
受精卵	0	21.2	卵径 58.6	
4 细胞期	1h 45min			
8 细胞期	2h 20min	20.9		
多细胞期	5h 10min	20.6		
原肠胚期	9h 20min	20.6		胚胎在膜内旋转
担轮幼虫期	18h 30min	20.4		向水面浮起
早期 D 形幼虫期	32h	20.7	82×70	消化道未形成
D 形幼虫期	2d	20.9	90×75	幼虫开始摄食
壳顶幼虫初期	10d	22.8	120×98	壳顶突起，幼虫两侧对称
壳顶幼虫中期	16d	23.8	156×124	面盘发达，浮游能力强
壳顶幼虫后期	22d	23.2	204×168.2	有眼点，足发达，壳顶非常隆起
初期稚贝	24d	23.4	256×202	面盘退化消失，分泌次生壳
稚贝	28d	23.8	384×236	附着生活，出现放射肋

3. 毛蚶

在北方，毛蚶繁殖季节为 7～9 月；27℃左右为繁殖盛期。在南方的福建，繁殖期为 6 月中旬至 7 月下旬。

毛蚶雌雄异体，阶段性地存在性转换和雌雄同体现象。随着个体大小和年龄的增长，雌性个体比例逐渐增高。2 龄群体雄性所占比例大，有雌雄同体现象；3 龄以上群体中则雌性个体占优势。

性腺成熟时，雌体性腺为橘红色，雄体性腺呈乳白色。毛蚶间歇性排放精卵，约需 20min 排放完毕。壳长约 3.7cm 的毛蚶一次排卵量高达 250 万～300 万粒。毛蚶卵径 50～60μm，卵核明显，受精后核消失。

在 27℃左右的水温下，卵子受精后 10h 胚胎开始转动，13h 发育为担轮幼虫，22～24h 发育到 D 形幼虫。幼虫经 2 周左右的生长发育，壳长达 280～320μm，壳高为 200～220μm。此时，幼虫开始附着变态。变态后，稚贝的壳表生出刚毛。壳长 400μm 时，稚贝后腹缘出现放射肋，以后数目逐渐增多；至 1mm 时，放射肋数目与成体相同，达到 30～34 条。

四、生长

泥蚶养成时间一般为 3～4 年。泥蚶在南方的生长速度快于北方，在饵料丰富的海区快于贫瘠的海区，在低潮区的生长速度明显快于较高潮区，在软泥质的海滩快于泥沙、沙泥或沙质的海滩，蓄水稀养的方式快于高密度养殖方式。

1 龄魁蚶壳长为 61mm，2 龄 78mm，3 龄 90mm，4 龄 105mm。魁蚶壳长最大为 15cm，体重超过 800g。

毛蚶变态后，附着在大叶藻等物体表面。壳长达到 12～15mm 后，转入埋栖生活。毛蚶在水温 18～23℃时生长最快。

第二节　蚶的苗种生产

一、泥蚶的苗种生产

泥蚶的苗种生产方式主要包括人工育苗、半人工采苗和土池育苗三种方式。

（一）泥蚶人工育苗

泥蚶的人工育苗分为常温育苗和升温育苗两种。对于常温育苗，亲贝入池时间一般为 5 月下旬至 7 月上旬，此时海区水温为 20～23℃时。对于升温育苗，亲贝入池时间比繁殖季节提早 2 个月，可选择在 3 月份前后。

1. 亲贝选择

选择 2～3 龄、壳长 2～3cm、体重 150～200 粒/kg、外形完整、大小均匀的成贝作为亲贝。亲贝入池后，清除贝壳表面的污损生物和杂质，清洗、消毒后，开始亲贝蓄养，或直接诱导产卵。

2. 亲贝蓄养

对于提早升温育苗，亲贝需要进行蓄养。

1）蓄养方式：蓄养方式多采用浮动网箱进行，蓄养密度为 200～300 个/m²。

2）控温：升温时，从入池时的水温逐渐提升培育温度，至 22～23℃时待产。

3）投喂：投喂的单胞藻种类为三角褐指藻、小新月菱形藻、金藻和扁藻等。也可辅助投喂酵母、淀粉、螺旋藻和藻粉等代用饵料。饵料采用混合投喂的方式。

4）换池与换水：每天换水量为 100%～200%。

在蓄养前期，每天换池 1～2 次。或采取白天换池和晚上换水的方式更新水质；换水时，每次 1/2。蓄养后期，可采取长流水的方式，保持池水清新和稳定。

5）吸底：邻近产卵时，停止换池。采取吸底的方式，清除池底的粪便。

6）充气：连续充气。

7）防病：蓄养过程中，使用有益菌调控水质，预防疾病。必要时，使用抗生素抑制病原菌的繁殖和生长。

8）巡池：蓄养后期，加强巡池。注意观察产卵的征兆，防止流产。

3. 采卵与孵化

使用阴干和流水相结合的方式诱导亲贝产卵。根据亲贝成熟的程度，阴干 5～10h，流水 1～2h。发现亲贝排放精卵后，需密切观察池水中精卵的密度，用显微镜镜检卵子周围精子的数量。为防止池水中精子过多，需及时把亲贝转移到新池继续采卵。

当池水中精液过多时，需要洗卵。或通过分池的方法降低水中精子的密度，保持良好的水质，提高孵化率。

对于升温育苗，孵化水温多选用 23～25℃。南方的常温育苗，孵化水温为 25～30℃。

在孵化过程中，连续微量充气。为预防疾病，全池可泼洒抗生素。

4. 选幼

孵化水温 23～25℃时，受精卵经 18～22h 发育至 D 形幼虫。用 300 目的筛绢网箱把 D 形幼虫收集起来，转移到新池中进行培育。

5. 幼虫培育

在水温 23～25℃培养条件下，从 D 形幼虫至匍匐幼虫期的培育时间约为 15d；当水温提高到 25～30℃时，幼虫培育时间可缩短为 10d 左右。

1）幼虫密度：幼虫密度为 8～10 个/mL。

2）投喂：以金藻为主，混合投喂角毛藻和扁藻。日投喂次数为 4～8 次。为提高幼虫生长速度和变态率，可适量投喂光合细菌。

3）换池：在幼虫培育期间，换池次数至少达到 2 次以上。在投放附着基前，一般换池 1 次。

4）换水：换水方式为大换水，或大换水与长流水相结合。每天换水 2～4 次，每次换水量为

1/3～1/2。

5）充气：连续微量充气。

6）环境因子：水温 23～25℃，光照 800lx 以下，盐度 25～32，pH7.8～8.2，COD≤1.2mg/L，DO≥5.0mg/L，NH$_4^+$-N≤100μg/L。

7）防病：使用有益菌改良水质和预防疾病。必要时，使用抗生素抑菌。投喂优质饵料，对预防疾病具有很好的效果。

6. 采苗

1）采苗时刻：当幼虫长至 180～200μm，镜检发现 30%幼虫的眼点变大、壳缘变厚、足开始伸缩时，即可投放附着基采苗。

2）附着基处理：泥蚶的附着基为海泥。从滩面取回的海泥先用 80 目的筛网粗滤一遍，再用 200～300 目筛绢过滤，经曝晒或烘干后备用。用前通过煮沸的方法消毒。

3）采苗方法：为防止海泥结块，先用 200 目筛绢过滤海泥，然后立即投放。海泥在池底平铺的厚度为 2mm 左右。投放海泥后，池水静置 12h，然后排出上层的池水，使池内留有 10cm 左右深度的海水，再加进新鲜的海水，使池水深度达到 0.5m。池水澄清后，把附着变态期的幼虫投入采苗池内开始采苗。采苗时，幼虫布池密度约为 5 个/mL。

4）采苗密度：稚贝的采苗密度为 100 粒/cm^2 左右，即 100 万粒/m^2。

7. 稚贝培育

1）水位：0.4～0.5m。

2）换水：每天换水 2～4 次，每次 1/3～1/2。

3）换池：每 4～6d 换池一次。换池时，新池先投放海泥，然后把老池的稚贝洗出、收集起来，转移到新池中。

4）投喂：饵料种类与幼虫培育阶段相同。每天投喂 4～6 次。采取混合投喂的原则，避免过多残饵。

5）充气：连续充气，适当加大充气量。

6）防病：使用有益菌改良水质和海泥底质。严禁使用违禁药物。

7）出库：对于大规格的蚶苗，当壳长达到 1～3mm、200 万～500 万粒/kg 时，蚶苗即可出库。在浙江沿海，稚贝出库时间一般为 7 月中旬至 9 月，壳长为 0.5mm，200 万～2000 万粒/kg。出库的蚶苗将继续开展中间培育。

（二）泥蚶半人工采苗

采捕野生苗是指选择合适的海区，采捕海区滩面上野生蚶苗的生产过程。半人工采苗也是采捕野生苗，但为了采到较多的蚶苗，需要人为地对海区的滩面进行必要的整理和改造，并对采苗区实施养护，提高了滩面上蚶苗的附苗量，从而在海滩上采集到更多野生蚶苗的生产过程。这两种方法，采到蚶苗的规格一般为 5 万粒/kg 上下，属于较大规格的"蚶沙"。

1. 选择海区

对于中、小型内湾，其面积小、风浪小、滩涂稳定，适于开展泥蚶的半人工采苗。采苗的潮区宜选择在中低潮区，海区的最适盐度为 21.0～25.5，底质中细沙含量约为 60%～70%。山东的乳山湾和丁字湾以及浙江的乐清湾，是我国著名的泥蚶半人工采苗区。

2. 整滩

采苗前，滩涂需要人工整平，把滩面修成畦形，清除滩面上的浮泥。为防止滩面积水，需在畦的四周挖沟，使得畦地中央高、边缘低，滩面的海水可以快速排入四周的水沟。

3. 采苗季节

山东最适宜的采苗季节为 9～10 月。在南方，从白露到小雪皆可采苗。

在广东，白露至秋分（9 月）采到的蚶苗称为"秋仔"；在寒露至霜降（10 月）采集的苗为"降仔"；立冬以后的苗为"冬仔"，小寒和大寒期间的苗为"春仔"。其中，"降仔"苗质量好、数量大。因此，寒露至霜降是广东的最佳采苗季节。

在浙江，白露至秋分采到苗为"秋苗"，寒露至霜降的苗为"降苗"，立冬至小雪的苗为"冬苗"，大雪至冬至的苗为"春苗"。其中，"降苗"和"冬苗"数量多、质量好、规格大、成活率高。因此，寒露至小雪是浙江的最佳采苗期。

4. 探苗

"探苗"是估算滩面上蚶苗数量的方法。具体做法为：用生物定量框或在滩面上量出一定的面积，把取样面积内 2～3mm 深的滩泥收集起来，用纱网把蚶苗淘洗出来，计数并测量规格，统计蚶苗的栖息密度。在福建，如蚶苗密度达到 100 粒/m^2，该滩涂即有采苗价值。

5. 采捕方法

蛏苗采捕方法分为干潮采苗法、浅水采苗法和深水采苗法等三种，称为"三潮采苗法"。采捕蛏苗所用的工具见图12-6。

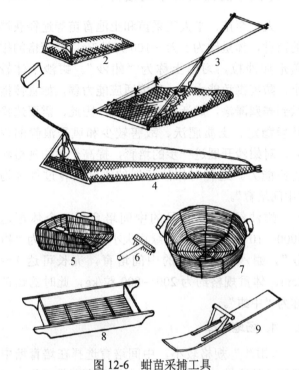

图 12-6　蛏苗采捕工具

1. 刮苗板; 2. 手网; 3. 推网; 4. 拖网; 5. 铁丝簸子; 6. 耙子;
7. 蛏筛; 8. 蛏箩; 9. 泥马

1) 干潮采苗法："干潮采苗法"是干潮时的操作方法。因为退潮后，泥滩软，采苗人为防止下陷，需要跪在"泥马"上滑行。具体过程为：采苗人一腿跪在"泥马"上，另一腿蹬泥滩，使"泥马"在泥滩上滑行，同时，把泥滩表层厚约 0.5cm 的海泥刮到手网内，边刮边甩去网内的稀泥，待刮至约 1/3 袋时，到水洼处洗去泥沙便得蛏苗。

课程视频和PPT:
泥马的使用方法

2) 浅水采苗法：这种方法是在涨潮或退潮过程中，带水操作的方法。滩面上水深约为 30～70cm。操作时，采苗人手持推网，把滩面表层厚约 2～4mm 的泥层推入网内，然后将捞取的蛏苗洗净后倒入腰间的蛏苗桶内。

3) 深水采苗法：满潮后，用船拉着拖网采捕蛏苗。

6. 蛏苗的暂养

当采苗场距离中间培育场较近时，可以把采到的蛏苗直接送到中间培育场。当距离中间培育场较远时，就需要在采苗场附近选择一处暂养场，把采到的蛏苗临时放在暂养场内，待储备足够数量时，再集中运到中间培育场。在暂养场，因放养时间短，也为方便收苗，可加大蛏苗的暂养密度；一般每公顷可暂养蛏苗 15 000 万～75 000 万粒。

（三）泥蚶土池育苗

泥蚶的土池育苗也称为半人工育苗，是生产泥蚶苗种的重要途径之一。

1. 场地选择

选择的场地应避开大片农田，尤其避开农田周围的低洼处；应远离造船、化工、电镀、炼油、农药和造纸等工厂及其排污口；还应远离城市污水排放口。同时，需要综合考虑进水条件以及交通、电力、生活等方面的条件。

水质条件应符合国家《海水水质标准》（GB 3097—1997）第一类或第二类标准和农业行业标准《无公害食品　海水养殖用水水质》（NY 5052—2001）的要求。在底质方面，应选择泥底和沙泥底，以满足泥蚶栖息的生态习性。

2. 土池建造

土池的形状多选用长方形，走向以南北向为好，面积在 5000m² 以上，土池深约 1.5m，池内水深达 1m 以上，设进排水闸门各 1 个。闸门设置滤水网，防止敌害生物进入池内。有条件的池塘，可设置增氧机。

对于闲置不用的虾池，经必要的改造后也可开展土池育苗。由于虾池长年开展对虾养殖，池底淤积了大量的残饵、粪便、动物尸体，老化较重。因此，在生产前，必须进行清池处理。

3. 清池

新建的池塘，生产前需要氧化、消毒和浸泡冲洗处理。而老化的虾池使用前，还需增加清淤工序。

1) 清淤：通过人工搬运、推土机推土及泥浆泵抽吸等方式将淤泥清出池外。

2) 曝晒：曝晒是氧化池塘的重要方式。曝晒时，应彻底排干池水，使池底无积水，曝晒 10～20d；待淤泥表层由黑色氧化为黄色后，翻耕一次；对于老化较重的池塘，需多次翻耕，以使底质中的有机物彻底分解。

3) 消毒：用（10～15）×10⁻⁶ 的有效氯或150g/m² 的生石灰消毒池塘，既可杀灭病原菌、纤毛虫等病原生物，还可起到氧化池塘的作用。用 50×10⁻⁶ 的

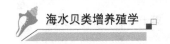

茶籽饼全池泼洒，杀死池内敌害鱼类。

4）浸泡冲洗：采取浸泡的方法清塘，让底泥中有害成分溶入水中，排出池外。这种方法尤其适合潮位较低，常年存水不易清淤的池塘。

4. 滩面整理

清池后，用泥浆泵把环沟中的泥浆吸到滩面上，形成 1～2cm 厚的软泥层，用于蚶苗的附着。

5. 肥水与接种有益菌

进水后，池水需要肥水。根据外海水的肥瘦程度，每公顷水面可用尿素或硝酸铵 15～45kg，并投磷肥 7.5～15kg。每 3～5d 肥水一次，使池水呈现黄褐色、黄绿色等水色，透明度保持在 30～50cm。每次大潮期纳水、施肥，直到开始育苗为止。

光合细菌等有益菌富含贝类幼虫必需的氨基酸，可较好地提高幼虫的变态率。在池塘中使用光合细菌，既可为贝类提供营养，又可改良和调控底质和水质。

6. 育苗与管理

1）亲贝入池与促熟：选择的亲蚶蚶龄为 2～3 龄，壳长 2～3cm，肉质肥厚，大小整齐。亲贝用量为 300～450kg/hm²。如尚未成熟，亲贝需要在精养塘内促熟；对于成熟好的亲贝，可立即催产。

2）采卵：亲贝阴干 8～15h 后，放在网箱内产卵，或均匀播撒在进水闸附近的滩面上采卵。如发现采卵量较少，可重复采卵，直至卵量达到要求为止。

3）幼虫培育

a. 换水：在前期，采取补水的方式逐渐提高水位；当幼虫附着后，采取大换水的方式，更新池水。

b. 肥水：根据池水中饵料生物的密度，及时肥水，调整水色和透明度。

c. 增氧：对于池水较深的土池，尤其是池水深度超过 2m 时，应经常开动增氧机，避免发生"池水分层现象"，防止池水缺氧。

d. 检查与巡池：每天测记水温变化，测量幼虫大小和密度，观察幼虫摄食情况，镜检池内敌害生物的种类和数量。雨后及时测量盐度变化。巡池时，注意观察水色和透明度；巡视闸门和坝体的安全，防止发生漏水现象。

7. 稚贝培育与刮苗

稚贝培育期间的管理与幼虫培育时期基本相同。在此期间，可加大有益菌的用量，以改良底质和水质。当蚶苗长到 1.5mm 时，开始刮苗采收。刮苗操作一般在早上和傍晚进行。刮取的蚶苗，杂质较多，应净苗后再把蚶苗移到中间培育场。

（四）泥蚶苗种中间培育

人工育苗、半人工采苗和土池育苗等途径获得的苗种，体重约为 5 万～100 万粒/kg，该规格的蚶苗形如沙粒，习惯上称为"蚶沙"。蚶沙个体较小，防害御敌能力差，环境适应能力弱，如直接播撒到养殖滩涂，成活率普遍较低。因此，需要选择环境稳定、土质肥沃、敌害较少和风平浪静的内湾，对蚶沙开展进一步的培育，提高个体的规格和适应能力。这种对蚶沙开展的继续培育过程称为"中间培育"。

蚶沙经 5～6 个月的中间培育后，个体可达 4000～10 000 粒/kg，如绿豆大小，因此，称为"蚶豆"。蚶沙经过 1 年的中间培育，壳长可达 1～2cm，体重规格约为 200～800 粒/kg，此时的蚶苗称为"中蚶"。

1. 场地选择

"蚶沙"规格较小，中间培育选择在培育塘中开展，培育塘一般在中潮带上层和高潮带下层之间的滩涂上挖筑；"中蚶"规格较大，可直接在内湾中、低潮区的滩涂上修建培育埕地，开展中蚶的中间培育。

中间培育场选择在环境稳定、潮流畅通、风平浪静、土质肥沃和敌害较少的内湾，海水盐度为 10～26。培育埕地上软泥的厚度约为 20～30cm，表层有黄褐色的"油泥"。退潮后，培育埕地的干露时间以 1～4h 为宜。

2. 场地整理

（1）培育塘

培育塘指在中潮带上层和高潮带下层之间滩涂上建造的低坝蓄水池塘，面积为 100～1000m²，堤坝高 40～50cm，塘内水深 30～40cm，底质为软泥，塘底平坦。为提高出苗率和方便收苗，可在塘底铺设筛绢。为预防蟹类等敌害生物的侵袭，在塘的四周可增设围网。

（2）培育埕地

把选好的滩涂划分成片，建成埕地，每片埕地的面积为 5000～15 000m²。为保护埕地，每片埕地外围修筑 1m 宽和 0.5～0.8m 高的土堤；为防止船只误入，堤面上用树枝或毛竹做出明显标记；为预防敌害生物的侵袭，在堤面上设置围网或用竹箔围护。为管理方便，每片埕地分成若干长条形的苗埕；苗埕与岸边垂直，沿顺流方向排列，每个苗埕宽 4.5～6m，面积为 300～600m²，每个苗埕用"泥马"压平；苗埕之间下挖宽约 0.5m 的沟道，作为管理操作的人行道和排水沟。

（3）清滩

清滩指在培育塘和培育埕地，用茶粕或鱼藤杀死敌害生物的做法。茶粕也称茶麸或茶饼，用量为 30～40kg/hm²；把茶粕炒焦后捣成粉末，干潮时顺风均匀撒在埕地上；该种方法操作方便，使用较多。鱼藤的用量为 3kg/hm²；把鱼藤捣碎后，需用淡水浸泡 2～3d，在播苗前 10d，于干潮时把鱼藤浸泡液泼入苗埕，杀除敌害生物。清滩 1 周后，需先试放少量蛤苗，确认药效解除后方可大批播苗。

3. 净苗与蛤苗运输

（1）净苗

净苗是清除蛤苗中杂质的操作。人工繁育的稚贝呈浅绿或浅黄褐色，大小均匀，壳面干净，无杂质；在移入中间培育场时，不需要净苗操作。对于半人工采苗、采捕野生苗和土池育苗等方法获得的蛤苗，杂质较多，需要净苗。

净苗时，把含有杂质的蛤苗装入米筛中，在大盆中带水筛洗。蛤苗和较小的杂质被过滤到筛下的大盆里；大的杂质留在米筛上并倒掉。由于蛤苗像沙粒一样比较重，在水中下沉快；小杂质比较轻，在水中下沉慢或呈悬浮状态；因此，可利用筛淘法把小杂质分离出去。如此反复多次，即可剔除杂质。

（2）蛤苗运输

蛤沙和中蛤在运往中间培育场时，一般采取干运的方法。运输时，注意防风、防晒、防雨、防热和防寒；为此，多选择晚上气温较低时运输。有条件时，可用保温车适当降温运输。要求当天运到，当天播种。

4. 播苗

（1）苗质检查

优质蛤苗多呈白色，壳面上带有赤色；人工繁育的稚贝为浅绿或浅黄褐色。检查蛤苗是否干净、有无开壳失水现象、有无杂质、有无异味等；如发现问题，立即筛选或舍弃。

（2）播苗密度

人工繁育的出库稚贝规格较小，一般 600 万～1000 万粒/kg；初始播苗密度为 5 万粒/m²；随着蛤苗的生长，密度逐渐稀疏到 1 万粒/m²。暂养后的大规格蛤苗或采捕的野生苗，播苗的初始密度为 1 万粒/m²。

（3）播苗方法

在平潮时，乘船播苗。在水深 30～50cm 时，人站在苗埕边的人行道（排水沟）里向苗埕播撒蛤苗。或在水深 10cm 左右时，乘"泥马"播苗。

（4）注意事项

播苗要均匀，个体小的蛤苗可拌入细沙后播撒。避免在退潮水急时撒苗。大规格的蛤苗播撒在苗埕上段，小苗播撒在下段。

5. 常规管理

（1）水位

对于培育塘，塘内水深控制在 30～40cm。

（2）搬塘

指把蛤苗从老池搬移到新池的操作。每隔半个月或每月搬塘一次；搬塘时选择大潮汛期进行。蛤苗搬走后，苗埕需重新压平。

（3）筛苗

在搬塘时，把收集的蛤苗用米筛在淡水中筛洗，大规格蛤苗留在筛上，小规格蛤苗漏在筛下，以此把蛤苗分成大小两个等级，并进行分塘培养。筛苗的同时，清除玉螺、梭子蟹和杂藻等敌害生物。蛤苗在淡水中停留时间过长，容易受到损伤，因此，筛洗时间需控制在半小时以内。

（4）疏苗

随着蛤苗生长，定期测量蛤苗规格。利用搬塘时机，及时稀疏蛤苗。

（5）巡查

巡查时，注意观察埕面是否有积水，堤坝是否漏水、坍塌，围网是否完整。发现问题，立即修缮。

（6）除害

定期搬塘、清场，防止凸壳肌蛤、经氏壳蛞蝓、斑玉螺、红螺和虾蟹类等敌害侵袭，预防浒苔等杂藻泛滥。

（7）防灾

及时收听天气预报，做好防寒、防晒、防淡水

注入工作。

6. 出苗

从蚶沙培育至蚶豆的时间一般为 1 年左右。

蚶豆起捕时，用手网和刮板把蚶豆刮起，清除杂质。蚶苗经筛分后，分别装在竹箩或麻袋中，待运。

蚶苗的运输分水路和旱路，途中应防雨、防晒、防风干，注意透气。

二、魁蚶的苗种生产

魁蚶的苗种生产以人工育苗方式为主。

（一）人工育苗

1. 亲贝的选择

选择壳长 6～8cm 以上、外形完整、无创伤的个体作为亲贝。

对于常温育苗，一般在 6 月下旬～7 月中旬，海区水温达到 20℃时，进亲贝；亲贝入池后，蓄养 10d 左右采卵。对于升温育苗，一般在 4 月中旬进亲贝；在室内或虾池中进行升温促熟，蓄养时间为一个月左右。

2. 亲贝蓄养

1）亲贝处理：亲贝入池前，挑除壳面带孔、破碎的个体，清除亲贝表面的污损生物和杂质。用高锰酸钾消毒后，开始蓄养。

2）蓄养方式：采用浮动网箱进行蓄养。根据个体大小，放养密度为 30～60 个/m²。

3）水温：对于常温育苗，亲贝入池后在 20℃条件下蓄养，在 22～23℃下待产。对于升温育苗，前期每天升温 1℃；当水温达到 20℃后，水温每天升高 0.5℃左右，保持环境稳定，避免流产；在 22～23℃下恒温待产。也可根据春季虾池海水升温快的特点，利用虾池开展亲贝促熟；亲贝 4 月中旬放入虾池后，5 月中下旬即可成熟产卵。

4）换池与换水：每天换水量为 100%～200%。在蓄养前期，每天换池 1～2 次；或白天换池，晚上换水 1/2。蓄养后期，采取长流水或少量多次换水的方式，保持环境稳定。

5）投饵：投喂的饵料主要包括小新月菱形藻、角毛藻和扁藻等单胞藻。也可投喂鲜酵母、螺旋藻、蛋黄和藻粉等代用饵料。在混合投喂单胞藻或代用饵料的同时，还可添加光和细菌等有益菌，

丰富摄入的营养成分。每日投喂次数为 6～12 次，后期日投喂次数可以增加到 12～16 次。

6）充气：在整个蓄养期间，连续充气。在后期，适当降低充气量，保持环境稳定。

7）防病：定期投放有益菌改善水质和预防疾病。必要时，投放青霉素等抗生素抑制细菌的繁殖和生长。

3. 采卵与孵化

采用自然排放法，可以获取优质的精卵。也可使用阴干的方式诱导采卵；阴干时间为 2～4h。在采卵过程中，当池水中精子达到一定密度时，应及时拣出正在排精的雄贝。卵子密度达到要求后，立即把亲贝移到新池继续采卵。如池水中精子过多，则需采取分池的方法降低池水中精子的密度。

在孵化过程中，连续微量充气。为预防疾病，可全池泼洒恩诺沙星等抗生素。

4. 选幼

在水温 23～25℃条件下，受精卵经 18～24h 发育至 D 形幼虫。当胚胎孵化为 D 形幼虫时，要立即选幼。选优的方法主要包括虹吸法和拉网法，选优用筛绢的网目为 300 目。

5. 幼虫培育

1）幼虫密度：在培育前期，幼虫密度为 10～20 个/mL；随着个体的生长，逐渐稀疏其密度；至眼点幼虫阶段，密度降为 5～8 个/mL。

2）投喂：饵料种类主要包括金藻、角毛藻和扁藻等单胞藻。以金藻作为开口饵料。采取混合投喂的方式，丰富幼虫的营养。日投喂 4～8 次。适量投喂光合细菌，可以提高幼虫生长速度和变态率。

3）换池：在水质较差时，为降低幼虫的应激反应，尽可能减少换池次数。在水质良好的情况下，勤换池可以提高幼虫生长速度和成活率；一般地，在幼虫培育期间，换池次数应达到 2 次以上。

4）换水：每天换水 2～4 次，每次换水率为 1/3～1/2。在培育前期，换水方式为大换水；后期采取大换水和长流水相结合的方式。

5）充气：连续微量充气。

6）防病：定期使用有益菌，改良水质和预防疾病。必要时，使用抗生素抑菌。

7）巡池与检查：加强巡池和显微镜检查，把问题消灭在萌芽状态。

8）培育时长：在 23～25℃温度下，幼虫培育

时间为 15d 左右。当壳长达到 210～240μm 时，幼虫陆续出现眼点，将结束浮游生活，变态后先转为附着生活，生长到 1.5cm 后开始营底栖生活。

6. 采苗

（1）附着基种类与处理方法

附着基多采用聚乙烯网片和棕帘。网片扣数为 2000～3000 扣，棕帘的棕绳直径为 3～5mm。现在多采用网片附着基。

1）棕帘处理方法：处理工序包括蒸煮、捶打、搓洗、浸泡和曝晒等。蒸煮时，施加 0.5‰～1‰ 的 NaOH 溶液。

2）聚乙烯网片处理方法：新网片的处理包括浸泡、打磨、摆洗和蒸煮；浸泡时，使用 0.5‰～1‰ 的 NaOH 清除网片上的油污；打磨时，把网片挂在甩网机上，使网片抽打在粗糙的水泥板或石板上，起到打磨的效果。旧网片需要浸泡、甩打、摆洗和蒸煮等工序；浸泡时，使用一定浓度的盐酸，清除网片上的杂质。

（2）采苗时刻

当壳长达到 210～240μm，眼点变大、变圆，壳缘变厚，部分幼虫的足开始伸缩时，开始投放处理好的附着基。

（3）附着基投放数量

对于 2000 扣的网片，投放量为 30～50 片/m³。

7. 稚贝培育

1）换水：每天换水 2～4 次，每次 1/2。有条件时，可以配合使用"长流水"方式换水。

2）充气：连续充气。为均匀采苗，采苗时应适当加大充气量。

3）投喂：每天投喂 6～8 次，适当增加投喂量。采取混合投喂的原则，避免过多残饵。

4）出库：稚贝培育 10～15d 后，壳长达到 700μm 以上时即可出库。

（二）中间培育

苗种的中间培育也称保苗，指把出库稚贝在海区中培养成壳长约 1.5cm 幼贝的过程。

1. 海区

保苗海区要求无污染、流速平缓、风浪小、透明度大、饵料丰富，水深应达到 5m 以上。在保苗前期，可以在及南海区开展保苗生产；当蛤苗壳长达到 5mm 以上时，应移至远离岸边的海区。

2. 器材

1）网袋：刚出库的稚贝，使用 40 目的筛网。网袋规格一般为 40cm×30cm，每袋放 1 个附着基。分苗后，使用 30～18 目的网袋。

2）密眼网笼：8～18 目，直径 30cm，分为 6～7 层。壳长 1cm 以下的蛤苗，每层放 500～1000 个；1cm 以上时，每层放 300～500 个。

3. 管理

1）分苗：为及时稀疏蛤苗密度和确保网袋内海水通透性，应尽早分苗，及时更换较大网目的网袋。筛分蛤苗等级时，应带水筛苗，避免损伤蛤苗。分苗时应防风、防晒。

2）水层：前期挂养水层为 2～3m；壳长 5mm 以后，水层应降至 2～8m。

3）刷袋：及时清除网袋外的浮泥及附着生物。

4）检查：经常检查筏架的安全性，及时添加浮球，经常清理网袋或网笼中的敌害生物。

三、毛蚶的苗种生产

毛蚶的苗种生产方式主要包括人工育苗和半人工采苗两种方式。

（一）人工育苗

1. 亲贝选择

在北方，升温育苗可在 4 下旬～5 月上旬进贝，此时自然海区水温为 15～18℃ 时。对于常温育苗，亲贝入池时间为 7～8 月，海区水温为 23～27℃。

亲贝一般选用 3 龄以上的个体，壳长 4cm 以上，体重规格约为 30 个/kg，大小均匀，壳表完整，无损伤。

2. 亲贝蓄养

对于提早升温育苗，亲贝需要蓄养 20d 以上；常温育苗，蓄养 1 周左右即可采卵。

1）蓄养方式：采用浮动网箱进行蓄养，蓄养密度一般为 50～150 个/m²。

2）控温：对于常温育苗，不需要升温，保持常温在 25～30℃ 即可；对于升温育苗，从入池时的水温开始，每天升温 0.5～1℃，至 24～25℃ 时恒温待产。

3）投饵：投喂的单胞藻种类为金藻、角毛藻和扁藻等。也可辅助投喂海洋红酵母、螺旋藻、藻粉和蛋黄等代用饵料。

4）换池与换水：在蓄养前期，白天换池，晚上换水 1/2，有条件时每天可换池 2 次；接近产卵时，需要稳定池水环境，宜增加换水次数，并减少每次换水的数量；或采取长流水方式换水。

5）充气：连续充气。

3. 采卵与孵化

使用阴干 3h 和流水 2h 的方式诱导亲贝产卵。在采卵过程中，为避免池水中精子过多；需及时拣出正在排精的雄贝。如池水中精子过多，需通过分池洗卵的方法降低水中精子的密度，可提高孵化率。

胚胎孵化密度为 20～70 个/mL。在整个孵化期间，连续微量充气；前期还需每隔 1～2h，搅池一次。

4. 选幼

孵化水温 27℃左右时，受精卵经 22h 内即可发育为 D 形幼虫。此时，用 300 目的筛绢网箱进行选幼。

5. 幼虫培育

1）幼虫密度：幼虫密度为 5～8 个/mL。

2）投喂：以金藻为主，混合投喂角毛藻和扁藻；日投喂次数为 4～8 次，日投喂量为 5 万细胞/mL；为提高幼虫生长速度和变态率，可适量投喂光合细菌；饵料不足时，可投喂海洋红酵母等代用饵料。

3）换池：在幼虫培育期间，换池 2 次以上。

4）换水：每天换水 2～4 次，每次换水量为 1/3～1/2。

5）充气：连续微量充气。

6. 采苗

附着基多采用聚乙烯网片。当壳长达到 260μm 时，投放处理好的网片采苗。对于 2000 扣的网片，投放量为 20～40 片/m³。现在也可采用无底质采苗，即不投附着基方法采苗，省工省力。

7. 稚贝培育

1）换水：每天换水 3～4 次，每次 1/2。

2）充气：连续充气，适当加大充气量。

3）投饵：每天投喂 6～8 次，日投喂量由 5 万细胞/mL 逐渐增加到 10 万细胞/mL。

4）出库：当稚贝培育 12d 左右，壳长达到 500～600μm 以上时，即可出库，转入海区，开展中间培育。也可以继续在室内培育至 2～3mm 后，

再移至滩涂上的中间培育场。

（二）半人工采苗

毛蚶半人工采苗技术已较为成熟，但目前使用较少。

1）海区选择：选择亲贝资源充足和有回湾流或往复流的海区开展毛蚶半人工采苗。

2）采苗季节：在北方，采苗季节为 7～9 月。

3）采苗预报：在投放采苗器前，根据亲贝产卵时间、胚胎发育情况和幼虫生长规律，预测幼虫附着时间，并定期在采苗海区开展拖网检查，确定幼虫的发育阶段和垂直分布情况。在幼虫开始附着变态前，提前投放采苗器。

4）采苗水层：2.5～5m。

5）采苗器：采苗器为草绳球、棕榈网、聚乙烯网袋和采苗网笼等。使用采苗网袋和网笼时，袋内和笼内应放置适量的网衣。

6）管理：采苗器投放后，应定期检查浮球、浮缆和采苗器等设施和器材的安全。

（三）中间培育

中间培育习惯上称为保苗。在北方，把稚贝放在网袋内，挂养在浮缆上开展浅海筏式保苗；具体方法与魁蚶保苗相同。蚶苗长至 12～15mm 时，转移到培育场养成。

在南方，一般在室内把蚶苗培育至 2～3mm 后，再移至专门的培育场开展中间培育。中间培育场一般选择在潮间带下部，滩面四周用滩泥围以低坝；大潮时，整个滩面干露出来，但低坝内仍存有 30cm 深的蓄水。

第三节　蚬的增殖与养殖

一、泥蚬的养成

目前泥蚬养成方式主要包括蚬田养殖和蚬塘养殖两种形式，也可利用池塘开展蓄水式养殖。

1. 养成方式与场地

（1）蚬田养殖

蚬田养殖是指不蓄水的平滩养殖方法，也称为蚬埕养殖或平滩养殖，适于开展大面积养殖。场地多选在内湾中软泥质的低潮区。蚬田形状为长方形或方形，面积多为 2000～3500m²，较大的蚬田面

积为 25 000～35 000m²。为便于排水和操作，并为防止泥蚶逃逸，蚶田周边挖有浅沟。在蚶田周围用竹箔或网片围起，防止敌害生物侵袭。插好标志，防止船只误入。

滩面需要整平，以防止积水。对于底质较硬的滩涂，放苗前应翻松。场地整理好后，用鱼藤精和茶粕清滩；鱼藤酮用量为 $0.3～0.4g/m^2$，茶粕为 $3～4g/m^2$。

放苗前 1～2d，把滩面耙松，用压板压平埂面。

（2）蚶塘养殖

蚶塘是建在内湾高、中潮区的半蓄水式池塘。即涨潮时潮水可以漫池；退潮后，塘内仍保留一定的海水。底质为不渗水的泥质。多建在高潮区下部，以每汛大潮进水 2～4d 为宜。蚶塘面积一般为 $200～2000m^2$，建造结构包括堤坝、水口、环沟、缓冲堤和塘面等。

堤坝高度为 0.5～1.5m，基底宽 3～5m，顶宽 0.8～1.5m。堤的上顶应修得圆滑，使泥土不易倒塌。塘内涂面比塘外海滩略低 0.2～0.3m，以防止漏水跑水等事故。

水口也称水门，是潮水进出蚶塘的通道。为避免风浪的冲刷，水口不能设在向潮面。水口外挖有引水沟，用于进排水。较小蚶塘的水口为软泥质，通过添减泥的高度，控制塘内水位。较大蚶塘的水口可用石料砌筑。

环沟又称缓冲沟或沉淀沟，建在塘底的四周，沟宽 0.5～1.0m，深 0.2～0.5m。环沟的作用有两个：①引导潮水平缓地进入滩面，防止进水冲刷塘面；②堤坝上冲刷下的泥土沉到沟内，防止淤积到塘面上和掩埋泥蚶。

缓冲堤也称为挡水坝，是一条建在水口内侧的土堤，防止潮水直接冲刷塘面。缓冲堤的长度不定，高度为 0.5m，基底宽 1.5m，顶宽 0.5m。现在，浙江等地已取消建造缓冲堤。

蚶塘建成后，涂面用小钉耙耙松，用耢板耢平；用 20～40 目筛网淌袋刮除涂面螺类、蟹类等敌害生物，再用鱼藤酮或茶粕清滩。鱼藤酮用量为 $2g/m^2$，茶粕 $3～4g/m^2$。施药后，蚶塘需冲洗 2～3 次，以去除残留药物。播苗前，再把涂面耙松、整平。

（3）池塘养殖

北方的池塘或南方的围塘与蚶塘相似，但面积一般较大，海水从闸门处进排水。播苗前需要施肥繁殖基础饵料，调控透明度；使用有益菌改善水质和底质。

2. 播苗

（1）季节

播苗季节各地不尽相同，北方一般在 5～6 月份，南方为 3～4 月。

（2）播苗密度

遵循"因地制宜，合理密植"的原则，参照表 12-3 中的密度播苗。

表 12-3 泥蚶养成播苗密度

蚶苗规格（粒/kg）	播苗密度（g/m²）
300～400	1200～1500
400～600	1050～1200
600～800	900～1050
800～1000	750～900
1000～1200	600～750

（3）播苗方法

在退潮后，把蚶苗均匀地播撒在涂面上。

3. 养成管理

1）水位：蚶塘水位一般控制在 30～40cm。炎热和严寒季节，水位提高至 60～70cm。

2）进排水：每半个月换水一次。利用大潮时涂面干露的时机，检查蚶苗、整理涂面、清除敌害。海区发生赤潮时不进水。

3）肥水：通过施肥调理水色和控制透明度，使水色呈浅茶色或浅绿色。避免池水清澈见底，严防青苔大量繁殖。

4）清除杂藻：定期用钉耙等工具耙松涂面，防止杂藻丛生。

5）疏苗：随着蚶苗的生长，每年稀疏蚶苗 1 或 2 次。疏苗时，可清除混在蚶田中的敌害生物。

6）防洪：对于洪水较小的海区，可在蚶田的上游或上端修建排洪沟引洪。在洪水较重的海区，应在雨季之前及早把泥蚶搬移到外海区，雨季过后再搬回原地。对于池塘养殖的情况，尤其是池水深度超过 2m 时，应注意汛期的池水分层现象，防止池水缺氧。

7）防暑：对于蚶田养殖方式，严防涂面积水现象，及时维修蚶田，疏通水沟。对于蚶塘养殖方式，在夏季应增加水位；有条件时，增设并开启充

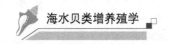

氧设备。

8）越冬：在北方严寒的年份，可将蚶苗提前搬移到低潮区，或在高潮区修建越冬池，并于10月份前后，提前把泥蚶搬移到越冬池。

9）巡滩：经常巡视场地，及时检修堤坝，防止漏水。经常疏通水沟，保持进排水通畅。及时整平涂面，防止积水。定期检查泥蚶生长和存活情况。

二、魁蚶的养成

1. 苗种来源

主要是上述人工育苗培育的苗种，经过3～4个月的海上中间培育，达到1.5cm以上规格的苗种作为增养殖苗种。

2. 养殖

（1）筏式养殖

利用扇贝养成笼开展筏式养殖。为提高魁蚶的成活率和生长速度，防止个体在笼内滚动和磨损，可在网笼内添加适量的网衣。

（2）底播养殖

为提高魁蚶的成品规格，当笼养魁蚶壳长达到3～4cm时，将其从笼内取出，转入海底进行底播养殖。这种接力式的养殖方式，既解决了筏养魁蚶长不大的问题，又避免了直接底播时幼贝常被天敌侵害和成活率低下的问题。

三、毛蚶的养成

养成场位于水深3～10m的潮下带，干潮时能保持1m左右的水深。养成场应风平浪静，潮流畅通，底质为含有沙质的软泥底质，海区要求有淡水流入。海水盐度不高于31，最适为23～26。

毛蚶养成期间，一般不再移动，而是一直养到成贝。蚶苗播种密度依蚶苗大小和场地条件而定。

四、蚶的增殖

对于蚶的增殖，目前在魁蚶和毛蚶都有开展。

开展魁蚶增殖时，应选择底质松软且稳定的泥沙质海底进行底播。海星、蟹类和螺类是魁蚶的天敌，因此，增殖海区内可布设蟹笼捕捉蟹类，经常人工采捕海星和螺类等敌害。为提高魁蚶的成活率，可选投较大规格的蚶苗。

第四节　蚶的收获与加工

一、泥蚶的收获与加工

泥蚶壳长达到2.5cm（约200粒/kg）时，即可起捕。一般南方需养殖2～3年，北方需3～4年。北方多在11～12月，南方一般选在11月至次年3月份的冬肥期收获。多采用铁耙和铁丝簸子收获。在广东，用竹箕（榨靴）带水作业。蚶田养殖的泥蚶产量可达20 000～50 000kg/hm²，围塘养殖亩产量5000kg左右。泥蚶肉味鲜美，蚶血鲜红，可鲜食或酒渍，也可腌制或加工成干品。

二、魁蚶的收获与加工

笼养魁蚶的规格较小，一般壳长可达3～4cm，常被视作毛蚶上市销售。

底播增殖的魁蚶采用底拖网的方法进行收获。为提高收获规格和保护魁蚶资源，应适当加大底拖网的齿距和网孔大小，只采收大规格的魁蚶，让较小规格的个体留在海区继续生长。

魁蚶的加工形式包括"冻蝴蝶贝"和"全冻赤贝肉"等两种。冻蝴蝶贝的生产包括水洗、开壳、剥离软体部、洗清、切制、称量、速冻、镀冰衣和包装等工序。全冻赤贝肉的加工包括原料洗涤、破壳取肉、再清洗、分选、称重、装盘、速冻、脱盘、镀冰衣、包装和冷藏等流程。

三、毛蚶的收获与加工

毛蚶经1～2年的养成，壳长可达4cm左右，开始收获。一般采用船拖网收获毛蚶。

毛蚶除鲜食外，还可冷冻加工。加工时将鲜活的毛蚶洗涤后，蒸煮脱壳取肉，取出斧足，再清洗分选，称重后装盘，经预冷，进行速冻、托盘、镀冰衣，最后包装、冷藏。

复习题

1. 简述泥蚶的繁殖习性。
2. 简述泥蚶半人工采苗的方法。
3. 简述泥蚶中间培育的方法。

4. 简述比较蛤沙与蛤豆的异同。

5. 简述如何进行蛤田养殖，试比较蛤田养殖与蛤塘养殖的优缺点。

6. 简述魁蚶的生态习性。

7. 简述魁蚶人工育苗的内容。

8. 简述毛蚶的生态习性。

9. 简述毛蚶人工育苗的过程。

第十三章　　蛤仔的增养殖

蛤仔属于软体动物门（Mollusca）双壳纲（Bivalvia）帘蛤目（Venerida）帘蛤科（Veneridae）贝类，是我国传统四大养殖贝类之一，俗称沙蚬子、蚬子、花蛤等，营养丰富，味道鲜美，是一种大众喜食的海产贝类。肉可食部分占总重40%，软体蛋白质含量为7.5%。蛤仔除鲜食外，亦可加工成蛤干、罐头及冻蛤肉等。其壳可入药，有清热、利咽、化痰、散结的功效；其壳还可烧石灰或做饲料。蛤仔采捕后，先进行吐沙处理再食用。蛤仔广泛分布于我国南北沿海，资源蕴藏量大，栖息密度高。由于其生长迅速，移动性弱，生产周期短，养殖方法简便，并且有投资少、收益大等特点，是一种很有发展前景的滩涂养殖贝类，在贝类养殖中占有重要的地位。我国分布的主要种类有两种，即菲律宾蛤仔（*Ruditapes philippinarum*）和杂色蛤仔（*Ruditapes variegata*）。其中，菲律宾蛤仔是我国产量最高的养殖贝类，年产量约300万吨，其苗种繁育、健康养殖和病虫害防治技术已经相当成熟，并培育出壳色美观、生长快的养殖新品种菲律宾蛤仔"斑马蛤"（GS-01-005-2014）、"白斑马蛤"（GS-01-009-2016）、"斑马蛤2号"（GS-01-007-2021），深受市场喜爱。2022年，中国养殖蛤类39.40万公顷，养殖总产量437.80万吨，其中菲律宾蛤仔的产量约占蛤类总产量75%。

第一节　蛤仔的生物学

一、形态与构造

1. 主要经济种类的外部形态

（1）菲律宾蛤仔

壳顶至贝壳前端的距离约等于贝壳全长的1/3。小月面椭圆形或略呈梭形。楯面梭形。贝壳前端边缘椭圆，后端边缘略呈截形。贝壳表面灰色或深褐色，有的带褐色斑点。壳面有细密放射肋，约90～100条，放射肋与生长线交错形成布纹状（图13-1）。

图13-1　菲律宾蛤仔贝壳形态

（2）杂色蛤仔

外形与菲律宾蛤仔近似，壳后缘较尖。由壳顶至前端的距离相当于贝壳长度的1/4。小月面狭长，楯面不显著。外韧带细长。贝壳表面颜色、花纹变化较大，棕色，淡褐色，并密集有褐色或赤褐色组成的斑点或花纹，由壳顶至腹面通常有淡色的色带2至3条。放射肋细密，约50～70条并与同心生长轮脉交织成布纹状。壳内面淡灰色或肉红色（图13-2）。

图13-2　杂色蛤仔贝壳形态

菲律宾蛤仔与杂色蛤仔表型特征的主要区别是：前者出、入水管充分伸展时，长度约为壳长的1.5倍，两水管基部愈合，前端分离，入水管管口缘触手不分叉，后闭壳肌痕与外套窦形状不同；后者出、入水管长度仅为壳长的1/3，两水管完全分离，入水管管口缘触手分叉，后闭壳肌痕与外套窦形状相似。

2. 内部构造

（1）外套膜

左右两片外套膜除背部愈合外，在后端和腹面愈合并形成了出入水管（图13-3）。水管壁厚，大部分愈合，仅在末端分离，管口周围具不分支的触手。

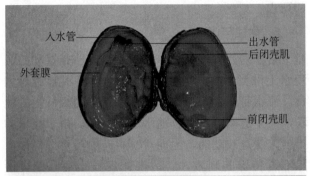
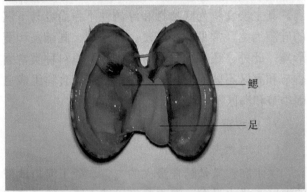
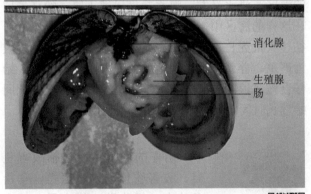

图 13-3　菲律宾蛤仔的内部构造

（2）足和闭壳肌

前端腹面有一发达的斧足。其基部背侧有近卵圆形的前闭壳肌；体后方水管基部背侧为卵圆形或梨形的后闭壳肌。前闭壳肌之后和后闭壳肌之前，各有一肌肉束，为前后收足肌。

（3）呼吸系统

鳃左右各一对，外鳃叶短而钝，前端起始于内脏团中部，内鳃叶前接近于唇瓣。内外鳃叶在背面愈合形成鳃上腔，鳃瓣由很多鳃丝连结而成。鳃丝上生有许多纤毛。此外，外套膜表面和唇瓣中的血管，也有辅助呼吸功能。

（4）消化系统

唇瓣位于鳃的前方，呈三角形，外唇瓣稍大于内唇瓣，内外唇瓣相对面有皱褶，其上有纤毛，用于输送物质。蛤仔的口为一横裂状开孔，位于前闭壳肌和内脏团之间。食道短小。胃连接着食道，壁薄，为不规则囊状，全部被消化腺包围。消化腺一对，称为消化盲囊，有消化腺管通入胃内，腺管小，呈白色，分布于胃的两侧和前下方。此外，自胃部延伸至足部前端的是胃盲囊，其中有一条紫褐色透明的晶杆体，它有助于消化。肠管自胃后方伸出，前端粗大，后端细小。它的长度为壳长的二倍多。肠管由胃后方伸出后先偏向右侧盘旋数次，再绕过胃后方，继续下行沿内脏团边缘形成"U"字形，上行于胃后方，末端即为直肠。直肠通过心脏终止于肛门。肛门位于后闭壳肌的下方，开口于出水管，废物由此排出体外。

（5）循环系统

心脏在内脏团背侧，壳顶附近。心室在围心腔中央，由前后两束放射状肌肉支持着。在它的背面两侧各有一个心耳。自鳃和外套膜流出的清洁血液进入心耳，后达心室，再由心室流向前后大动脉，通往身体各部，然后经鳃交换后，再流回心脏。

（6）生殖系统

蛤仔为雌雄异体，极少数为雌雄同体。雌性生殖腺呈乳灰黄色，雄性呈乳白色。生殖腺包围在消化管周围呈树枝状，开口于肾孔的前方。

（7）排泄系统

肾脏一对，呈长三角形，位于围心腔后方两侧，为淡褐色海绵状。前端与围心腔相通，后端通过输尿管，排泄孔开口于鳃板基部附近。

（8）神经系统

蛤仔的神经系统不发达，神经节呈淡黄色。脑神经节位于唇瓣基部两侧，从脑神经节分出脑脏神经连索和脑足神经连索以及通向外套膜和前闭壳肌的神经。脏神经节位于鳃的背面，在围心腔和后闭壳肌交界处的腹面，它派出的神经除脑脏神经连索外，还有通向鳃、外套膜、后闭壳肌、直肠、肾脏、围心腔等处的神经。足神经节在足部中，除脑足神经连索外，还有数条神经分布于足部。

平衡囊一对，位于足神经节上方，司平衡功能。

二、蛤仔的生态

1. 地理分布

菲律宾蛤仔分布于日本、菲律宾、俄罗斯、朝鲜、斯里兰卡和我国沿海。我国南自广东、福建，北至河北、辽宁的沿海各地均有分布，尤其是以福建的连江、长乐、福清、三都湾，山东的胶州湾、莱州湾和辽宁的石城岛、大连湾最多。以潮区而论，中、低潮区最多，在高潮区及深数米的浅海也有分布。而杂色蛤仔在我国仅分布在福建平潭以南。

2. 栖息场的条件

蛤仔喜栖息在内湾风浪较小、水流畅通并有淡水注入的中低潮区的泥沙滩涂上。幼苗多繁殖在周围有山、风平浪静、潮流缓慢、流速10～40cm/s、底质含沙量在70%～80%，个别在90%的地方；个体较大的蛤仔多生于开阔处，潮流畅通，流速在40～100cm/s，底质含沙量达80%左右的滩涂上。

蛤仔埋栖于3～10cm深的泥沙中，营穴居生活。穴居深度随季节和个体大小而异，冬、春季个体大的潜居较深；秋季产卵后及个体小的潜居较浅。蛤仔在穴中随潮水降落作上下升降运动。

3. 对温度的适应

蛤仔对温度的适应能力很强，适应范围为5～35℃，以18～28℃为最适宜。在水温36℃以上或0℃以下便停止摄食，最高限度为43℃，当水温上升到44℃时死亡率为50%；在45℃的水温下，死亡率100%。生活在-2～3℃的蛤仔，2周内的死亡率为10%左右。研究证明，温度突变可使菲律宾蛤仔的血细胞数量、溶菌活力和抗菌活力等免疫指标迅速下降，并达到最低值。

4. 对干露的适应

在气温20℃条件下，壳长0.5cm左右的蛤苗离水后能活35h；壳长1cm左右的蛤苗能活2d；个体较大的蛤仔能活3d以上。夏天气温在27～31.5℃时，壳长0.5～1.0cm的蛤苗离水后可活24h，离水42h的死亡率为82%，44～48h的死亡率为100%。个体较大的蛤仔在气温25.8～28.5℃的条件下，离水后可活36h，44h则出现个别死亡，64h的死亡率为40%～50%，90h则全部死亡。

蛤仔对干露适应能力与温度有密切关系，低温下抗干露能力较强，在-1.7～-1℃条件下，可存活13d。

5. 对海水盐度的适应

蛤仔对海水盐度的适应范围为10～35，最适盐度为19～26。对较高的盐度适应能力较强。盐度在6以下，个体较大的蛤仔经66h开始陆续死亡，71h则全部死亡；蛤苗经46h死亡率67%，52h全部死亡。

6. 食性与饵料

蛤仔为滤食性贝类。它的摄食方法是被动的，潮水上涨到埕面，它随之上升，伸出水管进行索食。海水带来食料流经水管，由于体内鳃纤毛的运动，产生进水流，食物随水进入鳃腔。由于蛤仔的摄食方法是被动的，因而对食料一般没有选择性，除非有特殊的刺激性，只要颗粒大小适宜便可摄食。其主要食料为底栖性和浮游性不强而容易下沉的硅藻为主，常见有小环藻、舟形藻、圆筛藻和菱形藻，此外，还有大量的有机碎屑。饵料种类常因季节和海区不同而变化，因此，蛤仔的食料组成也因季节和海区不同而异。

7. 灾敌害

（1）自然灾害

洪水和台风是蛤仔最大的灾害。处于河口地带的海区，洪水暴发，海水盐度迅速下降，蛤仔养殖在这样的海区中，遇到洪水持续时间在一周以上，往往大批死亡。台风对底质稳定性差的埕地危害较为严重。养殖在上述埕地的蛤仔如遇台风来袭，蛤仔会被风浪冲击散失或被沙土覆盖死亡。小潮期间蛤埕长时间曝晒，这时如遇雨也会造成损失。

延伸阅读13-1

（2）敌害生物

蛤仔的敌害生物包括敌害鱼类、敌害软体动物、蟹类、食蛤多歧虫、绿头鸭、栉水母、棘皮动物等（延伸阅读13-1）。

三、蛤仔的繁殖

1. 菲律宾蛤仔的性腺发育与分期

（1）卵巢发育

1）增殖期：4月初，性腺发育加快，性腺以树枝状在内脏背部、靠近肠道的位置膨大。滤泡壁由单层上皮组成，滤泡腔大，内充满了结缔组织，随着发育的继续，滤泡壁开始增厚，出现一圈增厚的单层卵原细胞，它们处在活跃的增殖时期，胞体从周边向泡中心凸起，由圆形向椭圆形发展，从圆形的卵径 7μm 到椭圆形 7μm×9μm，并不断的延长。卵原细胞核大，胞质较薄。此时期，滤泡基本上是一个空腔。

2）生长期：4月中至4月底，滤泡继续发育，随着卵母细胞的发育，它的一部分明显地凸向滤泡腔，呈长形或倒梨形，多数卵母细胞在滤泡细胞连接处形成明显的卵柄，呈椭圆形，大小 15μm×45μm，有的卵母细胞呈倒梨形，卵径 25～27μm，核占据细胞的大部分，直径约 17μm，但此时滤泡腔基本上还是一个空腔。后期在腔中央出现一些游离的卵细胞，细胞质中开始有卵黄颗粒堆积。

3）成熟期：4月底至5月上旬，滤泡逐渐发育至最丰满期，滤泡间的空隙已基本消失，整个滤泡腔几乎为卵母细胞和成熟卵子所充满，但成熟卵子间在高倍光镜下仍还有一定的间隙。在此期，胞质明显加厚，卵细胞呈椭圆形，大小 12μm×25μm，或呈近圆形，卵径最大可达 25μm，在腔中央的卵细胞个体较大，周边略小。胞质内的卵黄颗粒密集，颗粒大小均匀，核、质之间界线分明。但和泥蚶等其他种类相比，此种的卵子排列相对松散。

4）排放期：5月中旬，卵子开始排放。滤泡腔中，卵子大小不一，排列凌乱，细胞间出现一些间隙，大的欲排出的卵细胞在腔中央，卵径 32～37μm，还有欲从泡壁上脱落的卵原细胞，表明菲律宾蛤仔是分批产卵。与生长期相同，核大，核仁明显，胞质内充满了卵黄颗粒。

5）休止期：5月下旬至6月上旬，出现了基本排空的滤泡，仅剩零星可见的卵细胞，在滤泡壁上有一些核、质不分而且着色很浓的退化了的细胞。滤泡中空，呈现大的空腔。滤泡因排空而示萎缩退化，造成滤泡间间隙加大，结缔组织增生。滤泡壁呈破损状。

（2）精巢发育

1）增殖期：4月上旬滤泡开始快速发育，滤泡间结缔组织丰富，滤泡壁薄，似以一层细胞构成，壁细胞呈扁平状，光镜下精原细胞呈椭圆形，大小 2.5μm×5μm，核、质不易区分。滤泡腔是中空状，只有着色较淡的结缔组织，这一时期有的可延续到4月底。

2）生长期：4月中、下旬，滤泡内逐渐被精细胞充满，排列呈不规则的簇状，细胞紧贴在结缔组织上，在滤泡腔内出现一些不规则的空腔。

3）成熟期：4月底5月初，滤泡腔被精子充满，滤泡呈饱满状。精细胞大小均匀，着色较深，分不清核、质，精细胞紧贴在结缔组织上，细胞间基本无空隙。

4）排放期：5月上旬末和中旬初，精细胞逐渐分批排出，滤泡开始呈放射状空腔，这是因为腔内的结缔组织以放射状排列。在此期末，可见块状中空。

5）休止期：5月底和6月上旬，出现全部排空的滤泡，滤泡壁萎缩，有的已部分消失，整个呈松弛状，腔内可见结缔组织。

2. 繁殖习性

（1）性别与性成熟年龄

蛤仔雌雄异体，一龄性成熟。雌性性腺呈乳灰黄色，雄性性腺呈乳白色，外观难以辨别雌雄。雌雄的性比较为接近，雌性略占优势。

（2）繁殖季节

繁殖季节随地区而异，但繁殖盛期都在夏、秋季，辽宁产的在 6～8月。青岛产的繁殖期每年2次，1次在5中下旬，另1次在9月中～10月上、中旬。福建产的在9月下旬至11月，10月份为最高峰。繁殖水温一般在 20℃。

（3）产卵习性

蛤仔分批排放精卵。整个繁殖季节可排放 3～4次，一般约 15d 为一周期，其中以第1或第2次产量最多，形成繁殖盛期。后两次较不集中，产卵量也少。

（4）产卵量

蛤仔的怀卵量与个体大小关系密切，体长 3～4cm 的亲贝，其怀卵量大约在 200 万～600 万粒，最大的超过 1000 万粒。1龄蛤平均1个亲贝1次产卵 30 万～40 万粒，2龄蛤为 40 万～80 万粒，大蛤为 80 万～200 万粒，个别达到 542 万粒。

3. 发生

（1）精子与卵子

蛤仔精子分头、颈、尾3部分。头部钝圆，头部与颈部界线不明显，两者长为 5.4～7.1μm，尾长 43～52μm，成熟的精子活动力强。蛤仔卵属半沉性卵，成熟卵呈圆形，卵径为 74～78μm。

（2）胚胎和幼虫发育

蛤仔的胚胎发育与水温有密切关系，在适温范围内，温度越高胚胎发育越快。水温在 24℃ 条件下，从受精卵发育到 D 形幼虫，需要经过 15h 46min，而水温在 21.1℃，需要经过 22h 5min。

卵子受精后即出现受精膜，并相继产生第一极体、第二极体。胚胎经过多次分裂，进入桑葚期。胚体继续发育，长出细小纤毛，为囊胚期，开始孵化，慢慢转动上浮。囊胚继续发育，长出顶毛和纤毛，形成担轮幼虫，在水中作直线运动（图 13-4）。

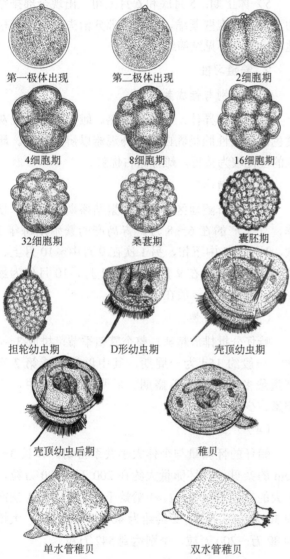

图 13-4 蛤仔的胚胎与幼虫发生

担轮幼虫继续发育，纤毛环凸起形成面盘，具有壳腺分泌的贝壳，为初期面盘幼虫，亦称 D 形幼虫。水温 24～26℃ 条件下，经 4～5d 的生长发育，体长达 120～128μm，壳顶开始隆起为壳顶初期幼虫。经 9～10d 的培育，体长达 175～180μm，壳顶隆起明显，足部发达，开始匍匐，再经 1～2d 的发育，便可附着变态，营底栖生活。

稚贝体长为 396～420μm，出水管形成。又经过 30d 左右的发育，壳长达 1400～1500μm，入水管形成，壳表面出现不同色的花纹似成贝，开始过埋栖生活。

四、蛤仔的生长

蛤仔的生长和环境条件、季节、年龄有关。在河口附近，由于饵料丰富、潮流通畅、摄食机会多，生长就快；生活在低潮区的生长的快；蓄水养蛤比埕地养蛤生长的快。从季节来看，4～9 月生长最快。从年龄来看，1～2 龄的个体生长快，年龄越大生长越慢，成活率越低，在自然海区，很少发现 4 龄的蛤仔（表 13-1）。

蛤仔的生长除和年龄有关系外，理化环境的影响更为显著，包括水温、盐度、底质、潮区、潮流、食料等。受水温影响，蛤仔的生长有明显的季节性：春夏生长快，冬季生长慢。盐度、底质、潮区、潮流、食料等随海区而不同，因此，蛤仔的生长随地区也有不同。在同一海区中则以潮区低，潮流畅通，底质稳定的生长较好。因此，选择与创造适宜的环境条件，对蛤仔养殖极为重要。

第二节　蛤仔的苗种生产

课程视频和 PPT：蛤仔苗种培育

蛤仔的苗种生产方法主要有半人工采苗、土池人工育苗和室内人工育苗等。南方主要利用半人工采苗方法，室内人工育苗主要在北方应用。

表 13-1　蛤仔生长与年龄的关系

年龄	体长			体高			体宽		
	体长（mm）	生长度（mm）	生长率（%）	体高（mm）	生长度（mm）	生长率（%）	体宽（mm）	生长度（mm）	生长率（%）
1 龄	12.5	12.5	100	8.5	8.5	100	5.0	5.0	100
2 龄	23.0	10.5	84	16.0	7.5	88	9.5	4.5	90
3 龄	36.0	13.0	57	23.0	7.0	41	15.5	6.0	63
4 龄	44.0	8.0	22	29.0	6.0	26	20.5	5.0	32

一、半人工采苗

1. 采苗场的条件

1）以风平浪静，有淡水注入，水质肥沃，地势平坦的中低潮区和港心沙洲地带做采苗场最好；

2）底质：沙占70%～80%，泥占20%～30%；

3）盐度：13～26；

4）流速：10～40cm/s；

5）水温：10～28℃；

6）周围海区有丰富的蛤仔资源。要有足够的亲贝，才能保证有大量的蛤仔幼虫。

2. 整埕附苗

受洪水冲刷和泥沙覆盖威胁的埕地，要筑堤防洪。顺水流方向，用石块砌成或一层芒草（羊齿植物）叠成外堤。在底质松软地方要用松木打桩固基。堤底宽1.5～2.0m，高0.8～1.2m，堤面宽0.8～1.0m。内堤与外堤垂直，多用芒草埋在土中，尾部露出长20～30cm，宽30～40cm，以此将大片的蛤埕分成若干块。有的埕地附近有礁石，涨落潮时会形成涡旋，不利于蛤苗附着。浪潮较急的苗场可插竹缓流。底质软的海区，需要掺沙进行改良。

要捡去苗埕中的石块、大的贝壳，然后耙松推平。在附苗前再进行一次耙松和推平工作，以利于稚贝附着。

整埕工作完成后，可等待蛤仔附苗。蛤仔幼虫将随着潮水来到埕田上附着变态、钻潜生活，成为养殖用的苗种。

3. 苗埕管理

蛤苗的埕间管理要因时间及苗区不同各有侧重。多年生产经验总结了"五防""五勤"的管理措施，即"防洪、防暑、防冻、防人践踏、防敌害"和"勤巡逻、勤查苗、勤修堤、勤修沟、勤除害"。

4. 采苗

蛤苗附着后经5～6个月的生长，体长一般达0.5cm，即可采苗（收苗）。采苗的时间主要在每年的4～5月。采苗方法各地不一，有干潮采苗、浅水采苗和深水采苗等。前两种方法用于采潮间带苗，后一种方法适于采潮下带水深10m以内的苗。

（1）干潮采苗

1）推堆：推堆分两潮进行，第一潮将宽约5m的苗埕，用荡板连苗带泥沙从埕两边向中央推进

1m左右。如蛤苗潜土深，则用手耙。第二潮同样的再推进一步，把苗集中于苗埕中央宽约1.5m的小面积上。推堆时被压在下层的蛤苗在涨潮时上移索食，集中在埕的表层，次日退潮即可洗苗。

2）洗苗：推堆后在堆边开一长3m、宽2m、深30cm的水坑。洗苗时把蛤苗连泥带沙挖起，放在苗筛上，在水坑中筛洗去泥沙，便得净苗。

（2）浅水采苗法

福建省宁德的右溪、二都一带养殖者收成蛤苗的方法是：干潮时先将苗埕分为宽8m左右的小块，然后用荡板把埕四周的苗带沙土往中间推堆成一直径6m左右的圆形。隔潮把埕中央的蛤苗用荡板撑开一个直径3m左右，深约3cm的空地，称为"撑池"。过一个潮水退潮时，把苗埕四周的蛤苗往中央空地集中，称作"赶堆"，随后便是洗苗。洗苗时架船埕上，当潮水退到1m多深时即可下埕洗苗。当水较深时，采苗者在苗堆四周，用脚击水，此时在表层上索食的蛤苗被脚激起的水流推向中央集成堆。然后，用竹箕将苗取起洗净，装上船。

（3）深水采苗

生长在潮下带的蛤苗，采苗方法用网捞。采苗时驾船到苗区，选定位置后下锚，然后放长锚绳，船随潮往后退，到距锚约50m处停下，这时放下苗网，用拉锚绳使船前进拖捞蛤苗，在距锚10m处起网。随后放下锚绳，船往后退，再次拖捞，如此反复进行。船往后退时，应掌好舵，使船与流向成一定的角度避免在原地上采苗。

5. 蛤仔苗的种类

（1）按季节分类

1）冬种：蛤仔苗生长到"冬至"时，肉眼可以看到的，称为冬种。

2）春种：蛤仔生长到"立春"时的苗，称春种。

3）梅种：生长到"清明"前后的蛤仔苗，个体只有碎米粒大小称为梅种。

（2）按苗的大小分类

1）白苗：蛤仔苗附着后到次年"清明"，体长达0.5cm，贝壳花纹不明显，呈灰白色，称为白苗。

2）中苗：白苗养至"冬至"，体长1cm左右，苗中等大小，称为中苗。

3）大苗：中苗养至次年秋季，体长2cm左右，达不到收成规格，需移殖养成的称为大苗。

二、土池半人工育苗

1. 土池建筑

1）地点选择：内湾，不受台风洪水威胁，无工业污水污染，海水盐度较稳定的高潮区，沙多泥少（沙80%泥20%）的滩涂。

2）面积：根据需要因地制宜，一般认为3000m²左右较为适宜，便于管理，6000m²以上的土池可以划分成若干小区。

3）堤：大都是两边砌石的石坡堤，也有土堤，土堤坡必须植草保护堤岸。堤高视地形而定，必须高出建池海区的大潮线1m以上。

4）闸门：闸门是土池建筑的一个关键部位。既要便于进、排水和适于流水催产，又要能够防止有害生物和大型浮游生物进入土池。

5）催产架：在闸门内面一侧，用石板架设而成。长14m，宽5～6m，高1.0～1.2m。用于催产时张挂铺放亲蛤的网片，且便于人在上面来往操作。

6）铺沙：土池建成后，平整池底，开挖相互交错的引、排水沟2～4条，把埕地分成若干块，铺上细沙5～10cm左右。

在土池旁边还要建筑亲蛤暂养（或精养）池和露天饵料池等相应设施。

2. 育苗前的准备

1）清塘：在育苗前20d排干池水，让太阳曝晒池底。平均每平方米用茶饼7.5g（需经泡浸）通过清池杀死有害生物，然后进水（网滤或沙滤水）冲洗三次。

2）培养基础饵料：育苗前2周，开始纳进过滤海水，浸泡3～5d后排干再纳进过滤海水培养基础饵料。水位高约30cm。每2d施尿素0.5～1mg/L，过磷酸钙0.25mg/L。

3. 亲蛤选择

选用经过暂养性腺成熟的，或海区养殖性腺成熟的2～3龄蛤为亲蛤。一龄蛤个体大的，性腺成熟好的也可以作为亲蛤。

4. 催产

采用阴干刺激6～12h，然后移入张挂于催产架的网片上，平面铺开。流水速度应保持在20～30cm/s以上，经3～20h流水刺激，便能达到催产目的，一般排放率在90%以上，亲贝成熟度不好或阴干刺激时间不足时潜伏期拉长，也有在下水后60h以上才排放。排放时间的关键在于亲贝的成熟度。所以土池育苗催产时间必须在自然海区蛤仔繁殖盛期。小水体育苗用0.005%氨海水浸泡4～14h，亦能取得良好的催产效果。

5. 亲贝用量

亲贝用量应根据性比、催产率、产卵量、受精率、孵化率、幼虫和稚贝成活率，土池水体和计划单位面积产量等因素综合考虑而定。目前平均每平方米土池亲蛤用量为50～110g，一般用75g。

6. 饵料

发育到D形幼虫开始摄食。在土池中，可人工培养牟氏角毛藻、异胶藻、扁藻来投喂，亦可依靠进水时天然海水带来的单细胞藻类作为饵料。

土池饵料的增加依赖于施肥。在育苗过程中要根据水色变化情况（池水清澈，说明饵料生物少）适时施肥，一般是4～5d施肥一次，施肥量为尿素0.5～1mg/L，过磷酸钙0.25～0.5mg/L。施肥后2～3d，水中饵料生物显著增加，水色呈黄绿色或黄褐色。一般水体饵料生物数量能保持在0.3万～1万细胞/mL以上，就能满足育苗的需要。

如果遇上连续阴天，饵料生物繁殖缓慢时，初期幼虫可投喂酵母片（每立方水体0.25～0.5g，碾碎在海水放置5～6h，取上层清液投喂）；后期幼虫可投喂经网滤的豆浆，或开闸大量加入粗滤海水，以补充饵料生物不足。

7. 理化因子

在土池半人工育苗中，其允许的理化因子变化幅度是：水温16～27℃，盐度13～30，pH值7.6～8.7，溶解氧3.2～8.6mg/L。

8. 稚贝的培育

稚贝阶段至收苗前的管理工作至关重要。主要有：

（1）保证有充足的饵料

稚贝附着后，要及时更换过滤海水，初期每天约换20cm，以后逐渐加大。当稚贝体长达0.5mm时，可更换网径为1mm的聚乙烯网片过滤海水。一方面保持土池清新，另一方面可补充海水中的天然饵料。小潮期晴天可降低水位（约为0.5m），增加池底光照以促使底栖硅藻更好地繁殖生长。同时，每隔2～4d应施肥1次。

（2）防除敌害

土池半人工育苗的生物敌害主要有桡足类、浒苔、沙蚕、鲻梭鱼、虾蟹类等，它们有的直接吞食幼苗，有的争夺饵料。应严防滤水网片破损，并定期排干池水，驱赶抓捕。浒苔不仅消耗土池中的营养盐，大量繁殖时更覆盖池底，严重时可使蛤苗窒息死亡，而且死后尸体腐烂变质，败坏水质。因此当发现浒苔大量繁殖生长时，要及时捞取或用适量的漂白粉杀除。漂白粉杀死浒苔而又不危害蛤苗的浓度为：水温 10～15℃，漂白粉 1000～1500mg/L；水温 15～20℃，为 1000～6000mg/L；水温 20～25℃，为 500～600mg/L。

（3）疏苗

土池半人工育苗中，稚贝附着密度往往是很不均匀的，一般背风面附着密度较高，必须进行疏苗工作。壳长 0.1～0.2cm 的幼苗，其培育的适宜密度为 5 万个/m²，过密的苗应及时疏散，放到自然海区暂养。

9. 收苗

在土池人工育苗中，从受精卵到稚贝，经过 5～6 个月的培育，生长至壳长 0.5～1cm 左右，即可收苗。一般采用浅水洗苗法，将土池分成若干块，插上标记，水深掌握在 80cm 上下，人在船上用带括板的操网（网目要比欲收的苗小，比沙及留养的苗大），随船前进括苗，洗去沙，把苗装入船舱，小苗留在池里继续培养。此外还有推堆法、干潮括土筛洗法等，与采自然苗相似。

三、室内人工育苗

随着蛤仔养殖规模的快速发展，自然苗种资源已远远不能满足养殖生产需求。特别是我国北方地区，自然苗种资源已近乎绝产，养殖用苗种主要来源于福建、浙江一带。人工工厂化蛤仔苗种生产是弥补苗种资源短缺的有效途径，可有效、迅速解决制约北方地区养殖生产所需苗种问题。生产上一般采用常温育苗或升温方法，提早育苗。

1. 亲蛤的选择、促熟与催产

（1）亲蛤的选择

选择外型完整、无损伤、性腺饱满、成熟度好的蛤作为亲贝，最好为二龄贝，性腺成熟的一龄贝也可。二龄贝规格在（3.0～4.2）cm×（1.8～3.1）cm。

亲贝取回后，将破损和死亡的蛤仔拣出，去除杂质，用沙滤水将贝体冲洗干净，即可放入亲贝暂养装置进行促熟。

（2）亲贝促熟

亲贝蓄养槽或蓄养池内促熟培育，内铺 12cm 厚、经过消毒的沙泥。蓄养密度为 400 粒/m²；流水培育效果好，日流水量为 5～8 个量程。也可把亲贝装于扇贝笼或网框吊养在池中，5kg/m³，每天全量换水 2 次，拣出死贝，清理池底粪便和污物。

培育期间，日升温幅度为 1℃左右，每天投喂硅藻、金藻等，以促进亲贝的性腺发育。水温升高到 13℃后稳定 3～5d，然后继续升高温度到 18℃，恒温培育。

亲贝除在室内进行人工促熟外，也可在室外土池进行生态促熟。由于早春池塘水温回升快，饵料丰富，性腺可比自然海区提前成熟。

（3）催产方法

根据亲贝性腺的成熟程度，采用阴干，阴干＋流水刺激法或阴干＋温差＋流水刺激法。

1）阴干法：把经过消毒的性腺成熟较好的亲贝，置于产卵箱内放于通风处，阴干 8～10h，在傍晚放入产卵池中，一般 2～5h 后即可产卵。

2）阴干＋流水刺激法：经消毒处理过的亲贝置室内产卵箱中，干露 8～12h，再移入备好水的产卵池内流水 6～10h。

3）阴干＋温差＋流水刺激法：在阴干和流水刺激的同时，提高产卵水温 6～8℃。成熟度好的亲贝，阴干后稍加流水刺激即可排放，成熟度稍差时，利用阴干＋温差＋流水刺激法催产。

（4）产卵与孵化

产卵水温为 18～20℃。生产上产卵开始到结束通常持续 2.5～3h。

产卵时可观察到池水逐渐变为乳白色。随着精卵排放量的增加，池水乳白色加重。产卵开始后继续流水并逐渐加水；加大充气量，使精卵在水中混合均匀，防止卵周围精子太多。

产卵密度达到 50～70 粒/mL 时，将亲贝移到新的产卵池内继续产卵，或用虹吸法连续分池并加满水，控制孵化密度低于 70 粒/mL。

孵化时加大充气量，并根据水中重金属离子含量施加 EDTA，一般施加量为 1～2mg/L。同时，不断将亲贝产卵时产出的性物质形成泡沫捞出，最大限度地保持孵化池内水的质量。

2. 传统幼虫和稚贝培育法

利用传统的幼虫和稚贝培养法，幼体在不同条件下发育速度不同，水温越高发育速度越快，以25～26℃水温、盐度18～20条件下，培育的幼虫情况见表13-2。但由于水温较高也有利于微生物和原生动物的繁殖生长，如果处理不当，有可能引发幼虫在短时间内沉底而死亡。因此，在高温季节育苗，要加强水质的检测，加大日换水量，投喂优质饵料，以便保证育苗的成功率。

表 13-2　不同发育期菲律宾蛤仔的规格及其发育时间

发育期别	D 形幼虫	壳顶幼虫	匍匐幼虫	单水管幼虫	双水管幼虫
发育时间（从卵开始）	15～16h	4d	11d	31d	50d
幼虫壳长（μm）	85～90	120～130	175～180	330～450	1400～1600
幼虫壳高（μm）	65～70	100～110	155～160	240～370	1100～1300

（1）选幼

亲贝产卵时代谢产物较多，沉积于池底，很容易使水质恶化，严重影响孵化率和幼虫成活率。故D形幼虫孵出后应立即选幼。一般产卵后16～26h出现D形幼虫。选幼时用300目网箱过滤收集幼虫，移入备好新鲜过滤海水的培育池内。

（2）幼虫培育

D形幼虫培育密度以10～15个/mL为宜。培育过程中逐步升温，即每次换水后提高水温0.5～1℃，升至24～26℃时恒温培育。育苗期间海水盐度在25～32，变化较小，pH在7.8～8.3，充气保持溶氧含量在5.0mg/L以上。

幼虫的饵料以单胞藻类为主，主要有金藻（3011，3012，叉鞭等）、硅藻（小新月菱形藻）、扁藻、底栖硅藻。D形幼虫前期主要以金藻、硅藻为饵料，投饵量为1～3万细胞/mL，分3或4次投喂。D形幼虫中期以金藻、硅藻和扁藻为饵料，投饵量为3～5万细胞/mL，分4～6次投喂。底栖硅藻主要是为匍匐幼虫提供。后期日投喂6～8次。

（3）无附着基质变态

由于池底铺沙劳动强度大，池底因贝类排泄的粪便积累时间长了容易发生腐败变质而导致稚贝死亡。为了解决这些问题，建立了无附着基质变态培育技术。具体操作过程如下。

1）当培育池中的幼虫出现眼点2～3d后，用筛绢网将壳长大于190μm的幼虫滤出，移入没有任何附着基质的新池中继续培育。

2）3～5d后，大部分幼虫开始下沉到池底开始变态。

3）在变态期间或稚贝初期，幼虫会因分泌足丝儿相互黏连在一块儿。如果处理不当，容易导致大量死亡。此时须每隔2～3d用水管轻轻冲洗池底将黏连在一块儿的幼虫分开。

4）当幼虫变态出现次生壳后，放干池水，用水管将池底变态后的稚贝收集到筛绢网内，分池培育。

无附着基质变态培育池内的稚贝壳长超过300μm以后，死亡率明显高于池底铺有细沙的稚贝。因此，在无附着基质变态池内的稚贝壳长达到300μm左右时，应及时疏散密度。当在室内培育的稚贝壳长达到1～3mm时，可移到室外池塘内进行中间培育。

该项技术具有省时省力、变态率高、劳动强度低、便于管理等优点，特别是结合室内高密度上升流稚贝培育系统，250～1500μm期间的中间培育成活率可达到80%以上。

3. 高密度上升流幼虫与稚贝培育技术

采用上升水流系统进行菲律宾蛤仔高密度人工育苗，在青岛地区进行苗种生产，取得良好效果。

（1）上升流培育系统

1）上升流贝类幼虫培育器：采用底供式充气、可调式投饵和自动化进水等方式进行高密度、集约化幼虫培育。培育器结构合理，幼虫和饵料分布均匀，代谢废物能及时、有效排出，保证了幼虫生长发育的最佳条件，使幼虫具有较高生长速度和成活率，从而提高了生产效率，降低了劳动成本，节约了能源（图13-5）。

2）稚贝高密度培育器：稚贝高密度培育器由玻璃钢采用无缝隙技术制成，饵料和海水导管由底座的侧壁引入到培育器的底部，其上部设有排水管，形成上升流培育系统（图13-6）。该系统能根据水质及其他环境条件的变化，合理控制稚贝密度、适时调整换水量和饵料种类和数量，最大限度地满足稚贝生长的需要，其简洁高效的设计使稚贝生活环境更加适宜，饵料利用更加充分，操作上更加方便，从而大大提高了保苗密度。每个直径为20～35cm的装置，可培育稚贝500万～1000万粒。同时由于避免了敌害生物的侵入，稚贝的成活率明显提高，尤其在稚贝蓄养后期，生长率和成活率明显高于传统方法。

图 13-5　高密度上升流贝类幼虫培育系统
A. 外观图；B. 系统结构

图 13-6　高密度上升流贝类稚贝培育器
A. 外观图；B. 内部结构

（2）幼虫培育

利用升流贝类幼体培育器，幼虫的培育密度可达 150 个/mL，饵料投喂为每天 1 万细胞/mL，饵料效率较高、且较适宜于幼虫生长发育。流水量应根据幼虫密度适当调整，总体上随着流水量的增加，幼虫的成活率增加，但考虑到成本问题，流水量不宜过大。当水温在 22～25℃，幼虫密度为 150 个/mL 左右时，流水量应不少于 10 个量程/d，即 2.8L/min 左右即可达到较好的效果。

幼虫的成活率和变态率与幼虫密度相关。当水温 22～25℃、饵料投喂量为每天 1 万细胞/mL、流水量不少于 10 个量程/d 培育条件下，幼虫的生长随着密度的增大而减慢，但密度不超过 150 个/mL 时，生长无明显差异（表 13-3）。经过 13～15d 的培育，幼虫壳长接近 200μm，开始附着变态，幼虫变态采用无基质变态方式进行。变态后的幼虫收集到稚贝培育系统进行培育。

（3）稚贝培育

变态后的稚贝转移到高密度培育器培育。稚贝密度控制在 7000 粒/cm² 以内，温度、水流和饵料条件同幼虫培育。通过比较发现，利用高密度稚贝培育器进行蛤仔稚贝蓄养，只要密度控制得当，换水率和饵料添加合理，水质及其他环境条件控制良好，其生长指标均好于常规育苗方法。尤其是在稚贝蓄养后期，室外土池的稚贝生长速度明显低于室内上升流高密度培育器中稚贝的生长速度，成活率也因敌害生物（蟹类和野杂鱼等）的影响下降很快。利用稚贝高密度培育器，稚贝从壳长 250μm 培育到 2000μm 的成活率达到 80% 以上。

第三节　蛤仔的养成

一、蛤苗的运输

1. 运输方法

根据蛤苗的运输距离、交通条件以及运苗季节

表 13-3　不同培育密度下幼虫的生长速度

幼虫密度 (ind/mL)	培育水体 (m³)	幼虫数量 (million)	D 形幼虫初期 (μm)	生长速率（μm/d）			眼点幼虫壳长 (μm)	第11天成活率 (%)	第11天变态率 (%)
				D 形幼虫 (1～4d)	壳顶幼虫 (5～8d)	匍匐幼虫 (9～10d)			
200	0.4	80	90	9.3±0.10	6.2±0.40	4.4±0.25	160.8±2.50	65±3.25	45±0.25
150	0.4	60	90	10±0.00	10.9±0.05	9.5±0.20	192.6±0.20	88±1.25	80.5±2.95
100	0.4	40	90	10±0.05	11.2±0.25	9.2±0.35	193.2±1.90	95±2.75	88±4.00

的不同，采用汽车、汽船等不同的运输工具。车运以竹篓装苗，每篓 20kg 左右，以不满出篓面为度。篓间要紧密相靠，上下重叠时，中间必须隔以木板，以免震动、叠压死亡。船运时，用竹篾编制的通气筒（一般高 70cm，直径 30～40cm），置于舱内，蛤苗堆积在通气筒周围，设置这种通气设备，蛤苗不至于窒息死亡。

2. 注意事项

1）应取当日的苗。起运前应洗净蛤苗中掺杂的泥沙杂质。

2）运苗应选择北风天，由于北风天气寒冷，可以提高蛤苗的成活率。南风气温高，运输历时 30h 以上，会造成蛤苗的死亡。

3）船只运输要注意风力、风向，以免顶风行驶或受大风影响，耽误时间，造成苗种死亡。

4）运输前应了解养殖区的潮汐情况，以便及时播种，提高成活率。低潮区养殖场所，应在大潮起苗，以免埕地不能露出或露出时间甚短，影响播种，造成损失。

5）运输时，不论车、船都要加篷盖，避免日晒雨淋造成损失。但船舱、车厢不应关紧盖密，否则，会影响空气流通，使蛤苗窒息。

6）如中苗和白苗同船运输，中苗应装上层。白苗个体小，装在上层紧密相靠，底层密不通风，若中苗在下层会被窒息死亡。

二、滩涂整埕养殖

1. 养成场选择

养成场应选在风浪较平静，潮流畅通，地势平坦，沙多泥少的中低潮区。盐度 13～32、温度 10～30℃、流速 40～100cm/s，含沙 80%～90% 的海区。

2. 整埕

防蛤仔移动散失，应将埕地靠近港道处和朝向低线一侧筑堤（在南方用芒草筑堤）。拣出埕地石块杂物，填好洼地，整平埕地，测量面积，插上标志。在底质较软处，开沟整畦，防止埕面积水。

3. 播种

（1）播种季节

白苗一般在 4～5 月，中苗一般在 9～12 月，但也有的地方一直延至翌年的 2～3 月。

（2）播种方法

分为干播和湿播。

1）干播：在退潮后，从停泊在埕地上的运苗船中卸下蛤苗，根据埕地面积撒播一定数量的苗种。播种要求均匀，防止成堆集结。此法多用于白苗的播种。

2）湿播：在潮水未退出埕面时，把蛤苗装上小船，运到插好标志的蛤埕上，在标志范围内，按量均匀撒种。播种应在平潮或潮流缓慢时进行，以免蛤苗流失。这一方法优点是蛤苗成活率高，缺点是播种较难均匀。适用于中苗和大苗的播种。

（3）播种密度

播种密度大小与蛤仔的生长速度有关。如播得太密，食料不足，蛤仔生长慢。播种太稀，产量低，成本高，不能充分地利用滩涂生产潜力。播种多少与潮区高低、底质软硬、苗种大小也有关。潮区低的埕地，露出时间短，摄食时间长，生长快，敌害生物多，蛤仔受害大，可适当多播；底质较硬稳定性大，可多播些，反之要适当少播。以数量计算，小苗可适当多播，大苗可少播。播种密度与潮区、底质软硬和苗种大小的关系，见表 13-4 和表 13-5。

表 13-4 南方蛤苗播种密度与苗种规格、场地的关系

苗种类别	苗种规格		每 667m² 播种数量（kg）			
	长度（mm）	体重（mg）	泥沙底质（软）		沙泥底质（硬）	
			中潮区	低潮区	中潮区	低潮区
白苗	5～7	50～100	200	250	300	350
中苗	14	400	500	600	600	750
大苗	20	700	800	900	900	1000

表 13-5 北方不同规格不同潮区播苗数量

名称	苗种规格		每 667m² 播种数量（kg）			
	壳长（cm）	粒数（kg）	沙质滩（沙占 70% 以上）		泥质滩（泥占 70% 以上）	
			中潮区	低潮区	中潮区	低潮区
小苗	1 以下	20000	120	150	180	210
中苗	1.5	3400	600	700	800	850
大苗	2	800	1000	1500	2000	2500

在苗种供应不足的情况下，可以适当稀播 20%～30%，虽然由于稀播，单位面积产量略为降低，但蛤仔生长速度增加，从而可弥补少播减少的产量。

4. 养成管理

（1）移殖

主要的目的是改变潮区，调节密度，促进生

长。小苗播种的潮区较高，经一段时间养殖后，个体增大，摄食饵料增加，体质健壮，抗病能力增强，便应移入低潮区放养以加速生长。根据泥层保温性好，冬天不易冻死苗的特点和沙埕贮水量大，温度较低，夏季不易晒死苗的特点，随不同季节移殖到不同埕地，以提高成活率。此外蛤仔产卵后体质较弱，可移殖到潮区低、饵料丰富、风平浪静的地方，以适应产后生活，减少死亡。移植是增产的有效措施。

（2）防止自然灾害

在易受台风袭击的海区要提早收成或移到安全海区。洪水后及时清理覆盖埕面的泥沙，集拢散蛤，减少损失。受霜冻影响较大的可移植到含泥较多的埕地，或采取蓄水养蛤。夏季烈日曝晒后水温上升达 40℃导致蛤仔死亡，因此埕地必须平整，不积水，或移到低潮区及含沙多的埕地养殖。

（3）日常管理工作

包括巡逻、填补埕面、修补堤坝水闸、防止人为践踏、禁止鸭群侵入等。

（4）生物敌害的防治

蛤仔的生物敌害很多，应及时施加药物或人为清除。

（5）常见疾病的防治

豆蟹可寄生在菲律宾蛤仔的外套腔中，能夺取宿主食物，妨碍宿主摄食，伤害宿主的鳃，使宿主消瘦。常见的豆蟹有中华豆蟹（*Arcotheres sinensis*）和戈氏豆蟹（*Pinnotheres gordoni*）。此病应以预防为主，发现豆蟹寄生后，可在养殖区悬挂敌百虫药袋，每袋装 50g。挂袋数量视养殖密度和幼蟹数量而定。

三、蛤虾混养

蛤仔与对虾混养，即在对虾池里兼养蛤仔，是蓄水养成的一种形式。其优点能充分利用养殖设施，提高虾池的利用率，增加收入；虾池内水质肥沃，蛤仔滤食的饵料丰富，滤食时间长，生长较快，缩短了蛤仔的养成周期。虾池中敌害生物少，若管理得当，既可节省苗种，又可提高产量。

1. 清池

蛤、虾放养前清除淤泥，杀除敌害。清淤后在池底中建宽 80cm，高 15cm 的蛤埕，埕间距 50cm，埕与池向一致，埕面积约占虾池总面积的 1/3～1/2。淤泥可经曝晒干裂后除掉，底质较硬的池子应浅锄数厘米并捣碎泥块，经锄埕、平整、消毒后纳进过滤海水浸泡。1～2d 后用钉耙边排水边耙埕，最后将埕地荡平抹光。此项工作在播苗前约半个月完成。

2. 播种

蛤仔苗要争取比虾苗先放养，越早越好。蛤苗越早播，穴居越深，受对虾伤害越小。播种的蛤苗多系白苗、梅种或春种。播种量与蛤苗规格和虾池底质有关（表 13-6）。

表 13-6　播种量与蛤苗规格、虾池底质的关系

蛤苗种类	壳长（mm）	体重（mg）	每667m² 播种数量（kg）	
			泥沙底质（软）	泥沙底质（硬）
白苗	5～7	50～100	100	150
中苗	15	400	250	300
大苗	20	700	400	600

播种时若遇暴雨或烈日，则应推迟播种时间或进水后播苗。

3. 养成管理

养成期间要注意虾池内的饵料密度，调节换水量。饵料不足时，可施尿素 1～2mg/L，过磷酸钙 0.3～0.5mg/L。一般在每汛小潮期施肥 1 次。蛤仔与对虾混养要做到虾饵定位，蛤埕禁投各种饵料，如中埕养蛤，四周投饵。

4. 蛤仔生长

虾池内的蛤苗（白苗）经 7～8 月的养成，体长可达 3.0cm 左右，已达到商品规格，便可收获。

第四节　蛤仔的增殖

一、封滩护养

封滩护养是增殖蛤仔、恢复资源的有效方法，也适合于其他滩涂贝类的增殖。可划分海区，分片保管，专人看护。护养期间的管理工作包括清除敌害、平整滩涂、防止污染、禁止乱采捕和乱开发等，管理到位，效果明显。但如果管理不当，不讲科学地盲目封海，形成封而不管、管而不严的状态，也可能把本来有一定生产能力的海区封"死"，变成荒滩。

二、改良增殖场

在海区条件不能完全满足要求的情况下，通过改良，人为地创造条件，使之更加适合于贝类的生长，以达到增殖的效果。在含泥量较大的海滩增殖蛤仔，可在蛤仔的附苗期投放碎贝壳或沙子，为稚贝附着创造条件，可增加蛤仔的附苗量；在水流较急的海区可采用插树枝、竹枝的办法减少流速，增加附苗数量；过硬或老化的海滩可用耕耘的方法，耙松海滩，促进泥层内的有机物的分解氧化，为稚贝创造良好的栖息环境。

清滩也是改良增殖场的措施之一。在封滩护养的滩涂，由于常年封养、无人踩踏，海滩表层硬化，杂藻滋生，敌害增多，致使蛤苗附着量逐年减少。对于这种情况应采取定期清滩的办法解决。

三、底播放流

蛤仔的底播放流增殖是将培育到一定规格的稚贝或幼贝撒播到适宜的浅海区，简单、直接增加海区蛤仔的资源量。放流的苗种可以是人工培育苗种，也可以是半人工采苗获得的苗种。

2015 年 5 月，锦州市开展近岸海域生物受损工程项目实施计划，在浅海增养殖保护区实施菲律宾蛤仔增殖放流活动，底播放流壳长≥9.85mm 的菲律宾蛤仔苗 3.05 亿粒。此次增殖放流的菲律宾蛤仔达到商品规格需 1.5～2 年时间。通过菲律宾蛤仔增殖放流，改善海洋的生物资源现状、水域环境和底质环境现状，同时产生良好的生态效益和经济效益。

四、合理采捕

不加限制的盲目滥捕，是破坏资源的主要原因。相反，大量的蛤仔如不能及时采捕，由于蛤仔密度的急剧增长，生活条件恶化，导致蛤仔死亡。死蛤腐烂进一步影响水质，形成恶性循环，造成更大范围的死亡，群众称为"臭滩"，这种破坏性也是惨重的。只有进行合理的采捕，才能保证资源量的稳定或上升。合理采捕包括如下几项措施。

（1）采捕规格的限制

蛤仔的采捕规格应限制在壳长 3cm 以上，采捕时要做到收大留小，防止资源枯竭。

（2）采捕量的限制

对海区中的蛤仔资源状况进行周密调查，确定每年的采捕量。在资源急剧下降的状况下，应暂停采捕 1～2 年以便恢复资源。

（3）轮番采捕

划分区域、轮番采捕是蛤仔增殖的有效措施，也适用于其他埋栖型贝类的增养殖生产。

第五节　蛤仔的收获与加工

一、收获季节

根据蛤仔个体大小和肥瘦而定。一般白苗经 1～1.5 年，中苗经 0.5～1 年的时间，便可收获。一般在繁殖之前收获，北方多在 11 月至次年 3～4 月，南方从 3～4 月开始至 9 月结束。

商品蛤的壳长要求在 3cm 以上。

二、收获方法

1. 锄洗法

适用于泥质埕地，收时，将埕地划分成若干小块（100m² 左右大小），然后在它的周围筑堤，堤高 20cm 左右，宽 30～40cm，在埕地下方堤中挖一出水口，上置竹帘。堤筑好后用四齿耙翻埕土，深 10cm 左右。接着将埕上方堤开一水口，被拦在堤上方的海水流进翻好的埕内，经不断耙锄搅拌，埕土成为泥浆，蛤仔上浮在表层。将蛤仔集中到出水口竹帘处。收蛤工人用手耙将蛤仔往竹帘上耙，泥沙从竹帘上漏下，蛤仔则落在竹帘后面的蛤篮中，经洗净，捡去杂物和破蛤，即得纯蛤仔。此法操作简便，工作效率高。

2. 荡洗法

沙质埕地多采用此法。收成时先在埕地上插好标志，下一潮水未退出埕地之前即下埕用蛤荡（图 13-7）顺流往后荡，到一定距离（15～20m 左右）后将蛤荡内的蛤仔倒在篮内，借助于水的浮力，将蛤篮拖到筛蛤处，倒入蛤筛中。

图 13-7　蛤荡

筛蛤工人边走边筛，使小蛤均匀地落在原来的埕地上，继续养大。筛起的大蛤放进盛沙泥浆的木桶内，经不断搅拌，残壳杂物下沉，蛤仔上浮，捞起洗净，即可运销加工。该种方法操作复杂，花工较大，其优点是先收大蛤，小蛤留下继续养大。

3. 挖捡法

收成时人相距 1m 左右，横列并排用锄翻土挖起蛤仔，逐个拣出放入篮中。这种方法简单，工效较低，但能利用半劳力。不论含泥沙还是沙质埕地都可采用此法。这种方法收的蛤仔纯，杂质少。

4. 机械化采收

自走式滩涂贝类振动采捕机（图 13-8）可疏松改良底质，降低板结度并减少表层底质流失，有利于保护滩涂贝类生态环境。

图 13-8　自走式滩涂贝类振动采捕机

三、加工

1. 加工流程

以鲜冻菲律宾蛤仔为例，其加工工艺流程为：收获成贝（原料）—清选—吐沙—清选—分级—称重、包装—入库冷冻。

（1）原料选择和收购

为保证菲律宾蛤仔产品质量，在收购过程中，夏天要防止太阳直接曝晒，冬天要防止强冷风直吹，采收的蛤仔要及时运到加工厂，尽量减少死亡。

（2）清选、吐沙

收购的鲜活菲律宾蛤仔运到加工厂后要用海水清洗泥砂，漂洗空壳、碎壳以及破损的个体。随后将清选过后的菲律宾蛤仔放入塑料筐中让其自然吐沙。为加快吐沙速度，可以边注水边排水，使池内的水微微流动，一方面保持水中有足够的溶氧，另一方面可以把蛤仔吐出的泥砂污物及时排出。吐沙

后的菲律宾蛤仔还需再次清选（图 13-9）。

图 13-9　菲律宾蛤仔清选

（3）称重、包装

将吐沙干净、清选合格的菲律宾蛤仔按标准重量分装入袋。每袋必须经过金属探测器检查，不允许有金属或其他异物，随后真空封口。

（4）抽检、入库冷冻

入库前需要将包装好的半成品进行抽验，检验其产品的规格、重量、破损率等是否符合标准。检验合格的成品应立即存入冷藏库储藏，冷藏库应在 −18℃ 以下。再次出库发运时必须用冷藏车，防止部分解冻，影响产品质量。

2. 加工成品类型

菲律宾蛤仔按其加工的成品可分为以下几种。

（1）初加工制品

即菲律宾蛤仔活体鲜销，或是经过净化、清洗、冷冻、蒸煮、晒干等加工处理后制成为可食用的初级制品以及后续加工所需的原料，如：鲜冻菲律宾蛤仔、冻煮菲律宾蛤仔肉（图 13-10）（见延伸阅读 13-2）、即食菲律宾蛤仔肉、菲律宾蛤仔预制菜等。

延伸阅读 13-2

图 13-10　冻煮菲律宾蛤仔肉

（2）精加工制品

即菲律宾蛤仔在一系列加工处理后，制成各

种不同特色的精加工制品，如蛤露（图 13-11）、蛤晶等。

图 13-11　蛤露（左）、蛤晶（右）

（3）深加工制品

通过提取菲律宾蛤仔中富含的活性成分，制成各类功能性营养品，如菲律宾蛤仔肽粉（图 13-12）等。

图 13-12　菲律宾蛤仔肽粉

复习题

1. 简述菲律宾蛤仔和杂色蛤仔的形态区别。

2. 简述菲律宾蛤仔的生态习性及其对环境的适应能力。

3. 简述菲律宾蛤仔的生物敌害。

4. 简述食蛤多歧虫如何危害蛤仔，如何杀除。

5. 简述蛤仔的繁殖习性。

6. 简述蛤仔胚胎发育的过程。

7. 简述蛤仔半人工采苗应具备的条件，如何进行半人工采苗。

8. 简述蛤仔土池半人工育苗的过程和方法。

9. 简述蛤仔苗种运输时的注意事项。

10. 简述蛤仔播种密度与什么有关，如何进行干播和湿播。

11. 简述虾、蛤混养的优越性以及混养中的管理。

12. 简述蛤仔的收获方法。

13. 解释下列术语：

①冬种、春种；②白苗、中苗、大苗；③推堆；④稚贝、幼贝。

第十四章　缢蛏的增养殖

缢蛏（*Sinonovacula constricta*）隶属于软体动物门（Mollusca）双壳纲（Bivalvia）真鳃亚纲（Autobranchia）贫齿目（Adapedonta）刀蛏科（Pharidae），俗称蛏（福建）、蛏（浙江）或蛏（北方）。蛏肉味道鲜美，营养丰富，除供鲜食外，还可制成蛏干，蛏油等，是人们喜爱的海产食品。缢蛏养殖生产具有生长快、生产周期短、见效快、易管理、成本低、产量高、投资少、效益高等优点，是我国开展贝类养殖较早的种类，为我国传统四大养殖贝类之一。李时珍的《本草纲目》中就介绍了缢蛏的用途，提到了当时养蛏的概况："闽粤人以田种之，候潮泥壅沃，谓之蛏田"。缢蛏最早在福建开始养殖，后来缢蛏的养殖经验传到浙江沿海。缢蛏养殖在福建、浙江两省的贝类养殖业中占有相当重要的地位，江苏、山东等地也有养殖，并已开展规模化人工育苗。为提升缢蛏品质，"申浙 1 号"（GS-01-013-2017）和"甬乐 1 号"（GS-01-004-2020）缢蛏新品种相继育成，为缢蛏产业发展提供种质资源与品种改良研发保障。2022 年，全国的缢蛏养殖面积为 42838 公顷，养殖产量达 84.76 万吨。

第一节　缢蛏的生物学

一、缢蛏的外部形态

1. 贝壳

贝壳脆而薄，呈长圆柱形，高度约为长度的 1/3。宽度约为长度的 1/5～1/4。贝壳的前后端开口较大，前缘稍圆，后缘略呈截形，背、腹缘近于平行。壳顶位于背面靠前方的 1/4 处。壳顶的后缘有棕黑色纺锤状的韧带，韧带短而突出。自壳顶至腹面具有显著疏密不等的生长纹，可作为推算其生长速率和年龄的参考。自壳顶起斜向腹缘，中央部有一道凹沟，故名缢蛏（图 14-1）。壳面被有一层黄褐色的壳皮，顶部壳皮常脱落而呈白色。

图 14-1　缢蛏贝壳形态

壳内面呈白色，壳顶下面有与壳面斜沟相应的隆起。左壳上具有 3 个主齿，中央一个较大，末端两分叉。右壳上具有两个斜状主齿，一前一后。靠近背部前端有近三角形的前闭肌痕。在该闭壳肌痕稍后，有伸足肌痕和前收足肌痕。在后端有三角形的后闭壳肌痕，在该肌痕的前端为相连的小形后收足肌痕。外套痕明显，呈"Y"形，前接前闭壳肌痕，后接后闭壳肌痕，在水管附着肌的后方为"U"形弯曲的外套窦。在腹缘的是外套膜腹缘附着肌痕，在前缘的为外套膜边缘触手附着肌痕。此外，尚有背部附着肌痕。

2. 足

缢蛏的足伸展在壳的前端，被具有触手的外套膜包围。自然状态下缢蛏足的侧面观似斧状，末端正面形成一个椭圆形距面。

3. 水管

缢蛏的水管有两个，靠近背侧者为出水管，又是泄殖出口；靠近腹侧者为进水管，是海水进入体内的通道。自然状态下水管和足都伸展到贝壳的外面，进水管比出水管粗而长。在进水管末端有 3 环触手，最外一环和最内一环触手相对排列共 8 对，其形大而较长，中间一环触手短而细小，数目较多。出水管触手只有 1 环，在出水孔的外侧边缘，数目在 15 或 15 条以上。水管壁的内侧有 8 列较粗的皱褶，从水管的末端至水管基部，呈平行排列。水管对刺激的反应极为灵敏，对外界环境具有高度感觉的功能。

4. 外套膜

除去贝壳，可见一薄的乳白色半透明膜，包围整个缢蛏软体部，为外套膜。左右两片外套膜合抱形成一个外套腔。在前端左右外套膜之间有一半圆形开口，是足向外伸缩的出入孔；在此处着生无数长短不一的触手，沿着外套膜边缘排列着。在外套膜的后端肌肉更发达，分化延长成两个水管；外套膜腹缘左右相连围成管状，为三孔型外套膜。

二、缢蛏的内部构造

1. 神经系统

缢蛏神经系统较不发达，尚没有一个集中的神经中枢，只有脑、足、脏神经节，均呈淡黄色。各神经节均有神经伸出。节间有相互联系的神经连合或神经连索。由各神经节向身体各部器官分布出各种神经（图 14-2）。

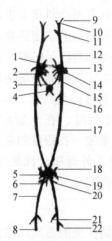

图 14-2 缢蛏神经系统模式图

1. 脑神经节联络神经；2. 食道神经；3. 脑足神经连索；4. 足神经节；5. 内脏神经节；6.直肠神经；7. 外套膜神经；8. 后外套膜神经；9. 前外套膜神经；10. 外套膜边缘触手收缩肌神经；11. 前闭壳肌神经；12. 外套膜前闭壳肌神经；13. 脑神经节；14. 唇瓣神经；15. 胃、生殖腺、肝神经；16. 内脏神经节；17. 脑神经连索；18. 鳃神经；19. 肾管围心膜神经；20. 后闭壳肌神经；21. 出水管神经；22. 入水管神经

2. 消化系统

缢蛏的消化系统包括消化管和消化腺。消化管极长，共分为唇瓣、口、食道、胃、胃盲囊、肠和肛门等部分。消化系统的器官主要起消化吸收的作用。

唇瓣位于外套腔前端，前闭壳肌的下面，足基部的背面两侧。左右各有一外唇瓣和一内唇瓣，共 4 片。两内唇瓣接触面和外唇瓣的外侧表面均无显著皱褶。

口位于唇瓣的基部，为一小的裂口。紧接着口是一短的食道通向囊形的胃。胃内有角质的胃楯（图 14-3），从胃通出一长囊称胃盲囊（晶杆囊），囊中有一条透明胶状的棒状物称晶杆。晶杆较粗端裸露于胃中，借助胃楯而附于胃壁上，另一端即延伸到足基背部。

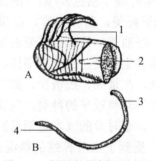

图 14-3 缢蛏的胃楯和晶杆图

A. 前段晶杆体顶部和胃楯的关系放大图；B. 晶杆体全貌侧面观

1. 胃楯；2. 晶杆体；3. 前段（前端）；4. 后段（后端）

包围在胃的两侧是棕褐色的消化腺（肝胰脏），消化腺有消化腺管通入胃中。

在胃后接着便是肠。肠近胃的部分较粗大，后段逐渐变细，经过 4 或 5 道弯曲后，沿着胃盲囊的右侧向后又转向背前方延伸，至胃盲囊和胃交界处的背面，又一次曲折，入直肠，向后通过围心腔，穿过心室向后闭壳肌背面伸延，末端开口即为肛门。肛门和鳃上腔相通，废物即由鳃上腔经出水管排出体外。

3. 呼吸系统

鳃是主要的呼吸器官，左右各两瓣，狭长，位于外套腔中（图 14-4），基部系于内脏团两侧和围心腔腹部两侧。鳃由无数鳃丝组成，其内分布很多微血管，表面有很多纤毛。

4. 循环系统

心脏具有一心室、二心耳。心室位于围心腔中央，由四束放射状肌肉支持着，心室中央被直肠穿过。心耳和心室之间有半月形薄膜构成的活瓣，左右各一对。缢蛏的血液循环是开放式的。血液从心室前、后大动脉流到体前后的各组织中。

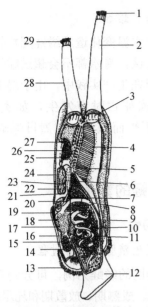

图 14-4　缢蛏内部构造

1. 入水管触手；2. 入水管；3. 水管壁皱褶；4. 鳃；5. 肾管；6. 心耳；7. 通入鳃上腔的肾管孔；8. 晶杆体；9. 胃盲囊；10. 生殖腺；11. 肠；12. 足；13. 前外套膜触手；14. 前闭壳肌；15. 口；16. 食道；17. 消化腺；18. 胃；19. 韧带；20. 生殖孔（开口于肾管孔附近）；21. 围心腔；22. 穿过心脏的直肠；23. 通入围心腔的肾管孔；24. 心室；25. 后收足肌；26. 后闭壳肌；27. 肛门；28. 出水管；29. 出水管触手

5. 排泄系统

在围心腔腹侧左右有呈圆管状淡黄色的肾管。一端开口于围心腔，另一端开口在内脏团两侧的鳃上腔中，废物即由鳃上腔经水管排出体外。

6. 生殖系统

缢蛏是雌雄异体，生殖腺位于足上部内脏团中，肠的周围。性腺成熟时雌性黄白色，雄性乳白色，肉眼较难区分。生殖管开口于肾孔附近，极小，在生殖季节较明显易见。

三、缢蛏的生态习性

1. 分布

缢蛏分布于西太平洋沿海的中国和日本。我国从辽宁到广东沿海均有分布，养殖区集中在浙、闽、鲁、苏、辽。喜栖息在风平浪静、水流畅通的内湾和河口处的滩涂上，尤以软泥或沙泥底质的中、低潮区最为适宜。幼苗分布在中潮区以上及高潮区边缘，但在 20m 水深处也能生活。

2. 生活习性

营穴居生活。蛏洞与滩面约垂直成 90°。缢蛏足在滩涂上掘一个管状孔穴，栖息于洞穴中。足强壮，掘土时足前端变成稍尖形以钻入土中，及至足钻进土中后，中前端肌肉伸展成喇叭形，收足肌收缩，身体向前推进插入土中，把埋土压向四周，靠足一伸一缩，掘成一个结实的洞穴。洞穴深度随缢蛏个体大小、强弱、底质硬软、气候冷暖而不同，一般洞穴深度为体长的 5～8 倍。

穴居的缢蛏随潮水的涨落，在洞穴中作升降运动。涨潮时依靠足的伸缩弹压和壳的闭合，外套腔内海水从足孔喷射出，从而上升至穴顶。然后松弛闭壳肌，张开两壳紧靠穴壁，把身体停靠在穴顶，伸出两水管至穴口，摄取食料和排泄废物。

退潮或遇敌害生物袭击时，缢蛏收缩闭壳肌，两壳闭合，或靠足的伸缩，贝体迅速下降，每个蛏都有自己的洞穴，穴口有由出入水管所形成的两个孔，其大小和两孔间的距离可以估出蛏体大小和肥瘦。体肥壮者两孔明显，一般体长为两孔距离 2.5～3 倍。

随着缢蛏的长大洞穴也扩大加深。正常情况下，缢蛏定居不移、不会离开洞穴，这种生活习性给养殖生产带来了很大的便利。但在不适宜的环境下也会离穴；养在室内的缢蛏，在食料不足、密度过高等情况下，会出现离开洞穴重新挖穴潜居的现象。海区中如中华蜾蠃蜚在蛏埕上大量繁殖时，缢蛏也会"搬家"，甚至数公顷蛏埕上的蛏有都跑光的现象。

3. 栖息底质

缢蛏喜生活于沙泥底的海滩上，在埕面稳定的泥沙质、沙泥质和软泥滩涂上均能生活。理想的底质结构为：表层 4～10cm 为细泥土，埕面硅藻旺盛；中层 30～40cm 以泥为主，混有极少的细沙；下层含沙量较多，为泥沙层，渗透力强，退潮后滩涂地下水容易更换，使潜居在穴底的蛏有利于调节水温和水质。长时间养殖的蛏田或池塘，可采用耕耘疏松底质或添加细沙或晒池等改良方法。

4. 对温度的适应

缢蛏为广温性双壳类，水温 8～30℃，生活正常。水温降到 5℃，缢蛏活动力弱，心脏跳动减慢。水温升高至 30℃，缢蛏心脏跳动加速。34℃生理机能呈现不协调现象，心脏跳动次数增加而搏动减弱。其适温上下限分别是 39℃和 0℃。生活在北方的缢蛏能忍受−3℃～0℃的低温，被包于冰块中达 12h 的缢蛏，当提高温度之后还会恢复过来。

缢蛏心脏跳动强弱与次数和机体血液循环量有

直接的关系，心脏跳动强，次数多，血液循环量大，代谢旺盛。因此，依据心脏跳动可判断缢蛏适温情况。

5. 对盐度的适应

缢蛏为广盐性种类，能在内湾和河口附近的海区中繁殖生长。河口地带理化因子变化较大，其中盐度变化尤为突出。盐度范围 6～28，缢蛏活动力强，在盐度 4 以下和 29 以上对缢蛏心跳次数和心脏搏动的强度都有影响。其适盐上限不像适温上限那么明显。虽然它在海水盐度 39 时两壳紧闭，心跳微弱乃至停止，但是，缢蛏对低盐适应能力很强，在盐度 2 的海水中能活十天，淡水中则不能适应，两壳紧闭，心脏跳动微弱乃至停止，多数在 2h 内死亡。

6. 食料与食性

缢蛏为浮游生物食性，依靠鳃丝上纤毛滤食食物颗粒。穴居生活的缢蛏在潮水涨到时上升觅食、潮水退出埕面则停止摄食，其摄食活动首先受到潮汐的限制。缢蛏以鳃纤毛打动产生水流，食物随海水从进水管进入外套腔，经鳃过滤，大小适宜的颗粒运送进消化管。缢蛏对食物没有严格的选择性，只要颗粒大小适宜即可。

缢蛏的食料组成中，主要是浮游性弱而易于下沉的硅藻和底栖硅藻，占饵料生物总数的 80% 以上。此外，缢蛏也可摄食有机碎屑、微生物以及粉末饲料。

四、自然灾害

（1）洪水

位于河口地带或山洪能冲刷到的蛏埕，在连绵的雨季或山洪暴发时，淡水大量地倾泻，不但使海水盐度下降，影响到缢蛏生长和浮游生物的繁殖，严重时则缢蛏体内渗透压失去平衡而吸水膨胀死亡。同时洪水带来了大量泥沙，覆盖埕面，比盐度的降低造成的损失往往更为严重。

（2）风灾

缢蛏产卵季节，受到了风浪正面的袭击，在含沙较多的埕地，这时表层土多被刮起飘失，泥质埕则水质混浊异常，大量泥沙颗粒进入体内，缢蛏产卵后体衰弱无力排除，结果是泥沙充塞鳃腔、覆盖鳃瓣，影响摄食与呼吸机能，导致缢蛏死亡。同时强台风会破坏蛏埕造成损失。

（3）严寒、酷暑

自然海区水温变化造成缢蛏死亡较少，因我国养殖缢蛏的海区，海水都不会超过缢蛏对温度适应的上下限。但在生产实践中，由于温度剧烈变化造成死亡和霜冻死亡时有发生，如炎夏季节退潮后，因埕面不平而积水，在烈日曝晒下会造成缢蛏的死亡。

五、缢蛏的繁殖

1. 繁殖习性

（1）缢蛏生殖腺的发育过程

以福建地区的缢蛏为例，可分为五个时期：形成期、生长期、成熟期、放散期和耗尽期。

1）形成期：内脏团堆积很厚的结缔组织，滤泡沿着结缔组织逐渐形成，滤胞壁的生殖原细胞分裂成生殖母细胞，中肠可见。发育时间于 6 月下旬至 8 月下旬。月平均水温为 26.6～29.2℃。

2）生长期：内脏团滤胞数量增多，逐渐形成葡萄状，分布范围广，结缔组织相应减少。滤胞内生殖细胞处在分化形成状态，生殖细胞增多，并可看到少量成熟的生殖细胞。在镜检下可看到卵母细胞具有不规则的形状，有长柄，卵原生质少，卵膜区大。精子不太活动。发育时间为 8 月至 9 月上旬，月平均水温 29.3～27.5℃。

3）成熟期：生殖腺很饱满，滤胞多而密，分布广，几乎布满整个足上部内脏团，并覆盖至消化腺及中肠。生殖母细胞分化形成精卵细胞者增多，可看到大量成熟的游离的精卵细胞。在镜检下，成熟的卵细胞多为圆形或近椭圆形，卵膜区缩小不明显，原生质充满整个细胞，胚核内的核仁明显，精子头尾部明显，很活泼。发育时间于 9 月至 10 月上旬，月平均水温 27.5～23.5℃。

4）放散期：放散前滤胞腔内充满许多成熟的生殖细胞。放散后成熟的生殖细胞减少，滤胞空腔大，沿着胞壁许多生殖母细胞正在向着滤胞腔突出，发育分化形成成熟的生殖细胞。发育时间为 10 月至 11 月中旬，月平均水温为 19～23.5℃。

5）耗尽期：软体部非常消瘦，呈半透明，性不明，滤胞空虚，余留少量生殖细胞。滤胞分布疏松呈树枝状，泡壁薄，生殖母细胞停止形成和发育。此期时间于 11 月中旬至 12 月，月平均水温 15～19℃。

（2）繁殖季节

缢蛏雌雄异体，一年性成熟，雌雄在外观上区别不出，而在性成熟时雌的生殖腺略呈米黄色，表面呈现出细微的颗粒状；雄的呈乳白色，性腺表面光滑。性比近于1∶1。广东、福建南部池塘养殖的缢蛏性腺8月至9月就成熟，浙江沿海，缢蛏自然繁殖期9～11月，盛期10月，主要是"秋分""寒露""霜降"和"立冬"，分四批排放。各批产卵量的大小依当时海区的理化环境条件而定。

（3）产卵量

一个体长5cm的个体，性腺充分成熟时，其怀卵量约100万粒。缢蛏为分批产卵，每次产卵量20万粒左右。缢蛏产卵时上升到洞口，伸出水管，生殖细胞从出水管徐徐上冒，然后扩散到海水中。

缢蛏产卵时，受外界温度、光照和水流的影响较大。在繁殖季节，如遇冷空气侵袭，温度骤然下降，昼夜温差变化大，缢蛏便会大量产卵，如水温下降到20℃以下排放率、产卵量以及胚胎发育都达到较好的效果。在静止水域中，性成熟的缢蛏不会产卵，在夜间大潮退潮时很易产卵，一般在退潮时的黎明前2～3h内产卵。

2. 发生

（1）精子和卵子

缢蛏精子分为顶体、头部、颈部和尾部。顶体细长，达10μm，前端略微膨大呈锥状，长度2μm。头部近圆形，4μm。颈部由4个线粒球构成。尾部细长达50μm。

缢蛏成熟卵子呈圆形，卵径平均为88.2μm。若以低温刺激催产或解剖取卵，其形状除圆形外还有椭圆形和不规则形。常温流水催产的受精率高，胚胎正常发育，胚体能正常进入壳顶期。低温催产的受精率低，发育的胚胎出现畸形。解剖卵的胚泡清楚，不易受精，以0.01%～0.03%氨海水浸泡10min，可以受精。但低温催产及解剖氨水处理的，胚胎发育差，大都难培育到壳顶期。

（2）胚胎发育

卵子排到海水中与精子接触后即行受精。受精卵产生一层透明的受精膜，卵核模糊。受精后8～15min，在卵子动物极出现第一极体。15～28min分钟后在第一极体下方出现第二极体，接着从动物极到植物极纵裂，分为大小不等的2个分裂球。第二次分裂是横分裂，分裂为1大3小的四个细胞。以后胚体每分裂一次，分裂球增加一倍，为8细胞、16细胞、32细胞，经6次分裂胚体成桑葚期。卵裂继续，胚体发育成为圆球形，周身长出细小纤毛，开始在水中做旋转运动为囊胚期。胚体继续发育，经7～8h，便长出一纤毛环，中央具鞭毛束，成为担轮幼虫。这时幼虫能在水中做直线运动。当胚体发育到面盘形成，D形贝壳披盖身体，发育到这一时期历时24h左右（图14-5，表14-1）。

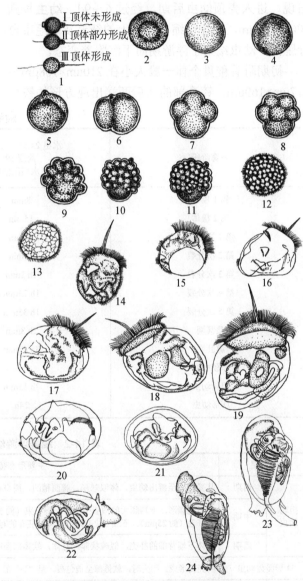

图14-5　缢蛏的胚胎和幼虫发生

1. 精子的构造；2. 卵子；3. 受精卵；4. 第一极体出现；5. 第二极体出现；6. 第1次分裂；7. 第2次分裂；8. 第3次分裂；9. 第4次分裂；10. 第5次分裂；11. 第6次分裂；12. 囊胚期；13. 担轮幼虫前期；14. 担轮幼虫中期；15. 担轮幼虫后期；16. D形幼虫；17. 壳顶幼虫初期；18. 壳顶幼虫中期；19. 壳顶幼虫后期；20. 匍匐幼虫；21. 稚贝（初形成）；22. 稚贝（单水管）（363μm×294μm）；23. 稚贝（双水管）（1428μm×789μm）；24. 稚贝（双水管）（2855μm×1513μm）

（3）幼虫发育

缢蛏D形幼虫个体大小在104μm×75μm～

124μm×97μm，灰黑色。壳前后缘倾斜不对称；面盘中央有一束顶鞭毛。消化盲囊呈黄褐色，壳薄，半透明，生长线纤细。幼虫在 150μm×125μm～154μm×129μm 大小时，壳顶开始隆起，铰合部具有一列紫红色微细小齿，背面观呈锯齿状，消化盲囊由黄褐色转为鲜艳的金黄色，半透明的韧带突出呈三角形。幼虫长到 190μm 左右足长成，眼点开始出现，进入壳顶幼虫后期。经过 6～9d，幼虫长到 200～210μm，面盘萎缩，面盘上的纤毛及鞭毛束自行脱落，幼虫结束了浮游期而下沉附着变态。

初期附着稚贝个体一般大小在 210μm×168μm～217μm×169μm，铰合部的前后两端出现方形的铰合板，足基部附近具有平行器，鳃丝 2 或 3 行。

（4）稚贝形成

稚贝个体大小在 227μm×184μm 就出现薄膜状入水管。体长达 1400μm 左右，半圆形两片缘膜愈合成水管，其末端出现了三对触手，膜状出水管的长度约为入水管的两倍。在蛏苗埕上检查到初附着的稚贝个体大小一般在 230～250μm，也有但个别达到 1mm 以上附着的，这种现象是由于初附着的稚贝足丝附着力弱，在风浪袭击下，被刮起，随着潮水流进苗埕后下沉重新附着的结果。缢蛏浮游幼虫至幼苗的形态变化见表 14-2。

表 14-1　缢蛏胚胎发育时间

发育阶段	水温 24.5℃、pH8.2 盐度 19 流水刺激催产	水温 27.5℃、pH8.5 盐度 13 解剖卵 （0.03%氨海水浸泡 10min）
第 1 极体	8min	15min
第 2 极体	15min	28min
第 1 次分裂	21min	35min
第 2 次分裂	41min	40min
第 3 次分裂	1h 2min	1h 10min
第 4 次分裂	1h 23min	1h 50min
第 5 次分裂	1h 35min	2h 45min
桑葚期	2h 8min	3h 35min
囊胚期	3h 48min	4h 5min
原肠胚期	—	5h 35min
担轮幼虫	7h 33min	8h 20min
D 形幼虫	24h	24h 20min

表 14-2　缢蛏浮游幼虫至幼苗的形态变化

发育期		主要形态特征	发育速度（d）	生活习性
担轮 幼虫	前期	从受精卵至孵出幼虫，体似球形，腹面稍凹，周身被有等长纤毛（约 6μm）	受精后约 6h	浮游 表层
	中期	近似陀螺形，上端膨大的顶板中央有一鞭毛束（约 5 或 6 根）长度为 39～83μm，边缘有一圈较长纤毛（约 25μm），下端中央有端纤毛束，胚孔的对侧有壳腺		
	后期	胚体下端背部的胚壳，似碗状捧托胚体，软体部裸露		
D 形面盘幼虫		两壳瓣形成。闭壳时，软体部全被包裹，呈 "D" 形，消化道呈漏斗式，肠呈直管状	接近 1	
壳顶 幼虫	前期	铰合部中央出现微隆起的壳顶，肠开始弯曲	2	浮游 中下层
	中期	壳顶突出铰合线，壳前端钝，后端略尖，壳形呈蛋状	3	
	后期	壳顶更为突出，铰合线后缘有韧带。出现管状弯曲的鳃雏形，似似斧头，能作伸缩活动，足基部有眼点	5	
匍匐幼虫		壳形近似于壳顶幼虫后期，但面盘开始萎缩，且活动能力减弱，由面盘和足交替进行，逐渐过渡到主要靠发达足作匍匐爬行	6	
稚贝		面盘退化，以至纤毛、鞭毛完全脱落，足部为唯一运动器官，足基部仍有眼点和平衡囊。水管开始形成，逐渐由单水管至双水管	7 至 29	底埋
幼苗		足基部眼点退化、消失。壳形和内部结构均与成贝相似	39	

六、生长

人工养殖的 1 龄蛏壳长一般 4～5cm，2 龄的壳长 6～7cm；自然生长的蛏，到第 4 年体长可达 8cm，5 年以上的可达 12cm。养殖条件好时，1 龄蛏就可以达到壳长 6～7cm，每斤 30 个左右。冬季基本不长，春季开始生长，夏季生长最旺，秋季又缓慢下来。4～7 月贝壳生长最快，7～9 月软体部生长最快。

影响缢蛏生长的主要因素有以下几点。

（1）饵料

有"肥水""东洋钱水"来到时缢蛏生长迅速；埕面上长了"油泥"，这是缢蛏生长好的生产实践经验。所谓的"肥水""东洋钱水"，即海水中繁殖有大量的浮游硅藻。"油泥"是海涂上大量繁殖了缢蛏的食料底栖硅藻。

缢蛏所处的潮区低，摄食时间长。潮流疏通，在一定时间内流经埕面的饵料生物就相对地多，增加了缢蛏摄食的机会。潮区、潮流影响缢蛏的生长，主要是增加了缢蛏摄食的时间与机会。

（2）水温

水温高低跟缢蛏生长速度有密切联系。平均水温 21℃时，缢蛏幼虫在海区中每天长大 12μm。在同一海区中，其他理化因素几乎相同的情况下，而水温高至 25℃，缢蛏幼虫的生长速度达 17μm/d。据观察，浙江海区中缢蛏的生长在春末至秋末较快，这时的水温是一年中比较适宜的。

温度还通过底质影响缢蛏的生长，泥质埕炎夏之前缢蛏长大较快，炎夏期间生长较差，然而泥沙或沙质埕地，缢蛏在酷暑季节也能生长正常，这与沙质埕透气凉爽有关。

此外，盐度影响缢蛏的生长，在生产中显而易见的，如地处闽江口的长乐梅花一带，此地蛏埕海水盐度太低，在少雨的年份有 7.5kg/m² 的记录，如果气候多雨盐度下降，缢蛏长得慢，收成会降低到一半以下。与此相反，该地区江田湾海水盐度太高，雨水多、蛏长得快，干旱年份缢蛏歉收。由于盐度影响缢蛏的生长，因此在养殖中，要筑堤防洪、开闸引淡，改造环境条件，调节海水盐度，这都是缢蛏增产的有效措施。

第二节　缢蛏的苗种生产

一、半人工采苗

1. 缢蛏幼虫的浮游习性

（1）浮游期

缢蛏产卵于海水中，受精卵发育到幼虫，至下沉匍匐、附着止，这段时间系漂浮于海水过浮游生活。其浮游期的长短与理化环境有关，特别是水温的影响更为明显，在水温 21～25℃，浮游期为 6～9d。

（2）水平分布

在同一内湾的不同海区中，缢蛏幼虫的分布是不均匀的，相差悬殊，可达百倍。在同一海区不同时间里的缢蛏幼虫的变化也很大，没有一定规律，主要与主流经过与否和风向的顺逆、风力的大小有关。主流经过和下风处缢蛏幼虫数量相对地较多。

（3）垂直分布

缢蛏幼虫在海区中垂直分布明显，其垂直分布与幼虫发育阶段有密切联系：早期表层多，后期底层数量增加。光照、潮汐对幼虫垂直分布没有明显的影响。

2. 缢蛏幼虫附着习性

缢蛏幼虫发育到足长成，面盘萎缩脱落，这种运动器官的改变导致生活方式由浮游转入底栖。下沉的缢蛏幼虫经 2～3d 匍匐生活后，随潮流漂浮进入潮间带，在潮流缓慢时下沉到滩涂上，先以微弱的足丝附着在埕土上，然后以足钻土穴居。很多环境因子能影响蛏苗附着。

（1）潮汐

根据缢蛏的繁殖习性，蛏苗多是在大潮初至大潮期间附着的。大小潮与附苗的关系是：大潮时，潮区较高的苗埕附着较好。小潮则反之，潮区低的苗埕附着多。

（2）潮区

在潮间带，从高潮区至低潮区，蛏苗都可附着。中潮区特别是中潮区上段附苗较多，低潮区和高潮区附苗较少。

（3）潮流

缢蛏幼虫在海水中是靠潮水的往复流，把它们带到潮间带附着。所以潮水主流所能达到的地方缢蛏的附苗量大，如在港道的两侧和开港引流的苗

埋，蛏苗附着量多。但流速太大，初附着的蛏苗，足丝微弱，无法使自己靠足丝抛锚固定在埋地上，因而无苗附着。

（4）底质

底质与蛏苗附着有密切联系。早期蛏苗需要用足丝附着在固体物上，如沙、石、碎贝壳之类上，含沙量大的地方早期附苗量多。沙多、底质硬的埋地，虽然蛏苗也同样附着，但很少能长到1cm。蛏苗经过一个阶段的发育，至水管形成后则离开它初次附着的地方，随着潮流去寻找适于其埋栖生活的泥质海涂。

（5）风浪

一般下风头（即迎风一面的苗埋）附苗多，背风的一面附苗量少。但是风浪过大，会袭击滩面，使底质不稳定，这样的滩涂也很难附苗。

3. 半人工采苗场的条件

（1）地形

风平浪静、潮流畅通、有淡水注入的沿海内湾，地形平坦略带倾斜的海涂，湾口小，下风头。

（2）潮区

根据蛏苗附着习性，应选择在中潮区地带，以中、高潮区交界处港道两侧为佳，浸水时间以5～7h为宜。

（3）底质

软泥和粉沙混合的底质为佳。

（4）潮流

潮流畅通，以潮汐流为主的内湾，蛏苗埋流速在10～40cm/s之间。

（5）盐度

海水盐度在6～28均适应蛏苗生长，盐度偏低生长较快。盐度提高到32以上仍能存活。

4. 苗埋的修建

在秋分到寒露期间挖筑苗埋。福建的蛏苗埋有蛏苗坪、蛏苗窝、蛏苗畦三种。

（1）蛏苗坪

蛏苗坪建造在风浪较小的海区，只要在埋地周围，挖宽30～40cm，深10cm左右的水沟，整成一个个苗埋。埋面宽度依底质软硬而定，软者3～5m，硬的可以稍宽些，有的达到10m左右。埋的长短依地形而定，大多在10m以上，这样的苗埋相连成片，称蛏苗坪（图14-6）。

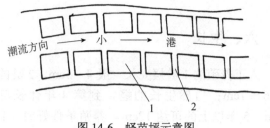

图14-6 蛏苗坪示意图
1. 坪；2. 小沟

（2）蛏苗窝

在地势平坦、风浪较大，泥沙底质的高中潮区宜建蛏苗窝（图14-7）。用挖出的埋土，四周筑堤，堤高0.6～1m，只在水沟一面开宽约50cm的入水口，水流由小口入埋，窝呈正方形，面积67～134m²。蛏苗窝从中潮区向高潮区排列，每列数目十几个至几十个不等，经常是建成一片，可减轻风浪袭击，两列蛏苗窝间开一水沟，宽1m左右，沟底比苗埋埋面略低。

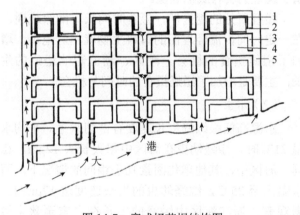

图14-7 窝式蛏苗埋结构图
1. 水沟；2. 堤口；3. 围堤；4. 蛏苗窝；5. 小港

（3）蛏苗畦

在风浪不大，地势平坦的软泥上适于建造蛏苗畦（图14-8）。把挖出的埋土，堆积在苗埋的两侧筑成堤。从高、中潮区开始，向低潮区伸延。苗埋呈长条形，埋宽5m多。长度依地形而定，埋面马路形向两侧倾斜，两旁开有小沟。一般堤高1～1.5m，底宽3～4m，顶宽0.5m。

上述三种苗埋各有特点。蛏苗坪毋须筑堤，花工少，但需风浪平静的地方；蛏苗窝花工大，但在风浪较大、潮区较高、原来不能附苗的场所改变为附苗场；蛏苗畦则介于两者之间，是一种普遍采用的采苗场。

5. 整埋

附苗苗埋建成后，在平畦前几天开始整埋。整

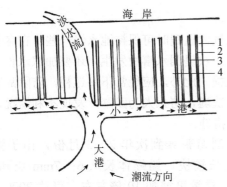

图 14-8　畦式蛏苗埕示意图
1. 土堤；2. 水沟；3. "V" 形小沟；4. 蛏苗畦

埕包括翻埕、耙埕和平畦。

1）翻埕：翻埕是用锄头把埕普遍锄一遍，深 20～30cm。把底层的陈土翻上来，晒几日，起到消毒作用，对蛏苗生长有利。

2）耙埕：用铁钉耙把成团的泥块捣碎、耙疏、耙平，同时在苗埕周围疏通水沟。

3）平畦：把苗埕表面压平抹光，起到降低水分蒸发，去掉浮泥，保护土壤湿润和稳定埕土等作用。可用泥马或木板，亦可用 "T" 形木棍将埕面压平、抹光，使埕面柔软。平畦应在蛏苗附着前 1～2d 内进行。平畦日期离附着时间愈久，蛏苗附着量愈少。一般在小潮和大潮间不宜平畦。

6. 平畦预报

根据缢蛏繁殖规律和蛏苗喜欢附于新土上的习性，准确地掌握蛏苗进埕附着日期，及时进行平畦，是提高附苗量的关键。

（1）地点选择

预报点必须是具有代表性的海区，一般一个海湾设一个点。如果海区情况复杂或面积太大时，可另设 1 或 2 个分点协助观察。预报点附近海区，必须养有亲蛏，以便观察产卵情况。

（2）亲蛏产卵观察

从秋分到立冬的季节，即从 9 月下旬开始，要每天定点检查亲蛏，观察生殖腺消失的情况。在通常情况下，第 1、2 次产卵前，几乎 100% 的亲蛏生殖腺完全处于丰满的状态，一旦发现其生殖腺突然下降时，即产卵。

（3）幼虫的发育与数量变动规律观察

从亲蛏产卵的第二天开始，每天在满潮时定点、定量检查幼虫数量和个体大小。可用 25 号浮游生物网过滤表层海水，一般产苗区滤 250L 海水，可获幼虫 1000～2000 个。根据缢蛏幼虫下沉附着的确切时间，确定平畦预报日期。下沉附着变态的幼虫大小一般在 196μm×154μm～203μm×163μm，水温 18～26℃，从担轮幼虫到附着变态需要 6～9d。

（4）蛏苗附着情况的观察

当幼虫的浮游期结束后，每天定点、定量刮土观察幼苗附着情况，计数每天进埕附着的蛏苗数量及大小组成，掌握附着规律，同时也检验平畦预报的准确性。进埕附着蛏苗的大小在 210μm×168μm～312μm×294μm。个别体长在 400μm 以下，但以体长在 300μm 以下的占绝对优势。影响蛏苗进埕附着的主要因素是潮汐流，但在一定程度上受到风向、风力和地势的影响。早起风，蛏苗就早进埕附着，风浪愈大，附着的潮区愈高。在蛏苗繁殖季节，若多刮东北风，以面向东北的苗埕相对地附苗好。若迁南风，这种方向苗埕附苗量减少或没有苗。

（5）预报方法

预报可分为长期预报、短期预报和紧急通知三种。长期预报是根据缢蛏产卵的一般规律而进行的；短期预报是根据缢蛏第一次产卵时而预报的各批附苗的时间；紧急通知是缢蛏产卵后，根据海况和幼虫发育的状况和速度而发出的，以更正短期预报的附苗时间之不足。

7. 苗埕的管理

1）经常疏通苗埕水沟，保持水流畅通，填补埕面凹陷并抹平，避免积水，如发现围堤被风浪冲击损坏，要及时修补。

2）"蛏苗畦"的苗埕，每半个月要整理一次，疏通水沟，并用木耙细心抹平，冬至后幼苗已长大，钻土较深，水沟要适当填浅，提高苗埕土壤含水量，有利于蛏苗生长。

3）沙质的"蛏苗窝"苗埕，在冬至前后蛏苗逐渐长大，钻土的深度增加，要堵塞苗埕入口，蓄水可以防冻又能加速软泥沉淀，加厚土层，满足蛏苗潜钻生活，否则会引起蛏苗逃跑。

4）注意防治敌害。受中华蜾蠃蜚危害的苗埕，用 2%～2.5% 烟屑水在苗埕露出后泼洒。玉螺性怕光，多在夜间或阴天出穴活动，宜在早、晚进行捕捉，并经常拣玉螺的卵块。水鸭多在退潮或海水刚淹没苗埕时，成群进埕吞食蛏苗，危害严重，要经常下海驱赶。

二、采捕野生蛏苗

采捕野生苗是从"立冬"到"小寒"前后，把分散在海滩上的野生缢蛏在适宜的环境条件下集中暂养、越冬，提高蛏苗的成活率。

1. 刮苗工具

刮苗工具主要是洗苗袋和刮苗板。洗苗袋由网袋和框架两部分组成，框架由竹片制成，呈等腰梯形，上底25cm，下底35cm，上下底距22cm，网袋呈锥形，用棉纶丝编制成，长120～150cm，网口紧挂在框架上，网目大小依采苗季节苗体大小而不同。刮板长24～30cm，半圆形，径宽8～13cm，用竹片或聚乙烯管剖制成，背部突起便于把握。腹侧稍薄便于刮苗。此外，还应备有一个盛苗的容器，如木桶、塑料桶等。

2. 采苗方法

立冬后附着在滩涂上的蛏苗肉眼可见，此时应探苗查清蛏苗分布情况，一般在港道两侧及潮区较高的港道底部，蛏苗附着密度较大，然后进行刮苗。

刮苗时一手拿洗苗袋，袋口紧贴滩面，一手拿刮苗板，把蛏苗带泥刮入袋中，在水中洗去泥沙，挑出网内贝螺类等杂物后再继续刮苗。如此反复多次即得大量的蛏苗。

将刮到的蛏苗倒入容器内，然后加入清洁海水。由于蛏苗较轻，水入桶时苗便浮起，这时把桶内的水徐徐倒入网袋，便可将蛏苗与杂质分开。如此反复多次。可将蛏苗全部洗出，这个过程称为净苗。净苗后得到纯净的蛏苗，可进行暂养。

3. 蛏苗暂养

蛏苗在暂养池内暂养、越冬。暂养池建在中潮区上部，有少量淡水注入。暂养池面积较小。建造时把滩面挖深1m，四周围以堤坝，仅留小出入口与水沟相通，以便灌、排水之用。建成的暂养池在小潮能纳水1m左右，池底不能漏水，能减缓风浪的冲击，有利于蛏苗生长。

在放苗前1～2d将池底的泥土锄翻、耙细、弄平，然后蓄水放苗。放苗时将幼苗放入桶内加入海水，轻轻搅拌后，用勺把苗带水均匀泼洒在水面上。一般在"小雪"前后放苗密度为1kg蛏苗放养18m²；"大雪"前后放养12m²；"冬至"前后放养10m²；"小寒"前后为8m²。暂养期间蓄水深度15cm左右，浅水有利于底栖硅藻的繁殖，促进蛏苗生长。

在气候温暖时可保持池水浅一些。在冬天，不但要防止决堤漏水事故发生，还要加深水位，以免蛏苗受损。此外，应经常下海巡视，防除敌害，及时修补决堤，防止人为践踏，发现不利情况，要立即采取措施。

从刮苗暂养到次年2～3月份，由于温度回升，生长较快，缢蛏体长从6～7mm长到1.5～2.0cm，重量可增加10倍左右，可达2000～3000粒/kg，此时便可出池下滩养成。

三、缢蛏的土池育苗

1. 育苗场所的选择性

1）地形：选择风浪较小、滩面平坦的内湾。

2）潮区：从高潮区下部到中潮区均可建造土池，潮区高的要将池面挖下，使小潮时能进水1m左右；潮区低的则不需挖池面，但是堤坝造价较高。

3）底质：沙泥或泥沙底均可附苗，纯沙底虽可附苗，但不适于蛏苗栖息生长。

4）水质：海水盐度在6～28之间均可，最好能稳定在13～20，有淡水源最为理想。海水要清，海水浑浊度大的海区应附设沉淀池。海水pH值在7.5～8.5，溶解氧不低于5mg/L，海区无污染。

2. 土池的结构与建造

（1）土池布局

一个设施完整的土池应具有育苗池、暂养池、催产池、饵料池、沉淀池等设施。育苗池面积一般为3000～6000m²。暂养池与催产池常为一个池，该池面积约为育苗池的5%～10%，池中间建有砖砌或石砌的隔堤，便于流水刺激。饵料池紧靠育苗池的较高潮位，池下部有管道与育苗池相通，以便投饵，其面积约为育苗池的10%。沉淀池起沉淀、净化海水作用，其面积一般为2～3倍育苗池面积。各池之间应紧密排列，互相之间有闸门相连，但不能泄漏。

（2）土池建造

土池四周的土堤应高出大潮高潮线1m左右，内外两侧应用石砌护坡。池内土堤应高出池内最高水位0.5m左右。闸门应设进排水闸各一，排水闸设在土池最低处，大小以1d内能排干池水为宜。进水闸与排水闸相对，其大小可较排水闸稍小些，为防止敌害生物入池，闸门上除装有闸板处，还应有筛网的闸槽。

3. 育苗方法

（1）苗埕处理

在育苗前 1 个月放干池水，曝晒 15d 左右，然后清除腐殖质，将池面翻耙一遍，以加速有机物的氧化分解及晒死敌害生物。对土池内的积水处，在亲蛏入池前 2～3d，用 $1×10^{-6}$ 漂白粉消毒，以清除敌害鱼。新池要充分浸泡。

（2）亲蛏的选择与暂养

1）亲蛏选择：应选生殖腺肥满、外形完整的健康个体。亲蛏一般是 1 龄蛏。

2）亲蛏暂养：在临产前 2～3d，将亲蛏移入暂养池内。亲蛏用量 20～40g/m²。在没有暂养池的土池育苗中，也可直接在育苗池中暂养，但入池时间要临近产卵期，否则，因育苗池不能干露或干露时间短，改变了亲蛏的生活规律而不产卵。同时，在育苗池中暂养亲蛏产卵后，亲蛏大量滤食幼虫与饵料，给育苗带来很大的影响。

（3）催产

催产在催产池或暂养池中进行，在下半夜退潮时，利用预先蓄在育苗池中清净的海水，启开闸门流水刺激亲蛏产卵，流速 1.6cm/s 以上。发现缢蛏产卵则关闭闸门，停止流水；也可在催产池出口，设一孵化池，流水连同卵一起流入该池中，孵化、培育到壳顶幼虫后期时放到育苗池中附着。也可采用封闭式循环水流系统催产，即在催产池中设一搅拌器，使池水不断流动；或用抽水机往催产池抽水，造成位差，使池水流动。

（4）幼虫培育

缢蛏受精卵经 1d 发育到 D 形幼虫，此时消化道形成，开始摄食。从 D 形幼虫发育到壳顶后期幼虫下沉附着变态，约需要 1 周时间，此期管理工作主要如下。

1）水质：幼虫培育的水质必须符合国家海水水质一、二类标准。为了保证水质，在幼虫培育期间逐日加新水，刚移入 D 形幼虫时，一般先进网滤水约 40%，然后逐日加水 10%左右，直到加水一周左右，池水满时，幼虫恰好下沉附着。

2）饵料：由于土池育苗中幼虫培育密度较低，一般为 1 个/mL 左右，所以对饵料的要求较少，当池水中单细胞藻类的密度为 2 万细胞/mL 时，幼虫就能正常生长发育。也可用酵母粉等商品饵料，日投饵量为 （1～2）$×10^{-6}$。由于土池内水质较肥沃，饵料生物大量繁殖，一般不需要施肥，靠逐日加水补充营养盐即可。对于营养盐贫瘠的海区，当含氮量（不包括氨氮含量）<20mg/m³ 时，要进行施肥。氮肥用尿素或硫酸铵，每次（0.5～1）$×10^{-6}$，缺磷肥，则添加 10%的过磷酸钙或磷酸二氢钾。

3）日常管理：每天采样检查幼虫的生长情况和数量变化；测定水温、盐度、溶解氧、pH 值、营养盐等变化情况；观察饵料生物量和敌害生物的变化情况；检查堤坝、闸门、滤网等是否安全可靠。发现问题，及时采取相应的措施处理。

在上述条件下培养，一般 7d 左右时间多数幼虫便可下沉附着，从而进入稚贝的培育阶段，也可以采用室内人工育苗培养 D 形幼虫或眼点幼虫，然后选滤幼虫土池中培育和附着变态。

还可以在自然海区采用浮游生物拖网方法拖捞幼虫入土池中培育。网目孔径 110～130μm（幼虫150μm 左右），网长 145cm，网口 50cm，靠近网口15cm 和底部 10cm 用细帆布制成，网口固定在直径8mm 的圆形钢筋圈上。每船可挂 6 至 8 拖网，每拖 3～5min，取出网内幼虫，放入容器中。拖网结束后，可进行筛选。稍微震动后，幼虫沉于容器底部，将上层海水迅速倒去，留下 1/4～1/3 海水，然后用 GG70 号筛绢（孔径 240μm）过滤，滤去较大浮游生物。将筛选后幼虫置入土池中进行半人工育苗。

（5）稚贝的培育

从附着稚贝到壳长 1cm 以上的商品苗，要经过 4 个月左右的培育，主要工作如下。

1）检查附苗量：检查附苗量可以采用 3 种方法，一是附苗前放置附苗器；二是附苗后 3～4d，排干池水，下埕采样；三是用底栖生物采集器取样。检查的目的是了解蛏苗附着量能否达到生产要求，如达不到则再次催产育苗。

2）换水：蛏苗附着后经 3～4d，壳长 300μm左右时，便潜入土中生活，此时换水不会流失蛏苗。每天换水 2 次，每次换水 15%～20%，开启闸门加大换水量后，增加了池内的饵料生物，同时换进的海水带来了营养盐，使底栖硅藻大量繁殖。但换水时要注意滤网安全、无漏洞，防止敌害生物的侵入。附苗后半个月，在无霜冻的天气，每个月可以排干池水 2 或 3 次，以便下埕查苗和清除敌害生

物。气候寒冷适当蓄水保温。

3）防治敌害：蛏苗附着后进水都要用滤网过滤，防止敌害鱼入池；对水鸭等鸟类要驱赶；土池中的浒苔大量繁殖后，吸取了营养盐而影响了底栖硅藻的繁殖，它大量覆盖埕面影响了蛏苗的索食，浒苔老化死亡，并覆盖埕内的蛏苗造成其死亡。

防治浒苔的方法：一是育苗前要曝晒埕地，消灭其孢子；二是在进水时发现有孢子水要暂停进水；三是药杀，用漂白粉（含氯量28%～30%），在水温10～15℃，药液浓度（1000～1500）×10⁻⁶，水温15～20℃，药液浓度（600～1000）×10⁻⁶，水温20～25℃时为（100～600）×10⁻⁶，药液直接均匀喷洒在浒苔上，经2～4h浒苔便死亡。

四、缢蛏的人工育苗

随着缢蛏养殖业的发展，苗种的需求量日益增多，传统的缢蛏苗种生产方法已无法满足养殖需求。随着育苗技术的提升，工厂化人工育苗已成为当下缢蛏苗种生产的主要方式。

1. 育苗设备

主要设备有循环水育苗池、静水育苗池、饵料室以及相应的供水系统（水塔、过滤池、蓄水池、供水管道等）。其他常见设备与一般贝类育苗相同。循环水育苗池由两个两端相通长条形的水泥池并列构成，池宽1.5～2m；池长20～30m，池高0.5～0.8m，容水量为20～30m³。在两个池子交界处一般安装一个螺旋桨，用于搅拌和提升水位，使两个育苗池水位失去平衡，形成水位差，形成8cm/s的流速，从而使池水流动和增加水的溶解氧，保持水质新鲜，提高育苗效果。

2. 育苗前的准备

1）亲贝的选择与处理：用于采卵的亲贝，必须挑选体长5cm以上、体质强壮、生长正常性腺发育好的一、二龄大蛏。

2）饵料的培养：目前培养缢蛏幼虫、幼贝的较好饵料有扁藻、牟氏角毛藻、叉鞭金藻等单胞藻。在育苗前提早一个月就要培育饵料，以保证育苗期间的饵料供应。

3）检查亲蛏性腺成熟度：缢蛏在自然海区产卵具有一定的规律性，8月中下旬至11月上旬进行分批催产，根据性腺成熟度确定催产日期。在苗种生产过程中，缢蛏亲贝通常逐渐从南到北进行选

用。由于南方亲贝性腺成熟较早，从而取得市场先机；同时提早繁育的苗种在个体大小、越冬能力和当年养成大规格蛏等方面也表现出明显的优势。

3. 催产

对缢蛏有效的催产方法是阴干与流水相结合，先将亲贝阴干6～8h，再将亲贝移入循环池底或吊挂于池中进行3～4h的充气模拟流水刺激后就可以产卵。这种催产的有效率为50%～90%。如果早上6点以后不见产卵即无效。若产卵量低或排放量少，第二天用上法再催产一次，其产卵率可提高到95%以上。催产时的适宜水温为21～25℃，海水盐度为13～20。性腺饱满的亲蛏0.5kg，催产一次可获3000万～7000万个担轮幼虫。放置蛏1～1.5kg/m³较适合。

在工厂化苗种生产中，较为常用的还有通过温差与流水刺激亲贝产卵排精的方法。由于工厂化育苗经常要用到异地的亲贝，运输过程中使用冰袋既能保活亲贝，又可以起阴干、降温的刺激作用；在亲贝运达后若光照条件合适则可冲洗后直接进行催产以提高生产时效性。池底气石密度为1只/m²，使分布在池底的气石通气时水头能均匀散于水面为度。

4. 浮游幼虫的培育

浮游幼虫的密度以10～20个/mL为宜，开口饵料以金藻类为好，前期日投饵量为1万～2万细胞/mL，以后每天增加1万细胞/mL，待壳长到100～160μm，保持投喂金藻5万细胞/mL。壳顶后期仍以投喂金藻为主，加投角毛藻0.5万～1万细胞/mL及扁藻等相混合投喂为佳，此后逐渐转变为以投喂角毛藻为主，昼夜投饵3或4次，具体投喂量应视实际观察结果而定。为了防止水质污染，幼虫入池后3～4d要彻底清池一次。

孵化和幼虫培育过程要求水质清新，pH 8.0～8.5，盐度18～24，水温22～24℃，溶氧大于5mg/L，氨氮小于0.05mg/L，EDTA维持在5g/m³。D形幼虫除第1日注加池水至1.40～1.45m外，第二天就要进行换水。壳顶前期日换水1～2次，换水量1/2；壳顶中期日换水2次，换水量9/10；壳顶后期可日换全池量。同时可用抗菌药物消毒池水。缢蛏浮游幼虫在水质良好、水温适宜、饵料充足的条件下生长很快，从D形幼虫至附着变态一般需6～9d，日平均增长值为12～20μm。如果D形幼虫超过4d壳顶不隆起，说明发育不正常，要查

明原因采取必要措施。

5. 稚贝的培育

幼虫变态期和稚贝培育期均需要及时投放附着、生活用基质。预先调理好育苗池底，一般把堤外自然滩涂中无污染、涂表平滑光亮的活性底泥（底栖硅藻丰富）刮捞上来，经过阳光曝晒、干燥成饼，碾碎成粉状备用；提前用 200 目绢筛过滤后均匀地撒入池中，充气混匀后使之沉淀，其底泥厚度以 3～5mm 为宜。

附着后的稚贝在培育池底分布密度为 60 万～220 万个/m²。水温在 20～23℃，盐度 18～24，日换水量掌握在 100%～200%，饵料投喂也以硅藻、扁藻为主，日投喂量为角毛藻 6 万～8 万细胞/mL，扁藻 0.4 万～0.7 万细胞/mL。

6. 蛏苗的室外中间培育

当室内水泥池人工培育至壳长 500～800μm 稚贝时即可出池，转移到室外土池中培育。中间培育土池的位置应根据不同季节和出苗早迟而定，室内池培育的缢蛏幼苗若立冬前后出池的，要选暂养在高潮区，即小水潮 1～2d 涨不到的地方，小雪至大雪期间的幼苗应选暂养在中潮区上段，即首批室内出池越冬暂养塘的下段 70～80m 范围内。土池一般长 16～20m，宽 7～8m，平均挖深 20～30cm，土堤坝基部宽 1～1.2m，顶部宽 0.35～0.40m，高 0.6～0.7m，保持坡面光滑，并在潮涨向开一宽 1.5～2m 的进出水口。若涂面倾斜度过大时，土池堤坝可适当减少，但要求上横堤坝一定要比下横堤坝略高一些，以免潮退时被水流冲塌，影响土池内蛏苗的正常生长。投入稚贝的密度一般 50 万～60 万粒/m²。冬季蓄水深 0.35～0.45m，春秋季培养的水深为 0.20～0.30cm。由于滩涂作业要求高，需熟练操作泥马、掌握潮汐规律，熟练人员数量越来越少，因此建议有条件的可进行池塘中间培育技术研发。

五、蛏苗采收

1. 采收时间

稚贝经过 2～4 个月的生长，体长达到 1.5cm 时，即可采收。南方采收期自 2 月至次年 5 月，大量采收在 3～4 月。每月采收两次，在大潮期间进行。

2. 筛选

适用于蛏苗坪的埕地。用手或锄把苗带泥挖起，往埕中央叠，涨潮时下层蛏苗由于摄食往上钻，集中在表层，这样每叠一次，苗的密度便增加一倍，经 2 至 3 次重叠后在苗堆旁边，挖一水坑蓄水，隔潮下埕把集中在苗埕中央的蛏苗，连泥挖起置于苗筛内在水坑里洗去泥土，便得净苗。叠土时要注意上下两层土必须紧贴，如留有空隙致使下层蛏苗无法上升，而导致死亡。

3. 锄洗

亦称窝洗法，适用于蛏苗窝采的苗的收获。先把苗埕水口堵住或筑一小土堤，把水蓄入埕内，隔潮下海用木制埕耙反复耙动，搅拌成泥浆。不久泥土渐渐下沉，而蛏苗由于呼吸与盐度关系悬浮于表层，接着用蛏苗网捞起即成。此法操作简便、时间短、蛏苗质量好。

4. 荡洗

适用于各种不能灌水的苗埕，结合前两种洗苗方法，先进行叠堆，然后把集中在埕表层的苗移到埕边挖好的水坑中搅拌成泥浆，待苗上升后用手抄网捞起即成。

5. 手捉

附苗量少或洗后遗漏在埕上的及野生的埕苗，因苗稀少，没有洗苗价值待苗长到 2～3cm 左右，逐个用手捉。此法工效很低。

六、蛏苗的运输

1. 蛏苗质量的鉴别

蛏苗的质量好坏，直接影响到养成的成活率及产量。其鉴别标准见表 14-3。

表 14-3 缢蛏苗质量鉴别

	优质苗	劣质苗
体色	壳厚、玉白色，半透明，壳前端黄色，壳缘略呈青绿色，水管有时呈浅红色	壳薄、灰白色或土褐色，且不透明，壳前端白色
体质	肥硕、结实，两壳闭合自然，壳缘平整，个体大小整齐	苗体瘦弱，两壳松弛，大小不均匀
声	震动苗筐两壳立即紧闭，发生嚓嚓声响，响声齐，再振无反应	震动苗筐，反应迟钝
味	放置稍久无臭味	放置稍久有臭味
杂质	死苗、碎壳苗低于 5%，杂质少，清洁	死苗、碎壳苗大于 5%，杂质多，不清洁
活力	将苗置于滩面很快伸足，钻入泥中	将苗置于滩面钻入泥土极缓慢

2. 蛏苗运输中存在的问题

（1）机械作用致死

蛏苗壳脆而薄，因此在盛苗容器、交通工具以及长途运输过程中，由于载重过量，道路不平，或因车速突变的惯性冲撞、倾倒、挤压、摔碰等因素使蛏苗壳碎裂，受损的蛏苗大多不能成活，虽有少数暂时不死，但以后很快死亡。

（2）失水致死

因缢蛏双壳不能将其软体部全部包裹，两端及腹缘处始终裸露，体内水分极易散失，再加之用汽车高速运输，空气流通量大，使露空蛏苗体表水分散失加快，极易造成蛏苗失水过多而死亡。

（3）生化作用致死

为提高运苗的经济效益，要尽可能用最小的空间装载最多的蛏苗，从而又出现了一些问题，如过度密集运输，苗体自身的代谢产物，死苗及掺杂在蛏苗中的微小生物的死亡以及未除净的淤泥中夹带的有机物，在温度适宜（稍热）的情况下通过化学和细菌作用均会发热、分解、腐败，产生有害物质（如氨氮等）直接影响到健壮苗的成活。且温度越高，时间越长，危害程度越大。

显而易见，蛏苗运输成活率高低，取决于蛏苗体内水分的损失速率和离开水后的时间，运输途中的环境条件。因此，要提高蛏苗运输成活率，必须解决好上述三个问题，必须快装快运并减少机械损伤，保持蛏苗体内维持生命所需要的水分以及降低蛏苗自身和其他物质分解发热的程度。

3. 运苗前的准备工作

（1）整理移殖场地

运苗开始前，选择好适合缢蛏养成的场地，并做好标志。按要求整好滩，以便蛏苗运到后能及时播种。

（2）安排好接应人员及船只工具

①确定接应时间，做到人船等车，昼夜不误，风雨无阻；②机动船或舢板应保持最佳行驶状态，不应受潮汐和其他因素的干扰；③安排充足的劳力在短时间内完成装卸、运输及播种任务。

（3）制订行车计划

出发前初步订出行车计划，去时探明全程情况，熟悉渡口摆渡时间及两地的潮汐情况。注意各路段特点，必要时做好记录，及时修正和完善行车计划，使在运苗旅途中顺利行驶，及早将蛏苗运到目的地。

4. 蛏苗的运输

蛏苗离开滩涂后，温度在20℃以下，可维持48h，20℃以上能维持36h左右，要尽可能缩短运输时间，以减少蛏苗死亡。

运输苗时要把苗洗净，不论车运、船运、肩挑等都要加蓬加盖，以免日晒雨淋造成损失。运输途中要注意通风，防止蛏苗窒息而死，要避免激烈运动和叠压。运输时间超过一天的，每12h左右要浸水一次，浸水前要把苗篮震动几下，让蛏苗水管收缩，不至于服水过多，影响成活率。特别是在淡水中浸洗时应注意这一点。

蛏苗的长途运输应注意下列问题。

1）过淡水：采到的蛏苗要就地用海水冲洗净污泥及杂质，尽量拣出死、碎苗。装车前用清洁淡水漂洗一次，洗除蛏苗体表微小生物及其他杂质。漂洗也可降低蛏苗体表温度，但不宜长时间浸泡，用水冲刷使蛏苗无法吸入大量淡水而受损害，仅使其体表面干净并保持湿润。

2）湿润车箱：装苗前用淡水冲净车箱、湿润篷布及盛苗容器，使整个车厢保持湿度较高的环境，减少蛏苗的水分散失。

3）加冰降温：每车装150kg以上冰块，用塑料周转箱盛于车厢底部。冰块融化时吸收车内热量减轻蛏苗自身的发热程度。

4）装苗箱：每箱盛苗15kg，箱层层上叠，最顶层距车棚顶20～30cm，以便观察和管理。因为每箱仅装容积的2/3，上下层箱之间留有一定空间以便通风透气。

5）加盖浸水纱布防干、防尘：在最上层苗箱上面每箱盖上2或3层被水分浸湿的纱布，其作用是：使水均匀喷在纱布上，防止上层蛏苗在运输过程中水分逸散过快，防止汽车行驶时尘土扬起，沾染蛏苗。

6）途中喷水：在行车途中每隔1～2h用喷雾器喷水一次，每次5～10kg。这样可使车厢内的蛏苗始终处于湿润环境中。由于苗箱有空间，苗箱壁与底有孔隙，因此喷到纱布上的水，下面的苗箱也会有水淋到。

7）派专人观察：装苗车厢内安排两人在路途中观察蛏苗生活，测量苗箱温度。严防水温超过20℃以上。若水温过高，就及时倒箱浸水降温，或置冰降温，为防冰直接影响，可用双层塑料袋包扎。

蛏苗运到后，要浸水暂养，将蛏苗与苗箱一起浸入海水中 2h。浸水时海水不要漫过箱沿，以防止蛏苗浮起随流漂走。

第三节 缢蛏的增殖与养殖

一、埕田养殖

1. 养成场的选择

1）地形：以内湾或河口附近平坦并略有倾斜的滩涂为好。以中潮区下段至低潮区每天干露 2～3h 的潮区为宜。

2）潮流：要求风平浪静，但有一定流速的潮流畅通的海区。

3）底质：软泥和泥沙混合的底质均适合缢蛏生活。底层是沙，中间 20～30cm 为泥沙混合（沙占 50%～70%），表层为 3～5cm 软泥的最为理想。

4）水温与盐度：15～30℃ 的水温是缢蛏生长的适宜温度，在此范围内温度偏高能促进其生长，适应缢蛏的盐度范围在 6～28，在这个范围内盐度偏低对缢蛏生长有利。

2. 蛏埕的建筑

根据地势和底质的不同，蛏埕建造亦不同。软泥和泥沙底质的蛏埕，一般风浪较小，建筑简单，在蛏埕的四周筑成农田田埂式即可。堤高度 35cm 左右，这样就可挡住风浪和保持蛏埕的平坦。风浪较大的地方，堤可适当增高。在堤的内侧要开沟，以利排水。为了便利生产操作，把整片蛏埕再划分一块块小畦，畦的宽度 3～7m，依底质软硬而有差别。畦与畦之间，开有小沟。除排水外，利用小沟做人行道，不致踩踏蛏埕，但有的地方是整片的不分畦，中间开有小沟。

河口地带沙质埕地，因易受洪水或风浪的冲击而引起泥沙覆盖，可用芒草筑堤，以防泥沙覆盖埕面。

3. 整埕

（1）翻土

用锄头把埕地底层泥土翻起 30～40cm。软泥的埕地用木锄翻埕。翻土可使上下层泥土混合，改变泥土结构，并能将土表层的敌害生物翻到底下窒息而死。翻土要充分曝晒。在蛏苗放养前 6d 左右开始翻土，翻得次数越多越好。

（2）耙土

用"四齿耙"将翻土形成的土块捣碎，并用铁钉耙把泥土耙烂，使泥土松软耙平。

（3）平埕

用木板将埕面压平抹光。平埕时由埕面两边往中央压成公路形，使埕面上不积水。埕面要光滑稳定，表层土不会被风浪刮起，给缢蛏提供了良好的生活环境。

翻、耙、平的次数依底质硬软而定，底质硬的次数要适当增加。多次翻耙，精耕细作。整埕是提高单位产量的重要措施。

4. 苗种的消毒

蛏苗运输至养殖区后，播种前先进行消毒。消毒方法：用碘或碘伏（碘伏的消毒效果优于碘），用适宜盐度的海水，加入配制好的碘液，碘含量为 2%，每 10 000mL 的海水加 1mL 的碘液，碘浓度为 2×10^{-6}，消毒 10min。碘液的配制：100mL 医用酒精加 2g 固体碘，溶解后即成碘液。

5. 播种

（1）播种时间

1～3 月中播苗，这时南方气候温和，蛏苗生长快，以早播为好，一般都争取在清明节前结束。北方最迟可至冰雪融化后的 5 月播苗。

（2）播苗方法

播苗前，先将苗种盛在木筒内，用海水洗净泥土，拣去杂质，使蛏苗不结块，易于播种。播苗的方法为抛播，适于埕面宽的蛏畦，播苗时，左手提苗篮，右手轻轻抓起蛏苗，掌心向前大拇指紧靠着食指，用力向埕面上抛播，无风时两人在埕的两侧交叉播种，有风时，则顺风播。播苗时，也可将苗筐放在泥马上，左右两手同时轻轻抓住蛏苗，掌心向上用力向埕上撒播。

播苗都在大潮汛期进行，一般小潮不播苗，大潮时采收的蛏苗身体强壮，运输过程中成活率高，其次，大潮汛期，蛏埕干露时间长，有足够的时间让蛏苗钻土，潜钻率高，减少损失。播种量依埕地土质软硬、蛏苗大小和潮区高低而定。沙质埕播苗量要比软泥埕增加 50%，低潮区要比高潮区适当增加播苗量。在含泥多的蛏埕，以每平方米播种 1cm 大的蛏苗 100g，泥沙底播 150g 为宜。

（3）播苗应注意事项

蛏苗运到目的地时，应放在阴凉处 1h 左右，并将苗篮震动几下，使其出入水管收缩，水洗时能避免蛏苗大量吸水，提高潜钻率。当潮水涨到埕地 0.5h 前应停止播苗，否则，苗未钻入土中会被潮水冲走流失。如因淡水使埕上海水盐度下降，影响蛏苗潜钻，这时播种应每公顷撒盐 100～200kg（洪水小、撒盐量适量减少），增加埕地上水分咸度利于蛏苗钻土。风雨天不适于播苗。

6. 管理

1）经常检查蛏埕，定期疏通水沟，及时做好补苗工作。

2）按时加沙和堆土：立夏后，天气炎热，水温高，泥质埕地散热慢，影响蛏正常生长，因此必须加沙调节温度，以适于蛏的生长。加沙时间，1 年蛏自立夏开始到 6 月；2 年蛏可提早半个月。每 667m² 加沙 1500kg，均匀地撒在埕上。另外春夏之交，大风暴雨频繁，洪水带来大量烂泥淤积埕面，严重时使蛏窒息死亡，这时应用推土板将淤泥推移别处。在流速缓慢，淤泥沉积较快的埕地，每个潮汛要进行一次推土平埕和清理水沟工作。

3）防止自然灾害：暴雨洪水、大风、霜雪等都能造成灾害，要做好预防和善后工作，尽量减少灾害造成的损失。

7. 病敌害及防治

（1）主要敌害及防治

水鸭、蛇鳗、海鲶、红狼鰕虎鱼、赤魟、黑鲷、河鲀、玉螺、章鱼、凸壳肌蛤、中华蝾螺螠、食蛤多歧虫、锯缘青蟹、沙蚕等直接危害缢蛏。一些寄生虫也危害缢蛏。

（2）细菌性疾病及防病

缢蛏细菌性疾病主要是深藻弧菌、创伤弧菌、拟态弧菌和河弧菌，还有气单胞菌属和假单胞菌属的细菌等。病症：目前缢蛏死亡主要在七月份，缢蛏闭壳肌松弛，水管进排水无力，滤食能力下降，一星期左右大部分死亡，缢蛏死亡后大部分都死于洞穴的中下部，很少死于洞穴的上部。防治方法：可人工添加有益生物制剂，在人工干预的条件下，形成生物优势种群，抑制有害生物，减少蛏病的发生。

1）光合细菌：用浓缩的光合细菌（1000 亿细胞），水位 50cm，每月泼洒 24 次。

2）西菲利（复合菌）等片剂：每公顷用 60

片，用养殖池水慢慢溶解后泼洒，也可加入饵料中投喂。注意：用生物防治不能同时使用抗生素和所有的消毒剂，如漂白粉等。

3）中草药防治

板蓝根：板蓝根先用开水浸泡，第二天煎成水剂，全池泼洒。泼洒时水位需下降，埕面水深在 10cm。

穿心莲：煮汁后全池泼洒，埕面水位保持 10cm。

地锦草：地锦草含有黄酮类化合物及没食子酸，有强烈抑菌作用，抗菌谱很广，并有止血和中和毒素的作用。药用全草，防治细菌性疾病。

黄连：每公顷用黄连、野菊花、甘草、大黄、金银花各 0.75kg 煎煮成汁，全池泼洒。

总之，养成期间的管理工作要做到：一勤（勤下海巡视）；二清（清沟盖土、清除泥沙覆盖）；三补（补苗种、补洼堑、补堤坝）；四防（防自然灾害、防生物敌害、防人下滩踩踏、防船只破坏）。

二、网围养殖

网围养殖面积一般 0.5～1hm²，网片采用网目 1cm 的聚乙烯无结节网片，网高以高出大潮高潮面 50cm 为宜。施工时先按设计网围的大小，将撑杆（直径 10～15cm，长 2～3.5m 的竹杆或木杆）插好，网片用上下纲（60 股聚乙烯绳）拴好，沿撑杆内侧把上纲平行系在撑杆上，下纲埋入滩涂中压实固定。

3 月中至 4 月初气温 10～20℃时放养。放养时与埕田养殖一样，须松滩整畦、畦间留有水沟，以便行走和排水。每平方米放苗 100～150g 为宜（壳长 1.2～1.8cm，2500～5000 粒/kg）。

日常管理中要勤检查围网的坚固程度，发现隐患及早排除，若网有破漏要及时修补，其他管理工作参考埕田养殖进行。

三、池塘养殖

池塘养殖有养殖时间短、收效快、成活率高、生态效益高等优点。

1. 养殖场所的选择

1）位置：应选择在风浪小、滩涂平坦的内湾。

2）潮区：以中潮区上部到高潮区下部为宜。

3）底质：以泥质和不漏水的泥沙质较好。

此外，海区有淡水注入，海水盐度在 13～26 较好，如能引入淡水调节池内海水盐度，则对缢蛏的生长有利。

2. 蛏塘的建造

1）蛏塘面积：以 1000～6000m² 为宜，太小利用率低，太大管理不方便。

2）塘堤：蛏塘四周筑土堤。一般堤高 1m，堤底宽 3m，坡度 1：1。塘堤建造时要夯实整平，这样坚实牢固，才能蓄水，并能避免水的冲击崩塌。

3）环沟：在塘堤与埕面之间挖一宽 2m，深 0.5m 的绕埕地的环沟，环沟对海水入塘有缓冲作用，保护埕面不被破坏。

4）进出水口：自塘堤基部往上 50～80cm 处，开一进出水口，作为涨落潮海水进出埕塘的通道，保持了塘内蓄水深度在 50cm 以上。一般约 6000m² 蛏塘的水口宽度要 3m 左右。

5）涵管：多用松木板制成，埋在堤基，内接环沟最深处，外通海区或下方蛏塘。涵管在塘内一端设闸，用以排干塘内积水。涵管大小、数量依蛏塘面积而定。6000m² 蛏塘可设一个 50m² 涵管。

6）底铺网：为便于缢蛏采捕，可将聚乙烯网片埋入养殖滩面以下 50cm，然后覆盖泥土，以限制缢蛏下潜深度。

3. 整埕播苗

（1）整埕

在环沟以内的埕面翻整成宽 3～5m，长 10～20m 左右的蛏埕，蛏埕间挖宽 30～40cm 的水沟，连成一片。蛏埕座向一般与海岸线垂直，由高到低，以利排水。埕面整成畦后，经耙细抹光便可播苗。

（2）播苗

1）播苗时间：蓄水养殖的播苗时间较滩涂养殖的迟 1～2 个月，大都在"清明"至"谷雨"。播苗时间推迟的原因是：池内水面平静，浮泥容易沉积，早春苗个体又小，这样的环境蛏苗生长慢，成活率低；而清明后蛏苗体长 2cm 以上，对环境适应能力强，浮泥对它影响不大。

2）播苗方法：蓄水养殖的蛏埕较窄，播苗采用撒播。

3）播苗密度：由于播的苗个体较大（2000 粒/kg 左右），蓄水养殖中敌害生物较少，蛏苗的成活率高，所以每平方米播苗量 600 粒，约为滩涂养殖的 1/2 左右。

4. 管理

蓄水养殖埕地潮区较高，敌害生物较少，管理较为方便，日常管理工作主要如下。

1）修补塘堤：经常下海巡视，发现塘堤破损，要及时修补，以免造成决堤、崩塌。

2）清除敌害：敌害生物常随潮水进入塘内，潜居于环沟中，可侵入蛏埕为害。采用每半个月排水一次，捕捉鱼、虾、蟹，清除敌害生物。选大潮初排水，一般小潮时不排水。

3）投饵：可以投喂鼠尾藻磨碎液、海带粉、单胞藻等，以加快缢蛏生长速度。也可以采用施肥方法繁殖饵料生物。

4）水质管理：为抑制有害生物繁殖，减少疾病的发生，可利用光合细菌的作用，光合细菌不仅可作为缢蛏的饵料，而且可以抑制有害微生物的繁殖。投放时，可用浓缩的光合细菌（1000 亿细胞/mL），水深 50cm 均匀泼洒，每 1～2 日泼洒一次。

如果藻类密度太高，需经常更新水质，降低藻类密度，使藻类在一个正常水平上生长。夏季水温过高时，容易缺氧，就可加大水体深度，使之保持在 80cm 以上。

四、蛏、虾混养与轮养

1. 蛏虾混养

缢蛏与对虾混养，是在对虾养成池中，根据其小生境差异、食性与生活方式不同而搭配的，可以达到蛏、虾两旺，对提高经济效益和生态效益都具有十分重要的意义。

（1）混养塘的要求

一般对虾塘都可混养缢蛏，就其效果来看，底质以泥质或砂泥混合为好，水深 1.5～2.0m，盐度范围在雨季不低于 6，在旱季不高于 28，盐度偏低有利于缢蛏生长。对虾塘养蛏子建造宽 3.5cm、高 30cm、沿池子长边的蛏条，以利用池子总面积的 1/4～1/2 为好，否则水质太清，不利于虾、蛏的生长发育。

（2）蛏苗播种前的准备工作

1）蛏埕的整建：一般在放养蛏苗前 10～15d 进行，要经过翻土、耙土、平埕等步骤。用拖拉机或牛犁、齿耙翻耕，一般翻土深度 30～40cm，翻起的土块经过细耙耙碎、耙平，同时拣去石块、贝壳，以及其他杂质，然后可进水关塘，让海水中的

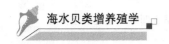

浮泥沉积在滩面上。

2）清塘除害：放养前5～7d，平均每平方米虾塘使用15g茶籽饼浸泡后，全池泼洒，或用90～120g生石灰以及（60～80）×10⁻⁶漂白粉消毒，待2～3d后药效消除，再进水时用80目以上筛绢拦滤，以防带进新的敌害。在对虾放苗前，若未发现敌害，可不再清塘，直接放养虾苗。

3）培养饵料生物：清池后纳入新水30～50cm，即可进行基础饵料生物培养，平均每平方米可施鸡粪75g，尿素15g，使池水色变成黄绿色或浅褐色。施肥方法是先把肥料放在水中搅拌稀释后，再均匀全池泼洒。也可按少施勤施的原则，前期3～5d，后期7～10d施肥一次。水色浓不施肥，阴雨天和早晚不施肥。

4）放苗前抹埕面：在蛏苗放养前夕将埕面压平抹光，呈一条马路形，使蛏埕变得松软、平滑，有利于蛏苗的潜钻穴居。

（3）播种

对虾塘混养缢蛏，播种时间应在虾苗放养前，以早播为好。由于各地的气候寒暖不同和苗种大小不同，播苗季节也有迟早，从1月下旬至5月初均可。播苗一般在大潮汛期间阴凉气候情况下进行，刮大风、下大雨天气不宜播苗。播种时，滩面水深控制在1～2cm，播苗后2～3d关上滩水。

播苗密度原则上底质沙多泥少、季节晚和苗体大的要多播；底质沙少泥多、季节早和苗体小的要少播。根据各地混养经验，一般每公顷养蛏滩面播种1cm壳长的蛏苗约225kg，即540万粒苗；播1.5cm壳长蛏苗360kg左右。

（4）养成管理

虾蛏混养塘的生产管理方法，主要是对虾养殖的饲养管理，但因蛏苗放养得早，收获又比对虾迟，所以饲养管理又与单养对虾有差异。

1）补放苗种：为了保证播种密度要求，蛏苗放养的第二天，应及时观察蛏苗的潜栖情况，发现大量死亡要及时补上。

2）虾苗放养前的水质管理：虾苗放养前水温较低，水位应保持在60～70cm，大潮时每天或隔天利用潮差更换塘水1/4～1/3。小潮时不换水，可以适当加水。

3）盐度调节：当逢暴雨、久雨过后应将上层淡水排掉，干旱季节可适当加入淡水，以维持缢蛏生长发育所需的适宜盐度条件。

4）虾苗放养前除害和中期毒鱼：对虾苗放养前7～10d，若塘内敌害生物较多，需要清塘时，时间一定要衔接好，以防蛏埕干露时间过长，影响蛏子存活。

对虾塘内常因筛绢网破损以及太早更换滤网，敌害生物及卵子进入池内；或因投鲜活饵料时带入稍大的敌害鱼、蟹及卵子。因此在养殖中期须毒杀敌害鱼。应选大潮水头潮，于午后开闸排水1/2～2/3，露出蛏埕，泼洒茶子饼水毒鱼，药液泼后1～2h随涨潮开闸纳水，进水越多越好，然后按照潮汐涨落时间大排大进，连续排换2～3d。茶籽饼用量为10～20g/m³。

5）对虾起捕后的水质管理：对虾收获后，缢蛏仍需继续饲养，前期应追施肥料育肥为主，根据水质肥瘦程度，每公顷施尿素15～20kg。12月至次年2月，需蓄水保温。

6）清除杂藻：在南方的春夏和秋冬交换季节，虾塘内极易繁殖杂藻，尤其是浒苔覆盖埕面，会闷死蛏子，所以要经常及时地将浒苔等杂藻清除掉。

（5）收获

蛏苗经过7～12个月养成，壳长5cm以上后即可起捕出售。根据蛏子个体大小，肥瘦程度，从当年7月份开始起捕，直至第二年蛏苗放养前。在大潮汛期间，放干海水，用挖捕、手捕、钩捕皆可。塘内蛏子一定要收捕干净，尽量减少漏蛏，以免死亡后影响塘底。

2. 蛏、虾轮养

经多年养殖对虾，池塘老化腐殖质增多，因此轮养缢蛏是十分必要的。轮养缢蛏密度一般为800万～1000万粒/hm²。经几年养殖缢蛏，再换养对虾，可充分利用水域生产性能，减少疾病发生。

五、缢蛏的底播增殖

1. 海区条件

选择风平浪静，潮流畅通、滩涂地势平坦，饵料丰富的中低潮区附近有淡水径流入海，水质适合缢蛏生长发育需要的海区，底质为泥底或泥沙质，泥含量不低于70%。

2. 底播增殖的苗种要求

底播蛏苗规格为10～20mm，同一批苗种大小均匀，苗种健壮，活力好，规格合格率为85%以上，死亡率、畸形率及残苗率低于5%。

3. 底播时间

南方1～5月份，北方4～6月份。

4. 底播方法

1）干播：在低潮位时将蛏苗均匀地播撒在增殖区的滩面上。

2）湿播：在高潮潮位或潮水未退出滩面时，将蛏苗均匀撒播增殖区。

5. 底播密度

一般根据苗种大小控制在 500～1000kg/hm² 范围。

6. 日常管理

1）防灾、防敌害生物，定期监测缢蛏成活、生长以及海域环境条件。

2）建立专门看护队伍，配备必需的船只和设备进行看护管理。

第四节　缢蛏的收获与加工

一、收成年龄

缢蛏播种后经5～8个月的养殖，长大到5cm左右便可收获。收成的一年蛏也称"新蛏"，肉质细嫩，味道鲜美，质量上乘。达不到商品规格的，继续养殖到次年收成的为2年蛏，或称"旧蛏"。2年蛏肉质肥，质量高，产量也较稳定，也是群众喜欢养殖的。

二、收成季节

缢蛏收成的季节，随环境条件和蛏龄的不同而有别，一般要等到肉质部长得肥满时才收成。正常情况下，一般蛏的收成从"小暑"开始到"秋分"前结束，前后历时两个月。底质为软泥的蛏埕，应早些收成，因炎夏季节泥埕的蛏长太慢，且在小潮期间，埕地经烈日曝晒，表层泥土温度高，如遇暴雨，在埕沟排水差的情况下，烫热的水会把缢蛏烫死。沙泥质的埕地，夏季凉爽，缢蛏生长正常，适当延长到"立秋"至"处暑"收成，可以提高产品的质量和单位面积的产量。一年蛏的收成，主要决定于肉质部满的程度，因此与地区、埕地关系较为密切。养殖在河口海区潮区低、潮流疏通，生长

较快，有的在"清明"时节便可收成。一般是在"立夏"后收成。

三、收成方法

1. 挖捕

较硬的沙泥质滩涂，退潮后，用蛏刀、四齿耙或蛏锄（图14-9）从蛏埕一端开始，依次翻土挖掘。挖土的深度，依据蛏体穴居深浅而定。边挖，边捡、放入筐篓中。

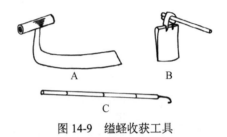

图 14-9　缢蛏收获工具
A. 蛏刀；B. 蛏锄；C. 蛏钩

2. 手捕

在松软的泥质埕地，可直接用手插入蛏穴捕捉。或用手指插入穴内迅速上拔，吸附蛏子出穴。手捕时，动作要轻快，以免蛏体受惊而降入穴底，影响手捕。

3. 钩捕

利用蛏钩沿着蛏穴边缘顺着蛏壳外缘垂直插入至蛏体下端，然后旋转钩着蛏体后提出埕面而捕之，该法多在密度稀的蛏埕使用。

四、加工

缢蛏肉质鲜美，营养丰富主要供鲜食外，还可加工制成蛏干、咸蛏、五香蛏干和罐头等，加工后蛏汤可提炼蛏油，更是鲜美适口。

蛏壳经过粉碎过筛后即成蛏壳粉。蛏壳粉的含钙量高而纯可用作家禽、家畜饲料和鱼类的添加剂，尤其是对蛋鸡和奶牛的补钙效果更佳。蛏壳还是烧制壳灰的原料，可以代替石灰，是一种良好的建筑材料，也是农业上改良酸性土壤的好肥料。

复习题

1. 简述为适应埋栖生活方式，缢蛏的形态和构造产生的变化，及其生态习性。

2. 简述常见缢蛏生物敌害。

3. 简述食蛏泄肠吸虫的症状。

4. 简述缢蛏的繁殖习性。

5. 简述缢蛏幼虫及稚贝的形态特征。

6. 简述缢蛏幼虫的浮游习性和附着习性。

7. 简述缢蛏半人工采苗场的条件和半人工采苗方法。

8. 简述平畦的概念，为何要适时平畦，及怎样进行平畦预报。

9. 简述如何采集野生蛏苗。

10. 简述如何鉴别蛏苗的优劣。

11. 简述蛏苗运输中应注意的问题。

12. 简述目前我国缢蛏养成的方法。

13. 解释下列术语：

①蛏苗埕、蛏苗窝；②耙埕；③筛洗、锄洗、荡洗；④新蛏、旧蛏。

第十五章　文蛤的增养殖

文蛤属（*Meretrix*）隶属于软体动物门（Mollusca）双壳纲（Bivalvia）帘蛤目（Venerida）帘蛤科（Veneridae）。目前国内共记录文蛤属 7 个种。较为常见的有文蛤（*Meretrix meretrix*）、短文蛤（*M. petechailis*）、丽文蛤（*M. lusoria*）、斧文蛤（*M. lamarckii*）和琴文蛤（*M. lyrata*），由于 2001 年出版的《中国动物志软体动物门双壳纲帘蛤科》把 *M. petechailis* 视为 *M. meretrix* 的异名，中文名使用"文蛤"，因此在许多文献使用的中文学名"文蛤"通常指 *M. petechailis*。文蛤为蛤中上品，肉味清鲜，素有"天下第一鲜"之美称，深受国内外消费者的喜爱。据分析，文蛤鲜肉中含有 15.5% 的蛋白质，1.1% 的脂肪，4.1% 的碳水化合物以及丰富的钙、磷、铁、锌等，其中锌含量达到 252.6μg/g。贝肉除熟食外，可冷冻或做罐头，也可加工提炼成调味料——文蛤粉。文蛤贝壳光滑美丽、密封性好，可作为药品或化妆品的容器，又是培养紫菜丝状体的理想附着基质。

文蛤是养殖规模极大的蛤类，苗种繁育集中于福建、浙江等地，出苗量较大，其中北方沿海的养殖种类为短文蛤，在文蛤类中产量最大，江苏南通是文蛤产销集散中心；南方沿海主要为丽文蛤和琴文蛤，而琴文蛤在越南地区亦有养殖，其适应性强、养殖周期短、产量高、肉质鲜美，为我国南方近年来兴起的养殖种类，目前养殖群体同样引自越南。文蛤"科浙 1 号"（GS-01-007-2013）是我国培育的第一个滩涂贝类新品种，填补了我国滩涂贝类良种培育的空白。其后，文蛤"万里红"（GS-01-007-2014）、"万里 2 号"（GS-01-012-2017）和"科浙 2 号"也相继问世，促进了养殖产业健康可持续发展。

近年来，随着文蛤苗种人工培育技术不断完善、沿海大规模开发以及人工成本的高企，我国文蛤的养殖方式也由传统的粗放式滩涂增殖护养逐渐向池塘综合养殖、滩涂围网养殖等模式转变。

第一节　文蛤的生物学

一、文蛤的形态特征

1. 外部形态

（1）短文蛤

壳质较厚，有些个体相对薄，多少有些膨胀。前端圆，后端略尖或者略呈截形；后背缘隆起或者平直。壳表面灰白色；壳皮易脱落，颜色多变，具有青灰色，栗色，紫色等多种；具有颜色多变的点状、齿状、网状花纹；壳后背区有时呈深色。小月面与楯面界线皆不清晰。壳内面瓷白色。外套窦弯入浅，弓形。左右壳各具主齿 3 枚；左壳前侧齿较发达，距离前主齿较远（图 15-1）。

图 15-1　短文蛤贝壳形态

（2）丽文蛤

贝壳三角卵圆形，壳质坚硬。本种和短文蛤相似，区别点是贝壳后缘显著比前缘长，后侧缘末端尖。壳顶在背缘中央稍靠前方。壳前端、腹缘均圆。小月面在小个体不明显，大个体界线较清楚；楯面宽大，韧带粗短、棕褐色，凸出壳面。壳表被有一层乳黄色或乳白色漆状壳皮，近壳顶部有棕色色带或整个壳面布满棕色的点、线、花纹，变化大。壳内面白色、具光泽。壳后边缘部常呈紫褐色。铰合部大，齿式与短文蛤近似（图 15-2）。

图 15-2　丽文蛤贝壳形态

（3）斧文蛤

贝壳三角卵圆形，两壳膨胀，壳质坚厚。贝壳前端圆，后端略尖，腹缘稍平。壳顶前倾，位于背部中央偏前。小月面界限不明显；楯面大，占据整个后背缘，颜色深。壳表具光泽，颜色和花纹多变化，常被以一层黄色的角质层，使壳面花纹显模糊，壳上部微呈紫色。壳内面白色。前闭壳肌痕长卵圆形，后闭壳肌痕近圆形。外套窦较深（图 15-3）。

图 15-3　斧文蛤贝壳形态

（4）琴文蛤

又名皱肋文蛤、越南白文蛤；分布于南海，越南和菲律宾一带的野生资源量较大。20 世纪 90 年代末被引进我国南方养殖，现已成为我国南方海域具有规模化养殖潜力和市场前景的一个养殖新品种。贝壳长椭圆形，壳质较厚，多少有些膨胀。前端圆，后端略尖。壳表具不甚规则的低平的同心肋；壳面具黄灰色或者栗色壳皮，具光泽。小月面与楯面界线皆不明显；后背缘常呈紫黑色；韧带较发达，突出壳面。壳内面白色，前后端染有深褐色。外套窦很浅，弧形。前后闭壳肌痕皆延长。左右壳各具主齿 3 枚；左壳具前侧齿，离主齿较远（图 15-4）。

图 15-4　琴文蛤贝壳形态

（5）文蛤

贝壳三角卵圆形，膨突，壳质坚厚。两壳等大，两侧不等。壳顶区大。前背缘短，后背缘长；前端圆，后端稍尖。壳表面光滑，被一层薄薄的角质层；壳表面花纹及颜色变化较大，壳表颜色为黄棕色，具棕褐色的环形的点状、"W"形或细线斑纹，老旧的壳皮脱落露出白色的壳面。小月面卵圆形，界限不甚清晰，比壳表颜色浅，中线突出；楯面大，长度从壳顶到腹缘。壳内面白色。铰合部大。左壳前侧齿合前主齿大且高，中主齿窄，后主齿斜而长；右壳两枚前侧齿形成一齿窝，前主齿小，中主齿大，后主齿斜而长。闭壳肌痕和外套线清晰，前闭壳肌痕卵圆形，后闭壳肌痕近似圆形，大小约相等。外套窦深，近似半圆形（图 15-5）。

图 15-5　文蛤贝壳形态

2. 文蛤的内部结构

（1）消化系统

口位于前闭壳肌之后，两侧各有两片唇瓣，食物经唇瓣的筛选，通过口进入一条短的食道，食道后紧接着囊状的胃。胃的周围被消化腺包裹，体积较大，有许多管道与胃相通。胃后接小肠，小肠前后盘旋于内脏块中，与直肠相连。直肠沿背部向后延伸，穿过围心腔及心室，而后开口于后闭壳肌的后背方，称肛门。

（2）循环系统

包括心脏、动脉、静脉、血窦。心脏位于软体部背方的围心腔中，为一个心室、两个心耳。心室向前伸出条前大动脉，向后伸出一条后大动脉。后大动脉在围心腔后方形成一个大而壁厚的球，称为动脉球，在血液循环中起缓冲作用。

（3）呼吸系统

外套膜也有呼吸作用，血液在膜内进行气体交换后直接返回心脏。呼吸器官有鳃、外套膜。文蛤的鳃丝细密，血管密布，鳃纤毛密生。海水进入外套腔后，经鳃上无数小孔进入鳃上腔进行气体交换的同时，严密地滤食水中的浮游生物及小型有机碎屑。

（4）排泄系统

身体两侧围心腔的下方有一对淡褐色海绵状肾

脏，开口于左右内鳃瓣的基部附近，称排泄孔。在围心腔的背面左右两侧，有一对围心腔腺，又叫凯伯尔氏器。

（5）神经系统

由三对神经节和神经连络组成，三对神经节有脑神经节、足神经节及内脏神经节。文蛤内部构造详见图15-6。

（6）生殖系统

雌雄异体，生殖脉位于内脏团的两侧，消化腺周围，呈奶油色或象牙色。生殖管一对，开口于肾外孔附近。

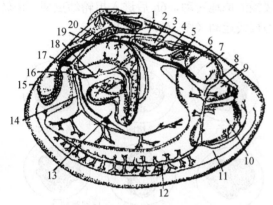

图15-6　文蛤的内部构造

1. 围心腔；2. 心室；3. 心耳；4. 动脉球；5. 肾脏；6. 脏神经节；7. 后闭壳肌；8. 肛门；9. 出水管；10. 入水管；11. 外套膜；12. 外套动脉；13. 足神经节；14. 足动脉；15. 前闭壳肌；16. 口；17. 脑神经节；18. 内脏动脉；19. 脑脏神经连索；20. 前大动脉

二、文蛤的生态习性

1. 分布

文蛤在我国南北沿海均有分布，且在长江口以北海区资源量很大，主要分布于受淡水影响的内湾及河口近海，如我国辽河口附近的营口海区，黄河口附近的莱州湾海区，长江口附近的吕四、嵊泗近海等地蕴藏量均很大。其他种类均分布于我国南方沿海，如丽文蛤、斧文蛤、琴文蛤等分布于广东、广西、台湾和海南。

文蛤喜生活在近河口含沙较多、平坦广阔的海滩上，含沙量以60%～80%为好。底质类型与文蛤资源量的关系密切，以沙-粉沙-黏土混合型底质的资源量较高，细沙型底质次之，中粗沙型的较少。幼贝多分布在高潮区下部，随着个体的增长逐渐向中潮区移动，成贝分布于中潮区下部，至低潮线以下水深5～6m处。

2. 生活方式

文蛤营埋栖生活，靠足钻挖潜入沙滩内穴居，栖息深度随个体增大而增加，一般为5～25cm。2～3cm的文蛤穴居深度约为8cm左右，4～6cm的文蛤则为12cm左右。海水从入水管进入体内，通过鳃进行呼吸、摄食，废水及排泄排遗物经过出水管排出体外。涨潮时，文蛤将出入水管伸出滩面进行海水交换，退潮时，缩回水管。

3. 对水温的适应

文蛤是广温性贝类，在北方可忍受冬季的冰封严寒，在南方能抵抗盛夏酷暑，生长适宜水温为10～33℃，以25℃左右最为适宜，生长迅速；水温40℃即引起死亡。幼贝在水温35℃时，120h后的成活率明显下降。成贝在水温39℃时，4h死亡率80%，41℃时4h全部死亡；低至-3℃短时间不会引起死亡。丽文蛤在3℃以下和39℃以上时鳃纤毛摆动停止，25.5℃纤毛摆动最活跃，是丽文蛤生长的最佳温度，此时足肌活动敏锐，摄食能力最强。

4. 对盐度的适应

文蛤为半咸水贝类，喜栖息于河口内湾有淡水流入的平坦沙质海滩的潮间带，故偏好低盐海水，适宜海水盐度13～32，最适盐度18～31。幼贝适应性更强，盐度在3～6时仍能存活和生长。

5. 迁移习性

文蛤有随潮流迁移的习性，幼贝多分布在中、高潮线之间的潮间带交界处；成贝多生活在中潮区下部及浅海中，随着个体长大而逐渐向中、低潮区移动，体长3.5cm以上成蛤则向潮下带迁移。移动时随潮退落，文蛤伸出水管，吐出长条状的白色黏液（黏液带），使身体悬浮于水中，借潮汐的流动和足部的伸缩，随潮水迁移到潮下带环境适宜的较深海域栖息生长，简称"跑流"。

体长1cm的个体随潮流向下迁移；以壳长3cm左右的文蛤移动性最强，借黏液带的浮力移向低潮区下部或浅海；体长5cm以上的个体，体大而重，分泌黏液少，靠足的伸缩缓慢爬行，一昼夜一般不超过2m。成贝大多在中潮带以下至浅海生活5～6m水深处。冬、夏季向深水区移动，以避过严寒和酷暑；春、秋季向浅水区移动，以利索饵。

文蛤迁移的旺季在春秋两季，移动时间多在大潮汛期间的深夜至黎明。迁移使文蛤大小分布均匀，给捕捉上市带来方便。为防止文蛤逃逸，在文

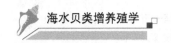

蛤暂养或养殖上常在低潮区设栏网或围网等防逃设施，加强管理，防止大范围流失。

6. 食性

文蛤为滤食性贝类，以海水中浮游或底栖硅藻类为食，兼食其他小型浮游植物、原生动物、无脊椎动物幼虫以及有机碎屑等。文蛤对食物的大小有选择性，对食物种类的选择性体现在对各种藻类的消化状况有明显的区别。

7. 耐干能力

文蛤的耐干能力很强，其耐干时间与温度和个体大小关系密切：气温越高，耐干能力越差，个体大的比个体小的耐干时间长。气温 1.2～3.0℃时可耐干 20d；气温 26.3℃，一般能存活 2d，第 3 天才大量死亡，第 4 天死亡率可超过 80%。

三、文蛤的繁殖

1. 性别和性比

文蛤雌雄异体，2 年达性成熟，最小型壳长为 3.5cm。从外观上很难区分雌雄，只有在繁殖季节里，打开两壳，性腺布满整个内脏团表面，雄性性腺呈乳白色，性液滴在水中不易散开，精子能活泼游动，遇上卵子团团围住。雌性性腺呈浅灰色，个别淡乳黄色，易在水中散开。成熟卵呈圆形至椭圆形，卵核明显呈暗黄色，卵径在 80～83μm，卵子外面有一层透明无色胶质膜，距卵黄膜约 10μm，不易人工授精。雌雄比例接近，雌性略占优势。

2. 繁殖季节

文蛤的繁殖季节各地略有差异，广东为 5～10 月，广西为 5～7 月，福建为 6～7 月，江苏为 6～7 月，山东和辽宁为 7～8 月。福建的丽文蛤自 6 月上旬开始排放精卵，其盛期出现在 6 月中旬至 7 月上旬，繁殖水温为 24～28℃，此期间丽文蛤性腺肥满度大幅度下降，7 月中旬以后，仅零星产卵。海区亲贝大多在天气闷热、气压低、小潮转大潮或大潮期间海况因子变化较大时产卵，有时台风暴雨、密度变化也致使产卵提前或推迟。

3. 怀卵量和产卵量

与生活海区、养殖地区和文蛤个体大小有很大关系。海区肥、饵料生物多，且个体大、性腺饱满度大，怀卵量和产卵量就大。壳长 6～7cm 的雌贝，其怀卵量可达 400 万～600 万粒，个别达 1000

万粒以上。文蛤分批成熟、分批产卵，每年集中 1 至 2 次。

4. 生活史

（1）胚胎发育

以短文蛤为例，其性腺成熟时，排放精卵，体外受精。在适温范围内，胚胎发育速度与水温成正比例，水温越高，发育越快。受精卵在海水盐度 23～30、pH 8.10～9.25、平均水温 27℃条件下，受精卵一般经过 30min 出现第一极体，40min 出现第二极体，接着受精卵纵裂为两个大小不等的细胞；1h 后进入 4 细胞期，经过桑葚期、囊胚期，开始出现缓慢的原地转动，6h 后进入担轮幼虫期，由转动变为直线运动（图 15-7，表 15-1）。

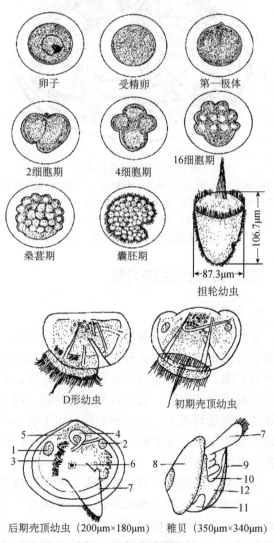

图 15-7 短文蛤的发生

1. 前闭壳肌；2. 后闭壳肌；3. 鳃原基；4. 胃；5. 消化腺；6. 眼点；7. 足；8. 壳；9. 外套膜边缘；10. 入水孔；11. 出水孔；12. 外套愈合点；13. 壳顶；14. 初形水管；15. 足孔；16. 外套膜；17. 水管；18. 出水管触手；19. 入水管触手

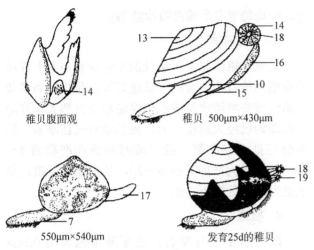

稚贝腹面观　　稚贝 500μm×430μm

550μm×540μm　　发育25d的稚贝

图 15-7（续）

表 15-1　短文蛤胚胎及幼虫发育

发育阶段	受精后出现的时间	壳长（μm）×壳高（μm）	温度（℃）
第一极体	30min		27.5
第二极体	40min		29.6
二细胞期	45min		29.8
四细胞期	1h		—
八细胞期	1h 30min		—
十六细胞期	2h		30
桑葚期	4h		—
囊胚期	4h 30min		—
原肠胚期	5h		—
担轮幼虫	6h		—
D 形幼虫	12h	126×108	—
壳顶初期	2d	(144×117)～(162×135)	—
壳顶中期	3～4d	(171×153)～(189×162)	—
壳顶后期	5d	(198×162)～(207×171)	—
变态成熟期	6d	216×198	—
稚贝	9d	234×216	—

（2）浮游幼虫的发育

受精卵一般经过 12h 可发育至 D 形幼虫期。初期 D 形幼虫规格为 110.1μm×97.9μm～122.4μm×100.3μm，游动活泼，在水中集群呈云雾状上浮。幼虫经过 6～7d 培育，开始出现棒状足和平衡囊，下沉变态为初期稚贝，活动方式由游动变为匍匐爬行，壳顶明显突出。随后足部分泌的黏状足丝附着在泥沙上，面盘消失，外套膜经过愈合形成出、入水管，透明的幼虫壳逐渐钙化为不透明。刚变态的初期稚贝大小为 195.8μm×171.3μm～220.3μm×205.6μm。

（3）稚贝和幼贝的发育

初期稚贝经 30d 培育，壳长达 1.5mm 以上，出入水管完全形成，贝壳变为金黄色，贝体不透明，贝壳上出现许多斑点和斑纹，与成贝形状基本一

样，称为幼贝。幼贝移植后，经 1 年养殖，壳长可达 1.7～4.1cm。2 年壳长可达 3.0～5.0cm，性腺成熟，完成生活史。

第二节　文蛤的苗种生产

文蛤苗种的来源途径主要有采捕自然苗、半人工采苗、室内人工育苗和土池人工育苗 4 种方式。目前仍以采捕自然苗为主，人工育苗为辅。

一、采捕自然苗

1. 采苗场地

有文蛤栖息的河流入海口附近的沙滩、三角洲或潮水能涨到的浅海沙洲等地方，含沙量以不低于 60%，以细、粉沙质为好，退潮时干露时间 5～9h 的高潮区下部或中潮区上、中部，水流缓慢，尤其以能产生漩涡，底质比较稳定的沙洲和水沟两侧幼苗数量最多。在有些情况下，幼苗场并不在养成场附近，而有一段距离，这与潮流有关。

2. 采苗方法

在文蛤自然繁殖海区，含沙量较大的松软底质的高、中潮区交界处能发现密集的文蛤苗，可以用筛子筛取法、踩踏滩面法、船耙法、打桩法、蛤耙法和钩捕法等方法采捕文蛤苗。苗种采集的规格、方法和时间各地不一。

（1）筛子筛取法

我国台湾省一般采捕 0.5mm 左右的小型蛤苗，经过苗种育成后，再采捕放养。通常于 9 月至次年 5 月在苗区用筛子筛取小型蛤苗，连同部分沙粒，放养在水深 0.3～0.6m 的鱼塘中培育，底质以沙质为佳，视池内肥瘦情况考虑施肥与否。海水盐度保持在 13～34，池水以略带硅藻之暗褐色但澄清者为好。投放量一般 3000～4500 粒/m²。苗种培育过程中，要注意防除蟹类、野杂鱼、玉螺、丝藻等敌害生物，经过几个月的培育管理，待幼苗长至每 800 粒/kg 左右时，再用纱笼制的筛子筛出，供养殖用。小型幼苗由于个体小、壳薄、耐干性差，运输时间必须很短，而且要注意不能过分挤压。

（2）踩踏滩面法

江苏等地大多是采捕较大的文蛤苗直接放养，不经过苗种养成阶段。采苗在潮水刚退出滩面时进

行。采苗时按预先选定的地方，数人或十余人平列一排，双脚不断地在滩面踩踏，边踩边后退，贝苗受到踩压后露出滩面即可拾取。也有用锄头插入滩面一定深度后逐渐向后拖，贝苗被翻出后，用三齿钩挑进网袋。大风后贝苗往往被打成堆，此时，用双手捧取贝苗装入网袋内即可。采苗时应避免贝壳及韧带损伤，并防止烈日曝晒。采集好的贝苗应及时投放到养成场。对于破坏贝苗资源的采捕工具，如拍板等要严禁使用。

（3）打桩法

利用文蛤趋桩习性，提前在有文蛤的潮区，每隔 150cm 打一根长 65～75cm（直径 4～5cm）的木桩，待蛤苗移至木桩 30cm 半径范围时采捕。

（4）蛤靶法

蛤靶后面装有网袋，作业者拖靶时，遇到文蛤即收入网袋中，拖靶一段距离后冲洗去沙，把文蛤装入容器内。

（5）钩捕法

退潮后，手持前端有靶形的木棍，见到文蛤栖息穴口，即将棍钩深入穴内钩出文蛤。

3. 苗种运输

苗种运输时通常用草包或麻袋包装，也可直接倒在车上或仓内。一般用干露法运输。

二、半人工采苗

根据文蛤的生活史和生活习性，在繁殖季节里，利用人工平整滩涂和撒沙等方法，改良滩涂底质，供幼虫附着变态、发育生长，从而获得文蛤的苗种。

1. 场地选择

在水质肥沃、饵料充足、风浪较小、潮流畅通、无工业污染、文蛤资源量大的海区，选择滩涂平坦、底质松软、细沙含量 65%～80% 的中高潮区，海水盐度 18～31，有淡水注入。

2. 准备工作

（1）平滩

用齿长 15～20cm 的铁耙平整滩涂，沿着海岸平行方向将滩面耙松、耙平，最好中央稍高，四周偏低，退潮后滩面不积水。

（2）撒沙

沙粒直径 0.2～0.5mm，退潮后均匀撒在滩面上，平均每平方米滩面撒沙量 2kg。

3. 采苗时间

采取文蛤性腺发育情况的连续观察与海上浮游动物拖网检查相结合的方法进行采苗预报。当多数文蛤性腺突然消瘦时或水中浮游幼虫突然大幅度增加时即为已经大规模产卵，应当做好采苗准备。采苗分三批进行：第一批平滩时间是在产卵后 4～5d；第二批为产卵后的 6～7d，是主要的一批；第三批为产卵后的 8～9d。

4. 检查

附苗后 1 个月左右，在平滩范围内用 0.2m×0.4m 取样框随意取样三次，检查贝苗的数量，从而估计总产量。

三、人工育苗

1. 亲贝的选择与促熟

选择个体健壮、性腺丰满的 3 龄左右、壳长在 5～6cm 的文蛤作亲贝，置于水池暂养促熟。

暂养期间水温控制在 23.0～24.5℃，早晚倒池换水。投喂等鞭金藻和小球藻等单细胞藻类，每 2h 投喂 1 次，每次 1 万～2 万细胞/mL；或在繁殖盛期前，把文蛤吊养或蓄养于饵料生物丰富的低潮区或浅海；或在土池、虾池中投放饵料生物，施肥培养水色，或投喂商品饵料（如豆浆、对虾苗配合饵料）精养促熟。也有在繁殖盛期直接在海区或养殖区挑选性腺肥满度好的成贝通过土池或室内水池暂养促熟作催产用的亲贝。

2. 采卵与受精

诱导亲贝排放的方法很多，常见以下几种。

（1）阴干+流水+氨海水

亲贝经阴干 10h 以上，再流水刺激 3～5h，然后置于浓度为 0.015%～0.03% 的氨海水中浸泡，促其排精产卵。一般浸泡 10min 左右，亲贝就显出兴奋的状态，双壳微微张开，水管和足充分伸张舒展；浸泡 30min 左右，雄性先排精，雌性相继产卵。此法催产率可达 80%。

（2）阴干+升降温

亲贝阴干 2h 后，再升温至 27～30℃（温差 3～7℃），如此反复多次，促其排精产卵。

（3）阴干+曝晒+流水

亲贝阴干 13～15h，加太阳曝晒 0.5～1h 后，循环流水，促其排精产卵，此法催产效果好，可满足大规模育苗需要。

（4）解剖法

利用解剖的办法获得文蛤成熟卵，泼洒到培育池内刺激其他种贝自然排放精卵。

3. 洗卵与孵化

采用沉淀法洗卵 2 或 3 次，以提高孵化率，防止污染水质。受精卵在 27.5～33℃ 的水温条件下，12h 左右即可孵化成 D 形幼虫，而在 23.8℃ 水温下，大约需要 20h。

4. 幼虫培育

幼虫培育密度为 5～8 个/mL，培育期间水温控制不超过 26℃，盐度 25～30，pH8.0～8.3，溶解氧 5～6mL/L。投喂牟氏角毛藻、等鞭金藻和扁藻等饵料，D 形幼虫期投饵量为 1.5 万～2 万细胞/mL，以后随着幼虫的发育逐渐增加投饵量，日投饵 3～4 次。

幼虫培育中的充气、换水、清底、倒池及观测操作同常规贝类人工育苗。

5. 附着变态及稚贝培育

文蛤人工育苗条件下，卵受精后 6d 进入附着变态期。当幼虫发育到 234μm×216μm 时，面盘开始萎缩，停止浮游而匍匐爬行，足伸缩频繁，活动积极，足做掘土状动作。此时应及时投放附着基，以满足幼虫附着的要求。即在卵受精后 7d 开始投沙，沙粒径 0.2～0.5mm，厚度以 0.5cm 左右为宜。泥沙取自中、高潮区，经水洗，用 120 目筛绢分析筛选，经高温煮沸杀菌处理，除去一切生物及有机污物。

此时稚贝分泌黏液，用足丝附着在沙粒上。壳顶突出稍靠前方。钙化后壳不透明。外套膜后部经愈合先形成出水管。在很短的时间内就进入沙泥中生活。第 9 天完成变态发育成稚贝。在幼虫附底基本完成后，进行倒池，用 40 目筛绢将沙贝分离，再将稚贝投入备有细沙底质的池水中进行培育效果较好。

文蛤幼虫进入底栖后，死亡率很高。为了提高成活率，应采取以下措施。

1）保持水质清洁，避免有害物质分解，防止水中 H_2S 和氨氮的增加。

2）幼虫一旦进入底栖生活，要加大换水量，流水培育，充气。

3）投喂混合饵料，防饵料下沉。

4）尽力降低水温。

5）保持适宜密度，稚贝在 $1m^2$ 内潜居数控制在 50 万左右。

6）尽力做好沙贝分离倒池工作，严防稚贝机械损伤。

7）如有条件，最好将眼点幼虫滤选入室外备好的土池中附着变态，以提高附苗量。

四、文蛤苗种的中间培育

稚贝在室内育苗池经 30～40d 的培育，可发育为壳长 1.5mm 左右的幼贝，出入水管完全形成，形态特征基本与成贝一样；此时可把幼贝分批移出室外细沙底质的土池或垦区暂养至商品苗种规格（壳长 1～1.5cm），以供养殖所需苗种。采用室内水池流水培育、定期淘沙筛苗的方法，稚贝成活率较高，从壳长 1.1mm 培育到 3.4～5.8mm 的成活率可达 83.1%。每隔 1 个月对育苗池淘沙筛苗 1 次，用 60 目筛网将文蛤幼苗筛出，经充分洗涤后重新播苗培育，一般前后进行 3 次。

五、苗种运输

文蛤是一种耐旱性较强的贝类。文蛤的双壳紧闭，水分难以散出，外套膜与鳃能较长时间保持湿润，使机体继续进行呼吸，所以耐旱能力强。冬季可耐旱 2～3 周不死，但夏季也能活 2～3d。为此，运输日期应根据当时气温，在耐旱范围内运到。采用筐或草包装着文蛤苗，再以品字形的方式垛在船舱或车厢内。切忌带水运，尤其是夏季，以防水质恶化，造成大量死亡。在运输中，只要保持高湿度和低温，文蛤苗一般可存活一周左右。

第三节　文蛤的增殖与养殖

一、滩涂网围养殖

1. 养成场地选择

（1）位置

选择风浪小，潮流畅通，有河水注入或少有河水注入的沙滩、港汊、潮沟等泥沙底质较稳定的地方作为养成场地。为了增加文蛤的摄食时间和减少文蛤移动的距离，潮位以中、低潮区为宜，尤以小潮干潮线附近最好。如退潮时干出时间过长，文蛤

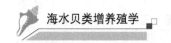

摄食时间短，生长缓慢，如果干出时间过短或低潮线以下，易受敌害侵袭，采捕也较困难。底质比较稳定，含沙率高的浅水区也可作为养成场，但投放的苗种规模要大一些。

（2）底质

滩面平坦宽广，泥沙底，沙含量在 50%以上，最好在 75%以上。含沙率高的底质较松软，适于文蛤潜居生长，收获时贝壳色泽也较好。沙粒大小以细沙、粉沙为好。养成场的滩涂要较稳定，并无大量黑臭的腐殖质，否则会使文蛤生长不良，严重时会引起死亡。

（3）海水盐度

应在 13～32 范围内，最好在 18～31。养成场必须避免选择在海水盐度过低的河口区，不能选择有工业污水注入或受影响的海区。

2. 养成方法

（1）围网设置

1）围网器材及方法：一种方式是采用双层网进行拦阻，第一层是聚乙烯绳索网片，网目 2cm×2cm，上下网纲为直径 3～5cm 的聚乙烯绳，主要为防止文蛤逃逸；第二层是 12 号铁丝网，网目 2cm×2cm。用木桩绑扎网片，防止倒伏。木桩直径 10～15cm、高 3m，插入滩中 60～70cm。另一种只设一层栏网，栏网的高度为 65～100cm，网目为 2～2.5cm，放置时将网片的一部分埋于沙里，露出沙面的网片用竹竿或木桩撑起，每隔 3m 左右插一竹竿或木桩把网片固定，以防网片倒伏。

2）围网设置：网场规模以 2000m² 左右为宜。聚乙烯网木桩间距 2～3m，铁丝网木桩间距 3～4m。围网目选择应视养殖文蛤的大小而定。在退潮方向的围网，网高 70～80cm 较合适；在涨潮方向的围网，网高 50～60cm 即可。

（2）播苗季节

一般在春、秋季节，因这两个季节温度适宜，有利于种苗的采运和播苗后的成活率。

（3）放养密度

投放密度要视海区的肥沃程度与贝苗个体大小而定。放养密度过大，不仅生长缓慢，而且容易死亡。过稀则收获时采捕不方便，滩涂利用效率低。一般壳长 1cm 的贝苗，每 667m² 可放养 10～20kg。壳长 1.5cm 的贝苗，每 667m² 放养 100～150kg。壳长 2～3cm 的，一般埋地播苗密度为 100

粒左右/m²。敌害较为严重，死亡率大的海区，投放量可适当多些，反之可少些，饵料丰富的海区贝苗投放量也可以多些。

（4）播种

有干播和湿播两种。采用湿播方法，即在涨潮时播苗，这样经过潮水的作用，文蛤分布较均匀，有利于尽快潜滩。播苗时应轻装轻放，避免机械损伤。湿播是在涨潮时，潮水淹没埋地 80cm 左右时，用船装苗，运至预先插好标志的埋地，然后均匀撒播；此法适用于大面积养殖。为了提高播苗后的文蛤潜滩率，应尽量缩短苗种的露空时间，运来的苗种应及时播放。

（5）养成管理

主要工作是修整网具，防止"跑流"，疏散成堆的文蛤，防灾减灾等。为防止文蛤跑流，可采用拉线防逃。将高 0.5m，直径 5cm 以上的木桩先埋入泥沙中，下埋不少于 20cm，桩间距 5m，切流向间隔 5m，顺流向间隔 2m，用于拉线。将 6 股聚乙烯线缠在木桩离滩面 3～5cm 处，切流向拉线间距 2m。文蛤大部分集中在线下、桩下、网边，整个养殖场内的文蛤分布相对均衡。而不拉线的场地，文蛤则大量集结在低潮位的网围边。也可在埋地外离围埋 2～3m 的滩上密插红树枝或小竹枝，或者在埋地外围挖一条宽 1m、深 30～40cm 的沟防逃。

由于文蛤有移动的习性，如果栏网损坏，会随流跑走，故发现栏网损坏或倒塌要及时修整好。在栏网前文蛤的密度常较大，应及时疏散以利于文蛤的生长，又可减轻栏网的压力，防止损坏。大潮或大风后，文蛤往往被风浪打成堆，若不及时疏散会造成文蛤死亡，尤其是夏季温度较高时，更容易造成大批死亡。文蛤的敌害有海鸥、玉螺、海葵、蟹类、河豚、鲷鱼、丝藻等，应及时防治，以减少损失。可用鸣枪办法来驱吓海鸥。玉螺主要出现在 4～9 月，可用手捕捉，捞取其卵块效果更好。严防杂藻的发生，最好在开始出现时就捞取清除。

3. 文蛤的死亡及预防

（1）死亡特征及特点

一般先钻出滩面，俗称"浮头"，闭壳肌松弛，出水管喷水无力，贝壳光泽淡化，软体部由乳白色转为粉红色，乃至黑色，两壳张开而死亡。从少量"浮头"到出现大批死亡只需 3～4d 时间。死亡后滩面上呈现一片死蛤，散发出极难闻的臭味，污染海区，使底质变黑。

文蛤死亡有明显的季节性、区域性和流行性等特点。

1）季节性：以江苏为例，文蛤死亡大都发生在高温季节 8～9 月份，此时文蛤产卵排精后，体质虚弱，另外又处于雨水较多、盐度较低、滩温较高的季节，特别是滩涂不平，局部地方有积水，易烫死文蛤。

2）区域性：潮区较高、底质较硬、含泥较大的地方最易死亡。特别是小潮汛期的高潮区滩涂，干露时间过长。

3）流行性：由于微生物的作用，死亡的软体部很快腐烂，污染滩涂使文蛤死亡从潮区较高滩涂漫延到低潮区甚至潮下带，造成整个海区文蛤发生大批死亡。

（2）死亡原因

1）病原因素：主要由溶藻弧菌、弗尼斯弧菌、副溶血弧菌及腐败假单胞菌等 4 种病原微生物引起。潜伏期约 3～4d，然后因病症暴发而死亡，死亡速度快。死亡个体的软体部很快腐烂发臭，污染邻近的养殖滩面和水质，文蛤相互感染引起相继死亡，影响速度快、面积大、数量多。暴发一周后死亡率达 70% 以上。

2）环境因素：养殖或暂养场地选择不适当，水温、盐度不适或水质、底质不良。高潮期文蛤干露时间太长，滩面温度过高；由于底质中积聚有大量的有机物质，很容易暴发文蛤死亡现象。大量工农业未经处理废水就被排入沿海、河流，造成海区水质污染严重，也可引起文蛤的死亡。

3）自身体质状况：种质退化、小个体性早熟现象普遍，抗逆能力严重下降。繁殖期后文蛤的肥满度下降，体质虚弱；天气闷热、高温、多雨、大浪等环境因子都会引起文蛤的死亡。

（3）预防死亡的方法

1）移殖疏养：将潮区较高的文蛤移到低潮区养殖，不仅让出采苗区而且避免了文蛤产卵后因盐度降低、滩温过高造成的死亡。

2）与对虾混养：在对虾养成池中，利用文蛤与对虾混养，既能有效地预防文蛤死亡，又有利于文蛤生长，同时也可净化海水，促进对虾生长。

3）池塘暂养：利用池塘暂养方式来预防高温期文蛤的死亡。

4）改进养殖技术：掌握控制放养密度，采捕与放养间隔时间不宜过长，打堆的文蛤要及时疏散；滩涂上有积水，要及时平整滩涂，严防局部水温过高，烫死文蛤；滩涂上"浮头"和死亡的文蛤要及时清除。

二、池塘养殖

池塘养殖文蛤，可以利用对虾池塘将文蛤与对虾混养，也可以不进行混养而进行文蛤单养。生产上，文蛤常与对虾混养，由于虾塘内水质肥、残饵多，受气候、潮流、海况变化影响小，文蛤生长的生态环境优越，所以，其生长速度远较滩涂养殖快、肥满度高、效益好。

1. 池塘的要求

混养文蛤的虾塘以长方形为好，塘底以细粉沙质为好，含沙率应在 60% 以上，如池底质含沙量偏低，可适当添加细沙。有大量腐殖质的黏土底质不宜混养文蛤。虾塘面积在 2～4hm²，太小的虾池不利于文蛤的生长。虾塘池深 1.5～2.0m，池底有环沟，沟宽 8～15m，沟深 60～80cm（图 15-8）。清塘和消毒与蚶、蛏等与对虾混养相同。

图 15-8　文蛤池塘养殖

2. 放养前的准备

（1）清淤除杂

虾蟹起捕后，虾塘即进行曝晒。每年 2 月中旬前，要做好清淤除杂（杂草、杂藻等）。中滩及部分边滩是文蛤养殖生活场所，凡有杂草、大型绿藻（特别是浒苔）及凡含腐殖质、硫化氢等有害物质的滩涂，均不利于文蛤生长，必须在放养前彻底清除。放养前应对池塘进行全面消毒、杀菌，采用生石灰（1500kg/hm²）和茶子饼（1500kg/hm² 水面）进行双重消毒清理，也可使用鱼藤精、漂白粉等。池塘消毒后，选择底质较硬的滩面进行平整、铺沙（最好选择靠近环沟的滩面，并做畦，畦宽 4～5m、高 25～30cm），铺沙面积约占池塘总面积的 1/4～1/3。

（2）翻耕滩涂、培养基础饵料

选定养殖文蛤的滩涂可采用犁、锄或机械等工

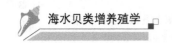

具将滩涂翻耕 20～30cm 左右，以利于文蛤穴居。经过翻耕后的涂地，要划块开沟，做成一垄一垄的畦田，畦宽 3～3.5m，畦长 15～20m；畦沟略有坡度（向环沟或中间倾斜），以利排水。畦涂面做成马路形，以减少淤泥淤积。畦田建造后，必须对畦面进行平整，用细齿钉耙，将泥块捣碎、耙松、耙细。

（3）肥水

清塘后，在准备养殖文蛤的畦田上最好施上一层鸡粪。或施 5%的发酵人粪尿，以培养底栖藻类，利于放养文蛤苗种的摄食。放进的海水需用 60～80 目的筛绢过滤，以防敌害生物入池。进塘水 20～30cm，覆盖全部滩面，进行水体施肥。一般首次用氮肥 2～4g/m³ 水体，磷肥 0.2～0.4g/m³ 水体，以后隔 3～5d 再增施追肥一次。待塘水透明度达到 30～40cm 时，水色转变为黄褐色或淡褐色时为止。

上述工作要在 2 月底或 3 月上旬做好。

3. 播苗

播苗密度按滩面面积计算，用于文蛤养成的滩面约占虾塘总面积的 1/4～1/3。壳长 2～3cm 的文蛤苗（每 1kg 约 500 粒），每 667m² 播苗 400kg，当年即可长至 5cm，达到商品要求。壳长 1cm 左右（每 1kg 约 4000 粒），每 667m² 放养 40kg，当年小部分可达壳长 4cm 的商品规格，绝大部分可长至 3cm 左右，供次年成贝养成用。播苗应该尽量选择阴天、黎明或黄昏，在气候炎热、苗种规格又小时尤为重要。播苗时应特别注意撒播均匀，不要让蛤苗叠堆在滩面上。播苗季节在 3～4 月。

4. 养成管理

（1）水温水质监测

做好水温水质监测工作，每天早上（6:00）和中午（14:00）测量水温，并且观察水色。池塘蓄水养殖时视水质换水，池内的 pH 值应控制在 7～8，溶解氧要达到 4mg/L 以上，水色应以保持较理想的黄绿色为主，透明度控制在 20～40cm。

（2）定期取样测量

每隔半个月取样一次，测量及观察其生长情况。如发现密度过大或局部发现成堆的文蛤要及时疏散放养。只要环境适宜，虾塘内文蛤一般很少迁移。

（3）饵料管理

主要是以培养塘内饵料生物量为主。早春采用鲜小鱼虾浆全池泼洒，肥水及增加池塘有机碎屑

量；夏秋季晴天利用复合肥、有机肥肥水；晚秋、冬季采用豆浆全池泼洒投饵。

（4）病害防治措施

目前虾池养殖文蛤的"水肿病"主要由弗尼斯弧菌及其他菌交叉感染所致。每隔一个月采用生石灰（150kg/hm²）或二氧化氯（2kg/hm²）等药物进行水体消毒杀菌及疾病预防。发病后用（0.5～1.0）×10⁻⁶ 的漂白粉和（0.3～0.5）×10⁻⁶ 的稳定性二氧化氯全池泼洒，隔日一次，一般 3～4 次即可见效。

（5）敌害清除

拦挡敌害、防止逃逸的拦网一般高 1.2m，埋入滩面 0.2m，但必须经常检查，发现倾倒或破损要及时修理。每次排水后，应仔细检查滩面有没有青蟹、鰕虎鱼等敌害侵入，一旦发现应及时进行人工捕捞或用漂白粉清杀；由于文蛤对茶子饼敏感性强，故不能使用茶子饼。

（6）防止滩面浒苔等有害藻类滋生

正规半日潮的海区，池塘养殖文蛤每隔 15d 换水一次，换水时让滩面干露 1～2d，冲入场地的淤泥要立即清理，以有效防止滩面浒苔滋生。特别是春、秋季，文蛤涂上极容易生长浒苔，应人工清除或药物清杀。

三、文蛤的增殖

1. 移殖增殖

在底质环境适宜，不受洪水影响的中低潮区移殖放养文蛤，壳长 1cm 的蛤苗每 667m² 放养 150～200kg，壳长 1.5cm 的蛤苗，每 667m² 放养 100～150kg。及时做好滩面平整和清除敌害等工作。

2. 封滩增殖

文蛤繁殖季节，建立文蛤保护区。文蛤苗种常栖息在较高潮区，将高潮区的下段和中潮区上段划定为苗区，实行封滩护养；将中潮区下段和低潮区划为养殖区，采取捕大留小等措施，保证在相当长时间内能获得较大的文蛤产量。

第四节 文蛤的收获与加工

一、收获

文蛤壳长 5cm 以上，便可收获（如活文蛤出口

规格现为壳长 4cm 以上）；除繁殖期（6～8 月）外，其他时间均可采捕。一般采捕盛期在春秋两季，此时节天气凉爽，易于储运保存。若有加工速冻的设备，则不受气候限制，天天可采捕。采捕方法如下。

1. 脚踩捕蛤

潮下带浅水区的文蛤，可下水脚踩，碰到文蛤后拾取。操作方便，但人均采捕数量不多。

2. 锄扒取蛤

潮间带浅水区用耙具采捕；养殖密度较大的场地和文蛤暂养池，多用锄头扒沙取蛤，采捕效率高。

3. 石磙压蛤

退潮后，一人拉着石磙在滩面上走，文蛤受压后向滩面喷水，另一人在喷水处挖取。

4. 打桩采捕

低潮区每隔 1.5m 打上一根粗 4～5cm，长 65～70cm 的木桩，经过一个时期后，文蛤集中到木桩周围约半径 30cm 左右的范围内，再人工采挖，耙具耙捕，捕捉方便。

5. 机船拖网采捕

适用于潮下带文蛤的收获。在枯潮时，在刚能漂起船身的浅海拖网前进，由于螺旋桨激起的强大水流，把文蛤连同泥沙一起冲入拖网内，沙泥从网眼中漏出，文蛤留于网内，此法采捕多数是壳长 5cm 以上的文蛤，有利于资源保护；但此法受潮水及水深的限制，作业时间和范围均有一定的限度。

6. 卷缆拖网采捕

采用收卷铺缆的方法，使船和拖网前进，每船可带 2～4 个底拖网，不受潮汐和水深的影响。设置一条长锚缆和收卷锚缆的卷扬机；拖网时，抛铺于海底，放松锚缆，让船顺流或顺风而下，至锚缆放尽时，将拖网投入海底，然后开始收卷锚缆，带动船和网前进，至收完锚缆时起网取蛤。再重新松动锚缆，让船再一次倒退，并利用尾舵调整船位，离开上次拖网的地方，再次投网拖取。如此反复多次，待拖遍锚缆所能达到的范围内，再起锚调换新的位置。

二、运输

多用空调车干法运输；如不用空调车运输，气温高的季节应在晚上运输，并在文蛤的底部和上面加冰降温，25kg 文蛤加冰 2kg；寒冷天气要保温防冻。尽量缩短运输时间，出口文蛤从采捕到出口地区港口的时间应控制在 3d 以内，以免影响文蛤的成活率。

三、加工

1. 吐沙和包装

文蛤生活于含沙量高的底质环境中，其外套腔和消化道内含有细沙，影响产品质量；在文蛤销售和出口前往往需要经过"吐沙"处理。吐沙的方法很多，通常将文蛤放在吐沙槽内流水饲养，或在水池中暂养；也可将文蛤装入网笼或箩筐内垂挂于浅海或池塘的浮筏下，在水温 20～28℃ 条件下，经约 20h 暂养即可将体内沙吐净。

吐沙完毕的文蛤或经过暂养后捕捞的文蛤，用海水洗刷干净、沥水，剔除杂质、碎壳或破壳的文蛤，然后将不同规格的文蛤分开称重包装。以出口的文蛤为例，每包文蛤 20kg，规格分为一等品、二等品、三等品和四等品四个等级，每包数量分别约为 300 粒、400 粒、500 粒和 800 粒（表 15-2）。将不同规格的文蛤分开堆放，计数待运；装运时要轻搬轻放。

表 15-2　出口文蛤的等级标准

等级	20kg 包装粒数	出口规格（壳长）	说明
四等品	800 粒左右	5cm 以下	生长周期相对较短
三等品	500～600 粒	5～5.5cm	生长周期比较长
二等品	400 粒左右	5.5～6.5cm	占整个产量的 20%
一等品	250～300 粒	6.5～8cm	生长周期最长

2. 冷冻加工

文蛤除新鲜活品出口（等级标准见表 15-2）和内销外，其肉还可加工成冷冻品出口。待文蛤吐沙后，用小刀从文蛤壳的缝隙插入，紧贴两侧贝壳内壁隔断闭壳肌，掀开贝壳，肉即脱落。切割闭壳肌时，不可割掉外套膜和切破贝肉。用 2%～3% 的食盐凉水洗去贝肉上的黏液及污物，再净水冲洗，继而进行挑选、称重、装盘、速冻、脱盘、镀冰衣、包装等其他加工工序。

3. 制作文蛤食品

将吐沙后的文蛤开壳洗净备用。用生鸡蛋蛋液将粉团调成浆糊状，取生文蛤肉均匀蘸取粉团糊，

放入滚开的油中炸。挂上粉团糊的文蛤，很快就会膨胀起来，在油锅中翻转一两次，待表面由黄色变成稍带褐色时取出，趁热食用，味道鲜美。

4. 文蛤粉

为鲜文蛤、谷氨酸钠、5-肌苷酸钠混合而成，无任何防腐剂和色素。适量加入菜肴中，调匀，可替代味精起提味增鲜的作用。

5. 保健食品

文蛤提取物做成的文蛤固体冲饮品，具有良好的抗衰老效果；以文蛤、牡蛎、鲍、海参为原料制成的胶囊剂，具有一定的保健作用。

复习题

1. 简述文蛤的形态与构造。

2. 简述文蛤对温度和盐度的适应能力。

3. 简述文蛤移动方式，文蛤移动规律和习性的生物学意义。

4. 简述文蛤的繁殖习性。

5. 简述如何进行文蛤的半人工采苗。

6. 简述室内人工育苗中，如何降低幼虫进入底栖后的死亡率。

7. 简述文蛤网围养殖的技术特点及预防文蛤养殖死亡的方法。

8. 简述文蛤的收获与吐沙方法。

第十六章　青蛤的增养殖

青蛤（*Cyclina sinensis*）隶属于软体动物门（Mollusca）双壳纲（Bivalvia）帘蛤目（Venerida）帘蛤科（Veneridae），俗称黑蛤、铁蛤、牛眼蛤、石头螺等。青蛤味道鲜美，营养丰富，为蛤中佳品。据分析，每100g鲜肉中含粗蛋白4.89g，粗脂肪2.87g，碳水化合物1.74g，灰分2.42g，钙275mg，磷183mg，维生素B_1 0.01mg，维生素B_2 0.06mg。脂肪组成中，青蛤不饱和脂肪酸含量高出饱和脂肪酸41.9%。不饱和脂肪酸中，多烯酸有花生一烯酸17.9%，其中二十碳五烯酸（EPA）和二十二碳六烯酸（DHA）的含量分别为18.4%和11.3%。青蛤肉中还含有许多对人体有益的无机元素，常量元素和钙、钾、磷等含量较高，微量元素中以铁的含量最高，达194.257μg/g。除食用外，青蛤还具有清热、利湿、化痰、散结的作用。壳可作烧石灰或工艺品的原料，壳粉可作禽畜饲料的添加剂。体内常含有泥沙，食前先静养一段时间，待其吐沙后食用。可鲜煮、去壳炒菜及作汤等，除鲜食外，还可加工成蛤干、罐头及冷冻蛤肉等。

1957年福建开始进行人工养殖，多粗放式，并与其他贝类混养，产量较低。20世纪70年代开展人工育苗的研究工作，此后土池人工育苗获得成功。目前，青蛤已成为我国南北沿海重要的滩涂养殖贝类。

第一节　青蛤的生物学

一、形态特征

贝壳中等大小，近圆形。壳质较厚，膨胀。壳顶小，位于贝壳中部，顶尖向前，向内弯曲。腹缘与前后两侧均圆。壳表具有黄色壳皮，同心肋不规则，并具有很细弱的放射肋。壳内面白色，铰合部狭长，两壳各具主齿三枚，集中于铰合前部。壳内边缘具有细的小齿状缺刻（图16-1）。

图16-1　青蛤的贝壳外形

二、青蛤的生态习性

1. 分布

青蛤主要分布于我国南北沿海，日本本州以南和朝鲜沿海。生活于近海沙泥质或泥沙质的潮间带，而以高潮区的中、下部和有淡水流入的河口附近的为多。

2. 生活习性

青蛤营埋栖生活，埋栖深度与个体大小、季节及底质有关。青蛤的水管较长，伸展时是体长的2~3倍。埋栖时，青蛤的前端向下，后端朝上，以足钻穴于泥沙中。退潮后，滩面上留有一个椭圆形的小孔。幼苗仅埋栖在表层0.5cm以内，2~3龄青蛤埋栖深度一般在9~16cm，夏季埋栖较浅，一般9.5~11.5cm；冬季较深，15cm左右。在同一季节里，在细粉沙比在沙质、泥质埋栖的深，大个体比小个体埋栖的深，生活在潮间带的比生活在进排水沟里埋栖的深。在没干露的情况下，青蛤在穴内双壳微张，足和水管伸出，靠进排水管摄食和排泄，一旦受到外界刺激，水管迅速缩进壳内，足部立即膨大变粗，增加青蛤在穴内的阻力，防止外界的侵害。另外，放流观察，青蛤不易"跑滩"，迁移性很小。

3. 对环境的适应

青蛤对水温、盐度的适应能力较强。在表层水温平均为 0～30℃的我国沿海均有分布，生长的最适温度 22～30℃；在盐度 2～40 的海水中都可生存，适宜盐度 15～32。

青蛤具有一定的耐干旱能力。壳长 2～4cm 的青蛤，在气温 22℃条件下离水 8d、在气温 26℃经过 5d 成活率均高达 100%。3.5～5.0cm 的青蛤，在 26℃时阴干 9d，成活率仍高达 90%。

4. 食性

青蛤为滤食性。以鳃过滤食物，对食物种类没有严格选择性。在自然界中，其食料以菱形藻、圆筛藻、羽纹藻、扁藻、直链藻、三角藻、舟形藻居多，还有不少桡足类残肢和有机碎屑以及有益微生物等。12 月至次年 2 月，气温较低的冬季，退潮后滩面温度有时在 0℃以下，青蛤双壳紧闭，很少摄食。3 月份气温开始回升，摄食逐渐旺盛，生长加快。

青蛤在水温 10℃以下，仅有个别水管伸出；13℃时，少数水管伸出；24～30℃时，水管全部伸出。说明在适宜范围内，温度越高，摄食活动越强，新陈代谢越旺盛。

5. 病害

青蛤体内的细菌种类较多，假单胞菌属、不动菌属、芽孢杆菌属、微球菌属、弧菌属和气单胞菌属等，优势菌类是莫拉氏菌属。

寄生虫包括吸虫、鱼蚤、线虫等，泄肠吸虫自毛蚴侵入青蛤内脏团中，吸取大量营养，发育成为胞蚴，进行无性繁殖，形成大量胞蚴，内脏组织几乎被虫体消耗尽，软体组织发紫红色，体质消瘦直至死亡。青蛤体内常发现豆蟹，寄生 1 或 2 只，为白色或淡黄色，头胸甲薄而软，眼睛和螯退化。有时也发现鱼蚤，多者可达 7 或 8 条。

三、青蛤的繁殖

青蛤为雌雄异体，一年可性成熟。生物学最小型为 1.8cm，性成熟时，雌性性腺为粉红色，雄性为乳白色或淡黄色。

1. 性腺发育

（1）增殖期

3～4 月份，水温 6～14℃，性腺开始出现于内脏团表面，薄而少，半透明状，外观不易辨别雌雄，滤泡体积小，间隙大，结缔组织发达，生殖原细胞在滤泡壁上单层分布，卵细胞中卵黄物质极少。

（2）生长期

5～6 月份，水温 15～23℃，性腺逐渐增大，内脏团的 1/3～1/2 被性腺遮盖，可辨别雌雄，滤泡发达，精卵细胞数量增多，结缔组织相应减少，有些细胞已脱离滤泡壁，滤胞腔仍有空隙。

（3）成熟排放期

7～9 月上旬，水温 24～29℃，性腺继续发育，遮盖了内脏团的 3/4 至全部，滤泡间隙很少，附在滤泡壁上卵的卵柄断裂，大多数卵脱离泡壁上皮组织，游离在滤泡腔和生殖管中，由于互相挤压，卵细胞呈不规则圆形。雄性滤泡腔被精子和精细胞充满，精子聚成辐射束状密集排列。精卵不断排放，滤泡腔内未成熟的生殖细胞仍在不断成熟。

（4）衰退期

9 月中下旬至 10 月，水温 16～23℃，性腺外观色泽变淡，内脏大部分裸露。部分滤泡腔出现中空，残留的少数精、卵与相当数量未成熟的精、卵细胞同存在滤泡腔中。由于性腺逐渐消退，生殖细胞退化自溶，滤泡腔逐渐空虚成不规则状。自溶物质分散于结缔组织中并被其吸收，使结缔组织由少变多。从外观和切片观察可知，雌性个体性腺衰退比雄性快。

（5）休止期

11～2 月，水温 4～15℃，此时外观难辨别雌雄，内脏团透明，几乎没有性腺分布，体质消瘦。

2. 繁殖期

在江苏，青蛤繁殖期为 6～9 月，以 7～8 月为盛期（水温 25～28℃）。在福建南部地区，繁殖季节从 8 月上旬开始延续至 11 月初，而以"秋分"至"寒露"为盛期。

青蛤繁殖方式为卵生型，怀卵量与个体大小有关。壳长 3.6cm 的亲贝，一次怀卵量 9 万～13 万粒。青蛤排放精卵高峰多在大潮汛。精卵不断成熟，不断排放。成熟精子活跃，卵子呈圆球形，卵径为 70～90μm，沉性卵。

3. 发生

青蛤受精和胚胎发育与水温、盐度、pH 有直接关系。在水温 26.5～30℃，盐度 13～26，pH7.5～8.5 范围内受精率较高，胚胎发育较快。适宜情况下，经 16h 从担轮幼虫发育至 D 形幼虫，3d 后可附着变态，发育成稚贝（图 16-2）。单水管期稚贝大小为 484.7μm×550.2μm，双水管期稚贝为 864.6μm×825.5μm。

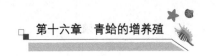

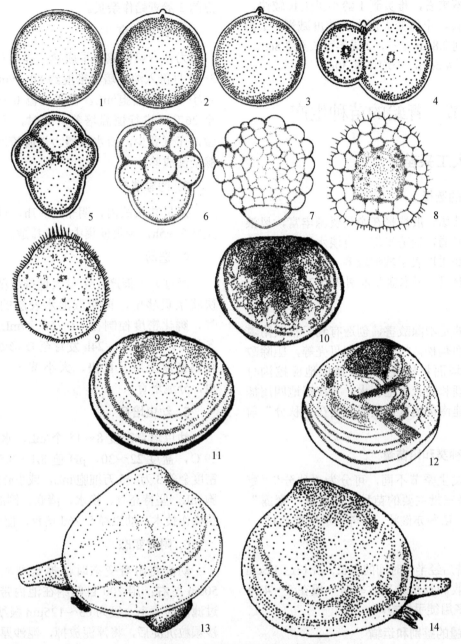

图 16-2　青蛤的胚胎和幼虫发生

1. 受精卵；2. 出现第一极体；3. 出现第二极体；4.2 细胞期；5.4 细胞期；6.8 细胞期；7. 桑葚期；8. 囊胚期；9. 担轮幼虫期
10.D 形幼虫；11. 壳顶幼虫前期；12. 壳顶幼虫后期；13. 单水管稚贝；14. 双水管稚贝

四、青蛤的生长

青蛤的生长与水温、饵料、年龄等密切相关，表现了典型的生长季节性。

不同季节，受温度变化的影响，青蛤的生长速度各异，如江苏南部沿海 4～11 月份，月平均水温在 12.2～28.4℃，此时底栖硅藻繁殖旺盛，具有丰富的饵料，青蛤摄食活跃，生长比较快。在福建南部，全年主要生长期为 4～9 月，而 5～7 月生长最快。青蛤生长速度还与潮位有密切关系。相同大小

的青蛤，在不同干露时间的潮位上，低潮位的生长速度快于高潮位（表 16-1）。青蛤生长与年龄也有很大关系。已发现的最大青蛤为 5.85cm（壳长）×6.50cm（壳高）×4.05cm（壳宽），体重达 73.2g。

表 16-1　不同潮位对青蛤生长的影响

大潮干露时间（h）	壳长（cm）		壳长年增长量和增长率	
	1987.7	1988.8	壳长年增长量（cm/年）	壳长年增长率（%）
5.75	2.59	3.62	1.03	39.8
3.41	2.59	4.22	1.63	62.9

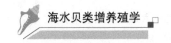

从周年观察来看，稚贝到1龄小贝生长较快，以后随年龄增长，个体变大而生长速度减慢，1龄贝壳壳长可达到2.8cm左右，2周年可长至3.8cm，3周年壳长达到4.6cm，平均体重30g。

第二节 青蛤的苗种生产

一、半人工采苗

1. 采苗场的选择

青蛤的采苗场一般选择在亲贝资源丰富，风浪较平静，潮流畅通，地势平坦，有淡水注入的内湾高、中潮区。底质以表层软泥较多、底层为泥沙混合的埕地较为理想。海水盐度范围20~26。

2. 整埕

整埕的目的是消除敌害，创造有利于稚贝附着的环境。将埕面翻松，捡去石块和贝壳等，驱除敌害生物，再把埕面耙松整平。附苗埕地应挖沟分畦，以便于管理和防止埕地积水，并在埕地四周插上标志。在福建南部地区，整埕主要在"秋分"前后完成。

3. 蛤苗的种类和附苗量

青蛤苗因发生季节不同，可分为"秋分""寒露""霜降"等三批主要的苗种。其中以"寒露"的产量为最多，苗种亦健壮，是养殖的主要苗种。

4. 采苗

青蛤苗附着后经半年时间的生长，壳长达1.5cm左右时即可采收和移植。采收季节一般在3~4月份。采收方法多用徒手挖捡。

5. 苗种质量的鉴别和运输

体质健壮的好苗，壳富光泽，左右膨胀，腹缘呈微红色，触之即双壳紧闭，感觉灵敏；质量差的苗种则壳色淡灰，缺乏光泽，左右较扁，触之闭壳缓慢。

苗种运输前要将蛤苗洗净，除杂质。装运的工具为竹篓、草席包或麻袋等。在运输途中，应防止日晒雨淋等。运输时间的长短，要看气候、苗种大小和体质情况而定。气温23~28℃时，壳长1.5cm的蛤苗，经2d的运输，播种后仍能正常生活。

二、室内人工育苗

1. 亲贝的选择

选择壳长3~4cm、无创伤、无病害、性腺成熟的2龄青蛤作亲贝。

2. 促熟培育

为使青蛤性腺提早成熟，提早育苗，亲贝可在3~4月份入池，培养密度约80个/m²，投饵密度为7万~10万细胞/mL。每天升温0.5~1℃，水温升至26℃时进行恒温培养。此时，亲贝不宜过分刺激，充气要少，换水要慢，以防流产，促使亲贝性腺全部成熟。

3. 诱导催产

亲贝装入筐内，阴干5~7h，再置于水池中，充气3~5h，亲贝便集中大量排放。

4. 选幼

经过人工催产，亲贝大量排放精卵。产卵后尽快将亲贝移出，再捞取池水表层的泡沫，不断充气，孵化密度控制在40~60个/mL，在26~29℃条件下，经过19~24h发育至D形幼虫。用300目筛绢拖取上层发育快、大小整齐、游动活泼的幼虫，分池培育。

5. 幼虫培育

幼虫培育密度8~15个/mL，水温控制在26~29℃，盐度22~30，pH值8.1~8.5。单胞藻投喂密度金藻3万~5万细胞/mL，或小硅藻1万~2万细胞/mL。坚持充气、换水、清底、倒池等常规人工育苗操作技术。幼虫经5~6d培育，便可附着变态。

6. 附着变态

幼虫将附着变态时，抓紧刷池、消毒，进水50cm左右；用200目筛绢在池内带水过滤泥沙，过滤出的大小一般为63~125μm极细沙和粉沙等泥沙颗粒沉淀后，将浮泥放掉，泥沙厚度约2mm，进1~1.2m海水。池水完全沉淀后，用200目筛绢过滤即将附着变态幼虫，均匀泼洒在池内。早晚换水1/2，池水饵料密度一般在5万~10万细胞/mL。经过3~5d培育便可倒池一次。用200目筛绢收集稚贝，移入铺有底质的育苗池内，分池培养。发育至双水管初期，培育密度在300万粒/m²左右，后期进行适当地疏散。

为了提高单位水体附苗量，也可采用立体多层附苗技术进行立体采苗。除了底层投放极细沙和粉沙外，还可采用波纹板（黑色与白色）、塑料薄膜、扇贝笼隔盘、筛绢和网片等垂挂于水层中，进行立体附苗，因其有效附着面积大于只有平面结构的细沙，从而提高了单位水体附苗量。

7. 出苗计数

附着变态一个月左右，根据养殖生产的需要，可用 80 目筛绢网箱收集池内大小不等的稚贝，洗涤、分离、滤干、装袋称重。出苗率平均可达 168.87 万粒/m³。

三、土池人工育苗

1. 场地选择

育苗场地必须对当地的潮汐、水流、水深、底质、盐度、温度、pH 及饵料生物，敌害生物，青蛤资源等进行全面调查，并结合交通、生活条件综合考虑，进行选择。

2. 土池设施

土池底质以泥沙质为宜，池面积为 2000～3500m²，池深 1.5m，水深 0.6～1.0m，池堤牢固、不漏水、坡度 1.2，要有独立的进排水系统。育苗前先清池、翻晒、耙松、浸泡、整堤，保持池底和堤坡内侧平滑。如土池为泥质，可在池底撒一层细沙，这样可避免卵子被浮泥包埋，有利于幼虫附着变态。

3. 育苗

（1）亲贝选择和诱导排放

亲贝好坏，关系到育苗的成败。6～9 月份是江苏南部沿海青蛤繁殖期，6 月底至 8 月上中旬正是繁殖高峰期，此时应抓紧时机，选择新鲜完整的 2 龄青蛤作为育苗亲贝，装运要轻，不可剧烈颠簸，尽量缩短干露时间，更不可冷藏。平均每平方米投放量亲贝 200～250g 为宜。

在充分掌握性腺成熟的情况下将采捕的青蛤放在通风阴凉的地方，阴干一夜后，均匀撒播在靠近水闸门附近，经过温差和流水的刺激，再加上性细胞相互诱导，1～2d 可达到排放高峰。从整体来看，池内亲贝性细胞是不断成熟，不断排放的。大潮汛期间排放量大，一般情况下，受精孵化后 3d，幼虫即开始附着，如在繁殖高峰，发现池内 D 形幼虫数量少，可采取室内人工授精，筛选幼虫入土池培养发育生长。

（2）水质

水质必须清新，不含泥沙，盐度 13～32，pH 8.0 左右。培养基础饵料时，施肥要适量，水色要适中，淡黄绿色为好。

（3）幼虫培养

育苗前期，只进不排，提高水位，保持理化因子稳定。后期大排大灌，控制水深，加速硅藻繁殖和稚贝生长。每天定时测水温、采水样、计幼虫数量、个体大小和胃肠饱满度，不定期测盐度、pH 和溶解氧。如发现幼虫和稚贝出现饥饿状态，应泼洒尿素和过磷酸钙肥水，但不可过量，一般（1～2）×10⁻⁶。水中浮游单胞藻密度一般保持 2 万～5 万细胞/mL 便可以。

（4）敌害防除

育苗期间，主要敌害有球水母、轮虫、桡足类、杂鱼、虾、蟹、螺、沙蚕等。敌害生物不但与幼虫争食，而且还能吞食幼虫和稚贝。尤其是水云和浒苔大量繁殖，覆盖水面和池底，影响幼虫附着变态，也妨碍了稚贝正常生长。杂藻大量繁殖生长，死亡后腐烂变黑，污染水质和底质。因此，育苗前，清池要彻底，可用含量 28%～30% 漂白粉，浓度（100～600）×10⁻⁶ 的漂白液清池。进水要严格，尼龙筛网要牢固，严防敌害生物进入池内。育苗后期，如发现池内混有杂鱼和小虾，必须及时排水。水云、浒苔要组织人力捞取、防止蔓延。

（5）洗苗和移养

稚贝密度过高，影响生长。10 月份稚贝一般长至 2～5mm，应在冷空气到来之前，抓紧移苗。这时水温适宜，幼苗活力强，移出后成活率高，容易潜居。水温 13℃ 以下时，稚贝不大活动，对移苗不利。

洗苗时，刮取表层泥沙，用 40 目尼龙筛绢冲洗、筛选。然后带水均匀泼洒到养殖滩面和水域。如条件适宜，来年 5 月份，稚贝将长到 2cm 左右。如果密度不大，也可在池内越冬培育，来年再移养，为加快生长也可用塑料大棚养育。

塑料大棚养育，可以加快青蛤稚贝在冬季的生长。塑料大棚内的温度比常温高出 5～10℃，可以加速稚贝的生长（见延伸阅读 16-1），并为稚贝培育和暂养提供了有利条件。

延伸阅读 16-1

第三节　青蛤的增殖与养殖

一、网围养殖

1. 场地选择

位于高潮区下部至中潮区，滩涂稳定平坦，水质无污染，有淡水注入，潮流通畅，含泥量为 30% 的泥沙质滩涂场地选定后，可进行清滩平整工作。

2. 网围设置

选用直径 7～8cm、长 1.5～2m 的木杆或竹竿，前期选用网目为 0.6～0.8cm、后期为 1cm 的聚乙烯网片，网片高度 1.2～1.5m，网片上下用 6mm 聚乙烯绳作上下纲绳。将木杆或竹竿埋入滩涂 60cm，然后将网片上下纲绳绑紧在木杆或竹竿上下。每根木杆或竹竿间距 2～2.5m。网场一般围成长方形，面积以 3000～7000m² 为宜。网场位置与潮流方向相同。

3. 放苗时间

一般苗种放养时间分春秋两季。以春季为主，从 3 月底到 5 月底，气温在 10～22℃；秋季从 9 月下旬到 10 月下旬，气温在 15～25℃。实践结果显示，以四月中下旬放苗最佳，不仅苗种成活率高，而且适应期短，生长快。太早放苗因水温低，青蛤苗种既不易入土又不生长；太迟放苗温度高，影响运输过程和放养过程中的成活率。

4. 苗种规格及放养密度

苗种规格主要根据当时供苗情况而定。一般有三种规格：1～1.5cm 左右的苗种，800～900 粒/kg；1.5～2cm 左右的苗种，400～500 粒/kg；2～2.5cm 左右的苗种，160～200 粒/kg。其中以 1.5～2cm 左右的最为理想，无论是成活率、生长成商品贝的时间或是增重倍数都是最佳。

投放密度：一般 1～1.5cm 壳长贝苗，225～300g/m² 左右；1.5～2.0cm 的贝苗 300～450g/m² 左右；2～2.5cm 的贝苗，650～750g/m² 左右。

5. 投苗方法

采取干播为主。在投苗过程中应注意：苗种运输时间要与当地潮水退潮时间相适，减少延误时间影响成活率；定批定面积，一次性投放。避免多次投放，避免人在滩涂上来回跑，踩碎青蛤苗种；用人工均匀散投；大小规格要分开投放便于起捕；投苗要选择大潮前 1～2d 的无大风天气，尤其是小规格苗种，更为重要。因为小规格苗种入土浅，容易被水流冲走。

当苗种投到滩涂后，入土时间与苗种新鲜程度有关，最快的 0.5h，慢的 3～4h。入土深度在 8～10cm。

6. 青蛤苗种生长

苗种放养后，一般经过半个月左右的适应便开始生长，体色由白色转变为黑色。在不同季节，受温度变化影响，青蛤生长速度不同，最佳生长期是 5～10 月，日平均水温在 18.2～28.4℃范围内。此时底栖硅藻繁殖旺盛，青蛤具有丰富的饵料，摄食活跃，生长较快。但到 12 月至次年 3 月时，由于水温较低，甚至退潮时滩面温度仅在零度以下，此时青蛤几乎不生长。

一般放养 1.5～2cm 的苗生长到商品贝需要 19 个月。有的 2～2.5cm 的大苗当年就可收获，1～1.5cm 的小苗需要三年才能达到商品贝。

7. 养殖管理

青蛤在养殖过程中，除受强台风影响，尤其是以沙为主的滩涂中有部分青蛤跑移。大部分青蛤特别是在以泥为主的滩涂基本不跑。这样就便于养殖管理。平时主要做好以下几方面的工作。

1）做好围网的修补及清理网片上的附着物，保证水流畅通。

2）对刚放好苗一月内，禁止人员在已放养苗种的滩涂上乱跑，防止踩碎苗种。

3）定期观察青蛤生长变化及有无死亡现象。

4）清除敌害。章鱼昼伏夜出，可用灯光诱捕；对凸壳肌蛤和浒苔可在它们繁殖前，经常用耙子耙动埕面，减少其附着蔓生。

5）要经常巡埕，平整埕面，疏通水沟，作好养成管理工作。

二、池塘养殖

1. 池塘准备

（1）池塘的选择

池塘应选择靠近沿海，排水便利。池底应平整，无淤泥，以泥沙底质为最佳，池深 70cm 以上，单个池塘面积一般在 5000～20 000m²。池塘太大不易管理，换水不便，水质不易控制。

（2）池塘的整理

池塘整理主要是采取清淤、曝晒、深翻、平整等方式。清淤可采取人工挖和水泵冲淤；曝晒即将池水排干，晒塘底半个月以上；深翻可随底质的软硬而定，底质硬，翻土则深些，底质软则浅些，一般深度为 20～30cm；最后将曝晒后的泥土进行平整，这样可使有害物质充分氧化分解，防止病害的发生，有效地防止池塘老化。同样，通过底质的疏松，更有利于青蛤的潜埋。

（3）池塘消毒

池塘消毒前应尽可能放干池水，以节省用药量。消毒药物常用的是生石灰和漂白粉，用量为生石灰 $100g/m^2$，漂白粉 $30mg/L$，全池泼洒。消毒半个月后，待药性消失，即可进水。

（4）基础饵料培养

单细胞浮游藻类是青蛤的主要饵料，是提高青蛤生长速度的关键。池塘注水时应用滤网过滤，防止有害生物进入池塘。注水后，用 $1mg/L$ 尿素、$0.5mg/L$ 磷肥进行施肥，以培养基础饵料。水色以淡黄绿色、浅褐色、淡绿色为最佳。过浓水质易老化，不利青蛤生长；过清，则不利青蛤摄食，影响其生长速度。

2. 放养

（1）放养密度

青蛤苗种的放养，一般平均每平方放养规格在 1cm 左右的苗种 150g 左右；规格在 2cm 左右的苗种 $200\sim250g$ 左右。

（2）放养时间

一般从 3 月到 5 月份，但尤以 3 月底 4 月初为最佳。太早，温度低；太迟，温度高，都影响青蛤的放养成活率。

（3）播苗方法

播苗方法采用人工抛撒的方法，均匀散布在池底，让其自行钻入泥中。雨天不宜播苗。

（4）养成期间水质要求

水温 $10\sim35℃$，以 $25\sim30℃$ 时贝苗生长较快。盐度 $14\sim28$、pH 8 左右、透明度 $30\sim40cm$ 为宜。

3. 日常管理

（1）水质监测

定期测量水温、盐度、pH、透明度，有条件的可采取增氧措施，防止缺氧造成青蛤死亡。

（2）换水

一般情况下不必经常性大量换水，但应在大潮汛期间，定期或不定期地换水 $20\%\sim30\%$，以改善水质条件，除提供青蛤良好的水环境。还可调节水中单细胞藻类的密度，调整水的透明度。当池塘水质恶化时应大量换水，根据盐度突变程度来确定换水量。

（3）管理

及时清理池内杂藻。丝状绿藻等杂藻大量繁殖，将影响单胞藻的生长繁殖，同时死亡的藻体也将败坏水质，影响青蛤的生长；定期检查青蛤的生长情况。

4. 青蛤与其他种类混养

青蛤池塘养殖除单养外，还可与对虾、鱼类等混养，以达到充分利用池塘水体、提高经济效益的目的。但是，混养与单养池塘有所不同，混养池塘底须开挖一条环沟，可作为集鱼、虾槽，另外还可作为投饵的场所，防止残饵在池底沉积腐败，影响青蛤的生长和成活。环沟大小视池塘面积而定。在保证对虾或鱼类养殖密度的前提下，青蛤的混养密度一般可控制在壳长 $1.5\sim2cm$ 苗种 $45\sim60$ 粒/m^2。

5. 青蛤增殖

近年来，根据青蛤的生态与繁殖习性，利用盐田及盐场蓄水池的现有设施条件开展青蛤增养殖。确定播苗密度，及时清除敌害生物，实行轮捕轮放。$6\sim9$ 月为繁殖保护期，全面禁捕。平时采取定时、定区、限量采捕，捕大留小，促进青蛤增殖。

第四节　青蛤的收获与加工

一、收获规格与时间

青蛤随着生长，其可食的软体部占的比例也越来越大（见延伸阅读16-2）。青蛤一般生长到壳长 3.5cm 以上就可收获。收获时间一般都在 12 月到次年 1 月。可根据市场需求分批起捕。

延伸阅读16-2

二、收获方法

可用小铁耙耙取或徒手挖取。网围埕田养殖的青蛤底质较硬，看孔耙取；池塘养殖的青蛤底质较软，可带水用手触摸挖出。

采捕作业可防止机械损伤，打包前严格验收质量，防止死蛤和包沙的青蛤混入，去掉杂质，清洗泥沙，进行吐沙处理，分大小称重包装，鲜销或加工。

三、青蛤的吐沙及暂养

青蛤生活与泥沙混合的滩涂，体内常有细沙，影响其质量，销售前须经吐沙处理。一般将青蛤放入网笼或网箱中在水池内暂养，或者放入吐沙槽中流水培育24h即可。

青蛤耐干旱能力较强，只要保持8～10℃低温，保持较大的湿度，一般经过一周左右时间，再放入正常海水中，其成活率可达100%。因此，青蛤销售过程中，先进行吐沙处理，然后在低温和保持一定温度条件下，运往各地，采用人工配制海水进行暂养、销售。暂养过程中，一般不投饵，可以采用人工海水循环使用。

四、青蛤的加工

1. 药用

青蛤的贝壳味苦、咸，性寒，化学成分中含甲壳素、碳酸钙等，是临床常用的中药材，蛤壳粉用香油调糊，是蛤壳粉外用常用的基质（图16-3）。用香油调配蛤壳粉后，其油糊性质缓和，对皮肤的刺激性减小，也不妨碍皮脂及汗腺分泌，迅速缓解烫伤所致的剧烈疼痛，可保护了创面，且具有良好的生理相容性和生物可降解性、不含激素、无激素类药物的副作用等许多优异的性能，具有治疗烫伤的功效。

图 16-3 青蛤粉

海洋抗肿瘤活性物质的提取一直是海洋药物研究的重点，青蛤肉提取物在体外抑制人肝癌细胞株增殖，提高老龄鼠脾脏内的淋巴细胞、巨噬细胞活性，也使淋巴结内的巨噬细胞活性提高，具有促进细胞免疫应答和提高机体免疫力等作用。

2. 制备调味液

在青蛤加工过程中，常产生大量的预煮液，其中蕴含着丰富的营养物质，经超声波协同酶解法处理后，进一步采用美拉德反应工艺进行处理，最后进行浓缩，可制备出高品质的青蛤调味液。这种调味液不仅保留了青蛤原有的鲜美味道，还富含丰富的蛋白质、氨基酸等营养成分，为各种菜肴增添了独特的风味和营养价值。

3. 冷冻真空包装

青蛤吐沙并经紫外线照射后，用浓度小于10%的盐水冲洗干净，然后放入蒸锅内，温度保持100℃，蒸4～6min，去壳取得完整的青蛤肉。将青蛤肉加压至350MPa，保压3min后，用自来水再次清洗，沥干。将沥干的青蛤肉称重加入调味品，加热至100℃，时间8～10min，然后真空冷却，置于冷库中冻藏，并采用真空包装。

复习题

1. 简述青蛤的分布及其生活习性。
2. 简述青蛤的繁殖习性。
3. 简述青蛤的人工育苗方法。
4. 简述青蛤的土池半人工育苗方法。
5. 简述青蛤的网围养殖和池塘养殖方法。

第十七章　栉江珧的增养殖

栉江珧（*Atrina pectinata*）俗称带子，在北方俗称"大海红""海锨"，在福建称"土杯""马蹄"；浙江称"海蚌"；而广东称"角带子""割纸刀"，台湾称"玉珧"等。本节江珧是经济价值很高的海产贝类，肉质细嫩肥白，营养丰富。据分析，它富含蛋白质、糖分及维生素 A、B、D 等多种营养成分，其干品蛋白质含量高达 67%，肉味鲜美，后闭壳肌极为粗大，可干制成"江珧柱"。我国古书早有记载，如《闽中海错疏》载有江珧"肉白而韧，柱圆而脆"；《江邻几杂志》云："四明海物，江珧第一"。可见"江珧柱"是极为名贵的海味珍品。它还具有药用价值，江珧干品即江珧柱，性味甘平，功能调中，下气，止渴，利五脏，缩小便，去积滞，另有滋阴降火功效，深受人们青睐。鲜贝及"江珧柱"，不仅可供国内市场，而且可出口，因此发展栉江珧人工养殖大有可为。

第一节　栉江珧的生物学

一、形态结构

1. 贝壳形态

栉江珧隶属于软体动物门（Mollusca）双壳纲（Bivalvia）牡蛎目（Ostreida）江珧科（Pinnidae）栉江珧属（*Atrina*）的贝类。贝壳极大，呈三角形，壳长可达 300mm。贝壳大，壳质薄。两壳相等。壳顶尖细，位于贝壳最前端。壳后缘宽大。壳面具有 10 条左右的放射肋，肋上无棘。壳内面前半部或大部分为珍珠层区，珍珠层厚，具珍珠光泽。一般闭壳肌痕和外套痕清楚；前闭壳肌痕较小，位于壳顶下方；后闭壳肌痕较大，位于珍珠层内。外套痕通常与壳后缘相距较远。铰合部无齿。韧带细长，其长度约与背缘相等。壳表颜色，小型个体呈淡褐色，成体多呈黑褐色（图 17-1）。

图 17-1　栉江珧

贝壳仅由外面的棱柱层和内面的珍珠层两层构成，且珍珠层仅存于前、后闭壳肌之间，故壳质较薄。左右两壳相等，但彼此抱合时不能完全闭合。铰合部线形，占背缘的全长，无铰合齿。

2. 软体部结构

外套膜薄而外套膜缘较厚，有一列短小的触手。左右外套膜在鳃的末端处愈合，形成一个相当大的出水孔。唇瓣较大，呈三角形。口为横裂，胃大部分被绿色的消化腺所包围。直肠的背面具有一粗壮的外套腺，此腺体有一柄，柄顶为一皱褶的囊状物，若自心室注入染液，可见血管密布囊状物，其功能是用以清除泥沙或其他外物。生殖腺位于内脏团中，成熟时充满内脏团的后方，几乎包围整个内脏团，而开口于外套腔中。前闭壳肌小，后闭壳肌（肉柱）极肥大，约占体长的 1/3～1/2。足小，呈圆锥形，末端尖，腹面有一条纵裂的足丝沟。足丝淡褐色，多而柔软。鳃大，呈瓣状，充满整个外套腔，肝脏褐色，包围胃和前肠。

二、生态习性

1. 分布

栉江珧广泛分布于印度洋和太平洋区。我国沿海，北起辽东半岛，南及琼州海峡，均有其生活的踪迹。小个体一般在潮间带低潮区采到，而较大个体多在潮下带，需拖网、潜水，或以夹子采捕，通常多采自 50m 以内浅海。在软泥、泥沙、中沙及粗沙的底质中皆能栖息生长。

2. 生活习性

栉江珧多栖息在水流不急，风平浪静，沙泥质的内湾。以壳之尖端直立插入沙泥滩中，有足丝附着在粗沙粒、碎壳和石砾上，仅以宽大的后部露在滩面，当它附着于泥沙中以后，终生即不再移动。在自然海区中，两壳稍张开，外套膜竖起，悠然地摆动于海水中，极为美观。退潮时，或遇到刺激后栉江珧仅留壳后缘稍露出滩面，好似一条裂缝，采捕时如不注意观察，有时很难发现。栉江珧也有喜群栖习性，常成片群栖于一起，数量较多。栉江珧像菲律宾蛤仔一样，在海区中有迁移现象。当栖息环境生态因子发生变化时，栉江珧就会迁移。因此，在开展养殖时，应采取防范措施。

栉江珧栖息所需的底质，一般含沙量较高，喜生活于浮泥少，潮流不很湍急，含沙率50%～80%的海区。

3. 对温盐的适应

栉江珧适应能力强。栉江珧在我国各海域皆有分布，一般栖息于内湾和浅海，它是广盐、广温种类。其适宜水温范围为8～30℃，最适水温为15～29℃，此时生长速度最快。当水温低于8℃时，贝体反应迟钝；当水温降到5℃左右时，即出现死亡。其适宜的盐度范围为13～34，最适盐度为24～31，低于13时，摄食量减少，反应迟钝。江珧对温度、盐度的适应范围，与其长期栖息环境有关。温度、盐度的剧烈升降，栉江珧均难以适应。pH7.6～8.2时，透明度0.2～8.4m，水流流速0.6～1.0m/s的生态环境中，也能正常存活。

4. 耐干能力

栉江珧在气温20～24℃时，经24h干露后，存活率为80%～100%。但干露时间越长，其存活率越低，在气温为21～24℃时，干露48h，则全部死亡。

5. 食性

属滤食性贝类，鳃是它的滤食器官，将微小颗粒筛滤下来，经过鳃丝表面分泌的黏液黏裹，靠纤毛的运动，使食物经食物运送沟，送至唇瓣与口。

江珧的饵料主要是硅藻，占90%以上，同时也摄食其他单胞藻类、原生动物和有机碎屑等。硅藻的种类因海区而异，主要有圆筛藻、菱形藻和直链藻、角毛藻、舟形藻、羽纹藻、曲舟藻、小环藻及双眉藻等。栉江珧摄食饵料的种类和数量，因季节

变化、海区不同而异，但与该海区底层硅藻类出现的种类及数量的变动基本一致。

壳长200mm左右的栉江珧，白天滤水量平均为5.33L/h，相对滤水量为每克体重44.3mL/h；夜间滤水量平均为4.53L/h，相对滤水量为每克体重24.1mL/h。在不同体重大小、不同季节、不同水温下，其滤水量会有所变化。

三、繁殖

1. 繁殖习性

（1）性别与性比

栉江珧为雌雄异体，从外观上难以区分其雌、雄，多以性腺色泽来判断。在繁殖季节，成熟的亲贝性腺覆盖内脏团，雄性呈乳黄色或乳白色，雌性呈橘红色。栉江珧性比雌雄两性比例基本接近为1:1。

（2）性腺发育

栉江珧生殖腺位于软体部的后端，成熟时几乎包围整个内脏团。其性腺发育程度依肉眼观察，可分为Ⅰ～Ⅴ期（见延伸阅读17-1）。

延伸阅读17-1

Ⅰ——发生期：性腺开始形成，出现于内脏团表面，但稀薄而少，刚可分辨雌、雄。

Ⅱ——增殖期：性腺逐渐增多，占内脏团的1/3～2/3左右。

Ⅲ——成熟期：性腺丰满，色泽鲜艳，占内脏团的3/4以上或几乎包围全部内脏团。吸出卵子或精子，遇水即散开。

Ⅳ——排放期：正在排放或部分已排放，但性腺仍较肥大，稍加挤压即见有卵子或精液流出。

Ⅴ——休止期：内脏团表面透明，充满水分，没有性腺分布，肉眼很难鉴别雌、雄。

（3）繁殖期

根据性腺发育情况，栉江珧在山东沿海5～8月为繁殖期，6月份为繁殖盛期，在广东汕尾海域5～9月为繁殖季节，其中以6～7月为产卵盛期，8～9月也是一个产卵小高峰。栉江珧在福建沿海的繁殖季节为5～9月，5月中旬至7月上旬为繁殖盛期，8月底或9月初又是一个产卵小高峰。繁殖期水温一般在22～30℃。

（4）性成熟年龄

栉江珧一年即可达性成熟，其性成熟最小个体

为壳长 7cm，但作为**繁殖**亲贝一般采用壳长 18cm 以上的 2～4 龄贝。

（5）产卵、排精

栉江珧为雌、雄异体，行体外受精的贝类，而且是分批排放精卵的类型。栉江珧亲贝的怀卵量与壳长有很大的关系。据测定，平均壳长 18.6cm 的亲贝，怀卵量达 4000 万粒；产卵量，视个体大小及性腺成熟度好坏，其产卵量差别很大。一般一次产卵量在数百万至 1700 多万粒。经测定，平均壳长 17.13cm 的亲贝，平均可产卵 1071 万粒。

2. 受精、胚胎及幼虫发育

（1）受精

成熟的精子，呈乳黄色，且很活泼，它是由顶体、头部、颈部和尾部组成，全长约 55μm；成熟的卵子呈圆球或椭圆形，卵径为 58.8～68.6μm，平均约 62μm，属沉性卵，呈橘红色。精子和卵子的融合，得到一个新的细胞，即受精卵。当卵子在表面生成一层受精膜，一般可作为精子入卵的指标之一。

（2）胚胎期

受精卵在适宜的条件下，以螺旋形不均等完全分裂方式进行卵裂，经 2、4、8、16 和 32 细胞期。再经桑葚期、囊胚期和原肠胚期（表 17-1）。

表 17-1　栉江珧的胚胎发育速度

序号	时期	时间
1	受精卵	0
2	释放第一极体	10～15min
3	释放第二极体	30～35min
4	2 细胞期	1h 10min
5	4 细胞期	1h 30min
6	8 细胞期	1h 40min
7	桑葚期	3h 10min
8	囊胚期	5h
9	原肠胚期	6h 10min
10	担轮幼虫	8h 30min
11	D 形幼虫	22h 30min
12	早期壳顶幼虫	6d
13	中期壳顶幼虫	16d
14	后期壳顶幼虫	27d
15	匍匐幼虫	31d
16	稚贝	57d

（3）幼虫期

该期从担轮幼虫开始，到稚贝附着为止。它包括担轮幼虫、面盘幼虫和变态期幼虫（匍匐幼虫）3 个不同阶段。

1）担轮幼虫期口前具有纤毛轮，顶端还有一束长鞭毛。以纤毛摆动在水中做旋转运动，营浮游生活。它经常浮游于水的表层，并有集群现象，此期消化系统还未形成，仍以卵黄物质作为营养。

2）面盘幼虫具有面盘，面盘是它的运动器官。

D 形幼虫：又称面盘幼虫初期或直线铰合面盘幼虫，两壳对称，大小相等且透明，铰合部平直，平均壳长×壳高为 85.7μm×62.9μm。内部消化器官比较简单，幼虫面盘较为特殊，边缘分叶，其前后左右皆有凹陷，形如蝴蝶状，这与其他双壳类幼虫的面盘有较大差异。幼虫靠面盘纤毛的摆动，进行运动和摄取食物。

壳顶期幼虫：壳顶隆起。壳顶幼虫初期，壳顶开始向背部隆起，改变了原来直线状态。栉江珧在壳顶初期，其壳长＞壳高；当幼虫生长至壳长为 135～185μm 时，出现壳长≤壳高；当幼虫继续生长至壳长为 350～400μm 时，再次出现壳长≥壳高的逆转现象。这种壳长与壳高比例逆转现象，在其他动物中也是少有的。

3）变态期幼虫（匍匐幼虫）贝壳略呈等腰三角形，足发达且长，有的幼虫足伸长时长度可达 400μm，能伸缩作匍匐运动。足基部的眼点显而易见，鳃也逐渐增大，鳃丝已很清楚，面盘尚未完全萎缩。栉江珧变态的幼虫壳长为 560～640μm。

（4）稚贝期

变态期幼虫，具有浮游和在底质上匍匐爬行的能力，一遇适合的基质，足丝腺便能分泌足丝，附着于基质上，从而结束浮游生活，转入半附着半埋栖的生活，壳长通常在 560～640μm，此时称为稚贝。其外部形态、内部构造、生理机能和生态习性等方面，都经过相当大的变化。外套膜具有分泌贝壳能力，形成新贝壳，壳薄无色透明，壳表具蜂窝状斑纹，壳形发生变化；面盘已全部萎缩退化，鳃逐渐增大，开始用鳃呼吸和摄食；它的生态习性由营浮游、匍匐生活转变为以足丝附着于沙砾、沙上或由它们沉积物上，营半附着、半埋栖的生活，内部器官也逐步发育和完善（图 17-2）。

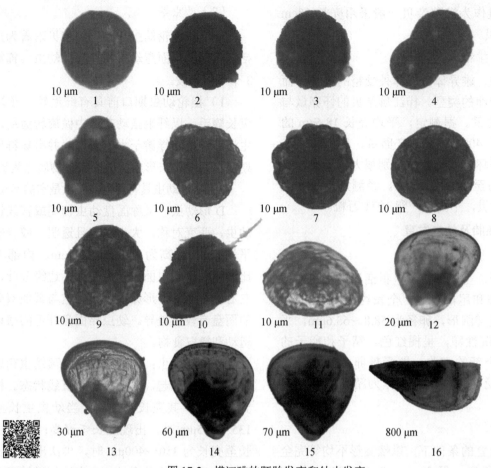

10 μm 1	10 μm 2	10 μm 3	10 μm 4
10 μm 5	10 μm 6	10 μm 7	10 μm 8
10 μm 9	10 μm 10	10 μm 11	20 μm 12
30 μm 13	60 μm 14	70 μm 15	800 μm 16

图 17-2 栉江珧的胚胎发育和幼虫发育

1. 受精卵；2. 释放第一极体；3. 释放第二极体；4. 2 细胞期；5. 4 细胞期；6. 8 细胞期；7. 桑葚期；8. 囊胚期；9. 原肠胚期；10. 担轮幼虫期；11. D 形幼虫；12. 早期壳顶幼虫；13. 中期壳顶幼虫；14. 后期壳顶幼虫；15. 匍匐幼虫；16. 稚贝

四、生长

栉江珧的生长特点表现在贝类的增长与软体部的生长并非同步，与其年龄、季节、繁殖期和外界环境因子的变化有密切关系。

1. 年龄

栉江珧发育速度呈现出前期慢、后期快的特点，这是因为随着个体发育的进行，各器官的结构和功能不断地完善，促使其同化作用加强的结果。在胚胎期，体积一般不增加，到 D 形幼虫时，开始摄取饵料，缓慢增长。从 D 形幼虫壳长 80μm 多到完全变态成稚贝（壳长约 0.6mm），需经历 21～47d，稚贝在室内水池经 10d 培育，壳长从 0.7mm 猛增至 7.7mm。稚贝和幼贝期（外部形态、内部器官和生活方式均与成体基本一致）时，其生长速度就大大加快。栉江珧在 1～3 龄期间，壳长的增长速度最快，而 4～5 龄以后，其壳长的增长显著减慢。

栉江珧的生长，在前期，主要表现为壳长的增长，而体重的增长较慢；在后期，表现为体重增长的加快。即个体较小时，主要是壳长的增长速度要快些；而随着个体的发育长大，即个体较大时，其体重、软体部（鲜肉）和闭壳肌增长速度要快。

个体小时，壳长增长快。随着个体的长大，其壳长增大渐慢。不同大小的个体，其壳长、壳高、壳宽的生长比率也不一样。个体较小时，壳长月平均增长率比壳高和壳宽快；个体大时，相对壳高和壳宽的月平均增长率，则比壳长大得多。此外，壳长与体重和软体部（鲜肉）及闭壳肌的增长并不是匀称的。

同一年龄的栉江珧，栖息于不同海域中，其生长速度也不一致，甚至差别很大。如在福建省泉州湾 1 龄贝平均壳长为 3.65cm，2 龄贝壳长为 8.4cm，3 龄贝壳长为 14.36cm。而栖息于广东汕尾海域的栉江珧，生长 1 周年（2 龄贝）壳长可达 14.0～15.0cm，2 周年（3 龄贝）壳长可达 19.0～20.0cm。但在各个养殖场中，贝体大小与其年龄有密切关系，前期年龄小，即个体也小，其壳长生长快，体重增加缓慢；而后期，随着年龄的增大，贝体相应也长大，但其壳长生长速度变慢，而体重却明显增加。

2. 季节变化

栉江珧的生长速度，随着季节不同而有较大的变化。这主要是在各个不同季节中水温变化较大，从而影响到海区浮游植物的繁殖，直接、间接影响栉江珧的生长。栉江珧生长有明显的季节变化，夏、秋两季水温较高（平均水温为 22.4～28.6℃），为主要生长季节，尤以 7～11 月生长速度最快；4～7 月次之；12 月至次年 3 月水温低（月平均在 16℃ 以下），其贝体生长最慢。栉江珧在产卵之前，贝壳生长慢，软体部积累了大量营养物质，为产卵做好物质准备，这个时期软体部最肥；繁殖期间（广东汕尾为 5～9 月，盛期为 6～7 月），糖原等营养物质大量分解消耗，软体部消瘦，贝壳生长速度也慢；产卵之后，贝壳生长速度加快，而软体部生长减缓。

第二节　栉江珧的苗种生产

一、半人工采苗

半人工采苗是根据栉江珧的繁殖和幼虫附着习性，在繁殖季节，选择幼虫较多的海区，创造适宜的附苗条件，进行人工整滩或投放适宜的采苗器，进行海上附苗培育的一种生产方法。

1. 采苗场地的要求

进行半人工采苗的滩涂，以泥沙质为好；要求滩面平整光滑，海区栉江珧资源量大。

2. 采苗器

采苗器以网笼为好，内装有一定的沙、沙砾等基质。在海域中进行其他贝类，如扇贝和珍珠贝采苗时，采苗器中也发现少量栉江珧的幼贝。

目前，有些养殖者，在低潮区或浅海采捕 7～10cm 的野生小贝，作为苗种进行增养殖。

二、室内人工育苗

1. 亲贝选择与培育

（1）亲贝的选择

一般选用壳长 18cm 以上、体质健壮、贝壳无创伤、无寄生虫和病害、性腺发育较好的 2～4 龄成贝作为亲贝，大小在 20～26cm 作为亲贝。可用肉眼观察性腺色泽是否鲜艳，如成熟的雌性应呈橘红色，而雄性为乳白色，性腺成熟度达 Ⅳ～Ⅴ 期，或借助显微镜检查生殖细胞，成熟的卵子应呈圆球形，成熟的精子活力好，运动较活泼。

（2）亲贝培育

亲贝性腺是否成熟，是人工育苗能否成功的首要条件。只有获得充分成熟的卵子和精子，才能保证人工育苗的顺利进行。

亲贝蓄养期间管理技术措施如下。

1）水温：入池后稳定 5d，入池时水温为 15℃，以后以 1℃/d 升温速度升至 22℃，恒温待产。

2）饵料：饵料种类以小新月菱形藻、青岛大扁藻为主，淀粉、螺旋藻代用饵料为辅，每天投喂 8～12 次，日投喂量由 20 万细胞/d，逐渐增至 40 万细胞/d。

3）换水：换水 3 或 4 次/d，每次 1/3 的培育水体，每 3 天移池 1 次。

4）管理：及时挑出死贝，定期加入（1～2）× 10^{-6} 的抗菌素抑菌。

亲贝经过 30～45d 促熟培育，解剖可用肉眼观察性腺色泽是否鲜艳，如成熟的雌性应呈橘红色，而雄性为乳白色，性腺包围整个内脏团且饱满；或借助显微镜检查生殖细胞，成熟的卵子呈圆球形，成熟的精子活力好，运动较活泼。此时种贝已经成熟可以准备产卵。

2. 诱导排放精卵

人工诱导栉江珧产卵排精的方法，一般采用物理、化学和生物诱导方法，比较简易可行的方法首推于物理方法，它具有方法简单、操作方便、对以后胚胎发育影响较小等优点。常用的诱导方法如下。

（1）自然排放法

性腺发育好的亲贝在换水和移池后，引起种贝的自然排放，此法获得的精卵质量最好。

（2）阴干、流水、升温刺激法

把经促熟性腺发育好的亲贝，先经 1～2h 的阴干，再经 0.5～1h 流水刺激后，直接放入事先准备好的升温海水中，高出恒温培育时的 3～4℃，经 1～2h 的适应期后，亲贝能自行排放精、卵，亲贝排放率为 50%。

（3）阴干加漂白液处理海水诱导法

选择性腺成熟度好的亲贝，阴干 0.5～1h 后，置于 100L 的海水中，加入一定量的维生素 B_1 和 B_{12} 浸泡处理 1～2h 后。再加入用漂白液处理的海水中，进行诱导成熟亲贝排放精、卵，亲贝排放率为 80%。

3. 受精及洗卵

（1）受精

栉江珧采取人工诱导方法排放精卵，排放时一般雄贝先排精，排放时呈白色烟雾状，雌贝排卵较雄贝晚 0.5h，呈粉红颗粒状。在充气或搅动条件下，水中精卵自行受精。

（2）洗卵

如果排放过程中，精子过多，需进行洗卵。洗卵方法：是受精后静置 30～40min，使卵下沉，将中上层海水用 300 目滤鼓虹吸轻轻排出，去除多余的精液和劣质的卵，然后再加入新鲜的海水。受精卵经上述方法洗卵 2～3 次，或进行分池洗卵，均能提高孵化率。

4. 选幼

在水温 24℃、盐度 30 的海水中，当发育到 D 形幼虫时，立即选幼。采用 300 目拖网法和虹吸法，将 D 形幼虫收集置于育苗池中进行培育。

5. 幼虫培育

（1）培育密度

由于栉江珧幼虫个体较大，加上培养时间长，需要 1 个月，因此栉江珧 D 形幼虫放养密度不宜过大。前期应控制在 3～4 个/mL，若放养密度过大时，幼虫的生长发育会受到影响，250μm 后为 1～2 个/mL。其中在达到 150μm 的壳顶幼虫之前，D 形幼虫易发生上浮水层表面，粘连在一起而无法摄食死亡，是栉江珧人工育苗的关键瓶颈。

（2）换水

幼虫刚入池时，保持水深 100cm，第 1 天加水至加满池，以后可改为换水。换水方法为：用浮动网箱换水，所用筛绢规格视幼虫大小而定。换水量为每天换水 1～2 次，每次更换 1/4～1/3 倍水体。换水时，先检查筛绢网目规格是否符合要求，严防幼虫流失；检查筛绢网片是否破损，若有破损及时处理；用过的筛绢要及时冲洗干净并晾干；换水时控制好流速以免损伤幼虫；换水时经常晃动换水器，以分散滤鼓筛绢外面大量幼虫。

在培育池中不充气，采用造浪泵推动池水活动，防止幼虫上浮粘连，不仅能增加海水溶氧量，满足幼虫的耗氧需要，而且能使培育的水处于流动状态，使幼虫和饵料分布较均匀防止幼虫间相互粘连。也可采用淋浴加水式流水培育，到壳顶中期后幼虫上浮粘连程度大大降低，可采用微充气培育。

（3）饵料

栉江珧幼虫发育到 D 形幼虫时，开始摄食。饵料是幼虫生长发育的物质基础，是幼虫培育成败的关键之一。作为栉江珧幼虫饵料，在幼虫培育前期，投喂等鞭金藻、叉鞭金藻为主，扁藻为辅；在幼虫培育后期主要投喂扁藻和角毛藻，金藻为辅。日投喂量在培育幼虫前期，投饵量可少点，投饵量应控制在 0.5 万～4 万细胞/mL；在培育后期，适当添加扁藻，一般投饵量为 4 万～6 万细胞/mL。投饵量应根据从池中取出幼虫在显微镜下检查胃肠饱满度后再确定。

（4）幼虫管理

每天检查测量幼虫的生长和发育情况，定期测量池水的水温、盐度、溶解氧、酸碱度、氨氮，并做好记录，发现问题及时处理。

6. 采苗

当幼虫达到 450～500μm 时，出现眼点，即开始准备投放附着基，进行采苗。栉江珧幼虫发育到稚贝时，既不像文蛤等那样，营典型的埋栖生活；也不像扇贝那样，单纯依靠足丝附着于其他物体上营附着生活，而是两者兼之。江珧稚贝先用足在附着基、池壁或池底爬行，在适宜的时候，足丝腺分泌足丝附着于沙粒上，随后以壳顶插入底质，营半附着、半埋栖生活。根据栉江珧稚贝的这种附着特性，栉江珧稚贝采苗器应盛有细沙粒及少量聚丙烯网。

（1）附着基种类选择

主要选择细沙（用 80 目筛绢筛出的细沙）、扇贝用的聚乙烯网片、80 目网片、50 目网袋。

（2）附着基处理方法

细沙用 80 目筛绢筛出细沙，颗粒大小在 300μm 以下，用过滤海水洗刷干净，再用 $10×10^{-6}$ 高锰酸钾消毒 15min 后，洗刷干净备用。

扇贝用的聚乙烯网片、80 目网片、50 目网袋经 0.5‰ NaOH 溶液浸泡 24h，洗刷干净备用。

（3）采苗密度

采苗时眼点幼虫布苗密度为0.3～0.5个/mL。

（4）采苗方法

1）无底质采苗：池中和池底部不放任何附着基，好处是水质好、眼点幼虫变态率高，附着变态5～6d，需转入铺沙浮动网箱内和网袋装扇贝附着基和细沙，稚贝生长快和成活率高。否则，稚贝生长慢，成活率低。

2）池底铺沙采苗：池底铺有5mm厚的细沙。

3）网袋装扇贝附着基和细沙吊在池中采苗法：在50目扇贝保苗网袋内装上细沙和扇贝用的聚乙烯网片吊在池中。

4）铺沙浮动网箱采苗：在蓄养扇贝种的浮动网箱中，在网箱底部铺上80目的筛绢网，铺上5mm的细沙。

（5）采苗后的管理

在投上附着基幼虫未附着前，除加大换水量外，其他培育管理跟后期浮游幼虫管理一样。幼虫全附着后到出池前，管理技术措施如下。

1）换水：采用长流水培育，每天流2倍水体的量程，分4次。

2）移池：池底铺沙采苗的4～5d，移池1次，无底质采苗在用筛绢网收集起，转入铺沙浮动网箱后，就按铺沙浮动网箱采苗法管理一样。移池方法主要是根据苗的大小，用大于细沙颗粒，小于苗大小的筛网，将苗收集起来，重新撒到铺沙的池中。

3）饵料：附着变态后的饵料主要以扁藻和塔胞藻为主，角毛藻和金藻为辅；投喂量为每天15～20万细胞/mL，分12次投喂。

（6）采苗结果

无底质采苗眼点幼虫的变态率最高，能达30%以上，但无底质采苗在500μm以后，必须转入铺沙的浮动网箱或池底中，否则影响幼虫生长和成活率；其次为网袋装扇贝附着基和细沙吊在池中采苗法，变态率为30%左右，效果较好，但成本较高；再次是铺沙浮动网箱采苗，仅次于网袋装扇贝附着基和细沙吊在池中采苗法，幼虫生长速度最快，适合于稚贝后期培育，成活率也较高；最差为池底铺沙采苗，变态率只在20%左右。因此，栉江珧最好的附着采苗方法为：网袋装扇贝附着基和细沙吊在池中采苗法和铺沙浮动网箱采苗法。

当稚贝附着后，生长速度明显加快，附着7d后，日平均增长速度在100μm以上，而附着前日平均增长20～30μm。采苗后的管理工作至关重要，除要保证有足够的饵料外，保持水质干净，及时清除粪便和黏液非常重要。采用网袋装扇贝附着基和细沙吊在池中采苗法和铺沙浮动网箱采苗法，加上大换水，勤移池可以保持池水流动、清洁，使稚贝处在一个良好水环境中生长发育。

7. 中间培育

目前多采用壳长20～30mm的幼贝作为苗种。而人工育苗培育出的幼贝，一般壳长在1cm左右，或在某些海区采集到壳长2cm左右的幼贝，都要经过一段时间的中间培育，才能提高苗种的成活率。

中间培育可在室内、外水池中进行。幼贝期，以叉鞭金藻和扁藻作为饵料较好，角毛藻次之；若以叉鞭金藻和角毛藻混合投喂，比单一饵料效果更好。最佳饵料密度为（5～10）万细胞/mL。以泥质沙为底质，生长较快；其次为泥、沙底质；最差为粉沙底质。较适宜盐度为25～30，适宜水温为15～30℃。

第三节　栉江珧的增殖与养殖

一、增养殖场的条件

栉江珧增养殖场，应选择在水流不太急、风浪平静、底质为泥质沙或沙质泥的内湾低潮线上1～2m滩涂及10m深以内的浅海，其理化因子相对较为稳定，特别海水盐度应在23～31范围为宜。

二、养殖方式

1. 插殖

要求采集到苗种的规格为7～10cm，选择外壳无破损的苗种；选择在低潮线上1～2m，底质为沙质泥、泥质沙滩涂，或浅海区；将壳顶朝下，插入事先挖好的孔中；插殖密度为每1m²插殖60个左右为宜，即每667m²插殖3.5万～4万个；要求壳的后端露出滩面1～2cm，腹缘与潮流平行。

2. 框养

把采到或培育出的江珧苗种，按上述方法插

殖，放在规格直径 30～35cm，高 25～28cm 盛细泥沙的圆形网框内（图 17-3），吊样在养殖海区进行筏式养殖，生长速度也很快。经 1～2 年养殖，生长快者壳长可达 18cm，生长慢者壳长也达 12cm。

图 17-3　栉江珧的框养

3. 吊养

把平均壳长 10mm 左右的稚贝，装入盛有粗沙的聚乙烯网袋中，悬挂于海区浮筏上吊养，约两个月平均个体壳长可超过 50mm。

三、底播增殖

将培育的 2～3cm 的江珧苗（图 17-4），人工潜水撒播在适合江珧生长的海区，进行人工增殖，经 3～4 年的养殖可达到 18～20cm，即可人工采捕收获，是目前栉江珧主要增养殖方法之一。

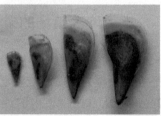

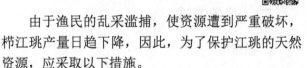

图 17-4　人工培育的栉江珧苗种
（2～3cm）

由于渔民的乱采滥捕，使资源遭到严重破坏，栉江珧产量日趋下降，因此，为了保护江珧的天然资源，应采取以下措施。

1）加强资源调查，摸清江珧自然资源的分布状况，为制定资源保护、合理的资源开发利用，提供科学的依据。

2）严格规定禁渔区和禁渔期。栉江珧的繁殖季节为每年的 5～9 月，因此，在此期间，要加强渔政管理，严格禁止渔民下海采捕。同时，要划定苗种繁殖区，实行常年禁捕。

3）规定采捕规格。据测定，栉江珧壳长达

20cm 时，其闭壳肌（肉柱）的鲜重才达 15g 左右，符合其商品规格。因此，采捕规格应定为 20cm 以上。

4）要严格规定采捕操作方法，严防破坏江珧的资源及生态环境。

第四节　栉江珧的收获与加工

一、收获季节及采捕规格

栉江珧虽然在水温较高的 5～10 月生长速度较快，软体部的肥满也较佳，但此时正是繁殖季节，不宜采捕。在 12 月至次年 3 月，虽然水温低，生长缓慢，但此时软体部增重明显，出肉率高，后闭壳肌（肉柱）重量占整个软体部的 20%～33%，其干品率高达 25% 左右。因此，一般在此时期收获，可采捕壳长 20cm 左右的个体。

二、收获方法

1. 人工潜水采捕

渔民在浅海或滩涂上，采用轻潜或重潜，人工徒手采捕。

2. 拖网

用拖网采捕。目前采用的有 3 种采捕工具。

（1）九齿耙

铁耙齿数有 9、11、13 不等，齿长 15～20cm，齿距 5cm，竹柄长 10m 左右，与铁耙体夹角 60°～70°，两者相连处系三角形胶丝或尼龙丝网。这种工具使用较早，仅适用于底质较硬的浅海区拖耙，操作笨重，产量低。

（2）弧形齿挟耙

由 2 条弹簧系 2 个可张合的弧形齿（11 或 13 齿）组成半圆形耙体，并装有竹柄和滑动拉绳，齿长 20cm，齿距 5cm，竹柄长 10m 左右。一般在泥沙底质和深水区使用，产量高，使用较为普遍。

（3）直角形挟耙

基本结构与弧形齿挟耙相同，但耙齿中间弯曲成直角。使用较轻便，但易伤贝体。

三、加工

鲜销采捕到的栉江珧，可直接在市场上鲜销，但必须做好保洁、保鲜工作。

　　加工干贝柱将采捕到的栉江珧清洗干净后，小心取下软体部，然后从软体部中取出后闭壳肌（肉柱），经晒干或烘干，制成江珧柱。一般壳长 20cm以上的新鲜栉江珧 50kg，可剥下鲜贝肉（软体部）17.5kg 左右，其中闭壳肌（肉柱）鲜重约为 4.5kg，晒干后，可制成干江珧柱 1.15kg 左右。江珧柱是世界名贵的海珍佳品，不仅可供国内市场需求，而且可出口。亦可使用江珧柱加工制成珧柱丝罐头。加工江珧柱后的下脚料，江珧的软体部等肉质部分，还可供人食用或作为饲料。

复习题

1. 简述栉江珧性腺发育一般规律。
2. 简述栉江珧室内人工育苗的基本方法。
3. 简述栉江珧的养殖方式。

第十八章　砗磲的增养殖

砗磲（giant clam），又称五爪贝，是一类热带大型海洋珊瑚礁底栖贝类，该名始于汉代，因外壳表面有一道道呈放射状之沟槽，状如古代车辙，故称"车渠"。后人因其坚硬如石，故旁加石字，便成了"砗磲"。砗磲是珍贵的热带海洋生物，大砗磲是现存世界最大的双壳类贝类，在我国主要分布于南海岛礁的珊瑚礁海域，是重要的造礁和护礁生物类群。目前，由于全球气候变暖、栖息地的人为破坏以及越来越猖獗的偷猎和捕猎行为，野生砗磲数量骤降，部分种类已经到了濒危境地。

砗磲曾经是我国南海珊瑚礁中的一种优势生物，海南的渔民就有采集砗磲的贝壳作为烧制石灰原料的传统。1958 年广东省水产厅西南沙水产资源调查队第一次描述了西沙群岛砗磲的生活状况和品种，资源较为丰富；20 世纪 70 年代滩涂调查时，砗磲资源量已经严重下降，但是仍有一定的保有量；伴随着潜水设备发展，20 世纪 60 年代以来，台湾渔民捕杀了大量库氏砗磲（又称大砗磲），将闭壳肌作为干贝，贝壳用来制作工艺品；20 世纪 90 年代后，在我国已经看不到大砗磲的存在。唯一能够确定我国南海仍存在砗磲资源的科学证据是马来西亚 2002 年在我国南沙群岛弹丸礁所做的砗磲调查，发现了少量的长砗磲、鳞砗磲、番红砗磲、大砗磲和砗磲。进入新世纪，南海的珊瑚礁正以前所未有的速度丧失，砗磲的状态更是令人担忧。2017 年，海南岛出台砗磲保护法，禁止砗磲买卖；2018 年，我国野生动物保护法将所有砗磲均列为保护动物，其中库氏砗磲是一级保护动物，其他物种砗磲均为二级保护动物。

我国南海拥有环境优越的广阔热带海域，可开展砗磲养殖的面积达 3000km² 以上，在南海开展砗磲养殖可为珊瑚礁保护工程提供支撑，同时具有形成热带海域贝类重大产业的潜力，因此砗磲养殖前景十分广阔。

第一节　砗磲的生物学

一、分类种类

砗磲隶属于软体动物门（Mollusca）双壳纲（Bivalvia）帘蛤目（Veneroida）砗磲科（Tridacnidae），包括砗磲属（*Tridacna*）和砗磲属（*Hippopus*），共 12 种。我国有 8 种，分别为砗磲属的大砗磲（*T. gigas*）、无鳞砗磲（*T. derasa*）、鳞砗磲（*T. squamosa*）、长砗磲（*T. maxima*）、诺瓦砗磲（*T. nova*）、番红砗磲（*T. crocea*），以及砗磲属的砗磲（*H. hippopus*）、瓷口砗磲（*H. porcellanus*）（图 18-1）。

二、形态特征

贝壳大或特大，壳质重厚，两壳相等，壳面有强大的放射肋，肋上常有鳞片或棘。外韧带，通常有一个大的足丝孔。铰合部有 1 个主齿和 1 或 2 个后侧齿。外套痕完整，前闭壳肌消失，后闭壳肌近中央。本科动物为双壳类中个体最大的贝类，其中大砗磲壳长可超过 1m。

砗磲科贝壳方位识别与其他双壳类相反，手持者将壳顶向下，与铰合部相对，左边为左壳，右边为右壳；壳顶和足丝孔朝下为腹面，相反方为背面。

三、生态习性

1. 分布特征

本科动物全部为热带种，主要分布在印度洋、西太平洋海域和南中国海等地区，包括中国、印尼、菲律宾、澳大利亚、马来西亚、密克罗尼西亚、巴布亚新几内亚、斐济、所罗门群岛和帕劳等国。在我国，砗磲主要分布于南海诸岛、台湾、海南等地。

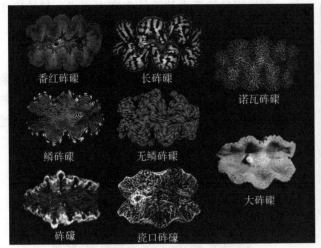

图 18-1 我国的 8 种砗磲物种

2. 生境特征

砗磲是一种光合共生型贝类，需要光照，通常以足丝附着在珊瑚礁上生活，主要栖息于低潮区附近的珊瑚礁间或较浅的礁内区域，如珊瑚礁潟湖、堡礁、岛礁的礁盘等。

3. 环境偏好

砗磲喜好高温高盐环境，海水需要有较高的透明度，便于共生虫黄藻的光合作用。通常情况下，盐度在 27 以上，温度在 20℃以上，透明度根据海水水质情况而定。

4. 光合共生

砗磲外套膜内有大量的虫黄藻，借助膜内玻璃体聚光，使虫黄藻大量繁殖而利用无机营养盐进行光合作用，获得生长和呼吸所需营养能量，二者形成互利共生的特殊关系。砗磲在变态期建立与虫黄藻的共生关系后，可完全依赖虫黄藻的光合作用生存，故被称为"光合动物"。由于砗磲高度依赖光合营养，其消化腺极其退化，消化能力较弱。砗磲富含虫黄藻的外套膜色彩缤纷、艳丽如花，且具有各色花纹，又被称为"海中玫瑰"，非常具有观赏性。这种艳丽的颜色来自于外套膜中的虹彩细胞，一种晶体结构细胞，可以反射光线呈现出不同颜色波段的可见光，使其颜色变得多样，同时提供给虫黄藻生长所需的光能（图 18-2）。

5. 病害

砗磲的病害少有发生，发生时主要体现在砗磲外套膜失去颜色变白，俗称"白化"，严重时会导

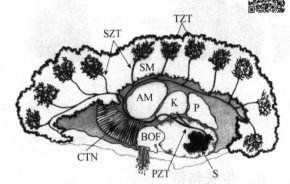

图 18-2 砗磲的虫黄藻管道系统

AM：闭壳肌；K：肾脏；P：心脏；CTN：鳃；BOF：足；S：胃；SM：外套膜；PZT：初级虫黄藻管道；SZT：次级虫黄藻管道；TZT：三级虫黄藻管道

致砗磲无法获取虫黄藻光合作用带来的营养而致死亡。若白化不严重，条件好转后可恢复外套膜光泽，重新建立稳定的共生环境，个体恢复健康状态。

四、繁殖习性

砗磲雌雄同体、雄性先熟。其繁殖行为独特：雌雄同体型双壳贝类在繁殖期一般是同时释放精子和卵子，而砗磲是先释放精子后排放卵子。一般而言，精巢先于卵巢发育成熟，精巢在 2～3 年成熟，而卵巢在 3～4 年时成熟，配子成熟时间超过 4 个月。最终发育成熟的砗磲同时具有成熟的精巢和卵巢。砗磲的生活史与其他的双壳贝类类似，一般可分为受精卵发生阶段、担轮幼虫、面盘幼虫、具足面盘幼虫、稚贝、幼贝、成贝等（图 18-3）。

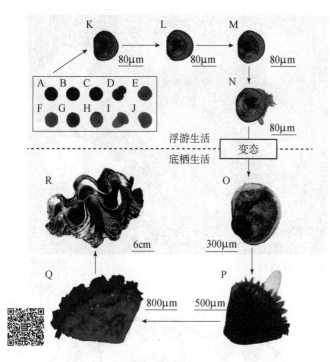

气、不投饵的管理方法至幼虫变态完成。具体操作如下。

1. 亲本促熟

在砗磲繁育季节，选用健康无损个体作为亲本，采用微充气+微流水形式进行人工促熟。促熟培育时间根据亲本性腺发育程度而定，性腺发育越成熟，时间越短，反之越长（图18-4）。

图18-3　鳞砗磲生活史

A～J：胚胎发育；K：D形幼虫；L：前期面盘幼虫；M：后期面盘幼虫；N：具足面盘幼虫；O：双水管稚贝；P：外套膜多触手幼贝；Q：幼贝；R：砗磲成贝

图18-4　砗磲亲本越冬促熟

五、生长特征

砗磲大小差别大，按照成贝体型的大小，可以将砗磲分为大型砗磲（大砗磲、无鳞砗磲）、中型砗磲（鳞砗磲、砗蚝和瓷口砗蚝）和小型砗磲（长砗磲、诺瓦砗磲和番红砗磲）。大砗磲是迄今为止发现的体型最大的砗磲，壳长可达120cm，重量可超过120kg。每种砗磲生长速度不一，其自身遗传基因决定了生长速度，同时受到环境影响，比如，番红砗磲生长3年，壳长不超过10cm，而鳞砗磲3年可达壳长20～30cm，无鳞砗磲可达壳长30～40cm。

2. 人工催产

采用物理（升降温、水流刺激等）或者化学方法（注射五羟色胺催产剂）进行人工催产，获得砗磲的成熟配子（图18-5）。以鳞砗磲为例，亲本排放时优先排放精子，隔一段时间后，再排放卵子，具体情况见延伸阅读18-1。

延伸阅读18-1

第二节　砗磲的苗种生产

砗磲人工繁育技术不同于常规贝类苗种繁育模式，具有以下特点：①仅仅在幼虫期投喂单胞藻，足面盘以后添加虫黄藻，一旦形成稚贝，稚贝利用共生的虫黄藻获得营养来源，不再投喂单胞藻；②净水法采苗，为了提高变态率，制作相对稳定的变态环境，采用不换水、不充

砗磲苗种培育视频

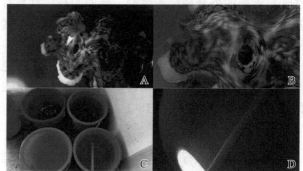

图18-5　鳞砗磲产卵受精

A：排放精子（白色箭头）；B：排放卵子（红色箭头）；C：收集个体精卵；D：受精

3. 受精孵化

以鳞砗磲为例，其卵子直径为100μm，存活时间在60min内；精子个头较大，存活时间在30min内。按照精卵数量比=（50～100）∶1的比例将精子加入卵液中，轻轻搅动，进行人工授精，受精卵密度控制在30个/mL以内。受精后将受精卵液倒入孵化池，孵化密度控制在15个/mL以内，孵化得到D形幼虫（见延伸阅读18-2）。

延伸阅读18-2

4. 幼虫培育

将D形幼虫放置于盛有清新海水的培养容器内，采用微充气法进行培育。密度控制在5个/mL以内，且随着幼虫生长，密度逐渐降低至0.5个/mL。每天换水一次，换水量控制在培养水体体积的60%～90%。投喂金藻，投喂量在每天0.5～1万细胞/mL。鳞砗磲幼虫发育速度见延伸阅读18-3。

延伸阅读18-3

5. 虫黄藻植入

当幼虫生长形成具足面盘幼虫（壳长×壳高=190μm×160μm）之后，将具足面盘幼虫放置于40万～60万个/mL的虫黄藻溶液中，具足面盘幼虫密度控制在30万～40个/mL，浸泡时间控制在2h以内；从第6天开始，每天将换水出的具足面盘幼虫浓缩均使用虫黄藻液浸泡，确保每个具足面盘幼虫消化腺中有3个以上虫黄藻（图18-6）。

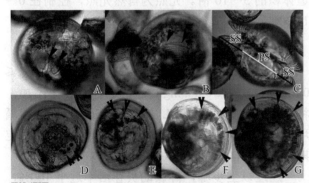
图18-6　砗磲变态过程中鳃（A、B）、次生壳形成（C）及虫黄藻系统构建（D～G）

A、B. 分别表示纤毛环状鳃和完整的鳃；C. 白线部分表示初生壳（PS），黑线部分表示次生壳（SS）；D～G中，箭头所指为虫黄藻，从4个、20多个、80～90个直至数百个

6. 附着变态

当幼虫足可以伸出壳外，进入附着变态期间，采用静水法采苗，不充气、不换水，定期浸泡虫黄藻，使幼虫完成变态。通过吸底检查幼虫变态状况，当幼虫鳃虫纤毛环状逐渐发育至完整的鳃（图18-6A、B）；稚贝逐渐长出次生壳，由原来的几丁质出生发育出钙质次生壳（图18-6C）；从具足面盘幼虫开始，幼虫摄食虫黄藻，并且伴随着生长，虫黄藻数量不断增加，从几个至数百个，构建了完善的虫黄藻系统（图18-6D～G），意味着变态成功，形成稚贝。经过7～10d变态，完成变态。

7. 稚贝培育

完成变态的幼虫，结束浮游生活，用足爬行，开始微流水+微充气饲育。经过1个月的培育，稚贝可以生长至400～500μm，形成双水管稚贝，运动方式仍为爬行。经过1.5～2.0个月左右培育，形成1～2mm的幼贝，与成体砗磲外观上相同，能够利用足丝附着在容器底壁或者附着基上而站立起来，此时完全利用虫黄藻营养（图18-7、18-8）。继续采用微流水培养稚贝，直至发育到幼贝（图18-9）。

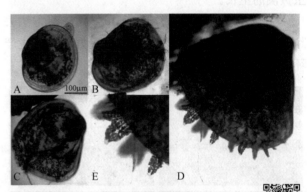
图18-7　砗磲稚贝形成
A. 刚刚形成的稚贝；B. 单水管稚贝；
C. 外套膜二触手稚贝；D. 外套膜多触手稚贝；E. 外套膜触手

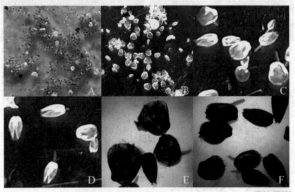
图18-8　鳞砗磲稚贝小规模培养
A、B. 稚贝；C、D. 爬行稚贝；E、F. 显微镜下的稚贝形态（壳长，800～900μm）

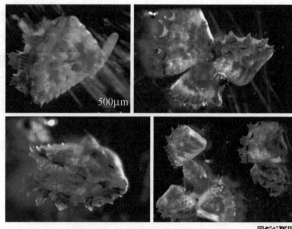

图 18-9　鳞砗磲 65 日龄幼贝

8. 幼贝生产管理

1）水质条件检测：切勿出现温度过高、水质恶化等现象发生。

2）微流水饲养：在苗种附着后，采用微流水饲养模式，直至壳长生长至 10～30mm 左右（图 18-10）。

3）定期加入营养盐：促进砗磲苗种外套膜中虫黄藻的生长。

4）丝状藻去除：采用物理和生物防治方法去除苗种生长过程中的丝状藻，创造良好的苗种生产环境。

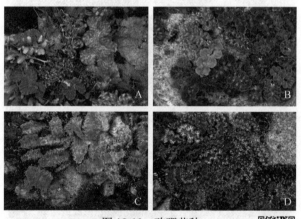

图 18-10　砗磲苗种
A. 鳞砗磲；B. 番红砗磲；
C. 砗磲；D. 蓝色品系番红砗磲

第三节　砗磲的增殖与养殖

一、人工养成

相较于常规循环水中间培育方法，采用半封闭式循环水规模化培育大规格砗磲幼贝，可以显著提高幼贝存活率，加快幼贝生长速度，生产大规格砗磲幼贝及其成贝。重点包括以下几方面。

1. 海水处理

抽取自然海水放置于蓄水塘中沉淀，之后在蓄水塘中采用马尾藻、羽毛藻、海葡萄等大型海藻去除海水中营养盐，当海水中营养盐消失殆尽，即总氮≤0.1mg/L、总磷≤0.05mg/L，二次抽取该海水进行沙滤、超滤和紫外线消毒后放置于循环系统蓄水池中，要求海水盐度 30～32，pH 在 7.9～8.3，透明度≥30m。

2. 开缸驯化

半封闭循环水系统由蓄水池、循环管道、控温设备、开放式玻璃缸跑道、过滤设备及氮分系统等组成。将处理后的海水，从蓄水池抽入蓄水管道，经过控温设备将海水温度控制在 27～30℃，之后进入开放式玻璃缸跑道，流经玻璃缸跑道的海水在经过过滤设备、氮分系统流回蓄水池，之后一直作业、进行开缸驯化 7～14d。

3. 中间培育

开缸驯化好后，将附着好的附着基连同砗磲幼贝（壳长≥3mm）一同放置于玻璃钢跑道中，海水深度控制在 30～60cm。待砗磲幼贝稳定 2～3d 后，按照同等规格马蹄螺∶砗磲=1∶（10～20）放养马蹄螺，以去除丝状藻等海藻生物对幼贝中间培育的影响。每天正常流水，水流量控制在玻璃缸跑道体积的 5～10 倍。光照为自然光照，控制在 0～12 000lx。

4. 营养添加

每天循环中海水进行营养盐含量测试，当总氮≤0.01mg/L、磷≤0.005mg/L 后，进行营养盐添加，将其补充至氮≤0.1mg/L、磷≤0.05mg/L 后继续循环水作业。为了保证营养物质均衡，蓄水池每月定期补入新鲜自然海水为总体积的 20%～30%。

经过以上步骤，砗磲幼贝存活率近乎 100%，生长速率达 1.2～2.0cm/月，可以规模化生产大规格砗磲幼贝和成贝（壳长≥3cm）（图 18-11）。

二、海区底播增殖

砗磲幼贝在较小时就具有很强分泌足丝固着自身的能力，可以通过海域选择、苗种固着、苗种运输、底播放养、护养管理等技术手段，开展砗磲幼

图 18-11　半封闭式循环水砗磲幼贝
中间培育示意图

A. 壳长 3～4mm 砗磲幼贝（A₁. 番红砗磲；A₂. 无鳞砗磲）；B. 中间培育过程中的壳长 1～2cm 砗磲幼贝（B₁. 番红砗磲；B₂. 无鳞砗磲）；C. 中间培育后的壳长 4～6cm 砗磲幼贝（C₁. 番红砗磲；C₂. 无鳞砗磲）；

D. 循环水系统中玻璃缸跑道工作现场图（D₁. 近照；D₂. 远照）

贝的自然海区底播养殖。

1. 海域选择

选择我国北纬 18 度以南离岸型海岛或者岛礁低潮线以下 8m 以内水深的海域开展砗磲养殖，要求海域具有活体珊瑚，底质以珊瑚石或者礁石为主，且常年海水盐度在 30 以上、pH 在 8.0 以上、透明在 15m 以上，确保砗磲贝苗可以接受到光照。

2. 苗种固着

在砗磲幼贝壳长达到 1～2mm 时，将其植入在附着基上，经过 3～5 个月的人工饲养至幼贝 5～10mm，且已经牢牢地固着在附着基上。此时的幼贝完成了附着基固着过程。

3. 苗种运输

将附着基连同固着的砗磲贝苗一起转入透明材质塑料箱中，加入海水，单层放置，箱中海水深度

以没及附着基 3～5cm 为宜。确保砗磲贝苗一直浸泡在海水中，且白天可以接收到阳光。将一箱箱砗磲贝苗搬运至船上，运输到指定底播增殖区，整个运输时间不超过 3d。

4. 苗种投放

到达底播增殖区域后，先冲刷带苗附着基，如果砗磲掉落，则将其回收，进行二次固着。之后潜水将附着基（带苗）放置于珊瑚礁中，用铁丝网罩将附着基（带苗）罩住，防止敌害生物对小规格贝苗造成伤害。2～3min 后，幼贝打开双壳，伸展出外套膜。

5. 养护管理

为了确保小规格砗磲贝苗健康成长，每 1～2 周潜水一次，检查砗磲贝苗生长存活情况。如若发现个别掉下来的苗种，将其回收，如果发现铁丝网罩发生移动或者侧翻，将其重新固定好，确保保护功能。经过一年的护养，幼贝壳长可以到 3～12cm，贝壳变得坚硬，且可以很敏感的感应外界刺激和敌害袭击。为了让其自由生长，拆掉铁丝网罩，幼贝继续生长，若干年后，成长为成贝（图 18-12）。

图 18-12　砗磲海区养成及其养护

第四节　砗磲的收获与加工

一、砗磲的收获

由于砗磲都是国家保护动物，其中，大砗磲为

一级保护动物，其他砗磲为二级保护动物，所以，收获目的主要是将其作为亲本，进行子代繁育，开展本土资源恢复，非商业买卖。海区人工养殖的砗磲采用人工潜水方式捕获（图18-13）。由于每种砗磲大小不一，通常情况下，收获时壳长要求如下。

1）番红砗磲≥10cm。

2）长砗磲、诺瓦砗磲≥15cm。

3）鳞砗磲、砗磲、瓷口砗磲≥20cm。

4）无鳞砗磲≥30cm。

5）大砗磲≥50cm。

图18-13　采收的砗磲

二、砗磲的加工

传统上，砗磲肉可食用，是太平洋岛国渔民主要食物来源，也是日本、韩国，以及中国台湾和香港酒店的高端食材（见延伸阅读18-4）。同时，砗磲的贝壳是装饰品，玉化砗磲壳也是有机宝石，是佛家七宝之一。通常情况，砗磲壳本身是一种工艺品，大壳或者玉化壳被加工成各种饰品，包括珠子（穿制成手镯、手串等）、摆件（白菜、金龙鱼等）等（见延伸阅读18-5）。

延伸阅读18-4

延伸阅读18-5

复习题

1. 简述砗磲的种类、分布。

2. 简述砗磲的光合共生特性。

3. 简述砗磲的繁殖习性。

4. 简述砗磲的人工育苗方法。

5. 简述砗磲的人工养成和海区底播增殖方法。

第十九章　其他埋栖型贝类的增养殖

第一节　西施舌的增养殖

西施舌（*Mactra antiquata*）隶属于软体动物门（Mollusca）双壳纲（Bivalvia）帘蛤目（Venerida）蛤蜊科（Mactridae）。俗称"海蚌"，是一种个体较大，肉质细嫩，味道非常鲜美，营养十分丰富的海产贝类。早在 1765 年我国赵学敏于《本草纲目拾遗》一书中描绘了它的形态、习性及采捕方法，并指出它是"润肺脏、益精补阴要药"。西施舌广布我国南北沿海各海区，以山东半岛、江苏启东、福建长乐、广东汕头最多，年采捕量 100t 左右。近年来西施舌产量日趋减少，远不能满足人们的需要。为探索西施舌的增殖途径，国内多家科研单位进行了西施舌人工育苗与养殖生产，取得了成功。

一、西施舌的生物学

1. 形态与构造

（1）外部形态特征

西施舌外形略呈三角形，壳顶位于贝壳中央，稍偏前方。腹缘圆，左右膨胀，体高约为体长的 4/5，体宽约为体长的 1/2。同心生长线细密。壳表颜色随着个体的生长和环境而变化，多呈黄白色，壳顶区紫色。铰合部宽大，左壳主齿 1 枚，呈"人"字形，右壳主齿 2 枚，呈"八"字形。前后侧齿发达，左壳单片，右壳双片。外韧带小，呈黄褐色。内韧带棕黄色，位于三角形的韧带槽中。前闭壳肌痕略成方形，后闭壳肌痕呈卵圆形。外套痕清晰。体长在 6cm 以下的西施舌，壳薄、易碎，壳表呈紫红色。体长 7cm 以上的西施舌，壳顶淡紫色，壳表具有米黄色发亮的角质外皮（图 19-1）。

（2）内部构造

外套膜包裹肉质部。翻开外套膜，前端左右两侧，各有三角形唇瓣 1 对，外唇瓣略比内唇瓣小。

图 19-1　西施舌贝壳形态

紧接唇瓣之后，是左右 1 对鳃瓣。出入水管位于后端上下方。斧足发达，呈舌状。口位于两对唇瓣中间，直通简短的食道。食道紧接 1 个膨大的胃，整个被棕褐色的消化盲囊所包围。米黄色半透明的晶杆体，从腹足的侧方伸到胃里，胃盾近似马鞍形。心脏由 1 个心室和 2 个心耳组成。肾脏 1 对，位于围心腔后方，呈棕褐色。肠道迂回于内脏团后，折向后上方，直肠通过心脏，绕过后闭壳肌，肛门开口于水管基部。

2. 生态习性

（1）地理分布

西施舌主要分布在中国、朝鲜、日本和印度等国。在中国沿海，北自辽宁的大连，南至海南岛的三亚均有分布。福建闽江口长乐市一带，盛产西施舌，近年来年产量约 15t。西施舌栖息于低潮线附近，至干潮线以下 10m 左右水深。体长在 5mm 以下的稚贝，移动能力很强，它除了爬行之外，常可借助斧足的推动而跳跃。

（2）栖息环境

西施舌营底栖生活，主要栖息在潮间带下区和浅海的沙滩内，埋栖深度为 10cm 左右。它的斧足极为发达，借助斧足的运动，挖掘沙泥而穴居。1～2 龄的西施舌，潜居在粒径 1mm 左右的沙中生活。

西施舌适宜水温为 8～30℃，最适水温为 17～27℃；适宜盐度为 17～35，最适盐度为 20～28；溶解氧 4mg/L 以上；pH 适宜 7.4～8.6。西施舌生

存的底质粒径为 0.005～1mm，以沙为主。其中，粒径大于 0.005mm 约占 90%，粒径小于 0.005mm 约占 10%，且潮流畅通海域。西施舌随着干露时间的延长，体腔液失水量相应增加，当失水超过 8% 时，出现死亡。当气温 20℃，干露 29h 后大量死亡；当气温 30℃，干露 12h 后大量死亡。

（3）越冬、渡夏、迁移

水温 8℃ 以下或 29℃ 以上，开始进入越冬或渡夏状态，依靠足的推动，由潮下带逐渐向浅海移动。它具有明显的迁移习性，随着个体的生长，从河口附近的低潮区，向浅海较高盐度水域迁移。

（4）食性

西施舌的浮游幼虫的摄食，属于主动滤食方式。幼虫摄食的饵料，多属于海产单胞藻类；此外，也摄食微小的有机碎屑、可溶性有机物、有益细菌等。人工育苗的饵料主要是金藻类、塔胞藻、扁藻、角毛藻等。成体的摄食属于被动滤食方式，其食物种类和数量，随着季节和海区的不同而有差异。常见的有浮游植物中的圆筛藻、舟形藻、直链藻、骨条藻、根管藻、星杆藻、曲舟藻、月形藻、小环藻、菱形藻、辐环藻等。此外，还有动植物有机碎屑和无机微粒等。据观察，西施舌消化道内含物的硅藻居多，尤以圆筛藻、菱形藻、舟形藻和小环藻占多数。

3. 繁殖

（1）性别与性成熟年龄

西施舌为雌雄异体，雌性生殖腺呈乳白色；雄性呈米黄色。生殖腺分布在内脏的两侧和斧足基部横纹肌的间隙中，呈树枝状分叉，末端膨胀成为滤泡。

满 1 龄的西施舌即可性成熟。生物学最小型，雄性个体为壳长 46.5mm，壳高 37mm，壳宽 20.5mm，体重 18.3g，具有明显的雄性先熟的现象。

（2）繁殖季节

在福建沿海，每年 5～7 月间，为西施舌的繁殖期。4 月中旬至 6 月中旬，水温 16～26℃，生殖腺发育指数值为 0.7～0.9，生殖腺覆盖整个内脏，并充满斧足横纹肌的间隙。雄性滤泡内精子呈菊花状排列；雌性滤泡内充满卵径 65μm 左右的卵母细胞，核径 30～40μm。

（3）产卵、排精

滤胞中的精、卵成熟后，经分叉的生殖腺汇集到生殖导管，从开口在鳃上腔的左右一对生殖孔排放，经鳃上腔从出水管排出体外。在微流水环境中，精卵在海水中排放，均呈云雾状；在静水环境中，雄性精子排放时呈絮状，但很快就消散；雌性将卵成堆地排放在泥沙表面。

（4）产卵量、精卵大小和形状

精子为鞭毛型，头部呈圆锥形，直径 2.5μm，长 5μm；尾丝长 38～46μm。卵子呈圆球形，均黄卵，卵径 62～68μm。

（5）胚胎发育

精卵在水中结合为受精卵。在适宜条件下，卵子受精后 20～40min，出现第一极体。50min 左右放出第二极体。1h 后，受精卵开始分裂，第 2 次分裂成大小不等的 2 个分裂球；第 2 次分裂成 4 个分裂球；第 3 次分裂时，在动物极部分出现一组小分裂球。此后，附着卵裂的继续进行，分裂球呈偶数倍增，当胚胎发育到囊胚期时，其周身生有短小的纤毛，依靠纤毛摆动，开始转动。受精后 5～7h，发育成担轮幼虫，在水中自由转动。再经 11～24h，发育成 D 形面盘幼虫，在水中自由游动。面盘幼虫经过 2～3d 培育，壳顶开始隆起，成为壳顶面盘幼虫，其个体大小为 119μm×98μm～124μm×105μm。壳顶幼虫从面盘的中央，伸出 1 根长鞭毛，足面盘幼虫长鞭毛更加明显。在正常情况下，西施舌的 D 形幼虫经 9～11d 的培育，即可发育变态为稚贝。

西施舌胚胎发育的适宜水温为 17～28℃。当水温为 13～16℃ 时，受精率很低，发育缓慢；当水温为 28.8～29.2℃ 时，受精率亦低，发育多畸形。适宜盐度为 16～32，最适盐度为 20～30。

4. 生长

西施舌是一种生长较快的海产双壳类，寿命可达 8～10 龄。最大的个体，体长可达 15.4cm，体重 780g。从受精卵培育成壳长 1cm 的稚贝，只需要 2 个月的时间。满 1 龄的西施舌，体长 4～6cm，体重 20～35g；满 2 龄者，体长 8～9cm，体重 130～150g；满 3 龄者，体长 10～11cm，体重 170～250g；满 4 龄者，体长 11～12cm，体重 220～360g。1～2 龄，贝壳生长迅速；3～4 龄，软体部增长明显，占总体重的 30% 左右。

二、苗种培育

1. 亲贝培育

（1）亲贝选择

人工繁殖用的亲贝，应选择壳薄、壳表为米黄色、生长在潮下带 4～5m 水深、3～4 龄的野生西施舌，平均壳长 12cm 左右，平均体重 250g 左右。

（2）亲贝培育

在室内培育亲贝。池底铺上厚度 15cm，粒径为 0.1～0.5mm 的纯沙。培育密度为 8～10 个/m²。水深 50～120cm，盐度 16～31。投喂三角褐指藻或角毛藻（5～20）万细胞/（mL·d），饵料不足时可投喂可溶性淀粉（2～10）×10⁻⁶。pH7.8～8.6，溶解氧在 4mg/L 以上。采用长流水法换水，流量为 2～3m³/h。亲贝经 20～25d 的培育，当水温升到 26～27℃，生殖腺已成熟，可用于诱导产卵。

2. 诱导产卵

诱导方法主要有以下几种。

（1）阴干加流水刺激

阴干 3～5h，流水刺激 2～3h，间隔 1h 后，再行流水刺激。多次反复，可促使西施舌排放精、卵，以获得大量受精卵。

（2）阴干加升温刺激

阴干 3h，在适温范围内，1h 升温 3～4℃，然后更换常温海水，间隔 1h 后再升温。反复刺激，可促使西施舌排放精、卵。

（3）氨海水诱导

使用 0.0075～0.03 浓度的氨海水，浸泡 15～22min，可促使雄性西施舌排精。更新海水后，让雄性继续排精诱导雌性西施舌产卵。经 27～50min，雌雄全部排放结束。雄性西施舌潜伏期短，反应快，排放速率曲线呈偏峰状态；雌性西施舌潜伏期较雄性长些，产卵速率为正态曲线。

3. 受精与孵化

（1）受精

用解剖取卵法，进行人工授精时，雌雄亲贝的用量比例为（4～5）∶1。诱导排放时，当看到雄性排精，应将其移出。1 个卵子周围有 3～5 个精子即可，过多的精子会给胚胎发育造成不良影响。

当多数受精卵出现第一极体时，采用沉淀法排出上、中层海水，除去多余精子。经 4 或 5 次洗涤，并使受精卵保持悬浮状态，孵化率可达 95% 以上。

（2）孵化

水温为 22～28℃ 时，受精卵经 6～8h，就发育成担轮幼虫，它具有明显的趋光性，成群成束地趋向光亮的表层四周。用胶皮管将担轮幼虫虹吸到大水缸或水槽内，加入过滤海水，使担轮幼虫密度为 40～50 个/mL，遮光静置约 20h，即发育成直线铰合幼虫，即 D 形幼虫。

4. 幼虫培育

（1）幼虫培育密度

在生产性大水体育苗中，幼虫培育密度多采取前期 2～3 个/mL，后期为 0.5～1 个/mL。

（2）投饵

壳长 82～93μm 的幼虫，就开始摄食微小型的单细胞藻类。叉鞭金藻和微型藻是西施舌幼虫的开口饵料，金藻、扁藻是培育西施舌幼虫的良好饵料。投喂时，饵料一定要新鲜、无污染。

（3）水质监测和管理

1）水质监测：每天观测育苗池内的水温、盐度、pH、含氧量等。西施舌受精卵发育的较适宜水温为 23～27℃，较适宜盐度为 18.20～24.47，pH 为 8.1～8.6，溶解氧要超过 4mg/L，光照强度为 200～1000lx。

2）加水与换水：每天早晚各换水 2 次，每次换水量 1/4～1/2。换水时，温差不超过 1℃，盐度差不超过 4。

3）充气增氧：适应微波充气；壳顶幼虫后，逐渐加大充气量。气泡石不宜随便移动。

4）清除沉淀物：幼虫培育时间，每隔 1 天用吸污器清除沉积物 1 次。吸污时，暂停充气，注意清除池角的沉淀物。为了彻底清除沉淀物，改善育苗环境，在壳顶初期和壳顶后期，各倒池 1 次。

5. 采苗

采苗池先经洗刷用 0.025g/L 高锰酸钾浸泡 3～4h 后，再用过滤海水冲洗干净 2 次。铺上 1cm 厚度粒径 0.1～0.5mm 的细沙。注入过滤海水至 30cm 水位。壳顶后期幼虫经倒池筛选后，移入采苗池中进行附着变态。初期附着变态的稚贝个体大小为 208μm×189μm～225μm×209μm，贝壳无色透明，出水管呈薄膜状，足棒状，能分泌足丝，附着在细沙上。

6. 稚贝培育

稚贝培育期间饵料以金藻和扁藻为主，日投饵量投入为湛江叉鞭金藻8万～10万细胞/mL+扁藻0.3万～0.4万细胞/mL。稚贝经20～30d培育，体长达到1mm，入水管形成，开始进入较稳定的穴居生活。再经过20～30d培育，体长达3～5mm，最大可达1cm。

稚贝培育期间应注意以下几点。

1）根据稚贝的生长情况，逐渐增加其潜居的细沙。这种细沙在使用前应经多次筛选，经浓度0.02g/m³漂白粉消毒。

2）观察稚贝的摄食状态，根据稚贝的生长情况，逐渐增大投饵量，并严防从饵料中带进原生动物。

3）及时清除稚贝排泄物和沉积物，每隔3～5d清洗一次沙子或每隔15～30d更新一次底质。

4）稚贝培育期间，水温应保持在29℃以下。

7. 出池

稚贝出池之前，应加大换水量，对其进行锻炼，以提高稚贝出池成活率。西施舌稚贝，贝壳较薄，容易破损，出池时要格外小心，防止机械损伤后造成死亡。最好选择在阴天或降温天气出池。

三、养成

1. 海区的选择

1）水质：水温8～30℃，最适为17～27℃。盐度17～35，最适为20～28。pH 7.4～8.6，最适为8.0～8.4。

2）底质：适应潜居于纯沙或软泥，最适潜居中细沙底质。

3）水深：以潮下带4～10m为适宜。

4）潮流：适应栖息潮流畅通，浮游生物丰富的河口附近海区。

2. 围网养殖

（1）场地选择

应选择附近无污染源、细沙底质、风浪较小、潮流畅通、水质肥沃、pH最高不超过8.6、最高水温不超过30℃、最低盐度不低于13、底质平坦的低潮区。

（2）围网养殖

用8号尼龙线，编织成宽度为120cm、网目大小为2cm的尼龙网片。大潮退潮后，用锄头或铁铲沿着已选择好的低潮区滩涂四周，挖1条宽20～30cm、深40cm的沟。将编织的尼龙网片连同聚乙烯的底网，埋入沟底。埋入网片时，应边挖土、边埋网片，并注意把底网拉直，上纲拉平，然后堆沙。接着在网片内侧滩涂，每间隔150cm用长140cm、直径5～6cm的木棍插入沙中40～50cm。拉直网片上纲，把尼龙网张高80cm，从网片的上纲开始，每距离35～40cm，用维尼纶将它扎在木桩上。围网之后，用锄、耙平整围网内的埋地，清除埋面石头、螺类及其他杂物。每100m²放养1～2龄的西施舌150kg左右。放养时，应将它逐个分开，力求播放均匀。

（3）注意事项

1）西施舌放养时间，应选择阴天或早晚干潮时进行，以春、秋两季为适宜。放养个体大小要力求整齐。

2）应当播放当日采集或收购的西施舌苗种。

3）要在埋地四周，插竹竿或设立浮标，防止机动渔船闯入。

4）注意防逃。大潮期间，应将迁移到围网边的西施舌收集起来，重新于埋内分散放养。发现损坏的围网，应及时修补以防逃脱。

5）注意防除敌害。主要敌害生物有：鳐鱼、蛇鳗、海星、虾类、鲷鱼、锯缘青蟹、玉螺等。大潮期间，要清除埋面上的生物敌害。发现有蛇鳗危害时，每100m²用1～1.5kg茶籽饼（捣碎后用水浸泡12h）均匀泼洒在埋面上，可毒杀鱼类。

6）在流沙较大的海区，应在埋地上端或东北向，用成束的芒草（蕨类植物芝藤草）埋入沟骨。埋芒草时，应将其根部朝上，并露出埋面30cm，然后堆沙，形成宽40～50cm的芒草堤坝，用以阻挡流沙冲积。

7）要经常刮除木桩上的藤壶和牡蛎，以防绑绳被割断或网破西施舌逃逸。

3. 池塘养殖

在潮间带的中、上潮区建池，池内侧用混凝土石砌直坡，池深1.6～1.8m，水深保持1m左右，池面积1000～4000m²。水池的前后端设进出水闸，水闸的外槽为闸板槽，内槽为滤水网片槽。尼龙网片的网目为2mm左右。放养前15d左右，把池水放干，清除池底石块、贝壳和污泥。用0.003g/m²敌百虫或0.05g/m³的漂白粉毒杀小鱼、虾、蟹等生物。如果池底淤泥较多，则每100m²撒生石灰15～20kg。浸泡3～4d后，纳潮冲洗2～3次，然后铺入清洁细沙30～40cm；再纳潮水浸泡冲洗1或2

次，耙平后将西施舌均匀播入池中，每 100m² 放养 1～2 龄西施舌 120kg 左右。日常水深要保持 1m 左右；经常洗刷滤水网闸，保持进出水畅通；大潮期间每天换水 1 或 2 次；经常测定水温、盐度；梅雨季节，若池内海水盐度低于 13，就加渔业用盐或盐卤调节盐度；夏季，池内水温容易超过 30℃，应在离池面 1.5m 左右，搭盖遮阳；每隔半个月，大潮期间排干池水，捕捉鱼、虾、蟹、螺，清除浒苔。

四、养护增殖

西施舌野生资源的减少主要为过度采捕导致。为有效养护西施舌，目前已设立西施舌国家级水产种质资源保护区 3 个，分别为日照海域西施舌国家级水产种质资源保护区、如东大竹蛏西施舌国家级水产种质资源保护区和漳港西施舌国家级种质资源保护区；省级保护区 2 个：日照市黄家塘湾西施舌省级种质资源保护区和福建长乐海蚌资源增殖保护区。2024 年 1 月，中华人民共和国农业农村部修订的《国家重点保护经济水生动植物资源名录（第一批）》仍收录了西施舌，为保护西施舌资源及其生存环境和生长繁育区域起到了积极作用。此外，日照、福州、泉州等地已将西施舌的增殖放流作为海洋生态保护的重要任务，即选择光泽度好、活力强，每粒平均规格在 1.2cm 左右的西施舌苗，在繁殖季节进行放流，为西施舌生物资源的增长起到积极作用。

五、采收

西施舌的采捕规格为壳长 8cm。收获时可用铁耙或蚌戳逐个采取。

第二节　施氏獭蛤的养殖

施氏獭蛤（*Lutraria sieboldii*）在分类学上隶属于软体动物门（Mollusca）双壳纲（Bivalvia）真鳃亚纲（Autobranchia）帘蛤目（Venerida）蛤蜊科（Mactridae）。广西俗称象鼻螺、牛鞭螺，广东称包螺。施氏獭蛤肉质细嫩，口味鲜美，营养丰富，深受人们喜爱，经济价值较高，是一种名贵的海珍品。施氏獭蛤具有生长快、个体大、适应性强、价格高等特性，一年即可达商品规格（16～20 个/kg）。作为一种新型的养殖品种其优良性状特别突出，是

自然界中为数不多的无须改良的天然优良养殖品种之一，适宜大面积推广养殖。北部湾海域是施氏獭蛤的主要产地之一，这里地处亚热带，阳光充足，气候适宜，湾内水深适中，滩面地形平坦，多为沙泥或泥沙底质，湾内营养盐及饵料生物丰富，海水环境污染较小，海水 pH 值及溶解氧等适宜海洋生物的生长繁殖，具有优越的养殖生态环境。

近年来，广西沿海养殖户陆续收集施氏獭蛤中贝或天然苗种进行浅海围网养殖，获得成功，取得了较好的经济效益，并积累了不少的养殖经验。由于其养殖方式相对简单，投资不大，风险小，效益好，资金周转快，因此渔民对施氏獭蛤养殖的积极性极高。

一、施氏獭蛤的生物学

1. 形态

贝壳长椭圆形。壳顶小，而且偏前。壳的前后端圆，有开口。表皮有很多细轮脉。壳呈淡白黄色，被有暗褐色的壳皮（常脱落）。壳内面白色，有光泽。前后闭壳肌痕近圆形。外套窦深。铰合部下垂。内韧带发达。后侧齿退化，仅留残缺（图 19-2）。

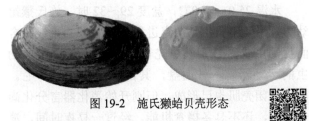

图 19-2　施氏獭蛤贝壳形态

2. 分布

施氏獭蛤主要分布于广西、广东及福建、海南等沿海，营埋栖生活于潮下带至水深数米的沙泥质海底，主要食物为底栖硅藻及有机碎屑。

3. 繁殖

（1）生殖细胞

成熟的施氏獭蛤卵子呈圆形，在水中分散游离，淡黄白色。卵径在 70μm 左右，卵膜薄而光滑，卵核大而明显，位于细胞中央，卵黄颗粒分布均匀，为沉性卵。精子属鞭毛型，成熟精子在水中游动活跃。

（2）胚胎发育

精卵接触后即行受精。受精卵产生一层透明的受精膜，卵核模糊。受精后 10min，在卵子动物极

出现第一极体。受精后 45min 开始第一次分裂成为 2 细胞时期，以后继续经六次分裂胚体呈桑葚期。卵裂继续，至受精后 3h35min 左右胚体发育成为圆球形，周身长出细小纤毛，开始在水中作开始做顺时针旋转为囊胚期。胚体继续发育，至受精后 8h 左右胚体长出一纤毛环，中央具鞭毛束，称为担轮幼虫。这时幼虫能在水中做直线运动。20h 后，胚体发育到面盘形成，即为 D 形幼虫期（表 19-1）。

表 19-1　施氏獭蛤胚胎发育过程

胚胎发育阶段	胚胎发育时间（距受精后）	备注
第一极体	10min	
第一极叶	30min	
2 细胞	45min	
4 细胞	1h 15min	
8 细胞	1h 30min	
16 细胞	2h 10min	发育水温 28.7℃
32 细胞	2h 40min	盐度 29.3
桑葚期	3h	
囊胚期	3h 35min	
原肠胚期	4h 30min	
担轮幼虫期	8h	
D 形幼虫期	20h	

（3）幼虫发生

水温 25.0～27.0℃，盐度 29～32 时，施氏獭蛤幼虫发生及稚贝生长发育进程见表 19-2。直线铰合面盘幼虫或称 D 形幼虫壳长为 85～90μm，形成幼虫的运动器官——面盘，其四周细胞被有纤毛。前、后闭壳肌也已形成，但刚开始消化器官分化尚未完善，还不具备摄食机能。经过一昼夜时间，消化道开始弯曲；第二天的幼虫肝脏颜色变浓，说明此时幼虫已经开始摄食和消化食物。在壳顶初期（贝苗壳长为 120～140μm），壳的铰合部稍稍隆起，但不甚明显。壳前、后端对称。面盘发达，游泳能力强。到了中期壳顶（贝苗壳长为 150～270μm）直线铰合幼虫的壳继续发展，铰合部长度相对变短，顶端由平直而渐渐向上隆起，形成壳顶。壳由 D 形变成椭圆形。后期面盘仍存在，足渐伸出，并形成简单的鳃丝。游泳能力减弱。常沉于水底，在水的中上层已较难找到。后期面盘幼虫（壳长为 280～300μm），又称匍匐幼虫，这个时期幼虫的棒状足已经能够自由伸缩，消化腺分化更完全，内鳃丝数目增多，变态前可达到 4 或 5 对，被有纤毛，眼点仍存在。

表 19-2　施氏獭蛤幼虫及稚贝生长发育进程

发育时间（d）	贝苗大小（壳长×壳高）（μm×μm）	发育期
1	85×75	早期面盘幼虫
2	100×90	
3	120×110	壳顶初期
4	140×130	
5	170×160	壳顶中期
6	190×180	
7	200×190	
8	220×210	
9	250×240	
10	270×260	
11	280×270	壳顶后期（匍匐幼虫）
12	300×290	
14	340×320	刚附着稚贝（单管期稚贝）
30	1800×1000	双管期稚贝

（4）稚贝

壳长 340～1800μm 为稚贝附着阶段，面盘萎缩，面盘上的纤毛及鞭毛束自行脱落，幼虫结束了浮游期以足丝附着生活，水管开始形成，逐渐由单水管至双水管。

由附着转为底栖的稚贝壳长在 1800～2000μm 左右，此时足丝退化，双水管长度约为壳长的 2.5 倍，附着稚贝自行脱落，营底栖生活。

二、苗种繁育

1. 亲贝培育

选择壳长 8～10cm、反应灵感的野生施氏獭蛤作为亲贝。培育池底铺沙 5cm，投喂扁藻、金藻、角毛藻和小球藻等饵料；培育水温 25～27℃，每日大换水 1 次。

2. 诱导产卵

阴干 3～5h，再升温 5℃刺激 1h 后。

3. 受精与孵化

施氏獭蛤受精率较高的盐度范围为 29～34，精、卵在海水盐度为 32 的条件下活力最强，随着海水盐度的下降活力也随之下降，当盐度低于 24.0 时精子活动力明显地降低，仅为 50.0%。然而随着海水盐度的增加虽然精卵活力也受到一定的影响，但这种变化趋势相对较小。使用解剖法获取精子和卵子时，须在低浓度氨海水中受精。控制精子量，每个卵子周围精子数不超过 10 个。

受精卵的孵化过程受盐度的影响更大，盐度太高或太低都能极大地影响其发育，特别是影响到施氏獭蛤 D 形幼虫的畸形率。在盐度为 26.6～31.9 范围内幼虫的畸形率最低，因此是施氏獭蛤受精卵发育的适宜盐度。

受精卵直接于池中孵化，水体微充气，孵化密度 1～5 个/mL。

4. 幼虫培育

（1）幼虫培育密度

D 形幼虫期密度为 0.5～1 个/mL，壳顶中期时将为约 0.5 个/mL。壳顶后期至附着变态前的培育密度为 0.2～0.3 个/mL，附着变态期为 0.1～0.2 个/mL。

（2）投饵

以金藻+小球藻搭配作为开口饵料，日投喂量为每种饵料 2～3 万细胞/mL，随着幼虫的生长，逐渐增加投饵量，增加饵料种类。完全壳顶期可投喂角毛藻。

（3）换水

每天换水量 1/4；光照度 500lx 以下。

5. 采苗

经过约 13d 培育的幼虫，足已经发达，鳃丝开始出现。将洗净并经 KMnO$_4$ 消毒过的细沙撒入池底，细沙粒径 300～800μm，厚度约 0.5cm。增加投喂扁藻。

6. 中间培育

当稚贝生长至壳长 1.8～3mm 时进行中间培育。以虾苗袋充氧运输，选取潮间带的沙底海沟，以沉筐装沙培育。培育筐内细沙粒径小于 1mm，沙层厚度 10～12cm，水深 2～3cm。筐间距 10～30cm。将蛤苗均匀投放于沙层内，培育密度 5000～6000 个/m^2。

三、养成

1. 海区的选择

应选择远离污染源和河口的潮下带，避开底海流和浪涌较强的区域。水温 16～32℃，盐度 18～33，底质含沙量 70%～90%，水深 3～10m。

2. 放苗

水面撒播，投放密度为 5～10 个/m^2。

3. 养殖管理

使用浮标标记放养区域，定期潜水观察养殖密度，取样观察活力。前期养殖密度低于 3 个/m^2 时，补充投放至 5 个/m^2。

四、采收

个体重达 50g 时即可采收。潜水采挖，捕大留小。

第三节　硬壳蛤的养殖

硬壳蛤（*Mercenaria mercenaria*）隶属于软体动物门（Mollusca）双壳纲（Bivalvia）真鳃亚纲（Autobranchia）帘蛤目（Venerida）帘蛤科（Veneridae）硬壳蛤属（*Mercenaria*），又称薪蛤、美国红、美洲帘蛤、四不像等。原产地为北美大西洋沿岸，是美国大西洋沿岸浅海和滩涂主要的经济双壳贝类之一，营养和经济价值较高。1997 年由中国科学院海洋研究所引进我国，由于其适应能力强，味道鲜美，营养价值高，生长速度快，已成为我国北至辽宁、南至广西沿海池塘生态混养的主要经济贝类之一。

一、硬壳蛤的生物学

1. 形态

壳呈三角卵圆形，壳质坚厚。两壳大小相等，壳长略大于壳高。壳顶前倾，略高出背缘，位于背缘中央偏前方。小月面宽大，心脏形；楯面不明显。壳表具有细密的同心生长纹，在壳的前、后部更显著，幼贝具片状同心肋；放射肋不明显。壳面白色，饰有放射状的红棕色色带。壳内面白色，顶区或为蓝紫色，内腹缘具齿状缺刻（图 19-3）。

图 19-3　硬壳蛤贝壳形态

2. 生态习性

（1）分布及习性

原产于北美大西洋沿岸，北起圣劳伦斯湾、南至墨西哥湾。营埋栖生活，栖息于潮间带至水深 15m 的沙、沙泥、泥等多种底质中。

（2）对温度和盐度耐受性

属广温、广盐性贝类，水温耐受范围−2～35℃，短期可耐受38～40℃；盐度耐受范围13～48。生长的水温范围9～30℃，最佳温度范围18～28℃；适宜生长的盐度范围18～40。

3. 繁殖与生长

（1）繁殖

硬壳蛤1龄即可性成熟。硬壳蛤是雌雄异体，雌雄比为1:1。性腺分批成熟、分批排放。水温22～23℃时硬壳蛤产卵的频率最高。

硬壳蛤卵子直径在70～90μm，包有一层胶质的卵膜。经12h，受精卵便可发育到担轮幼虫。再经过8～12h发育到面盘幼虫阶段。面盘幼虫期大约12d。幼虫附着时壳长200～210μm，称为具足面盘幼虫。附着过程中面盘消失成为稚贝。

受精过程发生在水中。幼虫可以游动并摄食，但一般说来其运动是随水流在浮动。D型幼虫后就有贝壳，附着后外套膜分泌次生壳，次生壳的形成也是变态的一个重要标志。最佳附着变态基质是泥与砂的混合物，其他适宜基质是纯砂、砾砂和泥。但砂对幼虫的变态不是必需的。

（2）生长

生长速度因地理和季节不同而有所变化。硬壳蛤在夏季生长最快，春秋次之，冬季生长变慢。水温是生长的限制因子，但其他因子（如食物的密度）也影响生长速度。生长的理想条件是适当的温度、潮流、藻类密度并伴随着4mg/L以上的溶氧。研究显示高密度的硬壳蛤（>3875个/m²）达到相同的规格要比在适中密度（323个/m²）养的蛤所用的时间长。

硬壳蛤生长速度差异很大。在最快生长速度下，经24～36个月硬壳蛤可以达到商品规格。在10～16个月时快速生长的个体壳长是生长慢个体的2倍以上，壳重是其3倍以上。

二、硬壳蛤的人工育苗

1. 人工育苗

（1）种贝选择

种贝选择是人工育苗的关键，应在硬壳蛤繁殖盛期采捕种贝，选择壳面完整无损伤、活力好、壳长5～7cm的硬壳蛤作为种贝。如种贝个体小，则产卵量少；如亲贝个体太大则促熟培育困难，产卵难度大。另外由于硬壳蛤产卵量一般在200×10⁴粒左右，要根据育苗水体数，确定所需的硬壳蛤种贝数量，保证有充足的硬壳蛤种贝，采到生产所需的卵。

（2）种贝培育

硬壳蛤种贝采用浮动网箱进行促熟培育，种贝培育期间饵料以小硅藻类和扁藻为主，金藻和小球藻为辅，每天通过换水清除粪便和残饵以及死亡个体，通过强化营养、适宜培育密度20～30个/m²和15～20℃控温等科学管理措施，提高硬壳蛤种贝成活率和性腺发育，培育出成熟度好的种贝，为人工育苗产出充足的优质受精卵，打下坚实基础。

（3）产卵排精

一般采用阴干8～12h刺激产卵，也可采用上述方法结合加入解剖成熟的精液或卵液方法诱导，都能产出精、卵。催产要根据种贝性腺的发育情况而定，发育程度好易催产，发育程度差，即使催产也不成功，甚至把不成熟卵子催出，受精率、孵化率也较低，不利于幼虫培养。通常雄性先排。排放时，亲贝水管极度伸展。精子排放时呈烟雾状，卵子产出后一般分散于水中。

（4）孵化

由于硬壳蛤产卵、排精时，无法及时把雄贝挑出，很难控制精液数量，因此，应监控池中精子密度，及时挑出正在产精的雄贝，以免精子过多，影响受精卵的发育，造成孵化率降低，以及幼虫畸形率增加。通过及时充气和分池孵化，即1池分2～3池，然后加水、充气捞出泡沫和杂质，分池既可降低孵化密度至15～20个/mL，又降低过多精子对水质的影响，可大大提高孵化率和幼虫质量。

（5）培育密度

硬壳蛤幼虫在22～25℃的温度下生长速度较快，培育时间短，大约12d左右就附底变态。因此，幼虫培育期间，首先通过合理控制培育密度，保证幼虫发育同步，一般其培育密度为5～6个/mL比较适宜。密度过大，幼虫发育大小不均，影响变态同步性，过少则影响出苗量。

（6）投饵和换水

为了提高眼点幼虫附着变态率，保证幼虫发育期间的营养物质积累，必须加大单细胞藻类的投喂量，幼虫培育日投喂量控制在前期1万～4万细胞/

mL，后期 5 万～8 万细胞/mL，前期投喂金藻，后期可以金藻、小球藻和角毛藻混合投喂，需以金藻为主，并投喂新鲜、无污染、无老化的单细胞藻类，通过镜检观察幼虫胃肠饱满情况，及时调整饵料投喂量。

通过实施水质监控保证育苗水质，做到科学地投饵和换水，保证硬壳蛤幼虫快速生长发育，提高幼虫的成活率和附着变态率。

（7）采苗时机

采苗时机和方式是提高附着变态率的关键。当幼虫培育到壳顶后期，幼虫出现眼点，初生足形成并频繁活动，幼虫壳长大小在 200～220μm，需要立即移池采苗。移池采苗就是将出现眼点即将附着的眼点幼虫通过移池，把其移到干净、新鲜海水的池里，让其附着变态，保证变态池底及稚贝干净，有利于提高变态率和成活率，避免原池池底里粪便、残饵及死亡个体和原生动物对变态的不利影响。

（8）采苗密度

硬壳蛤采苗方法主要采用无底质采苗，即池中和池底部不放任何附着基，好处是水质好、眼点幼虫变态率高，另外也便于管理、便于稚贝的收集等。根据生产需求硬壳蛤初期稚贝合理附苗密度为 200×10⁴/m² 左右，经过 7～10d 培育，初期稚贝长到 400μm 以上，水管形成，即可将池中稚贝收起，放到室外土池中进行中间培育。也可以经过 20～30d 培养至 1mm 左右出池，而此时布苗密度应控制在（50～60）×10⁴/m²。

（9）稚贝管理

换水：每天 2 次，每次 1/2 水体，4d 或 5d 移池 1 次。每次移池时，清洗稚贝上所附着残饵、粪便及污物，然后将清洗的稚贝均匀撒到育苗池底。要经常吸底观察稚贝情况，发现稚贝体表较脏时，及时移池洗苗。

投饵：投喂人工培养的扁藻、金藻、角毛藻和小球藻等为主，每日 4 至 6 次，日投喂量扁藻为 1～2 万细胞/mL，金藻或角毛藻 8～12 万细胞/mL，并根据池内水色或稚贝肠胃饱满度适当调整。

2. 中间培育

常用的中间培育方式主要有以下几种。

（1）滩涂中间培育

将变态后的稚贝散播到滩涂上的特定区域，用网和栅栏保护进行中间培育。这种方式比较原始，死亡率高，生长慢，效果比较差，但成本低。

（2）陆上中间培育

在陆上进行。一种是利用涌流培养，所用的装置是涌流桶。这种装置可以提供上升流，即水流自下而上地流动。这样可以尽量将代谢废物、粪便等带走，避免稚贝在容器底部因缺氧而死亡。另一种是典型的跑道形养殖系统。稚贝放在浅的木制托盘中，托盘用塑料相连或盖以树脂等具有保护性的外覆物。每个托盘底放有 1 层浅沙，上面放有苗种。

（3）浅海中间培育

这种培养方法是在浅海中进行。传统方法是采用木制托盘，中间放入 1 层砾石或沙，再加遮盖来预防敌害，并成串挂起。漂浮的培育设施是用木材等原料匝成方框，类似于网箱，下面铺有 1 层网，网上放置砾石、沙子等，硬壳蛤稚贝在沙子中。也可用网袋进行中间培育，网袋系在一条长缆上，类似于我国扇贝的中间培育。

（4）土池中间培育

选择适宜于硬壳蛤稚贝生长，底质为细的泥沙底，进排水方便，水质好，饵料丰富的 2000～3000m² 或 3000～6000m² 的土池为中间培育池。使用前 15～20d，先平整池底，经过消毒处理后，进水肥水繁殖饵料生物。400～500μm 规格大小稚贝按每平方米 8×10⁴～10×10⁴ 粒的密度布苗，而 800～1000μm 按 3×10⁴～4×10⁴ 粒的密度布苗。随着稚贝的生长要及时疏苗，放苗后每天要进排水 10% 左右，保证池塘水质及饵料生物，当稚贝达到 1cm 即可出售和养殖。

三、养成

采用土池养殖或滩涂养殖，应做好 2 点：一是选择合适底质，二是投播大小合适的苗种。苗种的规格要足够大（>8mm），使较小的敌害不能捕食，并要用一些保护设施防止敌害的入侵。养殖管理中最重要的一条就是能够对苗种及时观察。

一般当硬壳蛤的壳长达 50mm 或壳宽达 22mm 的比例达 70% 就可以收获。收获的方法多种多样。常用的方法是使用各种类型的耙子人工收获。机械收获的方法也有多种，但都是用水流冲击含有硬壳蛤的沙子，将沙子冲掉后就可收获硬壳蛤。收获选择在低潮时，这样操作比较方便。

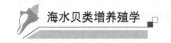

四、加工

硬壳蛤是我国出口的重要海产贝类。在国内，由于硬壳蛤耐干露时间长，故以鲜食为主，亦有煮熟后真空包装加工制成即食海鲜，或以速冻方式分离蛤肉，速冻保存。

第四节　尖紫蛤的增养殖

尖紫蛤（*Hiatula acuta*）俗称"沙螺"，分布于我国福建和广东沿海，生活在河口咸、淡水交汇处，尤以广东省吴川市鉴江产量最多，最高年产量达 5t。2011 年，在鉴江河口成立尖紫蛤国家级水产种质资源保护区。

尖紫蛤肉嫩味美，营养价值高，据分析蛤肉干蛋白质含量 58.65%，糖类 5.31%，脂类 8.75%，且有药用功效，如对哮喘病等。20 世纪 90 年代以来，由于大量采捕和水质污染，造成尖紫蛤自然资源濒临灭绝，因此迫切需要进行尖紫蛤的人工育苗和养殖技术的研究。

一、尖紫蛤生物学

1. 形态

贝壳大型，长卵形，侧扁，两壳相等。壳顶较凸，位于中央之前，前、后端开口；前端圆，后端尖圆，腹缘平直。壳表浅紫色或者灰白色，常被有黑褐色或着咖啡色的壳皮，壳顶处壳皮易脱落，生长纹清晰细密，在腹部和后部常呈褶皱状，自壳顶到腹缘有两条放射状的色带，右壳更清晰。壳内面乳白色或淡紫色，有的个体附有厚的白色的钙化层。韧带短粗而突出，蛹状。铰合部具有 2 枚主齿，一大一小。外套窦长而宽，背部斜截状，腹线与 1/2 外套线愈合。前闭壳肌长卵形；后闭壳肌马蹄形（图 19-4）。

2. 分布

栖息于河口附近潮间带的泥沙滩，营埋栖生活，从低潮区到水深 3m 左右都有它的分布。

3. 繁殖

根据尖紫蛤性腺发育程度，将生殖腺发育过程分为增殖期、生长期、成熟期、排放期和休止期五个时期。尖紫蛤繁殖期在福建省为 9～10 月，繁殖

图 19-4　尖紫蛤贝壳形态

盛期在 10 月。温度是影响性腺发育的主要因素，绝大多数个体为雌雄异体，雌雄同体的在同一滤泡中雌雄生殖细胞分区域分布。

4. 生长

尖紫蛤周年可以生长，生长速度与年龄、季节、水温与水质有关。一般 1 龄的蛤，壳长达 5cm 左右，2 龄蛤壳长为 8cm 左右，3 龄后，壳的生长速度缓慢。在夏、秋季节和稚贝阶段，壳的生长速度较快；冬、春季节和成贝阶段，增重较明显。当洪水、台风和寒潮的月份，水质较浑浊、水温偏低，生长亦较缓慢。

二、尖紫蛤的苗种生产

1. 水温和盐度

在育苗过程，维持水温 26.2～29.8℃，盐度 7～8。

2. 设备

（1）育苗池

借用珍珠贝的水泥育苗池及充气机等设备进行育苗。其中亲贝培育池、催产池和早期胚胎培育池的容量为 2m³（2.0m×1.0m×1.0m），面盘幼虫及幼苗培育池容量为 30m³（6.0m×3.2m×1.6m）。

（2）底基

亲贝培育池底基细沙采用 20 目筛娟筛选的 0.5～1mm 的细沙。幼苗培育池底基细沙采用 40 目筛娟筛选的 0.3～0.5mm 的细沙，细沙均经洗净消毒。

3. 亲贝培育

亲贝壳长 7～9cm，壳高 3～4cm，重 20～

25g，约 4 龄贝。经清洗消毒后，置于有细沙的塑料筐（45cm×45cm×10cm）中，使其自行钻进沙里，悬吊在亲贝培育池内，池水深度为 50～60cm，进行遮光充气培育。培育期间每天换水 1 次，投饵 2 次，每周清洗底沙 1 次。饵料用湛江叉鞭金藻和亚心形扁藻等。

4. 产卵、受精和胚胎发育

蓄养的亲贝经 5～7d 的培育，开始排放精、卵，进行受精。受精卵经 5h 发育，进入原肠胚期，开始上浮，在水中上层形成烟雾状。原肠胚经

1h 发育，达担轮幼虫，此时胚体呈梨形，具纤毛环和鞭毛束，进行旋转运动。受精卵经 18h 发育到 D 形面盘幼虫期，幼虫依靠面盘上纤毛的摆动在水中浮游，并开始摄食。D 形面盘幼虫经 7～8d 发育，进入壳顶面盘幼虫期。眼点出现在受精后 17d，此时幼虫双壳增厚，壳色也随之加深。再经 2～3d，胚体在面盘的后方伸出足，并由浮游生活转营匍匐生活。当匍匐幼虫移池培育，并钻入沙中营埋栖生活时，壳的边缘向外扩张，并出现生长纹，即为稚贝（表 19-3）。

表 19-3　尖紫蛤的后期胚胎发育

发育阶段	受精后时间	持续时间	大小（μm）	
			壳长	壳高
担轮幼虫	6h	10～12h		
D 形面盘幼虫期	18h～8d	7～8d	65.2～98.6	61.3～91.5
壳顶面盘幼虫初期	8～11d	2～3d	99.8～134.3	93.8～121.3
壳顶面盘幼虫中期	11～14d	2～3d	129.1～163.2	118.2～150.6
壳顶面盘幼虫后期	14～17d	2～3d	157.6～196.4	137.2～172.9
眼点出现的幼虫	17～21d	3～4d	189.3～213.2	167.1～189.6
开始匍匐的幼虫	21～24d	2～3d	204.6～237.4	186.1～198.7
稚贝	24～40d	14～15d	248.2～468.3	211.3～371.4

5. 浮游幼虫的培育

发育至担轮幼虫期，移入幼虫培育池。水深加至 120cm，至 D 形面盘幼虫期进行换水。保持每天换水两次，换水量由开始的 1/3，逐渐加至 1/2。从进入 D 形面盘幼虫的第二天，开始投饵，饵料为酵母、湛江叉鞭金藻和亚心形扁藻等。每天上、下午各投饵一次，若单投一种饵料应加量，藻类缺少时，可用酵母补充。整个培育过程都要充气，投饵后 1h 进行镜检，观察幼虫的摄食和生长情况。每晚光检一次，观测幼虫的活动及密度变化。

6. 稚贝的培育

当幼虫出现眼点，面盘开始萎缩而足逐渐发达，并由浮游生活转营匍匐生活，即将它移入铺有细沙的幼苗培育池中培育，池内蓄水深度为 30～40cm，底部细沙铺设厚度为 2cm。每天早上换水一次，换水方法改为对流式，换水量为 100%。此时饵料投喂量要加大。幼苗壳长在 1mm 以内，日投喂量为金藻 1000～2000 细胞/mL，扁藻 500～800 细胞/mL；幼苗壳长在 1mm，日投喂量为金藻 2000～4000 细胞/mL，扁藻 1000～1500 细胞/mL。

在此阶段，每 2 天取样镜检，观察稚贝的摄食和生长情况。

7. 育苗注意问题

1）在亲贝培育中，必须满足尖紫蛤对底质、盐度、光照的要求。一般在细沙底、低盐度和弱光的条件下，亲贝人工强化催熟容易成功。若将亲贝盛于笼内吊养在强光处，一周后，体质变弱，水管伸长，活力降低，双壳闭合无力，10d 左右便大量死亡。

2）在尖紫蛤浮游幼虫培育阶段，以单胞藻饵料为佳，避免使用蛋黄等人工饵料，以防污染水质。尖紫蛤为底栖性贝类，当面盘幼虫从浮游期过度到匍匐期，必须在池底铺设细沙让它潜穴，满足它对底质的需求，否则会造成大批幼虫死亡。

3）幼贝培育时，池水宜浅，换水次数应少，以保证幼贝能摄食到充足的饵料。除投喂的是金藻、扁藻，补充底栖硅藻有助于幼贝成长。

三、尖紫蛤的养殖

1. 场地的选择

养成场应建在咸淡水交汇、水流畅通、未受污

染的河口。一般在中、低潮区或江河中能露出的小洲，底质为沙或沙泥质，常年平均水温 19～30℃，盐度 1～8，透明度 38～60cm，流速 0.24～0.70m/s。如周围建有大批虾塘，虾塘排放的废水，将对尖紫蛤极为不利。

2. 场地的整理

尖紫蛤养殖场地（俗称埕地）的面积大小，一般由上千至数万平方米，在埕地的周围，设网做标志或修筑堤坝为界。

筑堤坝可以防止洪水冲刷，保持埕面的稳定。为了操作管理方便，可将埕地划分成若干畦，每畦宽约 2～3m，畦长依地形而定。在畦的两侧与上方筑堤，堤高 50cm，顶宽 30cm，每 667m² 下方留缺口，供水流进出。畦与堤之间，留有宽 30cm、深 15cm 左右的水沟，供排水和操作管理用。

在播放苗种之前，埕地需经人工整理、翻耕耙松、清除杂物和敌害生物。翻松的沙泥经潮水冲洗和浸泡，可以减少滩涂内的有机质。畦面要筑成中央略高、两侧稍低的隆起状，即所谓的"公路形"，使埕面在露出时不致积水。最后用木板把埕面抹平，这样可使埕面稳定光滑，又适于尖紫蛤潜钻。平畦一般在播种前一天或当天进行。

3. 尖紫蛤苗的选择与播苗

（1）种苗的选择

尖紫蛤苗主要依靠人工育苗供应，要选择大小规格一致、壳具光泽、苗体结实、双壳自然闭合、在水中或滩涂上能很快伸出足、潜穴迅速的优质苗。

（2）播苗方法

尖紫蛤在广东沿海，目前只有吴川鉴江进行试养，由于苗种来自人工育苗，播苗时间取决于育苗情况，只要避开台风、洪水和寒潮日期，均可播苗。播苗时左手持苗筐，右手抓苗，掌心向上，将苗均匀播撒在埕内，有风则顺风播。

（3）播苗密度

在正常的情况下，在沙质埕地每 667m² 可播 1cm 的幼苗 60 万～80 万粒，沙泥埕为 40 万～60 万粒；2cm 的幼苗以 30 万～40 万粒为宜，以充分利用有限的埕地，提高单位面积的产量。

4. 养成期间的管理

尖紫蛤从播种到收成，主要是管理工作，俗称"三分苗，七分管"。

（1）埕间管理

尖紫蛤播种后，要经常下海巡视，修补堤坝，清理水沟和覆盖在埕面上浮泥和杂物，防止踩踏埕地和船只停泊等。

（2）敌害生物的防除

在尖紫蛤的外套腔内，常有豆蟹寄居，被豆蟹寄居的尖紫蛤，一般肉质较消瘦，目前对豆蟹的寄居，尚缺乏防治的措施。此外，在尖紫蛤养成埕，还常有角眼沙蟹、细螯寄居蟹、台湾招潮等蟹类活动，河豚、鳗等肉食性鱼类亦常常侵入埕内捕食尖紫蛤，对这些蟹类和鱼类，平时要注意捕捉。

5. 收获

尖紫蛤播种后，从壳长 0.95cm 的种苗养到 6cm 时收成，需要 14 个月即可采收。若播种的苗种壳长在 3cm 左右，养殖周期就可以缩短在 1 年左右。但若能继续养到 20 个月再收获，则肉质部会更加丰满，效益会更高。收获季节以 7～8 月份为宜，此时正处于尖紫蛤繁殖的前期，肉肥味美，深受消费者的欢迎。

尖紫蛤钻穴较深，一般穴深为 30～50cm，最深可达 70cm，目前收成方法以用蛤铲挖捕为主，估产 750g/m²。随着养殖技术的改进，收获方法和单位产量必将进一步优化和提高。

四、尖紫蛤的增殖

作为地方性特色种类，目前尖紫蛤的增殖放流仅在吴川市开展。放流海区主要选择适宜尖紫蛤生长，且有尖紫蛤野生资源的海区，放流规格一般选择 1.0mm 以上规格。选择高潮时，乘船均匀撒播，使尖紫蛤分布均匀。放流后加强资源管护。

第五节　大竹蛏的增养殖

大竹蛏（*Solen grandis*）隶属于软体动物门（Mollusca）双壳纲（Bivalvia）真鳃亚纲（Autobranchia）贫齿蛤目（Adapedonta）竹蛏科（Solenidae）竹蛏属（*Solen*）。

大竹蛏个体大，且出肉率高，其肉味鲜美，营养丰富，具有较高的食用价值，成为竹蛏中的极品，深受广大消费者欢迎，为我国重要的海产经济贝类之一，在各地沿海被视为名贵海产品之一，具有良好的开发潜力。

一、外部形态特征

大竹蛏壳形狭长，近似矩形，壳长为壳高的4～5倍；前缘截形，后缘椭圆；背缘与腹缘平行，只在腹缘中部稍向内凹。壳顶位于壳的背缘前端，与黑褐色韧带相邻；铰合部小，两壳各具主齿1枚；两壳合抱成竹筒状，前后两端开口；壳质脆薄，壳表光滑，被黄褐色壳皮，生长线明显，沿后缘及腹缘方向排列半环状；壳内面白色或稍显紫色，可见淡红色彩带（图19-5）。

图19-5 大竹蛏

二、生态习性

1. 分布

生活于潮下带水深20m左右的浅海沙质或泥沙质海底，利用发达的足挖沙潜入洞穴中营埋栖生活。我国的渤海、黄海、东海、南海及朝鲜和日本等国均有分布。潜沙较深，一般栖息深度30～40cm，洞穴斜，与地面成70°～80°角，一般为一穴一蛏。

2. 生活方式

大竹蛏以其强大而发达的足挖穴生活。每个蛏体在海滩上均有专用的垂直洞穴，洞穴上有2个孔，为大竹蛏出入水管伸出处。两孔大小距离以及洞穴的深浅，随着蛏体强弱、大小、底质、季节变化而有所不同。蛏体大，底质松软，冬季温度低，则潜入的洞穴较深，孔大；反之，蛏体小弱，底质坚硬，夏季温度高，则潜入的洞穴较浅，孔小；一般来说，洞穴深度为蛏体的5～10倍。因此，可以根据洞穴大小和数量来判断洞穴中生活的大竹蛏的个体大小及分布密度。

大竹蛏在穴中生活，随着潮水的涨落，依靠其壳的张闭和足的伸缩相互配合，而在洞穴中作上下垂直的运动。涨潮水满时，蛏体上升至穴口，伸出水管，进行摄食、呼吸和排泄等活动；退潮干露时，则水管收缩，蛏体降至穴中或穴底，停止活动。夜间潜出沙面，在水中潜游移动。

3. 对环境的适应性

1）水温：广温性种类，我国南北沿海均有分布，一般大竹蛏在水温3～32℃，都能生存。最适水温为15～26℃。

2）盐度：15～35都能生长，但在盐度25～32生长最好，盐度低于10会死亡。

3）溶解氧：须高于4mg/L。

4）pH：适应范围在7.5～8.5。

5）抗旱力：抗旱力较强，一般在水温20℃左右，阴干2d不会死亡。因此，运输时常采用保湿干运法。

6）底质：含沙量必须达70%以上。

4. 食性

滤食性种类，主要摄食底栖的或浮游能力不强的硅藻、绿藻等，常见的食物有舟形藻、圆筛藻、小环藻等，还有少部分绿藻、黄藻。摄食量随着浮游植物数量的多少和季节的变化而增减。一般在春秋两季，摄食量大，生长快；在冬夏两季，摄食量减少，生长减慢。

三、繁殖与生长

1. 繁殖

（1）雌、雄鉴别

大竹蛏为雌雄异体。大竹蛏通常雌雄比例为1:1。一般需要2年可达性成熟，成熟的生殖腺分布在内脏团周围，并延伸至足的基部，充满整个足部，从外表观察难以区分雌雄。成熟时，雄性的性腺一般呈米黄色，性腺表面光滑；雌性的性腺呈土黄色，性腺表面呈粗糙的颗粒状。

（2）性腺组织学观察分期

大竹蛏性腺属滤泡型，具双壳贝类基本特征，由滤泡、生殖管、生殖输卵管3部分组成。性腺位于足上方，内脏团两侧，其中滤泡是产生生殖细胞的场所，呈囊泡状，由滤泡壁和滤泡腔组成。根据周年的性腺组织切片观察，以及滤泡与卵细胞本身的发育规律，把大竹蛏的性腺划分为 5 期，即增殖期、生长期、成熟期、排放期、休止期。以青岛地区的大竹蛏为例。

1）增殖期：性腺开始形成，在内脏团表面用肉眼能看见一层很薄的黄色的性腺，雌雄不可分辨。此期从 1 月下旬至 2 月底，水温 7～8℃。

2）生长期：性腺不断增大，逐渐覆盖整个内脏团，肉眼观察性腺比上一期明显，雌雄个体不可分辨。此期从 3 月上旬至 4 月初，水温 12.0～17.5℃。

3）成熟期：个体开始显得丰满，性腺表面光滑，遮盖整个内脏团，并延伸至足基部，雌雄颜色仍为黄色。此时刺破生殖腺，可见卵子或精液流出，一遇海水即散开。此期从 4 月上旬至 4 月下旬，水温 18～22.0℃。

4）排放期：成熟排放后性腺饱满度下降。此期在 5 月上旬至 5 月下旬，水温 20～24℃。

5）休止期：6 月中下旬持续至次年的 1 月份。

（3）繁殖季节

繁殖季节，随着地区的不同而不同。在山东南部沿海，大竹蛏在自然海区每年性成熟一次，繁殖季节为 4～5 月，繁殖盛期为 4 月下旬至 5 月上旬，而辽宁沿海的繁殖季节在 5～7 月，盛期在 5 月中旬～6 月中旬。

（4）产卵、排精方式

大竹蛏排放期时，把精、卵排在海水中，进行体外受精。产卵在夜间进行，一般在晚上 9 时左右开始产卵至凌晨天亮结束。

（5）产卵量及卵粒大小、形状

一般体长 10cm 以上的亲蛏，一次产卵量通常在 300 万～600 万粒，分批成熟，多次产卵。卵为圆形，卵直径为 90μm 左右。

（6）胚胎发生

大竹蛏的胚胎发生与其他贝类既有相似之处（表 19-4），也有不同点。其浮游期比较短，一般 7～8d，就开始进入底栖生活。

（7）幼虫发育

1）D 形幼虫壳长大于壳高，大小为 125μm×85μm，在水温 21～25℃下，从受精卵发育至 D 形

表 19-4　大竹蛏胚胎发育过程（25℃、pH8.0、盐度 26）

发育时期	发育时间	发育时期	发育时间
第一极体	9min	32 细胞期	3h 7min
第二极体	23min	桑葚期	3h 50min
2 细胞期	55min	囊胚期	4h 55min
4 细胞期	75min	原肠胚期	6h 45min
8 细胞期	1h 28min	担轮幼虫	11h 11min
16 细胞期	2h 33min	D 形幼虫	19h 43min

幼虫，需 20～24h。

2）壳顶初期幼虫左右壳对称，壳顶形成，隆起很低，呈钝形，大小为（150～170）μm×（90～100）μm。

3）壳顶后期幼虫本期幼虫形态与初期相似，不同的是壳顶较隆起，个体大小为（230～250）μm×（185～200）μm，鳃丝可见，足形成。

4）匍匐期幼虫足发达能爬行，基部有一眼点。鳃丝清晰具纤毛，大小为 245μm×195μm，背光性，喜弱光，常游动于水体中层或底层，是由浮游向底栖附着生活的转变阶段。

5）稚贝面盘消失，水管形成，大小为 245μm×195μm。2～3d 后，稚贝大小为（300～330）μm×（200～230）μm，壳后缘略有延伸，逐渐变为与成体相近的外形，壳薄半透明（图 19-6）。

2. 生长

大竹蛏的生长可分为 3 个阶段：蛏苗（附着稚贝到培育成幼贝）、1 龄蛏（幼贝到第一次产卵）和 2 龄蛏（第一次产卵后）。在正常的外界环境条件下，体重是随着体长的增长而增长。但在不同的年龄、不同的季节，体长的增长和体重的增长的速度并不完全一致。在蛏苗期，主要是体长的增长；2 龄蛏，则主要是体重的增长。

大竹蛏的生长速度与放养密度、海区环境、季节等因素有关。在一般情况下，蛏苗期，体长达 1～2cm；1 龄蛏，体长达 5～6cm；2 龄蛏，体长达 8cm 左右。第二年后，生长速度显著下降。在自然海区中，有发现 3 龄、4 龄蛏，其壳长达 12cm 以上。

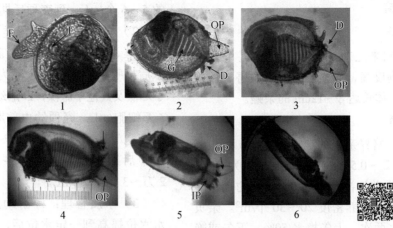

图 19-6　稚贝发育及水管形成过程（吴杨平提供）

1. 受精后第 8d 稚贝，示斧足（F）、眼点（E）；2. 附着第 6d 稚贝，示出水管（OP）、鳃（G）、指状突起（D）；3. 附着第 9d 稚贝，示出水管、鳃、指状突起；4. 附着第 10～15d 稚贝，示出水管、指状突起；5. 附着第 16～23d 稚贝，示出水管、入水管（IP）；6. 附着第 24～30d 稚贝

四、苗种培育

1. 半人工采苗

（1）采苗季节

大竹蛏的繁殖季节较长，而采苗季节主要选择在繁殖产卵盛期。因各地具体情况不同，因此各地采苗的季节也有先后。山东采苗季节，在每年 5～6 月。

（2）采苗海区

根据大竹蛏对底质的特殊要求，采苗区要选择在含沙量 70% 以上，水流畅通，流速缓慢的中、低潮区。在繁殖季节里，平整滩涂，清除敌害，便可采到苗种。

2. 土池半人工育苗

开展土池半人工育苗，可以克服海区采苗生产的不足，人为控制蛏苗生产，改变苗种生产依赖自然状况，做到有计划生产苗种，保证苗种供应，扩大养殖面积，促进生产发展。土池人工育苗，就是采用人工获得大量的受精卵，直接在土池内人工培育成蛏苗。

（1）亲蛏培育

具有性腺成熟度高的亲蛏，是人工催产获得大量受精卵的先决条件。因此，在有条件的地方，在繁殖季节内，挑选一定数量的亲蛏，集中在小土池中进行培育或在人工育苗池中强化培育，通过换水和施肥，培养饵料生物，促进亲蛏性腺成熟。

（2）人工催产

用人工催产的方法，及时诱导性腺成熟的亲蛏排放精卵。提高催产效率，是人工育苗的重要环节。一般催产办法有两种。

1）阴干流水刺激：一般在大潮期间，采用阴干加风吹 6～8h，然后把亲蛏放在土池闸门边上的网片上，流水刺激 2～3h，即可排放。

2）自然排放：把亲蛏养在原池中，利用天气突变、刮风下雨或北风转南风刺激引起排放，效果好。

（3）幼虫培育

1）松土、耙平：在育苗开始之前，应把池底底质翻松耙平，底质含沙量必须在 70% 以上，为幼虫附着准备适宜的附着基。

2）池子消毒：在育苗之前 10d，每 667m² 用 15kg 漂白粉消毒池子。

3）进水过滤：育苗用水必须用 80 目网袋过滤，以除去敌害生物和其他杂藻。

4）添、换水：在培养浮游幼虫阶段，可采取每天逐步增添新鲜海水的办法，当幼虫附着变态后，可采取排、进换水办法，以保持水质的新鲜度。

5）施肥培养基础饵料：饵料质量和数量是决定土池人工育苗幼虫和稚贝生长好坏的关键。因此，在育苗之前几天，要施肥培养基础饵料。一般施肥后 3～4d，浮游植物就能达高峰期。可采用少量而经常施肥的办法，控制水中基础饵料生物。施肥的肥料有尿素、过磷酸钙、硫酸铵等。

6）水质监测：应定时测定土池水质的理化因子，以便及时了解水质情况。在浮游期，用拖网的办法，计数检查幼虫的数量和健康状况，发现问题后采取必要的相应措施，保证育苗的成功。

3. 全人工育苗

（1）亲蛏选择

在繁殖季节到来之前，采捕天然海区个体健壮、活力强、肥满度高、无损伤、无病虫害、性腺发育较为饱满、个体长达 8～12cm 的亲蛏。

（2）亲蛏培育

在培育之前，培养亲贝的池子池底 2/3 面积铺中细沙（粒径 0.2～0.5mm），沙层厚度为 20～30cm，所用的沙提前洗净用 20×10^{-6} 浓度的高锰酸钾消毒后使用，亲蛏培养密度 20～30 个/m^2。亲贝入池后，每天换水两次，上午换水 50%，下午或晚上换水 50%～100%，同时拣出死亡和不健康的亲蛏，并清理池底污物，定期更换和添沙，以保持底质的干净。换水后混合投喂扁藻、小球藻或金藻等。投喂密度为每天扁藻 1 万～2 万细胞/mL，金藻 10 万～15 万细胞/mL 或小球藻 15 万～20 万细胞/mL。经半个月左右的培育，亲蛏性腺即达成熟。

（3）诱导产卵

目前在生产上应用的诱导产卵主要方法有：阴干后，流水、充气刺激法；阴干后，变温、充气刺激法。

在一般的情况下，雄性先排精，在精液的诱导下，雌蛏也很快开始排卵。排出的精液呈白色烟雾状，精子很快在池中扩散，使水混浊。排出的卵子多呈颗粒状，在水中很快地分散而慢慢下沉，呈浅橘黄色。

（4）孵化

1）洗卵：在原池内停止冲气，使卵下沉底部，虹吸上面多余的精液至池水一半后，再加满水。视水质情况确定洗卵次数，一般 2～3 次。

洗卵动作要快，一般要在卵胚转动之前结束。洗卵的目的是淘汰多余的精子和由精卵液带入的污物，从而使水质更新，保证胚胎的正常发育。

2）孵化：孵化密度 20 个/mL 左右，孵化池施用青霉素 1～2g/m^3，EDTA-Na$_2$ 5～10g/m^3。孵化过程加大充气量，每隔半小时用搅棒搅动一次。

3）选优：待发育到 D 形幼虫，幼虫上浮，表中层较多。此时，用虹吸法收集上浮幼虫，或用捞网捞取上层幼虫，移到其他池中进行培养。

（5）幼虫培育

1）培育密度：D 形幼虫培育密度为 6～8 个/mL，至壳顶幼虫培养密度逐渐减少，由壳顶初期的 5～6 个/mL，到壳顶后期的 3～5 个/mL。

2）饵料：饵料的种类为金藻、角毛藻、三角褐指藻、扁藻、塔胞藻、新月菱形藻等。一般换水后投喂单胞藻，以金藻为主，2～3d 后搭配少量小球藻及其他单胞藻，D 形幼虫每天投喂金藻 1 万～3 万细胞/mL，壳顶幼虫前期混合投喂金藻 2 万～3 万细胞/mL 和小球藻 1 万～2 万细胞/mL，壳顶幼虫中后期投喂金藻 3 万～5 万细胞/mL、小球藻 2 万～3 万细胞/mL。

3）水质管理：浮游幼虫初期采用加水，当池水水位提高到一定水位后，采用换水。每天换水 3 或 4 次，每次换水量为 1/3～1/2。充气以 2m^2 有 1 或 2 个气石，气量控制在气泡微微上冒。此外，每天测定水温、盐度、pH。

（6）稚贝的培育

当幼虫长到 250μm 以上，眼点出现，足发育到能自由伸缩，进入附着变态时，即可收集放到铺以细沙为附着基的池中培育。

1）附着基：选用干净不含泥质的细沙作为稚贝附着的底质。用 60～80 目筛娟筛的细沙（粒径 0.05～0.2mm）附苗效果较好。先用淡水洗净，30×10^{-6} 浓度的高锰酸钾消毒后铺在稚贝培育池中，沙层厚度为 2～3cm 为宜。

2）遮光培育：幼虫发育到附着变态时，要进行遮光培育，用黑布盖在育苗池上进行遮光，会取得较好的附苗效果，1～2d 便能附着。如无遮光附苗，会延迟附苗，且成活率低。

3）稚贝培育密度：稚贝是附着在池底附着基表面，长大后潜栖在沙中，都只是平面利用池底。因此，培育密度不宜太大，倒池后以 30 万～50 万个/m^2 为宜。

4）饵料：稚贝的生长，需要摄取更多的营养，应投喂大量的单胞藻，培育期间投喂单胞藻，以扁藻、小球藻、角毛藻为主，金藻为辅，刚附着稚贝的日投喂量按金藻密度为 10 万～15 万细胞/mL，1～3mm 稚贝的日投喂量按金藻密度为 20 万～25 万细胞/mL，扁藻、小球藻和角毛藻按其大小换算。

5）水质管理：匍匐期幼虫，用足爬行，在面盘尚未脱落时，也用纤毛游动。这时采用换水培育，日换水量在 100% 以上；后期面盘萎缩，纤毛脱落，只能用足爬行时，用循环流水培育。具体见表 19-5。

表 19-5　大竹蛏稚贝培育期间的管理

稚贝壳长（mm）	1.0～2.0	3.0～5.0
培育密度（×10⁴ 个/m²）	20～30	10～15
换水次数（次/d）	2	3
换水量（%/次）	30	30
投喂次数（次/d）	4	6
日投喂量（×10⁴ 细胞/mL·d）	10	15
移池（天数/次）	10	15

6）稚贝出池：当稚贝在室内长至 0.3～0.5cm 左右，由于室内培育密度过大，饵料供应较为困难，个体往往会出现差异，所以就要准备出苗，进行室外土池中间培育。由于大竹蛏的苗壳脆薄，因此要小心操作。目前有两种出苗方法：一是不带沙出苗，苗种用筛子带水过筛后，蛏苗在上，沙子筛掉，然后把蛏苗集中在容器内，带水充气运输或保湿充气运输；另一种是带沙出苗，苗连沙一并出池，沙层厚度不能太厚，以免车子震荡把苗压死或使苗受伤。长途运输，一般不宜采用。运输的方法有：车装、船载、肩挑等，根据不同情况和不同条件，决定采用不同的运输方法。

（7）苗种的池塘培育

1）做好生物饵料的培育工作。在蛏苗放养前一周，要注意室外土池的基础饵料单胞藻的放养工作，待有些水色后把蛏苗放入。

2）蛏苗放入池前，要平整翻松底质，稚贝容易附着、潜穴。

3）定期取样检查苗种附着密度、数量的变动情况。

五、成蛏养殖

1. 滩涂养殖

（1）养成场的选择

海区风浪比较平静，潮流畅通，底质含沙量在 70% 以上的中、低潮区。大潮水深 5m 左右，小潮水深 3m 左右。

（2）场地整建

选择好的养成场，须经人工整建，方能用来养殖。整建后的养成场，又称"蛏田"，其构筑的方法因各地的海滩性质和习惯不同而有差异，归纳起来分为两种。

1）在风平浪静的内湾，插上标志，把埕面稍加耙平压光，就可以播苗养殖。

2）筑堤、翻土、平整、抹平、分畦等操作。筑堤目前有芒堤和土堤。

芒堤：用芒草构成。芒草是陆生羊齿植物，茎坚，浸于海水不容易腐烂，在含沙多的埕地，适合筑芒堤。埕地四周，筑围的芒堤宽 0.5m，芒草露出地面 10～17cm，筑得平直，高低一致，厚薄均匀。靠水沟的芒堤，要筑得宽大些。为了减轻水流的冲击，直芒堤要与潮流方向成 10°～30°交角，与横芒堤成 45°交角。

土堤：在含泥质多的埕地上筑土堤，其操作与上述筑堤相似。

（3）播苗

由于各地的气候和苗种个体大小不同，播苗季节也有迟早。一般选择在 9～10 月播苗较好。此时，苗种个体在 0.5～1cm 左右，气温较低，成活率高。在播苗之前，应将苗筐震动后，过海水一次，清除死苗、杂质、污泥。然后装筐在埕地上顺风匀撒。因苗种播下后，需要一定的时间才能钻入土中。因此，播苗要抓紧时间，争取在潮水涨到埕地前 0.5h 左右结束。否则播下的蛏苗来不及钻土，就因涨潮而被潮流冲失。如刮大风、下大雨的天气，不宜播苗。否则，播下的苗种未及潜土穴居就被风刮走，或被雨水冲刷，盐度下降，苗种不能潜土，严重者苗种膨胀而死亡。播苗时，也要避免在烈日下进行，最好在阴凉的气候情况下进行。

（4）放养密度

要根据底质、埕地位置、潮区高低、季节迟早、苗种个体大小等，灵活掌握放养密度，做到合理养殖。规格为 1cm 的蛏苗，每公顷播放 30 万～45 万粒。大苗成活率高，少播；小的成活率低，多播。

（5）养成期的管理

养成管理工作好坏，也是关系到养蛏产量的高低。管理工作有大体以下几项。

1）补放苗种：播苗后，由于种种原因，可能会有一些苗种损失。根据损失情况，要及时补放。

2）埕地维修：整好埕地，在养成过程中，常常受到风浪潮流的冲刷而遭到不同程度的损坏。倒堤塌坝，要及时修复。坑洼的埕面，要及时填补抹平。

3）防御自然灾害：对于大风、暴雨、霜冻等自然灾害，要做好防御工作，灾后应及时抢修，以减少损失。

2. 池塘养殖

（1）土池的选择

土池大小不等，从不足 1hm² 到十多公顷均有。土池应选择在不受污水影响，而大小潮水均能进入的内湾。池底为沙底质，含沙量在 70% 以上。土池的堤坝最好用石头砌成，土池内水位的深度应保持在 1.5m 以上为宜。在土池靠水源一边，开有闸门，可控制进、排水。闸门口均要安装细网目的筛绢网（60 目左右），进水时，以防敌害生物的侵入。

（2）放苗前的准备

1）清塘消毒：在放苗前 10d，要进行土池的平整、翻松及清池消毒。消毒常用的药物是氰化钠、生石灰等。清塘消毒后冲洗干净池子，避免药物残留池底。

2）培养基础饵料：在苗种放养之前，一定要注意施肥培养基础饵料。大竹蛏的饵料，主要是微小的浮游及底栖的单细胞藻类，因此，要在生产上施肥培养基础饵料。主要肥料有尿素、过磷酸钙、硫酸铵等，培养繁殖饵料生物。待池水有些微浅褐色，或浅绿色，则进行投苗。

（3）蛏苗放养

1）放苗密度应根据池子的底质好坏、池子的深浅、苗体的大小而定。一般土池养殖，每公顷放养规格为 0.5cm 左右的蛏苗 45 万～75 万粒为宜。

2）放苗操作必须在小船上进行，这样才能均匀地撒播。同时要选择阴天或傍晚及夜间进行，避开炎热的天气及下雨刮风天气撒播。

（4）养殖管理

1）水质管理：在放苗后的 5d 之内，禁止排水，只能添水，让苗种能充分附着在新的底质上。当苗种附着后，根据水质和饵料生物的生长情况，进行换水。夏季换水，最好选择在晚上或清晨，不宜在中午进行。进水闸门，要套上 40 目的筛绢，以防敌害生物进入池中。

2）培养基础饵料生物：长竹蛏生长速度的快慢，取决于饵料生物是否保证供给。因此，要定期根据池中的生物饵料变动情况，进行施肥，增加营养盐，保证充足的生物饵料资源不断地供给，以满足其生长的需要。但应注意：一是池水的水色不能太浓，如太浓，pH 升高，不利于长竹蛏的生长；二是饵料生物容易老化，造成池水环境突变，饵料中断，也不利于长竹蛏的生长。

3）防自然灾害：每年台风季节，要加固堤埂，阻拦风浪的袭击。每年的雨季，要注意洪水影响海水的盐度，进水前要测定海水和池水的盐度不能相差太大。同时要注意久旱无雨，池水盐度的升高，如有淡水注入的地方，可开放淡水入池，进行调节。

3. 虾、蛏混养

目前沿海很多地方利用虾池与大竹蛏混养，有以下好处。

1）立体生态养殖可以充分利用池塘水体，发挥虾池的综合利用效果，提高产量和效益。

2）在虾、蛏两个品种混养的过程中，可以互补，利用对虾的粪便或残饵培养基础生物饵料，作为蛏子的饵料，有利于大竹蛏的生长；同时，蛏子吃食了生物饵料，又使水质保持稳定，底质保持干净，有利于对虾的生长。

3）适当少放虾苗，密度不宜过大，以减少对虾的病害发生。

4）对虾的放养及收成季节，不影响长竹蛏的放养、收成。

4. 大竹蛏底播增养殖

目前山东、江苏、辽宁几家单位分别在山东沿海、江苏海域、辽西海域放流优质的大竹蛏苗种，改善了近海生态环境，修复了海区的大竹蛏资源，取得了显著的经济、社会和生态效益。

放流海区主要选择适宜大竹蛏生长，且原产地有大竹蛏野生资源的海区，放流规格一般选择 1.0cm 以上规格，投放密度 50～80 个/m²。放流后要严加看护和养护，可以使大竹蛏资源不断修复和恢复，养成规格后，定期有规律采捕。由于大竹蛏规格越大价格越高，采用池塘养殖无法达到商品规格，目前大竹蛏养殖主要还是底播增养殖方式为主。

六、收获

1. 收获季节

大部分在投苗后养殖 2 年，体长达 8cm 左右收获。但在每年的 5～10 月，大竹蛏较肥，上市价格较好。目前养殖户根据市场需求，进行采收，但养殖时间一般 2～3 年。

2. 收获方法

（1）食盐拌生石灰喷洒、灌注蛏孔捕捉法

目前，浅水滩涂可在退潮后采用食盐拌生石

灰，其比例为 7∶3，加少量水调匀后喷洒蛏洞收获大竹蛏。其做法是：将池水排干，露出埕面。用石灰水喷洒或灌注蛏孔，待片刻大竹蛏就会往上钻出洞口，然后进行捕捉。每天一个劳动力可捕捉大竹蛏 50～100kg。用这种方法捕捉，要尽量避开中午，以防天气炎热曝晒埕面。一般是在上午及傍晚进行捕捉。

（2）挖取法

可用四齿耙人工直接挖取，采捕大竹蛏。

（3）深水区域

5～10m 深的浅海区，采捕方法为潜水员用高压水枪喷射后用网收获。由潜水员潜入水底，手持高压水枪对准大竹蛏较多的地方直接喷射而捕获。

复习题

1. 简述西施舌的人工育苗技术。

2. 简述硬壳蛤的人工育苗技术。

3. 简述如何进行施氏獭蛤人工育苗和养成。

4. 简述尖紫蛤的苗种生产技术。

5. 简述如何进行大竹蛏的苗种生产和养成。

延伸阅读 19-1

第六篇

匍匐型贝类的增养殖

匍匐型的经济贝类主要是腹足类，如鲍、脉红螺以及东风螺等。这种类型的贝类以位于腹部发达的足为运动器官，为了觅食和产卵，经常在岩礁或滩涂上做短距离的爬行和移动。

匍匐型贝类大多具有一个螺旋形的贝壳，体形极不对称。这类贝类运动缓慢，遇到敌害时，就把软体部缩入壳内，利用坚硬的贝壳作为保护的外盾。有厣的种类还可用厣把壳口封住。鲍虽然无厣，但可以利用足部进行吸着，同样可以达到自卫的目的。匍匐型贝类的足部非常发达，足底部比较宽阔，跖面很平。利用足爬行和匍匐。植食性种类利用齿舌刮取藻类等食物，动物食性的种类则锉食双壳贝类及其他种类。

匍匐型贝类苗种生产主要是室内工厂化人工育苗，也可土池半人工育苗。养成环境主要有浅海和室内，也可在池塘养殖。养成方法主要有筏式养殖、沉箱养殖、垒石蒙网养殖、网围养殖、工厂化养殖和池塘养殖。可以单养，也可以与其他动物（如刺参）混养。

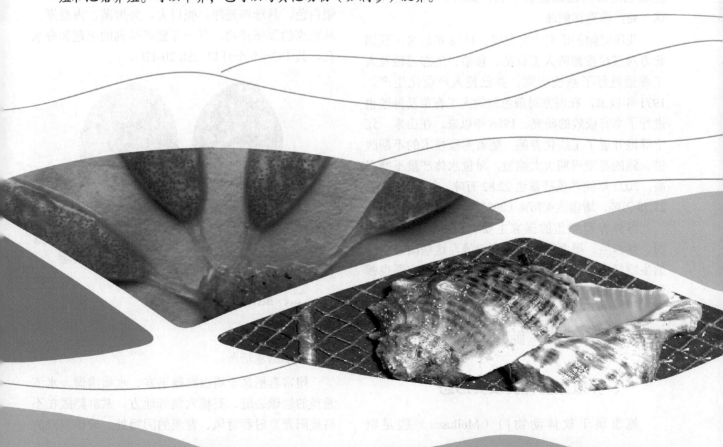

第二十章　鲍的增养殖

鲍俗称鲍鱼，为海产"八珍"之冠。它的足部肌肉发达，细嫩可口，营养丰富。以干品分析，其中含蛋白质 40%，糖 33.7%，脂肪 0.9%，并含有多种维生素及其他微量元素。鲍除鲜食外，又可制成干制品和各类罐头食品。鲍壳内的珍珠层色泽绚丽，有千里光之称。壳质地坚硬细腻，可制作装饰品，为贝雕工艺的优良原料。

鲍壳中药名为"石决明"，有镇肝清热，滋阴潜阳的功效，在梁朝陶宏景《名医别录》和明朝李时珍《本草纲目》等药典医学名著中，记载了鲍的生态习性，食用价值，临床药理，药性和用法。石决明可中和过量胃酸，可增加白细胞量，使血液凝固力加大，刺激机体，旺盛人体新陈代谢。鲍肉有降低血压功效，鲍肉中所含的鲍灵素 I 和鲍灵素 II 能较强地抑制癌细胞的生长。此外，鲍可培养珍珠，鲍产珍珠称鲍珠。

我国对鲍的研究十分重视。1958 年以来，我国北方对皱纹盘鲍的人工育苗、移殖、生态习性及人工养殖进行了系统研究，并已投入产业化生产。1971 年以来，在南方对杂色鲍的人工育苗及养殖也进行了卓有成效的研究。1986 年以来，在山东、辽宁等地开展了工厂化养鲍。随着养殖技术的不断改进，鲍的养殖周期大大缩短，单位水体产量不断提高，2022 年鲍养殖产量达 22.82 万吨，较 2021 年的21.78 万吨，增幅达 4.76%（2023 年中国渔业年鉴）。

国外养殖鲍鱼的国家主要有日本、朝鲜、美国、新西兰、墨西哥和澳大利亚等，这些国家在鲍的生物学、人工育苗、移殖、养殖技术等方面也都展开了系列研究工作，使鲍的养殖产量不断提高。

第一节　鲍的生物学

一、养殖主要种类及其形态

鲍隶属于软体动物门（Mollusca）腹足纲（Gastropoda）小笠螺目（Lepetellida）鲍科（Haliotidae）。世界上有 70 种左右，有渔业价值的约 20 种。目前，我国主要养殖种类有皱纹盘鲍和杂色鲍。

1. 皱纹盘鲍（*Haliotis discus hannai*）

贝壳椭圆形，体型大。壳质坚实。通常呈深绿色或青褐色。贝壳内面具珍珠光泽，呈银白色。壳口宽大。外唇薄；内唇厚。从贝壳顶部开始，具一行规则排列的突起和呼水孔，其中 3～6 个开口（图 20-1A）。

2. 杂色鲍（*Haliotis diversicolor*）

贝壳长卵圆形，中等大小。壳质坚实，暗红色或褐色。壳顶钝，成体常被磨出珍珠光泽。贝壳表面具不规则的螺旋肋和细密的生长线。壳内面多呈银白色，具珍珠光泽。壳口大。外唇薄；内唇厚。从贝壳的顶部开始，有一行整齐排列的突起和呼水孔，其中 5～9 个开口（图 20-1B）。

图 20-1　皱纹盘鲍（A）和杂色鲍（B）贝壳形态

二、鲍的生态

1. 生活习性

（1）栖息场所

鲍常喜栖息于周围海藻丰富、水质清澈、水流通畅的岩礁裂缝、石棚穴洞等地方，常群隐匿在不易被阳光直射和背风、背流的阴暗处。岩礁洞穴的地形地势越复杂，栖息的鲍就越多。鲍有时生活在杂藻丛中和海藻根基处。鲍的生活海区虾蟹类、底栖鱼类、杂藻类、海参、螺类较多，但很少与大量的海胆、海星类共栖，与大量的牡蛎、珊瑚礁和扇贝共同相处也极为少见。在泥沙底或沙底中，或有淡水注入处，混浊的河口处无鲍栖息。

鲍的栖息水深依种类而不同，通常自干潮线以下、水深 40m 以上处都有分布。杂色鲍栖息在 1～20m 水深处，以 3～10m 较多。皱纹盘鲍栖息在 1～20m 水深处，栖息在 20m 以上的水深处比较少见。鲍的年龄越大，生活在水深处越多；年龄越小，生活在水浅处多。不同种类、不同大小的鲍都有各自适应的栖息深度和场所。

（2）生活方式

鲍营匍匐生活，借助于宽大的足部和平展的跖面吸附于岩石和缝隙之上，爬行和运动于礁棚和洞穴之中，任凭特大风浪也难于把它击落。鲍又借助坚硬的贝壳作外盾，以防敌害的侵袭。鲍的吸着力很大，据研究，壳长 15cm 的鲍充分吸着后，需用 100kg 力才能拔掉。鲍对外界环境很敏感，在受惊动或遭敌害袭击时，迅速收缩头触角、眼柄、触手，足部紧贴于岩石上。

（3）活动习性

鲍是昼伏夜出动物。鲍的摄食量、消化率、运动距离和速度、呼吸强度以夜间为大，白天只在涨落潮时稍作移动。自然海区生活的鲍，夜间进行索饵活动。鲍对不同藻类有一定的选择，首先摄食它爱吃的物种，在饥饿状态和生活在被动摄食条件下的鲍，白天黑夜都进行摄食活动。因此，鲍的活动习性直接受日周期、光线、饵料种类和数量、水温、盐度、溶解氧、酸碱度等因素的影响。

鲍的移动速度很快，1min 可爬行 50～80cm，移动距离与时间有密切关系。

鲍有明显的季节性移动，随着水温高低而上下移动，冬春季水温最低时向深水移动，初夏水温回升后便逐渐向浅水移动，盛夏表层水温最高时，又向深处移动，秋末冬初水温有所下降时，又移向深处。鲍在生活条件较好和饵料比较丰富的条件下，一年的移动性不大。生活在海藻很少的水深处的鲍，白天和夜间很少离开驻地索饵，主要刮食周围底栖硅藻类、有机碎屑及其他小型底栖生物，或借助较大海流捕食漂落的海藻。鲍类在产卵时不仅进行深浅移动，还有个体集中倾向。

2. 对温度、盐度的适应

皱纹盘鲍为北方沿海种类，耐寒性强，抗高温能力弱。水温 28℃时便无法正常生活，30℃以上则引起死亡，特别是 4 龄以上的皱纹盘鲍更不耐高温。15～20℃时，皱纹盘鲍摄食旺盛，7℃摄食逐渐减少，0℃摄食基本停止。杂色鲍在 10～30℃条件下，可以正常生长发育。

皱纹盘鲍和杂色鲍在盐度在 28～35 都能生活，25 以下生活不正常，盐度 20 不能存活。

3. 对耗氧量的适应

皱纹盘鲍的耗氧量依环境条件而不同，随着温度的上升，耗氧量逐渐增加，在夜间的耗氧量大于白天的耗氧量。在温度 14℃条件下，夜间和白天皱纹盘鲍的耗氧量分别是 33.6mL/（kg·h）和 23.6mL/（kg·h）。水温 5～14℃时其耗氧量为 16.4～23.6mL/（kg·h）。水温 22～23℃时，耗氧量为 57.4～63.9mL/（kg·h）。

4. 食料

（1）浮游和匍匐期的食料

杂色鲍和皱纹盘鲍的担轮幼虫出膜后，仍然依靠卵细胞内的营养物质供应幼虫继续发育所需的能量，一直发育到面盘幼虫后期才吞食少量单细胞藻类及有机碎屑。幼虫发育到匍匐期后，利用吻部的频繁伸缩活动，以舐食的方式从基面上获得单胞藻类。这时可以清楚地看到被舐食过的基面上遗留下的痕迹。上足分化后的匍匐幼虫摄食量显著增大。

在人工育苗的条件下，必须根据不同发育阶段，及时投喂一定数量、易消化、易吞食、富有营养的人工培育的饵料和自然饵料。其中主要种类有底栖硅藻中的舟形藻和月形藻，还有阔舟形藻、东方湾杆藻、卵形藻、新月菱形藻、褐指藻、角刺藻、硬环角刺藻等，还有投喂后下沉的扁藻、金藻等单胞藻类。在幼虫附着变态后，随着稚鲍的发育生长，不断地增加投饵品种，以适应稚鲍发育的需要。若以扁藻为饵料，幼体发育不同阶段，培养池中较适宜的扁藻密度见表 20-1。

表 20-1　幼虫发育不同阶段的饵料密度

发育阶段	后期面盘幼虫	初期匍匐幼体	围口壳幼体	上足分化幼体
扁藻密度（个/mL）	800	1500	2000	3000

（2）稚鲍的食料

稚鲍主要摄食附着性硅藻类，小型底栖生物，单胞藻类及微小的有机碎屑，大型藻类的配子体和孢子体。鲍出现第一呼吸孔以后，摄食量逐渐增加。稚鲍发育到壳长4～10mm时，可以摄食小而柔嫩的藻类。稚鲍发育到1cm时成为幼鲍，食料与成鲍基本相同。

（3）幼鲍和成鲍的食料

鲍为杂食性动物，食料种类中以褐藻为主，兼食绿藻、红藻、硅藻、种子植物及其他低等植物，并杂有少量动物，如球房虫类、腹足类、桡足类、有孔虫类、水螅虫类及其幼虫。鲍的食料在褐藻中有翅藻、鹅掌菜、裴维藻、羊栖藻、马尾藻、漆叶藻、裙带菜、黑顶藻、海带；在绿藻中有石莼、浒苔、刺松藻、礁膜；在红藻中有多管藻、珊瑚藻、石花菜、紫菜、海萝、江蓠；高等植物中有大叶藻；硅藻中有卵形藻、圆筛藻、箱形藻、扇形藻、舟形藻、蛛网藻等。

成鲍的食料中，以褐藻为最好，其次是绿藻、红藻。这主要是因为鲍的消化系统中含有褐藻酸分解酶，能将褐藻酸$(C_6H_{10}O_7)_{11}$分解成营养物质的缘故。世界上有的鲍如光滑鲍摄食并不是以褐藻为主，而是以红藻和浒苔类为主，所以，摄食习性因鲍的种类而异。

在海带、巨藻叶片、巨藻苗、裙带菜嫩叶、海蒿子、萱藻、石菜花、石莼等各种饵料同时存在的

延伸阅读20-1

情况下，幼鲍对不同的饵料有一定的选择性，试验结果证明裙带菜嫩叶和巨藻苗为最好（见延伸阅读20-1）。

（4）鲍的摄食

鲍摄食时是利用齿舌刮取岩石上的藻类，边匍匐爬行边嚼食，食物贮藏在食道囊和嗉囊中。鲍的摄食活动不仅有明显的昼夜变化，而且还有明显的季节性。辽宁、山东的皱纹盘鲍，4～6月份摄食最旺盛，此时肥满度达最高峰，8月中旬最低。性腺的发育7月底达到高峰，其规律为正弦曲线。杂色鲍5月中旬至6月底性腺发育达最高峰，此时也是摄食最旺盛的季节。

（5）食料与壳色关系

食物种类与壳颜色的关系密切，尤以幼鲍更为显著（表20-2）。皱纹盘鲍用褐藻饲养时，贝壳可呈绿色，用红藻饲养时，贝壳呈淡褐色或褐色，但色彩与饵料的关系因种类亦有不同。

表 20-2　食料与幼鲍壳色的关系

食料种类	扁藻	硅藻	扁藻、浒苔、石莼	硅藻、扁藻、浒苔、石莼
贝壳颜色	翠绿	红	翠绿	翠绿、枣红两种彩纹

三、鲍的繁殖

1. 繁殖期

繁殖期随种类和地点不同而差异较大。福建省东山产的杂色鲍，在水温24～28℃的5～8月间性腺发育相继成熟。25～26℃的5月中旬至6月下旬为繁殖盛期，7月份以后为繁殖后期的延续阶段。皱纹盘鲍性腺开始发育的水温为7.6℃。黄渤海分布的皱纹盘鲍在水温20～24℃的7～8月份开始繁殖，南移至福建东山后，相继两年的生殖适温无明显变化，在水温21～24℃的4～5月间进行繁殖。

由于温度的变化，营养条件的差异，生活环境的改变，鲍的产卵季节和产卵持续时间都可能发生变动。

2. 繁殖习性

（1）性别

鲍为雌雄异体，性成熟时，雄性生殖腺为奶黄色，雌为墨绿色，不需解剖，将足及外套膜掀起即可分辨性别。鲍的群体组成中，雌性稍多于雄性。

（2）生物学最小型

杂色鲍生物学最小型是35mm；黄渤海的皱纹盘鲍生物学最小型是43～45mm，56mm以上者性腺已全部成熟。

（3）精卵的排放

排放精卵时，生殖细胞由生殖腺进入右肾腔，通过呼吸腔，再从出水孔排出体外。杂色鲍在排放精卵时，雌雄个体均将贝壳上举下压，然后急剧地收缩肌肉，借此把精、卵从出水孔排至水中。雄性个体附着于水槽的底部或接近底部的壁上，精液有节奏从第2～4出水孔排出，呈烟雾状，个别雄鲍2h内，放精次数达250次以上。雌性个体的产卵动作与雄性排精的情况不同，大量产卵时，用腹足部后端附着于水槽壁上支撑身体而充分接近水面，足的前端离壁而弯曲，随即很快地边闭壳边把卵从第3～6出水孔排出，产完一次卵后即下沉水槽底部，几分钟后再爬上接近水面处进行第二次产卵活动，一般经过3或4次大量产卵，生殖腺中的卵子几乎放散殆尽。

（4）产卵量

雌鲍的产卵量与个体大小有关，8cm 以上个体产卵量可达 120 万粒，6cm 左右个体产卵量一般在 80 万粒左右，最大个体产卵量可达 200 万粒左右。鲍精子排放量很大，一个雄鲍的排精能使一盆海水变成乳白色。

3. 精卵形态

（1）精子

鲍未成熟的精子欠尾部，在精巢中成圆形颗粒。成熟后放散的精子有头部、中部和尾部之分。头部细长圆锥形，前端尖锐，中部比头部稍长，尾部细长，在水中游泳活泼。杂色鲍精子长 60μm，前端具近似圆锥形的顶体，中段长度为顶体的 3 倍，尾部长为中段的 5～7 倍。皱纹盘鲍的精子近似子弹形，全长 60μm 左右，其中顶体长约 2.6μm，中段为顶体的 2 倍，约 5μm，尾部长达 50μm 以上。

（2）卵

排出后的卵细胞由外包的胶质物形成球形；卵沉性，在通常状态下呈游离状态，在人工诱发产卵的情况下，卵子往往呈短圆筒状或粪块状排出体外。卵的大小依种类而有不同。含卵膜的卵径一般在 200～280μm，卵黄径 160～180μm，杂色鲍卵径 200μm，卵黄径 180μm。鲍的成熟卵，植物极色稍淡，动物极色浓，卵膜外为胶质物所包，直到幼虫孵化后还存在。

4. 胚胎和幼虫发生

杂色鲍的卵子在海水盐度 29～31，水温约 24～26℃（皱纹盘鲍在 22.5℃）的条件下受精，经过约 20min（皱纹盘鲍 15min），在动物极的顶端出现第 1 极体，紧接着又出现第 2 极体。受精后的 45min（皱纹盘鲍约 40～50min），进行第 1 次等割分裂，在卵轴的平面上分为 2 个大小相等的细胞。第 2 次的细胞分裂出现在受精后的 60min（皱纹盘鲍约 80min）。1h40min（皱纹盘鲍约 2h）进行第 3 次分裂，形成了大小不同的分裂球，分裂为 8 个细胞。第 4 次分裂为 16 个分裂球的胚体需要 1h40min 左右（皱纹盘鲍为 2h15min）。受精后的 2h30min（皱纹盘鲍 3h15min）胚体发育至桑葚期。受精卵经过 4h15min 左右（皱纹盘鲍约 6h）的发育进入了原肠胚期（图 20-2）。

（1）担轮幼虫

精卵结合后约 6h（皱纹盘鲍约 7h30min），胚体出现了纤毛环，经过 1h 后，幼虫的前缘出现一束细小的顶毛，孵化前的担轮幼虫在卵膜内缓慢地转动，并依靠纤毛环和顶毛的剧烈摆动，有规律地向前冲击卵膜，8～10h（皱纹盘鲍 10～12h）破膜而出，成为孵化后的担轮幼虫。出膜后的担轮幼虫上浮至中上层，为健康的幼虫。孵化较迟的幼虫，往往停于底面附近转动，活动力弱，这样的幼虫多数在以后的发育过程中死亡。

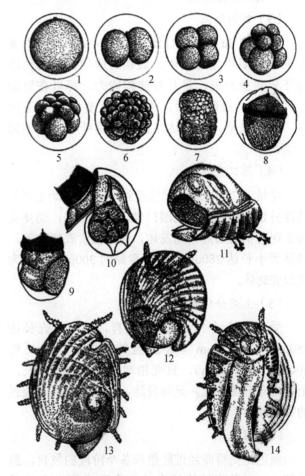

图 20-2　皱纹盘鲍的胚胎和幼虫发生

1. 受精卵；2. 2 细胞期，受精后 40～50min；3. 4 细胞期，80min；
4. 8 细胞期，2h；5. 16 细胞期，2h 15min；6. 桑葚期，3h 15min；
7. 原肠胚期，6h；8. 初期担轮幼虫，7～8h；9. 初期面盘幼虫，15h；
10. 后期面盘幼虫，26h；11. 围口壳幼体，6～8d；12. 上足分化幼体，19d；13. 45d 幼鲍（背面观）；14. 45d 幼鲍（腹面观）

受精卵的发育与水温关系密切。在适温范围内，温度较高则胚胎发育较快，如果发育时的水温超出了适温范围，胚体就容易出现畸形或死亡。杂色鲍胚体在 23～30℃（皱纹盘鲍在 18～24℃）的温度中发育是正常的。温度较低的情况下，担轮幼虫孵化的能力明显减弱，孵化时间延长直接影响幼虫后期的发育。鲍卵子的成熟度对胚体发育也有影响，卵子成熟度越好，发育越健康；卵子成熟度差，发育越差，甚至死亡。

（2）面盘幼虫

受精后 10～12h（皱纹盘鲍约 15h），壳腺开始分泌薄而透明的贝壳，幼虫的大小长为 210μm，宽为 160μm，这时的幼虫多活动于水层中，经过约 16h30min 形成扭转后的面盘幼虫（皱纹盘鲍 28～30h），幼虫壳完全形成。

（3）匍匐幼体

杂色鲍 2d，皱纹盘鲍需要 3～4d，即进入变态期，此期称匍匐幼体，最初形成的匍匐幼体面盘还未完全消失，足具有伸缩能力，可以在底面上爬行。一段时间后，面盘完全萎缩，纤毛脱落，进入底栖，靠发达足部（上具纤毛）做匍匐运动。

（4）围口壳幼体

受精后 78h 左右（皱纹盘鲍 6～8d），幼虫壳的前缘外延并增厚，形成围口壳，即次生壳，幼体头部出现有柄的眼点，吻发达，开始摄食底栖硅藻，幼体大小长达 280μm（皱纹盘鲍约 300μm），此为围口壳幼体。

（5）上足分化幼体

受精卵经过 10～12d 的发育，幼体虫壳长达 750μm，宽 650μm（皱纹盘鲍约 19d，壳长约 700μm，宽 600μm），贝壳稍增厚，头触角伸长，上足触角开始分化，足部发达，在基面上具有较强的吸附能力。

（6）稚鲍

杂色鲍受精卵经过胚胎和各个阶段的发育，到了第 24d，发育较快的个体完全形成第一个呼吸孔，上足触角 7 对，成为稚鲍，平均壳长 1.85mm，宽为 1.39mm。皱纹盘鲍中发育较快的幼虫，经 34d 出现第一个呼吸孔而成为稚鲍，一般为 45d 成苗，稚鲍平均壳长 2.35mm，宽为 1.97mm。幼虫的发育速度随着种的不同而异（表 20-3）。这个阶段的稚鲍，在人工管理周到、饵料充足的情况下，生长明显加快，3 个月后，无论是杂色鲍或皱纹盘鲍，其大小均在 1cm 左右，成为幼鲍。

（7）幼鲍

杂色鲍受精卵经过 85d 发育，壳长达 1.0cm，壳缘前端形成 3 个打开的呼吸孔（其余已封闭），即成为幼鲍，可以出池进入养成阶段。

表 20-3　皱纹盘鲍和杂色鲍发育过程的比较

发育阶段		皱纹盘鲍		杂色鲍
		中国	日本	中国
	卵直径（mm）	0.22	0.22	0.20
	2 细胞期	40～50min		45min
	4 细胞期	80min		60min
	8 细胞期	120min		80min
	16 细胞期	135min		100min
	桑葚期	195min		150min
	原肠胚期	6h		4.25h
幼虫发育	未孵化的担轮幼虫	7～8h	8h	6h
	孵化后的担轮幼虫	10～12h		8～10h
	初期面盘幼虫	15h	14h	10～12h
	后期面盘幼虫	28h	24h	12～20h
	匍匐幼体	3～4d	3～4d	2d
	围口壳幼体	6～8d	6～8d	3.3d
	上足分化幼体	19d		10～12d
	稚鲍	45d	42d	24d
	幼鲍	90d		85d

四、鲍的生长

1. 稚鲍与幼鲍的生长

杂色鲍出现第一呼吸孔需要 24d。壳长在 2.00～2.26mm，上足触角为 22 或 23 对，呼吸孔 2 个。这时壳内开始出现珍珠光泽。32d 壳长 2.52mm，上足突起 34 对，呼吸孔 4 个。贝壳的色彩为褐赤色，呈火焰状（壳背的色彩由于饵料的种类不同而有变化）。60d 壳长达 5.9mm，呼吸孔 11 个。67d 壳长达 7.6mm，壳宽 5.2mm，呼吸孔 13 个，头部触角呈鞭状，色黄，上足突起显著增加，吻部出现黑色色素。

杂色鲍随个体的成长，呼吸孔数不断增加，最后由于机能关系，只保留 5～9 个，其他逐渐关闭。

在福建地区，将杂色鲍苗以网笼吊养于浮缆下 1.5～2m 水深处，水温与盐度的变化范围在 12～28℃和 23～31 之间，定期投以幼嫩的浒苔、石莼为饵料，经过 11 个月的人工饲养，个体平均大小由 5.5mm 增长 35.5mm，平均每月增长 2.7mm，其中最大个体近 40mm，生长较缓慢的个体也在 28mm 以上。9～12 月，每月平均增长 4.64mm，是一年中幼鲍生长最快的时间，6～8 月份，平均每月仅增长 0.78mm，是一年中生长较为缓慢的季节。

2. 成鲍的生长

鲍的生长呈现先快后慢的规律，壳长 3～5cm 的鲍生长较快。了解鲍的活动和生长必须进行标志放流。放流标志有的是将沥青写在贝壳上，或用纸贴于贝壳上，外面加盖玻片，用牙科快干水泥封固。也有用银牌和银线拴于鲍孔间，效果甚佳。

3. 影响生长的因素

（1）饵料

鲍的幼虫摄食不同饵料，其生长发育有显著差别。摄食扁藻的幼虫，排遗物呈短棒状，排出频繁，达 30 次/h，排遗物散开后，藻体萎缩，仍呈颗粒状，没有充分被消化，幼虫生长较差。摄食底栖硅藻的幼虫，排遗次数减少，10 次/h，排遗物呈絮团状，绝大部分为色素完全消化的藻壳和残渣，幼虫生长较好。

用不同饵料饲喂 1.3～1.5cm 幼鲍 32d，平均水温 22.3℃，结果显示，摄食硅藻的幼鲍，壳长日平均增长速度为 56μm/d，吃食浒苔、紫菜和蓝

延伸阅读 20-2

藻，分别为 51μm/d、39μm/d 和 52μm/d。鲍摄食的饵料种类不同，软体组织的化学组成亦产生不同的变化（延伸阅读 20-2）。

不仅不同饵料对鲍的生长有影响，而且同一种饵料，软硬不同也有影响。柔嫩海藻可以促进鲍的生长。饵料多少也影响鲍的生长，自然放流的鲍苗，由壳长 1.5cm 长到 6.5cm 的成鲍需 3.5～4 年，而筏式养殖只需 2～3 年。

（2）温度

稚鲍生长与水温关系密切，直接受温度制约。1～2mm 个体，在 5～10℃ 的条件下，几乎不生长；10～25℃ 随着温度的升高，生长速度不断加

课程视频和 PPT：
鲍的生物学

快。幼鲍与成鲍的生长速度在适温范围内也随温度升高而加速。成鲍的生长速度与水温关系甚为密切，并呈现明显的季节变化。这种变化与取食季节变化密切相关。

第二节　鲍的苗种生产

在我国，皱纹盘鲍和杂色鲍的室内人工育苗均取得成功，并进一步开展了鲍的选择育种、杂交育种，培育出"大连 1 号"杂交鲍、皱纹盘鲍"寻山

延伸阅读 20-3

1 号"、绿盘鲍、西盘鲍、杂色鲍"东优 1 号"等养殖新品种（见延伸阅读 20-3），使鲍的苗种生产技术得到广泛应用。

一、亲鲍升温促熟蓄养

在北方沿海，皱纹盘鲍的自然产卵期一般在 7 月份，海上水温与气温都将临高温时期，此时对鲍幼虫和早期稚鲍的饵料——如舟形藻、菱形藻等底栖硅藻的培养不利，从而影响幼虫与稚鲍的发育生长，造成死亡率高。另外，进行常温育苗，到冬季水温下降时，鲍苗个体较小（一般壳长 1cm 以下），下海越冬死亡率极高。为了满足幼鲍饵料的需要和延长越冬前的生长期、提高越冬成活率，采用升温蓄养亲鲍，使其早成熟、早产卵、早育苗，是生产中的一项重要的技术措施。

1. 设备的基本要求

选用适于保温和控制光线的育苗池作为升温蓄养亲鲍池。池子应备有充气、升温、控温的装置。

2. 促熟蓄养开始时间

有效积温等于蓄养期每天蓄养水温减去皱纹盘鲍生物学零度（即 7.6℃）后的总和（当 $T_i \leqslant 7.6℃$ 时不计入）。鲍性成熟的有效积温在 1000℃ 以上，因此，当蓄养水温 18～20℃ 时，使有效积温达 1000℃，需要时间约 3 个月，所以需在采苗前 3 个月开始亲鲍促熟蓄养。

3. 亲鲍的选择及数量

皱纹盘鲍个体大小在 8～9cm 以上，体质健壮，软体肥满，足肌活动敏捷，无创伤，无病害。雌雄留用比例为（4～5）:1。

亲鲍蓄养量与亲鲍年龄或个体大小有关，尤其与体质强弱有关。一般每 1kg 亲鲍能产卵 1000 万粒，可根据计划采苗量来确定亲鲍数。为确保获得优质卵，亲鲍的数量可增加 4～5 倍。

4. 蓄养方式和密度

可将亲鲍装入网笼或网箱内，放于池中蓄养，或在池底放置深色塑料板或瓦片制成拱形巢穴，供亲鲍栖息。蓄养密度与蓄养条件（如充气、换水）有关，一般每立方米水体可蓄养亲鲍 20～25 只（约 2.0～2.5kg）。

5. 蓄养管理

蓄养期间的日常管理工作主要是加温、充气、换水、投饵。

1）加温：可利用封闭式管道加热或电热线加热，每天升温 2℃，至 20℃ 时保持恒温。

2）充气：昼夜连续充气，充气量为每立方米

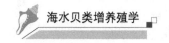

水体中约 6～8L/min，使海水含氧量保持在 5.0mg/L 以上。

3）换池：每天移笼（或巢穴）换池 1 次，换池温差应小于±0.5℃。

4）投饵：每 2 天投饵 1 次，投饵量随水温上升而增加，当达到 20℃时，一般一次投饵约为亲鲍总重的 20%～30%，具体投饵还要视笼中剩余饵料量酌情增减。

二、底栖硅藻的培养

底栖硅藻是鲍的幼虫和稚鲍的主要饵料，能否满足幼虫和稚鲍的摄饵需要，决定着人工育苗的成败。底栖硅藻是一种附着性的单细胞藻类，因此，必须以透光性较好的薄板（或）作附着基。

1. 藻种的选择

选用当时当地繁殖生长的适宜底栖硅藻作藻种，一般可选择小型的舟形藻、菱形藻和新月藻等。这些藻类可以从常流水的海水管口或在贮积海水的池壁上用药棉等擦取，洗入三角烧瓶中，培养后加以选择。亦可将塑料薄膜挂于海带养殖筏架上，等 5～7d 附着底栖硅藻后再洗刷下供接种用。或从海上取回鼠尾藻等褐藻类在过滤海水中洗刷，将附生的底栖硅藻刷下，所得藻液水用 NX103 筛绢过滤作藻种，但此法所得藻类多半为较大型的楔形藻、卵形藻、菱形藻等，可用作稚鲍剥离前饵料不足时的补救措施。

2. 接种与培养

将高锰酸钾或漂白粉消毒过的饵料板（或薄膜）插入鲍的采苗架上（其规格见采苗板的选择），于采苗前一个多月置于经陶瓷过滤器过滤的海水中（或经棉花过滤、消毒过的海水），按单细胞藻培养要求加入营养盐（即 N：P：Fe：Si=20：1：1：1），然后将适量藻液（种）均匀地泼于池中，使藻种附于饵料板（膜）上，3d 后将采苗架倒置，并投营养盐，以后每 3～5d 半量换水，再投营养盐。

此外，也可用筛绢（NX103）过滤海水入池中，将海水中带入的底栖硅藻作自然藻种，不需要另行接种，仅按上述方法定量投营养盐，待半月后每隔 3～5d，半量换水，再投营养盐。但此法需在采苗前 2～3 个月将饵料板（膜）浸入池中。

在培养过程中应避免强光，否则将会使绿藻大量繁殖而使底栖硅藻受到抑制。一般光照在 1000～2000lx 较宜。可经常反复倒置采苗架，并在一定程度上抑制绿藻的繁生。

三、采卵

1. 诱导方法

（1）紫外线照射海水法

用市售的波长 253.7nm、30W 紫外线灯管两支（一般需备用 2～4 支），在灯管两端的接线柱用环氧树脂密封，以防漏水。照射的容器（水族箱或小水池）大小以容纳紫外线灯管为宜，容量 100～300L 左右。

$$照射剂量（mW·h/L）=\frac{杀菌灯功率（mW）×照射时间（h）}{照射水量（L）}$$

紫外线灯管可直接放入水体中照射或挂于水面上 5cm 左右，在水簇箱内注入新鲜的过滤海水，水深 25cm 左右，箱外用黑布遮盖，以避免紫外光外射，然后即可开灯照射。照射剂量以 300～500mW·h/L 效果较好。

（2）阴干刺激

将亲鲍足部朝上，用湿润的纱布盖足，在潮湿的环境中阴干 1～2h。

（3）升温刺激

将亲鲍的产卵水温升高 2～3℃。

（4）异性产物诱导

加入少量雄鲍的精子可诱导成熟雌鲍产卵。

（5）活性炭处理海水法

颗粒活性炭洗涤后，装入直径 16cm 的容器内，活性炭高度 45cm，容器的两端分别有进水口和出水口。为防活性炭流失，应有粗筛绢包裹。水流量为 6L/min 左右。利用此法诱导采卵，一般亲鲍经 1h 暂养，便可排放精卵。

（6）过氧化氢法

亲鲍经阴干 30min 后，再放入按每 1L 海水中加入市售过氧化氢溶液（含 30%的 H_2O_2）0.3mL 配制的溶液中浸泡，也可用过氧化氢溶液（含 3%的 H_2O_2）使用浓度为 3mL/L。每 10L 溶液可放置 6～10 只，在 17～18℃条件下经 0.5h 浸泡后，取出用海水冲洗后，置于容器中暂养，经 0.5～1h 便可排放。若在 H_2O_2 溶液浸泡时，有的个体就开始排放，应及时将亲鲍取出冲洗，置于产卵池中继续排放。

2. 采卵与受精

采卵一般在夜间进行（H_2O_2 法可任意时间进行）。在傍晚将挑选好的亲鲍置于阴处，腹部朝上，盖上湿纱布，阴干 1h 左右，然后分别将雌、雄亲鲍置于上述紫外线、活性炭或过氧化氢溶液处理的海水中，保持黑暗的环境。

通常在 17℃ 左右室温条件下，17:00 开始阴干刺激，到 23:00～24:00 就能达到产卵高峰。卵子圆形，呈分散状态，下沉底部，呈灰绿色，卵外围有厚的胶质膜。用筛绢将卵过滤去掉粪便与杂物。

雄鲍排精一般早于雌鲍排卵。用于受精的精子要活泼，受精前要镜检精子的质量。将精子适当加水稀释后加入卵液中，搅拌均匀。约 10min 后即可检查卵子受精的情况，一般观察到一个卵子周围有 3 或 4 个精子（侧面观）即可。精子最好在排放后的 1.5h 内使用。

受精卵发生期间对海水盐度适应范围较窄，盐度应保持在 31.8～33.4。

3. 洗卵与孵化

受精后 30～50min 左右，当卵子全部下沉底部，即可将中、上层的清水轻轻倒出，然后注入新鲜海水，这个过程就是洗卵。之后，洗卵约 30～40min 进行一次，一般需洗卵 6～8 次。最后一次洗卵需在担轮幼虫上浮之前进行完毕。水温要稳定在 17℃ 以上，受精卵的孵化密度在 500 粒/cm^2 以内。

四、浮游幼虫的管理

在水温 18～20℃ 条件下，受精卵约经 13h 左右发育至担轮幼虫，破卵膜而上浮。此时密度以 15～20 个/mL 为宜。每隔 2h 用网目 20μm 左右筛绢过滤器换水，换水量为 1/2～2/3，或采用流水培育。

从担轮幼虫到面盘幼虫，需经过多次选优，淘汰不健康的幼虫和死亡个体，以保证水质新鲜。

水温 18～20℃ 条件下，约 3～4d 便可从受精卵发育至面盘幼虫的后期。此时幼虫壳已完全形成，足部开始形成，即进入附着匍匐阶段。

五、采苗板

1. 采苗板的选择

采苗板亦称饵料板。为了增加面积，有利于稚鲍和硅藻的附着与培养，应选择无毒而且透明或白色的聚乙烯薄膜、高压聚乙烯平板或玻璃钢片，为了增加采苗面积，还可制成波纹板。

采苗板装入筐架中。筐架大小可视池子具体情况而定，一般可用 50cm×40cm×60cm 左右规格，每筐装有 20～24 片板（膜）。筐架可用聚乙烯板锯成条状后焊成或用玻璃钢做成，式样应考虑到便于组装和存放，一般采用折叠式较为理想。如果用透明薄膜做附着基，可以用 8 号铁丝外套白色聚乙烯软管做成筐架，每筐绑 20～24 片大小相同的薄膜，膜间距 3～5cm 为宜。

2. 采苗板的投放和作用

每平方米池底的采苗面积应不小于 20～30m^2，过少会影响幼虫的附苗数量，降低单位面积出苗率，过多因光线穿透力弱，影响底栖硅藻的繁殖和生长。

采苗板除了提供鲍幼虫的附着场所外，更重要的是提供幼虫、稚鲍的饵料。因此，应在采卵前 1～2 个月，在采苗板上接种底栖硅藻，并加入营养盐，使其繁殖、生长。

六、采苗与稚鲍前期的培育管理

1. 设备

采苗池和培育池可以共用。通常用瓷砖或水泥制成的长方形池子，池底有一定坡度，池大小为长 10～20m，宽 1.25m，深 0.6m，可以进行流水培育。

在水温 18～20℃ 条件下，受精卵一般经过 72h，发育至面盘幼虫后期，即可进入放有采苗器的池子内采苗。

2. 采苗前的准备工作

1）在采苗前需将采苗板筐架用水冲洗，冲去采苗板上的淤泥和水云等有害物。为了防止底栖硅藻脱落，在冲洗时不宜用力过大。然后放入池内注入新鲜过滤海水，以待采苗用。

2）将面盘幼虫经选优、取样计数，按需要投入池内，投入幼虫密度按采苗面积计算，以 0.1 个/cm^2 为好，附苗率一般为 50%～60%。

3. 采苗

因幼虫具有趋光性，应适当减弱光线，并采用倒置采苗架方法，使幼虫上下附着均匀。采苗池的水温应在 18℃ 以上。为了促进幼虫附着变态和稚鲍生长，可以向池内施加 $2×10^{-6}$ 的 GABA（γ-氨基丁酸）作为诱导剂，以达到快速、同步附着的目的。

4. 采苗后的培育管理

（1）换水

换水时，在出水口需用筛绢拦阻，以防幼虫流失。每天换水至少 2 次，每次换水约 1/2 左右，当检查水中的浮游幼虫只有投入量的 1/10 时，可改为流水培育，流水量为全池的 1/2～1 倍，高温时应加大换水量。

（2）水温和盐度

水温应保持在 18～25℃，盐度保持在 27 以上。

（3）饵料的补充

一般采苗后半个月，随着幼虫的生长，采苗器上的底栖硅藻将逐渐减少，甚至发白，需在育苗池中适当加营养盐（N：P：Si：Fe=10：1：1：0.1）使底栖硅藻连续生长、繁殖，以保证在采苗后 1 个月左右内稚鲍摄食需要。如果此期间饵料供应不足，可用新的采苗板进行插板，使部分稚鲍爬到新的饵料板上舐食。另外，也可适当提高光照强度，投喂人工培养的扁藻和鼠尾藻液等作为补充饵料。投扁藻的时间最好在傍晚，并暂时停止流水，以增加扁藻在采苗器上的附着数量。

（4）敌害的清除

鲍育苗池中的敌害生物主要是桡足类。可用 $2×10^{-6}$ 敌百虫毒杀。放药时，先将药完全溶解，冲稀并均匀撒在池中，停止流水，14～15h 后，全部换水清底，冲洗敌百虫溶液，清除桡足类尸体。在育苗后期采苗板上往往生长水云等丝状海藻，可用手工方法清除。

（5）日常管理

除换水外，还应在早上、中午定时测量水温，如果水温超过 25℃ 可增加换水次数或加大换水量。定时测量育苗池水的 pH、溶解氧、海水盐度等，观测幼虫、稚鲍的生长，通过测量壳长判断生长是否正常。培育中，注意池壁水线以上是否有稚鲍，若发现应及时刷入池内，防止干死。

七、稚鲍后期的网箱流水平面饲养

1. 设备

（1）饲养池

以长方形为好，便于流水饲养。为了充分提高设备利用率，也可一池多用，将采苗池（又是底栖硅藻接种扩大池）、育苗池作为饲养池。

（2）网箱

稚鲍剥离后，前期可采用网目为 1mm×1mm 的塑料窗纱网，后期随着稚鲍的生长，网箱的网目也相应的增大，以不漏掉稚鲍和水流畅通为原则。网箱的大小规格，可视饲育池大小和便于管理而定（图 20-3）。

图 20-3　网箱平面流水饲养设施

（3）附着板

附着板一方面作为稚鲍的附着基，又是作为投喂饵料的承受器。

壳长 2～3mm 以下的稚鲍，具有趋光性，至壳长 3～4mm 时，趋光性便不很明显，待长到 4～5mm 左右逐渐转为避光性。此时，稚鲍白天集聚在暗处，尤其是附着板的阴面，很少活动，不摄食。夜间活动频繁，进行摄食。附着板应选用深色的波纹板，板面打上若干直径 1cm 左右的圆孔，便于稚鲍上、下爬行。波纹板面要光滑，既便于剥离，还可避免损伤稚鲍。

2. 稚鲍剥离

采苗后 40～50d，稚鲍壳长达到 2～3mm，将由前期培育转入后期培育，或将稀疏养殖密度，就要其从附着板上剥离下来。如果底栖硅藻供应不上，壳长 1.8～2.5mm 的稚鲍便可以开始剥离。采用的剥离方法很多，有 2%乙醇麻醉法、白醋和大蒜麻醉法、电剥离法、氨基甲酸乙酯（$C_3H_7O_2N$）麻醉法、MS-222（烷基磺酸盐同位氨基苯甲酸乙酯，$C_6H_{11}O_2N+CH_3SO_3H$）麻醉法、电剥离法等。其中，乙醇、白醋和大蒜麻醉法剥离稚鲍，麻醉剂便宜、使用安全，对稚鲍和操作人员无不良影响，常被使用。

采用麻醉剂浸泡或喷洒稚鲍后，抖动附着板，使稚鲍脱落，或用柔软的毛刷将稚鲍刷下。

3. 网箱流水平面饲养

（1）稚鲍规格与密度

进入网箱平面饲养的稚鲍，壳长一般在 3～5mm 的效果较好。稚鲍的饲养密度，可按不同壳长而定，一般壳长 3～5mm，其密度约为 5000～6000 只/m² 为宜，过密会影响生长。

（2）流水量

剥离后，饵料改为合成饵料，容易引起水质败坏，因此必须加大流水量。有条件可采用 24h 流水，以保持水质新鲜。24h 流水量为原水体的 5～6 倍为宜。在水温高于 25℃时，应加大流水量，水中溶解氧应不低于 5mg/L。

（3）饵料

当稚鲍壳长达到 5～7mm 以后，尽可能使用人工配合饵料，因为投喂配合饵料比海藻生长快一倍以上，可使稚鲍在越冬前达到较大的规格，以提高越冬成活率。

人工配合饵料可用低值的鱼类（含脂肪少的）、贝肉、裙带菜或海带的干粉、淀粉、维生素及贝壳粉等制成粉末状饲料，或加入适量的黏合剂配制成片状饲料。前期可用粉末状，后期改用片状。每天的投饵量可为稚鲍体重的 2%～5%。因壳长 4～5mm 后的稚鲍在夜间摄食，所以在傍晚先将饲料用水浸泡，然后均匀地撒在波纹板上，供稚鲍夜间摄食。在投喂粉末状饲料的 0.5h 内，可暂停流水，让饲料完全沉积在波纹板上，否则大部分饲料将随着流水散失。

人工配合饵料的质量检查如下。

1）保形性测定：在一定水温和时间条件下测定保形率。时间越长，温度越高，保形性较差。

保形率（%）=未溃解部分干品重量/原重量×100%

2）腐败度测定：在一定温度、一定时间观察饲料在水中的变化，通过测定水中溶解氧、pH 值和有机物的耗氧量的变化以确定腐败度。

3）饲料效果的测定：以总投料量除以鲍的增重量（残饵忽略不计），确定饲料系数，系数越小，饲料质量越好。

（4）光线

稚鲍在 4.5mm 前，适当光照对底栖硅藻的繁殖有利，同样对它们摄食生长也是必要的。但达到 4.5mm 以后又有负趋光性特点，转向夜间摄食，这也是稚鲍开始趋向摄食大型海藻的转变。因此，可以根据这一特性，以减弱光照强度与造成较长的黑暗日周期，来增加鲍的摄食时间，促进生长。

（5）饲养期的管理

网箱水平面饲养阶段，因投喂人工合成饲料，保持水质清洁是主要问题。每天早晨应抖动波纹板和网箱，把网箱内的残饵漏入池底，每 2～3d 清底一次。平时还应注意将爬到网箱壁上的稚鲍及时刷入波纹板上，定期观察稚鲍生长，测量水中溶解氧和水温。出现异常情况应及时处理。

八、幼鲍下海或越冬

北方一般在 11 月中、下旬，水温降至 10℃左右，壳长 1.2cm 以上，幼鲍可下海挂养。对于较小的个体，需要及时转入室内升温越冬。

1. 幼鲍下海

（1）温差剥离法

可利用水温差剥离幼鲍。剥离时，可用升温 10℃左右的温海水，浸泡幼鲍 0.5min，然后再放回原来常温海水中。幼鲍受到温度突变的影响，活动较频繁，足部吸附不牢固，可用手轻轻抹下。

（2）喷醋剥离法

将 1 瓶食用醋加入 1 桶（约 15L）海水中，混匀，装入喷壶中，对着附着板上的幼鲍喷洒，幼鲍就会从附着板上脱落下来。

2. 室内升温越冬

壳长不足 1.2cm 的幼鲍需要在室内升温越冬。室内越冬可采用电升温或其他热能，用封闭循环海水系统培育。一般水温可控制在 10～20℃，最适水温为 20℃，封闭循环海水系统净化海水方法很多，除了沙滤外，还有如活性炭、珊瑚沙、紫外线照射、人造水藻、生物膜及沸石等处理方法。

3. 鲍苗的南方越冬

鲍苗南方越冬是近年来发展起来的一种养殖模式。通常在 10 月底北方水温快速下降的时候，将北方生产的皱纹盘鲍苗移至南方越冬，至次年 5 月再运回北方养殖。这样可以充分利用南北方的养殖适温期，促鲍快长，可缩短养殖周期一年。

运输方法采用活水车或船进行带水低温运输。用活水船运输时，将鲍鱼装笼后挂在船舱中，从外海高盐度海域走，用水泵从海中往船舱中抽水保持水交换。用活水车运输时，则将鲍苗装入有孔眼的塑料盒，一层层放进加水的玻璃钢桶中带水运输。在桶间放置冰块，保持车厢低温并使水温降低 2～3℃，充气供氧；途中淋水或 4～6h 换水 1 次。

课程视频和 PPT：
鲍的苗种生产

第三节 鲍的增殖与养殖

一、鲍的工厂化养殖

1. 工厂化养鲍的优越性

1）养成适温期长。我国山东、辽宁沿海每年有 5 个月水温在 7.6℃ 以下（12 月至次年 4 月），皱纹盘鲍基本不生长，所以海上养鲍，一年只有 7 个月的生长期。鲍的最适生长温度为 18～22℃。这个温度自然海水每年只有 40～50d。工厂化养鲍可以通过冬季升温使养鲍水温周年在 7.6℃ 以上，并可适当延长最适生长温度的时间，达到鲍全年生长并有较长的适温期，从而促进鲍的生长，缩短养成周期。

2）工厂化养鲍不受海上大风袭击，安全稳产。可投入人工配合饵料，解决海上自然饵料衰退期饵料贫乏的矛盾。

3）通过海水净化，沉淀，可以不受海水浑浊或藻类贫乏不适合鲍生长海区的限制，因此，可以扩大在我国沿海可养的海区。

4）可利用地下坑道养鲍，可以避暑和防寒，降低养殖成本，使鲍一年四季均可生长。

2. 养殖主要设施

（1）供水系统

基本同贝类常规人工育苗。常温供水是 5 月上旬至 11 月下旬。升温供水是 11 月下旬至来年 5 月上旬。为了节省能量降低成本，可以采用净化处理，封闭式循环使用升温水。

（2）养殖池

长 8～9m，宽 0.8～0.9m，深 0.40～0.50m，有效面积 7～9m²。一端设进水管，另一端设溢水管。养殖池系水泥或玻璃钢制成，上下一般可分设成三层。

（3）饲养网箱

长 70～80cm，宽 80～90cm，高 28cm，有效面积一般 0.6～0.7m²。中间育成箱是 14 目聚丙烯纱网。工厂化养成箱是 1cm 网孔的聚乙烯挤塑网。

（4）波纹板

为黑色玻璃钢制成。规格有两种。中间育成的小波纹板，波高 1.5cm，波谷宽 4.5cm，长 75cm，宽 45cm，厚 0.1cm 左右，板上有许多直径 3cm 左右的空洞，作为鲍上下出入用，每网箱放 2 块板。养成的大波纹板，波高 5cm，波谷宽 15cm，波纹板长 75cm，宽 45cm，厚 0.1cm 左右，每箱放 2 块板。

3. 养殖形式和密度

（1）养殖形式

工厂化养鲍和中间育成均采用网箱平流饲养法，每池放网箱 10 只。

（2）密度

1）中间育成：中间育成的幼鲍，个体差异较大，在放养时，必须筛选分类。壳长 1.4～2.7cm 鲍的越冬育成，密度大体以 600 只/箱为宜，按养殖池有效面积计算以 800 只/m² 左右为宜。

2）养成：壳长 2.5～4cm 的幼鲍以 200～250 只/箱为宜，壳长 4～6cm，150 只/箱，如果养殖 7cm 以上大规格商品鲍，可放养 100～120 只/箱。

4. 养殖管理

（1）供水

供水管理与鲍的生长关系十分密切，主要管理内容包括水量、水温、水质三个方面。

1）水量：主要根据水温的高低、鲍的大小和放养密度进行调整。水温高，则应加大换水量，供水量范围在升温越冬期为8～12倍，在常温期则为10～16倍。

　　2）水温：越冬升温期的日供水温差应控制在小于2℃。

　　3）水质：在常温期供水，主要是根据风向、风量、观察海水的清浊，及时改变供水工艺。即在海水混浊时，必须使用回水循环工艺，否则会造成气泡病大量发生。在升温期供水要按时按量加钙。水质混浊的海区，要经过沙滤。

　　（2）投饵

　　饵料种类可分为鲜海藻和人工合成饵料两种。两种饵料可混合使用。2cm以下的幼鲍全部可投喂合成饵料，2cm以上幼鲍12月至次年8月以投海带和裙带菜等海藻为主，9～11月份海藻衰退期以合成饵料为主。

　　1）投喂人工合成饵料：人工合成饵料主要由脱脂鱼粉、植物蛋白、海藻粉、黏合剂及其他微量原料组成，加工成粉状或1～2mm厚的片状饵料。人工合成饵料要求诱食性、营养性、保形性和经济运用性等方面较好。3～8mm的稚鲍口器弱，活动范围小，此时应投粉状饵料，0.8～2cm的鲍投1mm厚1cm大小的小薄片。2.5cm以上开始投2mm厚的大薄片。

　　壳长1.5～7cm的鲍，每日投饵量占鲍体重的2%～5%。在越冬低温期，每2d投1次，清1次残饵；18℃以上每天投1次，清1次；投饵时间一般在下午4～6时，早晨7～8时清残饵。

　　2）投喂鲜海藻：每日投饵量按实际摄食量的2倍计算，以保证鲍有较多的摄食机会。鲍的摄食量与个体大小和水温有关系。在壳长2～8cm的范围内，随着鲍个体的生长，摄食量逐渐增加。水温在5℃以下几乎不摄食，7.6℃时可少量摄食，8～23℃摄食量随温度上升而增加，23～27℃摄食量有所减少。养殖中要根据个体大小和水温情况，调节饵料投喂量。投喂时将海带、裙带菜去根洗净，大菜切成段。若水温在20℃以下，每4d投1次，上午清残饵，下午投新饵。20℃以上的高温期，每2d投1次。投喂时，禁投烂菜。清理残饵要彻底。

　　（3）防病害

　　目前工厂化养鲍主要疾病有以下两种。

　　1）气泡病：鲍的内脏团鼓起气泡，也有称之胃涨病，严重时鲍可浮起来。这种病危害大，死亡率高，是养鲍的主要病害。主要防治方法是加强水质净化，严防光照过强，禁止投腐烂饵料。发病后，加大换水量或倒池，投喂新鲜饵料。

　　2）缺钙碎壳症：多发生在中间育成升温阶段，由于长期大量使用回水，加上投喂钙量不足的合成饵料，造成壳薄易碎，以至壳顶掉下来，露出软体，可人工添加（2～3）×10⁻⁶氯化钙，便可达防治目的。

　　（4）鲍参混养

　　工厂化养鲍池中混养海参，利用海参清除鲍的残饵及粪便，可以收到较好效果。混养海参密度为5只/m²，鲍密度为120只/m²。

二、筏式养殖

　　选择合适的海区设置浮筏。将稚鲍放投入容器中，吊挂于浮筏上养殖。

1. 养成器

　　养鲍的容器必须多孔洞，以便水流畅通。常用的养成器主要有圆形硬质塑料筒和多层圆柱形网笼。

　　（1）硬质塑料圆筒

　　长60cm，直径25cm，放养壳长1～1.5cm的幼鲍180～200个，3～5cm的放养80个。每6个圆筒为一组，两筏之间平养，共12个圆筒，中间用坠石固定，台挂60～80串。为了增加水的交换和减少淤泥沉积，可将塑料筒的下半部钻上3～4排直径为0.8～1cm的圆孔。

　　为了使用方便，可将塑料筒分为两瓣的圆形筒，两端有活动盖，使用时，圆筒两瓣和活动盖均用线捆扎。

　　（2）多层网笼

　　网笼有圆形和方形等不同形状，一般3～6层，北方为拉链式，南方为插销式（图20-4）。也可采用扇贝养成网笼代替多层圆柱形网笼进行养殖。

2. 海上养成管理

　　（1）定时投饵

　　饵料种类以裙带菜、海带、石莼为较佳饵料，其次是马尾藻、鼠尾藻。投喂时间和投喂量根据季节、水温不同而不同。一般情况下，每7d左右投饵1次。并注意清除粪便、杂质和残饵。结合投饵及时拣出死贝。

图 20-4　鲍养殖笼

6 月中、下旬以后，自然水温升至 20℃以上，鲍喜食的海带、裙带菜已不多见。此时可投喂刺松藻，试验证明，在 16.2～19.4℃内，鲍平均每天摄食量占其体重的 18.6%，略高于同温度下对海带的摄食量（海带在 20℃下是 17.6%）。刺松藻是一种大型绿藻，生于潮间带，数量多，易采集。特别是这种藻的生长旺季是夏、秋季，恰好填补了海带、裙带菜消失之后，鲍缺少饵料的困难。

（2）清除敌害

要经常洗刷污泥，疏通水流，应注意清除杂贝、杂藻和其他无脊椎动物。清除方法可用人工摘除，高压水枪冲刷，更换养成器。

（3）适时疏散密度

随着鲍的生长，适时疏苗，助苗快长。鲍体长 1～2cm 时，每筒可放养 200～300 个，体长 3～4cm，每筒只养 80～100 个，4cm 以上每筒只养 60 个左右。

（4）调节水层

鲍的养成水层一般 3～4m，网笼因透光率高，较筒养的水层要稍深些，低温季节的也可稍深些。

（5）安全生产

要经常检查浮架、吊绳、浮球是否安全，发现掉漂、掉坠石、缠绳等现象要及时解决，特别台风季节更应注意。冬季操作要尽量不离开水。

筏式养鲍管理方便，不受底质限制。其缺点是成本高，养殖周期长，饵料来源困难。

三、池养

选择适合鲍生活的近岸岩礁海区，安闸建池。池大小依地而异。满潮时水深 2m，干潮时水深 1.5m 的自然岩礁池。另外也可以在陆地建池（蓄养）。但鲍的蓄养量要合理，一般可按下列公式计算：

$$KW=(v/V+k)(C_1-C)-K_2$$

式中，K 为鲍的耗氧量；W 为可能的收容量；v 为注水量（L/h）；V 为池的水容积；C_1 为流入水的溶氧量（mL/L）；C 为排出水的溶氧量（mL/L）；K_2 为池中鲍以外的耗氧量［mL/（L·h）］；k 为氧溶水系数（h）。

一般来说，人工定时投饵、营养充足的情况下，每公顷可放养 30 万只；不定时投饵，营养不能充分保证的情况下，一般每公顷放养 15 万～18 万只，最多不要超过 22.5 万只；人工不投饵，以自然生长的藻类为食的情况下，每公顷放养量以 7.5 万只为宜。

池养鲍鱼要特别注意的是夏季高温季节，很容易引起大量死亡，因此要考虑池水的流动量及准备冷却装置。保持水温在 20～23℃以下。养殖中，要注意及时清除伤贝、死贝、残饵及粪便。如果在池中混养海参 3 或 4 只/m²，可取得更好的养殖效果。

四、沉箱养殖

沉箱是由钢筋做成的框架，框架的大小为（1～2）m×（1～2）m×0.8m，外围上网片，内装石块或水泥制件供鲍附着用（图 20-5）。笼的中央留有 50cm² 的投饵场，以利鲍摄食，便于人工投饵和清除残饵。箱内投放鲍 1000 只左右，可混养海参 50～100 只清洁环境。沉箱置于低潮线下岩礁处，一般大潮退潮后可保持水深 50～60cm。每次大潮后投饵一次，投饵种类有海带、裙带菜、刺松藻等种类，每次投饵量为鲍体重 10%～30%左右。

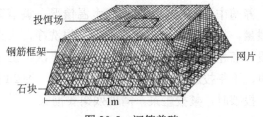

图 20-5　沉箱养殖

五、其他养殖方法

如垒石蒙网养殖（延伸阅读 20-4），该方法具有投资少、风险小、操作简便等优点，但要求底质必须是岩礁底。

延伸阅读 20-4

六、鲍的底播增殖

海底底播增殖是鲍鱼增养殖的重要方法之一，用这种方法去增养殖鲍，能使鲍的生长速度加快，生产成本降低，从而带来好的经济效益。

1）海区选择：首先选择潮流畅通，水质清澈，受风浪影响较少，低潮线水深 2～10m，并有较丰富的大型饵料海藻类生长的岩礁或砾石底质的海域，因鲍具昼伏夜出习性，岩礁和砾石要有洞穴和夹缝，便于鲍白天在洞穴和夹缝中遮光休息。海水水温适宜，冬季不结冰，春季也不受流冰影响，常年盐度不低于 30。

2）底播时间：底播时间以春季或秋季较好，应根据当地的海水温度而定，最好在水温 12～16℃之间，这个温度是鲍进入快速生长的温度。播到海底的幼鲍约 3s 即可翻身附着，并很快进入快速生长期，提高底播成活率。

3）底播鲍的规格及密度：底播苗应该选择健壮、活力强，规格大小不小于 2～3cm。底播密度 8～10 个/m²。

4）底播方法：底播前一方面应该先清除增殖海区及附近的敌害生物，另一方面最好能将鲍苗预先附着于波纹板或贝壳等附着基上，底播时连同附着基一起由潜水员送到海底的礁石或海藻丛旁，任鲍苗自行转移分散；尽量避免海面撒播鲍苗，易受潮流和敌害生物危害，成活率低。底播的天气应选择无风无浪，海面平静，最好在漫流时播种。

课程视频和PPT：
鲍的增养殖技术

第四节　鲍的收获与加工

一、采收标准

皱纹盘鲍的采收规格一般为壳长达 7～8cm。杂色鲍为小型的鲍，当个体达到 6cm 以上，即可采收上市。

二、采收原则

采收的原则是捕大留小。从提高经济效益的角度来讲，在入冬之前进行采收比较合算。因为此时的鲍，个体肥满，而进入冬季之后，鲍的摄食量减少，基本上停止生长，体重趋于下降。

三、采收方法

1. 网箱、筏式和沉箱养鲍的采捕

可将鲍连同附着器一起提出水面，用手直接进行抓捕。为了减少鲍体的损伤，作业时采用圆头钝边的不锈钢片（长、宽、厚度分别为 20cm×3cm×0.2cm），铲鲍采捕；如果采捕量较大，也可采用 3%～4%乙醇麻醉后进行剥离，同样可达到既快速采捕，而又不损伤鲍体的目的。

2. 潮间带水池养鲍的采捕

先把池水排干，然后顺序地将石头、水泥板等附着器翻个面，可见到鲍，进行捕大留小。

3. 工厂化养鲍的采捕

为了采收方便，可关闭充气阀门（但可不必排干池水，也不必关闭进水阀），把养殖笼从池子中提到池边，将达到商品规格的个体采捕下来，未达到商品规格的个体，仍留在池内继续饲养。

四、活鲍运输

1. 水运

水运虽然在途中运输的时间较长，但存活率仍然很高，可达 99%。在水温 8～19℃的条件下，经轮船水运 3 天半，存活率达 96%；日本采用回流水槽活水循环运输鲍，海水又经充氧、过滤、降温（10℃以下）和化学处理，从澳大利亚将鲍运到日本，存活率达 94%。

2. 干运

用汽车、飞机等进行干运，途中运输时间不可太长，一般掌握在 10～12h 以内。其方法是：将活鲍放入塑料袋内，充氧、密封，并装入纸箱或塑料泡沫箱里，如在高温期干运，则要在箱内放置冰袋降温，然后包装好后进行运输。在抵达目的地后，下池之前，应使鲍有一个恢复的适应过程。在气温 12～15℃的条件下，途中运输时间 15h，干运存活率可达到 98%。

3. 鲍运输应注意的事项

1）选择健康个体运输：运输前要经过挑选，

选择健康个体运输。将机械损伤或不健康个体另行处理。

2）对运输容器进行洗刷、消毒：将要使用的容器，都要经过海水洗刷、浸泡，并去掉污物等。

3）运输途中保持低温，避免阳光直射及用手接触：鲍在运输过程中，要尽量避免用手接触，避免阳光直射和干露时间过长。运输舱要保持清洁和适宜的低温。

五、鲍的加工方法

鲍的食用，最佳的方法是新鲜烹饪，目前我国鲍鱼一般分为鲜活、冷冻、罐头、干鲍四种产品。

1）鲜活鲍鱼：有些地方的人喜欢吃鲜活鲍鱼，刚刚采上的最佳，或运输 1 到 2 天的也可以。鲍肉切成 3～4mm 厚的薄片，要求肉质脆嫩而不坚韧。不习惯吃生鲍的，以红烧或与肉类同煮。

2）冷冻鲍鱼：冷冻鲍鱼是经过鲜活鲍鱼简单地加工后做成的，包括清洗、称重装盘、冷冻、托盘镀冰衣后即可包装入库，放入 -18℃ 以下的冷藏库中贮藏。冷冻鲍鱼主要商品形式有速冻带壳鲜鲍鱼、速冻鲍鱼、速冻鲍鱼片。冷冻鲍鱼保质期较长，适合靠近内陆的人食用（图 20-6A）。

3）鲍鱼罐头：罐头鲍鱼，亦称汤鲍，其便于携带、食用方便、保质期长，能在一定程度上保持鲜活鲍鱼的风味。一般加工工艺为：鲜活鲍鱼采肉、清洗、定型、调味、装罐、杀菌（图 20-6B）。

4）干鲍鱼：干鲍鱼是相当名贵的食品。受地域气候影响，不同地方干鲍加工技术有所不同，但一般都需要经过晾晒、盐渍、水煮、烘干、吊晒等一系列复杂而精心的处理（图 20-6C）。加工完成的干鲍需要一个存放成熟的过程，放置时间越长风味越别致。鲍鱼在干制保藏过程中其物理化学性质、组织构造发生变化，内部出现溏心效果，在质感口感方面极佳。不同于鲍鱼罐头，干鲍鱼更注重加工出鲍鱼的口感，汤汁的鲜美，极大地锁住了鲍鱼的营养以及口感不流失。

5）鲍鱼壳加工利用：鲍的壳是中药材"石决明"，也称"千里光"，含有多种氨基酸，其中有多种氨基酸的含量比珍珠中还高。将鲍壳洗净晒干后，即可入药。

6）鲍壳工艺品：鲍壳经刨光，出现五彩缤纷的色泽，是贝雕的好材料，可加工镶嵌成螺钿或其他工艺品。

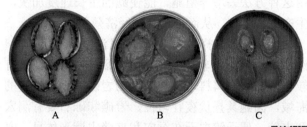

图 20-6　冷冻鲍鱼（A）、鲍鱼罐头（B）、干鲍鱼（C）

复习题

1. 简述皱纹盘鲍和杂色鲍形态学差别。

2. 简述皱纹盘鲍内部构造上具有的低等腹足类特征。

3. 简述鲍的生活习性和栖息的环境条件。

4. 简述鲍的食性。

5. 简述常见鲍的疾病。

6. 简述鲍的繁殖习性和胚胎发生的过程。

7. 简述鲍的人工育苗的过程和方法。

8. 简述作饵料板应选的材料，饵料板的作用，及投放。

9. 简述如何进行鲍的浮游幼虫的培育。

10. 简述如何进行鲍的匍匐幼虫的培育。

11. 简述稚鲍的剥离方法，及稚鲍的饲养方法。

12. 简述如何检查人工配合饵料质量好坏。

13. 简述我国鲍新品种培育的新进展。

14. 简述皱纹盘鲍工厂化养殖的优越性及主要设施，及在管理过程中都应注意的技术问题。

15. 简述筏式养鲍的方法及其管理内容。

16. 解释下列术语：

①稚鲍；②有效积温；③采苗板；④GABA。

第二十一章　东风螺的养殖

东风螺是一类经济价值较大的暖水性贝类。我国主要有 3 种，分别为方斑东风螺（*Babylonia areolata*，俗称"花螺"）、台湾东风螺（*B. formosae*）及泥东风螺（*B. lutosa*，俗称"泥螺"），均隶属于软体动物门（Mollusca）腹足纲（Gastropoda）新进腹足目（Caenogastropoda）东风螺科（Babyloniidae）东风螺属（*Babylonia*），主要分布于东南亚地区及我国东、南沿海。由于其独特的风味而成为宴席上的佳肴，酷渔滥捕使该资源于 20 世纪末濒临枯竭，市场价格高昂，引发东风螺人工育苗及养成技术研究热潮。至今，相关研究成果大量涌现，研究内容涉及生理生态、营养饲料、繁殖生物学、人工育苗、健康养殖、病害防控等领域，养殖区域主要集中在广东、广西、海南及福建。理论及技术上的突破与成熟，促使东风螺养殖在各地蓬勃发展。但是，在迅猛发展的同时，也出现了一系列问题，如养殖技术普及滞后于产业发展；养殖业者缺乏防病意识，导致养殖污染和疾病频发等问题。本章节根据国内实践经验和行业发展动态，系统地介绍了东风螺的生物学特征、人工育苗、浅海围网养殖、池塘养殖和工厂化养殖等技术，旨在培养学生且为该产业提供理论和技术指导，促进该产业健康可持续发展。

第一节　东风螺的生物学

一、东风螺的形态特征

东风螺贝壳近长卵形，螺旋，前端具水管沟，壳稍薄，坚硬，壳面光滑，有花纹，腹足面具厣，是抵御敌害生物的保护器；螺层约 8 层，各螺层较膨圆，缝合线明显，浅沟状。其中，泰国的方斑东风螺缝合线的紧下方没有形成一狭而平坦的肩部，产于我国的方斑东风螺则有；壳表面淡褐色，壳皮下面白色，具紫褐色或红褐色的长方形或不规整斑块，其中，泰国方斑东风螺贝壳上的紫褐色斑块颜色较浅，而我国的方斑东风螺斑块有三横列，颜色较深，以最上方一横列的斑块最大；壳口为半圆形，内面白色；厣角质，核位于前端内侧；外唇薄，弧形，内唇光滑，贴于壳轴上；脐孔半月形，大而深；绷带扁平，紧绕脐缘，上有覆鳞状生长纹；方斑东风螺、台湾东风螺和泥东风螺三者壳表颜色和花纹均存在明显差异（图 21-1）。

图 21-1　方斑东风螺（A）、台湾东风螺（B）和泥东风螺（C）

东风螺神经系统非常集中，主要由脑神经节、足神经节、侧神经节、脏神经节和胃肠神经节组成，食道神经环位于唾液腺后方，胃肠神经节位于口的后方，在脑神经中枢附近。吻管藏于食道内，摄食时伸出，十分发达，管内藏齿舌囊，囊内有齿舌（图 21-2），齿舌狭窄，为狭舌型，齿式为 1·1·1。摄食时吻管伸出口外，其长度可达壳高的 2～3 倍，管内齿舌伸出至吻管前端，贴住食物，做往复运动剁碎食物，食物通过管内壁的蠕动被送入食道。食道中部有一膨大的食道腺。肛门开口在体螺层右侧，具有肛门腺。外套膜为覆盖在整个内脏囊表面的一层很薄的组织，一部分包卷形成水管。雌雄异体，雄性具交接器，位于头部右触角下方，呈指状突起，其后连接位于外表皮且明显可见的黄色透明输精管；雌性缺交接器，部分雌性具有假性交接器，其后不具有输精管连接。雄螺生殖腺橘黄色或浅黄褐色；雌螺生殖腺棕褐色。肾脏褐色，披针形，位于鳃的基部，与鳃轴平行，泄殖孔一端朝向出水管（图 21-3）。

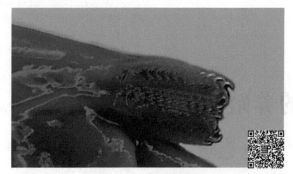

图 21-2 东风螺齿舌

图 21-3 东风螺解剖图

二、东风螺的生态习性

1. 栖息

在自然海区,方斑东风螺喜栖息于沙、沙泥海底,泥东风螺喜栖息于沙泥、泥沙海底,白天潜沙,仅伸出呼吸管于沙面进行呼吸,夜间爬出沙面觅食。东风螺栖息水层从潮下带数米至数十米,以海湾内 5~10m 水深处分布密度较大,近百米水深处也有发现,栖息地点要求水质清澈。

2. 移动

东风螺营匍匐生活,它能借助腹足分泌的黏液滑行活动。在自然海区,东风螺的活动具有昼伏夜出的习性,白天潜入沙泥,只露出水管于沙面进行呼吸,夜间爬于沙面觅食,仅在涨、落潮时稍作移动。在室内水泥池养殖条件下,东风螺也具有昼伏夜出的习性,但不管白天还是黑夜,在饲料投放后几秒钟左右即可看到螺体从沙层内拱起,并朝食物方向移动。在吃饱的情况下,东风螺基本上潜伏在沙层中,昼伏夜出的习性表现不明显。

室内养殖的东风螺稚螺,不论白天或黑夜,常爬出水面贴在池壁上,直至足部干燥脱落池底,此过程经常由于脱水严重而死亡。东风螺稚螺具有明显的趋食习性,会朝食物团移动形成包围圈,并呈

重叠拥挤状态争食,直至食物被吃完才散去。

3. 食性

(1)面盘幼虫

东风螺面盘幼虫阶段为滤食性,主要摄食单细胞藻类及有机碎屑等。东风螺的胚胎发育到面盘幼虫后,便开始摄食扁藻、金藻、角毛藻、骨条藻和小球藻等单细胞藻类和有机碎屑。

(2)稚螺

面盘幼虫经过一段时间的浮游生活后变态进入底栖生活,随后长出次生壳,壳高约 1.4mm,成为稚螺,稚螺经过一周的生长,壳高达到 2~3mm,即可以出池售卖或进行中培,此期的稚螺俗称"落地苗"。稚螺摄食习性由植物食性转变为动物食性,由于消化器官发育还不是很完善,只能吃细小动物或肉糜。人工育苗中,稚螺可摄食冰冻的卤虫无节幼体或剁碎的牡蛎肉、蟹肉、鱼肉、虾肉等。稚螺以吻管内的齿舌刮取食物并通过食管收缩将食物运送至食道内。

(3)幼螺

壳高 3~10mm 小螺称为幼螺。幼螺主要靠嗅觉觅食,在饵料投放到离稚螺 3m 远左右的范围内时,幼螺便能很快爬出沙层并向饵料点移动。幼螺可以摄食移动缓慢的小动物或动物尸体,人工育苗中通常投喂成块的牡蛎肉、蟹肉、鱼肉、虾肉等,目前以牡蛎肉为主。

(4)成螺

壳高 10mm 的幼螺即进入养成阶段。此阶段表现为典型的肉食性,摄食的主动性非常强,摄食时伸出的吻管长度可达壳高的 2~3 倍以上,可伸进食物体内深处刮食。适合摄食的饵料种类很多,各种鱼、虾、蟹和贝类等均可。选择东风螺饵料,应遵循经济、易得和新鲜三个原则。目前,较常用的种类是各种低值的海产小杂鱼及罗非鱼。

4. 温盐适应性

(1)对水温的适应性

海水盐度 26.2 时,方斑东风螺生存温度范围为 10~32℃,生长适温范围为 20~31℃,当水温超过 24℃时,可获得较快的生长速度;泥东风螺生存温度范围在 8~33℃,生长适温范围为 15~32℃。在渐变温度(1℃/3h)情况下,方斑东风螺在 96h 内 100%存活的温度范围为 10~33℃;在 8℃及 6℃分别可忍耐 3d 和 2d 不死;在 34℃可忍耐 1~2d 不

死。在渐变温度（1℃/4h）情况下，泥东风螺在96h内100%存活的温度范围为8～33℃，在7℃、6℃分别可忍耐3d及2d不死，在34℃、35℃分别可忍耐2d和1d不死。

水温对东风螺的胚胎发育的速度有很大影响。在适温范围内，温度越高，发育越快；温度越低，发育越慢。方斑东风螺在23.5～26.5℃下孵化需7d，在26.5～28.5℃下需6d，在28.5～29.0℃下需5d，在29.0～30.5℃下需4d。在适温范围外，孵化率明显下降且幼虫畸形率明显增大。

（2）对盐度的适应性

在温度28.2～29.7℃、pH 7.6～8.3的条件下，方斑东风螺（壳高3.1±0.23cm，壳宽1.9±0.15cm，体重6.0±0.8g）在盐度9.2时3d内全部死亡，在盐度48.4时5d内全部死亡；5d内半数致死盐度低值为19.18，高值为41.39。方斑东风螺的适宜生存盐度范围为19～40；最适生存盐度为26.0～31，超出此范围，成活率将随着盐度向两极升降而明显降低。

5. pH 适应性

pH直接决定水体中理化因子的相互作用和变化及微生物种类和数量变化，直接或间接影响螺的生长和繁殖。过高，体内组织受腐蚀；过低，血液酸性增加，降低了载氧能力，造成缺氧症。pH偏高或偏低，亲螺的性腺发育不良，对胚胎发育影响更大。酸性过大的池底也会腐蚀螺壳，导致壳顶折断或破损。

pH还可通过影响其他的环境因子而间接影响东风螺。在低的pH下，铁离子和硫化氢的浓度都增加，加大了对螺的毒害；高的pH又会使铵离子向氨分子转变，增大氨的毒性。东风螺适宜的pH范围为8.0～8.4。方斑东风螺稚螺pH高于9.0或低于7.0时，日生长率与成活率显著降低。

6. 对溶氧的要求

海水的溶氧量是东风螺生存和正常生活的重要环境因子之一。溶氧量应保持在5.0mg/L以上，最适溶氧为6.0mg/L以上。当溶氧量降低时，东风螺会爬出沙层或大量爬上池壁，当溶氧量严重不足时，东风螺腹足上翻，躺在沙层上不动。在工厂化养殖条件下，海水的溶氧量越高，东风螺越趋安静，饲料的转化率越高，生长速度越快。在池塘养殖条件下，表层水溶氧昼夜变化很大，一般下午至日落前含氧量达到最高值，日落后的整个黑夜至日

出前为最低值。水越肥，水中浮游植物越多，昼夜变化越大。池塘溶氧最大值通常出现在下午的表水层中，如果投饵、施肥过多，池水过肥，放养太密，淤泥厚，遇上天气闷热，气压低，往往会引起全池缺氧。

7. 光照适应性

东风螺在幼螺期对光照不敏感，昼夜节律不明显，但随着个体的增大，逐渐趋于背光，成螺呈现昼伏夜出的习性，太阳下山后开始爬出沙面觅食。浮游幼体期对光照强度的适应范围为1000～3000lx；稚螺期为500～1000lx；成螺养殖应控制在500lx以下，避免阳光直射。光照强度大或直射光，对稚螺的生长和摄食均有不良影响。

三、东风螺的繁殖与生长

1. 繁殖季节

在自然条件下，同一种类的东风螺的繁殖季节因地区而有差异，受水温制约。同一地区因种类而有不同。方斑东风螺及泥东风螺，在广东及广西沿海，繁殖期均在4～10月，繁殖盛期为6～9月；在福建沿海，繁殖期则通常为6～9月；在海南，则多为3～10月。每年，当海水水温上升到25℃时，东风螺进入繁殖期。人工养殖的方斑东风螺，1.5～2龄即可达性成熟，可在水池产卵繁殖，繁殖季节接近野生东风螺。

2. 繁殖特征

（1）性别和性成熟年龄

东风螺为雌雄异体，卵生型，性成熟年龄约为2龄。人工养殖条件下，性成熟年龄有提早的趋势。雌雄比例接近1:1。雌性生殖系统由卵巢、输卵管及受精囊等器官组成；雄性生殖系统由精巢、输精管及交接突起等器官组成。雌雄外表区别在于，雄性在头部右侧具有交接器，雌性缺。解剖观察生殖腺，雄性生殖腺呈橘黄色或浅黄褐色；雌性生殖腺呈棕褐色。

（2）生殖方式

通过交尾进行体内受精，并以卵囊形式产出卵子。亲螺可多次交配，多次产卵。交配行为一般发生在晚间，交配后第2d开始产卵。产卵时亲螺把卵子排至前足腹部特有的结构——腹足口，然后由腹足口分泌卵囊把卵子裹住，并把卵囊的一端成行地粘贴在水池壁上（泥东风螺）或成簇地

粘贴在池底或沙粒上（方斑东风螺）。卵囊透明，可见里面的卵粒。方斑东风螺卵囊有柄，顶端悬浮水中，状似高脚酒杯，泥东风螺卵囊无柄，状似马鞍，以长边垂直黏附在外物上，逐个排列成行（图21-4）。亲螺产卵时在池底做缓慢移动，边移动边产出卵囊。

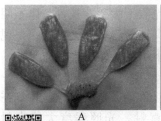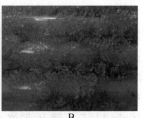

图21-4 卵囊
A. 方斑东风螺；B. 泥东风螺

（3）产卵数量

雌螺个体年产卵量可达几十万粒。方斑东风螺的一个卵群约有35～40个卵囊，每个卵囊含卵量约为750～1200粒，个体每次产卵量一般为2万～5万粒。泥东风螺的一个卵群约有36～65个卵囊，

延伸阅读21-1

每个卵囊含卵量约为310～580粒，个体每次产卵量一般为1.1～3.8万粒。东风螺产卵量与个体大小成正相关（见延伸阅读21-1）。

（4）卵囊及卵子

东风螺刚产出的卵囊透明，可见里面黄褐色的卵粒。泥东风螺的卵囊呈长方形或马鞍形，长约1.0cm，高约0.8cm；方斑东风螺的卵囊呈高脚杯状，平均高度2.01cm（不含柄），宽度0.85cm，柄长约1.2cm。

所产卵囊大小与亲螺个体大小有关，个体越大，卵囊也越大；同一个体，通常先产的卵囊较大，后产的卵囊较小。由于室内暂养的原因，野生种螺的生殖腺有退化现象，所产卵囊越来越小。

延伸阅读21-2

卵子的大小与卵囊的大小无直接联系，但卵子数量与卵囊大小成正相关（见延伸阅读21-2）。方斑东风螺的卵囊若呈规则的长楔形，胚乳液饱胀，则卵子质量好、成熟度高，卵子为比较均匀的圆球状或椭圆形，孵化的成功率较高；若卵囊为不规则的叉状、条状等，胚乳液较少，卵囊显得单薄，卵子呈不规则形状，孵化的成功率较低。卵囊内正常的胚体随着发育，卵囊的颜色由最初的淡黄色变为土黄色，最后到深褐色，胚乳液也由黏稠状到水样状。孵化时胚体集结于卵囊边缘，此时卵囊顶端裂解，胚体逸出。方斑东风螺卵囊内卵子孵化过程会因病原感染而白化坏死，并相互黏合呈牙膏状。肉眼观察坏死的胚体为乳白色，堆积成堆，显微镜下检查无细胞结构。

3. 方斑东风螺胚胎及幼虫发育速度

方斑东风螺胚胎与幼虫发育可分为卵裂期、囊胚期、原肠胚期、担轮幼虫期、膜内面盘幼虫、早期面盘幼虫、中期面盘幼虫、后期面盘幼虫、匍匐幼虫期和稚螺期（见延伸阅读21-3，图21-5）。受精卵从产出母体后开始发育，在水温23.5～30.5℃范围内，温度越高，胚胎孵化的时间越短：在23.5～26.5℃下孵化需7d，在26.5～28.5℃下需6d，在28.5～29.0℃下需5d，在29.0～30.5℃下需4d。孵化出的面盘幼虫大小为受精卵大小的1.5倍，增长并不显著。

延伸阅读21-3

浮游期幼虫的增长最为显著，幼虫出膜后，通过摄取外界营养，增长很快，到匍匐幼虫期，幼虫壳高增长了二倍多，大小为1193μm×968μm。随着幼虫的迅速成长，稚螺期的大小达到了1437μm×1093μm。方斑东风螺胚胎和幼虫发育时间以及大小的变化见表21-1。

4. 生长

（1）面盘幼虫期

初孵出东风螺面盘幼虫壳高约380μm，经10～15d培育进入变态期，壳高约1200μm，日均增长为55～80μm，再经过3～5d变态发育，长出次生壳，壳高约1400μm，即进入稚螺期。

（2）稚螺期

东风螺附着后的稚螺一般经5～7d培育，日均增长为180μm左右，壳高从1.4mm长至2.5mm左右，即进入幼螺期（市场称为"落地苗"）。

（3）幼螺期

水温24.0～26.5℃，幼螺经40d的培育，壳高日均增长为200μm左右，平均壳高从2.5mm长至10.5mm，成为商品"螺苗"，进入成螺期。

（4）成螺期

水温25.0～31.8℃，经过5～6个月养殖，方斑东风螺个体平均壳高从10mm长至32mm，壳高月

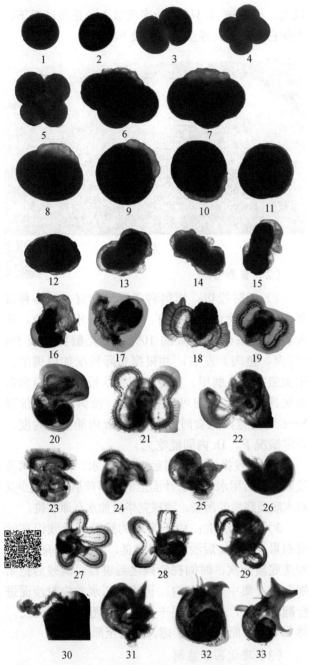

图 21-5　方斑东风螺胚胎与幼虫发育图

1. 刚产出的卵子；2. 放出极体；3. 二细胞期；4. 四细胞期；5. 八细胞期；6. 十六细胞期；7. 三十二细胞期；8. 多细胞期；9. 囊胚期；10. 囊胚开始向下外包；11. 外包三分之二；12. 原肠胚期；13. 扭转中的担轮幼虫；14. 扭转后的担轮幼虫背面观；15. 担轮幼虫侧面呈犬形；16. 膜内面盘幼虫（背面观）；17. 膜内面盘幼虫已长触角（腹面观）；18. 膜内面盘幼虫；19. 初期面盘幼虫；20. 初期面盘幼虫（示 2 块未耗尽的卵黄囊）；21. 中期面盘幼虫（示面盘结构及与口的衔接）；22. 中期面盘幼虫（示左触角长出）；23. 中期面盘幼虫（示心脏、眼点、卵黄囊、肛门腺、消化腺内的藻）；24. 腹面观（示食物运送沟及口）；25. 头部正在缩入壳内的后期面盘幼虫；26. 头部缩入壳内的后期面盘幼虫；27. 后期面盘幼虫（蝴蝶幼虫，示前后足）；28. 后期面盘幼虫（背面观，示呼吸管）；29. 进入匍匐期的面盘幼虫；30. 纤毛细胞正在解体；31. 刚脱去纤毛细胞的匍匐幼虫；32. 完成变态进入底栖生活的匍匐幼虫；33. 稚螺（示次生壳）

增长平均为 4mm。东风螺生长达到 40～60 粒/500g 的规格即可收获上市，规格为 50 粒/500g 的螺，平均体重为 10g/粒，平均壳高为 3.5cm，平均壳宽为 2.5cm。

表 21-1　方斑东风螺胚胎和幼虫发育时间以及大小的变化表

序号	发育阶段	水温（℃）	发育时间	壳高（μm）	壳宽（μm）
1	受精卵	28.1	0:00	252	227
2	第一极体	27.8	1:00	278	250
3	第二极体	27.8	1:40	299	268
4	二细胞期	27.6	3:25	214	357
5	四细胞期	27.5	4:40	310	322
6	八细胞期	27.5	6:30	274	364
7	多细胞期	26.9	7:35	248	334
8	囊胚期	27	13:10	298	276
9	原肠胚期	28.5	23:30	324	280
10	担轮幼虫期	28.6	47:40	440	278
11	膜内面盘幼虫	28.0	131:00	365	262
12	早期面盘幼虫	27	154:00	407	300
13	中早期面盘幼虫	26.5	180:00	514	371
14	中期面盘幼虫	26.5	230:00	664	457
15	中后期面盘幼虫	28	280:00	786	571
16	后期面盘幼虫	27.5	348:00	936	743
17	匍匐前期幼虫	28	395:00	1080	864
18	匍匐期幼虫	27.5	466:00	1193	986
19	稚螺期	27.5	658:00	1437	1093

第二节　东风螺的苗种生产

目前，已开展规模化人工繁育的东风螺种类有方斑东风螺、泥东风螺。东风螺的人工繁育技术，包括亲螺促熟、催产、孵化、浮游幼虫培育、诱导变态、稚螺培育及饵料培养等各个环节。

一、亲螺促熟

1. 亲螺的准备

（1）野生亲螺

天然野生东风螺的采捕有拖网采捕、笼捕和潜捕。拖网采捕的东风螺在采捕过程中因机械损伤而感染病菌，在亲螺培育过程中，易爆发足部硬化或吻管肿胀而死亡，因此，拖网采捕的东风螺不适宜做亲螺。笼捕是通过在笼内投放诱饵进行诱捕的方法。潜捕是通过潜水员潜水采捕的方法，这两种方法对东风螺不造成伤害，所采捕的螺适合作为亲螺。4～9月是东风螺的繁殖季节，可在其天然分布区进行采捕，规格多为5～10只/500g。

（2）养殖亲螺

由于天然野生种螺资源的匮乏，人工养殖亲螺已成为主流，螺龄1.5年即可达性成熟，规格为15～20只/500g。

2. 亲螺的挑选

亲螺必须达到下述要求：壳表色泽鲜艳，花纹正常，贝壳没有破损；腹足柔软，前足不变硬；活力正常，软体肥满，腹足不能完全缩入壳内；性腺丰满，螺龄1.5～4年。

3. 亲螺的运输

野生亲螺上岸后，就地在沙滤海水中充气暂养24h再运输效果较好。亲螺的暂养不宜采用人工配制海水或低盐度海水，否则在亲螺培育时成活率低。亲螺的短距离运输（运输时间6h内）可用干运法，即采用泡沫箱或桶干运至育苗场；长距离运输时（运输时间超出6h）可采用保湿法，即在泡沫箱或桶底部铺一层亲螺，亲螺面上铺一层湿毛巾，再在湿毛巾面上铺一层亲螺，以此类推。箱（桶）内温度控制在20～25℃，亲螺数量以体积占箱内空间的2/3为宜；长途运输（运输时间超出12h）宜用活水运输，即采用运输车循环水充气降温运输。养殖亲螺种苗场自养，不存在运输问题。

4. 亲螺的处理

野生亲螺运抵育苗场后，放置于大盆中用流动海水暂养1h。在此期间，亲螺会排出大量黏液，在亲螺基本恢复正常后，用$150×10^{-6}$浓度的高锰酸钾溶液消毒处理10min，杀灭附着在螺壳表面上的聚缩虫等有害寄生虫。冲洗干净后，移入亲螺培育池。

5. 亲螺的培育

（1）放养密度

亲螺培育池采用养成池（图21-6），池底铺沙5cm，池内的水位控制在35～40cm左右，水流量要大，刺激性腺发育及产卵，充气量以能使水体产生缓慢的循环流动水为宜，溶解氧应达到5.0mg/L

以上。亲螺按50只/m²的密度放入。正常情况下，亲螺白天潜沙，晚上出来摄食和爬行。

图21-6　亲螺培育池

（2）蓄养管理

1）适时投饵：饵料种类因地制宜，以各种蟹类、牡蛎、鱿鱼效果最好，其次是海水小杂鱼。每天投饵量按亲螺体重的10%（带壳蟹类）或5%（蛎肉、鱼肉）左右，并根据实际情况加以调节。蟹类应打开头胸甲、蟹身切成数块投喂；鱿鱼和鱼类洗净投喂；蛎肉可直接投喂。投饵时间以傍晚5～6时为佳，摄食时间控制在2h内能吃完为度，正常情况下，1h内即能吃完。

2）清残换水：投饵后2h排干水，清除残饵及残骸，然后用水管冲去沙面上的饵料碎屑，以减少其对水质及底质的污染。清理完毕后加水至原水位。

3）底质清洗：由于亲螺的排泄物及残饵在沙层积累，2～3d后沙层变黑发臭，因此，每隔2d应冲洗底质一次，时间在清残之后进行。清残后把亲螺取出，集中至水盆内，再用高压水龙头对沙面进行翻滚冲洗，直至沙层干净，池水澄清透明为止。然后平整沙面，放回亲螺，注水至原水位。

（3）理化因子监测

每天监测水温、盐度、pH、DO、NH_3-N。水温控制在23～31℃，盐度在20.97以上；pH为7.5～8.5；DO>5mg/L；NH_3-N$<20×10^{-9}$。

通过强化培育，不但提高东风螺精、卵细胞的质量，且可提高产卵量和刺激种螺的集中排卵，同时强化亲螺体质，避免亲螺因大量产卵排精、体质下降而引起不必要的死亡。

（4）交配与产卵

亲螺培育一段时间后即可进行交配并产卵，产卵时间视亲螺入池时性腺的发育情况而定。成熟度好的，下池后2～4d即能产卵，差的10～15d才能产卵。成熟的亲螺于夜间进行交配，行体内受精，并于第 2d 开始产卵。产卵时亲螺把卵子排至前足腹部特有的结构"腹足口"里，然后由腹足口分泌胶膜把卵子包住成为卵囊，然后把卵囊的一端成行地粘贴在水池壁上或预先设置好的塑胶浪板上（泥东风螺）或成簇地粘贴在池底或沙粒上（方斑东风螺）。卵囊透明，可见里面的卵粒。

泥东风螺在 5 月水温达到 25℃ 左右时，即进入产卵高峰期，并延续到 8 月，但产卵高峰约 1 个月左右。1 个泥东风螺亲螺在 1 个繁殖季节里可以多次产卵，产卵次数多达 9 次（见延伸阅读 21-4）。

延伸阅读 21-4

方斑东风螺随着产卵次数的增加，每次所产卵囊数、单个卵囊含卵数均逐次减少；后期所产卵囊的卵子孵化率较低，所孵化出的幼虫浮游期较长，甚至无法正常变态。后期孵化率降低的原因是否与受精率有关目前还不清楚，但可以肯定的是，越到产卵后期，卵子的数量越少，质量越差。

二、东风螺的卵囊及其孵化

1. 卵囊的收集

东风螺的卵囊为长楔形，刚产出的卵囊透明，透过卵囊膜可看到卵粒悬浮在卵囊的胚乳液中。各个卵囊的卵柄基部黏在一起形成卵群。方斑东风螺卵囊大小与卵子数量有一定关系，总的趋势是随着卵囊变大卵子数量增加。

同一批亲螺，所产卵囊大小与亲螺个体大小无明显关系，通常先产的卵囊较大，后产的卵囊较小；而且种螺所产的第一批卵囊比第二批卵囊大，依此类推。

卵子的大小与卵囊的大小无直接联系，只是发育的程度和形状有些差别。另据观察得出，卵囊呈规则的长楔形，胚乳液饱胀，卵子成熟度高，卵子为比较平均的圆球状、椭圆形，孵化的成功率较高。卵囊为不规则的叉状、条状等，胚乳液较少，卵囊显得单薄，卵子呈不规则形状，长条形为多，孵化成功率较低。

当亲螺培育池内的卵囊达到一定的数量时，要及时收集卵囊，以减少污染和避免在亲螺培育池内孵化出幼虫。采集卵囊结合换水进行，排干水后即可进行卵囊采集，附着在沙层上的卵囊可直接收集，而附着在池壁或砖块等固形物上卵囊需用铲刀小心铲下收集。

2. 孵化

将采集的卵囊清洗干净，用 100×10^{-6} 浓度聚维酮碘浸泡 2～5min 后冲洗干净，置于漂浮在育苗池中、内置 20 目网布的塑料筐内，在育苗池中孵化，池内水体要充气。孵化过程确保卵囊不堆积，以提高卵子的孵化率，正常卵囊的卵子孵化率一般可达 90% 以上。孵化速度与水温密切相关，在 20～30℃ 范围内，胚胎孵化速度随水温升高而加快。卵囊中胚胎的颜色随胚胎的发育而变化，由土黄色向深褐色转变，相应地，卵囊的颜色也加深，由淡黄色到土黄色，最后到深褐色，胚乳液也由黏稠状到水样状。幼虫孵化前胚体集结于卵囊边缘，卵囊边缘变黑，此时卵囊顶端裂开，胚体穿膜而出，成为膜外面盘幼虫。

在水温 25℃ 的条件下，泥东风螺的受精卵经 172h 左右，幼虫孵化出膜。刚孵出的幼虫穿过孵化筐进入育苗池，而空卵囊和未孵化的卵囊则留在孵化筐中，当孵出幼体密度达到（5～10）$\times 10^4$ 粒/m³ 时，把孵化筐移至另池继续孵化，孵化完毕后，将孵化筐及其中的空卵囊移走。产卵高峰期的受精卵孵化率可达 90% 以上，繁殖后期，孵化率明显降低。

泥东风螺孵化的 pH 合适范围为 8.0～9.0，盐度适宜范围为 25～35，盐度低于 25 时，孵化率呈现明显下降趋势；当盐度下降到 20 以下时，幼虫的浮游时间显著延长，成活率明显降低（表 21-2）。

表 21-2　盐度对泥东风螺受精卵孵化和幼虫发育及生存的影响

盐度	35	30	25	20	18	15
孵化时间（d）	5.75	6.08	7.51	7.8	8.3	7.79
孵化率（%）	93.8	92.6	81.3	66	35	12.9
浮游时间（d）	20.4	21.1	23.2	25	25	27.2
平均成活率（%）	56.5	55.4	41.8	29	11	2.5

注：试验期间的水温变化范围为 26.2～28.1℃；试验在水族箱内进行；孵化时间和浮游时间均为四组试验对象的平均值

三、东风螺浮游幼虫期饵料

1. 饵料种类及其投喂量

东风螺浮游幼虫属滤食性，在自然条件下，以单细胞藻类和有机碎屑为食。在规模化生产中，浮游幼虫饵料可全程使用单胞藻，不同生长阶段的单胞藻品种及投喂量见表 21-3。人工培养单细胞藻类有时不易满足生产的需求，可辅以人工配合饲料，甚至完全用人工配合饲料取代单胞藻，目前很多种苗场完全使用配合饲料，其使用方法见表21-4。单胞藻类和人工配合饵料混合投喂，能获得较好的饵料效果。人工配合饵料的使用，提高了饵料供应的稳定性和计划性，保证了东风螺种苗规模化生产的实施。

表 21-3　幼虫不同发育阶段投喂的单胞藻种类及投饵量
（ 幼虫培育密度约为 $5×10^4$ 个/m³ ）

阶段	单胞藻品种	日投饵量（万细胞/mL·d）
初期幼虫	金藻	2.5～3.5
中期幼虫	金藻+扁藻	3.5～5.5
后期幼虫	金藻+扁藻+角毛藻	5.5～7.5

表 21-4　投喂配合饲料时幼虫各发育阶段的投喂量及饲料成分和作用

阶段	配合饲料种类及每次投喂量（g/m³）				
	螺旋藻粉	虾元	BK808	ZM	虾片
初期幼虫	0.2	0.1	0.2	0.1	0.15
中期幼虫	0.3	0.2	0.2	0.1	0.25
后期幼虫	0.4	0.3	0.2	0.1	0.40
饲料主要成分及作用	含蛋白质（60%），类胡萝卜素、藻青素，维生素、烟酸、肌酸、γ-亚麻酸、泛酸钙、叶酸、钙、铁、锌、镁等。强化各种营养	多种维生素，叶酸，泛酸，烟酸，生物素，对氨基安息香酸，胰酶，乳酸等。消除胁迫，增强免疫力，促进生长，提高饲料转化率	维生素 $A/D_3/E/B_1/B_2/B_6/B_{12}/C$，叶酸，生物素，精氨酸，白胺酸，异白胺酸等。消除胁迫，增强免疫力，促进生长，提高饲料转化率	海洋动物蛋白，植物蛋白，酵素，卵磷脂，矿物质，抗氧化剂等。强化营养，增强抗氧化能力	发酵饲料，消化率达95%以上，具有均衡丰富的各种营养素和未知成长因子，诱食性好，悬浮性强

投料说明：按幼虫培育密度 $5×10^4$ 个/m³ 左右计，每天投料 2 次，早晚各一次，每次 5 种饲料混合投喂，投喂量按上表，并根据实际情况进行调节。所有饲料早期用 250 网目搓洗，中期用 200 网目搓洗，后期用 150 网目搓洗

长期。饵料量是确定育苗成败的另一个因素，量少则延长浮游期且降低成活率和变态率，过量则造成残饵，败坏水质。应根据幼虫的培育密度和发育阶段及换水量确定合适的投饵次数和饵料量。

2. 单胞藻单投与混投饵料效果比较

投喂不同单胞藻对幼虫的生长和存活有显著影响。在实验条件相同的情况，给刚孵出的幼虫投喂不同的单胞藻，经过 13d 培育，单投生长效果由好到差顺序为等鞭金藻、大溪地金藻、亚心形扁藻、日本小球藻、小球藻；在混投的实验中，生长效果由好到差顺序为等鞭金藻+亚心形扁藻+小球藻、等鞭金藻+小球藻、等鞭金藻+亚心形扁藻。等鞭金藻单投效果与混投效果接近，其他单胞藻单投效果均比混投效果差。

3. 单胞藻与配合饲料混投对东风螺幼虫生长与存活的影响

（1）不同饵料组合对浮游幼虫生长的影响

两种单胞藻混合投喂比单一投喂效果好，多

不同发育阶段的浮游幼虫对饵料种类的要求有差异。初期幼虫一般采用营养全面、颗粒小、易消化吸收的金藻类，如湛江等鞭金藻、球等鞭金藻和巴夫藻，也可采用螺旋藻粉；中期幼虫可增加绿藻类的扁藻；后期幼虫可在中期的基础上加角毛藻，或增加人工配合饵料，既达到饵料的多样性和保证营养的全面，促进幼虫的生长，又有利于水质的控制。

质优量足的饵料是幼虫生长发育的保证。变质或老化的饵料不但达不到应有的饵料效果，且败坏水质造成育苗失败。人工配合饵料的使用要求在保质期内，且低温保存，单细胞藻类要求处于指数生种混合比两种混合效果好，人工配合饵料和单胞藻混合投喂效果更佳，规模化人工苗生产中多采用后者。

不同饵料对浮游幼虫生长的影响存在显著差异（延伸阅读21-5），单胞藻类与人工配合饵料混合投喂效果比单独投喂单胞藻或人工配合饵料的效果好；单投人工配合饵料的效果比单投单胞藻的效果好；单投单胞藻浮游幼虫生长优势不明显。但在前 4 天，单独投喂单胞藻组却显示出最大生长优势，这可能与单胞藻营养更适合早期幼虫生长发育需要有关。生产上可在早期侧重投喂单胞藻，中后期增加人工配合饵料，以最大程度促进幼虫生长。

延伸阅读21-5

（2）不同饵料组合对浮游幼虫成活率及稚螺育成率的影响

成活率的大小，主要由饵料和水质两方面决定。前者包括饵料的诱食性、适口性、营养水平和消化难易等；后者主要是饵料对水质的污染程度。

延伸阅读 21-6

饵料的诱食性强，适口性好，营养水平和比例能够满足浮游幼虫的需求，易于消化并且其对水质的污染小，则幼虫的成活率高；反之，则成活率低（见延伸阅读 21-6）。

四、东风螺稚螺期饵料

幼虫经过浮游生活后变态附着成为营底栖生活的稚螺，摄食习性由植物食性向动物食性转变。刚变态的稚螺消化器官发育尚不完善，所用饵料要求肉质松软，营养丰富，诱食性强。对稚螺期饵料品种的选择显得尤其重要。

1. 不同生物饵料品种对生长的影响

延伸阅读 21-7

投喂不同饵料对方斑东风螺稚螺的生长速度具有极其显著的影响，以牡蛎肉投喂效果最好（见延伸阅读 21-7）。目前稚螺培育基本使用囊牡蛎或小规格葡萄牙牡蛎肉为饵料，一直到 10mm 壳高的种苗。

2. 不同天然饵料对方斑东风螺稚螺存活的影响

影响稚螺成活率的因素有很多方面，其中饵料的适口性、营养成分对成活率的影响尤为重要。在

延伸阅读 21-8

其他理化因子相同的条件，不同生物饵料对稚螺存活率的影响极其显著（见延伸阅读 21-8）。投喂梭子蟹、囊牡蛎或小规格葡萄牙牡蛎肉和蛤仔时，稚螺存活率均较高。

3. 卤虫成体对方斑东风螺稚螺生长及存活的影响

不同饵料对方斑东风螺稚螺的存活率、生长和均匀度等均存在显著性差异。饵料颗粒小，表面积大，分散程度高，便于稚螺摄食，从而提高成活率

延伸阅读 21-9

和均匀度（见延伸阅读 21-9）。稚螺的中培可投喂卤虫成体以提高螺苗的存活率和均匀度，从而获得高产和大小均匀的螺苗。

五、人工育苗技术

1. 浮游幼虫培育

（1）培育密度

以 5～10 万个/m³ 为宜，密度低，水体的利用率低；密度高，水质容易变坏，幼虫生长缓慢，延长了育苗周期，易出现异常情况。

（2）饵料供应

采用单胞藻、人工配合饲料单投或混投的方法均可。由于单胞藻培育条件及技术要求高，一般育苗场难以满足，因此，多数育苗场以配合饲料为主。单胞藻包括金藻、亚心形扁藻、小球藻、角毛藻、骨条藻等，人工配合饲料包括海藻粉、螺旋藻粉、酵母粉、鱼粉、虾片、虾元、珍珠 B. P（微囊饲料）、粉状蛋白饲料（ZM）、多维营养素（AK808）、黑粒子营养素等。混合投喂比单一投喂效果好。投饵次数为每天 2 或 3 次，早晚各一次，夜晚视摄食情况确定是否需要补投。投饵量以幼虫能吃饱为度，防止配合饲料投喂过量而产生沉积，导致原生动物及病原菌滋生，败坏水质及使幼虫发病。配合饲料投喂前以 250 目的筛绢网布搓洗过滤，使饲料颗粒尽量分散。投饵量的调节可通过镜检幼虫饱胃程度及水中饵料密度来判断。研究表明，不同饵料种类及组合对浮游幼虫的生长有显著影响，投饵时要根据苗场实际情况加以选择。

（3）充气供氧

气石密度为 1 个/m²，24h 充气，充气量早期为微波状，并随着幼虫的发育加大充气量，至后期呈小沸腾状，溶解氧保持在 5.0mg/L 以上。

（4）水质控制

育苗池在卵囊孵化时即已加满水，幼虫孵出后通过严格控制投饵量，幼虫培育过程可不换水（封闭育苗法），这样有利于给幼虫提供稳定的生活环境。若出现原生动物大量繁殖及水质恶化，可采取"倒池"的办法去除原生动物及更换新水体。但幼虫的生长会受到一定程度的抑制，甚至育苗失败，这与新水的水质有关。若海区水质较好，每天可适量换水，促进幼虫生长。

（5）生长及存活观测

每天对幼虫的壳高进行测量，观察其生长速度，同时密切注意幼虫密度的变化，若发现长速下降，密度变小，应及时查明原因予以克服。浮游幼虫的日均增长率在前期及后期均较慢，在中期较快。

（6）理化因子测量

每天定时测量水温、盐度、pH、NH_3-N、DO 等。水温不高于 32℃；pH 7.5～8.5；NH_3-N<20×10^{-9}；DO<5mg/L。

（7）益生菌或药物防病

幼虫培育期间，可以使用 EM 复合菌进行水质调控，不使用抗生素，以增强种苗体质，为后期培养打下良好的体质基础；若感觉幼虫健康有问题，可施加（0.5～1.0）×10⁻⁶抗菌素加以预防细菌性疾病。抗菌素品种轮换使用，常见的种类包括四环素、氟哌酸、百炎净、复方新诺明等。

（8）浮游幼虫变态期管理

浮游幼虫经过 10～18d 的培育，壳高达到 1100μm 左右时，开始碰触池壁，进入匍匐幼虫期，此期幼虫开始变态，面盘逐渐裂解，其上的纤毛细胞逐渐脱落，失去游泳能力，最终下沉至池底营底栖爬行生活，长出次生壳，成为稚螺，此时大小约为壳高 1.4mm×壳宽 1.1mm。幼虫刚变态附着于池底成为稚螺后，暂时不需要投饵，靠吃食池底有机碎屑为生，若此时给予投饵，早附着的稚螺会先行长大，与后面附着的稚螺大小拉开差距，会扩大螺苗的不均匀度，影响螺苗商品形态和今后养殖效果。待全部幼虫附着完毕后（附着过程 3～5d），即排干池水，收集稚螺，转移至中间培育池培养。

2. 稚螺的中培

刚附着的稚螺，由于个体小、体质弱、抗逆能力差，还不能直接作为商品苗进入养成，需要采用一系列的技术措施进行培育，从而提高成活率和生长速度，最终达到壳高 0.5～1.0cm 的商品螺苗，这一过程称为稚螺的中间培育，简称中培。

（1）稚螺的一级中培

一级中培是指把刚附着的稚螺培育至壳高 2.5mm 的过程，又称"落地苗"培育。此过程既是通过精心管理提高成活率的过程，也是基于市场对"落地苗"需求的一种中培模式。此过程在室内苗池进行，不需要底质。对于有经验的养殖户，落地苗便宜，可降低种苗成本；对于育苗场，出售"落地苗"可缩短育苗周期，加快资金周转，同时降低育苗失败的风险。

将刚附着完毕的稚螺通过排水收集并转移至室内已消毒清洗干净的无底质培育池培养，水深 40～50cm，此时的稚螺不需要沙层，培养密度按 5 万个/m²。螺苗入池后开始充气，换水方式为对流水，流水量为现水体的 1～3 倍/d。

稚螺入池当天起即开始投喂经过急冻的卤虫无节幼体，1d 两次，早晚各一次。刚附着的稚螺体重规格为 4.2g/万粒，此时，每万螺苗每次投喂量为

4.2g×40%=1.67g，以后投喂量控制在 2～5g/万粒稚螺每次为宜，投喂量根据投饵后 1h 残饵剩余情况予以调节，有少量残余为合适。大约经过 5～8d 的培养，稚螺长至壳高 2.5mm 左右，达到 25～30 万粒/500g 的规格时，即完成一级中培工作，此时的稚螺即称为"落地苗"，可以出池销售或移池疏散进入二级中培。收集落地苗的方法是在排水口绑扎 80 目网袋，然后排干池水，再用海水冲洗出落地苗（图 21-7）。一级中培的成活率与附着稚螺体质有关，正常情况下为 40%～90%。

图 21-7　落地苗收集

（2）稚螺的二级中培

稚螺的二级中培是指把壳高 2.5mm 的"落地苗"培育至壳高 5～10mm 的商品苗的过程，又称"商品苗"培育。此过程在盖有遮光网的室外水泥池进行，池底铺沙。

1）培育池的准备

a. 底质准备：稚螺一级中培不需要底质，二级中培需要底质。底质为海边黄沙，有条件的地方最好采用白色石英砂，方便观察。沙粒以粒径 0.1～0.2mm 的细沙较适合，太大容易刮伤稚螺腹足，太小会妨碍沙内稚螺呼吸水流的交换。沙粒须经过 40 目网布的过滤，以筛去大颗粒沙和杂质。沙的作用在于为东风螺提供隐秘、安静的生活环境，并可减少或消除底栖硅藻和绿色丝状藻在壳表的附着，保持壳表干净。

b. 底质消毒：沙在入池前经阳光曝晒 3d 以上，然后用淡水淘洗，去除粉尘，再用 50×10⁻⁶高锰酸钾消毒 10min，然后冲洗干净使用。

c. 底质铺设。

模式 1：底质无隔层，这是传统的一种培育模式，消毒干净的沙料直接铺放在消毒好的育苗池底

部, 沙层的厚度为 5~10mm 左右, 具体视螺苗培育规格而定, 当培育规格为壳高 5mm 时, 沙层厚度为 5mm, 壳高为 10mm 时, 沙层厚度为 10mm, 以螺苗能完全没入沙内为度。铺好沙后按 1 个/m² 的密度在沙面上安装气石, 再进水 30~50cm。无隔层培育模式由于沙层贴在池底, 缺通透性, 沙层内容易缺氧, 导致沙层容易变黑产生大量硫化氢毒害螺苗, 因此要经常冲洗底质, 否则容易导致螺苗死亡, 并影响生长。

模式 2: 底质有隔层, 这是目前比较流行的一种培育模式, 育苗池内先安装通透的塑料支撑架, 高约 10cm, 然后在支撑架上方铺上 60~80 目的胶丝网布, 再把沙铺在网布上, 沙层厚 5~10mm。沙层太厚不利于水流往沙层渗透通过隔层, 导致沙层缺氧变黑, 不利于螺苗存活与生长; 太薄不利于螺苗埋藏, 并导致贝壳附着底栖硅藻甚至绿色丝状藻, 影响螺苗品质。最后按 1 个/m² 的密度在沙面上安装气石, 加水, 水面高出沙面 30~50cm。有隔层培育模式由于沙层被架起, 换水时水流通过沙层进入底层排出池外, 因此沙层具有通透性, 不容易缺氧, 底质不容易变黑, 不用经常冲洗底质。

2) 培育密度

"落地苗" 计量单位为 "万粒/500g", 壳高 2.5mm 左右的 "落地苗" 投放密度为 1.5 万粒/m², 每个培育池投苗量按底面积计算。壳高达到 5mm 以上的螺苗可以出售, 这种螺苗适合工厂化养殖, 虽然小, 但价格也相对较低, 成活率与大规格螺苗没明显差别, 可降低养殖成本, 较受欢迎, 种苗场也可以缩短育苗周期, 加快资金周转, 降低生产风险; 若不出售, 需要分疏为 0.5 万粒/m² 的密度, 并继续中培至 10mm 壳高的大规格螺苗再出售, 这种螺苗适于海区养殖或普通池塘养殖, 可提高养殖成活率。

3) 饵料投喂

a. 投饵种类: 目前, 落地苗入池后, 前 4~5d 仍投喂冷冻卤虫无节幼体, 以提高其对新环境的适应性, 提高成活率。当螺苗个体壳高达到 3mm 左右时, 活动能力增强, 活动范围扩大, 可改投褶牡蛎肉, 要整颗投喂, 不要剁碎, 以减少有机质污染, 直至 10mm 壳高; 可同时兼投冷冻卤虫成体, 以照顾弱小个体, 直至壳高大于 5mm。

b. 日投饵量: 前期 (2~3mm) 为稚螺体重的 40%, 中期 (3~5mm) 为 35%, 后期 (5~10mm) 为 30%。随着螺苗生长, 每 5d 校正 1 次螺

苗体重及日投喂量, 同时视螺苗的摄食情况给予适当的增减。投饵次数为每日 1 次, 投喂时间为每天下午 5 点钟, 天黑前进行清残处理。投喂量根据天气、水温、螺的活动和摄食等情况灵活调节。饵料在池底分布要均匀, 投喂量以螺苗摄食 0.5h 仍略有剩余为度。

c. 日换水量: 采用流动水, 日流量为中培水体的 1~3 倍, 低温期流量为 1 倍即可, 高温期要达到 3 倍。天气异常, 如暴雨或台风期间停止流水, 禁投饵料, 保证水质新鲜。环境恢复正常, 再恢复流水和投饵。

4) 无隔层底质修复

在 2~3mm 阶段, 稚螺小于 3mm, 壳薄、脆, 不适合用水流进行翻沙洗底, 可用分解底质有机质细菌净化池底, 同时保持 1~3 倍对流水以保证水质清新。稚螺大于 3mm 后, 壳开始变硬, 可对沙层进行一定程度清洗, 以去除沙内有机质。方法是: 投饵后 1h, 用网捞把大块残饵捞干净, 然后排干水, 再用水流冲洗沙层, 通过水流带走饵料碎屑和粪便, 减少底质有机污染, 出水口用 40 目网袋回收排出的螺苗, 然后进水至原水位。底质的冲洗修复尤为关键, 直接影响螺苗的生存, 若不及时对残饵及粪便进行冲洗, 容易滋生病原菌, 严重时可以看到红色圈状菌斑。值得一提的是, 在冲洗底质时, 适当的干露, 可锻炼螺苗, 有益于螺苗的生长。

5) 防爬壁

东风螺螺苗有爬壁习性, 即喜欢沿池壁爬出水面而露空, 尤其是池壁越湿爬得越猛, 且不会自动返回池底, 较小的螺苗久之会因干燥而死亡, 并脱落池底, 在池底周边形成空壳。因此, 稚螺培育池应设置防爬栏, 可用铝合金窗户专用的密封毛边条贴在离水面约 1cm 的水池壁上, 这样, 小于 0.4cm 的稚螺便被拦住而不会继续往上爬。大于 0.4cm 的稚螺可不设此毛边条, 因其体重大, 干燥后会自动掉落池底, 不会致死。此外, 保持池壁干燥可减少螺苗的上爬。

6) 防疾病

应加强水质及底质的管理, 保证螺苗有一个健康的生活环境, 才能最大程度避免疾病的发生。若感觉稚螺培育期间水质良好, 饵料优质, 管理优良, 可不投放抗菌素, 以增强种苗体质, 提高疾病抵抗力, 为养成阶段打下良好的体质基础; 若发现螺苗有发病的迹象, 则每天施用 (1~5)×10⁻⁶ 抗菌素, 抗菌素应为水产许可种类, 连用 3d 或直至

症状消失，期间不投饵，不换水。育苗期间可间隔投喂一些肉糜，并在肉糜中添加一定比例的维生素、中成药、消化酶、微量元素、益生菌等，以帮助消化，补充营养，增强体质，提高螺苗免疫能力。预防疾病的中草药有穿心莲、三黄散、大蒜素等，用量为饵料的3‰～5‰，当种苗摄食异常时，可投喂3‰～5‰药饵，每天一次，连用3d。

7）环境因子监测

每天对水温、盐度、pH、NH$_3$-N、DO等进行监测，发现异常，及时查找原因。水温要求在15～32℃，盐度在20.97～32.74，NH$_3$-N<20×10^{-9}；DO>5mg/L。

8）生长速度检测

每隔一周取样检查螺苗生长情况，测量苗种的壳长壳高，以确定稚螺生长速度是否正常，并做好记录。稚螺的生长受温度、密度、盐度、饵料、水质等环境条件的影响。在水温27.1～30.5℃，盐度27.12～30.52情况下，方斑东风螺从刚附着的稚螺长至8～10mm商品螺苗，约需要50d的时间（延伸阅读21-10）。

延伸阅读21-10

二级中培的成活率一般为50%～80%，大小主要与饵料种类和落地苗质量有关；也与底质是否有隔层承托有关，有隔层的成活率较高。

（3）育苗各阶段成活率

根据几年来规模化生产情况，东风螺育苗期间各阶段成活率如表21-5所示。

表21-5 东风螺规模化育苗期间各阶段成活率

生长阶段	受精卵→膜外面盘幼虫	浮游期	变态期→壳高2.5mm	壳高2.5→5mm	壳高5→10mm	总育成率(%)
各阶段平均成活率(%)	95	85	65	70	90	33

育苗过程死亡高峰主要出现在刚附着不久的稚螺阶段，即附着至壳高5mm阶段，此阶段死亡主要原因在于食性的转换、供饵技术及底质的管理上。管理不好，可导致全军覆没，管理得好时，最高可达80%成活率。而5mm以上的稚螺在正常管理情况下已趋于稳定，成活率较高。因此，东风螺种苗的商品规格在壳高5～10mm的范围。

3. 商品螺苗的收获及运输

（1）螺苗商品规格

刚附着稚螺经过25～50d左右的中培，壳高达到5～10mm时，即成为商品螺苗，可以进入工厂化养殖（壳高5～10mm均可），或投放池塘进行养殖（壳高8～10mm），或投放海区进行围网养殖（壳高10mm以上）。

（2）螺苗收获方法

1）过筛法：将沙和螺苗置于40目的筛网在水中过筛，再用适当网目的铁筛网把螺苗筛分成大小两种规格，分开养成，促进小苗生长，同时使成品螺规格整齐一致。

2）饵料诱捕法：停投1次饵料使幼螺处于适度饥饿状态，再把鱼饵投放到诱捕笼里，1h左右提起笼子，收集螺苗，再用铁筛网把螺苗筛分成大小两种规格。此法适用于出苗量较少的情况。

（3）螺苗的定量方法

螺苗的定量方法是称取100～500g螺苗计算颗粒数，换算为"粒/kg"，再通过重量计算出总粒数。

（4）商品苗的运输方法

用胶袋带水充氧泡沫箱控温运输，每胶袋可放螺苗1kg，视路途长短而增减。打包所用海水水温控制在20～24℃，螺苗打包前先在上述低温水中浸泡1min，再放入已装好上述低温水的包装袋中，水量以没过螺苗即可，不宜太多，然后充入纯氧，扎紧袋口。此法可运输20h左右。运苗时间最好在阴凉天气或下午5点以后进行，苗种成活率较高，避免气温较高或较低的季节运输螺苗。苗种运到养成区后，应立即集中人力以最快的速度把包装袋放入池中，等袋子内外水温接近时，再解开袋口把螺苗撒入池底。

第三节　东风螺的养成

东风螺养殖是近年发展起来的贝类养殖业，具有诱人的前景，常见的养殖品种有方斑东风螺、泥东风螺，其养殖方式有浅海养殖、池塘养殖和工厂化养殖。目前，东风螺养殖方式以工厂化养殖为主。

一、滩涂养殖

东风螺浅海围网养殖是利用底质为沙、沙泥或泥沙，在低潮区或最干潮时水深0.5m以内的潮下区，采用网箱或围网的方法防止东风螺迁移并采用一定的技术进行养殖的一种模式。方斑东风螺偏向沙质底生活，底质一般以沙质底为好，泥东风螺偏向含泥底质生活,底质以泥沙或沙泥的为好。

1. 养殖场地的选择

1)底质:沙、沙泥、泥沙;滩面相对稳定,不发生迁移。

2)水深:最大潮低潮线以下水深10~50cm。

3)水温:常年水温在10~32℃;最适水温为20~31℃。

4)盐度:常年盐度在19~40;最适盐度为26~31。

5)水质:无工业、农业、生活污染及养殖污染,应避开河道出口及大面积虾塘排污口,水质清新、潮流畅通、风浪较小的内湾。

2. 场地整理

(1)去除杂质

清除滩涂和浅水底滩上的贝壳、石子和杂物,消除一切可能影响东风螺爬行的因素,为东风螺提供良好的生活环境。清理方法是用孔径0.5cm的铁丝网筛子把直径大于0.5cm的沙石及杂物淘去。

(2)平整滩涂防积水

由于水体导热性能高于泥沙,对高低不平的滩涂应用机械进行平整,疏通沟渠,防止夏季退潮时积水滩面水温快速上升,烫伤东风螺;或冬季退潮时积水滩面水温快速下降,冻伤东风螺。

3. 设施类型及安装

(1)网箱养殖设施

网箱养殖方式基本设施包括防逃框架、防逃网。网箱规格、安装及布局如下。

1)防逃框架:用直径3~4cm镀锌管焊接成规格为长12m×宽2m×高0.8m的框架,面积24m²/框(图21-8)。防逃框上下四个角用1英寸(2.54cm)镀锌管焊接加固。

2)防逃网:用网孔0.5cm渔网,裁剪成两种规格:一种称"侧网",用于围住框架四周,防止螺苗爬出框外,用渔丝绑扎;另一种称"顶网"(图21-9),用于覆盖框架顶部,防止螺苗爬逃及浮逃,并阻止敌害鱼、蟹类进入,用相同渔丝绑扎在四周镀锌管上。

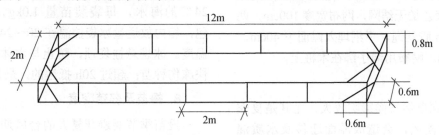

图21-8 防逃框架结构

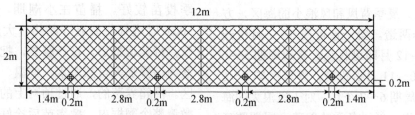

图21-9 顶网及其投饵口的位置平面

3)投饵口:在顶网上距长边边缘20cm处,每隔2.8m与长边平行开一道20cm裂口,作为投饵口,并用1.5mm力士绳拴口,投饵时解开,投完后拴紧;或在相同位置开一直径20cm圆孔,连接长40cm投饵筒。

4)安装:把绑好网布的框架,搬至大干潮时水深仍有10~50cm的浅水地带,框架长向与流水方向平行,把框架底边埋入沙中40cm,框架顶部露出沙面40cm。对于风浪较大的场地,框架四周应用木桩加固,防止风浪掀起框架。

5)布局:由于框架长向与潮流方向平行,可减少对框架的冲击,保护防逃网。每个框架间的框距及行距均为2m,前后行的框架按品字形排列(图21-10),能最大限度减少前后排之间的相互污染。

按上述方式,每22m×30m滩面为一个养殖单元,内可安置框架10架,每架为24m²,每单元养殖面积240m²。为了保证水流畅通,每单元间距横向为22m,纵向为30m,即每单元实际占有海面为(22+22)m×(30+30)m=2640m²。其优点包括:方便管理;防止局部密度过高,减少相互污染机会;

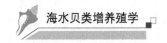

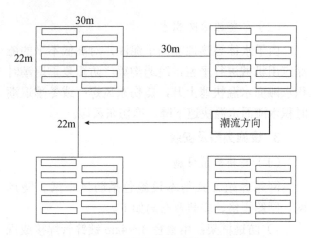

图 21-10　滩面内养殖框架的设置

保证水流畅通，防止场地沉积，提高底质自我净化速度；可提供今后滩面轮养空间。

（2）围网养殖设施

围网养殖方法较简单，泥东风螺多采用此法进行养殖。每个围网面积 600～3000m²，围网可以设双层，层距 80cm，外围的围网之间留 1～2m 操作通道；木桩长度 1.5m，桩头直径 10cm 左右，外包薄膜防蛀，打入滩底 50～60cm，桩距 1.0m；网布采用孔径 0.6cm 聚乙烯无结网，网布宽度 100cm，两边包缝直径 1.0cm 胶丝绳，下纲埋入滩面下 40cm，露在滩面上 60cm。网布用绳子绑在木桩上。

4. 养殖季节

浅海养殖受到自然气候影响较大，尤其是夏季的台风及西南季候风，会造成滩面迁移及水质混浊，甚至破坏养殖设施，导致养殖损耗。因此，养殖季节要因地制宜。夏季背风和风浪小的海区，方斑东风螺一年可养两造，第一造可在 5～7 月份开始投苗，当年 10～12 月即可收获，养殖周期 5～6 个月；第二造在 10～11 月份投苗，养至次年 4～6 月份可收获，养殖周期 6～7 个月。对于风浪大的海区，一年只养第二造。经过冬季的养殖，周期要延长 1 个月，因为冬季有 1 个月左右的时间水温低于 16℃，东风螺处于不摄食的休眠状态。泥东风螺养殖周期 1.5 年左右，因此要养殖在比较背风的海区。

5. 种苗规格及质量

自然海区环境条件相对复杂，刚从苗池转移入海区的种苗将面临各种恶劣条件的考验，如风浪、浊水、敌害生物等。为了提高养殖成活率，投放海区的种苗规格应达到壳高 1.0cm 以上。此外，种苗的质量也影响着养殖成活率。优质种苗特征如下。

1）体色鲜艳、花纹规则，形态正常，带厣。

2）螺层顶部尖锐、无"断尾"现象。

3）在水盆中翻转灵活，爬行快捷。

4）空壳率<5%，且空壳应是旧壳而不是新壳（刚死亡的壳）。

5）畸形率<1%。

6. 放苗前的准备

放苗前 1d 对网箱或围网内的滩面进行翻松和清理。翻松后的滩面有利于螺苗钻沙。清理方法是用孔径 0.5cm 的铁丝网筛子把直径大于 0.5cm 以上的沙石及杂物淘去，同时捕捉养殖框肉食性敌害生物（如豆齿鳗、肉食性鱼类、蟹类、虾蛄等）。清理完毕，刮平滩面，网箱类型的封顶网，次日即可投苗。

7. 种苗的运输

东风螺种苗耐干露能力较差。一般采用虾苗袋加水充氧控温运输（水氧体积比为 1：3）。装苗量多少及是否降温运输视路途长短及气温高低而定。2h 内可抵达的养殖场地，每袋装苗量 1.0kg，不需降温；2～20h 内抵达的，应使用预先降温至 20～24℃ 的海水，每袋装苗量 1.0kg，并用泡沫箱打包，箱内放适量冰袋控温在 20～24℃，途中应监控温度。冰袋悬挂袋顶，防止与水体接触导致降温过快冻伤种苗；超过 20h 抵达的，最好活水运输。

8. 播苗及养殖密度

投苗季节要避开夏天的台风期和严寒的冬季，因为螺苗体质弱小，抗逆环境能力较差，春季和秋季投苗较好。播苗在小潮期，滩面水位有 20～30cm 时进行，要避开酷热、大风、暴雨等恶劣天气；种苗运抵后，打开胶袋，把种苗倒进盆中，往盆内缓慢加入自然海水，使温、盐逐渐接近当地海区。网箱养殖的，通过顶网上的投饵口把种苗均匀撒遍整个网框内，撒完苗后拴好投饵口，防止敌害生物进网捕食螺苗；围网养殖的，直接撒入网内。养殖密度控制在 500～800 粒/m²。密度太低，养殖设施利用效率低；太高，残饵及东风螺排泄物的污染太高，会抑制螺的生长甚至出现病害。在海区水质较好，潮流畅通时，密度可高些，相反，应低些。

9. 日常管理

（1）饵料种类及投饵量

以新鲜廉价或冰冻海水小杂鱼为主，每次投喂量为螺体重的 5%～10%，螺体越大，比例越小，一般早期 10%，中期 7%～8%，后期 5%；同时，各时期也要根据气候、水质等情况作出相应的调整。投喂时间视潮水情况，在潮水离滩面 50cm 左右时开始投喂较好。如果潮位允许，则每天投喂 1 次，有时潮水退不下，可以不投。投喂小杂鱼时不需要去头去肚，螺苗可摄食全鱼（除了骨头）。

（2）换框清污及底质修复

受潮水限制，每天清除饵料残骸比较困难，残留的鱼骨因海水流动对水质影响不大，故无需每天清残。但是，积累的鱼骨对东风螺的爬行带来不便，甚至刺伤螺体腹足，造成感染，同时也会加剧底质恶化并滋生病原微生物。此外，底质中的饵料碎屑、螺的粪便等有机质因缺氧而分解，产生有害物质，对东风螺有毒害作用。因此，应定期进行清污，同时清除敌害生物。

采用网箱的养殖场，每只框架可每月换框及清污 1 次。清污前先准备好一只新框架，然后用 0.5cm 网眼的筛网把旧框架内的螺连同饵料残骸一同筛出，放于水盆中淘洗去杂质，再把干净的螺苗播入新框内。

（3）安全检查

框架及防逃网或围网在养殖期间会因台风、过往船只、人为因素而损坏，导致螺苗外逃或底栖敌害进入。因此，台风期应予以加固，如框架外周加压沙包或打木桩加固，台风过后马上检查，有问题要及时修复。此外，养殖场地一定要做好标志，使过往船只在浅水时不会撞上框架，在深水时不会往框架抛锚。还应注意海上治安问题，退潮时要有专人值班，防止人为破坏或盗窃。

（4）生长速度观测

螺苗投放后，定期测量其生长速度，以便及时了解螺苗生长。除了冬季，在正常情况下东风螺的生长速度可参照表 21-6。若生长速度明显慢，则说明存在一定的问题，应予改善。可从养殖密度、投饵量、营养结构、水流、水质、溶解氧、底质污染等因素进行分析。

表 21-6　不同生长阶段重量倍增与所需天数的关系

生长阶段（粒/500g）	4000	2000	1000	500	250	125	63
所需天数（d）	0	15	20	25	30	35	40
合计（d）	165（5.5 个月）						

（5）养成期存活率

网箱养殖类型，控制得好，成活率可达 90%以上，单位面积产量可达 4.0kg/m²；围网养殖泥东风螺，养殖设施成本低，但种苗受敌害危害大，存活率低，只有 50%左右。

10. 收获规格及方法

东风螺规格达到 40～50 粒/500g 时即可收获，颗粒越大价格越高。低于 40 粒/500g，养殖周期明显延长，高于 50 粒/500g，其价格明显下降。因此，东风螺的最佳收获规格是 40～50 粒/500g。收获时应捕大留小，使商品规格整齐，并降低养殖密度促进小螺生长，以达到最佳经济效益。收获的工具是捞网、铁筛和箩筐。方法是用一定网孔捞网把东风螺从沙中淘洗出来，然后放进商品规格铁丝筛中把达到商品规格的大螺筛出，放进箩筐中，达不到规格的小螺放回新的养殖框架中继续养殖。

二、池塘养殖

1. 池塘的选择

1）池塘靠近海边，进排水独立，能自排自灌或抽水方便。

2）池塘水深 1～1.2m。

3）底质为沙、沙泥或泥沙，池底有适当渗漏效果更佳。

4）水温可控制在 10～33℃的范围内。

5）附近海区海水盐度应在 15.66～36.65 范围内，雨季盐度不能低于 12.85。

6）四周通风透气，防止缺氧及加强高温期散热。

7）附近应没有工业、农田、生活污染，应远离河口及集约化虾塘排水口。

2. 池塘结构及设施

（1）面积与形状

养殖池面积以 600～3000m² 为宜，最好是 600～1200m²，形状以长条形为好，有利于水体对流。

（2）深度及坡度

养殖用水深度一般为 50～70cm，因此池塘深度以 1.0m 为宜；池底要求平坦，有利于东风螺均匀分布，坡度按 1%，使养殖过程可排干池水，有利于清污，晒塘，同时锻炼东风螺体质和修复底质。

（3）边坡及池底

边坡可以为倾斜水泥或红砖面，或土坡；底质为沙、沙泥或泥沙，沙质池底若有适当的渗漏水，则有利于氧气进入沙层内部，可加强底质中的有机质的彻底氧化，减少因缺氧分解产生的大量有毒中间产物对东风螺产生毒害作用，但渗漏水量每天不超过 10～15cm 为好，以能及时补充失水为度，否则要铺地膜防大量渗漏。

（4）防逃网

池塘四周应设置防逃网防止螺苗爬坡干死。网的高度以高出水面 20cm 即可。网布的网目为 0.3～0.4cm，以螺苗不能穿过为度。若四周为垂直砖墙，则不用围网，螺苗爬至一定高度之后会跌回水里。此外，防逃网还能阻隔小杂蟹、老鼠及蛇类进入池塘捕食东风螺。

（5）控温棚架

夏天水温高于 32℃ 时应设置棚架覆盖遮阳网，保证水温不高于 33℃。冬天水温低于 16℃ 时应改盖透明薄膜密封保温，使水温保持在 16℃ 以上，以促进东风螺的摄食及生长。在水温低于 16℃ 时东风螺会停止摄食进入冬眠。

（6）叶轮增氧机

池塘应设置叶轮增氧机，约每 500m² 设 1 台（功率 1.0～1.5kW），其增氧效果好于铺设充气管，因其能造成平面循环流动水刺激螺的生长。

（7）防洪墙

池面四周用砖块构筑防洪墙，防止雨季雨水把陆地污染物冲进池塘内，并降低海水盐度。

3. 养殖方法

（1）养殖季节

池塘一年四季均可养殖东风螺。方斑东风螺最适养殖季节是 5 月份投苗，12 月份收获，不用过冬。

（2）种苗规格及质量

同滩涂养殖。

（3）放苗前的准备

1）清除敌害及杂质：池塘常见的敌害生物包括肉食性鱼类、蟹类、小杂螺及绿色丝状藻，因此，放苗前应把上述敌害生物清除干净，同时用铁丝网筛去池塘中的贝壳、砾石、蟹壳、鱼骨等杂物，以防止损伤小螺腹足。

2）晒塘及清淤：清完敌害及杂质之后要翻滩晒塘。翻滩晒塘可使有机质及中间产物有氧分解形成对螺类无毒的物质，从而达到净化底质的目的。此外，有淤泥沉积的池塘应先把淤泥搬走，再翻滩晒塘。晒塘时间以挖开底质不见黑为度。晒塘后平

整池塘滩面，排水后不产生积水。

3）消毒和肥水：用 60～80 目网袋过滤进水，水位控制在 20～30cm，然后于傍晚用二氧化氯消毒剂对池底进行消毒杀菌，浸不到水的边坡用池水泼洒。次日排干池水，重新进排水两次，以冲洗塘底，第三次进水 50～60cm，关闭闸门，并施肥尿素 6kg/hm²、过磷酸钙 1.5kg/hm²。注意肥量不能太多，透明度控制在 50cm 为宜。

4）试水：施肥后第二天水色出现淡淡的藻色，但池底仍清楚可见时，即可试水。从苗场取少量螺苗置于池塘圈养，投适量饵料，观察其活动和摄食情况。若连续两天螺苗白天潜伏，傍晚出来活动及摄食，则说明塘水适合，螺苗健康，可放苗；若晚上不能摄食，白天不能钻沙，甚至死亡，则说明塘水有问题或螺苗不健康，应查明原因。试水合格后方可放苗。

（4）投苗

种苗运输同滩涂养殖。

种苗运抵后，打开袋口，逐渐往袋内加池塘水，使温、盐逐渐接近塘水，然后把螺苗倒进水盆内，用手把螺苗均匀撒遍整个池塘。养殖密度控制在 200～250 粒/m² 较适宜，进排水条件较好的池塘密度可大一些。

4. 日常管理

（1）饵料种类及投饵方法

东风螺是肉食性腹足类，适合其吃食的饵料品种较多，各种鱼、虾、蟹、贝类均可。投喂品种主要取决于当地海产品种类及资源状况，因地制宜加以选择，凡是丰产低值的品种均可使用。一般 3 斤小杂鱼可养 1 斤螺，饵料成本控制在每斤成品螺 5 元左右。每天投喂饵料 1 次。投喂前，新鲜或冰鲜的小杂鱼都要清洗干净，然后整条投喂，东风螺除了吃鱼肉，也吃内脏，不吃鱼骨头。投喂时间以傍晚（17:00～18:00）较合适，因为东风螺习惯于太阳落山后钻出沙面觅食，饱食后又钻回沙中休息。

投饵料时应做到尽量撒开，分散均匀，防止堆积，并在分布密度高的地方多投。投喂量应严格掌握，不足时影响螺的生长，过多时污染水质产生病害。

（2）换水及清残

残饵及东风螺的排泄产物分解造成水质污染。因此，东风螺养殖过程应注重水质管理，要尽量每天换水 1 次，保证水质清新。换水量约为 30%～

50%，若不能自然进水，应机械抽水。换水时间在上午，或结合当地潮水情况进行。

残饵是指东风螺钻沙之后仍遗留在池底的饵料，正常情况下，按前述投饵量一般不会产生残饵，即使有也属少量。残饵的产生主要与水质差、螺体生病，或与气候突变有关，投饵量控制不当也会产生残饵。产生残饵时，首先要及时将其捞除，减轻其对水质的污染，然后加大换水量，保证水质清新，并检查螺体是否生病，若生病，应对症下药。残骸是指不能被摄食的鱼骨头、蟹壳、贝壳等，应利用排水机会及时捞除，以免妨碍东风螺爬行及破坏底质。

（3）增氧

晚上缺少藻类光合作用放出的氧气，同时投饵后有机质加剧对氧气的消耗，加上东风螺夜间活动，代谢旺盛，耗氧增加，因此增氧时间一般从投饵前1h开始直至次晨太阳升起止。晚上若不增氧，东风螺易出现缺氧现象，尤其是在天气闷热或低气压的时候。白天天气闷热、阴天或气压低也需增氧。

（4）底质修复

池塘底部是东风螺栖息的场所，底质的好坏直接影响东风螺的生长和生存。好底质的特征是杂质少、有机污染少、不变黑、不发臭、较松软。放养前经过处理的底质均具备上述特点。但养殖一段时间后，由于残饵、粪便、黏液及死亡藻类的沉积，底质逐渐变黑发臭，无氧分解产生的中间产物如氨氮（NH_3-N）、亚硝酸氮（NO_2-N）、硫化氢（H_2S）、硫醇、脂肪酸、胺类等有毒物质逐渐升高并侵蚀毒害东风螺，使东风螺处于胁迫状态，降低其对疾病及恶劣环境抵抗力，严重时造成大量死亡。为了克服底质污染，促进东风螺生长，提高养殖成活率，减少病害的发生，保证商品螺外观，在养殖过程中应经常修复底质。底质修复技术是东风螺池塘养殖的核心技术，包括下述五项措施。

1）定期干露：每15d彻底排干塘水使塘底完全露空1次，露空时间2～3h，然后再进水。露空作用有：利用露空时间部分地清除覆盖在底部的绿色丝状藻，减少其对东风螺活动及呼吸的影响；底质直接与空气接触加强了氧气向底部的渗透，使底质中的有机质及有毒中间产物得到彻底氧化，使底质由黑转白，大大降低底质的毒性；干露2～3h可锻炼东风螺体质及抗逆能力。高温期干露应在凉爽

的早晚进行，避免雨天和严寒天气干露。

2）定期使用底质改良剂：每15d施用1次底质改良剂，底质改良剂具有化学及生物的功效，对改良底质有较大的作用。底质改良剂的功效包括对底质中的H_2S、NH_3-N等有害中间产物具有消除作用；含有机质分解细菌，能分解底质中的有机质；含有培藻剂，能培养水色，净化水质。使用底质改良剂后，由于分解细菌及微藻的繁殖，水质会变浑浊，因此，使用3d后应进行大换水，防止有益菌及藻类的衰退而败坏水质。

3）利用渗漏水池塘：底质中因缺氧而使有机质发生无氧分解产生各种有毒产物，如硫化氢等。渗水的池塘由于富氧的水流能渗入底质中，使底质中的有机质能进行有氧分解而产生无毒的终产物，从而起到改良底质的作用。因此，渗透水的池塘底质不容易变黑。渗漏水量以不超过当天进水能力为度。

4）防止有机沉积：及时捞除浮物及残饵能大大降低底质的有机沉积。池塘的浮物包括螺体分泌的黏液、上浮的底栖硅藻及绿色丝状藻尸体。这些物质在水中停留一段时间后会下沉至塘底，成为有机污染物，尤其是在下风区，因此应及时捞出。螺体的黏液在螺体出沙觅食时漂浮到水面上，并富集于下风区，因此，投完饵后的主要工作是捞除黏液。残饵应在第2d排水后趁水位低易观察时加以捞除。

5）控制大型绿藻的数量：绿色丝状藻在富含有机质的塘底生长特别快，适量的绿藻对净化水质有着重要的作用，但密度过大会妨碍螺的爬行及呼吸，高温期藻体大量死亡腐烂并沉积池底，会造成底质和水质恶化。因此应采用特制钉耙捞除成堆积聚及"老化"的藻体，保留零星且分布均匀的藻体用于水质净化。

（5）水色控制

水色即藻色。池塘中的单胞藻能吸收水中的氨氮，起到净化水质的作用，同时，光合作用放出氧气具有增氧的作用，且光合作用使pH升高，对酸性池底具有中和作用，可防止酸性池底对螺壳的侵蚀。此外，一定的水色还可以抑制大型绿藻的大量繁殖，所以池塘水体保持一定数量的单胞藻对东风螺养殖很重要。水色一般控制在透明度50～60cm为宜，透明度太高，上述作用不明显；透明度太低，不易见池底，难于观察螺的活动、摄食及残饵

情况。

（6）环境因子监测

1）水温：夏季养殖东风螺应搭棚遮阴，防止水温超过33℃；冬季应搭棚盖薄膜保温，保证水温在10℃以上，最好能达到16℃以上，使东风螺能保持摄食及生长。夏、冬二季应密切注意水温变化，每天上午7:00与下午4:00各测水温1次。

2）盐度：主要应防患雨季盐度下降。在雨季应每天测量1次池水及海区盐度。

3）溶解氧：利用简易DO试剂盒测定底层水溶解氧含量，一般要求达到5mg/L以上，否则应开动增氧机增氧。

4）氨氮：利用简易氨氮试剂盒测定底层NH_3-N含量，一般要求低于20ug/L，若超过，应加强换水、干塘并使用底质改良剂。

5）pH：正常海水的pH为7.8~8.4。池水pH因藻类光合作用而变化，最高可达9.6；池底的pH更多地受底质有机质分解的影响，pH多数会偏低，会对螺壳造成腐蚀，此时除了靠光合作用中和过低的pH外，底质应施加一定量的碳酸钙（$CaCO_3$）或牡蛎壳粉以中和底质酸性，施加量视底质酸性而定。

（7）生物因子观测

1）异常表现：东风螺具有昼伏夜出的习性，从活动可判断其是否正常。若日间出来爬动，可能是缺氧、饥饿或底质胁迫导致螺体骚动，应开机增氧并在傍晚增加投饵或检查底质是否正常；若日间躺在沙面不能钻沙也不能爬动，则有可能是发病，应查明原因，对症治疗，若无病症，则有可能是严重缺氧、水质或底质恶化，此时应开机增氧，大换水，并立即使用底质改良剂，东风螺恢复钻沙后进行塘底干露。

2）摄食骚动症：在投饵时，池边的东风螺会快速地往池壁上爬，甚至爬出水面不肯回头，只有等腹足干燥之后才会自动掉落水池底，或跌翻在水面上腹足朝上悬浮于水面，状似"仰泳"，一段时间后才下沉。而池中大部分螺则出现快速的趋食反应，把食物围成一团。当爬出水面后，又由于空气中浓烈的鱼腥味的吸引，导致其久久不肯返回水中，干燥的池壁也令螺体无法继续上爬，若池壁被淋湿，则螺体会跟踪水源继续上爬至源头。此现象暂称为"摄食骚动症"，尚未发现该症状对东风螺产生危害，可视为一种正常的生理反应。在非投饵期间，也有一小部分螺会沿池壁爬出水面，并停留在水面一段时间再脱落；若无爬壁或极少爬壁，反而是一种不好的征兆，应密切注意。

3）池塘分布：东风螺喜分布于下风区，下风区密度平均高于上风区。风向转换时螺群也跟着移动。如夏季刮东南风，螺群则多分布于西北区；冬季刮东北风，则螺群多分布于西南区。此外，螺群也喜欢分布于进水口。上述现象与下风区及进水口氧含量高及水流有关。说明东风螺喜欢富氧及有水流的地方。了解螺群在池塘中的分布规律，也有助于指导投饵工作，使投饵有的放矢，高密度之处多投，低密度之处少投。此外，对分布密度太高的下风区应给予人工分散，防止堆积缺氧。

4）生长速度及存活率：正常情况下，东风螺池塘养殖成活率可达90%以上。但若发生脱壳病、吻管肿胀病等病害，没有及时治疗控制，在数天内死亡率可达100%；如发现及时，通过药物控制，可挽救未被感染个体。除疾病造成死亡外，在种苗出池及运输过程中，因操作造成的机械损伤及运输过程缺氧，均可导致下池后头几天的死亡。此外，夏天水温高于33℃、冬天水温低于10℃、盐度低于15.66及高温闷热天气等均会导致体质较弱的个体死亡。

5. 收获

经过6~8个月的养殖，东风螺达到最佳的市场规格40~50粒/500g，即可收获，规格为50粒/500g的螺，平均体重为10g/粒，平均壳高为3.5cm，平均壳宽为2.5cm。收获前停饵1d，收获时应捕大留小，达不到商品规格的螺应放回塘内继续养大。收获的方法是采用诱捕笼诱捕，并用铁筛筛出小螺继续养殖。严禁下池直接捕捉。若全塘收获，可排干池水下塘抓捕。正常情况下，养殖过程成活率可达90%。

三、工厂化养殖

1. 工厂化养殖模式演变

东风螺工厂化养殖是一项集约化高密度海水养殖产业，从2001年兴起至今已超过二十年。随着养殖技术的改进和完善，其养殖模式经历了水泥池无沙平面养殖法、水泥池直接铺沙养殖法、沙层自净养殖法和双层流水养殖法。目前，沙层自净养殖法已成为主流，该法将东风螺栖身的沙层通过支撑架从池底托起，将水体分为上下两层，养殖过程在气动力的升举作用下，沙层内水流处于微循环状态，使氧气源源不断通过沙层内部，沙层中有机质被彻底氧化或部分被带到水体中降解，克服了沙层缺氧恶化问题，提高了东风螺的成活率和生长速度，促进了东风螺工厂化养殖产业化。同时，原理相似的双层流水养殖法也获得开拓，它是在沙层自净养殖法的基础上，加大底层的进水量并从上层排出，进行对流水养殖，加大了沙层水的交换和养殖污水的排出，养殖密度进一步加大，单位面积商品螺的产量更高，顺应了东风螺工厂化养殖的需求，但用水成本较高，只在局部推广。

课程视频和PPT：
东风螺工厂化养殖

2. 沙层自净养殖

（1）养殖池铺设及消毒

放苗前，清洗池底、池壁，安装已清洗干净的沙层支撑架，铺上40～60目网布，在网布上开孔布插长15cm的1英寸塑料管，使沙层上下水层联通，然后在管内中段悬挂气石，布设气管，再铺上清洗干净的海沙，沙层厚度3～4cm。养过螺的沙要曝晒或更换。为了增加透水性和透气性并保持沙层松软，沙粒粗细要适中，直径以1～2mm为宜。可先用12目筛绢网筛出粗沙，然后用40目网布筛出细沙，选取1～2mm的中沙。沙层铺好后加水50～60cm，用10×10^{-6}～20×10^{-6}高锰酸钾溶液或有效氯含量8×10^{-6}～15×10^{-6}的漂白粉对全池进行浸泡消毒，8h后，排干消毒液，全池冲洗干净后，重新加水50～60cm，充气备用（图21-11）。

图21-11 东风螺养殖池铺设

（2）螺苗选择及筛分

选择螺苗至关重要，具体要求同滩涂养殖。螺苗规格以壳高5～10mm为好。规格过小，螺苗会经常爬壁，增加工作量，且容易导致螺苗爬壁死亡；螺苗规格过大，增加购苗成本。同一批螺苗由于个体大小差异，必需筛分成大小两种规格分开放养，以方便管理及使商品规格整齐一致。筛分过程要带水，以减少摩擦，防止螺苗损伤。

（3）投苗季节及密度

在海南，方斑东风螺一年四季均可投苗；在我国其他地方，一般抢在春季4～5月投苗，年底即可收成，若过了5月份再投，年底难以达到80～100粒/kg的规格，需要过冬，而冬天有1～2个月低温期不能生长，养殖周期会延长1～2个月，经济效益下降。投苗前先要调节好水温、盐度，保持与育苗池一致，然后选择在太阳下山前投苗，注意避免风吹雨淋。投苗时先将计好数的螺苗装入桶或盆内，用海水冲洗干净，然后把螺苗均匀撒布于池中，放养密度根据水质、增氧设施、技术管理水平而定。目前，沙层自净养殖模式放养密度一般为1000～1200粒/m²。密度过大，养殖期延长且易暴发疾病；放养密度过小则单位养殖面积产量不高，成本增大。

（4）饵料种类

主要为天然海水冰冻小杂鱼、小鱿鱼，养殖场要自备冷库用于贮备优质冰冻杂鱼，防止异常气候因素渔船不出海捕鱼或禁渔期没鱼可买；也可以因地制宜使用当地物美价廉水产品，如阳江的毛虾、淡水次等规格罗非鱼等。

（5）投喂方法

投喂前从冷库取出小杂鱼，用海水解冻至常温，冲洗干净，放苗的第2天至1个月小鱼切块投喂，1个月后可投喂整条鱼。小杂鱼不须除头除内脏，东风螺依靠发达的吻管深入到鱼体内的每个角落，可把肉及内脏全部吃掉，最后只剩一副鱼骨。每天投饵1次，下午5～6点进行，均匀播撒，防止堆积。投喂量应根据螺的数量、体重、投饵率等进行计算，再根据螺的摄食状态予以调节，以投喂1h后略有剩余为好。投喂原则：水质良好时多投，水质差时少投；腐败变质的饵料不投；残饵多时少投；天气好时多投，烈日、寒冷、暴雨天气时少投；台风过后几天海区水质变差，不适合换水，为了保持水质新鲜，不能投喂饵料；水温低于16℃或高于33℃时少投或不投。

在东风螺的规格达到180～200粒/kg时，饵料要采取间断式投喂，即投喂2～3d停1d，其好处在于停食状态下东风螺活动频率显著加大，不但可以锻炼体质，而且可以提高食物的吸收率，同时可以有效

翻松沙层，提高沙的通透性，减少疾病的发生。

（6）日常管理

1）清残：每天傍晚投完饵后1h开始清残，把吃不完的残饵和鱼骨头捞出。

2）换水：换水有两种做法，即每天两次换水：第一次是在傍晚清残后把排污拔管拔出，让水体穿过沙层从下方排污口排出并排干，再把拔管插回，然后进水至原水位，这一做法的目的是把螺摄食过程释放的有机质全部排掉，保持水质清新；第二次是在上午9点拔出排污拔管，重复上述操作，其目的是把东风螺排泄在沙层中的排泄物及分解产物通过上层水体穿过沙层过程排出池外，从而净化沙层。或对流式换水，即每天12～24h用对流水，流量为养殖水体的2～5倍。此法的排污管装置与前法不同，取消排污管套和排污拔管，在水池外安装插管，管的高度平池内水面，池内水位与池外管持平，可以实施对流水。根据经验，对流水量越大，东风螺生长速度越快，几乎可以认为，对流水量大小与长速成正相关。

3）巡池：观察东风螺摄食、活动、病害、水质理化状况；养殖过程中注意"五防"，即"防晒、防寒、防雨、防病、防爬壁"。必须每天早晚测量水温，雨期测量盐度或盐度。水温高于33℃或低于8℃、海水的盐度低于10时，都会造成东风螺大量死亡，应及时采取应对措施，避免造成损失。喜欢爬壁是小个体东风螺的特点，一旦爬离水面，会由于离水时间过长而致死，因此，需要经常泼水让螺苗跌回池底，或在水面贴毛边进行阻挡。东风螺养殖过程一旦有发病迹象，应从环境胁迫、饵料质量、水质变化等角度查找原因，及时予以改善。目前东风螺病害尚无特效药，应以预防为主。

4）增氧：采取连续充气增氧，保持溶氧量在5.0mg/L以上。

5）控温：室外养殖池设置拱形铁架，盖高密度遮光网控制光线避免高温，夏季水温控制在32℃以下，同时也可以通过加大海水流量、抽取地下海水来达到防止温度升高的目的；冬季若温度低于10℃，应搭建保温棚保温过冬。

6）注意盐度：盐度对东风螺的生长存活有明显影响，盐度长时间低于15时，东风螺会出现死亡。因此，大雨天要注意海区海水盐度的突然变化。如果雨天导致盐度下降到15时，可不换水，不投饵，等待盐度恢复再换水和投饵。

3. 东风螺常见疾病

（1）吻管红肿病

吻管红肿，突出体外，不能回缩，很快死亡，传染性大，有时可导致全军覆没，目前没特效药（图21-12）。

图21-12　东风螺吻管红肿病

（2）脱壳病

东风螺软体部与螺壳分家，软体部"离家出走"，存活2～3d后死亡。此病传染性大，处理不及时，可导致全军覆没，无特效药（图21-13）。

图21-13　东风螺脱壳病

（3）躺死病

东风螺躺在沙面上，足部朝上，没有活力，2～3d后死亡，无特效药（图21-14）。

4. 收获

（1）收获时间

方斑东风螺经过6～8个月养殖，规格达到80～100粒/kg时，即可收获上市，正常情况下存活率可达90%，产量可达到100～125kg/m²；泥东风螺要养殖1.5年左右才能上市。

图 21-14　东风螺躺死病

（2）商品螺收集

提前 1d 停止投料，第 2d 将池水排干，把池内的沙和螺用平铲铲入塑料筛中，用水龙头把沙粒冲回池底，筛内成品螺移入空池暂养吐沙。

（3）净化

将商品螺冲洗干净后置于干净、无沙、加注了过滤海水的水泥池中充气暂养 8h 左右，促使商品螺将体内的泥沙排干净并使胃肠排空，有利于运输。

（4）打包运输

东风螺称重后装入泡沫箱，在箱内加入 15～20℃冰水使螺体降温，再排去冰水，密封打包，运往机场空运全国各地，到客户端，东风螺可以100%存活，可作为海鲜上市场销售。

复习题

1. 简述方斑东风螺的繁殖特征。

2. 简述方斑东风螺各期面盘幼虫形态特征。

3. 简述方斑东风螺胚胎和幼虫发育随时间变化曲线的特点及其原因。

4. 简述东风螺人工育苗包括的环节。

5. 简述东风螺亲螺产卵的特点。

6. 简述东风螺浮游幼虫培育的流程。

7. 简述东风螺浮游幼虫饵料投喂的人工配合饲料方案。

8. 简述东风螺浮游幼虫培育过程水质如何控制。

9. 简述"落地苗"及其如何培育。

10. 简述如何进行东风螺种苗中培。

11. 简述泥东风螺滩涂围网养殖方法。

12. 简述方斑东风螺滩涂网箱养殖方法。

13. 简述东风螺池塘养殖方法。

14. 简述东风螺池塘养殖底质修复五项措施。

15. 简述东风螺工厂化养殖方法。

16. 简述东风螺常见疾病及其特点。

第二十二章　　脉红螺的增养殖

脉红螺（*Rapana venosa*）俗称海螺，隶属于腹足纲（Gastropoda）新腹足目（Neogastropoda）骨螺科（Muricidae）。脉红螺为肉食性动物，喜食双壳类，因此被列为双壳贝类养殖中的敌害。但其足部特别肥大，味道鲜美，营养丰富，甚为消费者所喜食，并常用以代替鲍鱼。据分析，脉红螺肌肉干样中粗蛋白含量为 60.20%、粗脂肪 32.61%、灰分 6.94%，含有 20 种脂肪酸和 16 种氨基酸，其中，脂肪酸中含有 7 种饱和脂肪酸和 13 种不饱和脂肪酸。在不饱和脂肪酸中有 4 种单不饱和脂肪酸和 9 种多不饱和脂肪酸，DHA 和 EPA 的总量为 19.48%。目前除鲜食外，多加工制成罐头或干制品，经济价值高。目前，在资源丰富的海区以及新建海洋牧场区域，主要实施脉红螺的资源保护和定期捕捞措施，保持资源稳定增长。由于其生长速度快、经济价值高，不少单位进行了人工育苗、池塘养殖和底播增养殖。

第一节　脉红螺的生物学

一、外部形态

脉红螺的壳大型而坚厚，近球形。螺旋部小，体螺层膨大。壳面具细旋纹及与之相交的生长线，肩部成角并具结节突起。壳外面淡褐色，分布于海湾的部分个体壳面具棕色或紫棕色的斑点和花纹，肩角上具较长的棘。壳口大，呈卵圆形，内杏红色。外唇在幼贝时很薄，至成体时逐渐加厚。内唇外卷，贴于体螺层上，在基部形成皱褶小窝状的假脐。厣角质，呈褐色，大小形状和壳口一致，起保护作用，当动物缩入壳内时，即用厣把壳口盖住。在厣的上面有环状生长纹，生长纹有一偏向侧方核心部（图 22-1）。

图 22-1　脉红螺贝壳形态

二、内部构造

1. 软体部（图 22-2）

（1）头部

位于足的背面，前端生有触角一对，在每一触角的外侧近基部处，有一黑色小突起，即眼。口位于头的前端近腹面。捕食时其吻即由口伸出。雄性脉红螺的头部右侧尚有一扁形肉柱状的阴茎，其顶端尖而曲，色淡，雄性生殖孔即位于此。

（2）足

在软体部的前端近腹面，甚宽大，表面有许多色素，故呈灰黑色。脉红螺利用足部的跖面匍匐于海底或其他动物体上，或用以在泥沙中钻穴以隐其身。脉红螺足可分为三部分，即前足、中足及后足，足伸缩性很强，受惊扰后即缩入壳内。足内有足腺，能分泌黏液滑润足部，以利于其行动。

（3）内脏团

左右不对称，随螺层的旋转而盘旋于螺壳内。内脏团外面包围着一层薄膜，即外套膜。外套之下有一腔，即外套腔，外套膜之前部左侧褶有一沟状物，叫作水管，水由此管进入外套腔与鳃接触，以营呼吸。外套腔的右侧为肛门、生殖孔及排泄孔所在地，生殖细胞、废物等由此侧经后沟排出体外。

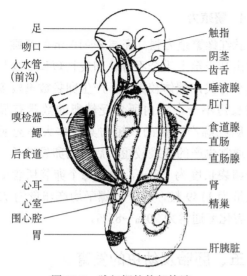

图 22-2　脉红螺软体部构造

（左栏图标注）
足
吻口
入水管（前沟）
嗅检器
鳃
后食道
心耳
心室
围心腔
胃
触指
阴茎
齿舌
唾液腺
肛门
食道腺
直肠
直肠腺
肾
精巢
肝胰脏

2. 呼吸系统

鳃 1 个，栉状，位于外套腔左方，贴附于外套膜的右壁中部。在鳃轴之左方生有一排细而柔软的鳃片，与鳃轴成直角。鳃表面密生纤毛。由于鳃纤毛不断摆动，而激起水流，这样鳃便可以与新鲜海水接触，进行气体交换。

3. 消化器官

口位于吻的最前端，平时吻缩在体内，摄食时伸出，伸出后呈长圆管状。口下有咽头，内有齿舌，形如一长带，其上遍布小齿。齿舌也能伸出口腔外，用以捕获或咀嚼食物。齿舌底面有一层很厚的肌肉隆起，其肌肉牵动齿舌，以使其锉碎食物。齿舌上小齿的排列很整齐，脉红螺的齿式 1·1·1，即中央齿一个，侧齿左右各一个，无缘齿。

咽头后面，接一细长食道，后端接嗉囊，其附近两侧各生一黄色唾液腺，卷曲状。嗉囊之后接一细长的管，叫作后食道，位偏于身体的左侧，有一部分埋于一大型腺体内，此腺体呈黄色、为三叶块状，叫作食道腺。后食道下接胃，胃呈"U"字型，居于内脏螺旋内，部分包埋于肝胰脏中。

胃下为小肠，在肝脏内做曲折而由后方折向前方，后接直肠。直肠位于外套腔的右边，最后在外套缘下方开口，即肛门。在直肠之旁，有一绿色肛门腺。

4. 循环系统

心脏位于围心腔内，腔外包有透明薄膜，称围心腔膜。围心腔在鳃的后方偏右，心脏由一心耳、一心室组成。心室呈三角形，大于心耳，壁厚。

血液无色，鳃中的血液（充氧血），由归心的血管运到心耳而回到心室，再由心室的大动脉向身体前后端流动。大动脉的出发点在心室的后端，分为两支，一支向体前端延伸叫作前大动脉；一支向体后端延伸，叫作后大动脉。前者较粗大通入嗉囊、食道及头部各处，后者较细小，通入内脏各处。

5. 排泄系统

肾一个（左肾），位于围心腔的后方右侧，并与围心腔相通，形如囊，囊壁富有腺体和血管。肾在前方具一大孔，与外套腔相通，废物由此孔排出，最后由外套排出体外。

6. 生殖系统

脉红螺为雌雄异体，只有一个生殖腺，外部可以根据阴茎来决定其性别，内部由生殖腺颜色来决定。

（1）雄性

精巢淡黄色，位于内脏螺旋的后部，与肝脏贴近。输精管白色，为卷曲的管。其后侧较细而直，开口在体前端右侧阴茎的尖端。

（2）雌性

卵巢的位置与精巢同，杏黄色，在成熟期呈橙黄色。输卵管白色，通入外套腔的右侧，其末端膨大，而具副性腺，此部与直肠平行，顶端开口，即产卵孔。

7. 神经系统

主要有脑神经节，足神经节及脏神经节，各一对。脑神经节位于嗉囊腹面附近。各神经节之间都有神经连索彼此相通。由神经节上派生神经，分布到各器官上。

8. 感觉器官

嗅检器位于鳃左方，为椭圆形，贴附于外套膜上，其中央有一中轴，两侧各生有一排紧密相挤的细薄片。

三、脉红螺生态习性

1. 栖息环境

脉红螺分布广泛，在我国南北方沿海均可生长，但北方数量较南方偏多。自然海域中，成体脉红螺多栖息于潮间带低潮区至 20m 水深的沙泥或岩礁沙泥底海区，幼体多栖息在低潮线附近的岩石间。脉红螺的栖息环境一般具有水流通畅、饵料资

源充足和无污染等特点。常与中国蛤蜊、菲律宾蛤仔和竹蛏等混栖在一起，并以其为食。幼螺多生活在低潮线附近，能潜入泥沙中捕食双壳类，成螺多生活在低潮线下数米水深处。冬季常分散活动，水温低于 5℃时，潜底进入休眠状态。

2. 摄食

脉红螺属大型肉食性软体动物，具有较强的运动器官和灵敏的感觉器官，对食物具有选择性，喜食小个体贝类。脉红螺在摄食双壳贝类时，首先用其肥大的足将贝类包裹住使其窒息，然后打开贝壳，用消化液将贝肉融化成透明胶质状后吸食。脉红螺在其生长发育过程中，会发生食性转换，浮游幼体期以单胞藻为食，随其生长，逐渐转为动物性饵料。食性转换的成败是脉红螺人工育苗成败的关键。在此方面，用牡蛎稚贝作为脉红螺幼虫食性转换和变态过程中的动物性饵料，使脉红螺幼虫在工厂化育苗中顺利完成食性转换和变态过程。脉红螺成螺对饵料具有明显的选择性，其对不同饵料的摄食偏好排序为：蛏蜓＞长竹蛏＞中国蛤蜊＞四角蛤蜊＞栉孔扇贝＞青蛤＞文蛤＞紫贻贝＞毛蚶＞菲律宾蛤仔＞长牡蛎，而未见摄食皱纹盘鲍和刺参。

四、脉红螺的繁殖

1. 性别与性比

脉红螺为雌雄异体，雌、雄比例为 1∶1。生殖腺位于身体背侧。成熟期，精巢呈淡黄色，卵巢呈橘黄色。雄性在外套腔右侧，具阴茎。雌性有受精囊开口即产卵孔。

2. 繁殖季节

在山东沿海，脉红螺每年只有 1 个繁殖期，即 6～8 月（水温 19～26℃），产卵盛期在 7 月（水温 22～24℃）。

3. 交配与产卵

在繁殖季节内，亲螺入池后第二天就有交尾活动。20d 左右，交尾活动进入高潮，整个交尾活动可延续 1 个月。交配时，雄螺与雌螺壳口呈 45°角相对，雄性阴茎伸入雌性产卵孔内，将精子送入受精囊。繁殖期内，每个亲螺有多次交尾现象。脉红螺雌螺在生殖腺附近有黏液腺，交尾后 1～2d，受精卵被革质膜与黏液聚集在一起产出，形成菊花状的卵群，固着在池壁上。脉红螺产卵较为缓慢，常需 1～2d 才能产完 1 簇卵袋。

4. 繁殖力

脉红螺繁殖力强，壳高 8～10cm 的亲螺，产卵袋数由几十至上千个不等。卵袋长短和多少与螺体的大小有关，螺体较大者，产生卵袋数量较多。因卵袋长短不一，袋内所含受精卵的数量有显著差异。脉红螺产卵袋的长短与其个体大小无明显关系，通常先产的卵袋较短，后产的卵袋较长。平均每个卵袋长度为 1.8cm，平均每个卵袋所含受精卵的数量为 1149 粒，每个雌螺平均产卵量为 75.4 万粒。孵化率通常为 70%～85%。

五、胚胎及幼虫的发育

1. 胚胎发育

脉红螺刚产出的卵袋，呈乳黄色。在水温 21～22℃下，袋内受精卵发育过程缓慢。脉红螺卵径为 202～210μm，平均为 208μm，卵内充满浅色的卵黄颗粒。经过 6.5h，放出第一极体；9h 放出第二极体；20h 分裂成 2 细胞；32h 分裂为 4 细胞；2d 发育成多细胞；3～6d 发育到囊胚；7～9d 发育到原肠胚，此时卵袋为乳黄色中略带灰色，原肠胚外胚层细胞自动物极向植物极包被整个胚胎的 2/3 以上，以后逐渐下包；10d 发育到担轮幼虫，此时卵袋呈浅灰色，胚胎长径 238μm；11～20d，发育到壳高 320μm 左右的面盘幼虫，卵袋呈黑色；20～26d，面盘幼虫逐渐从卵袋顶孔中孵出，在水中营浮游生活。随着幼虫的孵出，卵袋逐渐由灰黑色变为白色。刚孵出的面盘幼虫平均壳高 340μm、壳宽 290μm（图 22-3、图 22-4）。

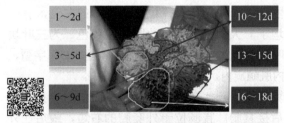

图 22-3　脉红螺卵袋颜色随发育时间的变化

脉红螺受精卵在卵袋内的孵化时间与水温有关，当水温为 23～24℃时，需 16d。在同一簇卵袋中，面盘幼虫往往先从边缘的卵袋孵出，然后再逐渐向中央延伸，往往需 3～4d 才能全部孵化完毕。脉红螺的孵化率较高，为 70%～85%，平均孵化率为 80%。

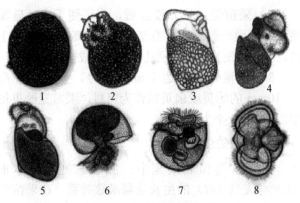

图 22-4 脉红螺胚胎发育

1. 受精卵（第 1d）；2. 囊胚（第 3～6d）；3. 原肠胚（第 7～9d）；4. 膜
内担轮幼虫（第 10d）；5. 膜内面盘幼体（第 11d）；6. 膜内面盘幼体
（第 12d）；7. 膜内面盘幼体（第 14d）；8. 面盘幼体（第 16d）

2. 幼虫发育及变态

面盘幼虫孵出后，即能摄食及排便，具 1 对双叶形的面盘，浮游能力强（图 22-5）。幼虫发育 1 周后，面盘中间开始内陷（420μm×360μm）；此后随着生长，内陷越来越深，由双叶变成四叶，呈蝶形，面盘上侧的足和厣，逐渐发育（520μm×460μm）。培育 16d 的幼虫，出现 2～3 个螺层（620μm×530μm），贝壳形成前后沟，足能伸出壳外，足内平衡囊清晰可见，头部出现 1 对触角，幼虫进入附着变态期。此期幼虫贝壳生长不明显，足逐渐分化为前足和后足，并形成跖面，既能用面盘浮游，又能用足匍匐。

面盘幼虫经过 28～30d 发育，面盘退化，附着变态为稚螺。脉红螺的稚螺有 4 个螺层，壳高 1.4～1.6mm，壳宽为 0.9～1.1mm，足的跖面宽广、发达、能作翻身运动，头部触角 1 对，眼 1 对，吻明显可见，外套膜形成，入水管伸出前沟。饵料种类对稚螺的变态有明显的影响，采用单胞藻、底栖硅藻、贝类刚附着的稚贝等作为饵料，以贝类稚贝附着板采苗量较大。

3. 稚螺生长发育

稚螺具有发达的足和吻，已完全适应在底质上营匍匐生活，摄食贝类稚贝，并喜群栖生活，生长较快，平均日增高 95μm，27d 后，发育为壳高 3.3mm 的幼螺，幼螺已具备成螺形态特征，具 5 个螺层，贝壳表面有紫褐色的斑纹，并出现褶状突起，生长迅速，具有游泳能力，能伸出足随着水流漂浮于水面，并游出池外。

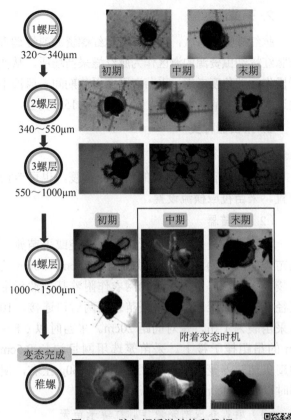

图 22-5 脉红螺浮游幼体和稚螺

第二节 脉红螺的苗种生产

一、半人工采苗

1. 采苗季节

山东沿海脉红螺的采苗季节在 7 月，水温 22～24℃，在生产中可采用卵袋观察法和幼虫拖选法来确定采苗季节。

（1）卵袋观察法

每年从 6 月开始，脉红螺陆续进入产卵期，应及时派潜水员下水采集脉红螺第一批产出的卵袋 20～30 个。将这些卵置于采苗筏上，每天观察，当发现有大量幼虫破膜而出时，则 10d 后便可投袋采苗。观察卵袋时应注意，随着卵子的发育，卵袋由乳黄色变为暗黄色或淡黑色。如果发现卵袋呈深红色或紫红色，表明卵子已死，应及时采集新的卵袋观察。

（2）幼虫观测法

脉红螺进入繁殖期后，需用浮游生物拖网，采集脉红螺浮游幼虫，对脉红螺浮游幼虫的数量变动，进行定点连续观测。当发现脉红螺幼虫数量高峰开始形成时，应及时准备投放采苗器。

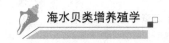

2. 采苗海区

脉红螺采苗海区，应选择有脉红螺资源或经调查有脉红螺幼虫资源的海区作为脉红螺采苗场所。从便于操作管理角度考虑，采苗海区在采苗期间，风浪不宜过大，无大量淡水流入，水深以10～15m为宜。

3. 采苗器种类

（1）采苗筏

可利用采苗海区原有的贝藻养殖筏，也可专门设置。采苗筏应横流设置。

（2）采苗器

可利用扇贝采苗生产所用的采苗袋或采苗笼，采苗袋用网目为1.5mm的纱窗制成25cm×33cm的网袋，内装30g左右聚乙烯网衣作附着基，然后用直径0.5cm的聚乙烯绳将采苗袋两两对口连接，10对采苗袋为1吊，每对间距20cm。采苗时以0.8～1m的吊距挂于筏上。采苗笼选用网目边长0.5cm的扇贝苗暂养笼，每层装聚乙烯网衣60g左右，使用时以0.8～1.0m的吊距挂于筏上。

（3）扇贝养成网笼兼作脉红螺采苗笼

孔径为2cm的扇贝养成笼，每个笼设10层，按常规每层养殖壳高2～3cm的扇贝幼贝40个，每行台架吊挂50笼。在扇贝养成过程中，可采到脉红螺苗。

4. 采苗方法

（1）亲螺

在每年6月中下旬，水温19～21℃时，挂养在采苗海区的中央架上。在亲螺交配期（6月下旬至7月初），要及时观察雌雄螺的比例，7月上、中旬亲螺产卵时，每隔1～2d检查笼内卵袋数量，要及时调配亲螺，使其能充分交配与产卵。

（2）采苗时间

在6月底至7月初，在挂养亲螺笼的周围投挂采苗袋。

（3）采苗水层

采苗器投挂水深8～12m处，如投挂过深，影响盘上底栖硅藻的繁育；如投挂过浅，则受风浪影响较大，不利于幼虫的附着。一般在中下层采苗量较大。

（4）采苗管理措施

1）幼虫在卵袋内孵化时，每3～5d要搅动网笼1次，清除淤泥，以免卵袋被污泥所淹没，影响孵化率。

2）采苗笼（袋）投挂后，为了便于底栖硅藻附着与繁殖一般不动；当笼内稚螺壳高达5mm以上时，要及时刷笼，防止网孔堵塞，造成缺氧死亡。

3）当稚螺壳高达1cm左右时，要投喂壳高5～10mm的贻贝或扇贝苗作为饵料，采苗笼贻贝每层以10～20个为宜。

5. 稚螺的生长特性

在采苗笼和兼采笼中，脉红螺稚螺的体重（W）与壳高（H）的生长呈幂函数关系。在采苗笼中，$W=1.59\times10^{-4}H^{2.33}$；在兼采笼中，$W=2.81\times10^{-4}H^{2.76}$。显然，兼采笼中脉红螺苗的生长速度比采苗笼中脉红螺苗的生长速度快。前者平均壳高月增高9.4mm，增重1.08g，后者壳高平均月增高7.4mm，增重0.63g。在水温较高的8～10月，脉红螺贝壳生长很快，平均壳高月增高可达约1cm。

当年采到的螺苗，在入冬之前，壳高都能达到3cm左右，个体重约3.5g，其中壳高为2.5～4.0cm的个体，占苗种总数的62.3%。

二、室内人工育苗

1. 亲螺的选择与培育

（1）亲螺选择

选择壳高8～10cm、外形完整、无损伤、无病害、健康、活跃的个体作为亲螺。

（2）采集时间

亲螺采集时间，对其繁殖有很大的影响。6月中、下旬采集的亲螺，平均每个亲螺产卵量为77万粒，面盘幼虫孵化率为84%，平均每个雌螺能孵化出面盘幼虫65万个；而6月初采到的亲螺不仅产卵时间晚，需暂养1个月，而且产卵量少，每个亲螺产卵量仅为64万粒，少则仅13万粒；面盘幼虫的孵化率仅70%，每个雌螺孵化出面盘幼虫约45余万个。

（3）亲螺的培育

1）培育密度：亲螺培育密度为10～20个/m³水体。

2）培育管理：每天清底换水2次，每次更换1/2水体；连续充气；投喂扇贝、蛤仔、贻贝等双壳贝类。

2. 交配与产卵袋

（1）交配

6月中下旬入池的亲螺，在水温20℃左右的条件下，第 8～10d，就有交配活动（图 22-6）；而 6 月初入池的亲螺，在水温 18.2℃的条件下，需暂养 1 个月，才有交配活动。整个交尾活动可连续 1 个月左右，但高峰期在 7 月中、下旬，水温为 21～24℃。

（2）产卵

1）产卵时间：通常在夜间，在室内遮光的条件下，白天也能见到产卵袋个体。

2）产卵地点：一般交尾后 1～2d，雌螺就可产出卵袋，俗称"海菊花"（图 22-7），从外套腔中将卵袋产在池壁上，在采苗试验中，从未发现过产在池底的卵袋。

3）卵袋大小：先产的卵袋较小，卵袋长约 1.6cm；后产的卵袋较长，通常在 2cm 以上。由于卵袋是成群产出的，故成簇状。待 1 个池中卵袋数达 40～50 簇时（16m³ 水体），就把亲螺移到其他池中，继续交尾产卵，原池经清刷干净后加水，充气，作为孵化池。

图 22-6 脉红螺的交配

图 22-7 雌螺的产卵袋

（3）孵化

1）孵化时间：脉红螺孵化的时间较长。卵袋中胚胎发育至面盘幼虫，从顶端小孔处孵出，约需 20d。

2）孵化管理：在孵化过程中，每天换水 2 次，每次更换 1/2 水体，并连续充气；每天早晨将孵出的幼虫用 200 目网箱接出，按 0.2 个/mL 密度入池培育，通常一个孵化池可收集幼虫 3～5 次，分布到 3～5 个培育池中。在孵化池中卵袋逐渐由乳黄色变成灰黑色，待幼虫全部孵出时，卵袋呈白色，即孵化结束。

3. 幼虫培育

（1）培育密度

以 0.3 个/mL 最为适宜，幼虫平均日增壳高 20μm；培育到壳高 1mm 变态幼虫时，密度 0.1 个/mL，成活率为 60%；培育密度为 0.4 个/mL 以上，面盘幼虫常出现面盘纤毛脱落下沉而死亡。

（2）投饵

投喂等鞭金藻和叉鞭金藻的幼虫，胃内饵料不断转动，摄食良好。在培育密度为 0.3 个/mL 时，每天投喂 2～4 次，每次投喂 0.5～1 万细胞/mL，幼虫发育正常。

（3）水质

每天换水 2 次，每次更换 1/2 水体。前期用 200 目网箱，后期用 150 目，换水期间要不断搅动网箱，以免幼虫贴网受伤。每天连续充气。每 5～7d 倒池 1 次，如不能及时倒池，幼虫容易下沉池底，并出现面盘分解现象。

（4）采苗

水温 25℃的条件下，幼虫培育 28～30d，壳高达 1200μm 左右，面盘中间的头部触角和眼能伸出壳外，面盘下面的前后足形成宽平的跖面。此时，幼虫虽能用足匍匐，但面盘仍能营浮游生活，应投放附着基采苗。

常用的采苗器材有以下 8 种（图 22-8），以附有牡蛎稚贝的扇贝壳串的采苗效果最好。

1）高压聚乙烯波纹板（40cm×33cm）。

2）拱形瓦（35cm×25cm）。

3）塑料瓦（35cm×25cm）。

4）塑料梗绳（Φ4～5cm）。

5）扇贝壳串（壳高 6cm 左右，每 80 个为 1 串）。

6）附有牡蛎稚贝的扇贝壳串（壳高 6cm 左右，每 80 个为 1 串）。

7）聚乙烯网片。

8）红棕绳网帘。

采苗时，先将经充分浸泡的附着基放入池中，使总的采苗面积为池底面积的 14～16 倍，然后将

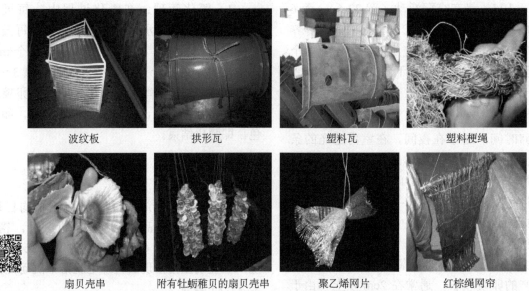

| 波纹板 | 拱形瓦 | 塑料瓦 | 塑料梗绳 |

| 扇贝壳串 | 附有牡蛎稚贝的扇贝壳串 | 聚乙烯网片 | 红棕绳网帘 |

图 22-8　脉红螺常用附着基类型

幼虫按 0.1 个/mL 的密度投入附着。日换水 2 次，每次更换 1~2 倍水体，并连续充气；每天投饵 2~3 次，继续投喂金藻。

4. 稚螺的培育

投放附着基 8d 左右，池中已无浮游幼虫，在采苗器上能看到大量黑色的稚螺，此时的管理要点如下。

1）去掉网箱，日换水 2 次，每次 1/2 倍水体，连续充气；水位控制在距池顶 30cm 左右，防止稚螺爬出。

2）每天投喂贻贝、菲律宾蛤仔、四角蛤蜊等双壳贝类稚贝。

3）每 7~10d 倒池 1 次，防止因残饵腐败影响水质。

在上述条件下培育，稚螺生长很快，平均日增高 80~100μm。

第三节　脉红螺的增殖与养殖

脉红螺的增养殖主要有三种方式：即筏式笼养、滩涂围网养殖和人工鱼礁区增养殖。

一、筏式笼养

1. 养殖方式

采用网笼吊养。网笼直径 30cm，8 层，间距 15~20cm。前期网笼网目 2cm，后期 4cm。笼间距 80cm，每笼放养 60 个左右，每层 7~8 个。

2. 放养水层

放养水层浅，受风浪和潮流的影响大，脉红螺不能良好摄食，并互相摩擦，造成生长缓慢；在中、下水层（8~14m）由于养殖笼所处水层比较稳定，因此生长较好。

3. 投饵

双壳贝类都可作为脉红螺的饵料，但为了降低成本，应选择低值、易得的贝类，如贻贝。每隔 20~30d 投喂一次。投喂量为脉红螺体重 10%，投喂 10d，每次投喂应先清除残饵后，再投新饵。筏式养殖投喂不同贝类饵料其生长情况见表 22-1。

表 22-1　筏式养成脉红螺投喂不同品种饵料的生长情况

饵料种类	日摄食量（%）	壳长增长率（%）	体重增长率（%）	备注
魁蚶	21.4	11.9	38	水温 18.4~22.5℃，饲育 64~65d
毛蚶	20	10.9	36.2	
贻贝	19.5	10.5	35.8	
魁蚶、毛蚶和贻贝混合	20.5	10.6	37.2	

4. 越冬

冬季，水温低于 6℃，脉红螺几乎停止摄食。到次年 4 月份以后，水温达到 6℃以上时，脉红螺才正常摄食、生长。此外，越冬时，苗种的大小与成活率有明显的关系，壳高 2cm 以上的幼螺，越冬的成活率较高，达 90%以上。

5. 倒笼

在养殖过程中，除越冬后倒笼 1 次外，平时在每次投饵之前，先把笼内脉红螺、残饵、杂物等一起倒出，然后再投入饵料，放入脉红螺。这样清理后，笼的透水性好，脉红螺生长正常。

在上述条件下养殖脉红螺，一般 11～12 月放养壳高 2～3cm 的幼螺，每层放养 8～10 个，每笼（10～12 层）放养 100 个左右，经过 13～15 个月，平均壳高达 7.5～8.5cm，个体重 85～110g，产量可达 2.3～2.5t/667m²（每 667m² 养 400 笼）。

二、陆上土池养成

将脉红螺放入滩涂围网设施中进行饲养，温度为 10～25℃时可以开始养殖，养殖密度一般为 5～20 粒/m²。投喂蓝蛤、贻贝等低值双壳贝类，每 5～7d 投饵一次，脉红螺与饵料湿重比为 1：（1～2）。定期检查脉红螺生长和死亡情况，定期检查网破损及脉红螺逃逸情况。体重≤12 粒/kg 时收获。

三、人工鱼礁增养殖

选择刺参和鱼礁投放区海区，最好在海参和人工渔礁区的海洋牧场里，投放 1～2cm 的脉红螺苗进行人工增殖。可根据海底饵料情况，决定投放量，如贻贝养殖筏下养殖脉红螺，一般可不投饵。由于脉红螺有潜沙冬眠习性，因此，采收增殖脉红螺，应在 11 月底之前结束（图 22-9）。

四、收获

1. 收获季节

脉红螺全年除冬季外，3～11 月份均可采捕到脉红螺，但主要生产期为春、秋两季，春季 5～6 月产量约占年产量的 55%，秋季 9 月下旬至 11 月初的产量约占年产量的 30%，其余月份产量很少。

图 22-9　人工鱼礁增殖

2. 收获方法

以底拖网为主进行采捕，主要生产工具是扒拉网。也有用下网给诱饵的"钓螺"方法捕捞。筏式笼养可采用倒笼方式进行收获。人工鱼礁海区主要以潜水员潜水人工采捕为主。

脉红螺网捕标准是壳高 80mm，因为在此大小已是性成熟的平均高度。根据它的生殖习性，禁捕期应为 7 月 1 日～9 月 10 日，避开产卵期和孵化期。

复习题

1. 简述脉红螺食性转换过程。
2. 简述脉红螺室内人工育苗幼虫培育方法。
3. 简述脉红螺增养殖的方法。

第七篇

游泳型贝类的增养殖

头足类动物能抵抗波浪及海流的冲击，具有自由游泳能力，身体呈流线形或纺锤形，贝壳退化成内壳甚至消失。作为贝类特殊分支，体型规则，一般左右对称，足特化为腕和漏斗。在十腕目中，胴体两侧或后部具有由皮肤扩张而成的肉鳍，为辅助游泳器官。乌贼、枪鱿、蛸类等采用拟态和伪装等方法避敌，其周身各种色素细胞由于放射肌束的不等收缩能与周围环境的颜色相协调，或者周身色素细胞由浅而深地剧烈变化着，背部斑纹深浅明显，带有光泽，借以恐吓敌人。当敌害生物来袭击时，一般从墨囊释放墨汁，宛如烟幕弹，以此掩护自己逃跑，而且墨汁本身还具有毒性，可以麻醉敌害生物。肉食性，能主动觅食，且食性凶猛，主要捕食甲壳类，兼以鱼类、双壳类和其他动物。

目前，头足类中开展育苗和养殖的主要种类是乌贼和蛸类。我国常见的经济乌贼类主要有金乌贼、虎斑乌贼、拟目乌贼、日本无针乌贼（延伸阅读23-1）等，经济蛸类有短蛸、长蛸（延伸阅读24-1）和中华蛸等。苗种生产方式主要采用室内工厂化人工育苗，养殖方式可以采用室内养殖、池塘养殖，也可进行海区围网和网箱养殖。

第二十三章　　金乌贼的增养殖

金乌贼（*Sepia esculenta*）属于软体动物门（Mollusca）头足纲（Cephalopoda）鞘亚纲（Coleoidea）乌贼目（Sepiida）乌贼科（Sepiidae），俗称墨鱼，营养丰富，富含优质蛋白、维生素和微量元素（表 23-1）。乌贼内壳（又称海螵蛸）有止血、收敛的功效；墨汁不仅是良好的止血药，还可保护造血干细胞，有抗辐射和抑制癌细胞作用，被誉为"黑色食品"。其干制品（俗称墨鱼干、乌贼干）和产卵腺的腌制品（俗称乌鱼蛋）都是有名的海珍品。

表 23-1　金乌贼营养成分分析（100g 鲜重）

蛋白质（g）	脂肪（g）	碳水化合物（g）	灰分（g）	钙（mg）	磷（mg）	铁（mg）	维生素B₁（mg）	维生素B₂（mg）
13	0.7	1.4	0.9	14	150	0.6	0.01	0.06

自 20 世纪 80 年代中后期以来，由于捕捞过度等原因，我国金乌贼资源量衰退相当严重。开展养殖、增殖放流进行资源修复势在必行。近年来，山东、浙江等沿海省市积极开展增殖放流工作，对资源修复成效显著。同时，乌贼生活周期短（通常 1 年）、生长快，营养价值高等特性，作为养殖新种类备受业内人士关注。

第一节　金乌贼的生物学

一、形态特征

金乌贼头部短，头部两侧各有一发达的眼。头的前端有口，口周围有口膜，在雌性口膜腹面形成纳精囊。腕 10 只，其中 8 只普通腕，全腕均有吸盘，另具 2 只触腕，腕柄细长，触腕穗呈半月形，上面具有小而密吸盘，10~12 列，大小相近。腕式为 4>1>3>2。成熟雄性左 4 腕茎化。胴体，即外套膜，盾形。雄性胴背具横条斑，间杂细点斑，雌性

横条斑不明显。内壳长圆形，腹面横纹面呈单峰形，中央有 1 纵沟；外圆锥后端呈"U"形；壳末端具粗壮骨针（图 23-1）。

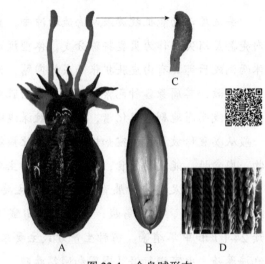

图 23-1　金乌贼形态

A. 背面观　B. 海螵蛸　C. 触腕穗　D. 齿舌

二、生态习性

1. 分布

金乌贼在我国渤海、黄海、东海、南海均有分布，其中山东南部的日照沿海和海州湾数量最多。主要群体栖居于暖温带海区。春季集群从越冬的深水区向浅水区进行生殖洄游，繁殖场主要位于离岸较远、水清藻密、底质较硬的岛屿周围，但盐度较高、藻类较多的内湾，也有繁殖场所。日照岚山头海域是金乌贼的重要繁殖场，青岛附近的胶州湾中也有一定数量的繁殖群体。金乌贼越冬场在黄海中南部，水深 70~90m。越冬期为 12 月至次年 3 月底。每年 4 月初，金乌贼开始生殖洄游，主群游向山东南部、海州湾一带，于 4 月中旬最先到达日照沿海。4 月中旬至 5 月底，在岚山头至涛雒近海一带集群产卵，形成春季捕捞旺汛。金乌贼多栖居于中下层，夜间比白天活跃，常出现于中上层，黎

明和薄暮之际，甚至游行于上层。

2. 对温度和盐度的适应

金乌贼为广温狭盐性种类，适温范围6～28℃，最适水温15～23℃，盐度范围28～33。

3. 食性

金乌贼为肉食性动物，主要捕食小型鱼虾蟹，如毛虾、鼓虾、幼对虾、鹰爪虾、黄鲫、梅童鱼、扇蟹、虾蛄等。

4. 天敌

金乌贼属浅海性头足类，与浅海性凶猛鱼类关系密切，是鲕、真鲷、海鳗、狗母鱼、鲨等鱼类的猎食对象。

三、繁殖习性

金乌贼为雌雄异体，体外交配，体外受精发育。通常10个月达性成熟。性成熟雌性口膜下方具明显的纳精囊结构。金乌贼在交配前具求偶行为，表现为体色展示（图23-2A）、并排游泳（图23-2B）以及腕部接触，若雌性表示顺从，则可进行交配（图23-2C）。雄性会为了争夺交配权而打斗，体型大的雄性具交配优势。雄性通过茎化腕将精荚传递至雌性纳精囊完成交配过程，为头对头式交配（图23-2C）。金乌贼存在一雌多雄的交配模式，这是对进化、环境压力的适应，可以获得高质量的可育子代，从而保证种群的结构稳定和遗传多样性。

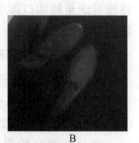

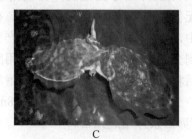

图23-2　金乌贼繁殖行为
A. 雄性展示；B. 求偶并排游泳；C. 交配

金乌贼怀卵量一般800～2000粒。卵子分批成熟，雌乌贼将成熟的卵从体内运至口膜处，分批产卵，单个产出，多缠绕在马尾藻、柳珊瑚或细枝、细绳上。产卵期多在4月中旬至6月上旬，产卵水温13～17℃，盐度31左右。生殖期间，金乌贼主要分布在水深5～10m、水清藻密、底质较硬的海域。繁殖后，雄雌亲体相继死去。

孵化前的卵膜胀大，长径约16～21mm，短径约12～14mm，略呈葡萄状，卵膜接近奶油色，半透明。在水温18～22℃时，孵化期约需一个月；孵化率可达70%以上。

深秋，成长中的幼乌贼游往深水区越冬，次年再游至其出生的海域交配、产卵。

四、生长

5～6月份孵化的幼乌贼生长至11月，一般胴长可达12～15cm，体重200～350g，大个体可达近500g。次年春末夏初达到性成熟，成为生殖亲体。生殖群体优势组成一般为胴长17～20cm，体重450～750g。

第二节　金乌贼的苗种生产

一、半人工采苗

1. 采卵场的选择

金乌贼天然产卵场水深通常在40～100m，底质为砂砾、珊瑚礁，并有海藻丛生的海域。产卵盛期为4～6月，每个成体产卵量为1000～1500粒。天然产卵床通常在岩礁附近，或者海藻枝形成的串状或堆状结构。乌贼可连续多次产卵，一般日最大产卵量150粒。

目前，我国山东青岛胶南沿海、日照岚山沿海存在一定规模的产卵群体，是较好的产卵场。

2. 投放采卵器

采卵器，即乌贼笼，是用3根竹竿扎成的锥形架，周围用2cm聚乙烯渔网包扎。采卵器外部留有一锥形口，作为亲体进入的通道，网架内部中央悬挂一束桎柳、网衣等作为卵的附着基（图23-3A）。另外，圆柱形乌贼笼（图23-3B）采卵效果也不错。每年3月下旬将采卵器投放到产卵场，均匀沉到海底进行采卵，并用缆绳连接和固定，在海区设

置标志。

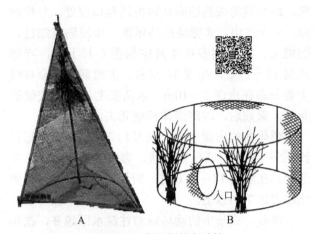

图 23-3　带柽柳的乌贼笼

A. 锥形笼；B. 圆柱形笼

3. 卵群采集和运输

5月下旬至6月上中旬可以收卵，即将采卵器逐个收集，冲刷干净，整体或仅将采卵器内带有卵群的网衣、树枝等附着基取下，运到育苗场。一般采用干法运输卵群。装车时，底层用湿海藻或湿棉被铺底，然后平放采卵器，或直接将带有卵群网衣、树枝交错摆放，注意避免相互摩擦积压，顶部用湿麻袋或棉被遮盖。选取早晨或傍晚装车运输，避免正午强烈的日光照晒，最后用篷布盖好绑牢，运往育苗池。

4. 卵群培育

运到育苗场后，把附着基挂到已纳满新鲜海水培育池的拉绳上，将其全部浸入水中，底部离池底20cm左右（图23-4），冲洗的同时，用药物进行杀菌处理，继而进行卵群的孵化和幼体培育。

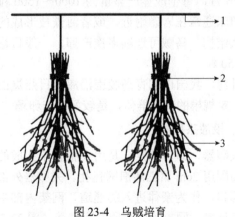

图 23-4　乌贼培育

1. 培育池中的支架；2. 附着基；3. 乌贼卵

此外，收集的卵群也可以直接在原海区进行培育，孵化出的幼体直接放流，进行资源增殖。

二、室内人工育苗

1. 亲体暂养

4月中下旬至5月，从近海挂网捕捞的乌贼中，选择性腺成熟好、个体肥大、活体强、无损伤的个体作为亲体，置于室内育苗池中暂养（图23-5），水温控制在19~22℃。金乌贼亲体培育盐度28~33。每天换水1~2个全量，或流水培育，均匀充气，并投喂新鲜的小鱼虾。

图 23-5　亲体培育

乌贼亲体经过短期强化培育，就会表现出烦躁不安，运动剧烈，并有择偶交配行为。交配时，雌雄乌贼头部相对，前三对腕交叉紧抱，为头对头式交配，此时雄乌贼通过左四腕（茎化腕）将精荚送至雌体口部下方的纳精囊处，整个交配过程通常5~15min。

2. 附着基投放和产卵

选取废旧鱼网，经清洗消毒后作附着基。用绳子扎紧系在塑料泡沫上，下方则以石块沉积到水底（图23-6A），树枝等效果也不错。金乌贼交配结束后，雌乌贼就开始寻觅适宜产卵的附着基准备产卵，其配偶（雄乌贼）总是跟在其后。在雌乌贼产卵过程中，雄乌贼时刻不离其左右。产卵过程中有时会看到交配现象。乌贼产卵时，先用腕抱住附着基，然后将卵通过卵柄一个一个缠到附着基上（图23-6B）。大多数卵呈球形，卵径6~8mm（图23-6C），产卵后亲体相继死亡。

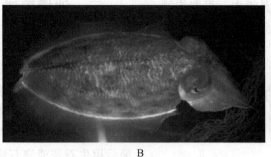

图 23-6 金乌贼产卵

A. 附着基；B. 乌贼产卵；C. 卵群

3. 幼体孵化

16～23℃条件下，经 20d 培育，卵粒体积逐渐膨胀，第一层卵膜开始产生裂缝，并逐渐被胀破而脱落，此时卵呈透明状，膜内小乌贼幼体清楚可见（图 23-7A）。再经 7～10d 培育，卵粒膨胀，第二层卵膜被胀破而脱落，乌贼幼体破膜而出。孵化过程应避免阳光直射，光照强度为 1000lx 以下。初孵幼体呈浅褐色，并随时间逐渐由浅变深，其形态与成体相近，胴体长 5～7mm（图 23-7B）。

图 23-7 金乌贼孵化

A. 20d 胚胎，B. 初孵幼体

孵化过程中，主要保证水交换和水温控制，不需投饵。日换水量为 2/3～1 个量程。水温 20～21℃，最低不低于 19.5℃。溶氧量不低于 5mg/L，NH_3-N 含量不大于 90mg/m³，盐度稳定在 30 左右。

4. 幼体培育

幼体孵化后，可采用网箱培育。网箱规格为 1.0m×1.0m×1.2m，网目按乌贼幼体不同时期选择 120 目、100 目、80 目、60 目 4 个型号。初孵幼体口中常含有卵黄，可以维持 1～2d，大多数幼体破膜后不久即可捕食。白天底栖，晚上游泳摄食。需投喂活饵料，卤虫无节幼体是理想的开口饵料。随着幼体发育，逐步增加投喂量和卤虫规格。10d 的幼体可以适当去掉遮光设施，饵料可改选虾苗、糠虾或海水桡足类等浮游动物，也可从盐场卤库捕获天然卤虫进行投喂。

金乌贼幼体培育水温控制在 22～25℃，盐度为 30～33。每天换水 1～2 个全量，或采用流水培育。幼体室内培育 30～40d，即可进行室内养成或移到池塘进行养成。

5. 育苗管理

乌贼幼体喜暗光，应采用遮光措施、避免光线直射。小乌贼孵出后，可将其收集到网箱集中培育，同时加大换水量，一般每天换水 1～2 个全量，若采取常流水更好。在收集小乌贼和换水时一定要轻轻操作，避免喷墨，损伤体质。

选择适宜的开口饵料是影响苗种成活率和生长的关键因素。卤虫无节幼体作为开口饵料效果比桡足类好，强化的卤虫无节幼体摄食效果更好，不仅幼体成活率高，而且生长较快。此外，可选择个体大小适中、营养较全面的枝角类和虾蟹幼体。为保证营养均衡，期间应采用多种动物性饵料搭配混合投喂。

海水盐度是制约乌贼苗种生长的又一重要因子。乌贼苗种经驯化，盐度可降低至 28 左右，再低则出现明显不适状态。尤其在汛期，应控制和调节好海水盐度。密切关注气象预报，做好海水储备，并及时减少换水量。对于无蓄水条件或蓄水能力的育苗场，应暂时停止换水，尽可能避开低盐期。若汛期较长，又无蓄水条件时，可适当少量换

水，并在换水前先将新水放在另外池中，采取泼洒粗盐饱和溶液的方法，将其调节到与培育池中的盐度相近，然后再进行换水。

第三节 金乌贼的养成

一、室内养成

室内养殖可以保证海水理化因子稳定，管理细致入微。养成池可以采用圆形水泥池，也可以利用现有的贝类暂养池或育苗池，在池中添加网箱进行养成。养殖期间应主要注意以下几方面问题。

1. 饵料

育苗期间以天然卤虫和糠虾活饵料为主，也可以适量投喂桡足类。养成前期，首先进行饵料转换。开始时，可以采捕池塘中自然纳潮的小个体虾蟹类和鱼类作为饵料。另外，人工养殖的稚虾也是很好的选择。目前尚没有专门用于乌贼养殖的人工饲料。

2. 水温和盐度

养殖水温 10～28℃，盐度控制在 28～34，养殖水深为 0.5m 以上。

3. 养殖期间的管理

（1）投饵

日投饵 2～3 次，日投饵量为乌贼体重的 8%～10%；并逐步投喂价值较低的新鲜杂鱼、贝类等进行饵料过渡和转换，养成的中后期则以冰冻杂鱼虾贝为主进行投喂。

（2）换水

换水量为每日一个全量，高温期每天 2 个全量或采取常流水，低温期每天换水 10%～20%，保持养殖水体水质清新，乌贼健康生长所需要的溶解氧、pH 值等理化指标应符合标准。

（3）倒池与清底

每月倒池 1 次，用高浓度漂白液浸泡 0.5h，同时清洁池壁、池底，然后冲刷干净，空池 2d，挥发余氯。放养前，先冲刷全池，然后进水养成。平时每天吸底清池，吸底时避开乌贼集群区，以避免刺激。

经过 4 个月左右的室内养殖，成活率可达 60% 以上，平均体重达 213～227g。

二、池塘养成

1. 池塘改造

改善池塘养殖条件是乌贼养成的前提，主要从池塘整治改造和配套增氧两方面入手。池塘在整治时先用高压水枪反复冲洗池底，配合吸泥浆机将池底淤泥都排到池外，再挖深去除一部分表层硬土，最后用生石灰或沸石粉全池均匀泼洒，改造池塘底质。这样处理后，既大大减少池内病原体和耗氧因子，改善养殖环境，又能提高水体的稳定性和放养容量。

2. 水质

在整个养殖过程中通过进排水保持池塘内水质更新，溶解氧保持在 5mg/L 以上，最好储存增氧剂以备急用。另外，池塘水深保持在 1.5～2m 以上，盐度保持在 28 以上为宜。

3. 苗种放养大小和密度

苗种在放养前应进行饵料转换使其逐步适应冰鲜饵料。通常金乌贼幼体胴体长达到 2～3cm 时，进行放养，成活率较高。由于乌贼苗种主要栖息在池底部，摄食时才游动，适宜的放苗密度为 1000～1500 只/m³。随着苗种的不断生长，个体间规格不一。为了便于管理，提高饵料利用率和养殖成活率，需要进行分级养成，即将苗种根据大小分成不同级别，移池养殖。

4. 投喂饵料和生长

所选用的池塘能够通过自然纳水维持较为丰富的天然饵料，如糠虾，枝角类，桡足类，将大大提高乌贼养成过程的成活率和生长率，达到事半功倍的效果。如果池塘自身饵料不足，可以定时投喂冰冻新鲜的杂鱼虾等进行补充。通常投喂量是其体重的 8%～10%。每天投饵 2 次。投喂时，尽量将食物放入流动水体中，也可将食物放在饵料槽内或将活饵直接投放池中，让其争相捕食。乌贼喜静，一旦受到外界刺激或干扰，会喷墨，影响乌贼的摄食和生长，严重时会导致苗种死亡。投喂食物时应尽量减少干扰，进行定时定量投喂驯化后，乌贼可自动摄食。乌贼生长与摄食量密切相关，金乌贼生长季节为 6～10 月，饵料转换系数约为 2：1，随水温降低，饵料转换系数变为 3.5：1。因此，投喂乌贼时，应考虑季节因素。

5. 养殖管理

养殖期间定时巡塘，记录水温、盐度、溶解氧等水质指标，检测塘中饵料生物种类和数量，确保水质良好，饵料充足。另外，还应该注意养殖环境的消毒工作，预防疾病的发生。在池塘中架设网箱进行养殖，更有利于观察和管理。

此外，金乌贼作为新兴养殖品种，也可进行围网养殖和深海网箱养殖。

6. 越冬

在池塘水温降低至13℃时，需将金乌贼移入室内养殖车间越冬，保持水温13℃以上，盐度28～30。池内投放一些遮蔽物，如石块、瓦片、网片等，以降低残食率。第二年4月初，每天升温0.1℃至16℃，待金乌贼出现交配行为时，加大投喂量，投放产卵附着基，开始育苗阶段。

第四节　金乌贼的增殖放流

20世纪90年代以来，由于拖网、张网等多种渔具大量捕捞幼乌贼和越冬乌贼，破坏了渔业资源的生态平衡，导致资源近乎枯竭。人工增殖是恢复资源的有效途径。

一、保护乌贼亲体

保护有大量怀卵的亲体进入产卵场，是开展人工增殖乌贼资源的必要前提。乌贼的生活周期一般为一年，其繁殖群体由补充群体组成的。应尽量限制在冬汛期大量捕捞越冬乌贼，严禁在春夏汛期劫捕前往产卵场产卵的亲体。

目前，海洋伏季休渔期措施对保护幼乌贼在沿岸索饵成长，促进资源恢复有极其重要的作用。

二、改良海区环境

1. 投放适当的附卵物

在乌贼产卵场中投放适当的附卵物，如桎柳枝和黄花蒿，改良乌贼产卵环境，结合亲体的保护措施，让更多亲乌贼进入改良的产卵场产卵繁殖后代，将人工增殖和自然增殖结合起来，资源修复效果显著。

2. 建立人工渔礁

在近海建筑人工渔礁，作为乌贼繁殖、生活的场所，对资源的增殖具有较好的效果。建渔礁时应考虑海底的底质和波浪的影响，选择潮流通畅又不会流失和沉没的地方，筑成遮阴多间隙的状态。

三、增殖放流

通过人工方法获取受精卵，孵化出幼虫并培育至一定规格后，进行放流增殖。放流的对象包括受精卵和幼体。在放流时，应选择饵料生物丰富、底质条件良好、沉积物粒径较小，水深10～15m、水温15～27℃、海水流速0.4～0.7m/s的沙泥底海域，且要避开航道、锚地、倾废区和拖网作业区等特定海域。

对放流效果的跟踪检查，可利用荧光物质——茜素络合指示剂（Alizarin Complexone，ALC）浸泡金乌贼幼体，对其内壳进行标示。荧光染色剂浓度为（6.0～8.0）×10^{-3}，浸泡染色时间24h。染色后的乌贼内壳可透过薄薄的皮肤清晰地看到一个粉红色的圆圈。

第五节　金乌贼的收获与加工

一、收获

经过5个月养殖，金乌贼体重可由0.1kg增至0.5～0.7kg，达到商品规格，可上市出售。通常，乌贼当年就可以达到商品规格，根据市场需求进行捕捉销售。

金乌贼收获时，可用围网或干塘捕获，也可以采用乌贼笼诱捕。

二、加工

将鲜乌贼洗去乌墨，去掉海螵蛸、内脏和头，进行清洗，去掉黑膜，剥皮再洗净。然后分级、称重，用盐水浸泡后装盘速冻，再脱盘，镀上冰衣，最后包装冷藏，制成冷冻制品。

以新鲜金乌贼为原料，将其用海水浸泡8～12h，使胴体坚挺，持刀挑开腹部和头部，摘除墨囊、内脏等，用清水将体内外的污物及墨汁洗净，沥去水分，晾晒至六、七成干时，收起垛压整形，重新晾晒至全干，制成乌贼干制品（图23-8）。

每年5、6月乌贼产卵腺丰满，以雌乌贼缠卵腺、副缠卵腺为原料，可以制备乌鱼蛋干制品

图 23-8 乌贼干

图 23-9 盐渍乌鱼蛋（A）、
干熟乌鱼蛋（B）

（图 23-9）。干熟乌鱼蛋是将新鲜乌贼的缠卵腺拌 4%~5% 的盐后入缸，盐渍 15h 左右捞出，用海水洗净，沥去水分，锅煮三开捞出，用凉水冲刷，摘净黑膜，沥水，摊晒至全干。干生乌鱼蛋是将新鲜的乌贼缠卵腺取出后，用海水洗净，摘净黑膜，沥水晒干。

另外，金乌贼墨汁富含人体所需的必需氨基酸和许多活性物质，可与其他原料一起加工成面包、面条、酱汁以及种类繁多的乌贼墨食品，颇具前景。

复习题

1. 简述金乌贼人工苗种培育过程。
2. 简述金乌贼养成方法。
3. 简述金乌贼增殖放流措施。

延伸阅读 23-1

第二十四章　　　中华蛸的养殖

蛸科头足类隶属软体动物门（Mollusca）头足纲（Cephalopoda）鞘亚纲（Coleoidea）八腕目（Octopoda），称章鱼，俗称八带鱼、八带蛸，广泛分布于我国南、北沿岸海域，多栖息在浅海沙砾、软泥及岩礁处，喜食甲壳类、双壳类。渔民利用它在螺壳中产卵的习性，以绳穿红螺壳沉入海底诱捕。我国常见的经济种类有中华蛸（*Octopus sinensis*）、长蛸（*O. minor*）和短蛸（*Amphioctopus fangsiao*）等。蛸种类不同，产卵量相差甚大，从几百粒到几十万粒不等。卵子分批成熟，分批产出，产出的卵子状如饭粒，常成穗状连在一起。中国南部沿海的中华蛸和北部沿海的短蛸、长蛸均有一定产量。近年来，对长蛸和短蛸在山东、江苏等海域开展了增殖放流，这对种质资源保护和修复起到积极作用。

蛸类可鲜食，也可干制，其肉质鲜美，营养丰富。除含大量蛋白质外，还富含不饱和脂肪酸、维生素 A，可食部分达 90% 以上。除食用外，在医学上尚有补血益气收敛生肌的作用，为妇女生乳的滋补品。中华蛸生长快（孵化后半年体重可达 1kg）；养殖周期短，1 年可达性成熟；分布广，适应性强，我国南北沿海均有分布；繁殖力强，产卵量大；卵孵化率高，通常可达到 80% 以上；在人工蓄养条件下可受精产卵，为人工育苗和养殖提供了有利条件。近年来由于过度捕捞，其产量急剧下降。与此相反，国内外消费者对它们的需求却有增无减。需求量的不断增加与自然资源严重衰退的尖锐矛盾要求应该尽快进行育苗与养殖工作。近年来，作为海水增养殖新品种，中华蛸养殖正处于蓬勃发展阶段。

第一节　中华蛸的生物学

一、外部形态

中华蛸又称母猪章，为中等至大型浅海底栖类章鱼。胴部卵圆形，稍长。活体皮肤呈黄褐色、红棕色、深棕色或灰色，皮肤表面有纹理，具有细小的色素斑点（图 24-1）。胴背有白色斑点和四个菱形排列的乳突，每只眼上方有 1 或 2 个乳突。腕长中等，各腕长度相近，最长腕约为胴背长的 4 倍，最短腕约为胴背长的 3 倍，腕式通常为 2>3>4>1。腕吸盘 2 行，数量为 119～320 个。雄性右侧第 3 腕茎化，明显短于左侧对应腕，茎化腕吸盘数量范围为 123～151 个，舌叶锥形，中央具有沟槽。腕间膜式通常为 C>D>B>E>A 或 C=D>B>E>A。漏斗器 "W" 形。鳃片数 7～11 个。齿式为 3·1·3，中央齿则具有 3～5 个齿尖，基本上左右对称，第三侧齿外侧具有发达的缘板结构。

图 24-1　中华蛸的形态

二、生态习性

1. 分布

中华蛸在我国主要分布于东南沿岸，以浙江舟山以南、福建-广东-广西北海以及海南一线较多，在山东沿海也有分布，南部沿海产量较大。它们生活在沿岸至大陆架水深 0～200m 的泥沙底、岩礁海域及藻场中，喜欢躲藏于礁石或沉船中。

2. 对温度、盐度的适应

中华蛸喜高盐度，对低盐的耐受力很差。自然环境下，适宜盐度通常在 30～35，耐受盐度下限约为 27。强降雨等自然因素引起的大量淡水注入造成养殖环境盐度的突降，将导致蛸的大量死亡。中华

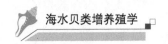

蛸不适于低温，在 7℃ 以下则迁移至深海，生长最适水温 15～23℃，13℃ 以下会停止生长。

3. 食性与天敌

蛸类反应敏捷，视觉、嗅觉等敏锐，食性广泛，偏好摄食虾蟹类和贝类。中华蛸常被鲨鱼，底栖鱼类如鳗、鳕科鱼类等摄食。在我国沿岸，鳗和鲨是其最主要的天敌。

4. 自我保护

遇到危险时，中华蛸借喷出的墨汁来逃逸。它们的体色随环境的改变而改变，具掩藏效果。口内具角质颚，尖锐如鹦鹉喙一般，可以咬穿蟹类、牡蛎等坚硬的外壳。中华蛸具较强的再生能力，其腕前端切断后可在数天后重新生长。

三、繁殖习性

中华蛸雌雄异体，体内受精。中华蛸交配的适宜水温在 13～20℃，盐度不低于 27，适宜范围 32～35。绝大数雌性一生产卵一次，并具有护卵习性。交配方式为距离式交配，即雄蛸伸长右三腕，在一定距离内插入雌蛸外套腔内。交配的时间可持续数小时。通常雌雄一对一配对，偶尔也出现一对多的配对现象。

产卵季节有春秋两个高峰期。中国海域以春季（4～6 月）繁殖洄游群体为主，日本海域以秋季（10 月）繁殖洄游群体为主。中华蛸为卵生，直接发生，具有无变态的幼体阶段。卵为端黄卵，外包保护胶膜。卵子分批成熟，分批产出。中华蛸的产卵量约为 10 万～50 万粒。自然环境下，卵子多产于空贝壳、海底洞穴内壁、岩礁下、海藻丛中及其他阴暗场所。卵子透明，大小约 2mm×1mm。产卵后，雌蛸将单独护卵，基本停止摄食，直到幼体都孵化出来。自然状态下，平均水温 27℃，中华蛸卵子发育孵化的时间为 15～42d；17～19℃ 水温下胚胎发育需 47d。

四、生长

幼体多在夜间捕食，喜欢活饵料，如蟹、双壳类等，生长迅速。在 16～21℃ 条件下，中华蛸日增重率可达 13%。不过，幼体对低盐度适应力弱，在盐度 30 左右的海水中生活良好，但盐度低于 25，幼体大量死亡。

中华蛸经过 5～6 个月的养成，可达到商品规格（2.5～3kg），死亡率不超过 10%～15%。有研究者观察到由于在性成熟期雌性代谢旺盛，消耗大量能量并影响生长，导致体重小于雄性。中华蛸在性成熟前两者生长没有明显差别，雌雄分开养成效果好。中华蛸生长的适宜温度为 16～21℃，超过 23℃ 体重减少，并伴随有死亡。

课程视频和PPT：
中华蛸生长

第二节　中华蛸的苗种生产

中华蛸生活史短，一般为 12～24 个月，生长速度快，日增长率为体重的 13%，食物转化率高（15%～43%），对人工运输和饲养等环境具有很强的耐受力和适应力，对饲养容器要求不高，玻璃缸、圆柱状容器、长方形浮动网箱皆可，均能保持较好的摄食能力，达到性成熟并进行繁殖，这些优势为人工养殖提供了成功的依据。

一、亲蛸采集和暂养

1. 亲体采集

亲蛸可以采用网笼（图 24-2）在海区捕获，或从活鲜水产品市场采购。

图 24-2　网笼

2. 亲体运输

在所获亲体中挑选个体完整、无损伤、胴体圆鼓（性腺指数高）的个体放到干净海水 0.5～1h，靠亲蛸自身生理活动达到去掉泥沙、黏液及吸盘中脏物的目的。更换清洁的海水再次清洗。加水时不宜直冲章鱼，在整个过程中尽可能不用手及其他工具触碰章鱼。用海水冰给海水降温至 10℃ 左右，可以添加一定量的 $MgCl_2$，然后将其放入塑料袋中，充氧，扎口密封，放入保温箱密封运输。

3. 亲体暂养促熟

选用 20～30m² 育苗池，圆形池为好。采用瓦片、塑料管、瓦罐、石块等在池底建人工蛸巢。暂养密度 1～2 只/m²。采用网笼（图 24-3）培育亲蛸，可有效将亲体隔离开，使其在安全环境下产卵、护卵，避免相互争斗而影响卵的发育，也能防止其他蛸偷吃其受精卵，可以在人工环境下获得大量发育健康且同步的苗种，提高胚胎孵化率。另外，将该装置呈念珠状悬挂在池中下层，提高水体利用效率，增加亲体密度，它们的代谢废物落到池底，易于清理，保证水体清洁。

图 24-3　亲体暂养促熟用网笼

亲蛸入池后，一般每天要排换水 1～2 次，清理残饵及粪便等污物。可采用流水培养。逐步升温，充气增氧，溶解氧 5mg/L 以上，遮阴培养。鲜活小杂蟹是亲蛸促熟的优良饵料，投喂量以每日稍有残饵为度。

二、亲体交配和产卵

通常，亲蛸体重为 3～5kg。性成熟的雄性个体右 3 腕吸盘退化、消失。雌雄比例约 1:1。

1. 交配

水温 18.6～22.4℃，盐度 31～33 条件下，性成熟的雌雄个体将进行交配（图 24-4A）。白天晚上均可观察到交配活动，每次时间 20～40min。交配时，雄性个体将茎化腕插入雌性外套腔内，精荚沿茎化腕输送到远端输卵管口处，完成交配。

交配过程中，雄性对其他靠近的雄性有明显的攻击性，有的甚至停止交配，驱赶靠近的雄性个体。也会发现一雌两雄、一雄多雌、多雌一雄交配现象。交配时雌性个体位于蛸巢内，雄性个体多位于蛸巢上方，小部分在蛸巢左右两侧。

A　　　　　　　　　　　B

图 24-4　中华蛸交配与产卵

A. 交配；B. 产卵

2. 产卵

雌蛸在产卵前活动频繁，产卵期间则蜷伏在蛸巢底部，腕向上翻卷、具有明显的护卵行为（图 24-4B）。受精卵分批产出，开始的几批卵串较少，一般 4～8 串。随产卵时间的延续，数量越来越多，临近产卵末期，卵量下降。整个产卵过程需要 24～30d。期间亲体通常不会离开蛸巢，产卵结束后会继续护卵，直到卵群孵化完毕而死去。

产卵前期中华蛸仍有明显的摄食现象。不时用腕在蛸巢外摆动，遇到食物时，迅速吸住并拖到蛸巢里，所以产卵前期可投喂鲜活的小蟹。

卵呈倒悬的麦穗状，平均每个卵穗的卵子数量为 218 粒，卵子长径为 2.4mm，短径为 1.2mm。

三、孵化

一旦发现亲蛸有明显的产卵迹象，将亲体迅速移入孵化池中。亲体护卵情况下，中华蛸的孵化率较高，不低于 90%。孵化水温 20.4～23.6℃，盐度 29～31 条件下，孵化天数为 25～35d。中华蛸受精卵为不完全盘裂，动物极逐渐分裂下包，第 7d，动物极下包完成，眼、腕、鳃、心脏等原基相继出现；第 9d，胚胎头部形成 2 个浅红色的眼柄；第 10d，卵黄占身体的 3/4，腕开始发育；第 14d，平衡囊中有平衡石出现；第 19d，胚胎占卵长径的 4/7，眼点呈暗红色；第 22d，胚体长为 1.6mm，约

占卵子的2/3，胴体长为0.9mm，眼点变成黑色；第25d，墨囊中出现色素；第27d，胚胎出现第二次翻转现象。幼体破膜而出需要2～4min，夜间和凌晨是幼体孵化的高峰期，会看到大量中华蛸幼体集中破膜。在幼体出膜过程中，护卵亲体会不断地用漏斗对它们喷水，将幼体推出蛸巢。

初孵幼体口部含有尚未完全吸收的卵黄。卵黄物质为幼体最初的1～2d内提供营养物质。取已孵化27～29d的卵，干露5min后，幼体会破膜而出。

四、幼体培育

1. 温度

水温对苗种生长、成活率有直接影响。自然状态下，破膜而出的幼体，外套膜长约2mm，全长3.1mm，体重为1～1.4mg，营浮游生活，需30～60d，占其生活史的5%～10%。

2. 饵料

饵料是影响中华蛸幼体发育和生长的关键因素，应该重点考虑饵料个体大小、浮游性、密度以及营养价值等。幼体孵化后，立刻将其转移到培育水槽中投饵培育。饵料投喂晚了，会严重影响存活率。中华蛸幼体具有较长的浮游阶段，从浮游期开始投喂天然甲壳类以及蟹幼体，至底栖阶段存活率在10%左右。

以卤虫无节幼体为开口饵料投喂，随着幼体成长，慢慢改投喂个体较大的卤虫。饵料密度与培育密度有关，适宜密度为1～2个/mL。饵料密度低，幼体的存活率也低。饵料单一，特别是营养单一无法让幼体顺利渡过浮游期。投喂饵料时应进行强化，特别是需要添加C20：5ω3、C20：6ω3等高不饱和脂肪酸。高不饱和脂肪酸对于中华蛸浮游期幼体发育起着至关重要的作用，同时添加冰冻玉筋鱼提高DHA/EPA比率，更有利于其生长。

除卤虫幼体，桡足类、枝角类、虾蟹幼体都是可选饵料，饵料规格为幼体胴体长的1/3～2倍。投饵率约为中华蛸幼体体重的20%左右。随着幼体的发育，对饵料需求越来越高，所以新的冷冻饵料或配合饵料的开发很有必要。另外，为使幼体摄食"不动饵"，人工构建水槽形成水流也是很有必要的。

3. 育苗管理

幼体培育期间，摄食饵料的温度控制在22～

26℃，27℃以上不适宜培育。低盐度和盐度的急剧下降都会严重影响苗种活性。幼体喜暗光，应采用遮光措施、避免光线直射。适宜的光照强度范围为500～1000lx。夜间如果照明将降低苗种摄饵行为，对生长、成活率有影响，应熄灯为好。在培育水体中添加微绿球藻100万细胞/mL，有助于卤虫的营养，继而对中华蛸幼体成长有利。同时，微藻可以缓和光照强度，减缓幼体的紧张压力。幼体培育密度2000～4000/m³，密度太大，饵料供给不足，会出现相互争食、残食现象，影响幼体生长。

水温23℃下，破膜而出的幼体经过30～35d培育，逐步营底栖生活，大小约10mm。浮游期（图24-5）和底栖后的幼体生态习性差别很大，在培育技术上也有很大差别。对于进入底栖的幼体，生长速度明显加快，摄食量增大，活体饵料供给会出现不足现象。此阶段培育工作的重点应是尽早地进行饵料转换，逐步投喂冰鲜饵料和配合饵料。幼体多集中在夜间觅食，可以适当增加晚间饵料的投喂次数。在培育池内要添加遮掩物，如细的PVC管，有利于幼体躲藏，避免彼此争斗和残食。

图24-5　中华蛸的浮游期幼体

加大换水量，每天换水2～3个全量，有条件的情况下，采用流水培育。及时清除残饵，保证水质良好。定期检查幼体的胃饱和状况，调整饵料种类和投喂量。

第三节　中华蛸的养成

目前进行的养成主要是以自然海区捕捞的蛸类幼体作为苗种进行的养殖，主要方式有网箱养殖（图24-6）、室外土池或水泥池养殖等。

图 24-6　网箱养殖

一、网箱养殖

1. 养殖海区

养殖区尽量选内湾和港口等风浪较少的海区。

2. 苗种采集

采捕野生中华蛸幼体进行海上养成，也是获得良好亲体的有效手段。笼捕的蛸苗最适用，而从底曳网捕获的也可以用。笼捕苗种养殖成活率为70%～80%，使用底曳网或其他方式获得的苗种成活率约50%。采用季节为4～7月和9～12月，最适水温为15～23℃。

3. 养殖密度

放苗量依据水温和流水情况有所有区别。使用大网箱（4m×2m×0.9m）每立方水体放养苗种约40kg。小型网箱（2.0m×1.5m×1.0m）的养殖密度约为30kg/m³。中华蛸养殖密度较大时，较高水温下虽然生长很快，但成活率下降。为防止苗种互相残杀，应同放一批苗种，苗种应在饱食后放入网箱为妥。适合的密度下增重率11～15g/d，一个月后增重450g左右。一般情况，中华蛸总重量一个月增加1.5倍，两个月达2.3～2.5倍。

4. 饵料

可投放价格低廉的冰鲜小杂鱼、蟹类和贝类，饵料多时可酌情或者停止投饵1～2日为佳。水温在13℃左右摄食行为不规则，水温7℃以下章鱼不摄食。投饵量一般为苗种体重的6%～7%。投饵多少可自行调节，每日早上投饵，投饵前先清除残饵，根据残饵量确定新的投饵量。及时清除残饵，有利于保持水质良好。如3d以上不投饵，则会产生残食现象。种苗移入网箱以后15d，约有20%～30%死亡，以后死亡率明显下降。所以，前15d是关键，尽可能保证投喂量，确保生长均匀。

5. 生长情况

中华蛸养殖中，放养个体重750g的苗种，3～4个月体重可达2.5～3kg，养成期间成活率高达85%～90%，饵料转化率达15%～43%。春季时大网箱投放总重225～260kg种苗，通过40d养殖可达340～515kg；秋季采用小型网箱养殖，一个网箱放养70kg的种苗，50d后可达170kg。养殖时要防止相互残食，种苗尽量同时下放。若种苗没办法一次性同时下放，一般先将前期蓄养的喂饱，再放新批种苗。

6. 养成管理

养殖水温范围为7～26℃（13℃以下基本停止生长）。若出现个体大小不均，每15d左右进行1次分苗，即将蛸苗分为大、中和小三种规格分养在不同的网箱中，分别投喂可减少相互残食现象的发生。网箱定期清扫，曝晒。春、秋季5d清洗1次，冬季30d清洗1次。

二、土池养殖

1. 土池选择

一般以10 000～30 000m²的土池为宜，管理操作比较方便，最大不要超过60 000m²。海水盐度27以上，pH7.8～8.5，无污染，水质稳定优良，池内蓄水深度1.5m以上，2～4m水深为佳。

2. 遮蔽物

采用直径10～20cm的PCV管或5～10L的瓦罐作为遮蔽物。也可以因地制宜，在池底排放石堆，0.3～0.5m间隔1个。

3. 苗种来源和放苗密度

挑选在当地浅海滩涂刚捕获的无损伤、健壮的天然苗作为养殖用苗。不能选用浸过淡水、反应迟钝、活力差的劣质苗。通常情况下，对于100～200g幼苗，放养密度5～10只/m²；250～400g的放养密度3～5只/m²。采用土池立体式瓦罐吊养模式，能

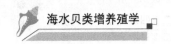

够充分利用水体，放养密度能提高 2～5 倍。

4. 日常管理

投放苗前，需要肥水，保证一定的浮游动植物。土池中若能有较多的近方蟹等小型蟹类，更有利于中华蛸生长。活饵料，如蟹、贝类等，易受季节、气候影响。为保证养殖过程中饵料充足，可考虑虾、贝、蟹类等多种饵料混合投喂，并储备冰冻鱼虾以备应急时使用。投喂冰鲜鱼虾，春秋季节每天投饵 1 次，冬季水温低，中华蛸食量少，每 3～4d 投饵 1 次。

养成过程中应经常观察蛸体表是否有溃烂现象，发现问题及时采取措施进行治疗或隔离。做好病害防治工作。密切关注养殖海域盐度变化，特别是雨季，或有淡水注入的海区。一旦发现盐度骤降，应及时采取措施。

光照过强，或水透明度高对中华蛸养殖不利。光线过强时，需要有遮光措施。另外，水体保持一定浓度的藻色，也会起到一定的遮光效果。

另外，室内和室外水泥池养殖效果也不错。海参和中华蛸混养模式值得关注。

第四节 中华蛸的收获与加工

一、收获

经过 3～4 个月的养殖，通常中华蛸体重至少能增加 1kg，有的增加 2kg 以上。1kg 以上的中华蛸已达商品规格，可上市出售。

采用网笼诱捕的方式收获，可以使个体基本无损伤，销售价格高。

二、加工

蛸类高蛋白、低脂肪，富含牛磺酸，可食比例占体重的 85% 以上，这比甲壳类（40%～45%），硬骨鱼（40%～75%）和软骨鱼（25%）高得多，也体现了它们潜在的养殖价值。蛸死亡后在内生细菌酶作用下蛋白质被降解，肌肉中产生大量氨，促进了细菌生长导致身体迅速分解。通常 2.5℃ 下保存 6～7d，0℃ 左右可达 8d。由于肌肉主要是高度可溶性的纤维蛋白，遇水会降低其营养价值，因此加工过程中，如冲洗、漂白、盐渍、解冻、速冻等都必须要小心。高压或加热并高压等预处理手段可以延长其保质期。

1. 腌制品

以新鲜章鱼为原料，将胴部和头腕部切离，清除内脏，用 3% 食盐水+0.1% 明矾溶液清洗，去除黏液。将腕和胴体部分别切成 3～5cm 圆柱状段和 5cm×2cm 长方形块，用盐浸泡过夜，并不时搅拌，脱水后，在阴暗处保存，然后包装冷冻保存。

2. 冷冻加工

将新鲜原料挑选分开加工，剔除规格不够、鲜度不好、粗皮等不良个体。采用翻腹法去除内脏和眼；然后放入搅拌机中磨洗，去掉黏液、墨汁等杂质和废物；清水冲洗后再经明矾水浸泡、烫煮、切块（粒）、速冻等工序，装袋冷藏。

3. 炭烤章鱼

采用规格在 1kg 以上、鲜度良好的中华蛸个体为原料，去除内脏及杂质，不要破坏完整性；清洗干净后加冰保温；分割成不同规格的块或粒，串成串蒸煮，冷却清洗并沥水，然后炭烤；冷却后去除穿串用的钢针，分类真空包装，冻结装箱，最后冻藏储运。

中华蛸不仅可加工成章鱼片、章鱼段、章鱼串等多种产品，还可以做成炸章鱼。在西班牙几乎所有餐厅都会供应"炸章鱼（Pulpo a la gallega）"这道菜。加工下脚料可用于生产冷冻调理食品，还可提取牛磺酸等有益物质。

复习题

1. 简述中华蛸室内人工育苗培育过程和注意问题。

2. 简述中华蛸养成方法。

延伸阅读 24-1

主要参考文献

包振民，黄晓婷，邢强，等.2017. 海湾扇贝"海益丰12". 中国水产，（6）：70-73.

包振民，万俊芬，王继业，等.2002. 海洋经济贝类育种研究进展. 青岛海洋大学学报，32（4）：567-573.

包振民，王明玲，李艳，等.2011. 基于核基因组标记的群体遗传学研究中的数学分析方法. 中国海洋大学学报（自然科学版），41（11）：48-56.

蔡难儿.1963. 贻贝（*Mytilus edulis* Linné）生活史的研究. 海洋科学集刊，4：81-102.

蔡英亚，张英，魏若飞.1979. 贝类学概论. 上海：上海科学技术出版社.

常抗美，吴剑锋.2007. 厚壳贻贝人工繁殖技术的研究. 南方水产，3（3）：26-30.

常亚青.2007. 贝类增养殖学. 北京：中国农业出版社.

陈洪发，王昭萍，于瑞海，等.2016. 利用肾上腺素诱导单体香港巨牡蛎的研究. 中国海洋大学学报，46（10）：46-51.

邓陈茂，梁飞龙，符韶，等.2010. 马氏珠母贝术前处理与育珠研究. 海洋湖沼通报，（4）：124-128.

邱伟鹏，王昭萍，于瑞海，等.2011. 氨海水与5-羟色胺对栉孔扇贝解剖卵的体外促熟作用. 中国海洋大学学报，41（4）：46-51.

董诗雨，赵自越，宋浩，等.2022. 我国硬壳蛤产业现状与展望. 江苏海洋大学学报（自然科学版），31（4）：42-45.

付敬强，游伟伟，骆轩，等.2023. 东风螺生物学与遗传育种研究进展. 厦门大学学报（自然科学版），62（3）：356-364.

桂建芳，包振民，张晓娟.2016. 水产遗传育种与水产种业发展战略研究. 中国工程科学，18（3）：8-14.

桂建芳，周莉，殷战，等.2021. 水产遗传育种学. 北京：科学出版社.

霍忠明，王昭萍，闫喜武，等.2013. 香港巨牡蛎与近江牡蛎杂交及回交子代早期生长发育比较. 水产学报，37（8）：1155-1161.

姜波，王昭萍，于瑞海，等.2004. 多倍体贝类的繁殖生物学研究现状. 海洋湖沼通报，（2）：73-79.

姜波，王昭萍，于瑞海，等.2007. 杂交三倍体太平洋牡蛎群体的染色体数目组成观察. 中国海洋大学学报，37（2）：255-258.

蒋霞敏，彭瑞冰，韩庆喜，等.2019. 虎斑乌贼的生物学及养殖技术. 北京：海洋出版社.

金启增.1992. 珍珠贝种苗生物学. 北京：海洋出版社.

孔静，王昭萍，于瑞海，等.2011. 低渗诱导太平洋牡蛎三倍体以及与其他诱导方法的比较. 中国水产科学，18（3）：581-587.

孔令锋，王昭萍，于瑞海，等.2002. 二倍体与三倍体太平洋牡蛎（*Crassostrea gigas*）的细胞学比较研究. 青岛海洋大学学报，32（4）：551-556.

李浩浩，于瑞海，杨智鹏，等.2017. 温度和盐度对栉江珧受精卵孵化及早期幼虫生长与存活的影响. 中国海洋大学学报，47（4）：22-27.

李嘉华，陈舜，陈万东，等.2022. 南麂列岛中华蛸（*Octopus sinensis*）形态与遗传多样性分析. 海洋与湖沼，53（2）：486-495.

李琪，孔令锋，郑小东.2019. 中国近海软体动物图志. 北京：科学出版社.

李琪，于瑞海，王昭萍，等.2006. 无公害鲍鱼标准化生产. 北京：中国农业出版社.

李赟，王昭萍，王如才.2001. 诱导三倍体太平洋牡蛎群体发育过程中三倍体率的变化. 青岛海洋大学学报，31（5）：666-672.

李赟，于瑞海，王昭萍，等.2000. 大规模诱导生产太平洋牡蛎［*Crassostrea gigas*（Thunberg）］三倍体的方法比较. 高科技通讯，10（11）：1-3.

林祥志，郑小东，苏永全，等.2006. 蛸类养殖生物学研究现状及展望. 厦门大学学报，45（增刊2）：213-218.

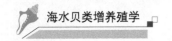

林志华. 2015. 泥蚶养殖生物学. 北京：科学出版社.

林志华. 2015. 文蛤生物学及养殖技术. 北京：科学出版社.

刘爱英, 马云聪, 赵光环, 等. 2005. 毛蚶人工育苗技术. 海洋湖沼通报, 1：86-90.

刘德经, 罗瑜, 黄金凤. 2007. 西施舌大规格苗种培育技术研究. 经济动物学报, 11（3）：153-156, 167.

刘德经, 曹家录, 谢开恩, 等. 1998. 海水贝类养殖技术. 北京：中国农业出版社.

刘相全, 方建光, 包振民, 等. 2003. 中国沿海帘蛤科贝类主要经济种育苗与养殖技术研究进展. 动物学杂志, 38（4）：114-119.

刘兆胜, 刘永胜, 郑小东, 等. 2011. 不同饵料对真蛸亲体产卵量、受精卵孵化率及初孵幼体大小的影响. 海洋科学, 35（10）：81-85.

刘志刚, 彭景书, 曹跃明, 等. 2011. 东风螺健康养殖与质量安全管理. 北京：中国农业出版社.

吕隋芬, 王如才. 1992. 细胞松弛素B诱导栉孔扇贝产生三倍体的研究. 海洋湖沼通报, 2：40-45.

马培振, 曲学存, 张弛. 2022. 黄渤海潮间带常见无脊椎动物及标本采制技术. 青岛：中国海洋大学出版社.

潘洁, 包振民, 万俊芬, 等. 2000. 分子标记技术及其在育种中的应用. 青岛海洋大学学报, 30（2）：25-31.

邱盛尧, 杨建敏, 张锡佳, 等. 2000. 栉江珧的繁殖生物学. 水产学报, 24（1）：28-31.

施坤涛, 王昭萍, 于瑞海. 2006. 四倍体太平洋牡蛎自群繁殖的研究. 海洋湖沼通报,（4）：94-100.

施坤涛, 王昭萍, 于瑞海. 2008. 四倍体与二倍体太平洋牡蛎离体精子的存活能力比较. 海洋科学, 4：52-56.

宋旻鹏, 汪金海, 郑小东. 2018. 中国经济头足类增养殖现状及展望. 海洋科学, 42（3）：149-156.

宋贤亭, 于瑞海, 马培振, 等. 2015. 大竹蛏室内人工育苗技术研究. 海洋湖沼通报,（4）：56-60.

苏海林, 王扬帆, 胡晓丽, 等. 2016. 贝类全基因组遗传育种评估与分析系统的开发. 中国海洋大学学报（自然科学版）, 46（10）：65-72.

苏家齐, 王昭萍, 张跃环, 等. 2015. 葡萄牙牡蛎与熊本牡蛎种间杂交配子亲和力及合子育性分析. 水产学报, 39（3）：353-360.

滕爽爽, 李琪, 李金蓉. 2010. 长牡蛎（*Crassostrea gigas*）与熊本牡蛎（*C. sikamea*）杂交的受精细胞学观察及子一代的生长比较. 海洋与湖沼, 41（6）：914-922.

田传远, 梁英, 王如才, 等. 1996. 泥蚶人工育苗高产技术的研究. 青岛海洋大学学报, 26（1）：25-30.

田传远, 梁英, 王如才. 1995. 海湾扇贝性腺发育的生物学零度. 青岛海洋大学学报, 25（1）：56-58.

田园, 金燕, 陈炜, 等. 2021. 菲律宾蛤仔（*Ruditapes philippinarum*）"斑马蛤2号"筏式和底播养殖模式比较研究. 海洋与湖沼, 52（6）：1496-1505.

汪金海, 韩松, 郑小东. 2017. 金乌贼（*Sepia esculenta*）繁殖模式的分子学鉴定. 海洋与湖沼, 48（1）：188-193.

王爱民, 石耀华, 王嫣, 等. 2010. 马氏珠母贝生物学与养殖新技术. 北京：中国农业科学技术出版社.

王芳, 王昭萍, 董少帅, 等. 2004. 饥饿对二倍体和三倍体长牡蛎（*Crassostrea gigas*）呼吸和排泄的影响. 海洋科学, 28（8）：1-4.

王梅芳, 余祥勇, 王如才. 2000. 栉江珧生殖细胞的发生. 青岛海洋大学学报, 30（3）：441-446.

王美珍, 陈汉春, 陈贤龙. 2006. 文蛤生态养殖. 北京：中国农业出版社.

王庆志, 李琪, 刘世凯, 等. 2012. 长牡蛎成体生长性状的遗传参数估计. 中国水产科学, 4：700-706.

王如才. 1986. 扇贝半人工采苗技术研究. 齐鲁渔业, 4：34-35.

王如才. 2004. 牡蛎养殖技术. 北京：金盾出版社.

王如才, 高洁. 1978. 关于我国栉孔扇贝苗源问题的研究. 山东水产学会会刊, 2：85-96.

王如才, 高洁. 1978. 栉孔扇贝人工育苗试验报告. 山东海洋学院学报, 2：51-62.

王如才, 高洁, 张连庆, 等. 1987. 栉孔扇贝自然海区采苗技术的研究. 山东海洋学院学报, 3：93-100.

王如才, 王昭萍. 2008. 海水贝类养殖学. 青岛：中国海洋大学出版社.

王如才, 王昭萍, 田传远, 等. 2002. 我国太平洋牡蛎（*Crassostrea gigas*）三倍体育苗与养殖技术研究进展. 青岛海洋大学学报, 32（2）：193-200.

王如才, 王昭萍, 张建中. 1993. 海水贝类养殖学. 青岛：中国海洋大学出版社.

王如才, 俞开康, 姚善成, 等. 2001. 海水养殖技术手册. 上海：上海科学技术出版社.

王如才, 郑小东. 2004. 我国海产贝类养殖进展及发展前景. 中国海洋大学学报, 34（5）：742-746.

王一农，尤仲杰，於宏，等.2003.养殖泥螺生态习性研究.宁波大学学报，16（3）：240-244.

王昭萍，郭希明，张筱兰，等.2000.非整倍体太平洋牡蛎的存活、生长及发育.青岛海洋大学，30（3）：447-452.

王昭萍，孔令峰，于瑞海，等.2004.利用四倍体与二倍体杂交规模化培育全三倍体太平洋牡蛎（Crassostrea gigas）苗种.中国海洋大学学报，34（5）：742-746.

王昭萍，李慷均，于瑞海，等.2004.贝类四倍体育种研究进展.中国海洋大学学报，34（2）：195-202.

王昭萍，李赟，王如才，等.2000.三倍体太平洋牡蛎生产性育苗与养成初报.海洋湖沼通报，3：34-39.

王昭萍，李赟，于瑞海，等.2002.三倍体牡蛎在繁殖季节的生长研究.青岛海洋大学学报，32（5）：701-706.

王昭萍，田传远，于瑞海，等.1998.海产贝类养殖技术.青岛：青岛海洋大学出版社.

王昭萍，王如才，徐从先，等.1992.单体牡蛎的研究.青岛海洋大学学报，22（2）：125-132.

王昭萍，王如才，于瑞海，等.1998.多倍体贝类的生物学特性.青岛海洋大学学报，28（3）：399-404.

王昭萍，赵婷，于瑞海，等.2009.一种新方法——低渗诱导虾夷扇贝三倍体的研究.中国海洋大学学报，39（2）：193-196.

吴彪，杨爱国，王清印，等.2009.6-DMAP诱导栉孔扇贝异源雌核发育二倍体.渔业科学进展，30（3）：79-84.

吴彪，杨爱国，王清印，等.2009.异源精子诱导栉孔扇贝雌核发育后代的微卫星分析.水产学报，33（4）：542-548.

吴立新，荆钊，陈显尧，等.2022.我国海洋科学发展现状与未来展望.地学前缘，29（5）：1-12.

肖述，喻子牛.2008.养殖牡蛎的选择育种研究与实践.水产学报，32（2）：287-295.

杨爱国，王春生，林建国.2014.扇贝高效生态养殖新技术.北京：海洋出版社.

杨智鹏，于红，于瑞海，等.2016.脉红螺附着变态与食性转换的研究.水产学报，40（9）：1472-1478.

尹立鹏，邓岳文，杜晓东，等.2012.贝龄对马氏珠母贝植核贝生长、成活率和育珠性状的影响.中国水产科学，19（4）：715-720.

尤仲杰，陆彤霞，王一农.2003.泥螺的繁殖生物学研究.热带海洋学报，22（1）：30-35.

于红，刘欣，李琪.2022.基因编辑技术在贝类中的应用进展与展望.水产学报，46（4）：636-643.

于瑞海.2011.名优经济贝类养殖技术手册.北京：化学工业出版社.

于瑞海，李琪.2009.无公害魁蚶底播增养殖稳产新技术.海洋湖沼通报，3：87-90.

于瑞海，李琪.2016.我国海产经济贝类苗种生产技术.青岛：中国海洋大学出版社.

于瑞海，王如才.1997.贝类育苗中几种水处理新方法应用的探讨.黄渤海海洋，15（2）：42-46.

于瑞海，王如才.1997.臭氧处理水技术原理及其在水产养殖中的应用综述.海洋湖沼通报，15（2）：42-46.

于瑞海，王昭萍，李琪，等.2007.栉江珧工厂化育苗技术研究.中国海洋大学学报：自然科学版，37（5）：704-708.

于瑞海，王昭萍，李琪，等.2010.栉江珧亲贝室内升温促熟培育技术的研究.海洋湖沼通报，（1）：31-35.

于瑞海，郑小东.2012.贝类安全生产指南.北京：中国农业出版社.

于涛，杨爱国，周丽青，等.2011.栉孔扇贝、虾夷扇贝及其杂交子代的群体遗传多样性分析.中国水产科学，18（3）：574-580.

于业绍，王慧，顾润润，等.2006.青蛤人工育苗及养殖实用技术.北京：中国农业出版社.

于业绍，郑小东.1995.青蛤的形态与结构.海洋渔业，17（2）：59-62.

喻子牛.2020.砗磲人工繁育、资源恢复与南海岛礁生态牧场建设.科技促进发展，16（2）：231-236.

张晨晨，王昭萍，于瑞海，等.2010.低渗诱导栉孔扇贝三倍体及与其他方法的比较.中国海洋大学学报，40（sup.）：71-75.

张广明，吴彪，杨爱国，等.2017.盐度胁迫对魁蚶耐受性及体内酶活性的影响.鲁东大学学报（自然科学版），33（02）：159-163.

张国范，闫喜武.2010.蛤仔养殖学.北京：科学出版社.

张涛，宋浩，薛东秀，等.2020.脉红螺生物学与增养殖技术.北京：科学出版社.

张玺，齐钟彦.1961.贝类学纲要.北京：科学出版社.

张跃环，王昭萍，闫喜武，等.2012.香港巨牡蛎与长牡蛎种间杂交及早期杂种优势分析.水产学报，36（9）：1358-1366.

张跃环，王昭萍，喻子牛，等.2014.养殖牡蛎种间杂交的研究概况与最新进展.水产学报，38（4）：612-623.

张跃环，肖述，李军，等.2016.鳞砗磲的人工繁育和早期发生.水产学报，40（11）：1713-1723.

张跃环，肖述，李军，等.2017.砗蚝（Hippopus hippopus）的人工繁育.海洋与湖沼，48（5）：1030-1035.

郑小东，薄其康，汪金海，等.2023.长蛸生物学.北京：科学出版社.

郑小东，韩松，林祥志，等.2009.头足类繁殖行为学研究现状与展望.中国水产科学，16（3）：459-465.

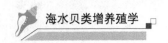

郑小东，刘兆胜，赵娜，等. 2011. 真蛸胚胎及浮游期幼体发育研究. 海洋与湖沼，42（2）：317-323.

郑小东，吕玉晗，卢重成. 2023. 中国海域头足类物种多样性. 中国海洋大学学报（自然科学版），53（9）：1-18.

郑小东，曲学存，曾晓起，等. 2013. 中国水生贝类图谱. 青岛：青岛出版社.

郑小东，王昭萍，王如才，等. 2000. 太平洋牡蛎（Crassostrea gigas）二倍体与三倍体的核型研究. 中国水产科学，7（2）：96-97.

郑言鑫，杨爱国，吴彪，等. 2015. 栉江珧（Atrina pectinata）催产方法及幼虫培养条件. 渔业科学进展，36（6）：127-133.

Bayne B. 2017. Biology of Oysters. In：Developments in Aquaculture and Fisheries Science. London：Elsevier.

Bodenstein S，Callam B R，Walton W C，et al. 2023. Survival and growth of triploid eastern oysters，Crassostrea virginica，produced from wild diploids collected from low-salinity areas. Aquaculture，564：739032.

Calvo L M R，Calvo G W，Burreson E M. 2003. Dual disease resistance in a selectively bred eastern oyster，Crassostrea virginica，strain tested in Chesapeake Bay. Aquaculture，220：69-87.

Cook P A. 2023. Abalone：Biology，Ecology，Aquaculture and Fisheries. In：Developments in Aquaculture and Fisheries Science Volume 42. London：Elsevier.

Dégremont L，Bédier E，Boudry P. 2010. Summer mortality of hatchery-produced Pacific oyster spat（Crassostrea gigas）. II. Response to selection for survival and its influence on growth and yield. Aquaculture，299：21-29.

Evans S，Langdon C. 2006. Direct and indirect responses to selection on individual body weight in the Pacific oyster（Crassostrea gigas）. Aquaculture，261：546-555.

Gaffney P M，Allen S K. 1993. Hybridization among Crassostrea species：a review. Aquaculture，116（1）：1-13.

Guo X，De Brosse G A，Allen S K. 1996. All-triploid pacific oysters（Crassostrea gigas Thunberg）produced by mating tetraploids and diploids. Aquaculture，142：149-161.

Guo X，Ford S E，De Brosse G，et al. 2003. Breeding and evaluation of eastern oyster strains selected for MSX，Dermo and JOD resistance. Journal of Shellfish Research，22：333-334.

Hardy D. 2006. Scallop Farming. Oxford：Blackwell Publishing.

Hermabessiere L，Fabioux C，Lassudrie M，et al. 2016. Influence of gametogenesis pattern and sex on paralytic shellfish toxin levels in triploid Pacific oyster Crassostrea gigas exposed to a natural bloom of Alexandrium minutum. Aquaculture，455：118-124.

Huo Z，Wang Z，Liang J，et al. 2014. Effects of salinity on embryonic development，survival，and growth of Crassostrea hongkongensis. Journal of Ocean University of China，13（3）：660-670.

Huo Z，Wang Z，Yan X，et al. 2014. Hybridization between Crassostrea hongkongensis and Crassostrea ariakensis at different salinities. Journal of the World Aquaculture Society，145（2）：226-232.

Jiang K，Chen C，Jiang G，et al. 2024. Genetic improvement of oysters：Current status, challenges，and prospects. Reviews in Aquaculture，16（2）：796-817.

Jouaux A，Heude-Berthelin C，Sourdaine P，et al. 2010. Gametogenic stages in triploid oysters Crassostrea gigas：Irregular locking of gonial proliferation and subsequent reproductive effort. Journal of Experimental Marine Biology and Ecology，395（1-2）：162-170.

Kershaw D R. 1983. Phylum Mollusca. In：Animal Diversity. Dordrecht：Springer.

Kube P D，Parkinson S. 2007. Selective breeding of Pacific oysters（Crassostrea gigas）in Australia：Current progress，issues and future directions. Aquaculture，272：S280.

Li H，Yu R，Li Q. 2023. Comparison on chromosome stability between inbred and outbred full-sib families of tetraploid Crassostrea gigas by cytogenetic technique. Aquaculture，569：739348.

Li Y，Jiang K，Li Q. 2022. Comparative transcriptomic analyses reveal differences in the responses of diploid and triploid Pacific oysters（Crassostrea gigas）to thermal stress. Aquaculture，555：738219.

Luo Z，Yu Y，Xiang J，et al. 2021. Genomic selection using a subset of SNPs identified by genome-wide association analysis for disease resistance traits in aquaculture species. Aquaculture，539：736620.

Ma P，Wang Z，Yu R. 2019. Optimal triploid induction and larvae breeding of Yesso scallop，Patinopecten yessoensis，by hyperosmotic shock. Journal of the World Aquaculture Society，50（5）：922-933.

Matt J L, Allen S K. 2014. Heteroploid mosaic tetraploids of *Crassostrea virginica* produce normal triploid larvae and juveniles as revealed by flow cytometry. Aquaculture, 432: 336-345.

Meng Q, Bao Z, Wang Z, et al. 2012. Growth and reproductive performance of triploid Yesso scallops (*Patinopecten yessoensis*) induced by hypotonic shock. Journal of Shellfish Research, (4): 1113-1122.

Perveen F, Khan A. 2012. Pearl culturing industry. Saarbrucken: LAP Lambert Academic Publishing.

Ponder W F, Lindberg D R, Ponder J M. 2019. Biology and evolution of the Mollusca. Boca Raton: CRC Press.

Qin Y, Xiao S, Ma H, et al. 2018. Effects of salinity and temperature on the timing of germinal vesicle breakdown and polar body release in diploid and triploid Hong Kong oysters, *Crassostrea hongkongensis*, in relation to tetraploid induction. Aquaculture Research, 49 (11): 3647-3657.

Qin Y, Zhang Y, Mo R, et al. 2019. Influence of ploidy and environment on grow-out traits of diploid and triploid Hong Kong oysters *Crassostrea hongkongensis* in southern China. Aquaculture, 507: 108-118.

Qin Y, Zhang Y, Yu Z. 2022. Aquaculture performance comparison of reciprocal triploid *Crassostrea. gigas* produced by mating tetraploids and diploids in China. Aquaculture, 552: 738044.

Shumway S E, Parsons G J. 2016. Scallop: Biology, Ecology, Aquaculture, and Fisheries. *In*: Developments in Aquaculture and Fisheries Science Volume 40. London: Elsevier.

Wadsworth P, Casas S, La Peyre J, et al. 2019. Elevated mortalities of triploid eastern oysters cultured off-bottom in northern Gulf of Mexico. Aquaculture, 505: 363-373.

Wang S, Wei D, Cui Z, et al. 2024. Crossbreeding of two populations of *Ruditapes philippenarum* reveals high growth and survival heterosis. Aquaculture, 578: 740087.

Wang Z, Guo X, Allen S K, et al. 1999. Aneuploid pacific oyster (*Crassostrea gigas* thunberg) as incidentals from triploid production. Aquaculture, 173: 347-357.

Wang Z, Guo X, Allen S K, et al. 2002. Heterozygosity and body size in triploid pacific oysters, *Crassostrea gigas* Thunberg, produced from meiosis Ⅱ inhibition and tetraploids. Aquaculture, 204: 337-348.

Wang Z, Li Y, Wang R, et al. 2003. Growth comparison between triploid and diploid pacific oyster during the reproductive season. American Fisheries Society Symposium, 38: 285-289.

Wu X, Zhang Y, Xiao S, et al. 2019. Comparative studies of the growth, survival, and reproduction of diploid and triploid Kumamoto oyster, *Crassostrea sikamea*. Journal of the World Aquaculture Society, 50 (4): 866-877.

Yan L, Su J, Wang Z, et al. 2018. Growth performance and biochemical composition of the oysters *Crassostrea sikamea*, *Crassostrea angulata* and their hybrids in southern China. Aquaculture Research, 49 (2): 1020-1028.

Yang H, Guo X, Scarpa J. 2019. Induction and establishment of tetraploid oyster breeding stocks for triploid oyster production. UF/IFAS Extension, FA215: 1-8.

Yang H. 2021. Performance and fecundity of triploid eastern oysters *Crassostrea virginica* (Gmelin, 1791) and challenges for tetraploid production. Journal of Shellfish Research, 40 (3): 489-497.

Yang Q, Yu H, Li Q. 2022. Refinement of a classification system for gonad development in the triploid oyster *Crassostrea gigas*. Aquaculture, 549: 737814.

Yao T, Zhang Y, Yan X, et al. 2015. Interspecific hybridization between *Crassostrea angulata* and *Crassostrea ariakensis*. Journal of Ocean University of China, 14 (4): 710-716.

Zhang Y, Zhang Y, Wang Z, et al. 2014. Phenotypic trait analysis of diploid and triploid hybrids from female *Crassostrea hongkongensis* × male *C. gigas*. Aqucuture, 434: 307-314.

Zhang X, Fan C, Zhang X, et al. 2022. Transcriptome analysis of *Crassostrea sikamea* (female) × *Crassostrea gigas* (male) hybrids under and after thermal stress. Journal of Ocean University of China, 21 (1): 1-12.

Zhang Y, Qin Y, Yu Z. 2022. Comparative study of tetraploid-based reciprocal triploid Portuguese oysters, *Crassostrea angulata*, from seed to market size. Aquaculture, 547: 737523.